金属量子材料制备基础

王自东　陈晓华　陈凯旋
朱谕至　王艳林　陈明文　著

北　京
冶　金　工　业　出　版　社
2024

内 容 提 要

本书共10章，主要包括枝晶生长理论和凝固的基本理论、晶核生长的演化规律、界面演化相场模拟、钢中原位纳米增强增韧技术、超高强韧钢铸锭的复合剪切流制备技术、经典力学解决材料增强增韧的局限性、强韧双增铜合金量子材料等内容，完整介绍了高强韧金属材料的制备方法与强韧化机理。

本书力求通俗易懂，深入浅出，可作为材料类科研人员或者相关工作者阅读参考。

图书在版编目（CIP）数据

金属量子材料制备基础／王自东等著. -- 北京 ：冶金工业出版社，2024. 9

ISBN 978-7-5024-9477-3

Ⅰ. ①金…　Ⅱ. ①王…　Ⅲ. ①金属材料　Ⅳ. ①TG14

中国国家版本馆CIP数据核字（2023）第068902号

金属量子材料制备基础

出版发行　冶金工业出版社　　**电　　话**　（010）64027926
地　　址　北京市东城区嵩祝院北巷39号　　**邮　　编**　100009
网　　址　www. mip1953. com　　**电子信箱**　service@ mip1953. com

责任编辑　王　双　美术编辑　彭子赫　版式设计　郑小利
责任校对　梅雨晴　责任印制　禹　蕊
三河市双峰印刷装订有限公司印刷
2024年9月第1版，2024年9月第1次印刷
787mm×1092mm　1/16；23印张；555千字；355页
定价 168. 00 元

投稿电话　（010）64027932　投稿信箱　tougao@cnmip. com. cn
营销中心电话　（010）64044283
冶金工业出版社天猫旗舰店　yjgycbs. tmall. com
（本书如有印装质量问题，本社营销中心负责退换）

前　言

随着科技的发展，国防和民用重大装备对高强韧金属材料如钢、铜及铜合金、铝及铝合金、钛及钛合金、镍基合金等提出了更高的要求，实现“碳达峰、碳中和”及减少资源消耗迫切需要长寿命的金属材料。面对高强韧、长寿命金属材料的重大需求，现有金属材料的制备中对流控制、扩散机制、凝固过程和缺陷形成等机理，细晶强化、固溶强化、第二相强化、位错强化等强韧化理论，材料的原子级设计理论及基于上述理论和机制的材料制备技术都是建立在牛顿力学基础之上，这些理论与技术对组织性能调控作用日益乏力，成为制约高性能金属材料制备的重大瓶颈。

金属材料的发展瓶颈主要表现在以下两个方面：（1）金属材料组织不均匀、成分不均匀和缩松等微观缺陷导致其力学性能不均匀。传统铸锭凝固过程中存在正温度梯度，导致铸态组织从边缘到中心依次形成表层细晶区、柱状晶区和中心等轴晶区（三晶区），同时由于柱状晶生长过程固-液界面前沿存在溶质再分配，导致凝固宏观组织和成分不均匀；另外，金属材料凝固过程中形成枝晶，导致枝晶间溶质元素多，在凝固后期因微观补缩通道堵塞会在枝晶间及枝晶臂间形成缩松等缺陷，造成微观组织成分不均匀和微观缺陷。因此，消除传统凝固过程中三晶区、枝晶生长、成分偏析及缩松等微观缺陷，能够获得组织、成分和性能均匀的金属材料。（2）在现有理论和技术条件下，金属材料强度提高的同时往往伴随着韧性的下降，强度和韧性的“倒置”关系严重制约其力学性能的进一步提升。一方面，强韧“倒置”与第二相粗大及其分布不均匀有关。第二相可以阻碍位错运动，提高金属材料的强度，但粗大第二相与基体的界面往往是非共格关系，位错会在界面处聚集形成应力集中，诱导空隙或微裂纹的产生，导致韧性下降。若将第二相细化，基体和第二相间的晶格错配度降低，位错不易聚集，界面附近应力集中减弱，对韧性损害较小。另一方面，即使第二相细化也只能不降低韧性，无法突破强韧“倒置”关系，造成强度和韧性矛盾问题的根源是经典力学中，微米和亚微米级的研究对象之间仅考虑金属键的作用，在金属材料中原子间距越大则强度越低，而同时一层原子越容易从其平衡位置移动，对应延展性越好，反之亦然，因此在原子尺度上一定存在着无法解决的强韧“倒置”关系。据此，实现第二相的纳米团簇化及突破经典力学的束缚是实现强韧双增的关键。

近20年，作者所在团队开展了晶体形核后初期生长理论的系统研究，建立了流场、温度场、浓度场、各向异性对晶体初期生长的作用机制，在理论指导下开发了实现金属材料宏、微观成分组织的均匀性及强韧双增的新技术。针对金属材料铸态组织、成分和性能不均匀的问题，通过在金属熔体和凝固过程中施加径向和切向的复合剪切流场，实现温度场的均匀化，在超低温度梯度条件下避免三晶区的形成和柱状晶生长过程中的溶质再分配，从而实现宏观成分组织的均匀性；同时，复合剪切流对晶体形核后的生长过程施加强的剪切力，阻碍枝晶生长、枝晶间溶质偏析及缩松等微观缺陷的产生，从而实现微观成分组织的均匀性。

针对金属材料的强韧“倒置”问题，本课题组突破原子尺度，在电子尺度寻找解决强韧“倒置”问题的方法。基于第一性原理计算的理论研究发现，金属材料中纳米团簇或纳米颗粒的尺寸以及彼此之间的间距均在10^{-10}~10^{-9} m范围内时，就会产生电子-电子相互作用（定义为“量子效应”），这种“量子效应”引起合金强度和塑、韧性的同步提升。然而在现有理论支撑下很难得到尺寸、间距均在10^{-10}~10^{-9} m范围的纳米团簇或纳米颗粒，为解决该难题，本课题组基于晶体初期生长理论研究，提出了通过复合剪切流以及控制界面浓度在熔体中原位形成纳米颗粒和纳米团簇的方法，开发了复合剪切流铸造技术、“多点区域微量供给”氧化物原位纳米颗粒形成技术，实现铜合金、钢中第二相/夹杂物的原位纳米化，并且发现原位纳米相的尺寸越小、数量密度越高、分布越弥散，改善力学性能的效果越明显。例如，在晶体形核后初期生长理论指导和复合剪切流铸造技术支撑下，课题组在铜合金和高熵合金体系中原位制备了尺寸和间距均在10^{-10}~10^{-9} m的纳米颗粒，这些纳米粒子突破了电子-电子交互作用所需的极限尺度，产生了量子效应，实现了铜合金、高熵合金两种体系强度和塑性同时大幅度的提高。本书将具有量子效应的金属材料定义为“金属量子材料”，人们有必要深入探究更多“金属量子材料”体系的制造理论和技术，以期全面实现金属材料的强韧双增和服役延寿。

本书第1章重点介绍了枝晶生长的经典理论和最新进展，阐明了由于枝晶生长引起铸态组织不均匀和缺陷问题，提出建立新的晶体生长理论机制和开发新技术消除枝晶的重要意义；第2章重点介绍了过冷熔体等轴晶凝固初期动力学演化过程的相关研究，讨论了浓度场、温度场影响晶体初期生长的理论，提出在形核后初期阶段控制晶体生长从而优化铸态组织的新思路；第3章重点阐述了界面能各向异性和熔体对流对球状晶体初期生长的影响机制，阐明超低温度梯度对宏观成分组织的均匀化机制，复合剪切流促进晶体初期生长阶段向内回熔和分裂的理论；第4章重点阐述了纯物质及合金熔体凝固过程中相场方程的建立，可视化界面能各向异性等晶体初期生长阶段的影响机理；第5章重点应用晶体形核后初期生长理论，提出在晶体初期生长阶段控制界面浓度的思路，发明了“多点区域微量供给”技术，在钢种制备出原位纳米颗粒并获得优秀的强度和韧性；第6章重点应用晶体形核后初期生长理论中复合剪切流的作用机制，将复合剪切流铸造技术应用在合金钢制造中，探讨了复合剪切流通过熔体控制（降低温度梯度）和凝固后晶体生长控制（促进晶体分裂和引起晶粒细化）两个方面对铸锭宏、微观成分组织均匀性的影响规律，以及引起的强韧化效果；第7章重点阐述了从经典力学层面解决材料增强增韧的局限性，表明组织成分均匀化和纳米第二相析出引起的强化局限于金属键的作用，无法突破强韧“倒置”关系；第8章重点阐述了基于第一性原理的量子力学计算和经典的分子动力学模拟的电子-电子作用对金属材料强度和塑性的影响机制，提出纳米第二相尺寸和间距达到 $10^{-10} \sim 10^{-9}$ m 范围时产生量子效应及引起的强韧双增效果；第9和10章重点阐述了基于晶体形核后初期生长理论和复合剪切流铸造技术的铜合金和高熵合金体系中高数量密度的纳米粒子的原位制备理论和实践，验证了尺寸和间距均在 $10^{-10} \sim 10^{-9}$ m 的纳米颗粒的量子效应及引起的强韧双增效果。

本书提出了颇具前沿性的新概念、新理论及新技术，但目前作者对其的认知水平仍有限，还有待更为系统、深入的研究，从而实现这些新理论和技术在材料领域得到更广泛的应用，解决材料设计和制备过程中面临的瓶颈问题，最终实现材料在性能的巨大飞跃。本书作者希望提出的概念、理论和技术对金属材料领域的研究者能够提供一定的启发。

感谢中央军事委员会科学技术委员会、装备发展部、国防科工局、天津泵业机械集团有限公司、中钢集团邢台机械轧辊有限公司、中国北方重工集团、中原特钢股份有限公司、廊坊市长青石油管件有限公司、湖南中科电气股份有限公司、武汉第二船舶设计研究所、洛阳船舶材料研究所对本书中相关科研工作的长期支持，感谢蒋成保院士对金属量子材料的指导和关注，感谢载人空间站工程空间科学与应用项目、国家自然科学基金青年项目（项目号：52101119）、北京市自然科学基金青年项目（项目号：2214072）、中国科协青年人才托举项目（项目号：2021QNRC001）、国家自然科学基金面上项目（项目号：51971031 和 52071012）对本书的支持和资助。

由于作者水平有限，书中不足之处，敬请广大读者批评指正。

作　者

2024 年 3 月

目　录

1 枝晶生长理论的发展历程

1.1 概　　述

1.1.1 枝晶现象

在一切工业用材料的制备和加工过程中，凝固现象是一个至关重要的环节，因为它直接影响着最终产品的质量和性能。这一过程发生在液态材料转变为固态时，液体与固体之间的交界面呈现出复杂多样的微结构，这些微结构对材料的性质产生深远影响。凝固现象的研究不仅在高性能合金材料、金属基复合材料等传统材料中具有重要意义，还在半导体晶体材料等领域具有关键作用。液-固界面上的微结构，也就是在材料凝固过程中形成的特殊结构，包括各种形状，从简单的平面、柱状到更为复杂的指状（胞晶结构）和树枝状（枝晶结构）。最早形成的液-固界面通常是平面的，这是因为在材料开始凝固时，温度梯度较小，晶体生长速度较慢。随着凝固的继续，界面上的微结构会逐渐演化。（见图1-1）柱状结构是一种常见的微结构，液态材料在这种情况下会沿着一定方向形成柱状晶体。球状结构则是在均匀冷却条件下形成的，其中晶体生长是等向的，没有明显的方向性。然而，最引人注目的液-固界面微结构之一就是枝晶结构。枝晶是在凝固过程中，晶体生长不仅沿着一个方向，还分支出多个小晶体，从而形成的树枝状结构。这种结构通常在高温梯度和高凝固速度条件下出现。这些微结构的形成受到温度、压力、化学成分等多种因素的影响，因此在材料科学领域，研究人员一直致力于理解和控制这些凝固微结构，以获得所需的材料性能。枝晶结构作为金属凝固过程中最典型、最显著的微结构之一，一直以来引起了学者们广泛的兴趣。

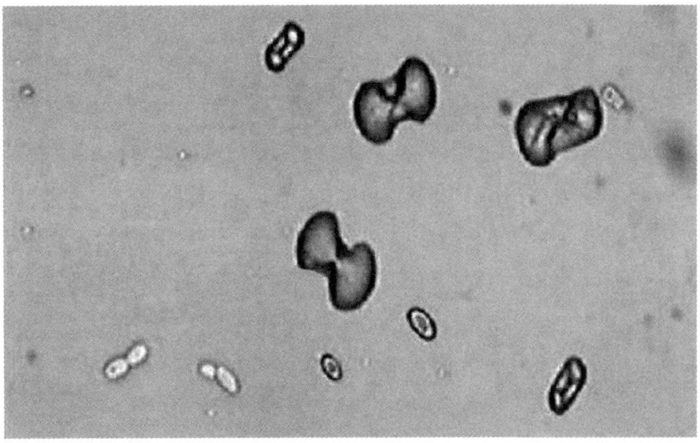

图 1-1　草酸钙凝固实验图

枝晶是金属、合金和其他物质中最常见的生长形态。比如自然界的雪花是空中的水蒸气遇冷凝结成的，如图 1-2（a）所示。雪花的形状极多，每片雪花都是一幅极其精美的图案，连许多艺术家都赞叹不止。雪花大都是六角形的，这是因为雪花属于六方晶系，其中一种呈六棱体状，长而细，称为柱晶，但有时它的两端是尖的，样子像一根针，称为针晶（见图 1-2（b））。另一种则呈六角形的薄片状，就像从六棱铅笔上切下来的薄片那样，称为片晶（见图 1-2（c））。枝晶的形成过程具有复杂的物理和化学背景，它们在凝固中生长，形成分支状的结构，从而构建了凝固材料的骨架。这种生长过程是非常复杂的，涉及热传导、质量传递、相变等多个物理过程。枝晶的生长机制主要涉及热传导和溶质扩散。在高温梯度条件下，液态材料接触到冷凝固界面时，热量迅速从液体传导到固体中，导致液态凝固并形成初生核。这些初生核会不断生长，但在高温梯度下，生长速度不同，使某些晶体生长得更快，从而形成树枝状结构。此外，溶质的分布也对枝晶的形成产生影响。在固化过程中，溶质通常会在液体和固体之间发生分配，这也会导致局部的浓度变化，从而影响晶体生长。

(a)　(b)　(c)

图 1-2　自然界的雪花凝固过程
（a）枝晶；（b）柱晶；（c）片晶

金属及其合金的质量与其凝固组织有着密不可分的关系，尤其是凝固条件下枝晶的生长行为决定着铸坯固-液两相区的形貌、溶质元素的分配及最终的凝固组织，从而对合金的成型性及加工性能有着很深的影响。因此，枝晶生长一直是材料科学及凝聚态物理学中的一个十分突出的基本研究课题。在微观尺度上（$10^{-6}\sim10^{-5}$ m），枝晶生长的特征是一次枝晶尖端的扩展和二次和三次枝晶侧枝的非线性演化。等轴枝晶生长中存在的各种长度尺度的示意图如图 1-3（a）所示。最小的微观长度尺度记为 δ_1，其大小为枝晶尖端半径（$10^{-6}\sim10^{-5}$ m）的量级。枝晶尖端生长到晶粒周围的过冷熔体中。尖端周围的耗散边界层具有与尖端半径相同量级的厚度。介观尺度 δ_2 是晶粒间距的数量级，通常比 δ_1 大两个数量级。如图 1-3（b）所示，晶粒包膜是连接所有“活跃”或“残留”枝晶分支尖端的光滑表面，当一个分支比靠近主尖端的下一个活跃分支长时，就被判断为活跃分支。因此，晶粒包膜的生长速度可以由枝晶尖端的速度得到，所有的生长都发生在包膜表面，潜热被传导到晶粒之间的过冷熔体中。

1.1.2　枝晶生长过程

晶体生长过程包括成核、生长、熔化、扩散等，随着温度的降低，枝晶不断生长，新

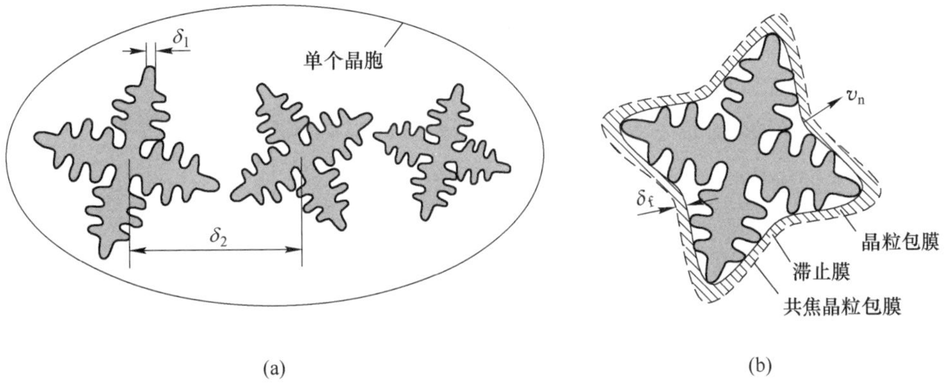

图 1-3 等轴枝晶生长示意图

（a）单个晶胞（δ_1 为微观尺度；δ_2 为介观尺度）；

（b）晶粒包膜和滞止膜（δ_f 为呆滞止膜厚度，v_n 为被转换为正常包膜移动的尖端速度）

核也不断形成；随着冷却速度的加快，枝晶组织明显细化。如果从自由核生长到过冷熔体，就会产生等轴晶。糊状物中的介观单晶胞通常包含 10 个等轴晶粒和数千个枝晶臂和尖端。Al-Rawahi 等人[1]采用前沿跟踪的方法研究了纯基体枝晶的生长行为，认为基体内部流体的流动使枝晶尖端上游的温度梯度和生长速度增加，而使枝晶尖端下游的温度梯度和生长速度减小，从而导致枝晶出现分支生长。

合金铸件宏观组织主要由以下三个部分组成（见图 1-4）：（1）表层激冷的细晶区；（2）表面到中心部之间，晶粒沿着温度梯度方向生长形成柱状晶区；（3）心部冷却缓慢，热量传递无固定方向，形成粗大等轴粗晶区；传统凝固组织不均匀，造成合金变形加工和服役中性能不均匀，热加工性差。

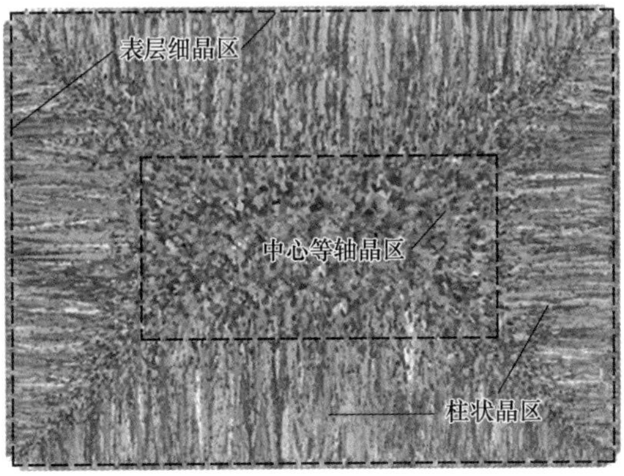

图 1-4 传统铸锭典型的三大晶区

彩图

图 1-5 显示出 GH4169 镍基高温合金铸锭从边缘到中心各晶区转变的微观组织，其中红色虚线为转变分界线，蓝色虚线箭头为一次枝晶臂及尖端延伸方向。可以看出，图 1-5（a）边缘靠近模壁散热快，激冷作用促进形核，在铸坯表面 2mm 形成极细等轴晶区，在转变线处出现粗大的一次枝晶臂，它们之间的夹角小于 90°；图 1-5（b）为完全柱状晶区，所有一次枝晶臂沿半径方向（即〈001〉取向择优生长），向铸锭中心延伸；图 1-5

（c）在转变线附近发现，左侧靠近柱状晶区的部分一次枝晶臂垂直交叉，右侧靠近等轴晶区的一次枝晶臂向多个方向延伸；图 1-5（d）则为中心等轴晶区，所有一次枝晶臂相互垂直，分散排列。铸锭由边缘到中心组织的不均匀表现为各种晶区的相互转变和第二相的分布，这就是形成成分不均匀的主要原因。

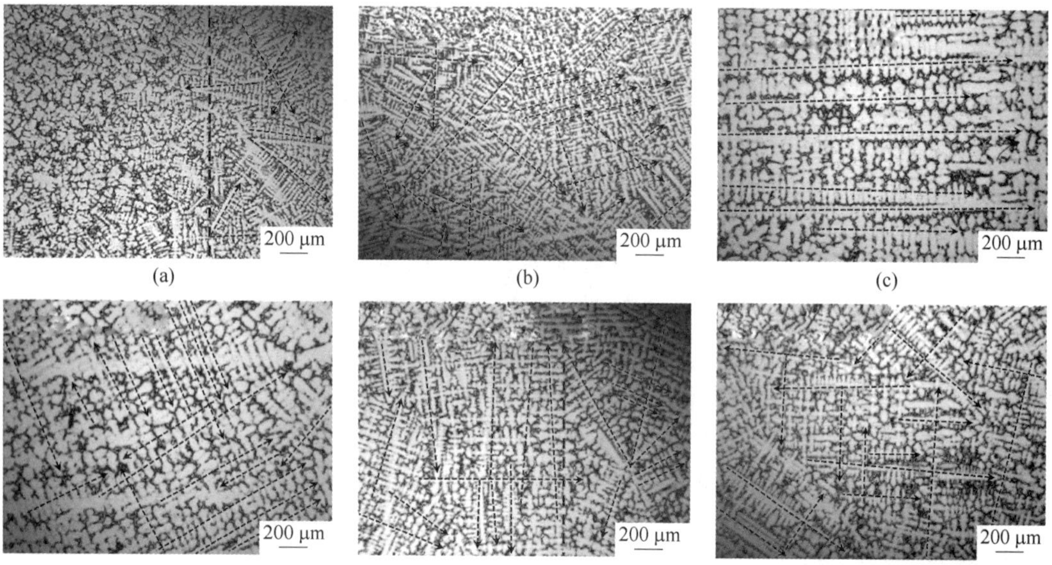

图 1-5 GH4169 镍基高温合金铸锭各晶区转变的金相组织

（a）边缘细晶区；（b）边缘细晶向柱状晶转变；（c）完全柱状晶区；（d）部分柱状晶；（e）柱状晶向等轴晶转变；（f）中心等轴晶区

彩图

就金属材料的性能而言，凝固过程中的枝晶生长对合金的强韧化性能及性能的一致性产生不利影响。一方面，树枝晶生长过程大多是先形成主枝（一次枝），而后在其上分出二次枝，二次枝上再分出三次枝……如此不断，直至各级枝相互衔接合缝而终结，这种复杂分支结构导致微观组织的不一致性。若在枝晶生长过程中，母液供应中断，则会在枝晶间产生疏松缺陷，不仅导致微观组织的不一致性，还会成为恶化合金塑、韧性的裂纹源。另一方面，二元以上合金从形核开始直到结晶完毕，在整个凝固过程中，由于第二组元的加入，固、液两相内部将不断进行溶质元素的重新分配，正是由于溶质再分配，晶体生长过程中使溶质元素不断在液-固界面前沿偏聚，导致最先结晶的中心金属最纯，而后结晶部分含合金元素和杂质偏高，最后凝固的晶间区域溶质聚集，产生了显微偏析，导致微观组织成分的不一致性；而且显微偏析往往导致枝晶间脆性相的产生，诱发脆性沿晶断裂，恶化合金的塑韧性。因此，从金属材料性能的角度上考虑，枝晶生长对于金属材料的性能不利，亟须突破现有晶体生长的理论机制，开辟消除枝晶的理论和技术，获得组织、成分和性能均匀的金属材料。

目前柱状枝晶向等轴枝晶转变（columnar-to-equiaxed transition，CET）的机制主要有以下几种：

（1）组分过冷机制。Winegard[2] 在研究金属凝固过程中发现溶质在柱状晶尖端富集会产生组分过冷，当超过临界过冷度时，在熔融金属中会导致大量的异质形核，从而促进等轴晶的生成。

（2）枝晶臂重熔机制。Jackson 等人[3]在有机物的凝固实验中发现了二次枝晶臂从一次臂主干脱落现象，观察到熔断的枝晶游离到液相内部，增加了内部的形核率，导致铸锭等轴晶的形成。另外，枝晶熔断机理同样被 Mathiesen 等在实验中所证实。

（3）结晶雨机制。Meiron[4]在实验中观察到等轴晶组织中存在彗星状晶粒，且彗尾朝向自由液面，认为凝固前期在自由液面处形成细小的晶粒，然后在外力或重力的作用下漂落下来，成为等轴晶形核的核心，从而提出了自由液面结晶雨机制。

（4）大爆炸机制。Chalmers 等人[5]认为金属液遇到过冷的模壁时，会有大量细小晶核的产生，这些晶核通过对流进入液体中并形成了等轴晶。此外，由于过冷区的柱状晶快速生长，因此大量溶质富集在柱状晶尖端，使成分过冷增加，促进了柱状晶向等轴晶转变。

Martorano 等人[6]在传统单域模型的基础上考虑了溶质阻断机制，认为凝固过程中所排出的溶质会富集在柱状晶生长前沿处，从而导致柱状晶生长前沿过冷度降低，当过冷度达到一定程度时，柱状晶的连续生长将停止，并向等轴晶转变。大部分研究证明，对流提高了枝晶界面的稳定性，阻止了凸面的快速发展，促进了枝晶尖端的顺流偏转。迎流侧的二次枝晶臂生长发达，且枝晶的尖端半径减小。同时提高搅拌强度能够加速枝晶的折断，适当增加冷却速度能够促进头部大、根部小的枝晶形成，从而使枝晶所受的扭矩增大，易于产生折断的枝晶。当合金具有较高的溶质浓度、较低的温度梯度和较高的冷却速度时，更容易发生 CET 转变。

1.1.3　等轴晶及柱状晶的优缺点

等轴晶的优点如下：

（1）结构致密，各个等轴晶彼此相互嵌入结合牢固；

（2）热加工性能好；

（3）钢材力学性呈各向同性。

柱状晶缺点如下：

（1）柱状晶枝干较纯，而枝晶间偏析严重，热变形后，枝晶偏析区被延伸，使组织具有带状特征，力学性能呈各向异性尤其是横向性能和韧性降低；

（2）在柱状晶交界面，由于杂质元素富集，构成了薄弱面，是裂纹优先扩展的地方，热加工性变坏；

（3）柱状晶充分发达时，铸坯易形成穿晶结构，造成中心疏松、缩孔、降低了铸坯中心致密度。

目前内部等轴晶区的形成是剩余熔体内部晶核自由生长的结果，其晶核来源主要有以下 4 种理论：

（1）溶质再分配产生的成分过冷促使异质形核（过冷熔体异质形核理论）。

（2）型壁的激冷作用促进形核（型壁激冷形核理论）。

（3）溶质再分配使型壁枝晶根部产生“缩颈”，形成游离晶核（型壁晶粒脱落和枝晶断裂）。

（4）“结晶雨”理论。凝固初期在液面处的过冷熔体中形核并长大成小晶体，由于其密度比液态金属大而像雨滴似的降落，形成游离晶核。

然而，尽管枝晶结构在材料科学中具有广泛的研究价值，它们通常代表了材料凝固演化的末期，而在这之前的阶段材料的组织是相对均匀的。另外，就金属材料的性能而言，凝固过程中的枝晶生长对合金的强韧化性能及性能的一致性产生不利影响。一方面，树枝晶生长过程大多是先形成主枝（一次枝），而后在其上分出二次枝，二次枝上再分出三次枝……如此不断，直至各级枝相互衔接合缝而终结，这种复杂分支结构导致微观组织的不一致性。若在枝晶生长过程中，母液供应中断，则会在枝晶间产生疏松缺陷，不仅导致微观组织的不一致性，还会成为恶化合金塑、韧性的裂纹源。另一方面，二元以上合金从形核开始直到结晶完毕，在整个凝固过程中，由于第二组元的加入，固、液两相内部将不断进行溶质元素的重新分配，正是由于溶质再分配，晶体生长过程中使溶质元素不断在液-固界面前沿偏聚，导致最先结晶的中心金属最纯，而后结晶部分含合金元素和杂质偏高，造成最后凝固的晶间区域溶质聚集，产生了显微偏析，导致微观组织成分的不一致性；而且显微偏析往往导致枝晶间脆性相的产生，诱发脆性沿晶断裂，恶化合金的塑韧性。因此，从金属材料性能的角度上考虑，枝晶生长对于金属材料的性能不利，亟须突破现有晶体生长的理论机制，开辟消除枝晶的理论和技术，获得组织、成分和性能均匀的金属材料。

1.2　早期枝晶生长理论

Ivantsov 解在非平衡金属凝固理论中占有重要的地位，它是临界稳定性理论、微观可解性理论与界面波理论的基础，可以说这几个重要的枝晶生长理论都是在 Ivantsov 解的基础上发展起来的，它的重要贡献是给出了枝晶尖端生长速度与枝晶尖端半径的乘积与生长条件和过冷度与材料物理性能之间的关系。在金属凝固过程中，经常会发现枝晶、枝晶的形貌及具体形态对成型材料有着重要影响。尽管如此，枝晶生长的动力学过程还没有被很好地理解，甚至对枝晶生长的最基本的数学模型求解也很困难。理论上，如果能求得固相液相中热扩散或者溶质扩散方程在满足其具体的初始条件、界面条件及边界条件的解，随时间演化的枝晶界面也就被完全确定下来。但实际上，科学家们都关注枝晶生长的某一方面，通过对模型进行各种不同的近似以简化模型。在许多理论方法中，拟稳态模型被广泛运用。在这个简化的模型中，枝晶界面被假定为不随时间变化，即枝晶保持某种形貌沿某个固定的方向匀速生长，所以这种模型描述了一种无树枝形的枝晶生长，即为针晶。所以，如果枝晶尖端与边缘枝晶作用足够小，那么这类型模型在某种意义上对枝晶生长的平均速度与枝晶尖端的具体形状提供了一种合理的近似。但是对于那些枝晶界面为等温的定常模型，其生长速度与尖端半径还不能被完全确定，还需要考虑其他的物理机制。

对枝晶生长的理论研究起始于苏联科学家 Ivantsov（1947）的工作。Ivantsov 首次考虑了单一旋转抛物面形等温枝晶在过冷纯熔体中的生长情形。如果熔体中仅存在热扩散现象，则凝固系统满足温度场方程

$$\frac{\partial T_L}{\partial t} = a_L \nabla^2 T_L \tag{1-1}$$

$$\frac{\partial T_S}{\partial t} = a_S \nabla^2 T_S \tag{1-2}$$

式中，T_L、T_S 分别为液固相温度；a_L、a_S 分别为液固相热扩散率；t 为时间。

如果不考虑枝晶界面表面张力的影响，枝晶界面凝固满足如下条件。

（1）温度连续性条件

$$T_S = T_L = T_M$$

式中，T_M 为纯物质在平界面的凝固温度。

（2）热平衡条件，即单位时间内单位体积的固体释放的潜热等于界面处的热流通量

$$\Delta H v \sin\theta = \lambda_S \frac{\partial T_S}{\partial \boldsymbol{n}} - \lambda_L \frac{\partial T_L}{\partial \boldsymbol{n}}$$

式中，ΔH 为潜热；v 为界面生长速度；$\boldsymbol{n}$ 为界面单位向量；θ 为枝晶界面处外法向量与 x 轴正方向的夹角；λ_S、λ_L 分别为液、固相热导率。

（3）由于枝晶在过冷熔体中自由生长，可假定远离枝晶界面液相的温度满足

$$T_L = T_\infty < T_M$$

忽略表面张力效应，温度连续性条件表明凝固系统的液固界面为等温界面，因此整个固体的温度 T_S 应为常数，这样只需要求解液相温度分布。

沿 z 轴方向以速度 v 生长的二维枝晶抛物界面可表示为

$$x^2 = 4f(f - z)$$

$$x = \frac{X}{R}; \qquad z = \frac{Z - vt}{R}$$

式中，(X, Z) 为有量纲静坐标系；(x, z) 为无量纲动坐标系；R 为抛物面 $2f = 1$ 时的尖端曲率半径；f 为枝晶尖端到 $z = 0$ 的距离。如果枝晶稳定生长，在动坐标系 (x, z) 中无量纲温度场方程为

$$\frac{\partial^2 \overline{T}_L}{\partial x^2} + 2Pe \frac{\partial \overline{T}_L}{\partial z} + \frac{\partial^2 \overline{T}_L}{\partial z^2} = 0 \tag{1-3}$$

式中，$Pe = \dfrac{Rv}{2a_L}$；$\overline{T}_L = \dfrac{T_L - T_\infty}{\dfrac{\Delta H}{c_p \rho_L}}$。

引入抛物坐标系

$$\xi = \sqrt{x^2 + z^2} - z, \qquad \eta = \sqrt{x^2 + z^2} + z$$

则可表示为

$$\eta = 2f$$

为了方便，可取 $2f = 1$，则在动坐标系中，枝晶界面表示为 $\eta = 1$。此时 Pe 为枝晶生长的 Peclet 数。

在抛物坐标系中方程式变为

$$2\xi \frac{\partial^2 \overline{T}_L}{\partial \xi^2} + 2\eta \frac{\partial^2 \overline{T}_L}{\partial \eta^2} + (1 - 2Pe\xi) \frac{\partial \overline{T}_L}{\partial \xi} + (1 + 2Pe\eta) \frac{\partial \overline{T}_L}{\partial \eta} = 0$$

界面条件变为：

在 $\eta = 1$ 时，$\overline{T}_{\mathrm{L}} = \dfrac{T_{\mathrm{M}} - T_{\infty}}{\dfrac{\Delta H}{c_{\mathrm{p}}\rho}}$，$Pe = -\dfrac{\partial \overline{T}_{\mathrm{L}}}{\partial \eta}$；

当 $\eta \to \infty$ 时，$\overline{T} \to 0$。

令 $\overline{T}_{\mathrm{L}} = g(x,\ z)\exp(-z)$，则在抛物坐标系中 $\overline{T}_{\mathrm{L}}$ 可表示为

$$\overline{T}_{\mathrm{L}} = g(\xi,\ \eta)\exp\left(Pe\frac{\xi - \eta}{2}\right)$$

则有

$$2\xi\frac{\partial^2 g}{\partial \xi^2} + 2\eta\frac{\partial^2 g}{\partial \eta^2} + \frac{\partial g}{\partial \xi} + \frac{\partial g}{\partial \eta} + (1 - 2Pe\xi)\frac{\partial \overline{T}_{\mathrm{L}}}{\partial \xi} - \frac{Pe^2}{2}(\xi + \eta)g = 0$$

为了消去一阶偏导数，可令 $u = \sqrt{\xi}$、$\omega = \sqrt{\eta}$，化简为

$$\frac{\partial^2 g}{\partial \omega^2} + \frac{\partial^2 g}{\partial u^2} - (\omega^2 + u^2)Pe^2 g = 0$$

应用分离变量法，令 $g(\omega,\ u) = g_1(\omega)g_2(u)$ 代入得

$$g_1'' - (\lambda + Pe^2\omega^2)g_1 = 0$$

$$g_2'' - (\lambda - Pe^2u^2)g_2 = 0$$

式中，λ 为分离常数。

界面条件式变为，当 $\omega = 1$ 时

$$(g_1' - Peg_1)\exp\left(-\frac{Pe}{2}\right) + 2Pe = 0$$

$$g_2 = \exp\left(-\frac{Peu^2}{2}\right)$$

当 $\lambda = Pe$ 时，

$$g_1 = \sqrt{\pi Pe}\exp(Pe)\exp\left(Pe\frac{\omega^2}{2}\right)\mathrm{erfc}(\sqrt{Pe}\,\omega)$$

式中，$\mathrm{erfc}(x) = \dfrac{2}{\sqrt{\pi}}\displaystyle\int_x^{\infty} \mathrm{e}^{-t^2}\mathrm{d}t$。

因此液相温度的解为

$$\overline{T}_{\mathrm{L}}(\xi,\ \eta) = \sqrt{\pi Pe}\exp(Pe)\mathrm{erfc}(\sqrt{Pe\eta})$$

显然液相温度与 ξ 无关，因此温度在抛物面 $\eta = 2f$ 上相同。特别地，在枝晶界面 $\eta = 1$ 上有

$$\frac{T_{\mathrm{M}} - T_{\infty}}{\dfrac{\Delta H}{c_{\mathrm{p}}\rho_{\mathrm{L}}}} = \sqrt{\pi Pe}\exp(Pe)\mathrm{erfc}(\sqrt{Pe})$$

对于给定的过冷度，枝晶生长的 Peclet 数 Pe 被唯一确定。该式预测值与实验所得数据非常一致。然而由枝晶生长 Peclet 数的定义知，对于给定过冷度的凝固系统，虽然枝晶生长 Peclet 数一定，但是枝晶生长速度与尖端半径无法通过上述理论确定下来，而实验表明，枝

晶生长系统在给定的条件下，枝晶生长速度与尖端半径是唯一确定的，因此，Ivantsov 解只提供了一个连续的解族，Ivantsov 解族是不稳定的，这与实验中所观察到的拟稳态的枝晶生长很不相符，这就说明 Ivantsoy 的物理模型具有不合理性。容易发现上述模型只提供了一种长度尺度，而要在连续解族中把枝晶生长速度与尖端半径唯一确定下来，模型中需引人另一种新的长度尺度。后来工作者们对模型边界条件作出修正，在枝晶界面上考虑表面张力的作用，引入了一种新的长度尺度（毛细长度），因此产生了许多近似理论。一种理论就是直接对 Ivantsov 解进行修正，虽然考虑表面张力，但是认为枝晶尖端曲率为常数，即为

$$T_S = T_L = T_M - T_M \frac{\gamma K}{\Delta H}$$

称所得的解为修正的 Ivantsov 解；另一种修正就是考虑表面张力可变化的尖端曲率，但是要求热平衡条件式只在枝晶尖端成立，然后对模型求解，称这种解为 Temkin 近似解。这两种修正模型也得到一个连续的解族，但对于一定的过冷度，枝晶尖端生长速度存在最大值，有人认为，生长速度最大的对应点为枝晶选择的操作点，因此得到“枝晶最大生长速度原则”。但是这些预测值仍然与实验不相符。

1.3 微观可解性条件理论

在界面形态形成领域中，自由枝晶生长速度选择性问题已成为科学家们长期研究的重要课题。大多科研工作者们应用数值或解析方法对枝晶模型进行分析与求解后发现，界面处有限的表面张力各向异性可导致一个临界稳定性模型有解的条件。该条件对枝晶生长的选择性有着重要的影响。“微观可解性理论”认为：在 Ivantsov 的连续解族中，只存在可数个定常解，而且只有生长速度最大的定常解为线性稳定模式解；稳定模式解的枝晶界面是光滑的，实验中所观察到的边枝结构是由噪声对凝固系统作用的结果；当噪声振幅达到一定值时，非线性机制将会稳定噪声引起界面的扰动，使其生长为二次枝晶。

考虑二维枝晶的生长情形，液固相温度场满足热扩散方程

$$\frac{\partial T_i}{\partial t} = a_i \nabla^2 T_i$$

式中，i=L，S，其中 L 为液相，S 为固相；a_i 为热扩散率。

在枝晶界面单位面积上单位时间内所产生的热为 $\Delta H v_n$，其中 ΔH 为单位体积的熔体所释放的潜热；v_n 为枝晶沿其法向方向的生长速度。能量守恒表明界面上所产生的热应等于界面上的总热流通量。因此在界面处应满足热平衡条件

$$\Delta H v_n = \lambda_S \frac{\partial T_S}{\partial \boldsymbol{n}} - \lambda_L \frac{\partial T_L}{\partial \boldsymbol{n}}$$

式中，λ_S 和 λ_L 分别为固相和液相的热导率；$\boldsymbol{n}$ 为界面处方向指向液相的单位法矢量。

其中枝晶在低于凝固温度 T_m 的过冷熔体中生长，因此在远离界面的液相中温度满足

$$T_L = T_\infty < T_M$$

假定枝晶界面处于局部热力学平衡，界面温度满足 Gibbs-Thomson 条件为

$$T_I = T_M\left(1 - \frac{\hat{\gamma} k}{\Delta H}\right)$$

式中，k 为界面曲率；$\hat{\gamma}$ 为各向异性的表面张力，表面张力 $\hat{\gamma}$ 与晶体取向有关。

为了方便处理，对于上述数学模型，可考虑对称模式 $a_L = a_S$，而且假定枝晶保持原有形貌，在二维坐标系 xoy 中沿 y 轴正方向以速度 v 匀速生长。如果以热扩散长度 $\frac{2a_L}{v}$ 为长度尺度，在界面处，消去温度场后可得到枝晶界面满足的积分方程

$$\Delta - \frac{v\hat{d}_0 K}{2a_L} = \frac{1}{\pi}\int_{-\infty}^{\infty} \exp[y(x') - y(x)] K_0 \eta(x', x) \mathrm{d}x'$$

式中，$\Delta = \frac{T_M - T_\infty}{\Delta T}$ 为无量纲过冷度；$\eta(x', x) = \{(x' - x)^2 + [y(x') - y(x)]^2\}^{\frac{1}{2}}$；$K_0$ 为零阶第三类贝塞尔（Bessel）函数；坐标 $(x, y(x) + vt)$ 表示枝晶界面上的点；$\hat{d}_0 = \frac{T_M \hat{\gamma}}{\Delta H \Delta T}$。

在二维坐标系中常常考虑具有四重对称形式的各向异性表面张力，即：

$$\hat{\gamma} = \gamma(1 - \varepsilon\cos 4\theta)$$

式中，γ 为各向同性的表面张力参数；ε 为各向异性强度；θ 为界面法向与生长方向的夹角。

当 $\hat{d}_0 = 0$ 时，可得到 Ivantsov 解

$$\begin{cases} y(x) = -\dfrac{x^2}{2Pe} \\ \Delta = \sqrt{\pi Pe}\, \mathrm{e}^{Pe} \mathrm{erfc}(\sqrt{Pe}) \end{cases}$$

式中，$Pe = \frac{Rv}{2a_L}$ 为枝晶生长 Peclet 数；$\mathrm{erfc}(x) = \int_x^{\infty} \mathrm{e}^{-t^2} \mathrm{d}t$ 为余误差函数。对于 $\hat{d}_0 \neq 0$ 的情形，可以认为当 $x \to \pm\infty$ 时，式仍渐近于 Ivantsov 解。而且设定枝晶界面函数的形式为

$$y(x) = -\frac{x^2}{2Pe} + z(x)$$

式中，$z(x)$ 为界面形状的小量修正。现考虑小过冷度下的定常解，如果以 $2Pe$ 对枝晶界面函数长度尺度重新调整后，则 Ivantsov 解的抛物面函数为 $y(x) = -x^2$，这样无量纲过冷度可表示为积分形式

$$\Delta = \frac{2Pe}{\pi}\int_{-\infty}^{\infty} \exp[2Pe(x^2 - x'^2)] K_0 2Pe\eta(x', x) \mathrm{d}x'$$

式中，$\eta(x', x) = [(x' - x)^2 + (x^2 - x'^2)^2]^{\frac{1}{2}}$。对贝塞尔函数以 Pe 为小参数进行线性展开，去掉指数项和首阶项后式可转化为

$$\sigma(1 - \varepsilon\cos 4\theta) K = \frac{2}{\pi}\int_{-\infty}^{\infty} \ln \frac{(x' - x)^2 + (y' - y)^2}{(x' - x)^2 + (x^2 - x'^2)^2} \mathrm{d}x'$$

其中，$\sigma = \frac{vd_0}{2a_L}$，$\sigma$ 为临界稳定性假设理论中所定义的稳定性标准。

在临界稳定性假设理论中，σ 为一常数。微观可解性理论中 σ 为各向异性强度 ε 的函数。事实上，含有表面张力的任何理论都试图通过引入表面张力提供另一种长度尺度来确定枝晶界面形状与生长速度的选择性，所不同的是，微观可解性理论中。σ 依赖于表面张力的各向异性。

如果令 $y'(0)=f(0)$ ，则 $f(\sigma)=0$ 即为可解性条件。对于各向同性的表面张力情形，即 $\varepsilon=0$ 时，$f(\sigma)$ 总为负数，而且随着 σ 的增大而迅速减小。在各向同性表面张力情形下枝晶生长数学模型的定常解不存在。对于小量 σ，$|f|$ 可近似由 $e^{-\frac{a}{\sqrt{\sigma}}}$ 来表示，a 为某一正常数。

因此，正是由于其指数小项的存在，各向同性的数学模型无解。这同时也说明对于有限的各向异性，即使是实际物理生长速度很小，也不能使用任何简单的渐近展开法来求解。考虑各向异性后，由于 σ 与 ε 有关，可使得 $f(\sigma)=0$，因此该可解性条件保证了上述模型解的存在。事实上，对于一定的 ε ，如果 $\sigma\approx\varepsilon^{\frac{7}{4}}$ ，上述模型存在可数个 σ 的值，使得 $f(\sigma_n)=0(n=1,2\cdots)$ 。因此，对应于 σ_n ，上述模型存在可数个定常解。

确定了上述定常解后，即可对此进行稳定性分析。一般地，温度场扩散方程在时间上、空间上均不是局域性的，而且对随时间变化的枝晶界面施加任何扰动都将导致生长速度的非线性方程的产生。因此为了计算简便，考虑拟稳态近似的扩散场，在动坐标系中，温度场的拟稳态方程就是忽略了时间导数，考虑拟稳态近似的扩散场，在动坐标系中，温度场的拟稳态方程就是忽略了时间导数项，即为 $-v\cdot\nabla T_{\mathrm{L}}=a_{\mathrm{L}}\nabla^2T_{\mathrm{L}}$ ，这样大大简化了对稳定性分析的难度，而成了一个关于的匀的生长速度的特征值问题。枝晶界面可表示为

$$x(s,t)=x_0(s_0,t)+te_y+n_0\delta(s_0)e^{\omega t}$$

式中，下标“0”对应为初始定常态解，可得到关于 δ 的线性方程

$$\frac{vd_0}{2a_{\mathrm{L}}}(1-\varepsilon\cos4\theta_0)(\delta''+K_0^2\delta)+4\varepsilon\frac{vd_0}{2a_{\mathrm{L}}}K_0\delta'\sin4\theta_0$$
$$=\int G(\omega\delta-\boldsymbol{\tau}\cdot e_y\delta'+K_0\delta)\mathrm{d}s_0'+\int n'\cdot e_y[\delta(s_0)n\cdot\nabla'-\delta(s_0')n'\cdot\nabla']G\mathrm{d}s_0'$$

式中，$\boldsymbol{\tau}$ 为初始界面的单位切向量；G 为 Green 函数；δ' 表示对弧长的导数。

Kessler 和 Levine 通过数值计算后得到，在上述可数个定常解中，只有生长速度最大的定常解是线性中性稳定解。相对应 σ_1 的值（枝晶的生长速度）也可在数值计算中确定。例如当 $\varepsilon=0.1$、$Pe=0.08$ 时，$\sigma_1=0.01719$。

所求得的中性稳定解的界面函数是光滑的，但是实验表明枝晶界面形状复杂，在一次枝晶臂上还存在着许多二次枝晶。Pieters 和 Langer[7] 在他们的边界层模型中首次提出枝晶边枝的出现是因为系统产生噪声作用的结果。当然引起枝晶出现边枝的噪声可以是外部强加的，也可以是凝固系统自身产生的。后来 Kessler 和 Levine 等人[8] 应用数值计算与 WKB 法对此进行了分析，如果在针晶尖端附近强加频率为 Ω 的噪声，在针晶尖端的尖端半径的长度尺度范围内，界面上的噪声强度随着界面弧长的增大有很大的增强。

1.4 界面波理论

枝晶生长一直是材料科学及凝聚态物理学中的基础理论课题[9-20]。在枝晶生长的理论研究所采用的两种数学手段中，一是分析方法，着眼于寻求问题的解析形式解；二是数值方法，着眼于寻找不同的有效的数值计算方法，利用大型计算机得出问题的数值解。解决上述两个基础理论课题，分析方法不仅是最理想的方法，也是必要的途径。单纯的数值

解与计算机模拟曾在枝晶研究的历史中引起过种种误解与混乱。著名学者徐鉴君教授[18]修改了临界稳定性理论模型的边界条件，即把原来针状晶无限长改为有限长，运用严格的数学理论方法推导出稳定性参数，并发现在枝晶生长的过程中，其固-液界面有波存在，故称为枝晶生长的界面波理论。本节介绍徐鉴君的界面波理论枝晶固液界面有波存在被实验结果验证。界面波理论的另一贡献是提供一种有效解决非线性枝晶生长的数学工具，即渐近分析法。

单一的枝晶生长一般从一个晶核开始，在经历了复杂的动力学过程之后，实验表明在演化后期，一个自由枝晶的前缘将以一个稳定的特征速度 v 长入过冷熔体，凝固系统呈现出一个稳定的枝晶图案。从理论角度看来，研究枝晶生长系统在其演化后期的行为是研究者们最感兴趣的事情。为简化起见，考虑三维轴对称的枝晶生长，其中假定液态和固态的质量密度为 ρ 、比定压热容为 c_p ，其他热力学特征参数均相等。取特征速度 v 作为速度尺度，采用热扩散长度 $l_T = \dfrac{a_L}{v}$ 为长度尺度；$\dfrac{\Delta H}{c_p\rho}$ 为速度尺度。假定界面上的表面张力是各向同性的，同时重力可以忽略，从而在熔体中没有流动。

采用运动旋转抛物面坐标系（ξ，η，θ）。假定旋转抛物坐标系以匀速 v 随枝晶前缘一起运动。柱坐标系（r，z，θ）和旋转抛物面坐标系（ξ，η，θ）之间的关系为

$$\frac{r}{\eta_0^2} = \xi\eta, \qquad \frac{z}{\eta_0^2} = \frac{1}{2}(\xi^2 - \eta^2)$$

式中，η_0^2 为待定常数。

假定在旋转抛物面坐标系下，定常生长的枝晶液固界面的形状可以表示为 $\eta = \eta_S(\xi)$ 。要求枝晶的前缘满足条件

$$\eta_S(0) = 1$$

枝晶前缘关系式可唯一确定待定常数 η_0^2。

在旋转抛物面运动坐标系（ξ，η，θ）下，无量纲化的温度场非定常热传导方程为

$$\frac{\partial^2 T}{\partial \xi^2} + \frac{\partial^2 T}{\partial \eta^2} + \frac{1}{\xi}\frac{\partial T}{\partial \xi} + \frac{1}{\eta}\frac{\partial T}{\partial \eta} = \eta_0^2\left(\xi\frac{\partial T}{\partial \xi} - \eta\frac{\partial T}{\partial \eta}\right) + \eta_0^4(\xi^2 + \eta^2)\frac{\partial T}{\partial t}$$

$$\frac{\partial^2 T_S}{\partial \xi^2} + \frac{\partial^2 T_S}{\partial \eta^2} + \frac{1}{\xi}\frac{\partial T_S}{\partial \xi} + \frac{1}{\eta}\frac{\partial T_S}{\partial \eta} = \eta_0^4(\xi^2 + \eta^2)\frac{\partial T_S}{\partial t}$$

无量纲化的边界条件为

（1）上游远场条件，当 $\eta \to \infty$ 时，$T \to T_\infty = \dfrac{c_p\rho[(T_\infty)_D - T_M]}{\Delta H} < 0$。

（2）正则条件，当 $\eta \to 0$ 时，$T_S = O(1)$。

（3）界面条件，在界面 $\eta = \eta_S(\xi, t)$ 上有：

1）温度连续条件

$$T_S = T_L = T_I$$

2）Gibbs-Thomson 条件

$$T_I = -\frac{\Gamma}{\eta_0^2}K[\eta_S(\xi, t)]$$

3）能量守恒条件

$$\left(\frac{\partial}{\partial\eta}-\eta'_{\mathrm{S}}\frac{\partial}{\partial\xi}\right)(T-T_{\mathrm{S}})+\eta_0^4(\xi^2+\eta^2)\frac{\partial\eta_{\mathrm{S}}}{\partial t}+\eta_0^2(\xi\eta_{\mathrm{S}})'=0$$

式中，$\Gamma=\dfrac{l_{\mathrm{C}}}{l_{\mathrm{T}}}$；$l_{\mathrm{C}}=\dfrac{\gamma c_p T_{\mathrm{M}}}{(\Delta H)^2}$，$l_{\mathrm{C}}$ 为毛细长度。

定义表面张力稳定性系数 $\varepsilon=\dfrac{\sqrt{\Gamma}}{\eta_0^2}$。

对于晚期枝晶生长问题，还必须适当引入反映枝晶前缘与根部特性的附加条件。

首先考虑在表面张力为零的特殊条件 $\Gamma=0$ 下定常枝晶的生长问题。令 $\dfrac{\partial}{\partial t}=0$，则有 Ivantsov 解析解

$$\begin{cases}T=T_*(\eta)=T_\infty+\dfrac{\eta_0^2}{2}\mathrm{e}^{\frac{\eta_0^2}{2}}E_1\left(\dfrac{\eta\eta_0^2}{2}\right)\\ T_{\mathrm{S}}=T_{\mathrm{S}*}=T_*(1)=0\\ T_\infty=-\dfrac{\eta_0^2}{2}\mathrm{e}^{\frac{\eta_0^2}{2}}E_1\left(\dfrac{\eta_0^2}{2}\right)\end{cases}$$

式中，$E_1(\cdot)$ 是指数积分函数。

Ivantsov 解析解有如下特性：

（1）由于表面张力为零，在固相区域内的温度恒为常数。

（2）在液相区域内的温度只依赖于变量 η，而与变量 ξ 无关，因此，Ivantsov 解可称为相似性解。

（3）液-固界面形状是一个定义在 $0\leqslant\xi<\infty$ 无限区域内的旋转抛物面 $\eta_{\mathrm{S}}=1$。它描述了一个有着圆钝头部、可光滑地延伸到无穷远的定常针状晶体生长。Ivantsov 解通常称为定常针晶生长解。

（4）参数 η_0^2 有着重要的物理意义，如果计算抛物面 $\eta=\eta_*=1$，在前缘 $\xi=0$ 的曲率半径 l_t，由 Ivantsov 解，可得出 $l_t=\eta_0^2 l_{\mathrm{T}}$。这样可以定义枝晶生长的 Peclet 数 $Pe=\dfrac{l_t}{l_{\mathrm{T}}}$。在表面张力 $\Gamma=0$ 时，η_0^2 又可视为枝晶生长的 Peclet 数。只给出了枝晶尖端生长速度 v 与尖端半径 l_t 的乘积与生长条件和材料性质的关系 $l_t v=\eta_0^2 a_{\mathrm{T}}=F(T_\infty, a_{\mathrm{T}})$，此式不能给出生长速度 v 与尖端半径 l_t 的数值。在真实的枝晶生长过程中，可测量出在给定生长条件 T_∞ 下的生长速度 v 与尖端半径 l_t 的关系，从而算出 Peclet 数 $Pe=\dfrac{l_t}{l_{\mathrm{T}}}$。实验表明这些数据能很好地与 Ivantsov 解相符合。但是 Ivantsov 解得到的是一个光滑的针状晶体，界面上没有树枝状细微结构，于是就产生了一个关于针晶界面上树枝状细微结构的起源与本质是什么的问题（即枝晶侧面树枝结构的起源问题）；其次，Ivantsov 解是个相似性解，在其长度尺度中包含了一个任意参数 v。因此对应有量纲的物理解是一个连续的解族，在此解族内的每个成员都满足条件：$l_t v=$ 常数，不能唯一确定生长速度 v。枝晶生长的实验表明，只要生长条件及物质的热力学特性给定，生长晚期的枝晶前缘生长速度 v 是唯一确定的。也就是说，这里存在一个在生长晚期枝晶生长速度 v 的选择性问题。

为了寻找枝晶生长基态解在 $\varepsilon \to 0$ 情形下的渐近表达式，界面形状函数的渐近展开式为

$$\eta_{\mathrm{B}}(\xi,\ \varepsilon)\ \sim \eta_{*}\ + \varepsilon^{2}\eta_{1}(\xi)\ + \varepsilon^{4}\eta_{2}(\xi)\ + \cdots = \bar{h}_{\mathrm{R}}(\xi,\ \varepsilon)$$

该式满足枝晶前缘条件及其他一切根部条件，仅仅不能满足在枝晶根部 $\xi = L(\varepsilon,\ t)$ 处的 Dirichlet 条件，因此系统在根部附近存在一个边界层。上述正则渐近展开式可作为问题的外解。在根部附近，基态解必有一个边界层修正项，即解的奇异展开式部分 $h_{\mathrm{S}}(\xi,\ \varepsilon)$，因此可以将界面函数表示为

$$\eta_{\mathrm{B}} \approx \bar{h}_{\mathrm{R}} + \bar{h}_{\mathrm{S}}$$

可推出

$$\bar{h}_{\mathrm{S}} \approx f(\varepsilon)\sin\left(\frac{\xi}{\varepsilon}\right)\left(\frac{\cosh\xi}{2\cosh L}\right)^{\frac{1}{2}}$$

这里 $f(\varepsilon)$ 是一个依赖于根部条件的函数，从解式看出，在针晶前缘后面而不靠近根部的有限区域内的任一固定点（$0 \leqslant \xi < L$）。当 $\varepsilon \to 0$ 时，由于 $L(\varepsilon,\ t) \to \infty$，根部边界层的影响项 $\bar{h}_{\mathrm{S}}(\xi,\ \varepsilon,\ t)$ 将以指数形式趋于零。这个结果很重要，在实际生长过程中，根部条件的具体形式综合了枝晶生长的初始条件与邻近枝晶间的复杂的相互作用。但是上述分析表明，当 $\varepsilon \to 0$ 或 $t \to \infty$ 时，这些根部条件的具体形式对基态解在枝晶前缘后面的任意一个有限区域内的影响将十分微弱。由于根部条件不同给基态解所带来的指数无穷小的差别，在实验中是观察不到的，这个理论结果与所有实验观察的结果完全一致。由此可见，在主干区域内，在 $O(\varepsilon^{2})$ 的误差范围内，可将 Ivantsov 解用作对枝晶生长的基态解的一个很好的近似。

为考察枝晶生长的基态解，对枝晶生长的扰动态作稳定性分析，对基态解作小扰动，在 $t > 0$ 有

$$T = T_{\mathrm{B}} + \tilde{T}(\xi,\ \eta,\ \theta,\ t,\ \varepsilon)$$

$$T_{\mathrm{S}} = T_{\mathrm{SB}} + \tilde{T}(\xi,\ \eta,\ \theta,\ t,\ \varepsilon)$$

$$\eta_{\mathrm{S}} = \eta_{\mathrm{B}} + \frac{\tilde{h}(\xi,\ \theta,\ t,\ \varepsilon)}{\eta_{0}^{2}}$$

式中，T_{B}、T_{SB}、η_{B} 为系统基态，$\tilde{T}$、$\tilde{h}$ 为围绕系统基态的扰动态。

对于任意给定的（$\xi,\ \eta$），当 $\varepsilon \to 0$ 时，在枝晶主干区域，有

$$T_{\mathrm{B}}(\xi,\ \eta,\ \varepsilon) = T_{*}(\eta)\ + o(\varepsilon^{2})$$

$$T_{\mathrm{SB}}(\xi,\ \eta,\ \varepsilon) = O(\varepsilon^{2})$$

$$\eta_{\mathrm{B}}(\xi,\ \varepsilon) = 1 + \varepsilon^{2}\eta_{1}(\xi)\ + O(\varepsilon^{2})$$

假定扰动态的振幅远小于基态解的振幅。在忽略高阶无穷小量之后，得到一个包含两个参数（$\varepsilon,\ \eta_{0}^{2}$）的关于扰动态的线性系统，其控制方程变为

$$\frac{\partial^{2}\tilde{T}}{\partial\xi^{2}} + \frac{\partial^{2}\tilde{T}}{\partial\eta^{2}} + \frac{1}{\xi}\frac{\partial\tilde{T}}{\partial\xi} + \frac{1}{\eta}\frac{\partial\tilde{T}}{\partial\eta} + \left(\frac{1}{\xi^{2}} + \frac{1}{\eta^{2}}\right)\frac{\partial^{2}\tilde{T}}{\partial\theta^{2}} = -\eta_{0}^{2}\left(\xi\frac{\partial\tilde{T}}{\partial\xi} + \eta\frac{\partial\tilde{T}}{\partial\eta}\right) + \eta_{0}^{4}(\xi^{2} + \eta^{2})\frac{\partial\tilde{T}}{\partial t}$$

$$\left(0 \leqslant \xi \leqslant \xi_{\max} = \frac{L}{\varepsilon};\ 0 \leqslant \eta < \infty\right)$$

边界条件变为：

（1）无穷远条件，当 $\eta \to \infty$ 时，$\tilde{T} \to 0$；

（2）正则条件，当 $\eta \to 0$ 时，$\tilde{T}_S = O(1)$；

（3）界面条件

$$\tilde{T} - \tilde{T}_S = \left(\frac{\partial T_B}{\partial \eta} - \frac{\partial T_{SB}}{\partial \eta}\right)\frac{\tilde{h}}{\eta_0^2}$$

$$\tilde{T}_S = \frac{\varepsilon^2}{\hat{S}(\xi)}\left[\frac{\partial^2 \tilde{h}}{\partial \xi^2} + \left(1 + \frac{1}{\xi}\right)\frac{\partial^2 \tilde{h}}{\partial \theta^2} + \frac{1 + 2\xi^2}{\xi \hat{S}^2(\xi)}\frac{\partial \tilde{h}}{\partial \xi} - \frac{2\hat{S}(\xi)}{\xi}\frac{\partial \tilde{h}}{\partial \theta} - \frac{\tilde{h}}{\hat{S}^2(\xi)}\right] \times$$

$$\frac{\partial}{\partial \eta}(\tilde{T} - \tilde{T}_S) + \eta_0^2 \hat{S}(\xi)\frac{\partial \tilde{h}}{\partial t} + \xi\frac{\partial \tilde{h}}{\partial \xi} + \frac{\partial^2}{\partial \eta^2}(T_B - T_{SB})\frac{\tilde{h}}{\eta_0^2} -$$

$$\frac{1}{\eta_0^2}\frac{\partial \tilde{h}}{\partial \xi}\frac{\partial}{\partial \xi}(T_B - T_{SB}) - \frac{\eta'_B \tilde{h}}{\eta_0^2}\frac{\partial^2}{\partial \xi\, \partial \eta}(T_B - T_{SB}) - \eta'_B(\tilde{T} - \tilde{T}_S)$$

其中
$$\hat{S}(\xi) = \sqrt{\xi^2 + \eta_B^2}$$

（4）枝晶根部条件，在 $\xi = \xi_{max} = \dfrac{L}{\varepsilon}$ 处，有 $(\tilde{T},\ \tilde{T}_S,\ \tilde{h}) = 0$；

（5）枝晶尖端光滑条件，在 $\xi = 0$，$\eta = \eta_B(0,\ \varepsilon) = 1$ 处，有

$$\frac{\partial}{\partial \xi}(\tilde{T},\ \tilde{T}_S,\ \tilde{h}) = 0$$

当寻找此线性系统的具有 $\tilde{q} \equiv \{\tilde{T},\ \tilde{T}_S,\ \tilde{h}\} = \hat{q}(\xi,\ \eta)e^{\sigma t}$ 形式的解时，得到一个特征值 σ 的线性特征值问题。这一线性特征值问题可分如下两步求解：

（1）采用多尺度展开法，在给定参数值 $(\varepsilon,\ \eta_0^2,\ \sigma)$ 的情形下寻找在 $\varepsilon \to 0$ 的极限条件下线性扰动系统的一致有效渐近解，该解满足控制方程以及除枝晶尖端条件以外的边界条件。

（2）在找到上述问题解之后，令解满足枝晶尖端条件，这将得到一个关于参数 $(\sigma,\ \eta_0^2,\ \sigma)$ 的限制条件，即确定了特征值 σ 与参数 $(\varepsilon,\ \eta_0^2)$ 的一个函数关系，又称为特征值 σ 的量子化条件。

沿 η 方向引入快变量 η_+：$\eta_+ = \dfrac{\eta - 1}{\varepsilon}$。

沿 ξ 方向引入快变量 ξ_+。在 $\eta = 1$ 处，这个快变量为 $\bar{\xi}_+ = \dfrac{1}{\varepsilon}\displaystyle\int_{\xi_0}^{\xi} k(\xi',\ \varepsilon)\mathrm{d}\xi'$，其中下限 ξ_0 将会被确定。定义 $t_+ = \dfrac{t}{\varepsilon \eta_0^2}$。

作为时间快变量，快变量 η_+ 确定了一个在基态解的界面 $\eta = 1$ 附近的、厚度为 $O(\varepsilon)$ 的边界层。因此称此边界层为界面波边界层，枝晶生长的界面波在这一边界层内发生。当 η 取不同值时，允许快变量 ξ_+ 可以有一个小变动，因此在液相区域，定义

$$\xi_+(\xi,\ \eta,\ \varepsilon) = \bar{\xi}_+ + \varepsilon\int_0^{\eta_+} K(\xi,\ \eta'_+,\ \varepsilon)\mathrm{d}\eta'_+$$

而在固相区域内，函数 $K(\xi,\ \eta'_+,\ \varepsilon)$ 取代 $K_S(\xi,\ \eta'_+,\ \varepsilon)$。

将上述定义的多尺度变量（ξ，η，θ，ξ_+，η_+，t_+）看作独立变量，对解进行渐近展开

$$\tilde{T}=\tilde{\mu}_0(\varepsilon)\left[\tilde{T}_0(\xi,\ \eta,\ \xi_+,\ \eta_+)+\varepsilon\tilde{T}_1(\xi,\ \eta,\ \xi_+,\ \eta_+)+\cdots\right]\cdot e^{\sigma t_+}$$

$$\tilde{T}_S=\tilde{\mu}_0(\varepsilon)\left[\tilde{T}_{S0}(\xi,\ \eta,\ \xi_+,\ \eta_+)+\varepsilon\tilde{T}_{S1}(\xi,\ \eta,\ \xi_+,\ \eta_+)+\cdots\right]\cdot e^{\sigma t_+}$$

$$\tilde{h}=\tilde{\mu}_0(\varepsilon)\left[\tilde{h}_0(\xi,\ \theta,\ \bar{\xi}_+)+\varepsilon\tilde{h}_1(\xi,\ \theta,\ \bar{\xi}_+)+\cdots\right]\cdot e^{\sigma t_+}$$

对波函数与特征值渐近展开得：

$$\begin{cases}k(\xi,\ \varepsilon)=k_0(\xi)+\varepsilon k_1(\xi)+\cdots\\ K(\xi,\ \eta_+,\ \varepsilon)=K_0(\xi,\ \eta_+)+\varepsilon K_1(\xi,\ \eta_+)+\cdots\\ K_S(\xi,\ \eta_+,\ \varepsilon)=K_{S0}(\xi,\ \eta_+)+\varepsilon K_{S1}(\xi,\ \eta_+)+\cdots\\ \sigma=\sigma_0+\varepsilon\sigma_1+\cdots\end{cases}$$

一般来说，$\sigma=\sigma_k-\mathrm{i}\omega(\omega>0)$ 是复数。在求解过程的第一阶段，假设 σ_0 为任意复数，该解满足方程及除枝晶尖端条件以外的所有边界条件。

进行如下变换：
$$\begin{cases}\dfrac{\partial}{\partial\xi}=\dfrac{k}{\varepsilon}\dfrac{\partial}{\partial\xi_+}+\dfrac{\partial}{\partial\xi}+\varepsilon\displaystyle\int_0^{\eta_+}K_\xi(\xi,\ \eta'_+,\ \varepsilon)\mathrm{d}\eta'_+\\[2ex] \dfrac{\partial}{\partial\eta}=\dfrac{1}{\varepsilon}\dfrac{\partial}{\partial\eta_+}+\dfrac{\partial}{\partial\eta}+K\dfrac{\partial}{\partial\xi_+}\end{cases}$$

$$\begin{cases}\dfrac{\partial^2}{\partial\xi^2}=\left[\dfrac{k}{\varepsilon}\dfrac{\partial}{\partial\xi_+}+\dfrac{\partial}{\partial\xi}+\varepsilon\displaystyle\int_0^{\eta_+}K_\xi(\xi,\ \eta'_+,\ \varepsilon)\mathrm{d}\eta'_+\right]^2\\[2ex] \dfrac{\partial^2}{\partial\eta^2}=\left(\dfrac{1}{\varepsilon}\dfrac{\partial}{\partial\eta_+}+\dfrac{\partial}{\partial\eta}+K\dfrac{\partial}{\partial\xi_+}\right)^2\end{cases}$$

则在液相中的控制方程为

$$\begin{aligned}\left(k^2\frac{\partial^2}{\partial\xi_+^2}+\frac{\partial^2}{\partial\eta_+^2}\right)\tilde{T}=&\ \varepsilon\eta_0^2(\xi^2+\eta^2)\frac{\partial\tilde{T}}{\partial t_+}+\varepsilon\eta_0^2\left(\xi k\frac{\partial}{\partial\xi_+}-\eta\frac{\partial}{\partial\eta_+}\right)\tilde{T}-\\ &\varepsilon\left(\frac{k}{\xi}\frac{\partial}{\partial\xi_+}+\frac{1}{\eta}\frac{\partial}{\partial\eta_+}\right)\tilde{T}-\varepsilon\left(2k\frac{\partial^2}{\partial\xi\,\partial\xi_+}+k'\frac{\partial}{\partial\eta_+}\right)\tilde{T}-\\ &\varepsilon\left(2\frac{\partial^2}{\partial\eta\,\partial\eta_+}+2K\frac{\partial^2}{\partial\xi_+\,\partial\eta_+}+\frac{\partial K}{\partial\eta_+}\frac{\partial}{\partial\xi_+}\right)\tilde{T}+\\ &\varepsilon^2\left(\frac{1}{\xi^2}+\frac{1}{\eta^2}\right)\frac{\partial^2\tilde{T}}{\partial\theta^2}+O(\varepsilon^2)\end{aligned}$$

在固相中的控制方程可从此方程替换得到。

边界条件如下：

（1）当 $\eta_+\to\infty$，$\tilde{T}\to 0$；

（2）当 $\eta_+\to-\infty$，$\tilde{T}_S\to 0$；

（3）在基态的界面（$\eta_+=0$，$\eta=1$）上，

1）温度连续性条件

$$\tilde{T} = \tilde{T}_S - \varepsilon\eta_1 \frac{\partial}{\partial\eta_+}(\tilde{T} - \tilde{T}_S) + O(\varepsilon^2)$$

2）Gibbs-Thomson 条件

$$\tilde{T}_S + \varepsilon\eta_1 \frac{\partial \tilde{T}_S}{\partial\eta_+} = \frac{1}{S(\xi)}\left[\left(k^2 \frac{\partial^2}{\partial\bar{\xi}_+^2} + 2\varepsilon k \frac{\partial^2}{\partial\bar{\xi}_+ \partial\xi} + \varepsilon k' \frac{\partial}{\partial\bar{\xi}_+} + \varepsilon^2 \frac{\partial^2}{\partial\xi^2}\right) + \varepsilon\left(\frac{1}{\xi} + \frac{\xi}{S^2(\xi)}\right) - \frac{\varepsilon^2}{S^2(\xi)}\right]\tilde{h} + \frac{\varepsilon^2}{\xi^2}\frac{\partial^2\tilde{h}}{\partial\theta^2} + o(\varepsilon^2)$$

3）能量守恒条件

$$\left(\frac{\partial\tilde{T}}{\partial\eta_+} - \frac{\partial\tilde{T}_S}{\partial\eta_+}\right) + \varepsilon\eta_+ \frac{\partial^2}{\partial\eta_+^2}(\tilde{T} - \tilde{T}_S) + \varepsilon\left(\frac{\partial\tilde{T}}{\partial\eta} - \frac{\partial\tilde{T}_S}{\partial\eta}\right) + \varepsilon\left(\hat{K}\frac{\partial\tilde{T}}{\partial\bar{\xi}_+} - \hat{K}_S\frac{\partial\tilde{T}_S}{\partial\bar{\xi}_+}\right) + S^2(\xi)\frac{\partial\tilde{h}}{\partial t_+} + \xi\left(k\frac{\partial\tilde{h}}{\partial\bar{\xi}_+} + \varepsilon\frac{\partial\tilde{h}}{\partial\xi}\right) + \varepsilon(2 + \eta_0^2)\tilde{h} + o(\varepsilon^2) = 0$$

其中，$\hat{K} = K(\xi, 0)$，$\hat{K}_S = K_S(\xi, 0)$。

（4）枝晶根部条件：当 $\xi = \xi_{max} = \dfrac{L}{\varepsilon}$ 时，$(\tilde{T};\ \tilde{T}_S;\ \tilde{h}) = 0$。

在零级近似下，控制方程为

$$k_0^2\left(\frac{\partial^2}{\partial\xi_+^2} + \frac{\partial^2}{\partial\eta_+^2}\right)\begin{pmatrix}\tilde{T}_0\\ \tilde{T}_{S0}\end{pmatrix} = 0$$

边界条件如下：

（1）在液相区域内（$\eta > 1$），当 $\eta_+ \to \infty$ 时，$\tilde{T}_0 \to 0$；

（2）在固相区域内（$\eta < 1$），当 $\eta_+ \to -\infty$ 时，$\tilde{T}_{S0} \to 0$；

（3）在界面（$\eta_+ = 0$，$\eta = 1$）上：

$$\tilde{T}_0 = \tilde{T}_{S0} + \tilde{h}_0,\quad \tilde{T}_{S0} = \frac{k_0^2}{S(\xi)}\frac{\partial^2\tilde{h}_0}{\partial\xi_+^2}$$

$$\frac{\partial}{\partial\eta_+}(\tilde{T}_0 - \tilde{T}_{S0}) + \sigma_0 S^2(\xi)\tilde{h}_0 + k_0\xi\frac{\partial\tilde{h}_0}{\partial\bar{\xi}_+} = 0$$

（4）根部条件，当 $\xi \to \infty$ 时，$\tilde{h}_0 = 0$，有这样的正则模式解：

$$\tilde{T}_0 = A_0(\xi, \eta)\exp(\mathrm{i}\xi_+ - k_0\eta_+)$$

$$\tilde{h}_0 = \hat{D}_0\exp(\mathrm{i}\bar{\xi}_+)$$

$$\tilde{T}_{S0} = A_{S0}(\xi, \eta)\exp(\mathrm{i}\xi_+ - k_0\eta_+)$$

式中，$A_0(\xi, \eta)$、$A_{S0}(\xi, \eta)$ 为待定函数；$\hat{D}_0$ 为常数。

令

$$\begin{cases}\hat{A}_0(\xi)=A_0(\xi,\ 1)\\ \hat{A}_{S0}(\xi)=A_{S0}(\xi,\ 1)\end{cases}$$

可以推导出关于 $(\hat{A}_0,\ \hat{A}_{S0},\ \hat{D}_0)$ 的一个齐次方程组

$$\begin{cases}\hat{A}_0-\hat{A}_{S0}-\hat{D}_0=0\\ \hat{A}_{S0}+\dfrac{k_0^2}{S}\hat{D}_0=0\\ -k_0(\hat{A}_0+\hat{A}_{S0})+(\sigma_0S^2+\mathrm{i}\xi k_0)\hat{D}_0=0\end{cases}$$

该方程组存在非零解的必要条件是其系数行列式为零，即

$$\Delta=\det\begin{vmatrix}1 & -1 & -1\\ 0 & 1 & \dfrac{k_0^2}{S}\\ -k_0 & -k_0 & \sigma_0S^2+\mathrm{i}\xi k_0\end{vmatrix}=0$$

局部色散关系式为　$\sigma_0=\varepsilon(\xi,\ k_0)=\dfrac{k_0}{S^2}\left(1-\dfrac{2k_0^2}{S}\right)-\dfrac{\mathrm{i}\xi}{S^2}k_0$

这个关系式为定向凝固中对于平直界面情形的 Mullins-Sekerka 公式的推广。

非零解为

$$\begin{cases}\hat{A}_0=\left(1-\dfrac{k_0^2}{S}\right)\hat{D}_0\\ \hat{A}_{S0}=-\dfrac{k_0^2}{S}\hat{D}_0\end{cases}$$

可见振幅函数 $\{\hat{A}_0(\xi),\ \hat{A}_{S0}(\xi)\}$ 可以确定任意常数因子 $\hat{D}_0$。对于任意给定的参数 σ_0，可解出三个波数

$$\begin{cases}k_0^{(1)}(\xi)=M(\xi)\cos\left[\dfrac{1}{3}\arccos\dfrac{\sigma_0}{N(\xi)}\right]\\ k_0^{(2)}(\xi)=M(\xi)\cos\left[\dfrac{1}{3}\arccos\dfrac{\sigma_0}{N(\xi)}+\dfrac{2\pi}{3}\right]\\ k_0^{(2)}(\xi)=M(\xi)\cos\left[\dfrac{1}{3}\arccos\dfrac{\sigma_0}{N(\xi)}+\dfrac{4\pi}{3}\right]\end{cases}$$

其中

$$\begin{cases}M(\xi)=\sqrt{\dfrac{2S(\xi)}{3}}\,(1-\mathrm{i}\xi)^{\frac{1}{2}}\\ N(\xi)=-\dfrac{M(\xi)}{3S^2(\xi)}(1-\mathrm{i}\xi)\end{cases}$$

这 3 个波数函数分别给出了系统 3 个基本的波动形式解 $\{H_1,\ H_2,\ H_3\}$，其中解 H_1 有着波数函数 $k_0^{(1)}(\xi)$，解 H_2 有着波数函数 $k_0^{(2)}(\xi)$。而解 H_3 有着波数函数 $k_0^{(3)}(\xi)$。因为该波数函数 $k_0^{(2)}(\xi)$ 的实部 $\mathrm{Re}(k_0\eta_+)<0$，当 $\eta_+\to\infty$ 时，相应的扰动温度场振幅将指数增长，所以波数函数 $k_0=k_0^{(2)}(\xi)$ 给出的解 H_2 必须排除掉。称 H_1 解为短波解，而 H_3 解为长波解。

在零级近似下，对于任意固定的点，在 $\varepsilon \to 0$ 极限条件下扰动态的一般解必定是 H_1 解与 H_3 解的线性叠加。界面形状表示为

$$\tilde{h} = D_1 e^{\sigma_0 t_+ + i\xi_+^{(1)}} + D_3 e^{\sigma_0 t_+ + i\xi_+^{(3)}}$$

其中

$$\begin{cases} \xi_+^{(1)} = \dfrac{1}{\varepsilon}\displaystyle\int_{\xi_0}^{\xi} k_0^{(1)}(\xi_1)\,d\xi_1 \\ \xi_+^{(3)} = \dfrac{1}{\varepsilon}\displaystyle\int_{\xi_0}^{\xi} k_0^{(3)}(\xi_1)\,d\xi_1 \end{cases}$$

式中，系数 D_1、D_3 为与 ε 无关的待定常数。

一级近似解将给出振幅函数 $A_0(\xi, \eta)$ 和 $A_{S0}(\xi, \eta)$、波数函数 $k_1(\xi)$ 及参数 σ_1，能够推出一级近似方程

$$\begin{cases} \left(k_0^2 \dfrac{\partial^2}{\partial \xi_+^2} + \dfrac{\partial^2}{\partial \eta_+^2}\right)\tilde{T}_1 = [a_0(\xi, \eta) + \tilde{a}_0(\xi, \eta_+)]e^{i\xi_+ - k_0\eta_+} \\ \left(k_0^2 \dfrac{\partial^2}{\partial \xi_+^2} + \dfrac{\partial^2}{\partial \eta_+^2}\right)\tilde{T}_{S1} = [a_{S0}(\xi, \eta) + \tilde{a}_{S0}(\xi, \eta_+)]e^{i\xi_+ - k_0\eta_+} \end{cases}$$

其中

$$\begin{cases} a_0 = 2k_0\left(\dfrac{\partial A_0}{\partial \eta} - i\dfrac{\partial A_0}{\partial \xi}\right) + A_0\left[\sigma_0\eta_0^2(\xi^2 + \eta^2) + k_0\eta_0^2(i\xi + \eta) + \dfrac{k_0}{\eta} - i\dfrac{k_0}{\xi} - ik_0' + 2k_0k_1\right] \\ a_{S0} = -2k_0\left(\dfrac{\partial A_{S0}}{\partial \eta} + i\dfrac{\partial A_{S0}}{\partial \xi}\right) + A_{S0}\left[\sigma_0\eta_0^2(\xi^2 + \eta^2) + k_0\eta_0^2(i\xi - \eta) - \dfrac{k_0}{\eta} - i\dfrac{k_0}{\xi} - ik_0' + 2k_0k_1\right] \end{cases}$$

和

$$\begin{cases} \tilde{a}_0(\xi, \eta_+) = -iA_0\left[\dfrac{\partial K_0}{\partial \eta_+} - 2k_0(K_0 + k_0'\eta_+)\right] \\ \tilde{a}_{S0}(\xi, \eta_+) = -iA_{S0}\left[\dfrac{\partial K_{S0}}{\partial \eta_+} + 2k_0(K_{S0} + k_0'\eta_+)\right] \end{cases}$$

令

$$a_0 = a_{S0} = \tilde{a}_0 = \tilde{a}_{S0} = 0$$

可得到

$$\begin{cases} \left(\dfrac{\partial}{\partial \eta} - i\dfrac{\partial}{\partial \xi}\right)\ln\Phi_0(\xi, \eta) = -\dfrac{\sigma_0\eta_0^2}{2k_0}(\xi^2 + \eta^2) - \dfrac{\eta_0^2}{2}(i\xi + \eta) - k_1 \\ \left(\dfrac{\partial}{\partial \eta} + i\dfrac{\partial}{\partial \xi}\right)\ln\Phi_{S0}(\xi, \eta) = \dfrac{\sigma_0\eta_0^2}{2k_0}(\xi^2 + \eta^2) - \dfrac{\eta_0^2}{2}(\eta - i\xi) + k_1 \end{cases}$$

令

$$\begin{cases} \Phi_0(\xi, \eta) = A_0(\xi, \eta)\sqrt{k_0\xi\eta} \\ \Phi_{S0}(\xi, \eta) = A_{S0}(\xi, \eta)\sqrt{k_0\xi\eta} \end{cases}$$

可推导出

$$\begin{cases} K_0 = -k_0'\eta_+ - \dfrac{k_0'}{2k_0} \\ K_{S0} = -k_0'\eta_+ + \dfrac{k_0'}{2k_0} \end{cases}$$

是一阶双曲型偏微分方程组，如果函数 $k_1(\xi)$ 确定，那么就可以利用在 $\eta = 1$ 曲线上的初始条件，在 $(\xi,\ \eta)$ 平面上解出未知函数 $A_0(\xi,\ \eta)A_{S0}(\xi,\ \eta)$，可推导出

$$Q_0 = \frac{1}{\hat{D}_0}\frac{\partial}{\partial\eta}(A_0 - A_{S0})\big|_{\eta=1}$$

$$= -2i\frac{\partial}{\partial\xi}\left(\frac{k_0^2}{S}\right) - \left(1 - \frac{2k_0^2}{S}\right)\left[\frac{\eta_0^2}{2k_0}\sigma_0 S^2 + k_1 + \frac{i}{2}\left(\xi\eta_0^2 - \frac{1}{\xi} - \frac{k_0'}{k_0}\right)\right] - \left(\frac{1+\eta_0^2}{2}\right)$$

一级近似方程化简为

$$\left(k_0^2\frac{\partial^2}{\partial\xi_+^2} + \frac{\partial^2}{\partial\eta_+^2}\right)\begin{pmatrix}\tilde{T}_1\\ \tilde{T}_{S1}\end{pmatrix} = 0$$

得到一级近似解

$$\begin{cases}\tilde{T}_1 = A_1(\xi,\ \eta)e^{i\xi_+ - k_0\eta_+}\\ \tilde{T}_{S1} = A_{S1}(\xi,\ \eta)e^{i\xi_+ + k_0\eta_+}\\ \tilde{h} = \hat{D}_1 e^{i\bar{\xi}_+}\end{cases}$$

$$\hat{A}_1(\xi) = A_1(\xi,\ 1) \qquad \hat{A}_{S1}(\xi) = A_{S1}(\xi,\ 1)$$

由此可得到

$$\begin{cases}\hat{A}_1 - \hat{A}_{S1} - \hat{D}_1 = I_1\hat{D}_0 = k_0\eta_1\left(1 - \frac{2k_0^2}{S}\right)\hat{D}_0\\ \hat{A}_{S1} + \frac{\hat{k}_0^2}{S}\hat{D}_1 = I_2\hat{D}_0\\ -\hat{k}_0(\hat{A}_1 + \hat{A}_{S1}) + (\sigma_0 S^2 + i\xi k_0)\hat{D}_1 = I_3\hat{D}_0\end{cases}$$

其中

$$\begin{cases}I_1 = k_0\eta_1\left(1 - \frac{2k_0^2}{S}\right)\\ I_2 = \frac{1}{S}\left[ik_0' + ik_0\left(\frac{1}{\xi} + \frac{\xi}{S^2}\right) - 2k_0k_1\right] + \frac{k_0^3}{S}\eta_1\\ I_3 = -(\sigma_1 S^2 + i\xi k_1) - Q_0 - (2 + \eta_0^2) + i\frac{k_0'}{2k_0}\left(1 - \frac{2k_0^2}{S}\right)\end{cases}$$

非齐次代数方程组的系数行列式 $\Delta = 0$，$\{\hat{A}_1,\ \hat{A}_{S1},\ \hat{D}_1\}$ 存在的充分必要条件为

$$\Delta_1 = \det\begin{pmatrix}1 & -1 & I_1\\ 0 & 1 & I_2\\ -k_0 & -k_0 & I_3\end{pmatrix} = 0$$

可得

$$I_3 + 2k_0I_2 + k_0I_1 = 0$$

$$k_1\left(1 - i\xi - \frac{6k_0^2}{S}\right) = \frac{i}{2\xi}\left(1 - i\xi - \frac{6k_0^2}{S}\right) + S^2\sigma_1 + \left(\frac{3}{2} + \eta_0^2\right) - \frac{\eta_0^2}{2}\left(1 - \frac{2k_0^2}{S}\right)^2 - \frac{1 + \eta_0^2}{2} - i\frac{6k_0k_0'}{S}$$

到此所求得的多重变量渐近解除包含一个任意参数 σ 之外，还有一对未定的系数（D_1，D_3），所得的解尚需满足根部远场条件及尖端条件。因此，现在需要确定的常数实际上只有 2 个，即 σ 与系数比值 $\frac{D_1}{D_3}$。若将根部条件 $\xi \to \infty$ $\tilde{h} \to 0$ 代入渐近解 $\tilde{h} = D_1H_1 + D_3H_3$，可推得 $D_1 = 0$。这说明在根部附近，解只能包含单一的 H_3 波。再将尖端光滑条件：在 $\xi = 0$ 处，将 $\frac{\partial \tilde{h}}{\partial \xi} = 0$ 代入只包含单一 H_3 波的解 $\tilde{h} = D_3H_3$ 又得 $D_3 = 0$。这说明满足尖端光滑条件的解必须同时包含两个波的成分：$\tilde{h} = D_1H_1 + D_3H_3$，即 D_1 不能为零。

从解 $k_1(\xi)$ 的表达式可以看到解 $k_1(\xi)$ 在 ξ 复平面有如下孤立奇点：

(1) $\xi = 0$，它是枝晶的尖端。当 $\xi \to 0$ 时，可以推出 $k_1 \approx \frac{i}{a\xi}$；

(2) $\xi = \xi_c$，它是方程 $\frac{\partial \Sigma}{\partial k_0} = 0$ 或 $F(\xi) \equiv 0$ 的根。当 $\xi = \xi_c$ 时，因为 $F(\xi) \approx \sqrt{2m_0(\xi - \xi_c)}$，可推出

$$k_1 \approx \frac{R_1(\xi_c)}{\sqrt{2m_0(\xi - \xi_c)}} + \frac{i}{4(\xi - \xi_c)} + o(1)$$

其中常数 m_0 为

$$m_0 = -\frac{12k_0^2}{S}R_0(\xi_c)$$

渐近解在 $\xi = 0$ 时出现奇异性并不奇怪，因为 $\xi = 0$ 也是方程系数的一个奇点。渐近解存在奇点 $\xi = \xi_c$，这个奇点在零级近似渐近解中并不存在，只有在一级近似渐近解才发现了这个奇点。

1.5 对流对枝晶生长的影响规律

在实际的枝晶生长过程中常常伴随着熔体的流动，实验表明对流对枝晶生长，尤其是枝晶尖端生长速度及枝晶的细微结构的形成有着非常重要的影响。对流对枝晶组织的影响表现在：当对流达到紊流程度时，会冲刷枝晶晶体臂，造成晶粒繁殖，促使等轴晶体的发展，特别是溶质浓度较高的合金容易借助流动而形成等轴体；另外，即使流动达不到冲断枝晶臂的程度，它也会明显地影响一次枝晶体臂间距及二次晶体体臂的生长方向。此外在一次枝晶上流的一侧，由于对流的作用，其二次枝晶比较发达；相反在一次枝晶的下流一侧，二次枝晶生长受到限制。同时，对流还会造成柱状晶的生长方向与择优方向的偏离。

在过去十几年里，许多科研工作者对在外流影响下的枝晶定场生长进行了理论研究。在模型中，因为流场与温度场的耦合，对模型求解变得十分困难，所以要对问题求得解析解更为不易。不少科研工作者们对流场进行适当的简化，进而求得模型的近似解，本节只介绍如下几种重要近似解。

（1）Oseen 直线流型近似（ORFA）[21]。Cole 与 Roshko 第一次将 ORFA 应用于晶体生长研究中，假定流场是均匀一致的，流场中各处流动速度都与远场强加流的方向与大小相同。对于小 Pr 数的枝晶生长，由于流体的黏性效应对枝晶界面作用很小，运用 ORFA 模型是可行的。

模型控制方程：

$$\frac{\boldsymbol{U}_\infty}{V} \cdot \nabla T_\mathrm{L} = \nabla^2 T_\mathrm{L} \tag{1-4}$$

边界条件：

当 $\eta = 1$ 时，　　$T_\mathrm{L} = 0$　　(1-5)

当 $\eta \to \infty$ 时，　　$T_\mathrm{L} = T_\infty$　　(1-6)

模型解为

$$\begin{cases} T_\mathrm{L} = T_\infty - T_\infty \dfrac{\Xi_1[(P + Pe)\eta^2]}{\Xi_1(P + Pe)} \\ \eta_\mathrm{S} = 1 \\ S = P\mathrm{e}^{P+Pe}\Xi_1(P + Pe) \end{cases} \tag{1-7}$$

式中，$Pe = l_\rho U_\infty / 2\kappa_\mathrm{L}$，为远场流 Peclet 数。

（2）Oseen 黏性流型近似（OVFA）[22-24]。由于流体都具有黏性效应，Wilkinsony 第一次用 OVFA 解决枝晶流场问题。该模型适合于所有的 Pr 数，但仅对小 Reynold 数的情况成立。

控制方程：

$$\nabla \cdot \boldsymbol{u} = 0 \tag{1-8}$$

$$\boldsymbol{U}_\infty \cdot \nabla \boldsymbol{u} = \upsilon \frac{V}{\kappa_\mathrm{L}} \nabla^2 \boldsymbol{u} \tag{1-9}$$

$$\boldsymbol{u} \cdot \nabla T_\mathrm{L} = \nabla^2 T_\mathrm{L} \tag{1-10}$$

边界条件：

当 $\eta = 1$ 时，　　$T_\mathrm{L} = 0$，　$\boldsymbol{u} = \boldsymbol{0}$　　(1-11)

当 $\eta \to \infty$ 时，　　$T_\mathrm{L} = T_\infty$，　$\boldsymbol{u} = \boldsymbol{e}_z + \dfrac{\boldsymbol{U}_\infty}{V}$　　(1-12)

模型解为

$$\begin{cases} u_\xi = \dfrac{2Pe\xi}{\sqrt{\xi^2+\eta^2}}\left[1+\dfrac{P}{Pe}-\Xi_1\left(\dfrac{P+Pe}{Pr}\eta^2\right)\Xi_1{}^{-1}\left(\dfrac{P+Pe}{Pr}\right)\right] \\ u_\eta = -\dfrac{2Pe\eta}{\sqrt{\xi^2+\eta^2}}\left[1+\dfrac{P}{Pe}-\Xi_1\left(\dfrac{P+Pe}{Pr}\eta^2\right)\Xi_1{}^{-1}\left(\dfrac{P+Pe}{Pr}\right)-\right. \end{cases} \tag{1-13}$$

$$\left.\dfrac{Pr}{\eta^2(P+Pe)}\left[\exp\left(-\dfrac{P+Pe}{Pr}\right)-\exp\left(-\dfrac{P+Pe}{Pr}\eta^2\right)\right]\Xi_1{}^{-1}\left(\dfrac{P+Pe}{Pr}\right)\right]$$

$$\begin{cases} T_L = T_\infty - T_\infty \dfrac{\int_\eta^\infty \left[-\int_1^y f(x)\,dx\right]dy}{\int_1^\infty \exp\left[-\int_1^y f(x)\,dx\right]dy} \\ \eta_S = 1 \\ S = 2P\int_1^{+\infty}\exp\left[-\int_1^y f(x)\,dt\right]dy \end{cases} \tag{1-14}$$

其中

$$f(x) = 2Pex\left\{1+\dfrac{P}{Pe}+\dfrac{1}{x^2Pe}-\Xi_1\left(\dfrac{P+Pe}{Pr}x^2\right)\Xi_1{}^{-1}\left(\dfrac{P+Pe}{Pr}\right)-\right.$$

$$\left.\dfrac{Pr}{x^2(P+Pe)}\left[\exp\left(-\dfrac{P+Pe}{Pr}\right)-\exp\left(-\dfrac{P+Pe}{Pr}x^2\right)\right]\Xi_1{}^{-1}\left(\dfrac{P+Pe}{Pr}\right)\right\}$$

（3）Potential 流型近似[23-26]。与 ORFA 流相同，对小 Pr 数、大雷诺数 Re 的情形，在非常薄的枝晶黏性边界层外流体的黏性效应可忽略不计，流体可近似为 Potential 流。模型控制方程：

$$\boldsymbol{u}_p \cdot \nabla T_L = \nabla^2 T_L \tag{1-15}$$

边界条件：

当 $\eta = 1$ 时，
$$T_L = 0 \tag{1-16}$$

当 $\eta \to \infty$ 时，
$$T_L = T_\infty \tag{1-17}$$

$$\begin{cases} u_\xi = \dfrac{2\xi}{\sqrt{\xi^2+\eta^2}}(P+Pe) \\ u_\eta = -\dfrac{2Pe\eta}{\sqrt{\xi^2+\eta^2}}\left[(P+Pe)\eta-\dfrac{Pe}{\eta}\right] \end{cases} \tag{1-18}$$

温度场解为

$$\begin{cases} T_L = T_\infty - T_\infty \dfrac{\Gamma[Pe,\ (P+Pe)\eta^2]}{\Gamma[Pe,\ (P+Pe)]} \\ \eta_S = 1 \\ S = P\,(P+Pe)^{-P-Pe}e^{P+Pe}\Gamma(P+Pe,\ P+Pe) \end{cases} \tag{1-19}$$

（4）Stokes-Oseen 流型近似[14,26-27]。事实上，对于枝晶生长的整个流场的数学模型，以上各种近似都是无效的。为此，Xu 在枝晶附近用 Stokes 流进行近似，远离枝晶的区域近似为 Oseen 流型，再把两个解在其公共区域匹配起来得到了整个区域内一致有效的渐近解。Xu 指出，在 Stokes-Oseen 流型近似下，枝晶生长模型解不再是相似性的解，只有当

Pr 数特别大时，模型的相似性解才会出现[14]。

在适当的条件下，以上枝晶生长的各种定常解对枝晶生长的研究都有着重要的指导性意义。通过计算所得数据与实验数据相一致，尤其是 Xu 的数据与实验数据非常吻合。但是以上定常解只给出了一个连续的解族（$l_\rho V$ = 常数）。枝晶生长速度就没有唯一确定下来。而 1970 年以来的枝晶生长的实验却说明，只要生长条件以及物质的热力学特性给定，在生长后期的枝晶前缘生长速度是唯一确定的。也就是说，这里存在一个生长晚期，当 $t \to \infty$ 时，枝晶生长速度的选择性问题。而这个问题在前文提到的临界稳定性假说、微观可解性理论和界面波理论中进行了详细的讨论。

1.5.1　远场来流对枝晶生长的影响

在二元合金过冷熔体中，远场来流作用下单个枝晶的生长如图 1-6 所示，T_∞ 和 C_∞ 为远场的温度和浓度，$T_\infty < T_M$（其中 T_M 为纯物质的熔化温度）。$\boldsymbol{U}_\infty$ 为远场来流速度，其方向指向 z 轴正方向。选取 V 作为速度尺度，扩散长度 $\ell_D = D_L/V$ 作为长度尺度，其中 D_L 为液相溶质扩散系数，选取 ℓ_D/V 作为时间尺度，$\Delta H/(c_p\rho_L)$ 作为温度尺度，其中 ΔH 为固相单位体积的潜热，c_p 为比热容，ρ_L 为熔体密度，选取 C_∞ 作为浓度尺度。假定熔体为不可压缩牛顿流体。(x, y, z) 和 t 分别表示直角坐标和时间。$\boldsymbol{U}$ 表示液相的速度，T_L 和 T_S 分别表示液相和固相温度，C_L 和 C_S 分别表示液相和固相浓度。

在运动的抛物坐标系 (ξ, η, φ) 中建立数学模型，令

$$\begin{cases} x = \eta_0^2\xi\eta\cos\varphi \\ y = \eta_0^2\xi\eta\sin\varphi \\ z = \dfrac{\eta_0^2}{2}(\xi^2 - \eta^2) \end{cases}$$

式中，η_0 为待定的常数，可以选择这个坐标系原点的位置，使得枝晶的前缘满足：

$$\eta_S(0, t) = 1 \tag{1-20}$$

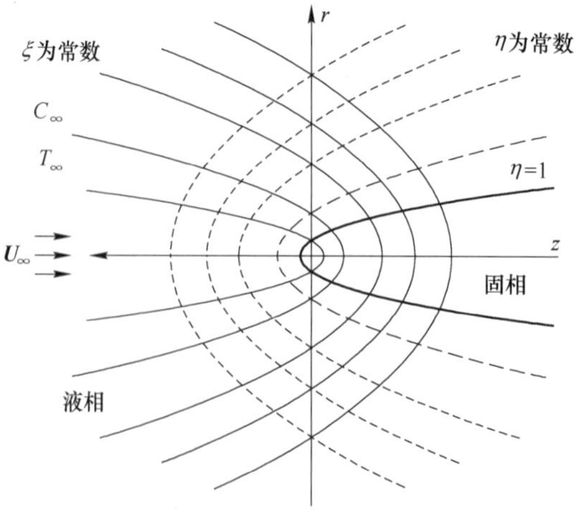

图 1-6　在有远场来流的二元合金过冷熔体中枝晶生长的几何图

对于单一枝晶的生长，其固液界面形状可表示为：

$$\eta = \eta_S(\xi,\ t) \tag{1-21}$$

考虑三维轴对称的枝晶生长（$\partial/\partial\varphi = 0$），可引入流函数：

$$\begin{cases} u = \dfrac{1}{\eta_0^4\xi\eta\sqrt{\xi^2+\eta^2}}\dfrac{\partial\psi}{\partial\eta} \\ v = -\dfrac{1}{\eta_0^4\xi\eta\sqrt{\xi^2+\eta^2}}\dfrac{\partial\psi}{\partial\xi} \end{cases} \tag{1-22}$$

式中，$\boldsymbol{u} = \{u,\ v,\ 0\}$ 为液相对流速度；涡量为 $\boldsymbol{\omega} = (0,\ 0,\ \zeta/(\eta_0^2\xi\eta))$；$\zeta$ 为涡量函数。

枝晶生长的无量纲控制方程为：

热扩散方程：

$$\frac{\partial^2 T_L}{\partial\xi^2} + \frac{\partial^2 T_L}{\partial\eta^2} + \frac{1}{\xi}\frac{\partial T_L}{\partial\xi} + \frac{1}{\eta}\frac{\partial T_L}{\partial\eta} = \lambda\left[\eta_0^4(\xi^2+\eta^2)\frac{\partial T_L}{\partial t} + \frac{1}{\eta_0^2\xi\eta}\frac{\partial(T_L,\ \psi)}{\partial(\xi,\ \eta)}\right] \tag{1-23}$$

$$\frac{\partial^2 T_S}{\partial\xi^2} + \frac{\partial^2 T_S}{\partial\eta^2} + \frac{1}{\xi}\frac{\partial T_S}{\partial\xi} + \frac{1}{\eta}\frac{\partial T_S}{\partial\eta} = \lambda\kappa_T\left[\eta_0^4(\xi^2+\eta^2)\frac{\partial T_S}{\partial t} + \frac{\partial(T_S,\ \eta_0^2\xi\eta)}{\partial(\xi,\ \eta)}\right] \tag{1-24}$$

浓度扩散方程：

$$\frac{\partial^2 C_L}{\partial\xi^2} + \frac{\partial^2 C_L}{\partial\eta^2} + \frac{1}{\xi}\frac{\partial C_L}{\partial\xi} + \frac{1}{\eta}\frac{\partial C_L}{\partial\eta} = \eta_0^4(\xi^2+\eta^2)\frac{\partial C_L}{\partial t} + \frac{1}{\eta_0^2\xi\eta}\frac{\partial(C_L,\ \psi)}{\partial(\xi,\ \eta)} \tag{1-25}$$

$$\frac{\partial^2 C_S}{\partial\xi^2} + \frac{\partial^2 C_S}{\partial\eta^2} + \frac{1}{\xi}\frac{\partial C_S}{\partial\xi} + \frac{1}{\eta}\frac{\partial C_S}{\partial\eta} = \kappa_D\left[\eta_0^4(\xi^2+\eta^2)\frac{\partial C_S}{\partial t} + \frac{\partial(C_S,\ \eta_0^2\xi\eta)}{\partial(\xi,\ \eta)}\right] \tag{1-26}$$

动量方程：

$$\frac{\partial^2\psi}{\partial\xi^2} + \frac{\partial^2\psi}{\partial\eta^2} - \frac{1}{\xi}\frac{\partial\psi}{\partial\xi} - \frac{1}{\eta}\frac{\partial\psi}{\partial\eta} = -\eta_0^4(\xi^2+\eta^2)\zeta \tag{1-27}$$

涡量方程：

$$Sc\left[\frac{\partial^2\zeta}{\partial\xi^2} + \frac{\partial^2\zeta}{\partial\eta^2} - \frac{1}{\xi}\frac{\partial\zeta}{\partial\xi} - \frac{1}{\eta}\frac{\partial\zeta}{\partial\eta}\right] = \eta_0^4(\xi^2+\eta^2)\frac{\partial\zeta}{\partial t} + \frac{2\zeta}{\eta_0^4\xi^2\eta^2}\frac{\partial(\psi,\ \eta_0^2\xi\eta)}{\partial(\xi,\ \eta)} - \frac{1}{\eta_0^2\xi\eta}\frac{\partial(\psi,\ \zeta)}{\partial(\xi,\ \eta)} \tag{1-28}$$

式中，$\lambda = D_L/\kappa_L$；κ_L 为液相热扩散系数，$\kappa_T = \kappa_L/\kappa_S$；$\kappa_S$ 为固相热扩散系数；$\kappa_D = D_L/D_S$；D_S 为固相中溶质扩散系数；$Sc = \dfrac{v}{D_L}$ 为 Schmidt 数；v 为运动黏度系数。

模型的边界条件。

（1）远场条件：当 $\eta \to \infty$ 时，

$$\psi \sim \frac{1}{2}\lambda_0\eta_0^4\xi^2\eta^2 + o(1),\quad \zeta \to 0 \tag{1-29}$$

$$T_L \to T_\infty,\quad C_L \to 1 \tag{1-30}$$

式中，λ_0 为远场来流参数；T_∞ 为远场无量纲温度，$T_\infty < 0$。

（2）正则条件：当 $\eta \to 0$ 时，

$$T_S \to O(1),\quad C_S \to O(1) \tag{1-31}$$

（3）枝晶的界面 $\eta = \eta_S(\xi, t)$ 条件。

1）温度连续性条件：

$$T_S = T_L \tag{1-32}$$

2）Gibbs-Thomson 条件：

$$T_S = -2K\hat{\Gamma}(1 - \alpha_n \cos n\theta) - MC_L \tag{1-33}$$

$$K = -\frac{1}{2\eta_0^2\sqrt{\xi^2 + \eta_S^2}}\left(\frac{\eta''_S}{(1 + \eta'^2_S)^{\frac{3}{2}}} - \frac{1}{\eta_S(1 + \eta'^2_S)^{\frac{1}{2}}} + \frac{\eta'_S(\eta_S^2 + 2\xi^2) - \xi\eta_S}{\xi(\xi^2 + \eta_S^2)(1 + \eta'^2_S)^{\frac{1}{2}}}\right)$$

式中，K 为界面平均曲率；$\hat{\Gamma}$ 为各向同性表面张力参数，$\hat{\Gamma} = \frac{l_c}{l_D} = \frac{\hat{\gamma} c_p \rho T_M}{(\Delta H)^2 l_D}$；$l_c$ 为毛细长度；$\hat{\gamma}$ 为表面张力各向同性系数；α_n 为各向异性参数，$\alpha_n = \gamma_n(n^2 - 1)$；$\gamma_n$ 为表面张力各向异性系数；θ 为定向角；$M = -mC_\infty c_p \rho/\Delta H$；$m$ 为平衡相图中液相线斜率。

因为此处考虑三维轴对称枝晶生长模型，这里表面张力各向异性只局限在通过 z 轴的任何一个平面里，即在 φ 方向上表面张力仍为各向同性。定向角可定义为枝晶界面法线方向与 z 轴的夹角，如图 1-7 所示。

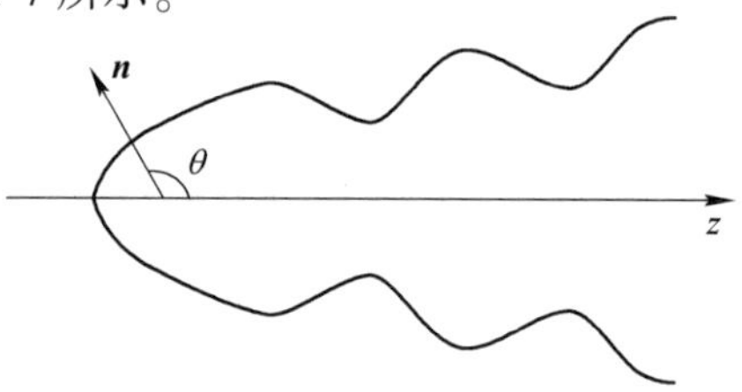

图 1-7　定位角示意图

3）热平衡条件：

$$\left(\frac{\partial}{\partial\eta} - \eta'_S\frac{\partial}{\partial\xi}\right)\left(T_L - \frac{T_S}{\kappa_T}\right) + \lambda\eta_0^2(\xi\eta_S)' + \lambda\eta_0^4(\xi^2 + \eta_S^2)\frac{\partial\eta_S}{\partial t} = 0 \tag{1-34}$$

4）溶质守恒条件：

$$(C_L - C_S)\left[\eta_0^2(\xi\eta_S)' + \eta_0^4(\xi^2 + \eta_S^2)\frac{\partial\eta_S}{\partial t}\right] + \frac{\partial C_L}{\partial\eta} - \eta'_S\frac{\partial C_L}{\partial\xi} + \frac{1}{\kappa_D}\left(\frac{\partial C_S}{\partial\eta} - \eta'_S\frac{\partial C_S}{\partial\xi}\right) = 0 \tag{1-35}$$

5）浓度的分离条件：

$$C_S = kC_L \tag{1-36}$$

式中，k 为溶质分离系数。

k 随着温度的升降以及成分的不同而变化，尤其在大过冷度下，该系数与枝晶生长速度有关[28]。但此处限制枝晶在小过冷度下生长，这样 k 的变化不大，仍可假定为常数，$k < 1$。

6）质量守恒条件：

$$-\left(\eta'_S\frac{\partial\psi}{\partial\eta} + \frac{\partial\psi}{\partial\xi}\right) + \eta_0^4\xi\eta_S(\xi\eta'_S + \eta_S) = 0 \tag{1-37}$$

7）界面切向速度连续性条件：

$$\frac{\partial\psi}{\partial\eta}-\eta_S'\frac{\partial\psi}{\partial\xi}+\eta_0^4\xi\eta_S(\eta_S\eta_S'-\xi)=0 \tag{1-38}$$

这里考虑 Schmidt 数 $Sc \gg 1$ 的情形：可选取小参数 $\varepsilon_S=1/Sc$。对 $\hat{T}_L(\sigma,\hat{\tau},\varepsilon_s)$，$\hat{C}_L(\sigma,\hat{\tau},\varepsilon_S)$，$\hat{h}_S(\sigma)$ 作如下渐近展开

$$\begin{cases}\hat{T}_L=\hat{\gamma}_0(\varepsilon_S)\hat{T}_{L_0}+\hat{\gamma}_1(\varepsilon_S)\hat{T}_{L_1}+\cdots\\ \hat{C}_L=\hat{\beta}_0(\varepsilon_S)\hat{C}_{L_0}+\hat{\beta}_1(\varepsilon_S)\hat{C}_{L_1}+\cdots\\ \hat{h}_S=\hat{\delta}_0(\varepsilon_S)\hat{h}_0(\sigma)+\hat{\delta}_1(\varepsilon_S)\hat{h}_1(\sigma)+\cdots\end{cases} \tag{1-39}$$

通过渐近分析方法析方法求得模型的渐近解，求解过程可参考[29]：

液相温度场与浓度场的渐近解：

$$T_L(\sigma,\tau,\varepsilon_S)=T_\infty+\frac{\lambda\hat{\tau}_{0,0}}{\lambda_0}e^{\frac{2\lambda_0-1}{\lambda_0}\lambda\hat{\tau}_{0,0}}\Xi_1\left(\lambda\frac{2\lambda_0-1}{\lambda_0\varepsilon_s}\tau\right)+\frac{1}{\ln\varepsilon_s}\left[I_{1,0}\Xi_1\left(\frac{2\lambda_0-1}{\lambda_0\varepsilon_s}\lambda\tau\right)+\hat{R}_{1,0}\left(\frac{\tau}{\varepsilon_S}\right)\right]+\cdots \tag{1-40}$$

$$C_L(\sigma,\tau,\varepsilon_S)=1+\frac{e^{\frac{2\lambda_0-1}{\lambda_0}\hat{\tau}_{0,0}}\Xi_1\left(\frac{2\lambda_0-1}{\lambda_0\varepsilon_S}\tau\right)}{\frac{\lambda_0}{(1-k)\hat{\tau}_{0,0}}-\hat{\tau}_{0,0}e^{\frac{2\lambda_0-1}{\lambda_0}\hat{\tau}_{0,0}}\Xi_1\left(\frac{2\lambda_0-1}{\lambda_0}\hat{\tau}_{0,0}\right)}+\frac{1}{\ln\varepsilon_s}\left[J_{1,0}\Xi_1\left(\frac{2\lambda_0-1}{\lambda_0\varepsilon_s}\tau\right)+\hat{M}_{1,0}\left(\frac{\tau}{\varepsilon_s}\right)\right]+\cdots \tag{1-41}$$

式中，$\Xi_n(\tau)=\int_1^\infty\frac{e^{-\tau u}}{u^n}du(n=0,1,2,\cdots)$。

若 $\lambda=1$，式（1-39）即为 Xu 的温度场的解。在 $Sc\to\infty$ 时，浓度场与温度场有相似性解。界面形状函数为：

$$\hat{\tau}_S(\sigma)=\hat{\tau}_{0,0}+\frac{1}{\ln\varepsilon_S}\hat{\tau}_{0,1}+\cdots \tag{1-42}$$

在坐标系（ξ，η）中表示为：

$$\eta_S(\xi)=1+o\left(\frac{1}{\ln\varepsilon_S}\right) \tag{1-43}$$

枝晶的固相温度场、浓度场为：

$$T_S(\sigma,\tau,\varepsilon_S)=T_\infty+\frac{\lambda\hat{\tau}_{0,0}}{\lambda_0}e^{\frac{2\lambda_0-1}{\lambda_0}\lambda\hat{\tau}_{0,0}}\Xi_1\left(\lambda\frac{2\lambda_0-1}{\lambda_0}\hat{\tau}_{0,0}\right)+\frac{1}{\ln\varepsilon_s}\left[I_{1,0}\Xi_1\left(\frac{2\lambda_0-1}{\lambda_0}\lambda\hat{\tau}_{0,0}\right)+\hat{R}_{1,0}(\hat{\tau}_{0,0})\right]+\cdots \tag{1-44}$$

$$C_S(\sigma,\ \tau,\ \varepsilon_S)=k+\frac{k\mathrm{e}^{\frac{2\lambda_0-1}{\lambda_0}\hat{\tau}_{0,0}}\Xi_1\left(\frac{2\lambda_0-1}{\lambda_0}\hat{\tau}_{0,0}\right)}{\frac{\lambda_0}{(1-k)\hat{\tau}_{0,0}}-\hat{\tau}_{0,0}\mathrm{e}^{\frac{2\lambda_0-1}{\lambda_0}\hat{\tau}_{0,0}}\Xi_1\left(\frac{2\lambda_0-1}{\lambda_0}\hat{\tau}_{0,0}\right)}+$$
$$\frac{k}{\ln\varepsilon_S}\left[J_{1,0}\Xi_1\left(\frac{2\lambda_0-1}{\lambda_0}\hat{\tau}_{0,0}\right)+\hat{M}_{1,0}(\hat{\tau}_{0,0})\right]+\cdots \tag{1-45}$$

由式（1-43）可得出枝晶尖端半径 $l_\rho=\eta_0^2 l_D$ ，则枝晶生长的 Peclet 数（Pe）为

$$Pe=\frac{\lambda l_\rho V}{2\kappa_D}=\frac{\lambda}{2}\eta_0^2(\varepsilon_S)=\lambda\left(\frac{\eta_{0,0}^2}{2}+\frac{\hat{\tau}_{0,1}}{\lambda_0\ln\varepsilon_S}+\cdots\right) \tag{1-46}$$

以上研究了由远场来流引起的对流与二元合金过冷熔体系统中稳态枝晶生长之间的相互作用，在零表面张力和大 Schmid*t* 数的情形下求出了稳态枝晶生长在整个区域一致有效的渐近解。结果表明，当受到远场来流的作用时，界面形状仍然是一个近似的抛物面。如果忽略浓度的变化，那么所得结果将退化为 Xu 所得的结果。从而将 Xu 关于纯熔体中远场来流引起的对流对枝晶生长作用的结果推广到受远场来流影响的二元合金过冷熔体中。在二元合金过冷熔体中，随着流动速度的增加，温度场和浓度场随变量 $\hat{\tau}$ 的增加进一步减小。当熔体流动速度增大时，过冷度对枝晶尖端曲率半径的影响将减小。与纯熔体比较，二元合金过冷熔体中流动速度对界面形态有更大的影响，流动速度通过影响规范化参数使得系统的 Peclet 数倾向于进一步增加。

1.5.2　枝晶生长的稳定性分析

研究枝晶生长的稳定性，需要对基态解做一小扰动。实际上，在凝固过程中，枝晶界面前沿由于温度的波动，溶质的排出及界面能的存在，基态解总会受到扰动。这样，1.5.1 小节的模型解由定常基态解与小扰动解组成，扰动解一般为非定常态。

以界面稳定性参数作为小参数来寻找枝晶的基态渐近解。该稳定性参数定义为

$$\varepsilon=\frac{\sqrt{\hat{\Gamma}}}{\eta_0^2} \tag{1-47}$$

对于实际中的枝晶，当表面张力很小时，其基态解为：

$$q_B(\xi,\ \eta)=q_{B_0}(\xi,\ \eta)+O(\varepsilon^2) \tag{1-48}$$

其中

$$q_B=\{T_{L_B},\ T_{S_B},\ C_{L_B},\ C_{S_B},\ \psi_B,\ \zeta_B,\ \eta_{S_B}\} \tag{1-49}$$

$q_{B_0}(\xi,\ \eta)$ 为 1.5.1 小节中所求的定常解，其中

$$\begin{cases}\psi_B=\dfrac{2\sigma}{\varepsilon_S}\dfrac{\hat{\tau}}{\lambda_0^2}-\dfrac{2\sigma}{\varepsilon_S\ln\varepsilon_S}\dfrac{\lambda_0-1}{\lambda_0^2}[\hat{\tau}(\ln\hat{\tau}-\ln\hat{\tau}_{0,0})-\hat{\tau}_{0,0}(\ln\hat{\tau}_{0,0}-1)-\hat{\tau}]+\cdots\\ \zeta_B=\dfrac{2\sigma}{\ln\varepsilon_S}(\lambda_0-1)+\cdots\end{cases} \tag{1-50}$$

对基态解做一个小扰动

$$q(\xi,\ \eta,\ t)=q_{\mathrm{B}}(\xi,\ \eta)+\tilde{q}(\xi,\ \eta,\ t) \tag{1-51}$$

扰动态的数学模型：

液固相温度场方程：

$$\frac{\partial^2\tilde{T}_{\mathrm{L}}}{\partial\xi^2}+\frac{\partial^2\tilde{T}_{\mathrm{L}}}{\partial\eta^2}+\frac{1}{\xi}\frac{\partial\tilde{T}_{\mathrm{L}}}{\partial\xi}+\frac{1}{\eta}\frac{\partial\tilde{T}_{\mathrm{L}}}{\partial\eta}=\lambda\left[\eta_0^4(\xi^2+\eta^2)\frac{\partial\tilde{T}_{\mathrm{L}}}{\partial t}+\frac{1}{\eta_0^2\xi\eta}\frac{\partial(\tilde{T}_{\mathrm{L}},\ \tilde{\psi}+\psi_{\mathrm{B}})}{\partial(\xi,\ \eta)}+\frac{1}{\eta_0^2\xi\eta}\frac{\partial(T_{\mathrm{L_B}},\ \tilde{\psi})}{\partial(\xi,\ \eta)}\right] \tag{1-52}$$

$$\frac{\partial^2\tilde{T}_{\mathrm{S}}}{\partial\xi^2}+\frac{\partial^2\tilde{T}_{\mathrm{S}}}{\partial\eta^2}+\frac{1}{\xi}\frac{\partial\tilde{T}_{\mathrm{S}}}{\partial\xi}+\frac{1}{\eta}\frac{\partial\tilde{T}_{\mathrm{S}}}{\partial\eta}=\lambda\kappa_{\mathrm{T}}\left[\eta_0^4(\xi^2+\eta^2)\frac{\partial\tilde{T}_{\mathrm{S}}}{\partial t}+\frac{\partial(\tilde{T}_{\mathrm{S}},\ \eta_0^2\xi\eta)}{\partial(\xi,\ \eta)}\right] \tag{1-53}$$

液固相浓度场方程：

$$\frac{\partial^2\tilde{C}_{\mathrm{L}}}{\partial\xi^2}+\frac{\partial^2\tilde{C}_{\mathrm{L}}}{\partial\eta^2}+\frac{1}{\xi}\frac{\partial\tilde{C}_{\mathrm{L}}}{\partial\xi}+\frac{1}{\eta}\frac{\partial\tilde{C}_{\mathrm{L}}}{\partial\eta}=\eta_0^4(\xi^2+\eta^2)\frac{\partial\tilde{C}_{\mathrm{L}}}{\partial t}+\frac{1}{\eta_0^2\xi\eta}\frac{\partial(\tilde{C}_{\mathrm{L}},\ \tilde{\psi}+\psi_{\mathrm{B}})}{\partial(\xi,\ \eta)}+\frac{1}{\eta_0^2\xi\eta}\frac{\partial(C_{\mathrm{L_B}},\ \tilde{\psi})}{\partial(\xi,\ \eta)} \tag{1-54}$$

$$\frac{\partial^2\tilde{C}_{\mathrm{S}}}{\partial\xi^2}+\frac{\partial^2\tilde{C}_{\mathrm{S}}}{\partial\eta^2}+\frac{1}{\xi}\frac{\partial\tilde{C}_{\mathrm{S}}}{\partial\xi}+\frac{1}{\eta}\frac{\partial\tilde{C}_{\mathrm{S}}}{\partial\eta}=\kappa_{\mathrm{D}}\left[\eta_0^4(\xi^2+\eta^2)\frac{\partial\tilde{C}_{\mathrm{S}}}{\partial t}+\frac{\partial(\tilde{C}_{\mathrm{S}},\ \eta_0^2\xi\eta)}{\partial(\xi,\ \eta)}\right] \tag{1-55}$$

流场方程：

$$\frac{\partial^2\tilde{\psi}}{\partial\xi^2}+\frac{\partial^2\tilde{\psi}}{\partial\eta^2}-\frac{1}{\xi}\frac{\partial\tilde{\psi}}{\partial\xi}-\frac{1}{\eta}\frac{\partial\tilde{\psi}}{\partial\eta}=-\eta_0^4(\xi^2+\eta^2)\tilde{\zeta} \tag{1-56}$$

$$Sc\left[\frac{\partial^2\tilde{\zeta}}{\partial\xi^2}+\frac{\partial^2\tilde{\zeta}}{\partial\eta^2}-\frac{1}{\xi}\frac{\partial\tilde{\zeta}}{\partial\xi}-\frac{1}{\eta}\frac{\partial\tilde{\zeta}}{\partial\eta}\right]=\eta_0^4(\xi^2+\eta^2)\frac{\partial\tilde{\zeta}}{\partial t}+\frac{2\tilde{\zeta}}{\eta_0^4\xi^2\eta^2}\frac{\partial(\psi_{\mathrm{B}},\ \eta_0^2\xi\eta)}{\partial(\xi,\ \eta)}+\frac{2\zeta_{\mathrm{B}}}{\eta_0^4\xi^2\eta^2}\frac{\partial(\tilde{\psi},\ \eta_0^2\xi\eta)}{\partial(\xi,\ \eta)}-\frac{1}{\eta_0^2\xi\eta}\frac{\partial(\tilde{\psi},\ \tilde{\zeta}+\zeta_{\mathrm{B}})}{\partial(\xi,\ \eta)}-\frac{1}{\eta_0^2\xi\eta}\frac{\partial(\psi_{\mathrm{B}},\ \tilde{\zeta})}{\partial(\xi,\ \eta)} \tag{1-57}$$

边界条件如下：

（1）远场条件：当 $\eta\to\infty$ 时，

$$\tilde{C}_{\mathrm{L}}\to 0,\quad \tilde{T}_{\mathrm{L}}\to 0 \tag{1-58}$$

$$\tilde{\psi}\to 0,\quad \tilde{\zeta}\to 0 \tag{1-59}$$

（2）正则条件：当 $\eta\to 0$ 时，

$$\tilde{T}_{\mathrm{S}}\to 0,\quad \tilde{C}_{\mathrm{S}}\to 0 \tag{1-60}$$

（3）界面条件：界面函数

$$\eta_{\mathrm{S}}=\eta_{\mathrm{S}}+\tilde{\eta}_{\mathrm{S_B}}=\eta_{\mathrm{S_B}}+\frac{\tilde{h}_{\mathrm{S}}}{\eta_0^2} \tag{1-61}$$

与基态界面函数相差量很小，即 $\left|\frac{\tilde{h}_0}{\eta_0^2}\right| \ll |\eta_{S_B}|$。因此，对界面条件在 $\eta = \eta_{S_B}$ 处进行 Taylor 展开，对界面条件进行线性化，这样在 $\eta = \eta_{S_B}$ 时，

1）温度连续性条件：

$$\tilde{T}_L = \tilde{T}_S - \frac{\partial(T_{L_B} - T_{S_B})}{\eta_0^2 \partial\eta}\tilde{h}_S + O(h.o.t) \tag{1-62}$$

2）Gibbs-Thomson 条件：

$$\widetilde{T}_S = \frac{\varepsilon^2(1-\alpha_4 A_0)}{\sqrt{\eta_B^2+\xi^2}}\left[\widetilde{h}''_S + \frac{\widetilde{h}'_S(\eta_B^2+2\xi^2)}{\xi(\eta_B^2+\xi^2)} - \frac{\widetilde{h}_S}{\eta_B^2+\xi^2}\right] + \frac{\varepsilon^2\alpha_4}{\sqrt{\eta_B^2+\xi^2}}\left(\frac{1}{\eta_B}+\frac{\eta_B}{\eta_B^2+\xi^2}\right)\times$$

$$(A_1\widetilde{h}_S + A_2\widetilde{h}'_S) - \left(\frac{\partial T_{S_B}}{\partial\eta} + M\frac{\partial C_{L_B}}{\partial\eta}\right)\frac{\widetilde{h}_S}{\eta_0^2} - M\widetilde{C}_L + O(h.o.t) \tag{1-63}$$

需要说明的是，这里处理的是具有四重对称性的各向异性表面张力，即 $n = 4$。由

$$\tan\theta = \frac{\mathrm{d}z}{\mathrm{d}r} = \frac{\xi - \eta_S\eta'_S}{\eta_S + \xi\eta'_S} \approx \frac{\xi}{\eta_B} - \frac{\xi\widetilde{h}_S}{\eta_B^2\eta_0^2} - \frac{\eta_B^2+\xi^2}{\eta_B^2\eta_0^2}\widetilde{h}'_S$$

可得

$$\cos^2\theta \approx \frac{1}{\eta_B^2+\xi^2}\left(\eta_B^2 + \frac{2\eta_B\xi^2}{(\eta_B^2+\xi^2)\eta_0^2}\widetilde{h}_S + \frac{2\eta_B\xi}{\eta_0^2}\widetilde{h}'_S\right)$$

即

$$\cos4\theta \approx A_0 + A_1\frac{\widetilde{h}_S}{\eta_0^2} + A_2\frac{\widetilde{h}'_S}{\eta_0^2}$$

$$A_0 = 1 - \frac{8\eta_B^2}{\eta_B^2+\xi^2} + \frac{8\eta_B^4}{(\eta_B^2+\xi^2)^2}$$

$$A_1 = \frac{32\xi^2\eta_B^3}{(\eta_B^2+\xi^2)^3} - \frac{16\xi^2\eta_B}{(\eta_B^2+\xi^2)^2}$$

$$A_2 = \frac{32\eta_B^3\xi}{(\eta_B^2+\xi^2)^2} - \frac{16\eta_B\xi}{\eta_B^2+\xi^2}$$

式中，$O(h.o.t)$ 为高阶项。

3）热平衡条件：

$$\frac{\partial}{\partial\eta}\left(\widetilde{T}_L - \frac{\widetilde{T}_S}{\kappa_T}\right) - \left[\frac{\partial}{\eta_0^2\partial\xi}\left(T_{L_B} - \frac{T_{S_B}}{\kappa_T}\right) - \lambda\xi\right]\widetilde{h}'_S + \left[\frac{\partial^2}{\eta_0^2\partial\eta^2}\left(T_{L_B} - \frac{T_{S_B}}{\kappa_T}\right) + \lambda\right]\widetilde{h}_S +$$

$$\lambda\eta_0^2(\xi^2+\eta_B^2)\frac{\partial\widetilde{h}}{\partial t} + O(h.o.t) = 0 \tag{1-64}$$

4）溶质守恒条件：

$$\eta_0^2\eta_{\mathrm{B}}\left(\widetilde{C}_{\mathrm{L}} - \widetilde{C}_{\mathrm{S}} + \frac{\partial C_{\mathrm{L_B}}}{\partial \eta}\widetilde{h}_{\mathrm{S}} - \frac{\partial C_{\mathrm{S_B}}}{\partial \eta}\widetilde{h}_{\mathrm{S}}\right) + (C_{\mathrm{L_B}} - C_{\mathrm{S_B}})\left[\xi\widetilde{h}'_{\mathrm{S}} + \widetilde{h}_{\mathrm{S}} + \lambda\eta^0(\xi^2 + \eta_{\mathrm{B}}^2)\frac{\partial \widetilde{h}_{\mathrm{S}}}{\partial t}\right] +$$

$$\frac{\partial \widetilde{C}_{\mathrm{L}}}{\partial \eta} + \frac{\partial C_{\mathrm{L_B}}}{\partial \eta}\frac{\widetilde{h}_{\mathrm{S}}}{\eta_0^2} - \frac{\widetilde{h}'_{\mathrm{S}}}{\eta_0^2}\frac{\partial C_{\mathrm{L_B}}}{\partial \xi} + \frac{1}{\kappa_{\mathrm{D}}}\left(\frac{\partial \widetilde{C}_{\mathrm{S}}}{\partial \eta} + \frac{\partial C_{\mathrm{S_B}}}{\partial \eta}\frac{\widetilde{h}_{\mathrm{S}}}{\eta_0^2} - \frac{\widetilde{h}'_{\mathrm{S}}}{\eta_0^2}\frac{\partial C_{\mathrm{S_B}}}{\partial \xi}\right) + O(h.o.t) = 0 \tag{1-65}$$

5）浓度分离条件：

$$\widetilde{C}_{\mathrm{S}} = k\widetilde{C}_{\mathrm{L}} + \left(k\frac{\partial C_{\mathrm{L_B}}}{\partial \eta} - \frac{\partial C_{\mathrm{S_B}}}{\partial \eta}\right)\frac{\widetilde{h}_{\mathrm{S}}}{\eta_0^2} + O(h.o.t) \tag{1-66}$$

6）质量守恒条件：

$$\frac{\partial \widetilde{\psi}}{\partial \xi} + \frac{\partial^2 \psi_{\mathrm{B}}}{\partial \eta\,\partial \xi}\frac{\widetilde{h}_{\mathrm{S}}}{\eta_0^2} + \left(\frac{1}{\eta_0^2}\frac{\partial \psi_{\mathrm{B}}}{\partial \eta} - \eta_0^2\xi^2\eta_{\mathrm{B}}\right)\widetilde{h}'_{\mathrm{S}} - 2\eta_0^2\xi\eta_{\mathrm{B}}\widetilde{h}_{\mathrm{S}} + O(h.o.t) = 0 \tag{1-67}$$

7）界面切向速度连续性条件：

$$\frac{\partial \widetilde{\psi}}{\partial \eta} + \frac{\partial^2 \psi_{\mathrm{B}}}{\partial \eta^2}\frac{\widetilde{h}_{\mathrm{S}}}{\eta_0^2} - \frac{\partial \psi_{\mathrm{B}}}{\partial \xi}\frac{\widetilde{h}'_{\mathrm{S}}}{\eta_0^2} + \eta_0^2\xi(\eta_{\mathrm{B}}^2\widetilde{h}'_{\mathrm{S}} - \xi\widetilde{h}_{\mathrm{S}}) + O(h.o.t) = 0 \tag{1-68}$$

为了使模型有解，需补充以下两个条件：

（1）枝晶尖端光滑条件：$\xi \to 0$ 时，

$$\widetilde{h}_{\mathrm{S}}(0) < \infty, \quad \widetilde{h}'_{\mathrm{S}}(0) = 0 \tag{1-69}$$

（2）远场根部条件：$\xi \to \infty$ 时，

$$\widetilde{h}_{\mathrm{S}} \to 0 \tag{1-70}$$

如果忽略以上偏微分方程系统的高阶小量项，便可得到一个包含两个参数（ε，η_0^2）的关于扰动态的线性系统。寻找此线性系统的有着 $\widetilde{q} \equiv \{\widetilde{T}, \widetilde{T}_{\mathrm{S}}, \widetilde{h}\} = \hat{q}(\xi, \eta)\mathrm{e}^{\sigma t}$ 这种形式的解，导致一个线性特征值问题。待求的特征值 σ 与特征函数向量 $\hat{q}$ 均将依赖于参数（ε，η_0^2）。

这一线性特征值问题可分如下两步求解：

（1）将 σ 当成一个可任意取值的参数，并在给定参数值（ε，η_0^2，σ）的情形下寻找线性扰动系统的解。该解满足控制方程以及除去枝晶尖端条件以外的一切边界条件。将采用多尺度展开发，寻找在 $\varepsilon \to 0$ 的极限条件下的一致有效渐近形式解。

（2）在找到上述问题的解之后，再令解满足枝晶尖端条件，这将导致一个关于参数（ε，η_0^2，σ）的限制条件，此条件确定了特征值 σ 与参数（ε，η_0^2）的一个函数关系，又称为特征值 σ 的量子化条件。

经过计算，得到枝晶生长系统扰动态的特征值的一阶渐近展开

$$\sigma \sim \sigma_0 + \varepsilon\sigma_1 + \cdots \tag{1-71}$$

$$\sigma_0 = \sqrt{\frac{4S_1}{27S_0^2 f_0(\xi_{\mathrm{c}})}}\,(1 - \mathrm{i}S_0\xi_{\mathrm{c}})^{\frac{3}{2}}\,(1 + \xi_{\mathrm{c}}^2)^{\frac{1}{4}} \tag{1-72}$$

σ_1 由量子化条件确定

$$\frac{1}{\varepsilon}\int_0^{\xi_C}(w_0^{(1)} - w_0^{(3)})\mathrm{d}\xi = \left(2n + 1 + \frac{1}{2} + \frac{\vartheta}{2}\right)\pi - \frac{\mathrm{i}}{2}\{\ln\alpha_0 + 2\ln[2\cos(z\pi)]\} \tag{1-73}$$

当

$$\mathrm{Re}(\sigma_0 + \varepsilon\sigma_1) = 0, \quad n = 0, \quad \pm 1, \quad \pm 2, \cdots \tag{1-74}$$

时，得到一系列 ε_{*n}，$\varepsilon_* = \varepsilon_{*0} > \varepsilon_{*1} > \cdots > \varepsilon_{*n} > \cdots$，于是得到枝晶生长扰动系统界面稳定性判据[1, 2, 46]：

$$\begin{aligned} &\varepsilon > \varepsilon_*, \quad \text{枝晶生长系统是稳定的,} \\ &\varepsilon < \varepsilon_*, \quad \text{枝晶生长系统是不稳定的} \end{aligned} \tag{1-75}$$

$\varepsilon = \varepsilon_*$ 对应于枝晶生长扰动系统的中立稳定状态，所以

$$\sigma = - i\omega_* \quad (n = 0) \tag{1-76}$$

ε_* 称为界面临界稳定性参数。按照 $\varepsilon = \varepsilon_*$，枝晶生长扰动系统选择界面的频率，以及枝晶的尖端速度和尖端半径等。如果忽略浓度，那么上述结果将退化到 Xu 等人研究的情形。这确定了枝晶尖端半径与生长速度，解决了枝晶的选择性问题。

胞晶可以看作枝晶的一个特例。胞晶生长经常发生在定向凝固过程中的含有微量杂质成分或处于共晶点附近的二元系的合金熔体。许多常用材料的制备工艺（如布里奇曼晶体生长法，直拉法单晶生长）在一定程度上都可以视为一种定向凝固过程。二元合金凝固系统中胞晶列的形成可以通过 Hele-Shaw 生长室进行观测，装置如图 1-8 所示。系统包括细长的样本材料及两个恒温区：一个高于平直界面上液化温度 T_M 的高温区（温度为 T_H）和一个低于 T_M 的低温区（温度为 T_C）。高温区和低温区之间的距离为 $(L)_D$。以恒定速度 V 由高温区向低温区拉动样本。

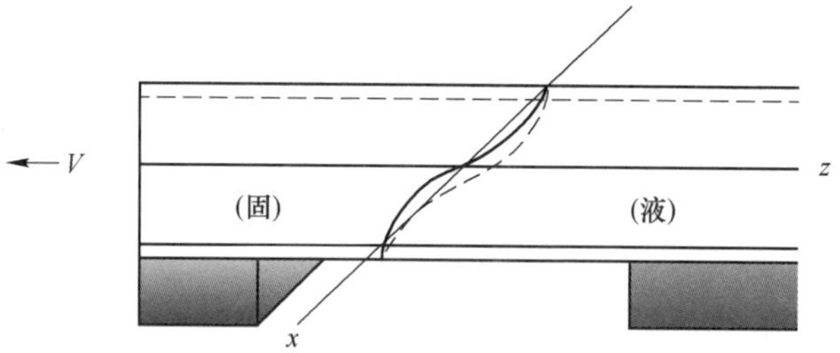

图 1-8　Hele-Shaw 定向凝固装置示意图

Mcfadden 等人[30]讨论了不同晶体生长速度时界面形态演化及溶质分布状况。实验结果表明，当拉动速度 V 充分小时，界面将是平直界面，且位于两个温度区之间的某个位置；当拉动速度 V 逐渐增加，平直的界面变成弯曲的小振幅胞晶界面；当拉速 V 进一步增加时，界面演化为振幅较大的深胞晶；当拉速 V 增大到超过某个临界速度 V_C 时，深胞晶界面由于 Mullins-Sekerka 不稳定性，界面会失稳；当拉速 V 进一步增大，超过 V_C 时，界面将会继续演化，经过一个复杂的动力学过程以后，它会形成一个定常胞晶列结构，而且这些胞晶是以等主间距 l_w 周期性排列的；进一步发现，当拉动速度增大到超过第二个临界值时，胞晶列转化为枝晶列；当 $V \gg V_C$ 时，问题会变为强非线性问题，此时整个斑图的形

成过程和它与操作条件之间的关系是非常复杂的。

在理论研究方面，Péclet 和 Pumir[31] 首先在 1985 年使用匹配渐近的方法研究了小 Péclet 数情况下胞晶生长的定常态，首次发现了定向凝固过程中的胞晶生长与 Hele-Shaw 流中黏指生长的内在相似性，得到了零温度梯度系统的渐近展开解，他们的解对应无穷深的胞晶。但是，这与"实际胞晶是有限的"这一结论相违背。在他们的工作基础之上，Dombre 和 Hakim[32] 在 1987 年发现了一种无限可数集的解决方案，对于解决方案的每个分支，在小 Péclet 数下，研究了分离系数 $\lambda_0 \approx 1$ 的情况，并将其研究结果与实际中的定向凝固联系起来，发现他们的结果显示稳态胞晶生长在可解性条件下，不存在任何的波长选择的迹象，与数值结果相反。Weeks、Saarloos 和 Grant[33-34] 于 1989 年，在 Dombre 和 Hakim 渐近匹配研究的基础上，在小 Péclet 数的情况下，应用渐近匹配研究了小振幅的界面和深凹槽指状界面的稳态解。但是这些研究所获得的解对整个物理区域都不是一致有效的。

在实验观测方面，Trivedi 和 Somboonsuk 等人[35-37] 用实验的方法对这类问题进行了研究，但是假设中的无限长的试验时间不能实现，所以这些经验性的结论还需要进一步的理论论证。近年来，Pocheau 和 Georgelin 等人[38-43] 通过给定各种 Hele-Shaw 生长室中的生长条件，研究了胞晶列形成的动力学，细致地观测了整体的界面形状。实验数据表明在给定的生长条件下，胞晶列的斑图是不唯一的，胞晶形态的选择是依赖于它的生长历史的。黄卫东和丁国陆等人[44-46] 提出了关于定向凝固过程中胞晶形态选择可能具有历史相关性的重要实验证据，这与 Pocheau 和 Georgelin 等人的发现是一致的。而他们提出的经验公式只能够满足一些界面几何形状的实际需要，不能用来确定胞晶在整个深槽底部的全长。另外，这些公式也不能用来理解胞晶生长时整个胞晶界面形状形成的机制。这些实验数据和实验结果需要有其他理论依据的解释和支持。

近年来也有很多学者使用相场模型等数值方法研究该问题[47-51]。例如，张云鹏等人[52] 用 CA 方法模拟界面能各向异性对胞晶生长形态的影响，发现界面能各向异性的强度非常小时，胞晶形态不稳定，其尖端容易分岔，而界面能各向异性足够大时，容易形成稳定的胞晶形态，且界面能各向异性越强，稳态胞晶间距越小，胞晶尖端半径越小。彭东剑等人[53] 用界面追踪法的数值自洽模型研究了界面能各向异性对定向凝固枝晶生长的影响，模拟结果表明，对于给定的凝固条件，对应不同的一次间距 Péclet 数范围，存在 2 个不同的界面形态解区间，其中较小的区间 Péclet 数解区间对应的界面形状类似胞状晶，较大的间距 Péclet 数解区间对应的界面形状类似枝状晶，界面能各向异性的增大有利于枝晶解区间的扩大。Losert 等人[54] 通过数值模拟的方法研究了深胞晶生长的稳定性机制和成对形成的现象，数值模拟可以重现实验中被观测到的胞晶斑图，不过不能揭示胞晶生长系统在根部底端的奇异性及它的工作机制，也不能对相关的物理不稳定性机制进行解释。Echebarria 等人[55] 给出了以下结论：胞晶列转化为枝晶列以后，枝晶列生长过程中在界面上的振荡频率是跟其与尖端的距离无关的常数，界面振荡的功率谱包括一系列高度依次递减的峰值。而数值模拟结果不能解释这些现象与内在本质和机制有关的问题。

尽管至今已经积累了大量理论的实验及数值模拟的结果，但是能让人感到满意的寻求分析解方面的理论工作仍然十分缺乏。从理论上说明与预测定向凝固过程中深胞晶界面斑图的形成、选择与转化具有重大的实际意义，也是科研人员一直迫切希望能够解决的问题。然而，上述的分析工作还未能确定定向凝固系统中深胞晶的完整的界面形状，尚不能从理论上很好地揭示深胞晶生长现象发生的物理机制，以及预测实践中十分重要的结构参数，如胞晶结构的主间距、胞晶尖端的曲率半径、转变为枝晶结构时的临界值、胞晶生长的全长等，特别是所有这些重要的量与操作条件之间的数学关系，这些问题在长达半个多世纪的时间里没有得到解决。直到界面波理论出现才对这方面的理论研究获得了重大突破。本节在 Xu[18] 研究深胞晶生长的基础上，进一步研究了表面张力各向异性和界面动力学各向异性对定向凝固中深胞晶生长形态的影响。

考虑 Hele-Shaw 生长室内定向凝固过程中的胞晶生长，由于样本材料是细长的，凝固过程可以视为二维处理。该系统下的深胞晶生长，其液相位于上半空间，界面拉伸速度为 V，方向指向为液相方向向上。界面随着时间变化向上移动，并且设原点位于胞晶尖端的直角坐标系 xoy 中，由于假定固相是相对静止的，忽略固相中的热扩散和溶质扩散，温度梯度为 G_T，远场浓度为 C_∞，胞晶列的周期为 l_w。

在曲线坐标系（ξ，η）下，温度场的线性分布为：

$$T = \varepsilon G[WY(\xi, \eta) - y_0] \tag{1-77}$$

定常胞晶生长的基态（C，η_B）满足热平衡条件和控制方程：

$$\frac{\partial^2 C}{\partial \xi^2} + \frac{\partial^2 C}{\partial \eta^2} + \varepsilon W\left(Y_\xi \frac{\partial C}{\partial \xi} + X_\xi \frac{\partial C}{\partial \eta}\right) = 0 \tag{1-78}$$

也满足以下边界条件：

在远场，远离胞晶尖端，界面上的微结构对浓度场分布影响可以忽略。则当 $\eta \to \infty$ 时，

$$C \to 1 + Q_0(\varepsilon)e^{-\varepsilon w \eta} \tag{1-79}$$

式中，$Q_0(\varepsilon)$ 为与 ξ，η 无关常数。

在侧壁，当 $\xi = \pm 1$ 时，

$$\frac{\partial C_B}{\partial \xi} = 0 \tag{1-80}$$

在界面上，当 $\eta = \eta_B(\xi, \varepsilon)$ 时，

Gibbs-Thomson 条件：

$$C = y_* - \varepsilon \lambda_G WY(\xi, \eta) - \frac{\varepsilon^2 \hat{\Gamma}}{MW} K[\eta_B(\xi, \varepsilon)][1 - \alpha_4 \cos(4\theta)] - \frac{\varepsilon^2 E^{-1} m_*}{M}[M_0(\xi) + M_1(\xi)\eta_B + M_2(\xi)\eta'_B]U_I \tag{1-81}$$

质量守恒条件：

$$\frac{\partial C}{\partial \eta} - \eta'_B \frac{\partial C}{\partial \xi} - \varepsilon W(1 - \kappa)C(Y_\xi \eta'_B - Y_\eta) = 0 \tag{1-82}$$

式中，$K[\eta_B(\xi, \varepsilon)]$ 为两倍平均曲率算子，并且指状界面指向液相侧时，有 $K > 0$；κ 为分离系数；U_I 为界面的局部运动速度。

在胞晶尖端，当 $\xi = \eta = 0$ 时

$$\frac{\partial \eta_B(0)}{\partial \xi} = 0, \quad \eta_B(0) = 0 \tag{1-83}$$

在根部底端，当 $\xi=\pm1$，$\eta=\eta_b$ 时

$$\eta_B(\pm1)=\eta_b,\quad \frac{\partial\eta_B(\pm1)}{\partial\xi}=0 \tag{1-84}$$

由于问题的数学模型中的热力学条件跟边界条件式（1-77）~式(1-84）构成一个摄动问题，可以寻求当 $\varepsilon\to0$ 时胞晶生长的渐近解。将胞晶生长区域划分为远离根部的外部区域和根部附近的区域，如图 1-9 所示，在外部区域和根部区域分别求出渐近解，然后将它们匹配得到在整个区域一直有效的渐近解。

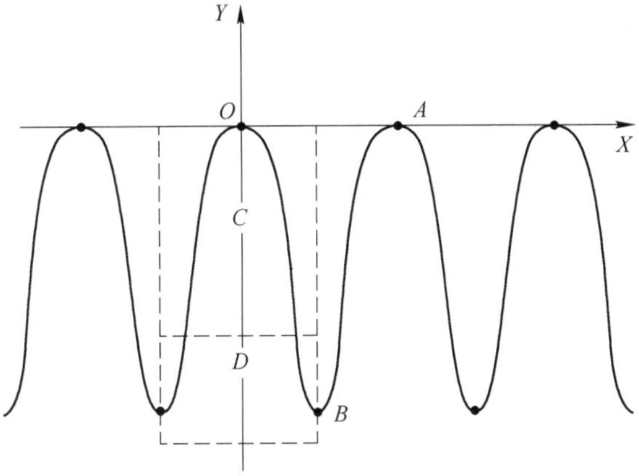

图 1-9 胞晶列界面图

A—尖端；B—根部底端；C—外部区域；D—根部区域

将 $\{C,\ \eta_B\}$ 做渐近展开，得：

$$C=C_0(\xi,\ \eta)+\varepsilon C_1(\xi,\ \eta)+\cdots \tag{1-85}$$

$$\eta_B=\varepsilon h_1(\xi)+\varepsilon^2h_2(\xi)+\cdots \tag{1-86}$$

同时渐近展开

$$y_*=y_{*0}+\varepsilon y_{*1}+\cdots \tag{1-87}$$

$$W=W_0+\varepsilon W_1+\cdots \tag{1-88}$$

将式（1-85）~式（1-88）代入热力学条件跟边界条件（见式（1-77）~式（1-84））中，可以得到各级渐近解。而得到的渐近解，分别为外部区域的渐近解和根部区域的渐近解。具体求解过程可参考[56]。

最后，得到量子化条件：

$$q_n=\frac{W(1-\lambda_0)}{\pi\sqrt{\varepsilon\hat{\Gamma}}}\sqrt{2M[(1-\kappa)y_{*0}-\lambda_G]}\times$$

$$\int_0^{\hat{\xi}_*}\frac{[1+\hat{\eta}'^2_T(\hat{\xi}_1)]^{\frac{1}{4}}\hat{\xi}_1^{\frac{1}{2}}}{[1-\alpha_4\hat{B}(\hat{\xi}_1)]^{\frac{1}{2}}[\hat{\eta}_T^2(\hat{\xi}_1)+\hat{\xi}_1^2]^{\frac{3}{4}}}\mathrm{d}\hat{\xi}_1\quad(n=0,\ 1,\ 2,\ \cdots) \tag{1-89}$$

由式（1-89）可以解出满足量子化条件的特征值

$$\hat{\xi}_*=\{\hat{\xi}_*^{(0)},\ \hat{\xi}_*^{(1)},\ \hat{\xi}_*^{(2)},\ \cdots\}$$

它们是参数 ε 和其他参数的函数，并且 $\hat{\xi}_*^{(0)}<\hat{\xi}_*^{(1)},\ \hat{\xi}_*^{(2)}<\cdots$。计算结果表明，特征值在 n 较大时，会变得非常大，需要排除掉，则可以只取最小的特征值 $\hat{\xi}_*^{(0)}$。当 Péclet

数 ε 固定时，含有表面张力各向异性参数 α_4 的 $\hat{\xi}_*^{(0)}$ 比不含有表面张力各向异性参数 α_4 的 $\hat{\xi}_*^{(0)}$ 更小，并且 $\hat{\xi}_*^{(0)}$ 随着表面张力各向异性参数 α_4 的增大而减小，随着 Péclet 数 ε 的增大而增大。

结果表明，深胞晶生长时界面形状会随着表面张力各向异性参数和界面动力学各向异性参数的变化而变化，各向异性参数在深胞晶界面的各个部位的作用大小也不同，各向异性对深胞晶晶体的总长和根部有显著的影响，但是各向异性对其他固-液界面，如深胞晶晶体的尖端起很小的作用。

表面张力各向异性参数和界面动力学各向异性参数的增大，都会使深胞晶的指状界面全长增大，根部底端深度不断增大，根部底端的曲率半径减小，即根部底端的曲率增大，在同一数量级下，表面张力各向异性参数对界面形状的影响更为显著。

在实际情况下，界面稳定性参数 ε 总是很小的，可以将其作为小参数。而且 Péclet 数也是很小的，可以写为 $Pe = \varepsilon \hat{P}e$，这里 $\hat{P}e = O(1)$。则本小节的基本小参数是上一小节的基本小参数的 $\sqrt{\hat{\Gamma}}$ 倍，并且有关系：

$$\hat{P}e = \frac{1}{\sqrt{\hat{\Gamma}}} \tag{1-90}$$

在曲线坐标系（ξ，η）内温度场的线性分布为

$$T(\xi, \eta, \varepsilon) = \varepsilon \hat{P}eG[WY(\xi, \eta) - y_0] \tag{1-91}$$

假设胞晶列生长的非稳定性解在空间上也具有周期性。此时问题等同于具有固定侧壁 $x = \pm W$ 的生长室内指状晶体的生长。

在（ξ，η）曲线坐标系下，非稳定态的胞晶生长服从下面的控制方程：

$$\frac{\partial^2 C}{\partial \xi^2} + \frac{\partial^2 C}{\partial \eta^2} + \varepsilon W\hat{P}e\left(Y_\xi \frac{\partial C}{\partial \xi} + X_\xi \frac{\partial C}{\partial \eta} - G^2 \frac{\partial C}{\partial t}\right) = 0 \tag{1-92}$$

和边界条件：

在远场区域，当 $\eta \to \infty$ 时

$$C \to 1 \tag{1-93}$$

在侧壁，当 $\xi = \pm 1$ 时

$$\frac{\partial C}{\partial \xi} = 0 \tag{1-94}$$

在界面上，当 $\eta = \eta_S(\xi, t, \varepsilon)$ 时，Gibbs-Thomson 条件：

$$C = y_* - \varepsilon \lambda_G W\hat{P}eY(\xi, \eta_S) - \frac{\varepsilon^2}{MW}K(\eta_S) \tag{1-95}$$

加入表面张力各向异性以后，Gibbs-Thomson 条件转化为：

$$C = y_* - \varepsilon \lambda_G W\hat{P}eY(\xi, \eta_S) - \frac{\varepsilon^2}{MW}(K_0 + K_1\eta'_S + K_2\eta''_S)(1 - \alpha_4 B_0 - \alpha_4 B_1 \eta_S - \alpha_4 B_2 \eta'_S) \tag{1-96}$$

质量守恒条件：

$$\frac{\partial C}{\partial \eta} - \eta'_S \frac{\partial C}{\partial \xi} - \varepsilon W\hat{P}e(1 - \kappa)C\left(Y_\xi \eta'_S - Y_\eta - G^2 \frac{\partial \eta_S}{\partial t}\right) = 0 \tag{1-97}$$

当 $\varepsilon \to 0$ 时，整体定常解具有如下的整体渐近展开形式：

$$\overline{C}_{*}(\xi, \eta, \widetilde{\eta}, \varepsilon) \approx \overline{C}_{*0}(\xi, \eta, \widetilde{\eta}) + \varepsilon\overline{C}_{*1}(\xi, \eta, \widetilde{\eta})$$
$$\approx (y_{*0} - 1)\mathrm{e}^{-w\tilde{\eta}} + 1 + \varepsilon[y_{*1}\mathrm{e}^{-W\tilde{\eta}} + W\lambda_{G}\tau_0(1 - \mathrm{e}^{-W\tilde{\eta}}) - W\lambda_{G}Y(\xi, \eta) + W\lambda_{G}\eta]$$
$$\eta_{B}(\xi, \varepsilon) = \varepsilon h_1(\xi) + \overline{D}_0\varepsilon H_2(\xi) + \cdots$$
$$C_{B}(\xi, \eta, \varepsilon) = (y_{*0} - 1)\mathrm{e}^{-\varepsilon\hat{P}eW\eta} + 1 + \varepsilon\hat{P}e[y_{*1}\mathrm{e}^{-\varepsilon\hat{P}eW\eta} - W\lambda_{G}Y(\xi, \eta) + W\lambda_{G}\eta] + \cdots$$
$$\eta_{B}(\xi, \varepsilon) = \varepsilon\hat{P}eh_1(\xi) + O(h.o.t)$$

式中，$h_1(\xi)$ 是解 $\eta_B(\xi, \varepsilon)$ 的首级近似。

在界面 $\eta = O(1)$ 附近的子区域，定常解可简化为

$$C_{B}(\xi, \eta, \varepsilon) = y_{*0} + \varepsilon\hat{P}e\{y_{*1} - W\lambda_{G}Y(\xi, \eta) + W\eta[\lambda_{G} - (y_{*0} - 1)]\} + \cdots \tag{1-98}$$

将非稳态解表示为两部分之和：

$$C(\xi, \eta, t, \varepsilon) = (a) + (b) = C_{B}(\xi, \eta, \varepsilon) + \widetilde{C}(\xi, \eta, t, \varepsilon)$$
$$\eta_{S}(\xi, t, \varepsilon) = (a) + (b) = \eta_{B}(\xi, \varepsilon) + \widetilde{\eta}_{S}(\xi, t, \varepsilon) \tag{1-99}$$

式中，$C_B(\xi, \eta, \varepsilon)$，$\eta_B(\xi, \varepsilon)$ 为基态；$\widetilde{C}(\xi, \eta, t, \varepsilon)$，$\widetilde{\eta}_S(\xi, t, \varepsilon)$ 为扰动态。

假设 λ_0 为给定常数，则主间距 W 和胞晶尖端位置 y_* 也是无扰动的。再假设初始扰动的范数 $\|\widetilde{C}(\xi, \eta, 0, \varepsilon)\| = O(\delta)$，且 $\delta \ll 1$。

将式（1-99）代入系统方程（见式（1-92）~式（1-97））中，且振幅参数 $\delta \ll 1$，可得线性扰动系统，满足控制方程：

$$\frac{\partial^2\widetilde{C}}{\partial\xi^2} + \frac{\partial^2\widetilde{C}}{\partial\eta^2} + \varepsilon W\hat{P}e\left(Y_{\xi}\frac{\partial\widetilde{C}}{\partial\xi} + X_{\xi}\frac{\partial\widetilde{C}}{\partial\eta} - G^2\frac{\partial\widetilde{C}}{\partial t}\right) = 0 \tag{1-100}$$

边界条件：

在远场区域，当 $\eta \to \infty$ 时

$$\widetilde{C} \to 0 \tag{1-101}$$

在侧壁，当 $\xi = \pm 1$ 时

$$\frac{\partial\widetilde{C}}{\partial\xi} = 0 \tag{1-102}$$

在界面上，将界面条件以基态解的界面作 Taylor 展开，可得绕动态的界面条件如下：在界面 $\eta = \eta_B$ 上，Gibbs-Thomson 条件：

$$C_{B} + \frac{\partial C_{B}}{\partial\eta_{B}}\widetilde{\eta}_{S} + \widetilde{C} = y_{*} - \varepsilon\lambda_{G}W\left[Y(\xi, \eta_{B}) + \frac{\partial Y(\xi, \eta_{B})}{\partial\eta_{B}}\widetilde{\eta}_{S}\right] -$$
$$\frac{\varepsilon^2}{MW}\left\{K[\eta_{B}] + K_1\widetilde{\eta}'_{S} + K_2\overline{\eta}''_{S} + \frac{\partial K[\eta_{B}]}{\partial\eta_{B}}\widetilde{\eta}_{S}\right\} \times$$
$$\left[1 - \alpha_4B_0 - \alpha_4B_1(\eta_{B} + \widetilde{\eta}_{S}) - \alpha_4B_2\left(\frac{\partial\eta_{B}}{\partial\xi} + \frac{\partial\widetilde{\eta}_{S}}{\partial\xi}\right)\right] \tag{1-103}$$

质量守恒条件：

$$\frac{C_{CB}}{\partial \eta_B}+\frac{\partial^2 C_B}{\partial \eta_B^2}\widetilde{\eta}_S+\frac{\partial \widetilde{C}}{\partial \eta_B}-\left(\frac{\partial \eta_B}{\partial \xi}+\frac{\partial \widetilde{\eta}_S}{\partial \xi}\right)\left(\frac{\partial C_B}{\partial \xi}+\frac{\partial \widetilde{C}}{\partial \xi}\right)-\frac{\partial \eta_B}{\partial \xi}\widetilde{\eta}_S\frac{\partial^2 C_B}{\partial \xi \partial \eta}-$$
$$\varepsilon W\hat{P}e(1-\kappa)\left(C_B+\frac{\partial C_B}{\partial \eta_B}\widetilde{\eta}_S+\widetilde{C}\right)\times$$
$$\left[Y_\xi\left(\frac{\partial \eta_B}{\partial \xi}+\frac{\partial \eta_S}{\partial \xi}\right)-Y_\eta-G^2\left(\frac{\partial \eta_B}{\partial t}+\frac{\partial \eta_S}{\partial t}\right)+Y_{\xi\eta}\frac{\partial \eta_B}{\partial \xi}\widetilde{\eta}_S-Y_{\eta\eta}\widetilde{\eta}_S\right]+$$
$$O(h.o.t)=0 \tag{1-104}$$

利用基态解消除以上两式的非齐次项，可得扰动态的齐次界面条件：

Gibbs-Thomson 条件：

$$\frac{\partial C_B}{\partial \eta_B}\widetilde{\eta}_S+\widetilde{C}=-\varepsilon\lambda_G W\hat{P}e\frac{\partial Y(\xi,\ \eta_B)}{\partial \eta_B}\widetilde{\eta}_S-$$
$$\frac{\varepsilon^2}{MW}\left\{K_1\widetilde{\eta}'_S+K_2\widetilde{\eta}''_S+\frac{\partial K[\eta_B]}{\partial \eta_B}\widetilde{\eta}_S\right\}\times$$
$$\left[1-\alpha_4 B_0-\alpha_4 B_1(\eta_B+\widetilde{\eta}_S)-\alpha_4 B_2\left(\frac{\partial \eta_B}{\partial \xi}+\frac{\partial \widetilde{\eta}_S}{\partial \xi}\right)\right]-$$
$$\frac{\varepsilon^2}{MW}K[\eta_B]\left(-\alpha_4 B_1\widetilde{\eta}_S-\alpha_4 B_2\frac{\partial \widetilde{\eta}_S}{\partial \xi}\right) \tag{1-105}$$

质量守恒条件：

$$\frac{\partial^2 C_B}{\partial \eta_B^2}\widetilde{\eta}_S+\frac{\partial \widetilde{C}}{\partial \eta_B}-\frac{\partial \widetilde{\eta}_S}{\partial \xi}\left(\frac{\partial C_B}{\partial \xi}+\frac{\partial \widetilde{C}}{\partial \xi}\right)-\frac{\partial \eta_B}{\partial \xi}\frac{\partial \widetilde{C}}{\partial \xi}-\frac{\partial \eta_B}{\partial \xi}\widetilde{\eta}_S\frac{\partial^2 C_B}{\partial \xi\,\partial \eta}-$$
$$\varepsilon W\hat{P}e(1-\kappa)\left(\frac{\partial C_B}{\partial \eta_B}\widetilde{\eta}_S+\widetilde{C}\right)\times$$
$$\left[Y_\xi\left(\frac{\partial \eta_B}{\partial \xi}+\frac{\partial \widetilde{\eta}_S}{\partial \xi}\right)-Y_\eta-G^2\left(\frac{\partial \eta_B}{\partial t}+\frac{\partial \widetilde{\eta}_S}{\partial t}\right)+Y_{\xi\eta}\frac{\partial \eta_B}{\partial \xi}\widetilde{\eta}_S-Y_{\eta\eta}\widetilde{\eta}_S\right]-$$
$$\varepsilon W\hat{P}e(1-\kappa)C_B\times$$
$$\left(Y_\xi\frac{\partial \widetilde{\eta}_S}{\partial \xi}-G^2\frac{\partial \widetilde{\eta}_S}{\partial t}+Y_{\xi\eta}\frac{\partial \eta_B}{\partial \xi}\widetilde{\eta}_S-Y_{\eta\eta}\widetilde{\eta}_S\right)+O(h.o.t)=0 \tag{1-106}$$

扰动系统的系数函数依赖于以（ξ，η）为变量的基态 C_B 和小参数 ε 。在界面附近的子区域内，从式（1-98）可以得到以下公式：

$$\frac{\partial C_B(\xi,\ \eta,\ \varepsilon)}{\partial \eta}\approx\varepsilon\hat{P}e\{-W\lambda_G Y_\eta(\xi,\ \eta)+W[\lambda_G-(y_{*0}-1)]\}$$
$$\frac{\partial^2 C_B(\xi,\ \eta,\ \varepsilon)}{\partial \eta^2}\approx-\varepsilon\hat{P}eW\lambda_G Y_{\eta\eta}(\xi,\ \eta)$$
$$\frac{\partial C_B(\xi,\ \eta,\ \varepsilon)}{\partial \xi}\approx-\varepsilon\hat{P}eW\lambda_G Y_\xi(\xi,\ \eta)$$

$$\frac{\partial^2 C_B(\xi,\ \eta,\ \varepsilon)}{\partial \xi^2} \approx -\varepsilon \hat{P}eW\lambda_G Y_{\xi\xi}(\xi,\ \eta)$$

$$\frac{\partial^2 C_B(\xi,\ \eta,\ \varepsilon)}{\partial \xi\, \partial \eta} \approx -\varepsilon \hat{P}eW\lambda_G Y_{\xi\eta}(\xi,\ \eta)$$

为了得到系统的扰动态的渐近解，引入快变量，应用多重变量渐近展开的方法求解。定义快变量：

$$t_+ = \frac{\sigma t}{\sqrt{\varepsilon}},\qquad \eta_+ = \frac{\Psi(\xi,\ \eta)}{\sqrt{\varepsilon}},\qquad \xi_+ = \frac{\Phi(\xi,\ \eta)}{\sqrt{\varepsilon}} \tag{1-107}$$

按照多重变量（ξ，η，ξ_+，η_+，t_+），解可以写成如下格式

$$C(\xi,\ \eta,\ t,\ \varepsilon) = C_B(\xi,\ \eta,\ \varepsilon) + \widetilde{C}(\xi,\ \eta,\ \xi_+,\ \eta_+,\ t_+,\ \varepsilon)$$

$$\eta_S(\xi,\ t,\ \varepsilon) = \eta_B(\xi,\ \varepsilon) + \widetilde{\eta}_S(\xi,\ \xi_+,\ t_+,\ \varepsilon) \tag{1-108}$$

则有如下的渐近展开：

$$\widetilde{C}(\xi,\ \eta,\ \xi_+,\ \eta_+,\ t_+,\ \varepsilon) \sim \varepsilon e^{t_+}[\widetilde{\mu}_0(\varepsilon)\widetilde{C}_0(\xi,\ \eta,\ \xi_+,\ \eta_+) + \varepsilon^{\frac{1}{2}}\widetilde{\mu}_0(\varepsilon)\widetilde{C}_1(\xi,\ \eta,\ \xi_+,\ \eta_+) + \cdots]$$

$$\widetilde{\eta}_S(\xi,\ \xi_+,\ t_+,\ \varepsilon) \sim e^{t_+}[\widetilde{\mu}_0(\varepsilon)\widetilde{h}_0(\xi,\ \xi_+) + \varepsilon^{\frac{1}{2}}\widetilde{\mu}_0(\varepsilon)\widetilde{h}_1(\xi,\ \xi_+) + \cdots]$$

$$k(\xi,\ \eta,\ \varepsilon) \sim k_0(\xi,\ \eta) + \varepsilon^{\frac{1}{2}}k_1(\xi,\ \eta) + \cdots$$

$$g(\xi,\ \eta,\ \varepsilon) \sim g_0(\xi,\ \eta) + \varepsilon^{\frac{1}{2}}g_1(\xi,\ \eta) + \cdots$$

$$\sigma = \sigma_0 + \varepsilon^{\frac{1}{2}}\sigma_1 + \cdots \tag{1-109}$$

采用与发展界面波理论类似的方法，用求解外部区域扰动态的多重变量渐近展开解，得出与自由枝晶生长和黏指生长类似的色散关系。引入扩展复平面，由一级近似解确定奇异点的位置。详细分析了解在奇点附近 Stokes 现象，得到了两种不同情况下的量子化条件。

第一种：

$$\frac{1}{\sqrt{\varepsilon}}\int_0^{\rho_c}(k_0^{(1)} - k_0^{(3)})\mathrm{d}\rho = \left(2n + 1 + \frac{1}{2} + \theta_0\right)\pi - i\ln\alpha_0 \quad (n = 0,\ \pm 1,\ \pm 2,\ \cdots) \tag{1-110}$$

量子化条件（见式（1-110））确定了复特征值 $\sigma_0(|\sigma_0| = O(1))$ 的频谱：$\{\sigma_{0,\ n}\}$（$n = 0，1，2，\cdots$），它们是参数 λ_0，ε 和 α_4 的函数。此频谱产生了两个离散的本征模式列：S-模式和 A-模式。给定 λ_0，$\hat{P}e$ 和其他物理参数，系统允许一组中性稳定模式 $\sigma_R = 0$，此时 $\varepsilon = \varepsilon_{*,\ n}$（$n = 0，1，2，\cdots$）且 $\varepsilon_* = \varepsilon_{*,0} > \varepsilon_{*,1} > \varepsilon_{*,2} > \cdots$。这些模式表现为沿界面传播的行波，所以也称此整体振荡不稳定机制为整体行波（GTW）机制。在首级近似下，可以应用 $R\{\sigma_0\} = 0$ 来计算 ε_* 的取值，在一级近似下，可以应用 $R\{\sigma_0 + \varepsilon\sigma_1\} = 0$ 来计算 ε_* 的取值。我们得到了如下稳定性判据，当 $\varepsilon > \varepsilon_*$ 时，深胞晶的生长是稳定的；反之，当 $\varepsilon < \varepsilon_*$ 时，深胞晶的生长是不稳定的。

第二种：

$$\mathrm{Re}\left[\frac{1}{\sqrt{\varepsilon}}\int_0^{\rho_c}(k_0^{(1)} - k_0^{(3)})\mathrm{d}\rho\right] = \left(2n + \frac{1}{2} + \chi_0\right)\pi\ (n = 0,\ \pm 1,\ \pm 2,\ \cdots)$$

$$\left|\frac{d_1}{d_3}\right| = 2\cos(v\pi)\,e^{\mathrm{Im}\{\chi\}} \tag{1-111}$$

量子化条件（见式（1-111））确定了实特征值（$|\sigma_0| \ll 1$）的频谱。对这种情形，称为低频（LF）不稳定性。

对给定的 λ_0，系统允许一组中性稳定模式 $\sigma_{0n}=0$，此时 $\varepsilon=\varepsilon_n(n=0,1,2)$。通过计算 A-模式和 S-模式的量子化条件，发现对于同一个 n，当 λ_c 固定时，$\varepsilon_*^{(S-\mathrm{modes})} > \varepsilon_*^{(A-\mathrm{modes})}$。代入 ε_c 和 $\hat{\Lambda}_1$ 后，可得 ε_* 与 λ_0 在中性稳定模式下的关系式为：

$$\varepsilon_* = \left(\frac{2\varepsilon_c}{\pi}\right)^{\frac{1}{2}} (2\lambda_0 - 1)^{\frac{3}{8}} \left(\frac{\hat{\Lambda}_1}{1-\alpha_4 B_0}\right)^{\frac{1}{4}} \tag{1-112}$$

结果发现，表面张力各向异性对定向凝固系统中包含的两种整体不稳定性机制：整体波动不稳定性和低频不稳定性都有影响深胞晶生长的界面形态稳定性取决于一个重要的临界稳定数，深胞晶生长大于这个稳定数则生长是稳定的，反之不稳定。并且临界稳定数的值与表面张力各向异性参数密切相关。随着表面张力各向异性的增加，整体波动不稳定性的不稳定区域减小；而低频不稳定性的不稳定区域增加。而表面张力各向异性的变化对整体波动不稳定性的影响更大。结果表明，胞晶生长稳定性机制与界面波（IFW）理论关于枝晶生长的稳定性非常类似。该结果使深胞晶生长的研究在理论上获得又一突破。

理论研究证实，枝晶生长是金属材料凝固过程中的普遍现象，但枝晶会引发金属材料组织成分性能不均匀等一系列问题，如何限制枝晶生长是世界范围普遍关注和亟待解决的难题。从本章的理论分析可知，提高熔体过冷度和增加熔体中的形核核心是抑制枝晶生长获得等轴晶的有效方法。从实际生产角度分析，材料在凝固过程中，熔体中的溶质原子往往依附在容器壁上的杂质进行异质形核，通过深过冷工艺可以尽可能消除凝固过程中的异质形核，抑制熔体中凝固晶核的形成，从而使熔体在较低水平的形核温度下进行快速凝固。基于净化熔体从而提高过冷度的凝固原理，存在包括乳化法、循环过热法、落管法、悬浮熔炼法和熔融玻璃净化法等生产方式。但上述生产方法都存在无法进行大尺寸样品生产的局限性，因此实际生产中更倾向于采用在熔体中添加形核核心的手段来抑制枝晶生长并获得等轴晶。后续章节中将详细讨论有效添加形核核心和通过添加形核核心有效获得组织成分均匀的凝固组织的理论和工艺方法。

参 考 文 献

[1] Al-RAWAHI N, TRYGGVASON G. Numerical simulation of dendritic solidification with convection: Three-dimensional flow [J]. Journal of Computational Physics, 2004, 194: 677-696.

[2] WINEGARD W C. Fundamentals of the solidification of metals [J]. Metallurgical Reviews, 1961, 6 (1): 57-100.

[3] GUDGEL K A, JACKSON K A. Oscillatory growth of directionally solidified ammonium chloride dendrites [J]. Journal of Crystal Growth, 2001, 225: 264-267.

[4] MEIRON D I. Selection of steady states in the two-dimensional symmetric model of dendritic growth [J]. Physical Review A, 1986, 33 (4): 2704.

[5] BILONI H, CHALMERS B. Origin of the equiaxed zone in small ingots [J]. Journal of Materials Science, 1968, 3: 139-149.

[6] MARTORANO M A, BECKERMANN C, GANDIN C A. A solutal interaction mechanism for the columnar-to-equiaxed transition in alloy solidification [J]. Metallurgical and Materials Transactions A, 2003, 34: 1657-1674.

[7] PIETERS R, LANGER J S. Noise-driven sidebranching in the boundary-layer model of dendritic solidification [J]. Physical Review Letters, 1986, 56: 1948.

[8] KESSLER D A, KOPLIK J, LEVINE H. Dendritic growth in a channel [J]. Physical Review A, 1986, 34: 4980.

[9] LANGER J S, MÜLLER-KRUMBHAAR H. Theory of dendritic growth—I. Elements of a stability analysis [J]. Acta Metallurgica, 1978, 26 (11): 1681-1687.

[10] KESSLER D A, KOPLIK J, LEVINE H. Pattern formation far from equilibrium: The free space dendritic crystal [J]. Patterns, Defects and Microstructures in Nonequilibrium Systems: Applications in Materials Science, 1987: 1-11.

[11] PELCE P, POMEAU Y. Dendrites in the small undercooling limit [M] //Dynamics of Curved Fronts. Academic Press, 1988: 327-340.

[12] BENAMAR M, BOUISSOU P, PELCE P. An exact solution for the shape of a crystal growing in a forced flow [J]. Journal of crystal growth, 1988, 92 (1/2): 97-100.

[13] XU J J. Global instability of viscous fingering in a Hele-Shaw cell: Formation of oscillatory fingers [J]. European Journal of Applied Mathematics, 1991, 2 (2): 105-132.

[14] XU J J. Dendritic growth from a melt in an external flow: Uniformly valid asymptotic solution for the steady state [J]. Journal of Fluid Mechanics, 1994, 263: 227-244.

[15] XU J J. Interfacial wave theory for oscillatory finger formation in a Hele-Shaw cell: A comparison with experiments [J]. European Journal of Applied Mathematics, 1996, 7 (2): 169-199.

[16] XU J J. Interfacial instabilities and fingering formation in Hele-Shaw flow [J]. IMA journal of applied mathematics, 1996, 57 (2): 101-135.

[17] XU J J. Generalized needle solutions, interfacial instabilities, and pattern formation [J]. Physical Review E, 1996, 53 (5): 5051.

[18] XU J J. Interfacial wave theory of pattern formation: Selection of dendritic growth and viscous fingering in Hele-Shaw flow [M]. Springer Science & Business Media, 2012.

[19] CHEN Y Q, TANG X X, XU J J. Three-dimensional interfacial wave theory of dendritic growth: (Ⅰ). Multiple variables expansion solutions [J]. Chinese Physics B, 2009, 18 (2): 671-685.

[20] CHEN Y Q, TANG X X, XU J J. Three-dimensional interfacial wave theory of dendritic growth: (Ⅱ). non-axi-symmetric global wave modes and selection criterion of pattern formation [J]. Chinese Physics B, 2009, 18 (2): 686.

[21] COLE J, ROSHKO A. Heat transfer from wires at Reynolds numbers in the Oseen range [M]. Heat Transfer & Fluid Mechanics Inst, University of California, 1954.

[22] WILKINSON J. A note on the Oseen approximation for a paraboloid in a uniform stream parallel to its axis [J]. The Quarterly Journal of Mechanics and Applied Mathematics, 1955, 8 (4): 415-421.

[23] ANANTH R, GILL W N. Self-consistent theory of dendritic growth with convection [J]. Journal of crystal growth, 1991, 108 (1/2): 173-189.

[24] DAS S K, GILL W N. Foced convection heat and momentum transfer to dendritic structures (parabolic cylinders and paraboloids of revolution) [J]. International journal of heat and mass transfer, 1984, 27 (8):1345-1356.

[25] VAN DYKE M. Higher approximations in boundary-layer theory [J]. Journal of Fluid Mechanics, 1962,

14 (2):161.

[26] BENAMAR M, BOUISSOU P, PELCE P. An exact solution for the shape of a crystal growing in a forced flow [J]. Journal of crystal growth, 1988, 92 (1/2): 97-100.

[27] AMROUCHE C, RODRÍGUEZ-BELLIDO M Á. Stationary Stokes, Oseen and Navier-Stokes equations with singular data [J]. Archive for rational mechanics and analysis, 2011, 199 (2): 597-651.

[28] TRIVEDI R, LIPTON J, KURZ W. Effect of growth rate dependent partition coefficient on the dendritic growth in undercooled melts [J]. Acta Metallurgica, 1987, 35 (4): 965-970.

[29] 李向明. 二元合金中对流条件下枝晶生长的渐近解和稳定性 [D]. 北京：北京科技大学, 2007.

[30] MCFADDEN G B, BOISVERT R F, CORIELL S R. Nonplanar interface morphologies during unidirectional solidification of a binary alloy: II. three-dimensional computations [J]. Journal of crystal growth, 1987, 84 (3): 371-388.

[31] PÉCLET P, PUMIR A. Cell shape in directional solidification in the small Peclet number limit [J]. Journal of crystal growth, 1985, 73 (2): 337-342.

[32] DOMBRE T, HAKIM V. Saffman-Taylor fingers and directional solidification at low velocity [J]. Physical Review A, 1987, 36 (6): 2811.

[33] WEEKS J D, van SAARLOOS W. Directional solidification cells with grooves for a small partition coefficient [J]. Physical Review A, 1989, 39 (5): 2772.

[34] WEEKS J D, van SAARLOOS W, GRANT M. Stability and shapes of cellular profiles in directional solidification: expansion and matching methods [J]. Journal of crystal growth, 1991, 112 (1): 244-282.

[35] TRIVEDI R, SOMBOONSUK K. Constrained dendritic growth and spacing [J]. Materials science and engineering, 1984, 65 (1): 65-74.

[36] SOMBOONSUK K, MASON J T, TRIVEDI R. Interdendritic spacing: part I. Experimental studies [J]. Metallurgical and Materials Transactions A, 1984, 15: 967-975.

[37] TRIVEDI R. Interdendritic spacing: Part II. A comparison of theory and experiment [J]. Metallurgical and Materials Transactions A, 1984, 15: 977-982.

[38] POCHEAU A, GEORGELIN M. Cell tip undercooling in directional solidification [J]. Journal of crystal growth, 1999, 206 (3): 215-229.

[39] POCHEAU A, GEORGELIN M. Celllar arrays in binary alloys: from geometry to stability [J]. Journal of Crystal Growth, 2003, 250 (1/2): 100-106.

[40] GEORGELIN M, POCHEAU A. Characterization of cell tip curvature in directional solidification [J]. Journal of crystal growth, 2004, 268 (1/2): 272-283.

[41] POCHEAU A, GEORGELIN M. Shape of growth cells in directional solidification [J]. Physical Review E, 2006, 73 (1): 011604.

[42] GEORGELIN M, BODEA S, POCHEAU A. Coherence of dendritic sidebranching in directional solidification [J]. Europhysics Letters, 2007, 77 (4): 46001.

[43] POCHEAU A, BODEA S, GEORGELIN M. Self-organized dendritic sidebranching in directional solidification: sidebranch coherence within uncorrelated bursts [J]. Physical Review E, 2009, 80 (3):031601.

[44] DING G, HUANG W, LIN X, et al. Prediction of average spacing for constrained cellular/dendritic growth [J]. Journal of crystal growth, 1997, 177 (3/4): 281-288.

[45] 丁国陆, 林鑫, 黄卫东, 等. 定向凝固一次枝晶间距的历史相关性 [J]. 金属学报, 1995, 31 (10): A469-A474.

[46] 丁国陆, 黄卫东, 周尧和. 定向凝固胞枝转变的历史相关性 [J]. 自然科学进展：国家重点实验室通讯, 1997, 7 (5): 631-633.

[47] KAGEYAMA J, SASAJIMA Y, ICHIMURA M. Phase field simulation on directional solidification of

succinonitrile (SCN)-acetone organic model alloy [J]. Materials transactions, 2005, 46 (9): 2003-2010.
[48] GUREVICH S, KARMA A, PLAPP M, et al. Phase-field study of three-dimensional steady-state growth shapes in directional solidification [J]. Physical Review E, 2010, 81 (1): 011603.
[49] 朱鸣芳, 陈晋, 孙国雄, 等. 枝晶生长的数值模拟 [J]. 金属学报, 2005, 41 (6): 583-587.
[50] 赵达文, 李金富. 相场模型模拟液固界面各向异性作用下自由枝晶生长 [J]. 物理学报, 2009, 58 (10):7094-7100.
[51] 王贤斌, 林鑫, 王理林, 等. 液相对流对定向凝固胞/枝晶间距的影响 [J]. 物理学报, 2013, 62 (7):078102.
[52] 张云鹏, 林鑫, 魏雷, 等. 用 CA 方法模拟界面能各向异性对胞晶生长形态的影响 [D]. 物理学报, 2012, 61 (22): 484-491.
[53] 彭东剑, 林鑫, 张云鹏, 等. 界面追踪法研究界面能各向异性对定向凝固枝晶生长的影响 [J]. 金属学报, 2013, 49 (3): 365-371.
[54] LOSERT W, STILLMAN D A, CUMMINS H Z, et al. Selection of doublet cellular patterns in directional solidification through spatially periodic perturbations [J]. Physical Review E, 1998, 58 (6): 7492.
[55] ECHEBARRIA B, KARMA A, GUREVICH S. Onset of sidebranching in directional solidification [J]. Physical Review E, 2010, 81 (2): 021608.
[56] 蒋晗. 表面张力各向异性对深胞晶生长的影响 [D]. 北京: 北京科技大学, 2017.

2 过冷熔体等轴晶凝固的基本理论

2.1 概　　述

过冷熔体凝固是一个有趣的物理现象，它在材料科学和冶金学领域扮演着重要的角色。这一现象涉及熔体在温度下降时发生的相变过程，通常会形成等轴晶结构。过冷熔体凝固的过程可以追溯到固态物质的形成。当一种物质被加热到其熔点以上时，它会转变成液态状态，而当温度下降时，液体将开始凝固成固态。然而，在一些情况下，熔体的温度降低得非常迅速，以至于分子或原子没有足够的时间来排列成有序的结构，于是就会形成过冷液体。这种过冷液体具有不稳定性，因为它们的内部结构尚未完全确定。当这些过冷液体终于凝固时，它们倾向于形成等轴晶结构。等轴晶是指晶体中没有特定的方向性，晶粒的形状是各向同性的。这种晶体结构通常在过冷熔体凝固中形成，因为过冷液体中没有明确定向性的核心，晶粒可以沿着各种不同的方向生长。这种等轴晶结构的形成对于一些应用来说非常重要，例如在材料强度和韧性的改善中扮演关键角色。

过冷熔体凝固的机制涉及凝固核的形成和生长。凝固核是晶体生长的起始点，它们可以在过冷液体中形成，然后扩展成晶粒。在过冷液体中，凝固核的形成是一个随机的过程，通常受到杂质、溶解度、温度梯度等因素的影响。一旦凝固核形成，它们会开始生长，沿着过冷液体中最低能量路径扩展。这个过程中，晶粒的形状通常会保持等轴的特征，因为没有明确的方向性。然而，一直以来的研究均是针对凝固末期的动力学演化过程，对于初期的动力学演化过程的了解很少，因此，在本章中，对过冷熔体等轴晶凝固初期的动力学演化过程进行相关的研究。

2.2 过冷熔体中等轴晶生长的动力学模型

考虑一个从过冷熔体中生长的球状晶核，其初始半径为 r_0。在以晶核中心为原点的球坐标系（r，θ，φ）中，晶核的界面形状由函数 $R = R(t)$ 描述，将整个系统分为液相与固相。各向同性情况下，晶核的固-液界面能 γ 表达为：

$$\gamma = \gamma_0 \tag{2-1}$$

球状晶核的生长满足如下方程：

$$\frac{\partial T_L}{\partial t} = \kappa_L \nabla^2 T_L \tag{2-2}$$

$$\frac{\partial T_S}{\partial t} = \kappa_S \nabla^2 T_S \tag{2-3}$$

式中，T_L 为液相的温度场；T_S 为固相的温度场；κ_L 为液相的热扩散系数；κ_S 为固相的热扩散系数；∇^2 为拉普拉斯算子。

界面条件如下：

（1）热平衡条件：

$$T_L = T_S \tag{2-4}$$

（2）Gibbs-Thomson 条件：

$$T_I = T_M + \frac{T_M}{\Delta H}SK - \frac{1}{\mu}U_I \tag{2-5}$$

式中，T_I 为界面温度；T_M 为纯物质固-液界面凝固平衡温度；ΔH 为单位体积内固相产生时所产生的潜热；K 为两倍界面平均曲率；S 为界面刚度，$S = 2\gamma$；μ 为界面动力学系数；U_I 为界面生长速度。

（3）能量守恒条件：

$$\Delta H U_I = (k_S \nabla T_S - k_L \nabla T_L) \cdot n \tag{2-6}$$

式中，k_L 为液相的热传导系数；k_S 为固相的热传导系数。

远场的温度条件：当 $r \to \infty$ 时，

$$T_L \to T_\infty \tag{2-7}$$

界面的初始条件：当 $t = 0$ 时

$$R(t = 0) = r_0 \tag{2-8}$$

选取球状晶核的初始半径 r_0 为长度尺度，界面特征速度 V_p 为速度尺度，$V_p = k_L\Delta T/(r_0\Delta H)$，$r_0/V_p$ 为时间尺度，$\Delta H/(c_\rho\rho_L)$ 为温度尺度定义无量纲温度 $\overline{T}_L$，$\overline{T}_S$，速度 $\overline{U}_I$，长度 $\overline{r}$，和时间 $\overline{t}$ 为

$$\overline{T}_L = \frac{T_L - T_M}{\Delta H/(c_\rho\rho_L)},\quad \overline{T}_S = \frac{T_S - T_M}{\Delta H/(c_\rho\rho_L)},\quad \overline{U}_I = \frac{U_I}{V_p},\quad \overline{r} = \frac{r}{r_0},\quad \overline{t} = \frac{t}{r_0/V_p} \tag{2-9}$$

式中，c_ρ 为液相比热容；ρ_L 为液相的密度；ΔT 为过冷度，$\Delta T = T_M - T_\infty$。

为避免混淆，省略无量纲物理量上的“—”，无量纲形式的控制方程为：

$$\varepsilon \frac{\partial T_L}{\partial t} = \nabla^2 T_L \tag{2-10}$$

$$\varepsilon\lambda_S \frac{\partial T_S}{\partial t} = \nabla^2 T_S \tag{2-11}$$

式中，

$$\varepsilon = \frac{c_\rho\rho_L\Delta T}{\Delta H},\quad \lambda_S = \frac{\kappa_L}{\kappa_S}$$

无量纲形式的界面条件为：

$$T_L = T_S \tag{2-12}$$

$$T_I = \varepsilon\Gamma S_0 K - \varepsilon E^{-1} M_k U_I \tag{2-13}$$

$$\varepsilon U_I = (k_T T_S - \nabla T_L) \cdot \boldsymbol{n} \tag{2-14}$$

式中，

$$\Gamma = \frac{\gamma_0 T_M}{r_0 \Delta H \Delta T},\quad E = \frac{\Delta T}{T_M},\quad M_k = \frac{V_p \Delta T}{\mu T_M},\quad k_T = \frac{k_S}{k_L},\quad S_0 = 2$$

无量纲形式远场温度条件为：当 $r \to \infty$ 时

$$T_L \to -\varepsilon \tag{2-15}$$

无量纲形式初始条件为：当 $t = 0$ 时

$$R(t = 0) = 1 \tag{2-16}$$

在小参数 ε 下，球状晶核生长系统（见式（2-10）~式(2-16)）为奇异摄动边界问题，液相和固相温度，界面函数可进行如下渐近展开：

$$T_L = \varepsilon T_{L0} + \varepsilon^2 T_{L1} + \cdots,\quad T_S = \varepsilon T_{S0} + \varepsilon^2 T_{S1} + \cdots,\quad R = R_0 + \varepsilon R_1 + \cdots \tag{2-17}$$

根据凝固理论，相变主要发生在固-液界面处，远离晶核的地方温度变化很慢。引入慢变量 $\rho = \varepsilon r$ 并将变量 ρ，r 和 t 视为独立变量。由于存在多个变量，界面也可以展成

$$\overline{R} = \overline{R}_0 + \varepsilon \overline{R}_1 + \cdots \tag{2-18}$$

这里 $\overline{R} = \varepsilon R$，$\overline{R}_0 = \varepsilon R_0$，$\overline{R}_1 = \varepsilon R_1$，…

将式（2-17）和式（2-18）代入控制方程和边界条件（见式（2-10）~式(2-16)），可以得到 ε 的每一阶的相关方程。首阶控制方程为：

$$\nabla^2 T_{L0} = 0,\ \nabla^2 T_{S0} = 0 \tag{2-19}$$

边界条件为：在界面上

$$T_{L0} = T_{S0} = -\frac{2\Gamma}{R_0} - E^{-1} M_k \frac{dR_0}{dt} \tag{2-20}$$

$$\frac{dR_0}{dt} = k_T \frac{\partial T_{S0}}{\partial r} - \frac{\partial T_{L0}}{\partial r} \tag{2-21}$$

远场温度条件为：当 $r \to \infty$ 时

$$T_{L0} \to -1 \tag{2-22}$$

初始条件为：当 $t = 0$ 时

$$R_0(t) = 1 \tag{2-23}$$

根据远场温度条件（见式（2-22）），方程式（2-19）的解为：

$$T_{L0} = -1 + \frac{b_0(t)}{r} e^{\overline{R}_0 - \rho},\quad T_{S0} = a_0(t) \tag{2-24}$$

这里 $a_0(t)$ 和 $b_0(t)$ 都是 t 的方程，由界面条件式（2-20）和式（2-21）可以解得：

$$a_0(t) = -1 + R_0 \frac{dR_0}{dt},\quad b_0(t) = R_0^2 \frac{dR_0}{dt}$$

其中 R_0 满足常微分方程：

$$\frac{dR_0}{dt} = \frac{R_0 - 2\Gamma}{R_0(R_0 + E^{-1} M_k)} \tag{2-25}$$

由初始条件（见式（2-23））和常微分方程（见式（2-25））可以确定 R_0 与 t 有如下关系：

$$t = \frac{1}{2}(R_0^2 - 1) + (2\Gamma + E^{-1}M_k)(R_0 - 1) + 2\Gamma(2\Gamma + E^{-1}M_k)\ln\frac{R_0 - 2\Gamma}{1 - 2\Gamma} \tag{2-26}$$

在方程（见式（2-26））中，易得分母 $R_0(R_0 + E^{-1}M_k)$ 始终正。因此，当 $R_0 > 2\Gamma$ 时，$dR_0/dt > 0$，速度为正，晶核生长；当 $R_0 < 2\Gamma$ 时，$dR_0/dt < 0$，速度为负，晶核收缩。

当 $\mathrm{d}R_0/\mathrm{d}t=0$ 时，可以得到球状晶核的形核临界半径

$$R^* = 2\Gamma \tag{2-27}$$

当晶核半径大于临界形核半径 R^* 时，晶核生长，而当晶核半径小于临界形核半径时，晶核融化。

一阶控制方程为：

$$\frac{\partial T_{\mathrm{L0}}}{\partial t} = \nabla^2 T_{\mathrm{L1}} + 2\frac{\partial^2 T_{\mathrm{L0}}}{\partial r\,\partial \rho} + \frac{2}{r}\frac{\partial T_{\mathrm{L0}}}{\partial \rho} \tag{2-28}$$

$$\lambda_{\mathrm{S}}\frac{\partial T_{\mathrm{S0}}}{\partial t} = \nabla^2 T_{\mathrm{S1}} + 2\frac{\partial^2 T_{\mathrm{S0}}}{\partial r\,\partial \rho} + \frac{2}{r}\frac{\partial T_{\mathrm{S0}}}{\partial \rho} \tag{2-29}$$

边界条件为：在界面上

$$T_{\mathrm{L1}} = T_{\mathrm{S1}} + \frac{\mathrm{d}R_0}{\mathrm{d}t}R_1 + R_0\frac{\mathrm{d}R_0}{\mathrm{d}t}\overline{R}_1 \tag{2-30}$$

$$T_{\mathrm{S1}} = \frac{2\Gamma}{R_0^2}R_1 - E^{-1}M_k\frac{\partial R_1}{\partial t} \tag{2-31}$$

$$\frac{\partial R_1}{\partial t} = k_{\mathrm{T}}\frac{\partial T_{\mathrm{S1}}}{\partial r} - \frac{\partial T_{\mathrm{L1}}}{\partial r} - \frac{2}{R_0}\frac{\mathrm{d}R_0}{\mathrm{d}t}R_1 - \frac{\mathrm{d}R_0}{\mathrm{d}t}\overline{R}_1 + R_0\frac{\mathrm{d}R_0}{\mathrm{d}t} \tag{2-32}$$

远场温度条件为：当 $r\to\infty$ 时

$$T_{\mathrm{L1}} \to 0 \tag{2-33}$$

初始条件为：当 $t\to 0$ 时

$$R_1(t) = 0 \tag{2-34}$$

根据远场温度条件式（2-33），一阶控制方程式（2-28）和式（2-29）的特解为：

$$T_{\mathrm{L1}}^* = \frac{r}{2}\left[\frac{\mathrm{d}}{\mathrm{d}t}\left(R_0^2\frac{\mathrm{d}R_0}{\mathrm{d}t}\right) + R_0^2\frac{\mathrm{d}R_0}{\mathrm{d}t}\frac{\mathrm{d}\overline{R}_0}{\mathrm{d}t}\right]\mathrm{e}^{\overline{R}_0-\rho} \tag{2-35}$$

$$T_{\mathrm{S1}}^* = \frac{\lambda_{\mathrm{S}}r^2}{6}\frac{\mathrm{d}}{\mathrm{d}t}\left(R_0\frac{\mathrm{d}R_0}{\mathrm{d}t}\right) \tag{2-36}$$

由此确定方程式（2-28）和式（2-29）的解具有函数，将其表示为：

$$T_{\mathrm{L1}} = T_{\mathrm{L1}}^* + \frac{A_{00}}{r} \tag{2-37}$$

$$T_{\mathrm{S1}} = T_{\mathrm{S1}}^* + B_{00} \tag{2-38}$$

$$R_1 = g_{00} \tag{2-39}$$

$$\overline{R}_1 = \overline{g}_{00} \tag{2-40}$$

这里 $\overline{g}_{nm}=\varepsilon g_{nm}$，$A_{nm}$，$B_{nm}$，$g_{nm}$ 和 $\overline{g}_{nm}$ 都是关于 t 的方程，根据界面条件（见式（2-30）~式(2-32)）可以解得：

模式 $n=0$，$m=0$，

$$A_{00} = B_{00}R_0 + R_0\frac{\mathrm{d}R_0}{\mathrm{d}t}g_{00} + R_0^2\frac{\mathrm{d}R_0}{\mathrm{d}t}\overline{g}_{00} - \frac{R_0^2}{2}\frac{\mathrm{d}}{\mathrm{d}t}\left(R_0^2\frac{\mathrm{d}R_0}{\mathrm{d}t}\right) + \frac{\lambda_{\mathrm{S}}R_0^3}{6}\frac{\mathrm{d}}{\mathrm{d}t}\left(R_0\frac{\mathrm{d}R_0}{\mathrm{d}t}\right) - \frac{R_0^4}{2}\frac{\mathrm{d}R_0}{\mathrm{d}t}\frac{\mathrm{d}\overline{R}_0}{\mathrm{d}t}$$

$$B_{00}=\frac{2\Gamma}{R_0^2}g_{00}-E^{-1}M_k\frac{\mathrm{d}g_{00}}{\mathrm{d}t}-\frac{\lambda_S R_0^2}{6}\frac{\mathrm{d}}{\mathrm{d}t}\left(R_0\frac{\mathrm{d}R_0}{\mathrm{d}t}\right)$$

模式 $n=4$，$m=0$，

$$A_{40}=R_0^9B_{40}+R_0^5\frac{\mathrm{d}R_0}{\mathrm{d}t}g_{40}+R_0^6\frac{\mathrm{d}R_0}{\mathrm{d}t}\bar{g}_{40}$$

$$B_{40}=-\frac{18\Gamma}{R_0^6}g_{40}-\frac{E^{-1}M_k}{R_0^4}\frac{\mathrm{d}g_{40}}{\mathrm{d}t}$$

模式 $n=4$，$m=4$，

$$A_{44}=R_0^9B_{44}+R_0^5\frac{\mathrm{d}R_0}{\mathrm{d}t}g_{44}+R_0^6\frac{\mathrm{d}R_0}{\mathrm{d}t}\bar{g}_{44}$$

$$B_{44}=-\frac{18\Gamma}{R_0^6}g_{44}-\frac{E^{-1}M_k}{R_0^4}\frac{\mathrm{d}g_{44}}{\mathrm{d}t}$$

由界面条件（见式（2-32））可以得到 $g_{nm}=g_{nm}(t)$ 满足如下常微分方程：

模式 $n=0$，$m=0$

$$\frac{\mathrm{d}g_{0,0}}{\mathrm{d}t}=-\frac{1}{R_0^2}\Re(R_0,0)g_{0,0}+q_{0,0}\tag{2-41}$$

式中，

$$q_{0,0}=\frac{R_0^2}{D(R_0,0)}\frac{\mathrm{d}R_0}{\mathrm{d}t}+\frac{k_T\lambda_S R_0^2}{3D(R_0,0)}\frac{\mathrm{d}}{\mathrm{d}t}\left(R_0\frac{\mathrm{d}R_0}{\mathrm{d}t}\right)-$$
$$\frac{R_0}{D(R_0,0)}\frac{\mathrm{d}}{\mathrm{d}t}\left(R_0^2\frac{\mathrm{d}R_0}{\mathrm{d}t}\right)-\frac{R_0^3}{D(R_0,0)}\frac{\mathrm{d}R_0}{\mathrm{d}t}\frac{\mathrm{d}\bar{R}_0}{\mathrm{d}t}$$

$$\Re(R_0,\ n)=\frac{1}{D(R_0,\ n)}\left[R_0^2\frac{\mathrm{d}R_0}{\mathrm{d}t}-(n+2)(nk_T+n+1)\Gamma\right]$$

$$D(R_0,\ n)=R_0+(nk_T+n+1)E^{-1}M_k$$

模式 $n=4$，$m=0$

$$\frac{\mathrm{d}g_{4,0}}{\mathrm{d}t}=\frac{3}{R_0^2}\Re(R_0,4)g_{4,0}+\frac{4R_0}{D(R_0,4)}\frac{\mathrm{d}R_0}{\mathrm{d}t}\bar{g}_{4,0}\tag{2-42}$$

模式 $n=4$，$m=4$，

$$\frac{\mathrm{d}g_{4,4}}{\mathrm{d}t}=\frac{3}{R_0^2}\Re(R_0,4)g_{4,4}+\frac{4R_0}{D(R_0,4)}\frac{\mathrm{d}R_0}{\mathrm{d}t}\bar{g}_{4,4}\tag{2-43}$$

由初始条件（见式（2-34））知 $g_{nm}=0$，可以解得 g_{nm} 分别为：

$$g_{00}=-\frac{1}{H(R_0,0)}\int_1^{R_0}\frac{\tau^3H(\tau,\ 0)}{D(\tau,\ 0)}\frac{\mathrm{d}\bar{R}_0}{\mathrm{d}t}\mathrm{d}\tau-\frac{1}{H(R_0,0)}\int_1^{R_0}\frac{\tau H(\tau,\ 0)}{D(\tau,\ 0)}\frac{\mathrm{d}}{\mathrm{d}\tau}\left(\frac{\tau(\tau-2\Gamma)}{\tau+E^{-1}M_k}\right)\mathrm{d}\tau+$$
$$\frac{1}{H(R_0,0)}\int_1^{R_0}\frac{\tau^2H(\tau,\ 0)}{D(\tau,\ 0)}\mathrm{d}\tau+\frac{k_T\lambda_S}{3H(R_0,0)}\int_1^{R_0}\frac{\tau^2H(\tau,\ 0)}{D(\tau,\ 0)}\frac{\mathrm{d}}{\mathrm{d}\tau}\left(\frac{\tau-2\Gamma}{\tau+E^{-1}M_k}\right)\mathrm{d}\tau\tag{2-44}$$

$$g_{40}=\frac{4}{H(R_0,\ 4)}\int_1^{R_0}\frac{\tau H(\tau,\ 4)}{D(\tau,\ 4)}\bar{g}_{40}\mathrm{d}\tau\tag{2-45}$$

$$g_{44} = \frac{4}{H(R_0, 4)}\int_1^{R_0} \frac{\tau H(\tau, 4)}{D(\tau, 4)} \bar{g}_{44} \mathrm{d}\tau \tag{2-46}$$

其中

$$H(R_0, n) = \frac{(R_0 - 2\Gamma)^b}{R_0^a [D(R_0, n)]^c}$$

$$a = \frac{(n-1)(n+2)}{2}$$

$$b = \frac{1}{2} \frac{(n-1)(n+2)(nk_\mathrm{T} + n + 1)(2\Gamma + E^{-1}M_k)}{2\Gamma + (nk_\mathrm{T} + n + 1)E^{-1}M_k}$$

$$c = (n-1) \frac{2\Gamma + n(n+2)(k_\mathrm{T} + 1)\Gamma + (nk_\mathrm{T} + n + 1)E^{-1}M_k}{2\Gamma + (nk_\mathrm{T} + n + 1)E^{-1}M_k}$$

因此得到了温度场和界面形状的解

$$T_\mathrm{L} = \varepsilon T_\mathrm{L0} + \varepsilon^2 T_\mathrm{L1} + O(\varepsilon^3), \quad T_\mathrm{S} = \varepsilon T_\mathrm{S0} + \varepsilon^2 T_\mathrm{S1} + O(\varepsilon^3) \tag{2-47}$$

$$R = R_0(t) + \varepsilon g_0(t) + O(\varepsilon^2) \tag{2-48}$$

以及晶体生长速度，U_I 表示为：

$$U_\mathrm{I} = \frac{\mathrm{d}R_0}{\mathrm{d}t} + \varepsilon \frac{\mathrm{d}g_{00}}{\mathrm{d}t} + O(\varepsilon^2) \tag{2-49}$$

图 2-1 显示在不同时间球状晶核的生长形态界面图。从图 2-1 可以看出，在晶体生长的初始阶段，一旦发生形核，晶核界面向外生长，并且各个生长方向生长属性保持均匀一致，充分体现出各向同性的特点与性质。

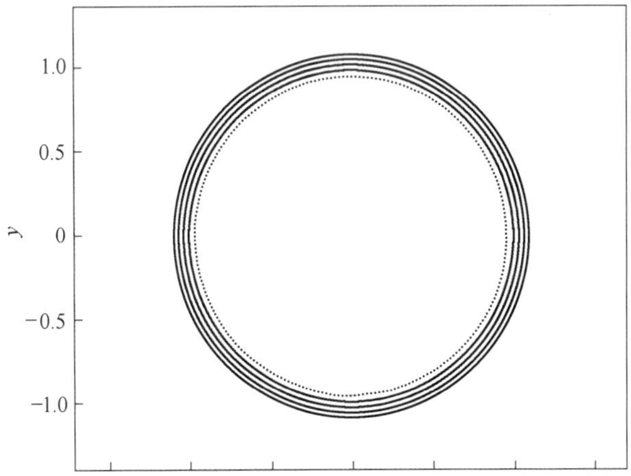

图 2-1 不同时间球状晶核的生长形态界面图

2.3　浓度场对过冷熔体中等轴晶生长的影响规律

2.2 节只考虑了纯净熔体中的凝固过程或称单一组元的晶体生长过程。如果熔体中含有少量杂质，或者说给定生长系统是含有稀薄溶质的二元系，这种杂质在界面上的浓度会对熔-固界面的热力学平衡状态引起深刻的变化。本节将考虑一个从二元合金中生长的球状晶核，其初始半径为 r_0。在以晶核中心为原点的球坐标系（r，θ，φ）中，晶核的界面形状由函数 $R=R(t)$ 描述，将整个系统分为液相与固相。液相和固相中的温度场分别由 T_L 和 T_S 表示，液相和固相中的浓度场分别由 C_L 和 C_S 表示。由于溶质在固体扩散率比液体扩散率小几个数量级，因此忽略固相中溶质的扩散，并且将 C_S 视为一个恒定浓度。熔体初始浓度为 C_0。粒子的生长受热扩散方程和溶质扩散方程以及边界条件的控制。

球状晶核生长的控制方程为：

$$\frac{\partial T_L}{\partial t}=\kappa_L\nabla^2 T_L \tag{2-50}$$

$$\frac{\partial T_S}{\partial t}=\kappa_S\nabla^2 T_S \tag{2-51}$$

$$\frac{\partial C_L}{\partial t}=D_L\nabla^2 C_L \tag{2-52}$$

式中，D_L 为液相溶质扩散系数。

界面条件如下：

（1）热平衡条件：

$$T_L=T_S \tag{2-53}$$

（2）Gibbs-Thomson 条件：

$$T_I=T_M+\frac{T_M}{\Delta H}SK+m_l C_L-\frac{1}{\mu}U_I \tag{2-54}$$

式中，m_l 为相图中的液相线斜率。

（3）能量守恒条件：

$$(C_L-C_S)U_I=-D_L C_L\cdot \boldsymbol{n} \tag{2-55}$$

（4）能量守恒条件：

$$\Delta H U_I=(k_S\nabla T_S-k_L\nabla T_L)\cdot n \tag{2-56}$$

（5）杂质分离条件：

$$C_S=kC_L \tag{2-57}$$

式中，k 为分离系数。

远场的温度和浓度条件：当 $r\to\infty$ 时

$$T_L\to T_\infty,\quad C_L\to C_0 \tag{2-58}$$

界面的初始条件：当 $t=0$ 时

$$R(t)=r_0 \tag{2-59}$$

选取球状晶核的初始半径 r_0 为长度尺度，界面特征速度 $V_S=D_L\Delta C/(r_0C_e)$ 为速度尺度，C_e 为浓度尺度，r_0/V_S 为时间尺度，$\Delta H/(c_\rho \rho_L)$ 为温度尺度定义无量纲温度 $\overline{T}_L$，$\overline{T}_S$，浓度 $\overline{C}_L$，速度 $\overline{U}_I$，长度 $\overline{r}$，和时间 $\overline{t}$ 为

$$\overline{T}_L = \frac{T_L - T_M}{\Delta H/(c_\rho \rho_L)}, \quad \overline{T}_S = \frac{T_S - T_M}{\Delta H/(c_\rho \rho_L)}, \quad \overline{C}_L = \frac{C_L - C_e}{C_e} \overline{U}_I = \frac{U_I}{V_P} \tag{2-60}$$

$$\overline{r} = \frac{r}{r_0}, \quad \overline{t} = \frac{t}{r_0/V_P}$$

为避免混淆，省略无量纲物理量上的“-”，无量纲形式的控制方程为：

$$\varepsilon_c \lambda_L \frac{\partial T_L}{\partial t} = \nabla^2 T_L \tag{2-61}$$

$$\varepsilon_c \lambda_S \frac{\partial T_S}{\partial t} = \nabla^2 T_S \tag{2-62}$$

$$\varepsilon_c \frac{\partial C_L}{\partial t} = \nabla^2 C_L \tag{2-63}$$

式中，$\varepsilon_c = \frac{\Delta C}{C_e}$，$\lambda_L = \frac{D_L}{\kappa_L}$，$\lambda_S = \frac{D_L}{\kappa_S}$。

无量纲形式的界面条件为：

$$T_L = T_S \tag{2-64}$$

$$T_I = 2\varepsilon_c \Gamma S_0 K - M_c C_L - \varepsilon_c E^{-1} M_k U_I - \varepsilon_c M_e \tag{2-65}$$

$$\varepsilon_c \lambda_L U_I = (k_T \nabla T_S - \nabla T_L) \cdot \boldsymbol{n} \tag{2-66}$$

$$\varepsilon_c S_k U_I = -\nabla C_L \cdot \boldsymbol{n} \tag{2-67}$$

$$C_I = \frac{1}{k} C_S - \frac{k-1}{k} \tag{2-68}$$

式中，$\Gamma = \frac{\gamma_0 T_M C_e}{r_0 \Delta C \Delta H^2/(c_\rho \rho_L)}$；$M_c = \frac{m_1 C_e}{\Delta H/(c_\rho \rho_L)}$；$M_k = \frac{V_S C_e \Delta T}{\mu T_M \Delta C \Delta H/(c_\rho \rho_L)}$；$M_e = -\frac{m_1 (C_e - C_0)}{\Delta T}$；$S_k = \frac{(1-k)(1+C_S)}{k}$。

无量纲形式远场温度条件为：当 $r \to \infty$ 时

$$T_L \to -T_{L,\infty} \varepsilon_c, \quad C_L \to -\varepsilon_c \tag{2-69}$$

式中，$T_{L,\infty} = c_p \rho_L C_e \Delta T/(\Delta H \Delta C)$。

无量纲形式初始条件为：当 $t = 0$ 时

$$R(t) = 1 \tag{2-70}$$

在小参数 ε_c 下，球状晶核生长系统（见式（2-61）~式(2-70)）为奇异摄动边界问题，液相和固相温度，液相浓度，界面函数可进行如下渐近展开：

$$\begin{aligned} &T_L = \varepsilon_c T_{L0} + \varepsilon_c^2 T_{L1} + \cdots, \quad T_S = \varepsilon T_{S0} + \varepsilon^2 T_{S1} + \cdots \\ &C_L = \varepsilon_c C_{L0} + \varepsilon_c^2 C_{L1} + \cdots, \quad R = R_0 + \varepsilon_c R_1 + \cdots \end{aligned} \tag{2-71}$$

根据凝固理论，相变主要发生在固-液界面处，远离晶核的地方温度变化很慢。引入慢变量 $\rho = \varepsilon_c r$ 并将变量 ρ，r 和 t 视为独立变量。由于存在多个变量，界面也可以展成

$$\overline{R} = \overline{R}_0 + \varepsilon_c \overline{R}_1 + \cdots \tag{2-72}$$

这里 $\overline{R} = \varepsilon_c R$，$\overline{R}_0 = \varepsilon_c R_0$，$\overline{R}_1 = \varepsilon_c R_1$，……

将式（2-71）和式（2-72）代入控制方程和边界条件（见式（2-61）~式(2-68)），可以得到 ε_c 的每一阶的相关方程。首阶控制方程为：

$$\nabla^2 T_{L0} = 0, \quad \nabla^2 T_{S0} = 0, \quad \nabla^2 T_{C0} = 0 \tag{2-73}$$

边界条件为：在界面上

$$T_{L0} = T_{S0} = -\frac{2\Gamma}{R_0} - M_c C_{L0} - M_e - E^{-1} M_k \frac{dR_0}{dt} \tag{2-74}$$

$$\lambda_L \frac{dR_0}{dt} = k_T \frac{\partial T_{S0}}{\partial r} - \frac{\partial T_{L0}}{\partial r} \tag{2-75}$$

$$S_k \frac{dR_0}{dt} = -\frac{\partial C_{L0}}{\partial r} \tag{2-76}$$

远场温度条件为：当 $r \to \infty$ 时

$$T_{L0} \to -T_{L,\infty}, \quad C_{L0} \to -1 \tag{2-77}$$

初始条件为：当 $t = 0$ 时

$$R_0(t) = 1 \tag{2-78}$$

根据远场温度条件（见式（2-77）），方程式（2-73）的解为

$$T_{L0} = -T_{L,\infty} + \frac{b_0(t)}{r} e^{\overline{R}_0 - \rho}, \quad T_{S0} = a_0(t), \quad C_{L0} = -1 + \frac{c_0(t)}{r} e^{\overline{R}_0 - \rho} \tag{2-79}$$

式中，$a_0(t)$、$b_0(t)$ 和 $c_0(t)$ 都是 t 的方程，由界面条件（见式（2-74）~式(2-76)）可以解得

$$a_0(t) = -T_{L,\infty} + \lambda_L R_0 \frac{dR_0}{dt}, \quad b_0(t) = \lambda_L R_0^2 \frac{dR_0}{dt}, \quad c_0(t) = S_k R_0^2 \frac{dR_0}{dt}$$

其中 R_0 满足常微分方程

$$\frac{dR_0}{dt} = \frac{T_{L,\infty} R_0 - 2\Gamma}{R_0(\lambda_L R_0 + E^{-1} M_k + M_c S_k R_0)} \tag{2-80}$$

由初始条件（见式（2-78））和常微分方程（见式（2-80））可以确定 R_0 与 t 有如下关系：

$$t = \frac{2\Gamma T_{L,\infty} E^{-1} M_k + 4\Gamma^2(\lambda_L + M_c S_k)}{T_{L,\infty}^3} \ln \frac{T_{L,\infty} R_0 - 2\Gamma}{T_{L,\infty} - 2\Gamma} + \frac{T_{L,\infty} E^{-1} M_k + 2\Gamma(\lambda_L + M_c S_k)}{T_{L,\infty}^2}(R_0 - 1) + \frac{\lambda_L + M_c S_k}{2T_{L,\infty}}(R_0^2 - 1) \tag{2-81}$$

可以得到，当 $R_0 > 2\Gamma/T_{L,\infty}$ 时，$dR_0/dt > 0$，速度为正，晶核生长；当 $R_0 < 2\Gamma/T_{L,\infty}$ 时，$dR_0/dt < 0$，速度为负，晶核收缩。当 $dR_0/dt = 0$ 时，可以得到球状晶核的形核临界半径

$$R^* = 2\Gamma / T_{\mathrm{L},\infty} \tag{2-82}$$

当晶核半径大于临界形核半径 R^* 时，晶核生长，而当晶核半径小于临界形核半径时，晶核熔化。

一阶控制方程为：

$$\lambda_{\mathrm{L}} \frac{\partial T_{\mathrm{L0}}}{\partial t} = \nabla^2 T_{\mathrm{L1}} + 2\frac{\partial^2 T_{\mathrm{L0}}}{\partial r \partial \rho} + \frac{2}{r}\frac{\partial T_{\mathrm{L0}}}{\partial \rho} \tag{2-83}$$

$$\lambda_{\mathrm{S}} \frac{\partial T_{\mathrm{S0}}}{\partial t} = \nabla^2 T_{\mathrm{S1}} + 2\frac{\partial^2 T_{\mathrm{S0}}}{\partial r \partial \rho} + \frac{2}{r}\frac{\partial T_{\mathrm{S0}}}{\partial \rho} \tag{2-84}$$

$$\frac{\partial C_{\mathrm{L0}}}{\partial t} = \nabla^2 C_{\mathrm{L1}} + 2\frac{\partial^2 C_{\mathrm{L0}}}{\partial r \partial \rho} + \frac{2}{r}\frac{C_{\mathrm{L0}}}{\partial \rho} \tag{2-85}$$

边界条件为：在界面上

$$T_{\mathrm{L1}} = T_{\mathrm{S1}} + \lambda_{\mathrm{L}}\frac{\mathrm{d}R_0}{\mathrm{d}t}R_1 + \lambda_{\mathrm{L}}R_0\frac{\mathrm{d}R_0}{\mathrm{d}t}\bar{R}_1 \tag{2-86}$$

$$T_{\mathrm{S1}} = \frac{2\Gamma}{R_0^2}R_1 - M_{\mathrm{c}}C_{\mathrm{L1}} - E^{-1}M_{\mathrm{k}}\frac{\partial R_1}{\partial t} + M_{\mathrm{c}}S_{\mathrm{k}}\frac{\mathrm{d}R_0}{\mathrm{d}t}R_1 + M_{\mathrm{c}}S_{\mathrm{k}}R_0\frac{\mathrm{d}R_0}{\mathrm{d}t}\bar{R}_1$$

$$\lambda_{\mathrm{L}}\frac{\partial R_1}{\partial t} = k_{\mathrm{T}}\frac{\partial T_{\mathrm{S1}}}{\partial r} - \frac{\partial T_{\mathrm{L1}}}{\partial r} - \frac{2\lambda_{\mathrm{L}}}{R_0}\frac{\mathrm{d}R_0}{\mathrm{d}t}R_1 - \lambda_{\mathrm{L}}\frac{\mathrm{d}R_0}{\mathrm{d}t}\bar{R}_1 + \lambda_{\mathrm{L}}R_0\frac{\mathrm{d}R_0}{\mathrm{d}t} \tag{2-87}$$

$$S_{\mathrm{k}}\frac{\partial R_1}{\partial t} = -\frac{\partial C_{\mathrm{L1}}}{\partial r} - \frac{2S_{\mathrm{k}}}{R_0}\frac{\mathrm{d}R_0}{\mathrm{d}t}R_1 - S_{\mathrm{k}}\frac{\mathrm{d}R_0}{\mathrm{d}t}\bar{R}_1 + S_{\mathrm{k}}R_0\frac{\mathrm{d}R_0}{\mathrm{d}t} \tag{2-88}$$

远场温度条件为：当 $r \to \infty$ 时

$$T_{\mathrm{L1}} \to 0,\ C_{\mathrm{L1}} \to 0 \tag{2-89}$$

初始条件为：当 $t \to 0$ 时

$$R_1(t) = 0 \tag{2-90}$$

根据远场温度和浓度条件（见式（2-89）），一阶控制方程式（2-82）和式(2-83）的特解为：

$$T_{\mathrm{L1}}^* = \lambda_{\mathrm{L}}^2\frac{r}{2}\left[\frac{\mathrm{d}}{\mathrm{d}t}\left(R_0^2\frac{\mathrm{d}R_0}{\mathrm{d}t}\right) + R_0^2\frac{\mathrm{d}R_0}{\mathrm{d}t}\frac{\mathrm{d}\bar{R}_0}{\mathrm{d}t}\right]\mathrm{e}^{\bar{R}_0-\rho} \tag{2-91}$$

$$T_{\mathrm{S1}}^* = \frac{\lambda_{\mathrm{S}}\lambda_{\mathrm{L}}r^2}{6}\frac{\mathrm{d}}{\mathrm{d}t}\left(R_0\frac{\mathrm{d}R_0}{\mathrm{d}t}\right) \tag{2-92}$$

$$C_{\mathrm{L1}}^* = S_{\mathrm{k}}\frac{r}{2}\left[\frac{\mathrm{d}}{\mathrm{d}t}\left(R_0^2\frac{\mathrm{d}R_0}{\mathrm{d}t}\right) + R_0^2\frac{\mathrm{d}R_0}{\mathrm{d}t}\frac{\mathrm{d}\bar{R}_0}{\mathrm{d}t}\right]\mathrm{e}^{\bar{R}_0-\rho} \tag{2-93}$$

可以由此确定方程式（2-82）~式(2-85）的解，将其表示为：

$$T_{\mathrm{L1}} = T_{\mathrm{L1}}^* + \frac{A_{00}}{r} \tag{2-94}$$

$$T_{\mathrm{S1}} = T_{\mathrm{S1}}^* + B_{00} \tag{2-95}$$

$$C_{\mathrm{L1}} = C_{\mathrm{L1}}^* + \frac{C_{00}}{r} \tag{2-96}$$

$$R_1 = g_{00} \tag{2-97}$$

$$\overline{R}_1 = \overline{g}_{00} \tag{2-98}$$

其中 $\overline{g}_{nm} = \varepsilon g_{nm}$，$A_{nm}$，$B_{nm}$，$C_{nm}$，$g_{nm}$ 和 $\overline{g}_{nm}$ 都是关于 t 的方程，解得：
模式 $n = 0$，$m = 0$

$$A_{00} = B_{00}R_0 + \lambda_L R_0 \frac{dR_0}{dt} g_{00} + \lambda_L R_0^2 \frac{dR_0}{dt}\overline{g}_{00} - \frac{\lambda_L^2 R_0^2}{2}\frac{d}{dt}\left(R_0^2\frac{dR_0}{dt}\right) + \frac{\lambda_S\lambda_L R_0^3}{6}\frac{d}{dt}\left(R_0\frac{dR_0}{dt}\right) - \frac{\lambda_L^2 R_0^4}{2}\frac{dR_0}{dt}\frac{d\overline{R}_0}{dt}$$

$$B_{00} = \frac{2\Gamma}{R_0^2}g_{00} - \frac{M_c}{R_0}C_{00} - E^{-1}M_k\frac{dg_{00}}{dt} - \frac{\lambda_S\lambda_L R_0^2}{6}\frac{d}{dt}\left(R_0\frac{dR_0}{dt}\right) + M_cS_k\left(\frac{dR_0}{dt}g_{00} + R_0\frac{dR_0}{dt}\overline{g}_{00} - \frac{R_0}{2}\frac{d}{dt}\left(R_0^2\frac{dR_0}{dt}\right) - \frac{R_0^3}{2}\frac{dR_0}{dt}\frac{d\overline{R}_0}{dt}\right)$$

$$C_{00} = S_k\left(R_0^2\frac{dg_{00}}{dt} + 2R_0\frac{dR_0}{dt}g_{00} + R_0^2\frac{dR_0}{dt}\overline{g}_{00} - R_0^3\frac{dR_0}{dt} + \frac{R_0^2}{2}\frac{d}{dt}\left(R_0^2\frac{dR_0}{dt}\right) + \frac{R_0^4}{2}\frac{dR_0}{dt}\frac{d\overline{R}_0}{dt}\right)$$

模式 $n = 4$，$m = 0$

$$A_{40} = R_0^9B_{40} + \lambda_L R_0^5\frac{dR_0}{dt}g_{40} + \lambda_L R_0^6\frac{dR_0}{dt}\overline{g}_{40}$$

$$B_{40} = -\frac{18\Gamma}{R_0^6}g_{40} - \frac{M_cC_{40}}{R_0^9} - \frac{E^{-1}M_k}{R_0^4}\frac{dg_{40}}{dt} + \frac{M_cS_k}{R_0^3}\left(\frac{1}{R_0}\frac{dR_0}{dt}g_{40} + \frac{dR_0}{dt}\overline{g}_{40}\right)$$

$$C_{40} = \frac{S_k}{5}\left(R_0^6\frac{dg_{40}}{dt} + 2R_0^5\frac{dR_0}{dt}g_{40} + R_0^6\frac{dR_0}{dt}\overline{g}_{40}\right)$$

模式 $n = 4$，$m = 4$，

$$A_{44} = R_0^9B_{44} + \lambda_L R_0^5\frac{dR_0}{dt}g_{44} + \lambda_L R_0^6\frac{dR_0}{dt}\overline{g}_{44}$$

$$B_{44} = -\frac{18\Gamma}{R_0^6}g_{44} - \frac{M_cC_{44}}{R_0^9} - \frac{E^{-1}M_k}{R_0^4}\frac{dg_{44}}{dt} + \frac{M_cS_k}{R_0^3}\left(\frac{1}{R_0}\frac{dR_0}{dt}g_{44} + \frac{dR_0}{dt}\overline{g}_{44}\right)$$

$$C_{44} = \frac{S_k}{5}\left(R_0^6\frac{dg_{44}}{dt} + 2R_0^5\frac{dR_0}{dt}g_{44} + R_0^6\frac{dR_0}{dt}\overline{g}_{44}\right)$$

由界面条件（见式（2-32）），可以得到 $g_{nm} = g_{nm}(t)$ 满足如下常微分方程：
模式 $n = 0$，$m = 0$

$$\frac{dg_{0,0}}{dt} = -\frac{1}{R_0^2}\Re(R_0, 0)g_{0,0} + q_{0,0} \tag{2-99}$$

式中

$$q_{0,0} = \frac{(\lambda_L + M_cS_k)R_0^2}{D(R_0, 0)}\frac{dR_0}{dt} + \frac{k_T\lambda_S R_0^2}{3D(R_0, 0)}\frac{d}{dt}\left(R_0\frac{dR_0}{dt}\right) - \frac{(\lambda_L^2 + M_cS_k)R_0}{D(R_0, 0)}\frac{d}{dt}\left(R_0^2\frac{dR_0}{dt}\right) - \frac{(\lambda_L^2 + M_cS_k)R_0^3}{D(R_0, 0)}\frac{dR_0}{dt}\frac{d\overline{R}_0}{dt}$$

$$\Re(R_0,\ n)=\frac{1}{D(R_0,\ n)}\left[\lambda_{\rm L}R_0^2\frac{{\rm d}R_0}{{\rm d}t}-(n+2)(nk_{\rm T}+n+1)\Gamma+\frac{nk_{\rm T}+n+1}{n+1}M_{\rm c}S_{\rm k}R_0^2\frac{{\rm d}R_0}{{\rm d}t}\right]$$

$$D(R_0,\ n)=\lambda_{\rm L}R_0+(nk_{\rm T}+n+1)E^{-1}M_{\rm k}+\frac{nk_{\rm T}+n+1}{n+1}M_{\rm c}S_{\rm k}R_0$$

模式 $n=4,\ m=0$

$$\frac{{\rm d}g_{4,0}}{{\rm d}t}=\frac{3}{R_0^2}\Re(R_0,\ 4)g_{4,0}+\frac{4[5\lambda_{\rm L}+(4k_{\rm T}+5)M_{\rm c}S_{\rm k}]R_0}{5D(R_0,\ 4)}\frac{{\rm d}R_0}{{\rm d}t}\bar{g}_{4,0}\tag{2-100}$$

模式 $n=4,\ m=4$

$$\frac{{\rm d}g_{4,4}}{{\rm d}t}=\frac{3}{R_0^2}\Re(R_0,\ 4)g_{4,4}+\frac{4[5\lambda_{\rm L}+(4k_{\rm T}+5)M_{\rm c}S_{\rm k}]R_0}{5D(R_0,\ 4)}\frac{{\rm d}R_0}{{\rm d}t}\bar{g}_{4,4}\tag{2-101}$$

由初始条件（见式（2-91））知 $g_{nm}=0$，可以解得 g_{nm} 分别为：

$$\begin{aligned}g_{00}=&\frac{(\lambda_{\rm L}+M_{\rm c}S_{\rm k})}{H(R_0,0)}\int_1^{R_0}\frac{\tau^2H(\tau,\ 0)}{D(\tau,\ 0)}{\rm d}\tau-\frac{(\lambda_{\rm L}^2+M_{\rm c}S_{\rm k})}{H(R_0,0)}\int_1^{R_0}\frac{\tau^3H(\tau,\ 0)}{D(\tau,\ 0)}\frac{{\rm d}\bar{R}_0}{{\rm d}t}{\rm d}\tau-\\&\frac{(\lambda_{\rm L}^2+M_{\rm c}S_{\rm k})}{H(R_0,0)}\int_1^{R_0}\frac{\tau H(\tau,\ 0)}{D(\tau,\ 0)}\frac{\rm d}{{\rm d}\tau}\left[\frac{\tau(T_{\rm L,\infty}\tau-2\Gamma)}{\lambda_{\rm L}\tau+E^{-1}M_{\rm k}+M_{\rm c}S_{\rm k}\tau}\right]{\rm d}\tau+\\&\frac{k_{\rm T}\lambda_{\rm S}}{3H(R_0,0)}\int_1^{R_0}\frac{\tau^2H(\tau,\ 0)}{D(\tau,\ 0)}\frac{\rm d}{{\rm d}\tau}\left[\frac{T_{\rm L,\infty}\tau-2\Gamma}{\lambda_{\rm L}\tau+E^{-1}M_{\rm k}+M_{\rm c}S_{\rm k}\tau}\right]{\rm d}\tau\end{aligned}\tag{2-102}$$

$$\begin{aligned}g_{40}=&\frac{36(4k_{\rm T}+5)\Gamma\Theta}{5H(R_0,\ 4)}\int_1^{R_0}\frac{H(\tau,\ 4)[(\lambda_{\rm L}+M_{\rm c}S_{\rm k})\tau+E^{-1}M_{\rm k}]}{D(\tau,\ 4)(T_{\rm L,\infty}\tau-2\Gamma)}{\rm d}\tau+\\&\frac{4[5\lambda_{\rm L}+(4k_{\rm T}+5)M_{\rm c}S_{\rm k}]}{5H(R_0,\ 4)}\int_1^{R_0}\frac{\tau H(\tau,\ 4)}{D(\tau,\ 4)}\bar{g}_{40}{\rm d}\tau\end{aligned}\tag{2-103}$$

$$\begin{aligned}g_{44}=&\frac{3(4k_{\rm T}+5)\Gamma\Theta}{70H(R_0,\ 4)}\int_1^{R_0}\frac{H(\tau,\ 4)[(\lambda_{\rm L}+M_{\rm c}S_{\rm k})\tau+E^{-1}M_{\rm k}]}{D(\tau,\ 4)(T_{\rm L,\infty}\tau-2\Gamma)}{\rm d}\tau+\\&\frac{4[5\lambda_{\rm L}+(4k_{\rm T}+5)M_{\rm c}S_{\rm k}]}{5H(R_0,\ 4)}\int_1^{R_0}\frac{\tau H(\tau,\ 4)}{D(\tau,\ 4)}\bar{g}_{44}{\rm d}\tau\end{aligned}\tag{2-104}$$

式中

$$H(R_0,\ n)=\frac{(T_{\rm L,\infty}R_0-2\Gamma)^b}{R_0^a[D(R_0,\ n)]^c}$$

$$a=\frac{(n-1)(n+2)}{2}$$

$$b=\frac{1}{2}\frac{(n-1)(n+2)(nk_{\rm T}+n+1)(2\Gamma\lambda_{\rm L}+T_{\rm L,\infty}E^{-1}M_{\rm k}+2\Gamma M_{\rm c}S_{\rm k})}{2\Gamma\lambda_{\rm L}+(nk_{\rm T}+n+1)T_{\rm L,\infty}E^{-1}M_{\rm k}+2\Gamma N_{\rm k}M_{\rm c}S_{\rm k}}$$

$$c=(n-1)\frac{2\Gamma\lambda_{\rm L}+n(n+2)(k_{\rm T}+1)\Gamma\lambda_{\rm L}+(nk_{\rm T}+n+1)T_{\rm L,\infty}E^{-1}M_{\rm k}+(n^2+2n+2)\Gamma N_{\rm k}M_{\rm c}S_{\rm k}}{2\Gamma\lambda_{\rm L}+(nk_{\rm T}+n+1)T_{\rm L,\infty}E^{-1}M_{\rm k}+2\Gamma N_{\rm k}M_{\rm c}S_{\rm k}}$$

因此得到了温度场和界面形状的解：

$$T_{\rm L}=\varepsilon_{\rm c}T_{\rm L0}+\varepsilon_{\rm c}^2T_{\rm L1}+O(\varepsilon_{\rm c}^3),\quad T_{\rm S}=\varepsilon_{\rm c}T_{\rm S0}+\varepsilon_{\rm c}^2T_{\rm S1}+O(\varepsilon_{\rm c}^3),\quad C_{\rm L}=\varepsilon_{\rm c}T_{\rm L0}+\varepsilon_{\rm c}^2C_{\rm L1}+O(\varepsilon_{\rm c}^3)\tag{2-105}$$

$$R = R_0(t) + \varepsilon g_0(t) + O(\varepsilon_c^2) \tag{2-106}$$

及晶体生长速度，U_I 表示为：

$$U_I = \frac{dR_0}{dt} + \varepsilon_c \frac{dg_{00}}{dt} + O(\varepsilon_c^2) \tag{2-107}$$

2.4　对流对过冷熔体中等轴晶生长的影响规律

凝固的初始阶段，考虑一个在过冷熔体中生长的球状晶核，其初始半径为 r_0。假设熔体为不可压缩的牛顿流体，球状晶核受到来自晶核上方的远场均匀流的影响。将远场均匀流 $\boldsymbol{u}$ 表示为

$$\boldsymbol{u} \to -U_\infty \boldsymbol{k} \tag{2-108}$$

式中，U_∞ 为常数；$\boldsymbol{k}$ 为笛卡尔坐标系的单位向量。

根据 Mullins 和 Sekerka 的观点，可以视远离球状晶体固液界面几个扰动波长的距离为无穷远，过冷熔体中的远场温度为 T_∞（$T_\infty < T_M$，T_M 为纯物质固-液界面凝固平衡温度）。对流的过冷熔体中的晶体生长过程满足连续性方程、动量方程、热传导方程：

$$\nabla \cdot \boldsymbol{U} = 0 \tag{2-109}$$

$$\frac{\partial \boldsymbol{U}}{\partial t} + (\boldsymbol{U} \cdot \nabla)\boldsymbol{U} = -\frac{1}{\rho_L}\nabla p + \boldsymbol{v}\nabla^2\boldsymbol{U} \tag{2-110}$$

式中，ρ_L 为熔体密度；p 为压强；$\boldsymbol{v}$ 为熔体的运动黏度。

$$\frac{\partial T_L}{\partial t} + (\boldsymbol{U} \cdot \nabla) T_L = \kappa_L \nabla^2 T_L \tag{2-111}$$

式中，T_L 为液相温度；κ_L 为液相的热扩散系数。

$$\frac{\partial T_S}{\partial t} = \kappa_S \nabla^2 T_S \tag{2-112}$$

式中，T_S 为固相温度；κ_S 为固相的热扩散系数。

界面条件如下：

（1）热平衡条件：

$$T_L = T_S = T_I \tag{2-113}$$

式中，T_I 为界面温度。

（2）Gibbs-Thomson 条件：

$$T_I = T_M + \frac{T_M}{\Delta H} SK - \frac{1}{\mu} U_I \tag{2-114}$$

式中，ΔH 为单位体积内固相产生时所产生的潜热；S 为界面刚度；K 为界面平均曲率；μ 为界面动力学系数；U_I 为界面速度。

（3）能量守恒条件：

$$\Delta H U_I = (k_S \nabla T_S - k_L \nabla T_L) \cdot \boldsymbol{n} \tag{2-115}$$

式中，k_S 为固相的热传导系数；k_L 为液相的热传导系数。

（4）界面上的无滑移条件：

$$\boldsymbol{U} \cdot \boldsymbol{n} = 0, \quad \boldsymbol{U} \cdot \boldsymbol{\tau} = 0 \tag{2-116}$$

式中，$\boldsymbol{n}$ 为界面单位法向量；$\boldsymbol{\tau}$ 为单位界面切向量。

远场的温度条件和振荡流条件，即当 $r \to \infty$ 时，

$$T_L \to T_\infty \tag{2-117}$$

$$\boldsymbol{U} = -U_\infty \boldsymbol{k} \tag{2-118}$$

界面的初始条件：当 $t = 0$ 时，

$$R(t) = 1 \tag{2-119}$$

为了实现渐近分析，选取球状晶体的初始半径 r_0 作为长度尺度，界面的特征速度 V 为速度尺度，r_0/V 为时间尺度，$\rho_L V^2$ 为压力尺度，$\Delta H/(c_{pL}\rho_L)$ 为温度尺度，其中 c_{pL} 为液相比热容。在球坐标系（r，θ，φ），球体的中心为坐标原点。$r = R(\theta,\ \varphi,\ t)$ 表示晶粒的界面，$\boldsymbol{u}$ 为无量纲的对流速度，P 为无量纲的压强，T_L 和 T_S 分别为液相、固相的无量纲温度。对流条件下球状晶体生长的无量纲方程表示为

$$\nabla \cdot \boldsymbol{u} = 0 \tag{2-120}$$

$$\varepsilon \frac{\partial \boldsymbol{u}}{\partial t} + \varepsilon(\boldsymbol{u} \cdot \nabla)\boldsymbol{u} = -\nabla P + Pr\,\nabla^2 \boldsymbol{u} \tag{2-121}$$

$$\varepsilon \frac{\partial T_L}{\partial t} + \varepsilon(\boldsymbol{u} \cdot \nabla) T_L = \nabla^2 T_L \tag{2-122}$$

$$\varepsilon \lambda_S \frac{\partial T_S}{\partial t} = \nabla^2 T_S \tag{2-123}$$

式中

$$\varepsilon = \frac{\Delta T}{\Delta H/(c_{pL}\rho_L)},\quad Pr = \frac{\upsilon}{\kappa_L},\quad \lambda_S = \frac{\kappa_L}{\kappa_S}$$

这里 $\Delta T = T_M - T_\infty$ 表示熔体的过冷度。

无量纲形式的界面条件如下：

（1）热平衡条件：

$$T_L = T_S = T_I \tag{2-124}$$

（2）Gibbs-Thomson 条件：

$$T_I = 2\varepsilon \varGamma K - \varepsilon E^{-1} M U_I \tag{2-125}$$

（3）能量守恒条件：

$$\varepsilon U_I = (k\,\nabla T_S - \nabla T_L) \cdot \boldsymbol{n} \tag{2-126}$$

（4）界面上的无滑移条件：

$$\boldsymbol{u} \cdot \boldsymbol{n} = 0,\ \boldsymbol{u} \cdot \boldsymbol{\tau} = 0 \tag{2-127}$$

其中

$$\varGamma = \frac{\gamma_0 T_M}{r_0 \Delta H \Delta T},\quad E = \frac{\Delta T}{T_M},\quad M = \frac{V}{\mu T_M},\quad k = \frac{k_S}{k_L}$$

式中，γ_0 为各向同性表面张力系数。

远场的温度条件和振荡流条件，即当 $r \to \infty$ 时

$$T_L \to -\varepsilon \tag{2-128}$$

$$\boldsymbol{u} = -u_\infty \boldsymbol{k} \tag{2-129}$$

式中，$u_\infty = U_\infty / V$。

界面的初始条件：当 $t = 0$ 时

$$R(t) = 1 \tag{2-130}$$

在这里假设液相与固相的密度相同，并且忽略浮力的影响。为了简化起见，不考虑旋转振动和晶粒之间的相互作用，也不考虑晶粒分裂时的相互作用。

在小参数下，晶体生长的系统（见式（2-120）~式(2-123)）是奇异摄动边界问题。

引入球状晶体的半径的慢变量 $\overline{r} = \varepsilon r$，则

$$\frac{\partial}{\partial r} \to \frac{\partial}{\partial r} + \varepsilon \frac{\partial}{\partial \overline{r}}$$

$$\frac{\partial^2}{\partial r^2} \to \frac{\partial^2}{\partial r^2} + 2\varepsilon \frac{\partial^2}{\partial r\, \partial \overline{r}} + \varepsilon^2 \frac{\partial^2}{\partial \overline{r}^2}$$

拉普拉斯方程为

$$\nabla^2 = \frac{1}{r^2} \frac{\partial}{\partial r}\left(r^2 \frac{\partial}{\partial r}\right) = \frac{\partial^2}{\partial r^2} + \frac{2}{r} \frac{\partial}{\partial r}$$

可得

$$\frac{\partial^2}{\partial r^2} + 2\varepsilon \frac{\partial^2}{\partial r\, \partial \overline{r}} + \varepsilon^2 \frac{\partial^2}{\partial \overline{r}^2} + \frac{2}{r}\left(\frac{\partial}{\partial r} + \varepsilon \frac{\partial}{\partial \overline{r}}\right) = \nabla^2 + 2\varepsilon \frac{\partial^2}{\partial r\, \partial \overline{r}} + \varepsilon^2 \frac{\partial^2}{\partial \overline{r}^2} + \varepsilon \frac{2}{r} \frac{\partial}{\partial \overline{r}}$$

由方程式（2-120）~式(2-123）可以得到：

$$\nabla \cdot \boldsymbol{u} + \varepsilon \frac{\partial u}{\partial \overline{r}} = 0 \tag{2-131}$$

$$\varepsilon \frac{\partial \boldsymbol{u}}{\partial t} + \varepsilon(\boldsymbol{u} \cdot \nabla)\boldsymbol{u} + \varepsilon^2 u \frac{\partial \boldsymbol{u}}{\partial \overline{r}} = -\nabla P - \varepsilon\left(\frac{\partial P}{\partial \overline{r}},\ 0, 0\right) + Pr\left(\nabla^2 \boldsymbol{u} + 2\varepsilon \frac{\partial^2 \boldsymbol{u}}{\partial r \partial \overline{r}} + \varepsilon^2 \frac{\partial^2 \boldsymbol{u}}{\partial \overline{r}^2} + \varepsilon \frac{2}{r} \frac{\partial \boldsymbol{u}}{\partial \overline{r}}\right) \tag{2-132}$$

$$\varepsilon \frac{\partial T_{\mathrm{L}}}{\partial t} + \varepsilon(\boldsymbol{u} \cdot \nabla)T_{\mathrm{L}} + \varepsilon^2 u \frac{\partial T_{\mathrm{L}}}{\partial \overline{r}} = \nabla^2 T_{\mathrm{L}} + 2\varepsilon \frac{\partial^2 T_{\mathrm{L}}}{\partial r\, \partial \overline{r}} + \varepsilon^2 \frac{\partial^2 T_{\mathrm{L}}}{\partial \overline{r}^2} + \varepsilon \frac{2}{r} \frac{\partial T_{\mathrm{L}}}{\partial \overline{r}} \tag{2-133}$$

$$\varepsilon \lambda_{\mathrm{S}} \frac{\partial T_{\mathrm{S}}}{\partial t} = \nabla^2 T_{\mathrm{S}} + 2\varepsilon \frac{\partial^2 T_{\mathrm{S}}}{\partial r\, \partial \overline{r}} + \varepsilon^2 \frac{\partial^2 T_{\mathrm{S}}}{\partial \overline{r}^2} + \varepsilon \frac{2}{r} \frac{\partial T_{\mathrm{S}}}{\partial \overline{r}} \tag{2-134}$$

可以得出界面条件（见式（2-125）~式(2-127)）

$$T_{\mathrm{L}} = T_{\mathrm{S}} = 2\varepsilon \varGamma K - \varepsilon E^{-1} M U_{\mathrm{I}} \tag{2-135}$$

$$\varepsilon U_{\mathrm{I}} = (k \nabla T_{\mathrm{S}} - \nabla T_{\mathrm{L}}) \cdot \boldsymbol{n} + \varepsilon \frac{\partial}{\partial \overline{r}}(k T_{\mathrm{S}} - T_{\mathrm{L}}) \tag{2-136}$$

$$\boldsymbol{u} \cdot \boldsymbol{n} = 0,\ \boldsymbol{u} \cdot \boldsymbol{\tau} = 0 \tag{2-137}$$

将晶体生长的系统进行渐近展开

$$\boldsymbol{u} \sim \boldsymbol{u}_{\mathrm{L0}} + \varepsilon \boldsymbol{u}_{\mathrm{L1}} + \cdots,\quad P \sim P_{\mathrm{L0}} + \varepsilon P_{\mathrm{L1}} + \cdots \tag{2-138}$$

$$T_{\mathrm{L}} \sim \varepsilon T_{\mathrm{L0}} + \varepsilon^2 T_{\mathrm{L1}} + \cdots,\quad T_{\mathrm{S}} \sim \varepsilon T_{\mathrm{S0}} + \varepsilon^2 T_{\mathrm{S1}} + \cdots,\ R \sim R_0 + \varepsilon R_1 + \cdots$$

由于存在多个变量，界面可以展成

$$\overline{R} = \overline{R}_0 + \varepsilon \overline{R}_1 + \varepsilon^2 \overline{R}_2 + \cdots$$

界面曲率为

$$2K=-\frac{2}{R_0}+\frac{2\varepsilon}{R_0^2}R_1+\cdots \tag{2-139}$$

将式（2-136）代入方程式（2-120）~式(2-126）推导出控制方程和边界条件的各阶近似解. 流场和温度场的首阶近似满足方程

$$\nabla\cdot\boldsymbol{u}_{L0}=0,\ Pr\,\nabla^2\boldsymbol{u}_{L0}-\nabla P_{L0}=0 \tag{2-140}$$

$$\nabla^2 T_{L0}=0,\ \nabla^2 T_{S0}=0 \tag{2-141}$$

在 $r=R_0$ 上，界面条件为：

$$\nabla\cdot\boldsymbol{u}_{L0}=0 \tag{2-142}$$

$$Pr\,\nabla^2\boldsymbol{u}_{L0}-\nabla P_0=0 \tag{2-143}$$

$$T_{L0}=T_{S0}=-\frac{2\Gamma}{R_0}-E^{-1}M\frac{\mathrm{d}R_0}{\mathrm{d}t} \tag{2-144}$$

$$\frac{\mathrm{d}R_0}{\mathrm{d}t}=k\frac{\partial T_{S0}}{\partial r}-\frac{\partial T_{L0}}{\partial r} \tag{2-145}$$

远场条件，即当 $r\to\infty$ 时

$$T_{L0}\to-1 \tag{2-146}$$

$$\boldsymbol{u}_{L0}\to-u_\infty\boldsymbol{k} \tag{2-147}$$

界面的初始条件，即当 $t=0$ 时

$$R_0(t)=1 \tag{2-148}$$

根据远场条件（见式（2-146）和式（2-147））得到如下的解：

$$T_{L0}=-1+\frac{b_0(\mathrm{t})}{r},\ T_{S0}=a_0(\mathrm{t}) \tag{2-149}$$

式中，

$$b_0(t)=R_0^2\frac{\mathrm{d}R_0}{\mathrm{d}t} \tag{2-150}$$

根据条件（见式（2-149）和式（2-150））得出

$$T_{L0}=-1+R_0^2\frac{\mathrm{d}R_0}{\mathrm{d}t}\frac{1}{r}\mathrm{e}^{\overline{R}_0-\overline{r}} \tag{2-151}$$

$$T_{S0}=-1+R_0\frac{\mathrm{d}R_0}{\mathrm{d}t}\mathrm{e}^{\overline{R}_0-\overline{r}} \tag{2-152}$$

其中，首阶界面 R_0 满足常微分方程

$$\frac{\mathrm{d}R_0}{\mathrm{d}t}=\frac{R_0-2\Gamma}{R_0(R_0+E^{-1}M)} \tag{2-153}$$

由方程式（2-46）得出当晶粒不受振荡流的影响时，晶体生长受表面张力和胚芽尺寸的控制。当 $R_0<2\Gamma$ 时，即 $\mathrm{d}R_0/\mathrm{d}t<0$，球形晶核收缩；当 $R_0>2\Gamma$ 时，即 $\mathrm{d}R_0/\mathrm{d}t>0$，球形晶核生长；当 $R_0=2\Gamma$ 时，即 $\mathrm{d}R_0/\mathrm{d}t=0$，球形晶核界面处于临界，并且 $R_0=2\Gamma$ 是形核的临界半径。转化为有量纲尺度，$R_0=2\Gamma$ 是熟悉的临界的形核半径 $R_*=2\gamma_0T_M/(\Delta H\Delta T)$。这就表明当液相温度降低时过冷熔体中存在亚稳态晶体胚芽，当液相温度进一步降低到液相线以下时，附着其他原子或与其他原子分离都可能导致胚芽生长足

够多变成晶核。相反，当液相温度增加时，由于热起伏，熔体中的胚芽可能逐渐收缩直到融化。初始条件 $R_0(t)=1$，当选的作为长度尺度的初始半径大于形核半径 R_* 时，由于数学限制，方程式（2-46）有隐式解 $t=t(R_0)$

$$t=\frac{1}{2}(R_0^2-1)+(2\Gamma+E^{-1}M)\left(R_0-1+2\Gamma\ln\frac{R_0-2\Gamma}{1-2\Gamma}\right) \tag{2-154}$$

温度场一阶近似的方程

$$\frac{\partial T_{L0}}{\partial t}+(\boldsymbol{u}_{L0}\cdot\nabla)T_{L0}=\nabla^2T_{L1}+2\frac{\partial^2T_{L0}}{\partial r\partial\bar{r}}+\frac{2}{r}\frac{\partial T_{L0}}{\partial\bar{r}} \tag{2-155}$$

$$\lambda_S\frac{\partial T_{S0}}{\partial t}=\nabla^2T_{S1}+2\frac{\partial^2T_{S0}}{\partial r\partial\bar{r}}+\frac{2}{r}\frac{\partial T_{S0}}{\partial\bar{r}} \tag{2-156}$$

界面条件为:

$$T_{L1}=T_{S1}-\Delta G_{10}R_1-\Delta H_{10}\bar{R}_1 \tag{2-157}$$

$$T_{S1}=\frac{2\Gamma}{R_0^2}R_1-E^{-1}M\frac{\partial R_1}{\partial t}-G_{S0}R_1-H_{S0}\bar{R}_1 \tag{2-158}$$

$$\frac{\partial R_1}{\partial t}=k\frac{\partial T_{S1}}{\partial r}-\frac{\partial T_{L1}}{\partial r}-\Delta G_{20}R_1-\Delta H_{20}\bar{R}_1-\Delta H_{10} \tag{2-159}$$

式中，

$$\Delta G_{10}=\left(\frac{\partial(T_{L0}-T_{S0})}{\partial r}\right)_{r=R_0},\quad \Delta G_{20}=\left(\frac{\partial^2(T_{L0}-kT_{S0})}{\partial r^2}\right)_{r=R_0}$$

$$\Delta H_{10}=\left(\frac{\partial(T_{L0}-kT_{S0})}{\partial\bar{r}}\right)_{r=R_0},\quad \Delta H_{20}=\left(\frac{\partial^2(T_{L0}-kT_{S0})}{\partial\bar{r}\,\partial r}\right)_{r=R_0}$$

$$\Delta G_{10}=-\frac{dR_0}{dt},\quad \Delta G_{20}=\frac{2}{R_0}\frac{dR_0}{dt},\quad \Delta H_{10}=-R_0\frac{dR_0}{dt},\quad \Delta H_{20}=\frac{dR_0}{dt} \tag{2-160}$$

远场条件，即当 $r\to\infty$ 时

$$T_{L1}\to 0 \tag{2-161}$$

界面形态初始条件，即当 $t=0$ 时

$$R_1(t)=0 \tag{2-162}$$

在界面上，

$$\psi=0 \tag{2-163}$$

$$\frac{\partial\psi}{\partial r}=0 \tag{2-164}$$

从方程式（2-48）的形式可以看出流场的零阶近似影响温度场的一阶近似。所以假设一阶液相、固相温度 T_{L1}、T_{S1} 及界面 R_1、$\bar{R}_1$ 解的形式为

$$T_{L1}=f_{n,m}(r,\ t)Y_{n,m},\quad T_{S1}=d_{n,m}(r,\ t)Y_{n,m} \tag{2-165}$$

$$R_1=g_{n,m}(t)Y_{n,m},\quad \bar{R}_1=\bar{g}_{n,m}(t)Y_{n,m} \tag{2-166}$$

代入一阶方程式（2-48）和式（2-49），得到关于 $d_{n,m}$ 和 $f_{n,m}$ 的二阶常微分方程

$$d''_{0,0} + \frac{2}{r}d'_{0,0} = \lambda_S \frac{d}{dt}\left(\frac{b_0(t)}{R_0}\right) \tag{2-167}$$

当 $n = 1, 2, 3, \cdots$； $m = 0, 1, 2, \cdots, n$ 时

$$f''_{0,0} + \frac{2}{r}f'_{0,0} = \frac{db_0(t)}{dt}\frac{1}{r}e^{\bar{R}_0 - \bar{r}} + b_0(t)\frac{d\bar{R}_0}{dt}\frac{1}{r}e^{\bar{R}_0 - \bar{r}} \tag{2-168}$$

$$f''_{1,0} + \frac{2}{r}f'_{1,0} - \frac{2}{r^2}f_{1,0} = u_\infty\left(\frac{1}{2}\frac{R_0^3}{r^5} - \frac{3}{2}\frac{R_0}{r^3} + \frac{1}{r^2}\right)b_0(t) \tag{2-169}$$

$$f''_{n,m} + \frac{2}{r}f'_{n,m} - \frac{n(n+1)}{r^2}f_{n,m} = 0 \tag{2-170}$$

方程式（2-168）和式（2-169）的解是

$$d_{0,0} = B_{0,0} + \frac{\lambda_S r^2}{6}\frac{d}{dt}\left(\frac{b_0(t)}{R_0}\right) \tag{2-171}$$

当 $n = 1, 2, 3, \cdots$； $m = 0, 1, 2, \cdots, n$ 时

$$d_{n,m} = B_{n,m}r^n \tag{2-172}$$

求解方程式（2-170）~式(2-172）后，通过匹配的方法，得到：

$$f_{0,0} = \frac{A_{0,0}}{r} - \frac{u_\infty b_0(t)}{2} + \frac{r}{2}\frac{db_0(t)}{dt}e^{\bar{R}_0 - \bar{r}} + \frac{r}{2}b_0(t)\frac{d\bar{R}_0}{dt}e^{\bar{R}_0 - \bar{r}} \tag{2-173}$$

$$f_{1,0} = \frac{A_{1,0}}{r^2} + u_\infty\left(\frac{1}{8}\frac{R_{B0}^3}{r^3} + \frac{3}{4}\frac{R_{B0}}{r} - \frac{1}{2}\right)b_0(t) \tag{2-174}$$

当 $n = 2, 3, 4, \cdots$； $m = 0, 1, 2, \cdots, n$ 时

$$f_{n,m} = \frac{A_{n,m}}{r^{n+1}} \tag{2-175}$$

式中，$A_{n,m}$，$B_{n,m}$ 为待定系数。

利用界面条件（见式（2-150）和式（2-151））可得出 $A_{n,m}$、$B_{n,m}$：

$$A_{0,0} = B_{0,0}R_0 + \frac{1}{2}u_\infty b_0(t)R_0 - \frac{R_0^2}{2}\frac{db_0(t)}{dt} - \frac{1}{2}R_0^2 b_0(t)\frac{d\bar{R}_0}{dt} - R_0\Delta G_{10}g_0(t) - R_0\Delta H_{10}\bar{g}_0(t) + \frac{1}{6}\lambda_S R_0^3\frac{d}{dt}\left(\frac{b_0(t)}{R_0}\right) \tag{2-176}$$

$$B_{0,0} = \frac{2\Gamma}{R_0^2}g_0(t) - E^{-1}M\frac{dg_0(t)}{dt} - \frac{\lambda_S R_0^2}{6}\frac{d}{dt}\left(\frac{b_0(t)}{R_0}\right) \tag{2-177}$$

$$A_{1,0} = B_{1,0}R_0^3 + b_0(t)g_1(t) - \frac{3u_\infty}{8}R_0^2 b_0(t) + R_0 b_0(t)\bar{g}_1(t) \tag{2-178}$$

$$B_{1,0} = -\frac{E^{-1}M}{R_0}\frac{dg_1(t)}{dt} \tag{2-179}$$

当 $n = 2, 3, 4, \cdots$， $m = 0, 1, 2, \cdots$ 时

$$A_{n,m} = B_{n,m}R_0^{2n+1} - R_0^{n+1}\Delta G_{10}g_{n,m}(t) - R_0^{n+1}\Delta H_{10}\bar{g}_{n,m}(t) \tag{2-180}$$

$$B_{n,m} = \Gamma R_0^{-(n+2)}(2 - n(n+1))g_{n,m}(t) - E^{-1}MR_0^{-n}\frac{\mathrm{d}g_{n,m}(t)}{\mathrm{d}t} \tag{2-181}$$

因此，温度场的一阶近似解的表达式如下，即 $n = 0$，$m = 0$

$$T_{L1} = \frac{A_{0,0}}{r} - \frac{1}{2}u_\infty b_0(t) + \frac{r}{2}\frac{\mathrm{d}b_0(t)}{\mathrm{d}t}\mathrm{e}^{\overline{R}_0 - \overline{r}} + \frac{r}{2}b_0(t)\frac{\mathrm{d}\overline{R}_0}{\mathrm{d}t}\mathrm{e}^{\overline{R}_0 - \overline{r}} \tag{2-182}$$

$$T_{S1} = \frac{2\Gamma}{R_0^2}g_0(t) - E^{-1}M\frac{\mathrm{d}g_0(t)}{\mathrm{d}t} + \frac{\lambda_S}{6}\frac{\mathrm{d}}{\mathrm{d}t}\left(\frac{b_0(t)}{R_0}\right)(r^2 - R_0^2) \tag{2-183}$$

$$R_1 = g_0(t) \tag{2-184}$$

式中，

$$\begin{aligned}\frac{\mathrm{d}g_0(t)}{\mathrm{d}t} = &\left(\frac{2\Gamma}{R_0^2(R_0 + E^{-1}M)} - \frac{R_0 - 2\Gamma}{R_0(R_0 + E^{-1}M)^2}\right)g_0(t) + \\ &\frac{1}{3}k\lambda_S\frac{R_0^2(E^{-1}M + 2\Gamma)}{(R_0 + E^{-1}M)^3}\frac{\mathrm{d}R_0}{\mathrm{d}t} + \frac{R_0^2}{(R_0 + E^{-1}M)}\frac{\mathrm{d}R_0}{\mathrm{d}t} - \\ &\frac{2R_0(R_0 - \Gamma)}{(R_0 + E^{-1}M)^2}\frac{\mathrm{d}R_0}{\mathrm{d}t} + \frac{R_0^2(R_0 - 2\Gamma)}{(R_0 + E^{-1}M)^3}\frac{\mathrm{d}R_0}{\mathrm{d}t} + \\ &\frac{u_\infty R_0^2}{2(R_0 + E^{-1}M)}\frac{\mathrm{d}R_0}{\mathrm{d}t} - \frac{R_0^2(R_0 - 2\Gamma)}{(R_0 + E^{-1}M)^2}\frac{\mathrm{d}\overline{R}_0}{\mathrm{d}t}\end{aligned} \tag{2-185}$$

并且求得

$$\begin{aligned}g_0(t) = &\frac{(R_0 - 2\Gamma)}{R_0(R_0 + E^{-1}M)}\left\{\ln\frac{R_0 - 2\Gamma}{1 - 2\Gamma}\left[\frac{8}{3}k\lambda_S\frac{\Gamma^3E^{-1}M}{(E^{-1}M + 2\Gamma)^2} + \frac{16}{3}k\lambda_S\frac{\Gamma^4}{(E^{-1}M + 2\Gamma)^2} + \right.\right. \\ &\left.8\Gamma^3 - \frac{8\Gamma^3}{E^{-1}M + 2\Gamma}\right] + \ln\frac{R_0 + E^{-1}M}{1 + E^{-1}M}\left[-\frac{10}{3}k\lambda_S\frac{\Gamma(E^{-1}M)^3}{(E^{-1}M + 2\Gamma)^2} - \right. \\ &\left.\frac{2}{3}k\lambda_S\frac{(E^{-1}M)^4}{(E^{-1}M + 2\Gamma)^2} - 4k\lambda_S\frac{\Gamma^2(E^{-1}M)^2}{(E^{-1}M + 2\Gamma)^2} + \frac{(E^{-1}M)^3}{E^{-1}M + 2\Gamma} + \frac{4\Gamma(E^{-1}M)^2}{E^{-1}M + 2\Gamma}\right] + \\ &\frac{1}{3}(R_{B0}^3 - 1) + \left(\Gamma - \frac{1}{2}\right)(R_{B0}^2 - 1) + \left[\frac{1}{3}k\lambda_S(E^{-1}M + 2\Gamma) + 4\Gamma^2 - 2\Gamma\right] \\ &(R_0 - 1) + \left[(E^{-1}M)^3 - \frac{1}{3}k\lambda_S\frac{(E^{-1}M)^4}{E^{-1}M + 2\Gamma} - \frac{2}{3}k\lambda_S\frac{\Gamma(E^{-1}M)^3}{E^{-1}M + 2\Gamma}\right] \\ &\left.\left(\frac{1}{R_0 + E^{-1}M} - \frac{1}{1 + E^{-1}M}\right) - \int_1^{R_0}\frac{R_0^4}{R_0 - 2\Gamma}\frac{\mathrm{d}\overline{R}_0}{\mathrm{d}t}\mathrm{d}R_0 + \frac{u_\infty}{2}\int_1^{R_0}\frac{R_0^3}{R_0 - 2\Gamma}\mathrm{d}R_0\right\}\end{aligned} \tag{2-186}$$

当 $n = 1$，$m = 0$ 时，

$$\begin{aligned}T_{L1} = &\left(\frac{b_0(t)}{r^2}g_1(t) - \frac{E^{-1}MR_0^2}{r^2}\frac{\mathrm{d}g_1(t)}{\mathrm{d}t}\right)\cos\theta + \frac{R_0}{r^2}b_0(t)\overline{g}_1(t)\cos\theta + \\ &u_\infty\left(\frac{R_0^2}{8r^2}\left(\frac{R_0}{r} - 1\right) - \frac{3R_0}{4r}\left(\frac{R_0}{r} - 1\right) + \frac{1}{2}\left(\frac{R_0^2}{r^2} - 1\right)\right)b_0(t)\end{aligned} \tag{2-187}$$

$$T_{S1} = -\frac{E^{-1}M}{R_0}\frac{\mathrm{d}g_1(t)}{\mathrm{d}t}r \tag{2-188}$$

$$R_1 = g_1(t) \tag{2-189}$$

其中
$$\frac{dg_1(t)}{dt} = \frac{3u_\infty R_0^2}{8(R_0 + (k+2)E^{-1}M)}\frac{dR_0}{dt} + \frac{R_0 \bar{g}_1(t)}{R_0 + (k+2)E^{-1}M}\frac{dR_0}{dt} \tag{2-190}$$

并且求得

$$g_1(t) = \frac{3}{8}u_\infty \int_1^{R_0} \frac{s^2}{s + (k+2)E^{-1}M}ds + \int_1^{R_0} \frac{s\bar{g}_1(t(s))}{s + (k+2)E^{-1}M}ds \tag{2-191}$$

通过利用分离变量法，可以得出

$$T_{L1} = \frac{A_{0,0}}{r} + \frac{r}{2}\frac{db_0(t)}{dt}e^{\bar{R}_0 - \bar{r}} + \frac{r}{2}b_0(t)\frac{d\bar{R}_0}{dt}e^{\bar{R}_0 - \bar{r}} + \frac{A_{1,0}}{r^2} \tag{2-192}$$

$$T_{S1} = B_{0,0} + \frac{\lambda_S r^2}{6}\frac{d}{dt}\left(\frac{b_0(t)}{R_0}\right) - \frac{E^{-1}M}{R_0}\frac{dg_1(t)}{dt}r \tag{2-193}$$

$$R_1 = g_0(t) + g_1(t) \tag{2-194}$$

当忽视界面动力学时

$$g_{0,0} = \frac{R_0 - 2\Gamma}{R_0^2}\left[\frac{1}{3}(R_0^3 - 1) + \frac{1}{2}(2\Gamma - 1)(R_0^2 - 1) + \left(4\Gamma^2 + \frac{2}{3}k\lambda_S\Gamma - 2\Gamma\right)(R_0 - 1)\right] + \frac{4\Gamma^2(6\Gamma - 3 + k\lambda_S)(R_0 - 2\Gamma)}{3R_0^2}\ln\frac{(R_0 - 2\Gamma)}{(1 - 2\Gamma)} + \frac{u_\infty(R_0 - 2\Gamma)}{2R_0^2}\int_1^{R_0}\frac{R_0^3}{(R_0 - 2\Gamma)}dR_0 - \frac{R_0 - 2\Gamma}{R_0^2}\int_1^{R_0}\frac{R_0^4}{R_0 - 2\Gamma}\frac{d\bar{R}_0}{dt}dR_0 \tag{2-195}$$

因此得到了一阶解，则温度场和界面形状表示为

$$T_L = \varepsilon T_{L0} + \varepsilon^2 T_{L1} + O(\varepsilon^3),\ T_S = \varepsilon T_{S0} + \varepsilon^2 T_{S1} + O(\varepsilon^3) \tag{2-196}$$

$$R = R_0(t) + \varepsilon g_0(t) + \varepsilon g_1(t)\cos\theta + O(\varepsilon^2) \tag{2-197}$$

晶体生长的速度 U_I 表示为

$$U_I = \frac{dR_0}{dt} + \varepsilon\frac{dg_0(t)}{dt} + \varepsilon\frac{dg_1(t)}{dt}\cos\theta + O(\varepsilon^2) \tag{2-198}$$

式（2-196）~式(2-198）的结果表示远场均匀流引起温度的变化及影响界面演化和晶核生长的速度。

在各向同性界面能的作用下，晶核生长过程中颗粒在各个晶向上的生长都是均匀一致的，也就是说，晶核这个球体均匀一致的随时间变化长大，各个晶向的生长过程不会出现突然的变化。

抑制树枝晶生长，获得等轴晶是实现材料组织性能均匀的必要条件。树枝晶生长是由于在凝固过程中，熔体存在温度梯度，晶体生长前沿的过冷度不同，在特定方向上优先生长，逐渐形成树枝状的晶体结构。从本章的理论分析可知，由于过冷熔体中形成的核心没有明确的方向性，晶粒可以沿各方向生长，熔体凝固时倾向于形成等轴晶结构，等轴晶具有各向同性的特征，因此具有等轴晶组织的材料可以较好的保持力学性能的各向同性，即材料可以获得较好的组织成分均匀性。本书后续章节将会以理论分析为基础，阐述如何在实际生产中获得具有等轴晶组织的材料，以实现材料组织成分性能的均匀性。

3 晶核初始生长的演化规律

3.1 概　　述

在实际凝固体系中，由于晶核结构的存在，很多物理量（包括扩散系数、界面能、界面动力学系数等）依赖于取向，是各向异性量。这些物理量的各向异性特征可对凝固过程动力学与界面稳定性机制以至对界面微结构图案的形成与选择造成重要的影响。而且，由于种种原因液相中不可避免出现流动，可以说对流存在于凝固全过程，对流对凝固过程、晶核微观组织结构有着重要影响。一般来说，熔体内部有 4 种不同的流动来源。如果凝固过程发生在重力场中，热和溶质梯度会诱导浮力驱动的对流，这将极大地影响界面模式，从而影响凝固材料中的凝固显微组织。如果凝固过程涉及流体-流体界面，例如在微重力环境下的无容器处理过程中，那么沿着这些界面的表面张力的变化可能会推动熔体中的对流。在凝固过程中，材料的膨胀或收缩将产生流向凝固界面的气流。最后，外力的存在可能会搅动熔体。本章将考虑各向异性界面能、远场均匀流、剪切流对球状晶核生长的影响。

3.2 界面能的各向异性对纯熔体中晶核界面生长的影响规律

考虑一个从过冷熔体中生长的球状晶核，其初始半径为 r_0。在以晶核中心为原点的球坐标系（r，θ，φ）中，晶核的界面形状由函数 $R=R(\theta, \varphi, t)$ 描述，将整个系统分为液相与固相。晶核的固-液界面能 $\gamma(\boldsymbol{n})$ 表达为：

$$\gamma(\boldsymbol{n})=\gamma_0[1+\alpha_4(\eta_1^4+n_2^4+n_3^4)] \tag{3-1}$$

球状晶核的生长满足如下方程：

$$\frac{\partial T_L}{\partial t}=\kappa_L \nabla^2 T_L \tag{3-2}$$

$$\frac{\partial T_S}{\partial t}=\kappa_S \nabla^2 T_S \tag{3-3}$$

式中，T_L 为液相的温度场；T_S 为固相的温度场；κ_L 为液相的热扩散系数；κ_S 固相的热扩散系数；∇^2 为拉普拉斯算子。

界面条件如下：

（1）热平衡条件：

$$T_L=T_S \tag{3-4}$$

（2）Gibbs-Thomson 条件：

$$T_{\mathrm{I}} = T_{\mathrm{M}} + \frac{T_{\mathrm{M}}}{\Delta H}SK - \frac{1}{\mu}U_{\mathrm{I}} \tag{3-5}$$

式中，T_{I} 为界面温度；T_{M} 为纯物质固-液界面凝固平衡温度；ΔH 为单位体积内固相产生时所产生的潜热；K 为两倍界面平均曲率；S 为界面刚度，$S = 2\gamma + \frac{1}{\sin\theta}\frac{\partial}{\partial\theta}\left(\sin\theta\frac{\partial\gamma}{\partial\theta}\right) + \frac{1}{\sin^2\theta}\frac{\partial^2\gamma}{\partial\varphi^2}$；$\mu$ 为界面动力学系数；U_{I} 为界面生长速度。

（3）能量守恒条件：

$$\Delta HU_{\mathrm{I}} = (k_{\mathrm{S}}T_{\mathrm{S}} - k_{\mathrm{L}}T_{\mathrm{L}}) \cdot \boldsymbol{n} \tag{3-6}$$

式中，k_{L} 为液相的热传导系数；k_{S} 为固相的热传导系数。

远场的温度条件：当 $r\to\infty$ 时

$$T_{\mathrm{L}} \to T_{\infty} \tag{3-7}$$

界面的初始条件：当 $t=0$ 时

$$R(\theta,\ \varphi,\ 0) = r_0 \tag{3-8}$$

选取球状晶核的初始半径 r_0 为长度尺度，界面特征速度 V_{p} 为速度尺度，$V_{\mathrm{p}} = k_{\mathrm{L}}\Delta T/(r_0\Delta H)$，$r_0/V_{\mathrm{p}}$ 为时间尺度，$\Delta H/(c_\rho\rho_{\mathrm{L}})$ 为温度尺度。定义无量纲温度 $\bar{T}_{\mathrm{L}}$，$\bar{T}_{\mathrm{S}}$，速度 $\bar{U}_{\mathrm{I}}$，长度 $\bar{r}$，和时间 $\bar{t}$ 为

$$\bar{T}_{\mathrm{L}} = \frac{T_{\mathrm{L}} - T_{\mathrm{M}}}{\Delta H/(c_\rho\rho_{\mathrm{L}})},\quad \bar{T}_{\mathrm{S}} = \frac{T_{\mathrm{S}} - T_{\mathrm{M}}}{\Delta H/(c_\rho\rho_{\mathrm{L}})},\quad \bar{U}_{\mathrm{I}} = \frac{U_{\mathrm{I}}}{V_{\mathrm{P}}},\quad \bar{r} = \frac{r}{r_0},\quad \bar{t} = \frac{t}{r_0/V_{\mathrm{p}}} \tag{3-9}$$

式中，c_ρ 为液相比热容；ρ_{L} 为液相的密度。

为避免混淆，省略无量纲量上的“—”，无量纲形式的控制方程为：

$$\varepsilon\frac{\partial T_{\mathrm{L}}}{\partial t} = \nabla^2 T_{\mathrm{L}} \tag{3-10}$$

$$\varepsilon\lambda_{\mathrm{S}}\frac{\partial T_{\mathrm{S}}}{\partial t} = \nabla^2 T_{\mathrm{S}} \tag{3-11}$$

式中

$$\varepsilon = \frac{c_\rho\rho_{\mathrm{L}}\Delta T}{\Delta H},\quad \lambda_{\mathrm{S}} = \frac{\kappa_{\mathrm{L}}}{\kappa_{\mathrm{S}}}$$

无量纲形式的界面条件为：

$$T_{\mathrm{L}} = T_{\mathrm{S}} \tag{3-12}$$

$$T_{\mathrm{I}} = \varepsilon\Gamma S_0K - \varepsilon E^{-1}M_kU_{\mathrm{I}} \tag{3-13}$$

$$\varepsilon U_{\mathrm{I}} = (k_{\mathrm{T}}T_{\mathrm{S}} - \nabla T_{\mathrm{L}}) \cdot \boldsymbol{n} \tag{3-14}$$

式中

$$\Gamma = \frac{\gamma_0T_{\mathrm{M}}}{\gamma_0\Delta H\Delta T},\quad E = \frac{\Delta T}{T_{\mathrm{M}}},\quad M_k = \frac{V_{\mathrm{p}}\Delta T}{\mu T_{\mathrm{M}}},\quad k_{\mathrm{T}} = \frac{k_{\mathrm{S}}}{k_{\mathrm{L}}}$$

$$S_0 = 2 + \alpha_4\left(\frac{6}{5} - \frac{36}{5}P_4(\cos\theta) - \frac{3}{70}P_4^4(\cos\theta)\cos4\varphi\right)$$

其中，$P_n^m(\cos\theta)\cos m\varphi$ 是 n 次 m 阶的球谐函数。

无量纲形式远场温度条件为：当 $r\to\infty$ 时

$$T_L \to -\varepsilon \tag{3-15}$$

无量纲形式初始条件为：当 $t=0$ 时

$$R(\theta, \varphi, 0) = 1 \tag{3-16}$$

在小参数 ε 下，球状晶核生长系统（见式（3-10）~式(3-16)）为奇异摄动边界问题，液相和固相温度，界面函数可进行如下渐近展开：

$$T_L = \varepsilon T_{L0} + \varepsilon^2 T_{L1} + \cdots, \ T_S = \varepsilon T_{S0} + \varepsilon^2 T_{S1} + \cdots, \ R = R_0 + \varepsilon R_1 + \cdots \tag{3-17}$$

根据凝固理论，相变主要发生在固-液界面处，远离晶核的地方温度变化很慢。引入慢变量 $\rho=\varepsilon r$ 并将变量 ρ、r，θ，φ 和 t 和视为独立变量。由于存在多个变量，界面也可以展成

$$\bar{R} = \bar{R}_0 + \varepsilon \bar{R}_1 + \cdots \tag{3-18}$$

这里 $\bar{R} = \varepsilon R$，$\bar{R}_0 = \varepsilon R_0$，$\bar{R}_1 = \varepsilon R_1$，…… 假设界面能的各向异性与 ε 为同一量级，$\alpha_4 = \varepsilon\Theta_1$，$\Theta_1 = O(1)$。

将式（3-17）和式（3-18）代入控制方程和边界条件（见式（3-10）~式(3-16)），可以得到 ε 的每一阶的相关方程。首阶控制方程为：

$$\nabla^2 T_{L0} = 0, \ \nabla^2 T_{S0} = 0 \tag{3-19}$$

边界条件为：在界面上

$$T_{L0} = T_{S0} = -\frac{2\Gamma}{R_0} - E^{-1} M_k \frac{dR_0}{dt} \tag{3-20}$$

$$\frac{dR_0}{dt} = k_T \frac{\partial T_{S0}}{\partial r} - \frac{\partial T_{L0}}{\partial r} \tag{3-21}$$

远场温度条件为：当 $r\to\infty$ 时

$$T_{L0} \to -1 \tag{3-22}$$

初始条件为：当 $t=0$ 时

$$R_0(t) = 1 \tag{3-23}$$

根据远场温度条件（见式（3-22）），方程式（3-19）的解为：

$$T_{L0} = -1 + \frac{b_0(t)}{r} e^{\bar{R}_0 - \rho}, \quad T_{S0} = a_0(t) \tag{3-24}$$

这里 $a_0(t)$ 和 $b_0(t)$ 都是 t 的方程，由界面条件（见式（3-20）和式（3-21））可以解得：

$$a_0(t) = -1 + R_0 \frac{dR_0}{dt}, \quad b_0(t) = R_0^2 \frac{dR_0}{dt}$$

其中 R_0 满足常微分方程：

$$\frac{dR_0}{dt} = \frac{R_0 - 2\Gamma}{R_0(R_0 + E^{-1} M_k)} \tag{3-25}$$

由初始条件式（3-23）和常微分方程式（3-25）可以确定 R_0 与 t 有如下关系：

$$t = \frac{1}{2}(R_0^2 - 1) + (2\Gamma + E^{-1} M_k)(R_0 - 1) + 2\Gamma(2\Gamma + E^{-1} M_k) \ln \frac{R_0 - 2\Gamma}{1 - 2\Gamma} \tag{3-26}$$

在方程式（3-26）中，易得分母 $R_0(R_0 + E^{-1}M_k)$ 始终正。因此，当 $R_0>2\Gamma$ 时，$\mathrm{d}R_0/\mathrm{d}t>0$，速度为正，晶核生长；当 $R_0 < 2\Gamma$ 时，$\mathrm{d}R_0/\mathrm{d}t<0$，速度为负，晶核收缩。当 $\mathrm{d}R_0/\mathrm{d}t=0$ 时，可以得到球状晶核的形核临界半径

$$R^* = 2\Gamma \tag{3-27}$$

当晶核半径大于临界形核半径 R^* 时，晶核生长；而当晶核半径小于临界形核半径时，晶核融化。

一阶控制方程为：

$$\frac{\partial T_{\mathrm{L0}}}{\partial t} = \nabla^2 T_{\mathrm{L1}} + 2\frac{\partial^2 T_{\mathrm{L0}}}{\partial r \partial \rho} + \frac{2}{r}\frac{\partial T_{\mathrm{L0}}}{\partial \rho} \tag{3-28}$$

$$\lambda_{\mathrm{S}}\frac{\partial T_{\mathrm{S0}}}{\partial t} = \nabla^2 T_{\mathrm{S1}} + 2\frac{\partial T_{\mathrm{S0}}}{\partial r \partial \rho} + \frac{2}{r}\frac{\partial T_{\mathrm{S0}}}{\partial \rho} \tag{3-29}$$

边界条件为：在界面上

$$T_{\mathrm{L1}} = T_{\mathrm{S1}} + \frac{\mathrm{d}R_0}{\mathrm{d}t}R_1 + R_0\frac{\mathrm{d}R_0}{\mathrm{d}t}\overline{R}_1 \tag{3-30}$$

$$T_{\mathrm{S1}} = \frac{\Gamma}{R_0^2}(\Lambda + 2)R_1 - E^{-1}M_k\frac{\partial R_1}{\partial t} - \frac{\Theta\Gamma}{R_0}\left(\frac{3}{5} - \frac{36}{5}P_4(\cos\theta) - \frac{3}{70}P_4^4(\cos\theta)\cos 4\varphi\right) \tag{3-31}$$

$$\frac{\partial R_1}{\partial t} = k_{\mathrm{T}}\frac{\partial T_{\mathrm{S1}}}{\partial r} - \frac{\partial T_{\mathrm{L1}}}{\partial r} - \frac{2}{R_0}\frac{\mathrm{d}R_0}{\mathrm{d}t}R_1 - \frac{\mathrm{d}R_0}{\mathrm{d}t}\overline{R}_1 + R_0\frac{\mathrm{d}R_0}{\mathrm{d}t} \tag{3-32}$$

式中，$\Lambda = \frac{1}{\sin\theta}\frac{\partial}{\partial\theta}\left(\sin\theta\frac{\partial}{\partial\theta}\right) + \frac{1}{\sin^2\theta}\frac{\partial^2}{\partial\varphi^2}$。

远场温度条件为：当 $r\to\infty$ 时

$$T_{\mathrm{L1}} \to 0 \tag{3-33}$$

初始条件为：当 $t\to 0$ 时

$$R_1(\theta,\ \varphi,\ 0) = 0 \tag{3-34}$$

根据远场温度条件（见式（3-33）），一阶控制方程式（3-28）和式（3-29）的特解为：

$$T_{\mathrm{L1}}^* = \frac{r}{2}\left[\frac{\mathrm{d}}{\mathrm{d}t}\left(R_0^2\frac{\mathrm{d}R_0}{\mathrm{d}t}\right) + R_0^2\frac{\mathrm{d}R_0}{\mathrm{d}t}\frac{\mathrm{d}\overline{R}_0}{\mathrm{d}t}\right]\mathrm{e}^{\overline{R}_0-\rho} \tag{3-35}$$

$$T_{\mathrm{S1}}^* = \frac{\lambda_{\mathrm{S}} r^2}{6}\frac{\mathrm{d}}{\mathrm{d}t}\left(R_0\frac{\mathrm{d}R_0}{\mathrm{d}t}\right) \tag{3-36}$$

从界面条件（3-31）可以看出界面能的各向异性影响温度场的一阶解，并且可以由此确定方程式（3-28）和式（3-29）的解具有三种球谐函数，将其表示为：

$$T_{\mathrm{L1}} = T_{\mathrm{L1}}^* + \frac{A_{00}}{r} + \frac{A_{40}}{r^5}P_4(\cos\theta) + \frac{A_{44}}{r^5}P_4^4(\cos\theta)\cos 4\varphi \tag{3-37}$$

$$T_{\mathrm{S1}} = T_{\mathrm{S1}}^* + B_{00} + B_{40}r^4P_4(\cos\theta) + B_{44}r^4P_4^4(\cos\theta)\cos 4\varphi \tag{3-38}$$

$$R_1 = g_{00} + g_{40}P_4(\cos\theta) + g_{44}P_4^4(\cos\theta)\cos 4\varphi \tag{3-39}$$

$$\overline{R}_1 = \overline{g}_{00} + \overline{g}_{40}P_4(\cos\theta) + \overline{g}_{44}P_4^4(\cos\theta)\cos 4\varphi \tag{3-40}$$

这里 $\overline{g}_{nm}=\varepsilon g_{nm}$，$A_{nm}$，$B_{nm}$，$g_{nm}$ 和 $\overline{g}_{nm}$ 都是关于 t 的方程，根据界面条件式（3-30）~式（3-32）可以解得：

模式 $n=0$，$m=0$，

$$A_{00}=B_{00}R_0+R_0\frac{\mathrm{d}R_0}{\mathrm{d}t}g_{00}+R_0^2\frac{\mathrm{d}R_0}{\mathrm{d}t}\overline{g}_{00}-$$

$$\frac{R_0^2}{2}\frac{\mathrm{d}}{\mathrm{d}t}\left(R_0^2\frac{\mathrm{d}R_0}{\mathrm{d}t}\right)+\frac{\lambda_{\mathrm{S}}R_0^3}{6}\frac{\mathrm{d}}{\mathrm{d}t}\left(R_0\frac{\mathrm{d}R_0}{\mathrm{d}t}\right)-\frac{R_0^4}{2}\frac{\mathrm{d}R_0}{\mathrm{d}t}\frac{\mathrm{d}\overline{R}_0}{\mathrm{d}t}$$

$$B_{00}=\frac{2\Gamma}{R_0^2}g_{00}-E^{-1}M_k\frac{\mathrm{d}g_{00}}{\mathrm{d}t}-\frac{\lambda_{\mathrm{S}}R_0^2}{6}\frac{\mathrm{d}}{\mathrm{d}t}\left(R_0\frac{\mathrm{d}R_0}{\mathrm{d}t}\right)-\frac{6\Theta\Gamma}{5R_0}$$

模式 $n=4$，$m=0$，

$$A_{40}=R_0^9B_{40}+R_0^5\frac{\mathrm{d}R_0}{\mathrm{d}t}g_{40}+R_0^6\frac{\mathrm{d}R_0}{\mathrm{d}t}\overline{g}_{40}$$

$$B_{40}=-\frac{18\Gamma}{R_0^6}g_{40}-\frac{E^{-1}M_k}{R_0^4}\frac{\mathrm{d}g_{40}}{\mathrm{d}t}+\frac{36\Theta\Gamma}{5R_0^5}$$

模式 $n=4$，$m=4$，

$$A_{44}=R_0^9B_{44}+R_0^5\frac{\mathrm{d}R_0}{\mathrm{d}t}g_{44}+R_0^6\frac{\mathrm{d}R_0}{\mathrm{d}t}\overline{g}_{44}$$

$$B_{44}=-\frac{18\Gamma}{R_0^6}g_{44}-\frac{E^{-1}M_k}{R_0^4}\frac{\mathrm{d}g_{44}}{\mathrm{d}t}+\frac{3\Theta\Gamma}{70R_0^5}$$

由界面条件（见式（3-32））可以得到 $g_{nm}=g_{nm}(t)$ 满足如下常微分方程：

模式 $n=0$，$m=0$，

$$\frac{\mathrm{d}g_{0,0}}{\mathrm{d}t}=-\frac{1}{R_0^2}\Re(R_0,\ 0)g_{0,0}+q_{0,0}\tag{3-41}$$

式中

$$q_{0,0}=\frac{R_0^2}{D(R_0,0)}\frac{\mathrm{d}R_0}{\mathrm{d}t}+\frac{k_{\mathrm{T}}\lambda_{\mathrm{S}}R_0^2}{3D(R_0,0)}\frac{\mathrm{d}}{\mathrm{d}t}\left(R_0\frac{\mathrm{d}R_0}{\mathrm{d}t}\right)-\frac{6\Theta\Gamma}{5R_0D(R_0,0)}-$$

$$\frac{R_0}{D(R_0,0)}\frac{\mathrm{d}}{\mathrm{d}t}\left(R_0^2\frac{\mathrm{d}R_0}{\mathrm{d}t}\right)-\frac{R_0^3}{D(R_0,0)}\frac{\mathrm{d}R}{\mathrm{d}t}\frac{\mathrm{d}\overline{R}_0}{\mathrm{d}t}$$

$$\Re(R_0,\ n)=\frac{1}{D(R_0,\ n)}\left[R_0^2\frac{\mathrm{d}R_0}{\mathrm{d}t}-(n+2)(nk_{\mathrm{T}}+n+1)\Gamma\right]$$

$$D(R_0,\ n)=R_0+(nk_{\mathrm{T}}+n+1)E^{-1}M_k$$

模式 $n=4$，$m=0$，

$$\frac{\mathrm{d}g_{4,0}}{\mathrm{d}t}=\frac{3}{R_0^2}\Re(R_0,\ 4)g_{4,0}+\frac{36(4k_{\mathrm{T}}+5)\Gamma\Theta}{5R_0D(R_0,\ 4)}+\frac{4R_0}{D(R_0,\ 4)}\frac{\mathrm{d}R_0}{\mathrm{d}t}\overline{g}_{4,0}\tag{3-42}$$

模式 $n=4$，$m=4$，

$$\frac{\mathrm{d}g_{4,4}}{\mathrm{d}t}=\frac{3}{R_0^2}\Re(R_0,\ 4)g_{4,4}+\frac{3(4k_{\mathrm{T}}+5)\Gamma\Theta}{70R_0D(D_0,\ 4)}+\frac{4R_0}{D(R_0,\ 4)}\frac{\mathrm{d}R_0}{\mathrm{d}t}\overline{g}_{4,4}\tag{3-43}$$

由初始条件式（3-34）知 $g_{nm}=0$，可以解得 g_{nm}分别为，

$$g_{00}=-\frac{1}{H(R_0,0)}\int_1^{R_0}\frac{\tau^3H(\tau,0)}{D(\tau,0)}\frac{\mathrm{d}\bar{R}_0}{\mathrm{d}t}\mathrm{d}\tau-\frac{1}{H(R_0,0)}\int_1^{R_0}\frac{\tau H(\tau,0)}{D(\tau,0)}\frac{\mathrm{d}}{\mathrm{d}\tau}\left(\frac{\tau(\tau-2\Gamma)}{\tau+E^{-1}M_k}\right)\mathrm{d}\tau+$$
$$\frac{1}{H(R_0,0)}\int_1^{R_0}\frac{\tau^2H(\tau,0)}{D(\tau,0)}\mathrm{d}\tau-\frac{6\Theta\Gamma}{5H(R_0,0)}\int_1^{R_0}\frac{H(\tau,0)(\tau+E^{-1}M_k)}{D(\tau,0)(\tau-2\Gamma)}\mathrm{d}\tau+$$
$$\frac{k_{\mathrm{T}}\lambda_{\mathrm{S}}}{3H(R_0,0)}\int_1^{R_0}\frac{\tau^2H(\tau,0)}{D(\tau,0)}\frac{\mathrm{d}}{\mathrm{d}\tau}\left(\frac{\tau-2\Gamma}{\tau+E^{-1}M_k}\right)\mathrm{d}\tau \tag{3-44}$$

$$g_{40}=\frac{36(4k_{\mathrm{T}}+5)\Gamma\Theta}{5H(R_0,4)}\int_1^{R_0}\frac{H(\tau,4)(\tau+E^{-1}M_k)}{D(\tau,4)(\tau-2\Gamma)}\mathrm{d}\tau+\frac{4}{H(R_0,4)}\int_1^{R_0}\frac{\tau H(\tau,4)}{D(\tau,4)}\bar{g}_{40}\mathrm{d}\tau \tag{3-45}$$

$$g_{44}=\frac{3(4k_{\mathrm{T}}+5)\Gamma\Theta}{70H(R_0,4)}\int_1^{R_0}\frac{H(\tau,4)(\tau+E^{-1}M_k)}{D(\tau,4)(\tau-2\Gamma)}\mathrm{d}\tau+\frac{4}{H(R_0,4)}\int_1^{R_0}\frac{\tau_H(\tau,4)}{D(\tau,4)}\bar{g}_{44}\mathrm{d}\tau \tag{3-46}$$

其中
$$H(R_0,n)=\frac{(R_0-2\Gamma)^b}{R_0^a[D(R_0,n)]^c}$$

$$a=\frac{(n-1)(n+2)}{2}$$

$$b=\frac{1}{2}\frac{(n-1)(n+2)(nk_{\mathrm{T}}+n+1)(2\Gamma+E^{-1}M_k)}{2\Gamma+(nk_{\mathrm{T}}+n+1)E^{-1}M_k}$$

$$c=(n-1)\frac{2\Gamma+n(n+2)(k_{\mathrm{T}}+1)\Gamma+(nk_{\mathrm{T}}+n+1)E^{-1}M_k}{2\Gamma+(nk_{\mathrm{T}}+n+1)E^{-1}M_k}$$

因此我们得到了温度场和界面形状的解

$$T_{\mathrm{L}}=\varepsilon T_{\mathrm{L0}}+\varepsilon^2T_{\mathrm{L1}}+O(\varepsilon^3),\quad T_{\mathrm{S}}=\varepsilon T_{\mathrm{S0}}+\varepsilon^2T_{\mathrm{S1}}+O(\varepsilon^3) \tag{3-47}$$

$$R=R_0(t)+\varepsilon[g_0(t)+g_{40}(t)P_4(\cos\theta)+g_{44}(t)P_4^4(\cos\theta)\cos4\varphi]+O(\varepsilon^2) \tag{3-48}$$

以及晶核生长速度，U_{I} 表示为：

$$U_{\mathrm{I}}=\frac{\mathrm{d}R_0}{\mathrm{d}t}+\varepsilon\left[\frac{\mathrm{d}g_{00}}{\mathrm{d}t}+\frac{\mathrm{d}g_{40}}{\mathrm{d}t}P_4^4(\cos\theta)+\frac{\mathrm{d}g_{44}}{\mathrm{d}t}P_4^4(\cos\theta)\cos4\varphi\right]+O(\varepsilon^2) \tag{3-49}$$

图 3-1 显示在不同时间 $t=0,0.05$，0.1，0.15，0.2 时球状晶核的生长形态界面图，其中 $\alpha_4=0.2$。粒子优先在〈100〉方向生长。从图 3-1 可以看出，在晶核生长的初始阶段，一旦发生形核，〈100〉方向的界面向外生长，而〈111〉方向的界面从原来的球形界面向内生长。当向内生长的界面达到一定距离后，这些部分开始随着〈100〉方向的界面一起向外生长（见图 3-2）。由于温度分布与位置和时间有关，并且相对于球面角 θ 和 φ，即在球状晶核的不同部位，界面向内生长的距离是不同的，因此将向内生长的最大距离定义为“熔化深度” d_{inward}：

$$d_{\mathrm{inward}}=\max_{0\leqslant\theta\leqslant\pi,\ 0\leqslant\varphi\leqslant2\pi}[2\Gamma-(R_0+\varepsilon R_1)] \tag{3-50}$$

在形核后的短时间内，熔化深度导致晶核的内半径小于成核临界半径。根据经典的形

核理论，晶核形核取决于临界形核半径，晶核在大于临界形核半径时生长，在小于临界形核半径时熔化。图 3-1 和图 3-2 的结果表明在晶核生长的初始阶段，界面能的各向异性使晶核倾向于分裂成更小的多个子粒以形成更细的晶核。

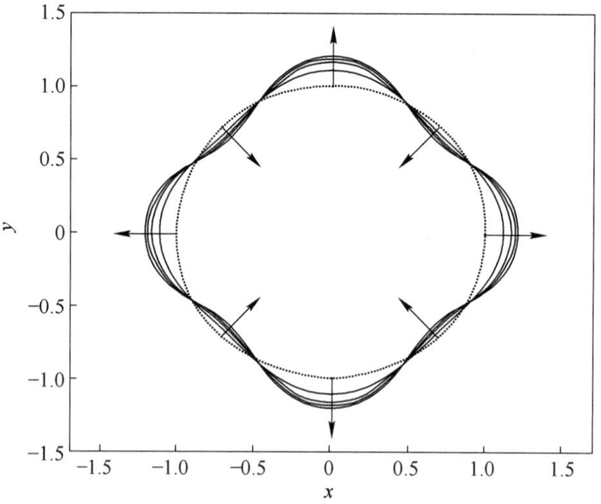

图 3-1　不同时间 $t=0$，0.05，0.1，0.15，0.2 时球状晶核的生长形态界面图

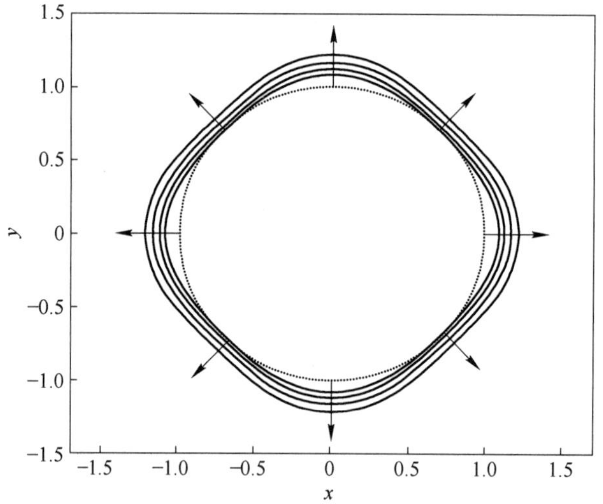

图 3-2　不同时间 $t=0$，0.2，0.9，1.5，2 时球状晶核的生长形态界面图

界面能的各向异性对熔化深度的影响可表达为

$$d(R_0,\ \alpha_4) = -\frac{6\alpha_4\Gamma}{5H(R_0,0)}\int_1^{R_0}\frac{H(\tau,\ 0)(\tau + E^{-1}M_k)}{D(\tau,\ 0)(\tau - 2\Gamma)}\mathrm{d}\tau + \frac{36(4k_\mathrm{T} + 5)\Gamma\alpha_4}{5H(R_0,\ 4)}\int_1^{R_0}\frac{H(\tau,\ 4)(\tau + E^{-1}M_k)}{D(\tau,\ 4)(\tau - 2\Gamma)}\mathrm{d}\tau + \frac{3(4k_\mathrm{T} + 5)\Gamma\alpha_4}{70H(R_0,\ 4)}\int_1^{R_0}\frac{H(\tau,\ 4)(\tau + E^{-1}M_k)}{D(\tau,\ 4)(\tau - 2\Gamma)}\mathrm{d}\tau \tag{3-51}$$

如图 3-3 所示，$\alpha_4=0, 0.05$，0.1，0.15，$\varphi=0$，虚线表示 $\alpha_4=0$。在极角 $\theta=\pi/4$ 和 $\theta=3\pi/4$ 附近，晶核界面在形核后的晶核生长初始阶段首先向内生长。当界面的局部速度变为零时，这种向内运动将达到极限，然后界面开始向外生长，然后发生晶核的熔化深度。可以看出，界面能的各向异性导致晶核在形核后的晶核生长初始阶段立即向内生长。在极角 $\theta=0$，$\theta=\pi/2$ 和 $\theta=\pi$ 和附近，晶核界面在形核后的。晶核生长初始阶段向外生长。在极角固定的情况下，各向异性参数 α_4 越大，函数 $d(R_0, \alpha_4)$ 越剧烈。因此，界面能的各向异性强度越大，对晶核界面变形的影响越明显。

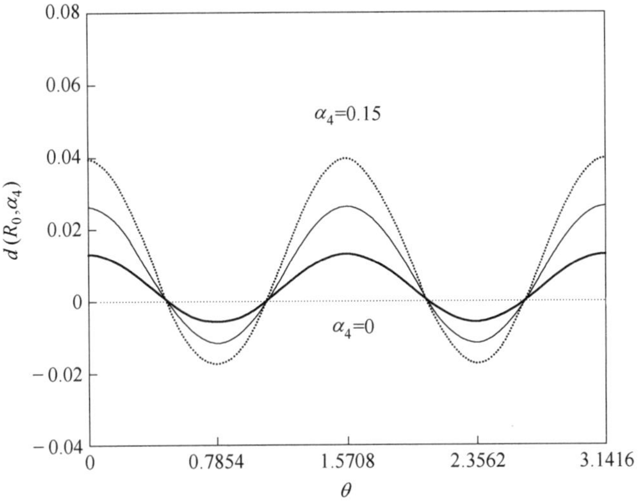

图 3-3 不同各向异性值 $\alpha_4=0$，0.05，0.1，0.15 下函数 $d(R_0, \alpha_4)$ 随极角 θ 变化图

图 3-4 和图 3-5 分别显示了〈100〉、〈110〉、〈111〉方向的界面生长速度和半径随时间的变化。在〈100〉方向，从初始时间 $t=0$ 开始，界面生长速度逐渐减小，趋于平缓。界面半径首先迅速增加，然后随着生长速度的降低而增速减慢。在〈111〉方向，从初始时间 $t=0$ 开始，界面生长速度为负，界面半径从临界半径 R^* 减小。在时间 $t=t_c$，界面生长速度

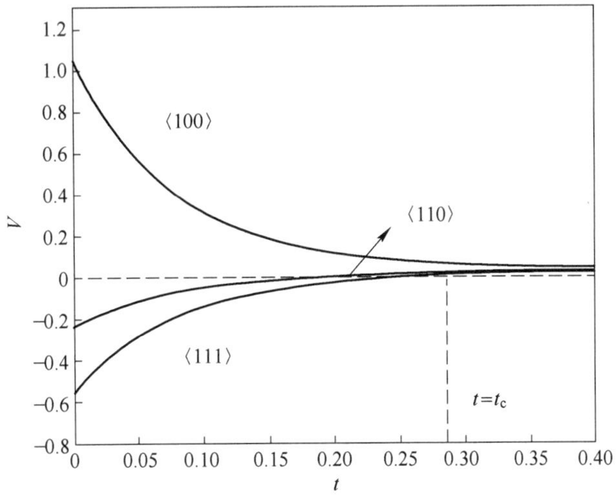

图 3-4 〈100〉、〈110〉、〈111〉方向的界面生长速度与时间的关系图

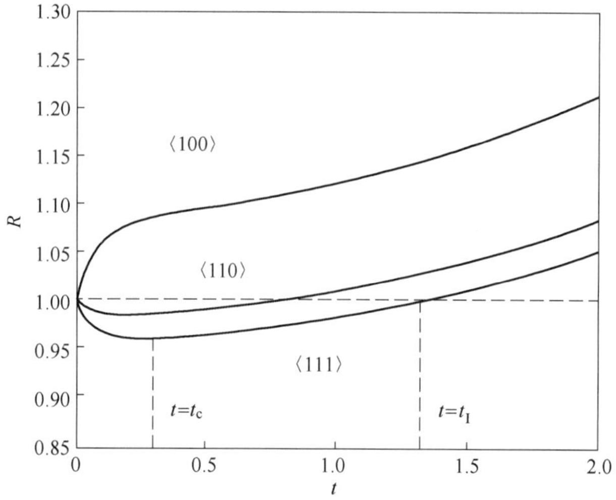

图 3-5　〈100〉、〈110〉、〈111〉方向的界面半径与时间的关系图

变为零，界面的局部向内生长达到最大距离。然后，向内生长的界面开始与界面的其他部分一起向外生长，直到时间 $t=t_{\mathrm{I}}$（见图 3-5），界面半径达到临界半径。将无量纲时间间隔［0，t_{I}］定义为向内生长的时间窗口，在这个时间窗口内晶核的内半径小于形核临界半径。在〈110〉方向上，界面具有类似的先向内生长后向外生长的生长行为。与〈111〉方向相比，界面〈110〉方向向内生长结束得更早，熔化深度更小。

3.3　界面能的各向异性对二元合金熔体中晶核界面生长的影响规律

3.2 节只考虑了纯净熔体中的凝固过程或称单一组元的晶核生长过程。如果熔体中含有少量杂质，或者说给定生长系统是含有稀薄溶质的二元系，这种杂质在界面上的浓度会对熔-固界面的热力学平衡状态引起深刻的变化。本节将考虑一个从二元合金中生长的球状晶核，其初始半径为 r_0。在以晶核中心为原点的球坐标系（r，θ，φ）中，晶核的界面形状由函数 $R=R(\theta,\ \varphi,\ t)$ 描述，将整个系统分为液相与固相。液相和固相中的温度场分别由 T_{L} 和 T_{S} 表示，液相和固相中的浓度场分别由 C_{L} 和 C_{S} 表示。由于溶质在固体扩散率比液体扩散率小几个数量级，因此忽略固相中溶质的扩散，并且将 C_{S} 视为一个恒定浓度。熔体初始浓度为 C_0。粒子的生长受热扩散方程和溶质扩散方程以及边界条件的控制。

球状晶核生长的控制方程为：

$$\frac{\partial T_{\mathrm{L}}}{\partial t}=\kappa_{\mathrm{L}}\nabla^2 T_{\mathrm{L}} \tag{3-52}$$

$$\frac{\partial T_{\mathrm{S}}}{\partial t}=\kappa_{\mathrm{S}}\nabla^2 T_{\mathrm{S}} \tag{3-53}$$

$$\frac{\partial C_{\mathrm{L}}}{\partial t}=D_{\mathrm{L}}\nabla^2 C_{\mathrm{L}} \tag{3-54}$$

式中，D_{L} 为液相溶质扩散系数。

界面条件如下：

（1）热平衡条件：

$$T_L = T_S \tag{3-55}$$

（2）Gibbs-Thomson 条件：

$$T_I = T_M + \frac{T_M}{\Delta H}SK + m_1 C_L - \frac{1}{\mu}U_I \tag{3-56}$$

式中，m_1 为相图中的液相线斜率。

（3）能量守恒条件：

$$\Delta H U_I = (k_S T_S - k_L T_L) \cdot \boldsymbol{n} \tag{3-57}$$

（4）能量守恒条件：

$$(C_L - C_S) U_I = - D_L C_L \cdot \boldsymbol{n} \tag{3-58}$$

（5）杂质分离条件：

$$C_S = k C_L \tag{3-59}$$

式中，k 为分离系数。

远场的温度和浓度条件：当 $r \to \infty$ 时

$$T_L \to T_\infty, \quad C_L \to C_0 \tag{3-60}$$

界面的初始条件：当 $t=0$ 时

$$R(\theta,\ \varphi,\ 0) = r_0 \tag{3-61}$$

选取球状晶核的初始半径 r_0 为长度尺度，界面特征速度 $V_S = D_L \Delta C/(r_0 C_e)$（其中 $\Delta C = C_e - C_0$）为速度尺度，C_e 为浓度尺度，r_0/V_S 为时间尺度，$\Delta H/(c_\rho \rho_L)$ 为温度尺度定义无量纲温度 $\overline{T}_L$，$\overline{T}_S$，浓度 $\overline{C}_L$，速度 $\overline{U}_I$，长度 $\bar{r}$，和时间 $\bar{t}$ 为

$$\overline{T}_L = \frac{T_L - T_M}{\Delta H/(c_\rho \rho_L)},\quad \overline{T}_S = \frac{T_S - T_M}{\Delta H/(c_\rho \rho_L)},\quad \overline{C}_L = \frac{C_L - C_e}{C_e},\quad \overline{U}_I = \frac{U_I}{V_P},\quad \bar{r} = \frac{r}{r_0},\quad \bar{t} = \frac{t}{r_0/V_P} \tag{3-62}$$

为避免混淆，省略无量纲量上的“—”，无量纲形式的控制方程为：

$$\varepsilon_c \lambda_L \frac{\partial T_L}{\partial t} = \nabla^2 T_L \tag{3-63}$$

$$\varepsilon_c \lambda_S \frac{\partial T_S}{\partial t} = \nabla^2 T_S \tag{3-64}$$

$$\varepsilon_c \frac{\partial C_L}{\partial t} = \nabla^2 C_L \tag{3-65}$$

式中，$\varepsilon_c = \dfrac{\Delta C}{C_e}$，$\lambda_L = \dfrac{D_L}{\kappa_L}$，$\lambda_S = \dfrac{D_L}{\kappa_S}$。

无量纲形式的界面条件为：

$$T_L = T_S \tag{3-66}$$

$$T_I = 2\varepsilon_c \Gamma S_0 K - M_c C_L - \varepsilon_c E^{-1} M_k U_I - \varepsilon_c M_e \tag{3-67}$$

$$\varepsilon_c \lambda_L U_I = (k_T \nabla T_S - \nabla T_L) \cdot \boldsymbol{n} \tag{3-68}$$

$$\varepsilon_c S_k U_I = - \nabla C_L \cdot \boldsymbol{n} \tag{3-69}$$

$$C_{\mathrm{I}} = \frac{1}{k}C_{\mathrm{S}} - \frac{k-1}{k} \tag{3-70}$$

式中，$\Gamma = \dfrac{\gamma_0 T_{\mathrm{M}} C_{\mathrm{e}}}{r_0 \Delta C \Delta H^2/(c_\rho \rho_{\mathrm{L}})}$，$M_{\mathrm{c}} = \dfrac{m_1 C_{\mathrm{e}}}{\Delta H/(c_\rho \rho_{\mathrm{L}})}$，$M_{\mathrm{k}} = \dfrac{V_{\mathrm{S}} C_{\mathrm{e}} \Delta T}{\mu T_{\mathrm{M}} \Delta C \Delta H/(c_\rho \rho_{\mathrm{L}})}$，$M_{\mathrm{e}} = -\dfrac{m_1(C_{\mathrm{e}} - C_0)}{\Delta T}$，$S_{\mathrm{k}} = \dfrac{(1-k)(1+C_{\mathrm{S}})}{k}$。

无量纲形式远场温度条件为：当 $r \to \infty$ 时

$$T_{\mathrm{L}} \to -T_{\mathrm{L},\infty}\varepsilon_{\mathrm{c}}, \quad C_{\mathrm{L}} \to -\varepsilon_{\mathrm{c}} \tag{3-71}$$

式中，$T_{\mathrm{L},\infty} = c_p \rho_{\mathrm{L}} C_{\mathrm{e}} \Delta T/(\Delta H \Delta C)$。

无量纲形式初始条件为：当 $t=0$ 时

$$R(\theta, \varphi, 0) = 1 \tag{3-72}$$

在小参数 ε_{c} 下，球状晶核生长系统（式（3-63）~式(3-72)）为奇异摄动边界问题，液相和固相温度、液相浓度、界面函数可进行如下渐近展开：

$$\begin{aligned} &T_{\mathrm{L}} = \varepsilon_{\mathrm{c}} T_{\mathrm{L0}} + \varepsilon_{\mathrm{c}}^2 T_{\mathrm{L1}} + \cdots, \quad T_{\mathrm{S}} = \varepsilon T_{\mathrm{S0}} + \varepsilon^2 T_{\mathrm{S1}} + \cdots \\ &C_{\mathrm{L}} = \varepsilon_{\mathrm{c}} C_{\mathrm{L0}} + \varepsilon_{\mathrm{c}}^2 C_{\mathrm{L1}} + \cdots, \quad R = R_0 + \varepsilon_{\mathrm{c}} R_1 + \cdots \end{aligned} \tag{3-73}$$

根据凝固理论，相变主要发生在固-液界面处，远离晶核的地方温度变化很慢。引入慢变量 $\rho = \varepsilon_{\mathrm{c}} r$，并将变量 ρ，r，θ，φ 和 t 视为独立变量。由于存在多个变量，界面也可以展成

$$\bar{R} = \bar{R}_0 + \varepsilon_{\mathrm{c}} \bar{R}_1 + \cdots \tag{3-74}$$

这里 $\bar{R} = \varepsilon_{\mathrm{c}} R$，$\bar{R}_0 = \varepsilon_{\mathrm{c}} R_0$，$\bar{R}_1 = \varepsilon_{\mathrm{c}} R_1$，…… 假设界面能的各向异性与 ε_{c} 为同一量级，$\alpha_4 = \varepsilon_{\mathrm{c}} \Theta_1$，$\Theta_1 = O(1)$。

将式（3-73）和式（3-74）代入控制方程和边界条件见（式（3-63）~式(3-70)），可以得到 ε_{c} 的每一阶的相关方程。首阶控制方程为：

$$\nabla^2 T_{\mathrm{L0}} = 0, \quad \nabla^2 T_{\mathrm{S0}} = 0, \quad \nabla^2 T_{\mathrm{C0}} = 0 \tag{3-75}$$

边界条件为：在界面上

$$T_{\mathrm{L0}} = T_{\mathrm{S0}} = -\frac{2\Gamma}{R_0} - M_{\mathrm{c}} C_{\mathrm{L0}} - M_{\mathrm{e}} - E^{-1} M_{\mathrm{k}} \frac{\mathrm{d}R_0}{\mathrm{d}t} \tag{3-76}$$

$$\lambda_{\mathrm{L}} \frac{\mathrm{d}R_0}{\mathrm{d}t} = k_{\mathrm{T}} \frac{\partial T_{\mathrm{S0}}}{\partial r} - \frac{\partial T_{\mathrm{L0}}}{\partial r} \tag{3-77}$$

$$S_{\mathrm{R}} \frac{\mathrm{d}R_0}{\mathrm{d}t} = -\frac{\partial C_{\mathrm{L0}}}{\partial r} \tag{3-78}$$

远场温度条件为：当 $r \to \infty$ 时

$$T_{\mathrm{L0}} \to -T_{\mathrm{L},\infty}, \quad C_{\mathrm{L0}} \to -1 \tag{3-79}$$

初始条件为：当 $t=0$ 时

$$R_0(t) = 1 \tag{3-80}$$

根据远场温度条件式（3-79），方程式（3-75）的解为

$$T_{\mathrm{L0}} = -T_{\mathrm{L},\infty} + \frac{b_0(t)}{r} \mathrm{e}^{\bar{R}_0 - \rho}, \quad T_{\mathrm{S0}} = a_0(t), \quad C_{\mathrm{L0}} = -1 + \frac{c_0(t)}{r} \mathrm{e}^{\bar{R}_0 - \rho} \tag{3-81}$$

这里 $a_0(t)$、$b_0(t)$ 和 $c_0(t)$ 都是 t 的方程，由界面条件式（3-76）~式(3-78）可以解得

$$a_0(t) = -T_{L,\infty} + \lambda_L R_0 \frac{dR_0}{dt},\quad b_0(t) = \lambda_L R_0^2 \frac{dR_0}{dt},\quad c_0(t) = S_k R_0^2 \frac{dR_0}{dt}$$

式中，R_0 满足常微分方程

$$\frac{dR_0}{dt} = \frac{T_{L,\infty} R_0 - 2\Gamma}{R_0(\lambda_L R_0 + E^{-1} M_k + M_c S_k R_0)} \tag{3-82}$$

由初始条件式（3-80）和常微分方程式（3-82）可以确定 R_0 与 t 有如下关系：

$$t = \frac{2\Gamma T_{L,\infty} E^{-1} M_k + 4\Gamma^2(\lambda_L + M_c S_k)}{T_{L,\infty}^3} \ln \frac{T_{L,\infty R_0} - 2\Gamma}{T_{L,\infty} - 2\Gamma} + \frac{T_{L,\infty} E^{-1} M_k + 2\Gamma(\lambda_L + M_c S_k)}{T_{L,\infty}^2}(R_0 - 1) + \frac{\lambda_L + M_c S_k}{2T_{L,\infty}}(R_0^2 - 1) \tag{3-83}$$

可以得到，当 $R_0 > 2\Gamma/T_{L,\infty}$ 时，$dR_0/dt>0$，速度为正，晶核生长；当 $R_0 < 2\Gamma/T_{L,\infty}$ 时，$dR_0/dt<0$ 速度为负，晶核收缩。当 $dR_0/dt = 0$ 时，可以得到球状晶核的形核临界半径

$$R^* = 2\Gamma/T_{L,\infty} \tag{3-84}$$

当晶核半径大于临界形核半径 R^* 时，晶核生长，而当晶核半径小于临界形核半径时，晶核熔化。

一阶控制方程为：

$$\lambda_L \frac{\partial T_{L0}}{\partial t} = \nabla^2 T_{L1} + 2\frac{\partial^2 T_{L0}}{\partial r \partial \rho} + \frac{2}{r}\frac{\partial T_{L0}}{\partial \rho} \tag{3-85}$$

$$\lambda_S \frac{\partial T_{S0}}{\partial t} = \nabla^2 T_{S1} + 2\frac{\partial^2 T_{S0}}{\partial r \partial \rho} + \frac{2}{r}\frac{\partial T_{S0}}{\partial \rho} \tag{3-86}$$

$$\frac{\partial C_{L0}}{\partial t} = \nabla^2 C_{L1} + 2\frac{\partial^2 C_{L0}}{\partial r \partial \rho} + \frac{2}{r}\frac{C_{L0}}{\partial \rho} \tag{3-87}$$

边界条件为：在界面上

$$T_{L1} = T_{S1} + \lambda_L \frac{dR_0}{dt} R_1 + \lambda_L R_0 \frac{dR_0}{dt} \overline{R_1} \tag{3-88}$$

$$T_{S1} = \frac{\Gamma}{R_0^2}(\Lambda + 2)R_1 - M_c C_{L1} - E^{-1} M_k \frac{\partial R_1}{\partial t} + M_c S_k \frac{dR_0}{dt} R_1 + M_c S_k R_0 \frac{dR_0}{dt}\overline{R_1} - \frac{\Theta\Gamma}{R_0}\left(\frac{3}{5} - \frac{36}{5}P_4(\cos\theta) - \frac{3}{70}P_4^4(\cos\theta)\cos 4\varphi\right) \tag{3-89}$$

$$\lambda_L \frac{\partial R_1}{\partial t} = k_T \frac{\partial T_{S1}}{\partial r} - \frac{\partial T_{L1}}{\partial r} - \frac{2\lambda_L}{R_0}\frac{dR_0}{dt}\overline{R_1} - \lambda_L \frac{dR_0}{dt}\overline{R_1} + \lambda_L R_0 \frac{dR_0}{dt} \tag{3-90}$$

$$S_k \frac{\partial R_1}{\partial t} = -\frac{\partial C_{L1}}{\partial r} - \frac{2S_k}{R_0}\frac{dR_0}{dt} R_1 - S_k \frac{dR_0}{dt}\overline{R_1} + S_k R_0 \frac{dR_0}{dt} \tag{3-91}$$

远场温度条件为：当 $r \to \infty$ 时

$$T_{L1} \to 0,\ C_{L1} \to 0 \tag{3-92}$$

初始条件为：当 $t \to 0$ 时

$$R_1(\theta, \varphi, 0) = 0 \tag{3-93}$$

根据远场温度和浓度条件式（3-92），一阶控制方程式（3-85）和式（3-86）的特解为

$$T_{L1}^* = \lambda_L^2 \frac{r}{2}\left[\frac{d}{dt}\left(R_0^2 \frac{dR_0}{dt}\right) + R_0^2 \frac{dR_0}{dt}\frac{d\bar{R}_0}{dt}\right] e^{\bar{R}_0 - \rho} \tag{3-94}$$

$$T_{S1}^* = \frac{\lambda_S \lambda_L r^2}{6} \frac{d}{dt}\left(R_0 \frac{dR_0}{dt}\right) \tag{3-95}$$

$$C_{L1}^* = S_k \frac{r}{2}\left[\frac{d}{dt}\left(R_0^2 \frac{dR_0}{dt}\right) + R_0^2 \frac{dR_0}{dt}\frac{d\bar{R}_0}{dt}\right] e^{\bar{R}_0 - \rho} \tag{3-96}$$

从界面条件式（3-89）可以看出界面能的各向异性影响温度场的一阶解，并且可以由此确定方程式（3-85）~式(3-87）的解具有三种球谐函数，将其表示为：

$$T_{L1} = T_{L1}^* + \frac{A_{00}}{r} + \frac{A_{40}}{r^5}P_4(\cos\theta) + \frac{A_{44}}{r^5}P_4^4(\cos\theta)\cos 4\varphi \tag{3-97}$$

$$T_{S1} = T_{S1}^* + B_{00} + B_{40}r^4 P_4(\cos\theta) + B_{44}r^4 P_4^4(\cos\theta)\cos 4\varphi \tag{3-98}$$

$$C_{L1} = C_{L1}^* + \frac{C_{00}}{r} + \frac{C_{40}}{r^5}P_4(\cos\theta) + \frac{C_{44}}{r^5}P_4^4(\cos\theta)\cos 4\varphi \tag{3-99}$$

$$R_1 = g_{00} + g_{40}P_4(\cos\theta) + g_{44}P_4^4(\cos\theta)\cos 4\varphi \tag{3-100}$$

$$\bar{R}_1 = \bar{g}_{00} + \bar{g}_{40}P_4(\cos\theta) + \bar{g}_{44}P_4^4(\cos\theta)\cos 4\varphi \tag{3-101}$$

其中 $\bar{g}_{nm} = \varepsilon g_{nm}$，$A_{nm}$，$B_{nm}$，$C_{nm}$，$g_{nm}$和 $\bar{g}_{nm}$ 都是关于 t 的方程，解得：

模式 $n=0$，$m=0$

$$A_{00} = B_{00}R_0 + \lambda_L R_0 \frac{dR_0}{dt}g_{00} + \lambda_L R_0^2 \frac{dR_0}{dt}\bar{g}_{00} - \frac{\lambda_L^2 R_0^2}{2}\frac{d}{dt}\left(R_0^2 \frac{dR_0}{dt}\right) + \frac{\lambda_S \lambda_L R_0^3}{6}\frac{d}{dt}\left(R_0^2 \frac{dR_0}{dt}\right) - \frac{\lambda_L^2 R_0^4}{2}\frac{dR_0}{dt}\frac{d\bar{R}_0}{dt}$$

$$B_{00} = \frac{2\Gamma}{R_0^2}g_{00} - \frac{M_c}{R_0}C_{00} - E^{-1}M_k \frac{dg_{00}}{dt} - \frac{\lambda_S \lambda_L R_0^2}{6}\frac{d}{dt}\left(R_0^2 \frac{dR_0}{dt}\right) - \frac{6\Theta\Gamma}{5R_0} + M_c S_k\left(\frac{dR_0}{dt}g_{00} + R_0 \frac{dR_0}{dt}\bar{g}_{00} - \frac{R_0}{2}\frac{d}{dt}\left(R_0^2 \frac{dR_0}{dt}\right) - \frac{R_0^3}{2}\frac{dR_0}{dt}\frac{d\bar{R}_0}{dt}\right)$$

$$C_{00} = S_k\left(R_0^2 \frac{dg_{00}}{dt} + 2R_0 \frac{dR_0}{dt}g_{00} + R_0^2 \frac{dR_0}{dt}\bar{g}_{00} - R_0^3 \frac{dR_0}{dt} + \frac{R_0^2}{2}\frac{d}{dt}\left(R_0^2 \frac{dR_0}{dt}\right) + \frac{R_0^4}{2}\frac{dR_0}{dt}\frac{d\bar{R}_0}{dt}\right)$$

模式 $n=4$，$m=0$

$$A_{40} = R_0^9 B_{40} + \lambda_L R_0^5 \frac{dR_0}{dt}g_{40} + \lambda_L R_0^6 \frac{dR_0}{dt}\bar{g}_{40}$$

$$B_{40} = -\frac{18\Gamma}{R_0^6}g_{40} - \frac{M_c C_{40}}{R_0^9} - \frac{E^{-1}M_k}{R_0^4}\frac{dg_{40}}{dt} + \frac{M_c S_k}{R_0^3}\left(\frac{1}{R_0}\frac{dR_0}{dt}g_{40} + \frac{dR_0}{dt}\bar{g}_{40}\right) + \frac{36\Theta\Gamma}{5R_0^5}$$

$$C_{40}=\frac{S_{\mathrm{k}}}{5}\left(R_0^6\frac{\mathrm{d}g_{40}}{\mathrm{d}t}+2R_0^5\frac{\mathrm{d}R_0}{\mathrm{d}t}g_{40}+R_0^6\frac{\mathrm{d}\bar{R}_0}{\mathrm{d}t}g_{40}\right)$$

模式 $n=4$，$m=4$

$$A_{44}=R_0^9B_{44}+\lambda_{\mathrm{L}}R_0^5\frac{\mathrm{d}R_0}{\mathrm{d}t}g_{44}+\lambda_{\mathrm{L}}R_0^6\frac{\mathrm{d}\bar{R}_0}{\mathrm{d}t}g_{44}$$

$$B_{44}=-\frac{18\Gamma}{R_0^6}g_{44}-\frac{M_{\mathrm{c}}C_{44}}{R_0^9}-\frac{E^{-1}M_{\mathrm{k}}}{R_0^4}\frac{\mathrm{d}g_{44}}{\mathrm{d}t}+\frac{M_{\mathrm{c}}S_{\mathrm{k}}}{R_0^3}\left(\frac{1}{R_0}\frac{\mathrm{d}R_0}{\mathrm{d}t}g_{44}+\frac{\mathrm{d}\bar{R}_0}{\mathrm{d}t}g_{44}\right)+\frac{3\Theta\Gamma}{70R_0^5}$$

$$C_{44}=\frac{S_{\mathrm{k}}}{5}\left(R_0^6\frac{\mathrm{d}g_{44}}{\mathrm{d}t}+2R_0^5\frac{\mathrm{d}R_0}{\mathrm{d}t}g_{44}+R_0^6\frac{\mathrm{d}\bar{R}_0}{\mathrm{d}t}g_{44}\right)$$

由界面条件（见式（3-32）），可以得到 $g_{nm}=g_{nm}(t)$ 满足如下常微分方程

模式 $n=0$，$m=0$

$$\frac{\mathrm{d}g_{0,0}}{\mathrm{d}t}=-\frac{1}{R_0^2}\Re(R_0,0)g_{0,0}+q_{0,0} \tag{3-102}$$

式中

$$q_{0,0}=\frac{(\lambda_{\mathrm{L}}+M_{\mathrm{c}}S_{\mathrm{k}})R_0^2}{D(R_0,0)}\frac{\mathrm{d}R_0}{\mathrm{d}t}+\frac{k_{\mathrm{T}}\lambda_{\mathrm{S}}R_0^2}{3D(R_0,0)}\frac{\mathrm{d}}{\mathrm{d}t}\left(R_0\frac{\mathrm{d}R_0}{\mathrm{d}t}\right)-\frac{6\Gamma\Theta}{5R_0D(R_0,0)}-$$
$$\frac{(\lambda_{\mathrm{L}}^2+M_{\mathrm{c}}S_{\mathrm{k}})R_0}{D(R_0,0)}\frac{\mathrm{d}}{\mathrm{d}t}\left(R_0^2\frac{\mathrm{d}R_0}{\mathrm{d}t}\right)-\frac{(\lambda_{\mathrm{L}}^2+M_{\mathrm{c}}S_{\mathrm{k}})R_0^3}{D(R_0,0)}\frac{\mathrm{d}R_0}{\mathrm{d}t}\frac{\mathrm{d}\bar{R}_0}{\mathrm{d}t}$$

$$\Re(R_0,\ n)=\frac{1}{D(R_0,\ n)}\left[\lambda_{\mathrm{L}}R_0^2\frac{\mathrm{d}R_0}{\mathrm{d}t}-(n+2)(nk_{\mathrm{T}}+n+1)\Gamma+\frac{nk_{\mathrm{T}}+n+1}{n+1}M_{\mathrm{c}}S_{\mathrm{k}}R_0^2\frac{\mathrm{d}R_0}{\mathrm{d}t}\right]$$

$$D(R_0,\ n)=\lambda_{\mathrm{L}}R_0+(nk_{\mathrm{T}}+n+1)E^{-1}M_{\mathrm{k}}+\frac{nk_{\mathrm{T}}+n+1}{n+1}M_{\mathrm{c}}S_{\mathrm{k}}R_0$$

模式，$n=4$，$m=0$

$$\frac{\mathrm{d}g_{4,0}}{\mathrm{d}t}=\frac{3}{R_0^2}\Re(R_0,\ 4)g_{4,0}+\frac{36(4k_{\mathrm{T}}+5)\Gamma\Theta}{5R_0D(R_0,\ 4)}+\frac{4[5\lambda_{\mathrm{L}}+(4k_{\mathrm{T}}+5)M_{\mathrm{c}}S_{\mathrm{k}}]R_0}{5D(R_0,\ 4)}\frac{\mathrm{d}\bar{R}_0}{\mathrm{d}t}g_{4,0} \tag{3-103}$$

模式 $n=4$，$m=4$

$$\frac{\mathrm{d}g_{4,4}}{\mathrm{d}t}=\frac{3}{R_0^2}\Re(R_0,\ 4)g_{4,4}+\frac{3(4k_{\mathrm{T}}+5)\Gamma\Theta}{70R_0D(R_0,\ 4)}+\frac{4[5\lambda_{\mathrm{L}}+(4k_{\mathrm{T}}+5)M_{\mathrm{c}}S_{\mathrm{k}}]R_0}{5D(R_0,\ 4)}\frac{\mathrm{d}\bar{R}_0}{\mathrm{d}t}g_{4,4} \tag{3-104}$$

由初始条件式（3-93）知 $g_{nm}=0$，可以解得 g_{nm} 分别为：

$$g_{00}=\frac{(\lambda_{\mathrm{L}}+M_{\mathrm{c}}S_{\mathrm{k}})}{H(R_0,0)}\int_1^{R_0}\frac{\tau^2H(\tau,\ 0)}{D(\tau,\ 0)}\mathrm{d}\tau-\frac{(\lambda_{\mathrm{L}}^2+M_{\mathrm{c}}S_{\mathrm{k}})}{H(R_0,0)}\int_1^{R_0}\frac{\tau^3H(\tau,\ 0)}{D(\tau,\ 0)}\frac{\mathrm{d}\bar{R}_0}{\mathrm{d}t}\mathrm{d}\tau-$$
$$\frac{(\lambda_{\mathrm{L}}+M_{\mathrm{c}}S_{\mathrm{k}})}{H(R_0,0)}\int_1^{R_0}\frac{\tau^2H(\tau,\ 0)}{D(\tau,\ 0)}\frac{\mathrm{d}}{\mathrm{d}\tau}\left[\frac{\tau(T_{\mathrm{L},\infty}\tau-2\Gamma)}{\lambda_{\mathrm{L}}\tau+E^{-1}M_{\mathrm{k}}+M_{\mathrm{c}}S_{\mathrm{k}}\tau}\right]\mathrm{d}\tau-$$
$$\frac{6\Gamma\Theta}{5H(R_0,0)}\int_1^{R_0}\frac{H(\tau,\ 0)(\lambda_{\mathrm{L}}\tau+E^{-1}M_{\mathrm{k}}+M_{\mathrm{c}}S_{\mathrm{k}}\tau)}{D(\tau,\ 0)(T_{\mathrm{L},\infty}\tau-2\Gamma)}\mathrm{d}\tau+$$

$$\frac{k_{\mathrm{T}}\lambda_{\mathrm{S}}}{3H(R_0,0)}\int_1^{R_0}\frac{\tau^2H(\tau,\ 0)}{D(\tau,\ 0)}\frac{\mathrm{d}}{\mathrm{d}\tau}\left[\frac{T_{\mathrm{L},\infty}\tau-2\Gamma}{\lambda_{\mathrm{L}}\tau+E^{-1}M_{\mathrm{k}}+M_{\mathrm{c}}S_{\mathrm{k}}\tau}\right]\mathrm{d}\tau \tag{3-105}$$

$$g_{40}=\frac{36(4k_{\mathrm{T}}+5)\Gamma\Theta}{5H(R_0,\ 4)}\int_1^{R_0}\frac{H(\tau,\ 4)[(\lambda_{\mathrm{L}}+M_{\mathrm{c}}S_{\mathrm{k}})\tau+E^{-1}M_{\mathrm{k}}]}{D(\tau,\ 4)(T_{\mathrm{L},\infty}\tau-2\Gamma)}\mathrm{d}\tau+\frac{4[5\lambda_{\mathrm{L}}+(4k_{\mathrm{T}}+5)M_{\mathrm{c}}S_{\mathrm{k}}]}{5H(R_0,4)}\int_1^{R_0}\frac{\tau H(\tau,\ 4)}{D(\tau,\ 4)}\bar{g}_{40}\mathrm{d}\tau \tag{3-106}$$

$$g_{44}=\frac{3(4k_{\mathrm{T}}+5)\Gamma\Theta}{70H(R_0,\ 4)}\int_1^{R_0}\frac{H(\tau,\ 4)[(\lambda_{\mathrm{L}}+M_{\mathrm{c}}S_{\mathrm{k}})\tau+E^{-1}M_{\mathrm{k}}]}{D(\tau,\ 4)(T_{\mathrm{L},\infty}\tau-2\Gamma)}\mathrm{d}\tau+\frac{4[5\lambda_{\mathrm{L}}+(4k_{\mathrm{T}}+5)M_{\mathrm{c}}S_{\mathrm{k}}]}{5H(R_0,\ 4)}\int_1^{R_0}\frac{\tau H(\tau,\ 4)}{D(\tau,\ 4)}\bar{g}_{44}\mathrm{d}\tau \tag{3-107}$$

式中

$$H(R_0,\ n)=\frac{(T_{\mathrm{L},\infty}R_0-2\Gamma)^b}{R_0^a[D(R_0,\ n)]^c}$$

$$a=\frac{(n-1)(n+2)}{2}$$

$$b=\frac{1}{2}\frac{(n-1)(n+2)(nk_{\mathrm{T}}+n+1)(2\Gamma\lambda_{\mathrm{L}}+T_{\mathrm{L},\infty}E^{-1}M_{\mathrm{k}}+2\Gamma M_{\mathrm{c}}S_{\mathrm{k}})}{2\Gamma\lambda_{\mathrm{L}}+(nk_{\mathrm{T}}+n+1)T_{\mathrm{L},\infty}E^{-1}M_{\mathrm{k}}+2\Gamma N_{\mathrm{k}}M_{\mathrm{c}}S_{\mathrm{k}}}$$

$$c=(n-1)\frac{2\Gamma\lambda_{\mathrm{L}}+n(n+2)(k_{\mathrm{T}}+1)\Gamma\lambda_{\mathrm{L}}+(nk_{\mathrm{T}}+n+1)T_{\mathrm{L},\infty}E^{-1}M_{\mathrm{k}}+(n^2+2n+2)\Gamma N_{\mathrm{k}}M_{\mathrm{c}}S_{\mathrm{k}}}{2\Gamma\lambda_{\mathrm{L}}+(nk_{\mathrm{T}}+n+1)T_{\mathrm{L},\infty}E^{-1}M_{\mathrm{k}}+2\Gamma N_{\mathrm{k}}M_{\mathrm{c}}S_{\mathrm{k}}}$$

因此得到了温度场和界面形状的解：

$$T_{\mathrm{L}}=\varepsilon_{\mathrm{c}}T_{\mathrm{L0}}+\varepsilon_{\mathrm{c}}^2T_{\mathrm{L1}}+O(\varepsilon_{\mathrm{c}}^3),\quad T_{\mathrm{S}}=\varepsilon_{\mathrm{c}}T_{\mathrm{S0}}+\varepsilon_{\mathrm{c}}^2T_{\mathrm{S1}}+O(\varepsilon_{\mathrm{c}}^3),\quad C_{\mathrm{L}}=\varepsilon_{\mathrm{c}}C_{\mathrm{L0}}+\varepsilon_{\mathrm{c}}^2C_{\mathrm{L1}}+O(\varepsilon_{\mathrm{c}}^3) \tag{3-108}$$

$$R=R_0(t)+\varepsilon(g_0(t)+g_{40}(t)P_4(\cos\theta)+g_{44}(t)P_4^4(\cos\theta)\cos4\varphi)+O(\varepsilon_{\mathrm{c}}^2) \tag{3-109}$$

以及晶核生长速度，U_{I} 表示为：

$$U_{\mathrm{I}}=\frac{\mathrm{d}R_0}{\mathrm{d}t}+\varepsilon_{\mathrm{c}}\left(\frac{\mathrm{d}g_{00}}{\mathrm{d}t}+\frac{\mathrm{d}g_{40}}{\mathrm{d}t}P_4(\cos\theta)+\frac{\mathrm{d}g_{44}}{\mathrm{d}t}P_4^4(\cos\theta)\cos4\varphi\right)+O(\varepsilon_{\mathrm{c}}^2) \tag{3-110}$$

二元合金中晶核受各向异性界面能影响下向内生长的最大距离“熔化深度”为：

$$A(R_0,\ \theta,\ \varphi)=-\frac{6\Gamma\alpha_4}{5H(R_0,0)}\int_1^{R_0}\frac{H(\tau,\ 0)(\lambda_{\mathrm{L}}\tau+E^{-1}M_{\mathrm{k}}+M_{\mathrm{c}}S_{\mathrm{k}}\tau)}{D(\tau,\ 0)(T_{\mathrm{L},\infty}\tau-2\Gamma)}\mathrm{d}\tau+\frac{36(4k_{\mathrm{T}}+5)\Gamma\alpha_4}{5H(R_0,\ 4)}\int_1^{R_0}\frac{H(\tau,\ 4)[(\lambda_{\mathrm{L}}+M_{\mathrm{c}}S_{\mathrm{k}})\tau+E^{-1}M_{\mathrm{k}}]}{D(\tau,\ 4)(T_{\mathrm{L},\infty}\tau-2\Gamma)}\mathrm{d}\tau+\frac{3(4k_{\mathrm{T}}+5)\Gamma\alpha_4}{70H(R_0,\ 4)}\int_1^{R_0}\frac{H(\tau,\ 4)[(\lambda_{\mathrm{L}}+M_{\mathrm{c}}S_{\mathrm{k}})\tau+E^{-1}M_{\mathrm{k}}]}{D(\tau,\ 4)(T_{\mathrm{L},\infty}\tau-2\Gamma)}\mathrm{d}\tau \tag{3-111}$$

图 3-6 和图 3-7 显示了在二元合金中生长晶核的界面演化过程。与纯熔体中相同，在形核后的晶核生长初始阶段，存在局部可逆的向内生长现象。从图中可以看出，形核后，界面沿〈100〉方向向外生长，而沿〈111〉方向立即向内生长，当向内生长到一定距离

后，开始向外生长。在这一过程中，存在晶核的内径小于初始半径，提供了晶核分解为更小晶核的可能。

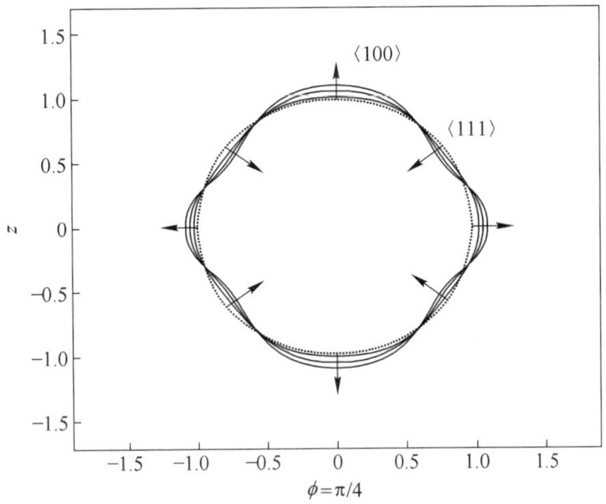

图 3-6 不同时刻 $t=0$，0.01，0.03，0.07 各向异性界面能作用下晶核界面截面图

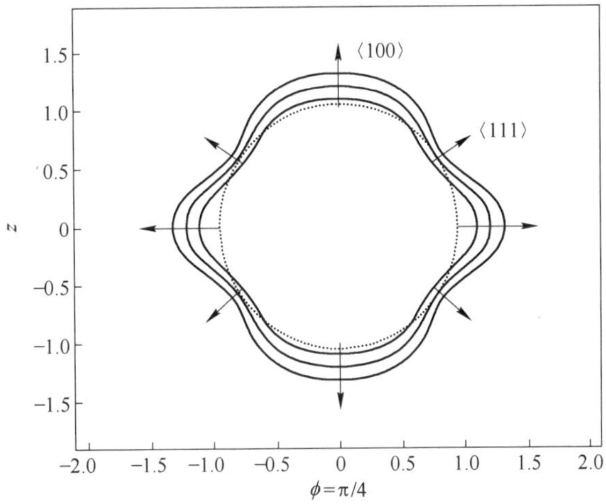

图 3-7 不同时刻 $t=0$，0.1，0.25，0.4 各向异性界面能作用下晶核界面截面图

在二元合金中，主要考虑界面浓度对晶核生长的影响。图 3-8 所示为〈110〉方向和〈100〉方向的液相浓度分布。可以看出两个方向上的液相浓度梯度均大于零。这意味着溶质从液相流向界面，使溶质在界面处积聚，导致界面向外生长。随着各向异性参数的增大，沿〈100〉方向液相浓度梯度增大而沿〈110〉方向减小。使更多溶质在〈100〉方向的界面上积聚，提高了界面浓度，加快晶核生长。而减少了流向〈110〉方向界面的溶质，减缓晶核生长。

图 3-9 表示〈111〉方向上液相浓度分布。液相浓度梯度小于零，溶质通量从界面流向液相，造成界面上溶质的流失，从而使界面浓度降低，使界面向内生长。随着各向异性参数增大，液相浓度梯度增大，加剧界面上溶质的流失，使界面浓度进一步降低，促进界面向内生长。图 3-10 所示为不同距离下晶核的界面速度变化情况。可以看到，距离较小时，速度较大，在达到最大速度后，速度逐渐变小直至平稳。

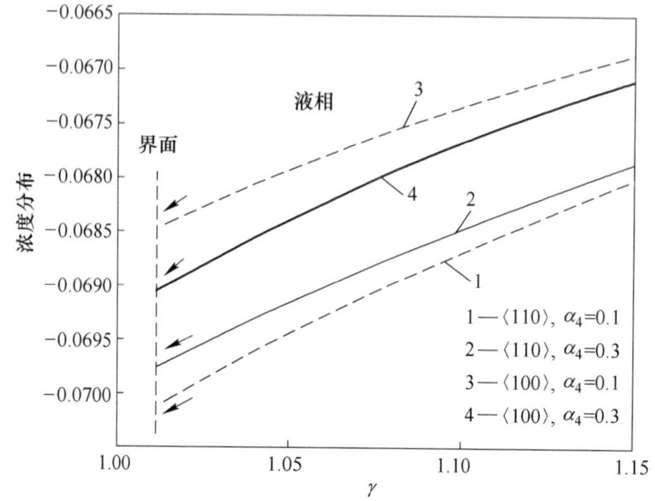

图 3-8　不同各向异性界面能下〈100〉方向和〈110〉方向的液相浓度分布

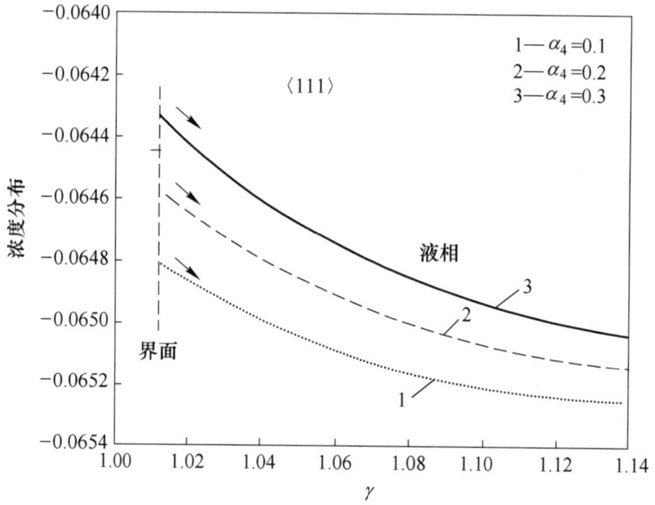

图 3-9　不同各向异性界面能下〈111〉方向的液相浓度分布

从 3.2 节和 3.3 节可以看到，无论是纯熔体还是合金中的晶核凝固，在成核后晶核生长的初始阶段，晶核存在局部可逆生长，将这种可逆生长现象归因于界面能的各向异性。具体而言，在成核后晶核生长的初始阶段，晶核界面的某些部分首先向内生长。当局部向内生长达到最大距离（这个最大距离被定义为“熔化深度”）后，界面的这些部分开始与其他部分一起向外生长。从局部界面开始向内生长到重新达到初始半径所需的时间形成了晶核向内生长的瞬态时间窗口，在该时间窗口内，晶核的内半径小于临界成核半径。根据经典成核理论，晶核成核取决于临界成核半径，晶核半径大于临界成核半径时生长，小于临界成核半径时收缩。因此在向内生长的时间窗口内，晶核倾向于分裂成多个更小的晶核，此时使用一些加工技术，便存在在晶核生长初始阶段直接形成原位纳米晶核的可能性。

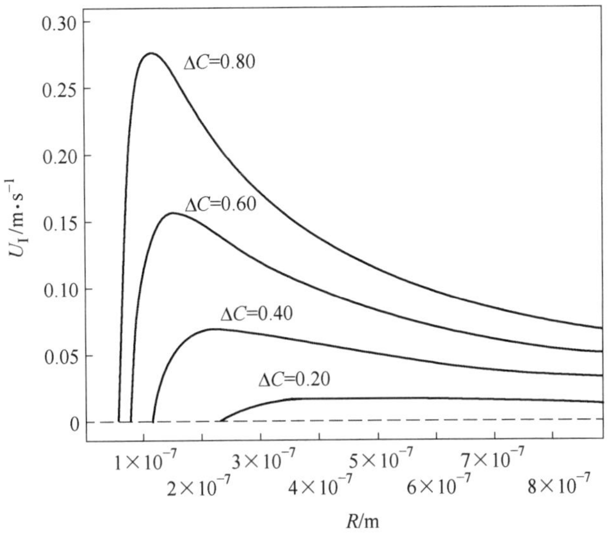

图 3-10　不同距离下的界面速度变化情况

3.4　远场均匀流对晶核界面生长的影响规律

凝固的初始阶段，考虑一个在过冷熔体中生长的球状晶核，其初始半径为 r_0。假设熔体为不可压缩的牛顿流体，球状晶核受到来自晶核上方的远场均匀流的影响。将远场均匀流 $\boldsymbol{u}$ 表示为

$$\boldsymbol{u} \to -U_\infty \boldsymbol{k} \tag{3-112}$$

式中，U_∞ 为常数；$\boldsymbol{k}$ 为笛卡尔坐标系的单位向量。

根据 Mullins 和 Sekerka 的观点，可以视远离球状晶核固液界面几个扰动波长的距离为无穷远，过冷熔体中的远场温度为（$T_\infty < T_M$，T_M 为纯物质固-液界面凝固平衡温度）。对流的过冷熔体中的晶核生长过程满足连续性方程，动量方程，热传导方程：

$$\nabla \cdot \boldsymbol{U} = 0 \tag{3-113}$$

$$\frac{\partial \boldsymbol{U}}{\partial t} + (\boldsymbol{U} \cdot \nabla)\boldsymbol{U} = -\frac{1}{\rho_L}\nabla p + \upsilon \nabla^2 \boldsymbol{U} \tag{3-114}$$

式中，ρ_L 为熔体密度；p 为压强；υ 为熔体的运动黏度。

$$\frac{\partial T_L}{\partial t} + (\boldsymbol{U} \cdot \nabla) T_L = \kappa_L \nabla^2 T_L \tag{3-115}$$

式中，T_L 为液相温度；κ_L 为液相的热扩散系数。

$$\frac{\partial T_S}{\partial t} = \kappa_S \nabla^2 T_S \tag{3-116}$$

式中，T_S 为固相温度；κ_S 为固相的热扩散系数。

界面条件如下：

（1）热平衡条件：

$$T_L = T_S = T_I \tag{3-117}$$

式中，T_I 为界面温度。

（2）Gibbs-Thomson 条件：

$$T_{\mathrm{I}} = T_{\mathrm{M}} + \frac{T_{\mathrm{M}}}{\Delta H}SK - \frac{1}{\mu}U_{\mathrm{I}} \tag{3-118}$$

式中，ΔH 为单位体积内固相产生时所产生的潜热；S 为界面刚度；K 为界面平均曲率；μ 为界面动力学系数；U_{I} 为界面速度。

（3）能量守恒条件：

$$\Delta H U_{\mathrm{I}} = (k_{\mathrm{S}}\nabla T_{\mathrm{S}} - k_{\mathrm{L}}\nabla T_{\mathrm{L}}) \cdot \boldsymbol{n} \tag{3-119}$$

式中，k_{S} 为固相的热传导系数；k_{L} 为液相的热传导系数。

（4）界面上的无滑移条件：

$$\boldsymbol{U} \cdot \boldsymbol{n} = 0,\quad \boldsymbol{U} \cdot \boldsymbol{\tau} = 0 \tag{3-120}$$

式中，$\boldsymbol{n}$ 为界面单位法向量；$\boldsymbol{\tau}$ 为单位界面切向量。

远场的温度条件和振荡流条件，即当日 $r \to \infty$ 时

$$T_{\mathrm{L}} \to T_{\infty} \tag{3-121}$$

$$\boldsymbol{U} = -U_{\infty} k \tag{3-122}$$

界面的初始条件：当 $t=0$ 时

$$R(\theta,\ \varphi,\ 0) = 1 \tag{3-123}$$

为了实现渐近分析，选取球状晶核的初始半径 r_0 作为长度尺度，界面的特征速度 V 为速度尺度，r_0/V 为时间尺度，$\rho_{\mathrm{L}}V^2$ 为压力尺度，$\Delta H/(c_{p\mathrm{L}}\rho_{\mathrm{L}})$ 为温度尺度，其中 $c_{p\mathrm{L}}$ 为液相比热容。在球坐标系 $(r,\ \theta,\ \varphi)$，球体的中心为坐标原点。$r = R(\theta,\ \varphi,\ t)$ 表示晶粒的界面，$\boldsymbol{u}$ 为无量纲的对流速度，p 为无量纲的压强，T_{L} 和 T_{S} 分别为液相、固相的无量纲温度。对流条件下球状晶核生长的无量纲方程表示为

$$\nabla \cdot \boldsymbol{u} = 0 \tag{3-124}$$

$$\varepsilon \frac{\partial \boldsymbol{u}}{\partial t} + \varepsilon(\boldsymbol{u} \cdot \nabla)\boldsymbol{u} = -\nabla P + Pr\,\nabla^2 \boldsymbol{u} \tag{3-125}$$

$$\varepsilon \frac{\partial T_{\mathrm{L}}}{\partial t} + \varepsilon(\boldsymbol{u} \cdot \nabla)T_{\mathrm{L}} = \nabla^2 T_{\mathrm{L}} \tag{3-126}$$

$$\varepsilon \lambda_{\mathrm{S}} \frac{\partial T_{\mathrm{S}}}{\partial t} = \nabla^2 T_{\mathrm{S}} \tag{3-127}$$

式中，$\varepsilon = \dfrac{\Delta T}{\Delta H/(c_{p\mathrm{L}}\rho_{\mathrm{L}})}$，$Pr = \dfrac{\upsilon}{\kappa_{\mathrm{L}}}$，$\lambda_{\mathrm{S}} = \dfrac{\kappa_{\mathrm{L}}}{\kappa_{\mathrm{S}}}$。

这里 $\Delta T = T_{\mathrm{M}} - T_{\infty}$ 表示熔体的过冷度。

无量纲形式的界面条件如下：

（1）热平衡条件：

$$T_{\mathrm{L}} = T_{\mathrm{S}} = T_{\mathrm{I}} \tag{3-128}$$

（2）Gibbs-Thomson 条件：

$$T_{\mathrm{I}} = 2\varepsilon \Gamma K - \varepsilon E^{-1} M U_{\mathrm{I}} \tag{3-129}$$

（3）能量守恒条件：

$$\varepsilon U_{\mathrm{I}} = (k\,\nabla T_{\mathrm{S}} - \nabla T_{\mathrm{L}}) \cdot \boldsymbol{n} \tag{3-130}$$

（4）界面上的无滑移条件：

$$\boldsymbol{u}\cdot\boldsymbol{n}=0,\ \boldsymbol{u}\cdot\boldsymbol{\tau}=0 \tag{3-131}$$

其中，
$$\Gamma=\frac{\gamma_0 T_{\mathrm{M}}}{r_0\Delta H\Delta T},\ E=\frac{\Delta T}{T_{\mathrm{M}}},\ M=\frac{V}{\mu T_{\mathrm{M}}},\ k=\frac{k_{\mathrm{S}}}{k_{\mathrm{L}}}$$

式中，γ_0 为各向同性表面张力系数。

远场的温度条件和振荡流条件，即当 $r\to\infty$ 时

$$T_{\mathrm{L}}\to-\varepsilon \tag{3-132}$$

$$\boldsymbol{u}=-u_{\infty}\boldsymbol{k} \tag{3-133}$$

式中，$u_{\infty}=U_{\infty}/V$。

界面的初始条件：当 $t=0$ 时，

$$R(\theta,\ \varphi,\ 0)=1 \tag{3-134}$$

在这里假设液相与固相的密度相同，并且忽略浮力的影响。为了简化起见，不考虑旋转振动和晶粒之间的相互作用，也不考虑晶粒分裂时的相互作用。

在小参数下，晶核生长的系统式（3-124）~式(3-127）是奇异摄动边界问题。

引入球状晶核的半径的慢变量 $\bar{r}=\varepsilon r$，则

$$\frac{\partial}{\partial r}\to\frac{\partial}{\partial r}+\varepsilon\frac{\partial}{\partial\bar{r}}$$

$$\frac{\partial^2}{\partial r^2}\to\frac{\partial^2}{\partial r^2}+2\varepsilon\frac{\partial^2}{\partial r\partial\bar{r}}+\varepsilon^2\frac{\partial^2}{\partial\bar{r}^2}$$

拉普拉斯方程为

$$\begin{aligned}\nabla^2&=\frac{1}{r^2}\frac{\partial}{\partial r}\left(r^2\frac{\partial}{\partial r}\right)+\frac{1}{r^2\sin\theta}\frac{\partial}{\partial\theta}\left(r^2\sin\theta\frac{\partial}{\partial\theta}\right)+\frac{1}{r^2\sin\theta}\frac{\partial^2}{\partial\varphi^2}\\&=\frac{\partial^2}{\partial r^2}+\frac{2}{r}\frac{\partial}{\partial r}+\frac{1}{r^2\sin\theta}\frac{\partial}{\partial\theta}\left(r^2\sin\theta\frac{\partial}{\partial\theta}\right)+\frac{1}{r^2\sin\theta}\frac{\partial^2}{\partial\varphi^2}\\&\to\frac{\partial^2}{\partial r^2}+2\varepsilon\frac{\partial^2}{\partial r\partial\bar{r}}+\varepsilon^2\frac{\partial^2}{\partial\bar{r}^2}+\frac{2}{r}\left(\frac{\partial}{\partial r}+\varepsilon\frac{\partial}{\partial\bar{r}}\right)+\frac{1}{r^2\sin\theta}\frac{\partial}{\partial\theta}\left(r^2\sin\theta\frac{\partial}{\partial\theta}\right)+\frac{1}{r^2\sin\theta}\frac{\partial^2}{\partial\varphi^2}\\&=\nabla^2+2\varepsilon\frac{\partial^2}{\partial r\partial\bar{r}}+\varepsilon^2\frac{\partial^2}{\partial\bar{r}^2}+\varepsilon\frac{2}{r}\frac{\partial}{\partial\bar{r}}\end{aligned}$$

由方程式（3-13）~式(3-16）可以得到：

$$\nabla\cdot\boldsymbol{u}+\varepsilon\frac{\partial u}{\partial\bar{r}}=0 \tag{3-135}$$

$$\varepsilon\frac{\partial\boldsymbol{u}}{\partial t}+\varepsilon(\boldsymbol{u}\cdot\nabla)\boldsymbol{u}+\varepsilon^2u\frac{\partial\boldsymbol{u}}{\partial\bar{r}^2}=-\nabla P-\varepsilon\left(\frac{\partial P}{\partial\bar{r}},\ 0,0\right)+Pr\left(\nabla^2\boldsymbol{u}+2\varepsilon\frac{\partial^2\boldsymbol{u}}{\partial r\partial\bar{r}}+\varepsilon^2\frac{\partial^2\boldsymbol{u}}{\partial\bar{r}^2}+\varepsilon\frac{2}{r}\frac{\partial\boldsymbol{u}}{\partial\bar{r}}\right) \tag{3-136}$$

$$\varepsilon\frac{\partial T_{\mathrm{L}}}{\partial t}+\varepsilon(\boldsymbol{u}\cdot\nabla)T_{\mathrm{L}}+\varepsilon^2u\frac{\partial T_{\mathrm{L}}}{\partial\bar{r}}=\nabla^2T_{\mathrm{L}}+2\varepsilon\frac{\partial^2T_{\mathrm{L}}}{\partial r\partial\bar{r}}+\varepsilon^2\frac{\partial^2T_{\mathrm{L}}}{\partial\bar{r}^2}+\varepsilon\frac{2}{r}\frac{\partial T_{\mathrm{L}}}{\partial\bar{r}} \tag{3-137}$$

$$\varepsilon\lambda_S \frac{\partial T_S}{\partial t} = \nabla^2 t_S + 2\varepsilon \frac{\partial^2 T_S}{\partial r \partial \bar{r}} + \varepsilon^2 \frac{\partial^2 T_S}{\partial \bar{r}^2} + \varepsilon \frac{2}{r} \frac{\partial T_S}{\partial \bar{r}} \tag{3-138}$$

可以得出界面条件式（3-17）~式(3-20)

$$T_L = T_S = 2\varepsilon \Gamma K - \varepsilon E^{-1} M U_I \tag{3-139}$$

$$\varepsilon U_I = (k \nabla T_S - \nabla T_L) \cdot \boldsymbol{n} + \varepsilon \frac{\partial}{\partial \bar{r}}(k T_S - T_L) \tag{3-140}$$

$$\boldsymbol{u} \cdot \boldsymbol{n} = 0,\ \boldsymbol{u} \cdot \boldsymbol{\tau} = 0 \tag{3-141}$$

将晶核生长的系统进行渐近展开

$$\boldsymbol{u} \sim \boldsymbol{u}_{L0} + \varepsilon \boldsymbol{u}_{L1} + \cdots,\quad P \sim P_{L0} + \varepsilon P_{L1} + \cdots$$

$$T_L \sim \varepsilon T_{L0} + \varepsilon^2 T_{L1} + \cdots,\quad T_S \sim \varepsilon T_{S0} + \varepsilon^2 T_{S1} + \cdots,\quad R \sim R_0 + \varepsilon R_1 + \cdots \tag{3-142}$$

式中的每一项都可以展成球谐函数。由于存在多个变量，界面可以展成

$$\bar{R} = \bar{R}_0 + \varepsilon \bar{R}_1 + \varepsilon^2 \bar{R}_2 + \cdots$$

界面曲率 K 进行渐进展开得到：

$$K = \frac{G \cdot L - 2F \cdot M + E \cdot N}{E \cdot G - F^2}$$

式中

$$G = \frac{\partial \boldsymbol{r}}{\partial \varphi} \cdot \frac{\partial \boldsymbol{r}}{\partial \varphi},\ E = \frac{\partial \boldsymbol{r}}{\partial \theta} \cdot \frac{\partial \boldsymbol{r}}{\partial \theta},\ F = \frac{\partial \boldsymbol{r}}{\partial \theta} \cdot \frac{\partial \boldsymbol{r}}{\partial \varphi}$$

$$\boldsymbol{r} = R\sin\theta\cos\varphi \boldsymbol{e}_x + R\sin\theta\sin\varphi \boldsymbol{e}_y + R\cos\theta \boldsymbol{e}_z$$

$$L = \frac{\partial^2 \boldsymbol{r}}{\partial \theta^2} \cdot \boldsymbol{n},\ M = \frac{\partial^2 \boldsymbol{r}}{\partial \theta\, \partial \varphi} \cdot \boldsymbol{n},\ N = \frac{\partial^2 \boldsymbol{r}}{\partial \varphi^2} \cdot \boldsymbol{n}$$

并且

$$\boldsymbol{n} = \frac{\partial \boldsymbol{r}}{\partial \theta} \times \frac{\partial \boldsymbol{r}}{\partial \varphi}$$

则得出界面曲率为

$$2K = -\frac{2}{R_0} + \frac{\varepsilon}{R_0^2}(\Lambda + 2) R_1 + \cdots \tag{3-143}$$

其中

$$\Lambda = \frac{\partial^2}{\partial \theta^2} + \cot\theta \frac{\partial}{\partial \theta} + \frac{1}{\sin^2\theta} \frac{\partial^2}{\partial \varphi^2}$$

单位界面法向量 $\boldsymbol{n}$：

$$\boldsymbol{n} = \frac{\left(1,\ -\frac{1}{R} R_\theta,\ -\frac{1}{R\sin\theta} R_\varphi\right)}{\sqrt{1 + \frac{1}{R^2} R_\theta^2 + \frac{1}{R^2 \sin^2\theta} R_\varphi^2}}$$

将式（3-140）代入方程式（3-24）~式(3-30) 推导出控制方程和边界条件的各阶近似解. 流场和温度场的首阶近似满足方程

$$\nabla \cdot \boldsymbol{u}_{L0} = 0, \quad Pr\,\nabla^2 \boldsymbol{u}_{L0} - \nabla P_{L0} = 0 \tag{3-144}$$

$$\nabla^2 T_{L0} = 0, \ \nabla^2 T_{S0} = 0 \tag{3-145}$$

在 $r = R_0$ 上，界面条件为：

$$\nabla \cdot \boldsymbol{u}_{L0} = 0 \tag{3-146}$$

$$Pr\,\nabla^2 \boldsymbol{u}_{L0} - \nabla P_0 = 0 \tag{3-147}$$

$$T_{L0} = T_{S0} = -\frac{2\Gamma}{R_0} - E^{-1} M \frac{\mathrm{d}R_0}{\mathrm{d}t} \tag{3-148}$$

$$\frac{\mathrm{d}R_0}{\mathrm{d}t} = k\frac{\partial T_{S0}}{\partial r} - \frac{\partial T_{L0}}{\partial r} \tag{3-149}$$

远场条件，即当 $r \to \infty$ 时

$$T_{L0} \to -1 \tag{3-150}$$

$$\boldsymbol{u}_{L0} \to -u_\infty \boldsymbol{k} \tag{3-151}$$

界面的初始条件，即当 $t=0$ 时

$$R_0(0) = 1 \tag{3-152}$$

根据远场条件式（3-39）方程式（3-34）得到如下的解

$$T_{L0} = -1 + \frac{b_0(t)}{r}, \quad T_{S0} = a_0(t) \tag{3-153}$$

式中

$$b_0(t) = R_0^2 \frac{\mathrm{d}R_0}{\mathrm{d}t} \tag{3-154}$$

根据条件式（3-37）和式（3-38），得出

$$T_{L0} = -1 + R_0^2 \frac{\mathrm{d}R_0}{\mathrm{d}t} \frac{1}{r} \mathrm{e}^{\bar{R}_0 - \bar{r}} \tag{3-155}$$

$$T_{S0} = -1 + R_0 \frac{\mathrm{d}R_0}{\mathrm{d}t} \mathrm{e}^{\bar{R}_0 - \bar{r}} \tag{3-156}$$

其中首阶界面 R_0 满足常微分方程

$$\frac{\mathrm{d}R_0}{\mathrm{d}t} = \frac{R_0 - 2\Gamma}{R_0(R_0 + E^{-1}M)} \tag{3-157}$$

由方程式（3-46）得出当晶粒不受振荡流的影响时，晶核生长受表面张力和胚芽尺寸的控制。当 $R_0 < 2\Gamma$ 时，即 $\mathrm{d}R_0/\mathrm{d}t<0$，球形晶核收缩；当 $R_0>2\Gamma$ 时，即 $\mathrm{d}R_0/\mathrm{d}t>0$，球形晶核生长；当 $R_0=2\Gamma$ 时，即 $\mathrm{d}R_0/\mathrm{d}t=0$，球形晶核界面处于临界，并且 $R_0 = 2\Gamma$ 为形核的临界半径，转化为有量纲尺度，$R_0 = 2\Gamma$ 是熟悉的临界的形核半径 $R_* = 2\gamma_0 T_M/(\Delta H \Delta T)$。这就表明当液相温度降低时过冷熔体中存在亚稳态晶核胚芽，当液相温度进一步降低到液相线以下时，附着其他原子或与其他原子分离都可能导致胚芽生长足够多变成晶核。相反，当液相温度增加时，由于热起伏，熔体中的胚芽可能逐渐收缩直到融化。初始条件 $R_0(0) = 1$，当选的作为长度尺度的初始半径大于形核半径 R_* 时，由于数学限制，方程式（3-46）有隐式解 $t = t(R_0)$：

$$t = \frac{1}{2}(R_0^2 - 1) + (2\Gamma + E^{-1}M)\left(R_0 - 1 + 2\Gamma \ln\frac{R_0 - 2\Gamma}{1 - 2\Gamma}\right) \tag{3-158}$$

温度场一阶近似的方程

$$\frac{\partial T_{\mathrm{L0}}}{\partial t}+(\boldsymbol{u}_{\mathrm{L0}}\cdot\nabla)T_{\mathrm{L0}}=\nabla^{2}T_{\mathrm{L1}}+2\frac{\partial^{2}T_{\mathrm{L0}}}{\partial r\partial\bar{r}}+\frac{2}{r}\frac{\partial T_{\mathrm{L0}}}{\partial\bar{r}} \tag{3-159}$$

$$\lambda_{\mathrm{S}}\frac{\partial T_{\mathrm{S0}}}{\partial t}=\nabla^{2}T_{\mathrm{S1}}+2\frac{\partial^{2}T_{\mathrm{S0}}}{\partial r\partial\bar{r}}+\frac{2}{r}\frac{\partial T_{\mathrm{S0}}}{\partial\bar{r}} \tag{3-160}$$

界面条件为：

$$T_{\mathrm{L1}}=T_{\mathrm{S1}}-\Delta G_{10}R_{1}-\Delta H_{10}\bar{R}_{1} \tag{3-161}$$

$$T_{\mathrm{S1}}=\frac{\Gamma}{R_{0}^{2}}(\Lambda+2)R_{1}-E^{-1}M\frac{\partial R_{1}}{\partial t}-G_{\mathrm{S0}}R_{1}-H_{\mathrm{S0}}\bar{R}_{1} \tag{3-162}$$

$$\frac{\partial R_{1}}{\partial t}=k\frac{\partial T_{\mathrm{S1}}}{\partial r}-\frac{\partial T_{\mathrm{L1}}}{\partial r}-\Delta G_{20}R_{1}-\Delta H_{20}\bar{R}_{1}-\Delta H_{10} \tag{3-163}$$

式中，

$$\Lambda=\frac{\partial^{2}}{\partial\theta^{2}}+\cot\theta\frac{\partial}{\partial\theta}+\frac{1}{\sin^{2}\theta}\frac{\partial^{2}}{\partial\varphi^{2}}$$

$$\Delta G_{10}=\left(\frac{\partial(T_{\mathrm{L0}}-T_{\mathrm{S0}})}{\partial r}\right)_{r=R_{0}},\quad\Delta G_{20}=\left(\frac{\partial^{2}(T_{\mathrm{L0}}-kT_{\mathrm{S0}})}{\partial r^{2}}\right)_{r=R_{0}}$$

$$\Delta H_{10}=\left(\frac{\partial(T_{\mathrm{L0}}-kT_{\mathrm{S0}})}{\partial\bar{r}}\right)_{r=R_{0}},\quad\Delta H_{20}=\left(\frac{\partial^{2}(T_{\mathrm{L0}}-kT_{\mathrm{S0}})}{\partial\bar{r}\partial r}\right)_{r=R_{0}}$$

$$\Delta G_{10}=-\frac{\mathrm{d}R_{0}}{\mathrm{d}t},\ \Delta G_{20}=\frac{2}{R_{0}}\frac{\mathrm{d}R_{0}}{\mathrm{d}t},\ \Delta H_{10}=-R_{0}\frac{\mathrm{d}R_{0}}{\mathrm{d}t},\ \Delta H_{20}=\frac{\mathrm{d}R_{0}}{\mathrm{d}t} \tag{3-164}$$

远场条件，即当 $r\to\infty$ 时

$$T_{\mathrm{L1}}\to 0 \tag{3-165}$$

界面形态初始条件，即当 $t=0$ 时

$$R_{1}(\theta,\ \varphi,\ 0)=0 \tag{3-166}$$

方程式（3-36）满足条件式（3-40），令其表达式为 $\boldsymbol{u}_{\mathrm{L0}}=(u_{r0},\ u_{\theta0},\ u_{\varphi0})$，设 Stokes 流函数，使得

$$u_{r0}=\frac{1}{r^{2}\sin\theta}\frac{\partial\psi}{\partial\theta},\quad u_{\theta0}=-\frac{1}{r\sin\theta}\frac{\partial\psi}{\partial r} \tag{3-167}$$

则方程式（3-36）和边界条件式（3-40）转化为

$$PrD^{4}\psi=\frac{1}{r^{2}\sin\theta}\left(\frac{\partial\psi}{\partial\theta}\frac{\partial}{\partial r}-\frac{\partial\psi}{\partial r}\frac{\partial}{\partial\theta}+2\cot\theta\frac{\partial\psi}{\partial r}-\frac{2}{r}\frac{\partial\psi}{\partial\theta}\right)D^{2}\psi \tag{3-168}$$

在界面上，

$$\psi=0 \tag{3-169}$$

$$\frac{\partial\psi}{\partial r}=0 \tag{3-170}$$

而在远离界面的远场区域

$$\psi\to-\frac{1}{2}u_{\infty}r^{2}\sin^{2}\theta\quad(r\to\infty) \tag{3-171}$$

式中，$D^2 = \dfrac{\partial^2}{\partial r^2} + \dfrac{\sin\theta}{r^2}\dfrac{\partial}{\partial\theta}\left(\dfrac{1}{\sin\theta}\dfrac{\partial}{\partial\theta}\right)$。

在球面附近，设流函数 ψ 有下面的级数解

$$\psi = \psi_0(r,\ \theta) + R\psi_1(r,\ \theta) + \cdots \tag{3-172}$$

则得到 Stokes 解

$$\psi_0 = \frac{1}{2}A_{\mathrm{m}} r^2 \sin^2\theta\cos\omega t\left(-\frac{1}{2}\frac{R_0^3}{r^3} + \frac{3}{2}\frac{R_0}{r} - 1\right) \tag{3-173}$$

因此，流场的 Stokes 近似解为

$$u_{r0} = u_\infty\left(-\frac{R_0^3}{2r^3} + \frac{3R_0}{2r} - 1\right)\cos\theta \tag{3-174}$$

$$u_{\theta 0} = u_\infty\left(-\frac{R_0^3}{4r^3} + \frac{3R_0}{4r} + 1\right)\sin\theta \tag{3-175}$$

$$u_{\varphi 0} = 0,\ P_{\mathrm{L0}} = \frac{3u_\infty PtR_0}{2r^2}\cos\theta \tag{3-176}$$

从方程式（3-174）的形式可以看出，流场的零阶近似影响温度场的一阶近似。所以假设一阶液相、固相温度 T_{L1}、T_{S1}，以及界面 R_1、$\bar{R}_1$ 解的形式为

$$T_{\mathrm{L1}} = f_{n,m}(r,\ t)Y_{n,m},\qquad T_{\mathrm{S1}} = d_{n,m}(r,\ t)Y_{n,m} \tag{3-177}$$

$$R_1 = g_{n,m}(t)Y_{n,m},\qquad \bar{R}_1 = \bar{g}_{n,m}(t)Y_{n,m} \tag{3-178}$$

式中，$Y_{n,m}$为球谐函数，代入一阶方程式（3-177）和式（3-178），得到关于 $d_{n,m}$和 $f_{n,m}$ 的二阶常微分方程

$$d''_{0,0} + \frac{2}{r}d'_{0,0} = \lambda_{\mathrm{S}}\frac{\mathrm{d}}{\mathrm{d}t}\left(\frac{b_0(t)}{R_0}\right) \tag{3-179}$$

当 $n = 1,\ 2,\ 3,\ \cdots;\ m = 0,\ 1,\ 2,\ \cdots,\ n$ 时，

$$d''_{n,m} + \frac{2}{r}d'_{n,m} = 0 \tag{3-180}$$

$$f''_{0,0} + \frac{2}{r}f'_{0,0} = \frac{\mathrm{d}b_0(t)}{\mathrm{d}t}\frac{1}{r}\mathrm{e}^{\bar{R}_0 - \bar{r}} + b_0(t)\frac{\mathrm{d}\bar{R}_0}{\mathrm{d}t}\frac{1}{r}\mathrm{e}^{\bar{R}_0 - \bar{r}} \tag{3-181}$$

$$f''_{1,0} + \frac{2}{r}f'_{1,0} - \frac{2}{r^2}f_{1,0} = u_\infty\left(\frac{1}{2}\frac{R_0^3}{r^5} - \frac{3}{2}\frac{R_0}{r^3} + \frac{1}{r^2}\right)b_0(t) \tag{3-182}$$

$$f''_{n,m} + \frac{2}{r}f'_{n,m} - \frac{n(n+1)}{r^2}f_{n,m} = 0 \tag{3-183}$$

方程式（3-68）和式（3-69）的解为

$$d_{0,0} = B_{0,0} + \frac{\lambda_{\mathrm{S}} r^2}{6}\frac{\mathrm{d}}{\mathrm{d}t}\left(\frac{b_0(t)}{R_0}\right) \tag{3-184}$$

当 $n=1,\ 2,\ 3,\ \cdots;\ m=0,\ 1,\ 2,\ \cdots,\ n$ 时

$$d_{n,m} = B_{n,m}r^n \tag{3-185}$$

求解方程式（3-70）~式(3-72）后，通过匹配的方法，得到：

$$f_{0,0}=\frac{A_{0,0}}{r}-\frac{u_{\infty}b_0(t)}{2}+\frac{r}{2}\frac{\mathrm{d}b_0(t)}{\mathrm{d}t}\mathrm{e}^{\bar{R}_0-\bar{r}}+\frac{r}{2}b_0(t)\frac{\mathrm{d}\bar{R}_0}{\mathrm{d}t}\mathrm{e}^{\bar{R}_0-\bar{r}} \tag{3-186}$$

$$f_{1,0}=\frac{A_{1,0}}{r^2}+u_{\infty}\left(\frac{1}{8}\frac{R_{B0}^3}{r^3}+\frac{3}{4}\frac{R_{B0}}{r}-\frac{1}{2}\right)b_0(t) \tag{3-187}$$

当 $n=1,\ 2,\ 3,\ \cdots;\ m=0,\ 1,\ 2,\ \cdots,\ n$ 时

$$f_{n,m}=\frac{A_{n,m}}{r^{n+1}} \tag{3-188}$$

式中，$A_{n,m}$，$B_{n,m}$为待定系数。

利用界面条件式（3-50）和式（3-51）可得出 $A_{n,m}$ 和 $B_{n,m}$：

$$A_{0,0}=B_{0,0}R_0+\frac{1}{2}u_{\infty}b_0(t)R_0-\frac{R_0^2}{2}\frac{\mathrm{d}b_0(t)}{\mathrm{d}t}-\frac{1}{2}R_0^2b_0(t)\frac{\mathrm{d}\bar{R}_0}{\mathrm{d}t}-R_0\Delta G_{10}g_0(t)-R_0\Delta H_{10}\bar{g}_0(t)+\frac{1}{6}\lambda_{\mathrm{S}}R_0^3\frac{\mathrm{d}}{\mathrm{d}t}\left(\frac{b_0(t)}{R_0}\right) \tag{3-189}$$

$$B_{0,0}=\frac{2\Gamma}{R_0^2}g_0(t)-E^{-1}M\frac{\mathrm{d}g_0(t)}{\mathrm{d}t}-\frac{\lambda_{\mathrm{S}}R_0^2}{6}\frac{\mathrm{d}}{\mathrm{d}t}\left(\frac{b_0(t)}{R_0}\right) \tag{3-190}$$

$$A_{1,0}=B_{1,0}R_0^3+b_0(t)g_1(t)-\frac{3u_{\infty}}{8}R_0^2b_0(t)+R_0b_0(t)\bar{g}_1(t) \tag{3-191}$$

$$B_{1,0}=-\frac{E^{-1}M}{R_0}\frac{\mathrm{d}g_1(t)}{\mathrm{d}t} \tag{3-192}$$

当 $n=2,\ 3,\ 4,\ \cdots,\ m=0,\ 1,\ 2,\ \cdots$ 时

$$A_{n,m}=B_{n,m}R_0^{2+1}-R_0^{n+1}\Delta G_{10}g_{n,m}(t)-R_0^{n+1}\Delta H_{10}\bar{g}_{n,m}(t) \tag{3-193}$$

$$B_{n,m}=\Gamma R_0^{-(n+2)}[2-n(n+1)]g_{n,m}(t)-E^{-1}MR_0^{-n}\frac{\mathrm{d}g_{n,m}(t)}{\mathrm{d}t} \tag{3-194}$$

因此，温度场的一阶近似解的表达式如下，即 $n=0$，$m=0$

$$T_{\mathrm{L1}}=\frac{A_{0,0}}{r}-\frac{1}{2}u_{\infty}b_0(t)+\frac{r}{2}\frac{\mathrm{d}b_0(t)}{\mathrm{d}t}\mathrm{e}^{\bar{R}_0-\bar{r}}+\frac{r}{2}b_0(t)\frac{\mathrm{d}\bar{R}_0}{\mathrm{d}t}\mathrm{e}^{\bar{R}_0-\bar{r}} \tag{3-195}$$

$$T_{\mathrm{S1}}=\frac{2\Gamma}{R_0^2}g_0(t)-E^{-1}M\frac{\mathrm{d}g_0(t)}{\mathrm{d}t}+\frac{\lambda_{\mathrm{S}}}{6}\frac{\mathrm{d}}{\mathrm{d}t}\left(\frac{b_0(t)}{R_0}\right)(r^2-R_0^2) \tag{3-196}$$

$$R_1=g_0(t) \tag{3-197}$$

式中

$$\frac{\mathrm{d}g_0(t)}{\mathrm{d}t}=\left(\frac{2\Gamma}{R_0^2(R_0+E^{-1}M)}-\frac{R_0-2\Gamma}{R_0(R_0+E^{-1}M)^2}\right)g_0(t)+\frac{1}{3}k\lambda_{\mathrm{S}}\frac{R_0^2(E^{-1}M+2\Gamma)}{(R_0+E^{-1}M)^3}\frac{\mathrm{d}R_0}{\mathrm{d}t}+\frac{R_0^2}{(R_0+E^{-1}M)}\frac{\mathrm{d}R_0}{\mathrm{d}t}-\frac{2R_0(R_0-\Gamma)}{(R_0+E^{-1}M)^2}\frac{\mathrm{d}R_0}{\mathrm{d}t}+\frac{R_0^2(R_0-2\Gamma)}{(R_0+E^{-1}M)^3}\frac{\mathrm{d}R_0}{\mathrm{d}t}+$$

$$\frac{u_\infty R_0^2}{2(R_0+E^{-1}M)}\frac{\mathrm{d}R_0}{\mathrm{d}t}-\frac{R_0^2(R_0-2\Gamma)}{(R_0+E^{-1}M)^2}\frac{\mathrm{d}\overline{R}_0}{\mathrm{d}t} \tag{3-198}$$

并且求得

$$\begin{aligned}g_0(t)=&\frac{(R_0-2\Gamma)}{R_0(R_0+E^{-1}M)}\left\{\ln\frac{R_0-2\Gamma}{1-2\Gamma}\left[\frac{8}{3}k\lambda_S\frac{\Gamma^3E^{-1}M}{(E^{-1}M+2\Gamma)^2}+\frac{16}{3}k\lambda_S\frac{\Gamma^4}{(E^{-1}M+2\Gamma)^2}+8\Gamma^3-\right.\right.\\&\left.\frac{8\Gamma^3}{E^{-1}M+2\Gamma}\right]+\ln\frac{R_0+E^{-1}M}{1+E^{-1}M}\left[-\frac{10}{3}k\lambda_S\frac{\Gamma(E^{-1}M)^3}{(E^{-1}M+2\Gamma)^2}-\frac{2}{3}k\lambda_S\frac{(E^{-1}M)^4}{(E^{-1}M+2\Gamma)^2}-\right.\\&\left.4k\lambda_S\frac{\Gamma^2(E^{-1}M)^2}{(E^{-1}M+2\Gamma)^2}+\frac{(E^{-1}M)^3}{E^{-1}M+2\Gamma}+\frac{4\Gamma(E^{-1}M)^2}{E^{-1}M+2\Gamma}\right]+\frac{1}{3}(R_{B0}^3-1)+(\Gamma-\frac{1}{2})(R_{B0}^2-1)+\\&\left[\frac{1}{3}k\lambda_S(E^{-1}M+2\Gamma)+4\Gamma^2-2\Gamma\right](R_0-1)+\left[(E^{-1}M)^3-\frac{1}{3}k\lambda_S\frac{(E^{-1}M)^4}{E^{-1}M+2\Gamma}-\right.\\&\left.\frac{2}{3}k\lambda_S\frac{\Gamma(E^{-1}M)^3}{E^{-1}M+2\Gamma}\right]\left(\frac{1}{R_0+E^{-1}M}-\frac{1}{1+E^{-1}M}\right)-\\&\left.\int_1^{R_0}\frac{R_0^4}{R_0-2\Gamma}\frac{\mathrm{d}\overline{R}_0}{\mathrm{d}t}\mathrm{d}R_0+\frac{u_\infty}{2}\int_1^{R_0}\frac{R_0^3}{R_0-2\Gamma}\mathrm{d}R_0\right\}\end{aligned} \tag{3-199}$$

当 $n=1$，$m=0$ 时

$$\begin{aligned}T_{L1}=&\left(\frac{b_0(t)}{r^2}g_1(t)-\frac{E^{-1}MR_0^2}{r^2}\frac{\mathrm{d}g_1(t)}{\mathrm{d}t}\right)\cos\theta+\frac{R_0}{r^2}b_0(t)\overline{g}_1(t)\cos\theta+\\&u_\infty\left(\frac{R_0^2}{8r^2}\left(\frac{R_0}{r}-1\right)-\frac{3R_0}{4r}\left(\frac{R_0}{r}-1\right)+\frac{1}{2}\left(\frac{R_0}{r}-1\right)\right)b_0(t)\cos\theta\end{aligned} \tag{3-200}$$

$$T_{S1}=-\frac{E^{-1}M}{R_0}\frac{\mathrm{d}g_1(t)}{\mathrm{d}t}r\cos\theta \tag{3-201}$$

$$R_1=g_1(t)\cos\theta \tag{3-202}$$

$$\frac{\mathrm{d}g_1(t)}{\mathrm{d}t}=\frac{3u_\infty R_0^2}{8(R_0+(k+2)E^{-1}M)}\frac{\mathrm{d}R_0}{\mathrm{d}t}+\frac{R_0\overline{g}_1(t)}{R_0+(k+2)E^{-1}M}\frac{\mathrm{d}R_0}{\mathrm{d}t} \tag{3-203}$$

并且求得

$$g_1(t)=\frac{3}{8}u_\infty\int_1^{R_0}\frac{s^2}{s+(k+2)E^{-1}M}\mathrm{d}s+\int_1^{R_0}\frac{s\overline{g}_1(t(s))}{s+(k+2)E^{-1}M}\mathrm{d}s \tag{3-204}$$

通过利用分离变量法，可以得出

$$T_{L1}=\frac{A_{0,0}}{r}+\frac{r}{2}\frac{\mathrm{d}b_0(t)}{\mathrm{d}t}\mathrm{e}^{\overline{R}_0-\overline{r}}+\frac{r}{2}b_0(t)\frac{\mathrm{d}\overline{R}_0}{\mathrm{d}t}\mathrm{e}^{\overline{R}_0-\overline{r}}+\frac{A_{1,0}}{r^2}\cos\theta \tag{3-205}$$

$$T_{S1} = B_{0,0} + \frac{\lambda_S r^2}{6}\frac{d}{dt}\left(\frac{b_0(t)}{R_0}\right) - \frac{E^{-1}M}{R_0}\frac{dg_1(t)}{dt}r\cos\theta \tag{3-206}$$

$$R_1 = g_0(t) + g_1(t)\cos\theta \tag{3-207}$$

当忽视界面动力学时

$$g_{0,0} = \frac{(R_0 - 2\Gamma)}{R_0^2}\left[\frac{1}{3}(R_0^3 - 1) + \frac{1}{2}(2\Gamma - 1)(R_0^2 - 1) + \left(4\Gamma^2 + \frac{2}{3}k\lambda_S\Gamma - 2\Gamma\right)(R_0 - 1)\right] + \frac{4\Gamma^2(6\Gamma - 3 + k\lambda_S)(R_0 - 2\Gamma)}{3R_0^2}\ln\frac{(R_0 - 2\Gamma)}{(1 - 2\Gamma)} + \frac{u_\infty(R_0 - 2\Gamma)}{2R_0^2}\int_1^{R_0}\frac{R_0^3}{(R_0 - 2\Gamma)}dR_0 - \frac{(R_0 - 2\Gamma)}{R_0^2}\int_1^{R_0}\frac{R_0^4}{R_0 - 2\Gamma}\frac{d\bar{R}_0}{dt}dR_0 \tag{3-208}$$

因此我们得到了一阶解，则温度场和界面形状表示为

$$T_L = \varepsilon T_{L0} + \varepsilon^2 T_{L1} + O(\varepsilon^3),\quad T_S = \varepsilon T_{S0} + \varepsilon^2 T_{S1} + O(\varepsilon^3) \tag{3-209}$$

$$R = R_0(t) + \varepsilon g_0(t) + \varepsilon g_1(t)\cos\theta + O(\varepsilon^2) \tag{3-210}$$

以及晶核生长的速度，U_I 表示为

$$U_I = \frac{dR_0}{dt} + \varepsilon\frac{dg_0(t)}{dt} + \varepsilon\frac{dg_1(t)}{dt}\cos\theta + O(\varepsilon^2) \tag{3-211}$$

式（3-98）~式(3-100）的结果表示远场均匀流引起温度的变化，以及影响界面演化和晶核生长的速度。

图 3-11~图 3-14 显示了远场流作用下晶核的界面形态演化图。远场流提高了来流方向上界面的生长速度，降低了背流方向上界面的生长速度。促进来流方向上界面的生长而抑制背流方向上界面的生长。晶核从初始的球状逐渐演变成类似桃子的形状。

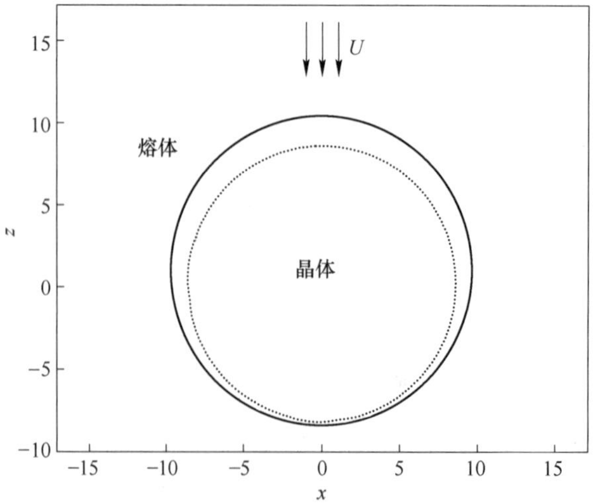

图 3-11　过冷熔体中远场来流对球状晶核生长的作用（$t=50$）

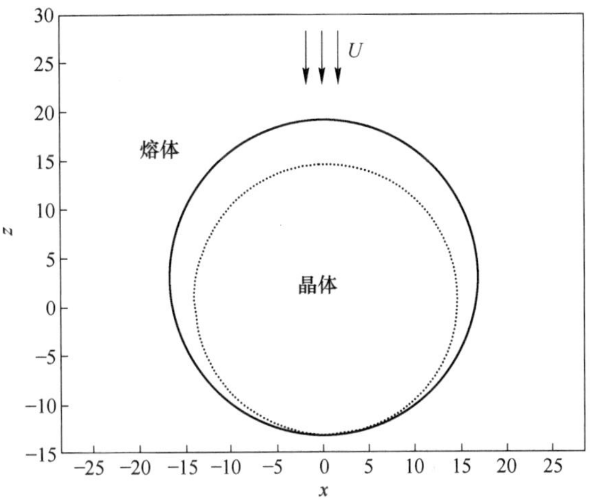

图 3-12 过冷熔体中远场来流对球状晶核生长的作用（$t=100$）

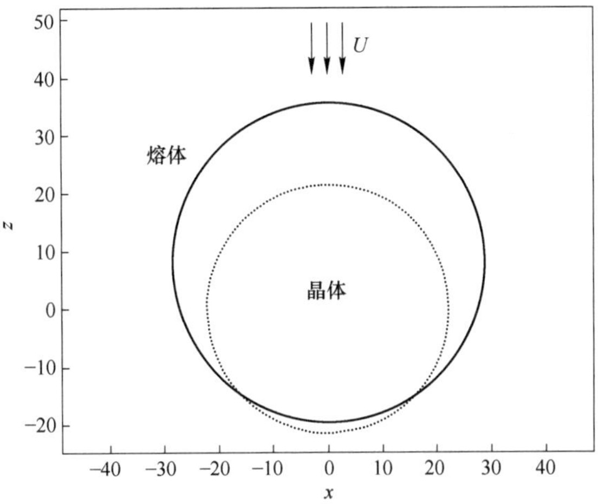

图 3-13 过冷熔体中远场来流对球状晶核生长的作用（$t=200$）

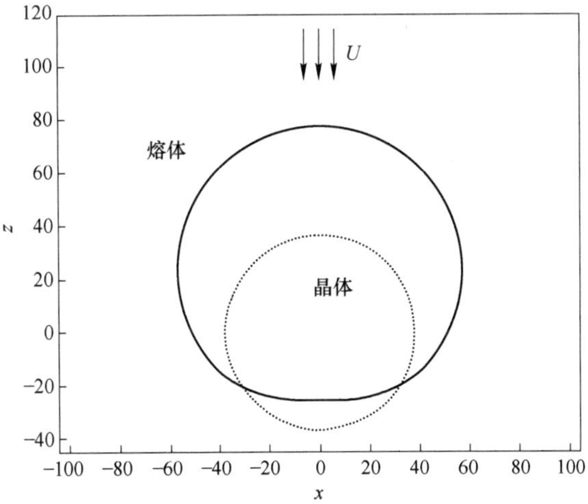

图 3-14 过冷熔体中远场来流对球状晶核生长的作用（$t=450$）

3.5　剪切流对晶核界面生长的影响规律

本节考虑在过冷熔体中的一个初始半径为 r_0 的球状晶核受到剪切流的作用，如图 3-15 所示。

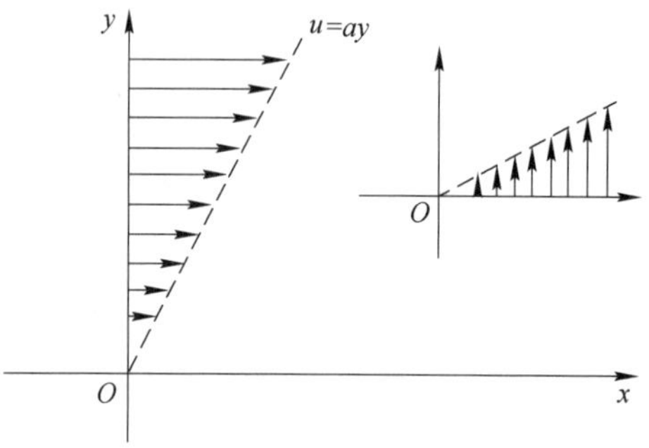

图 3-15　过冷熔体内球晶受到剪切流作用

假设流体为不可压缩流体，剪切流可表示为

$$\boldsymbol{U} = S_x z\boldsymbol{i} + 0y\boldsymbol{j} + S_z x\boldsymbol{k}$$

式中，$\boldsymbol{i}$，$\boldsymbol{j}$，$\boldsymbol{k}$ 为直角坐标系中的单位向量；x，y，z 为直角坐标系中的基向量；S_x，S_z 为常数。

控制方程与边界条件和 3.4 节相同，在理论计算中，剪切流和远场均匀流仅存在表达式上的不同。相应地，远场流动条件式（3-11）和式（3-22）转换为

$$\boldsymbol{U} = S_x z\boldsymbol{i} + 0y\boldsymbol{j} + S_z x\boldsymbol{k} \tag{3-212}$$

$$\boldsymbol{u} = s_x z\boldsymbol{i} + 0y\boldsymbol{j} + s_z x\boldsymbol{k} \tag{3-213}$$

由直角坐标与球坐标的转化公式

$$\boldsymbol{U} = (i,\ j,\ k)\begin{pmatrix} u \\ v \\ w \end{pmatrix} = (e_r,\ e_\theta,\ e_\varphi)\begin{pmatrix} \sin\theta\cos\varphi & \sin\theta\sin\varphi & \cos\theta \\ \cos\theta\cos\varphi & \cos\theta\sin\varphi & -\sin\theta \\ -\sin\varphi & \cos\varphi & 0 \end{pmatrix}\begin{pmatrix} u \\ v \\ w \end{pmatrix} = (\boldsymbol{e}_r,\ \boldsymbol{e}_\theta,\ \boldsymbol{e}_\varphi)\begin{pmatrix} u_{10} \\ u_{20} \\ u_{30} \end{pmatrix}$$

可将流动条件写成下面球坐标形式，即 $r\to\infty$ 时有

$$\boldsymbol{u} \sim r(s_x + s_z)\sin\theta\cos\theta\cos\varphi\boldsymbol{e}_r + r(s_x\cos^2\theta - s_z\sin^2\theta)\cos\varphi\boldsymbol{e}_\theta - rs_x\cos\theta\sin\varphi\boldsymbol{e}_\varphi \tag{3-214}$$

式中，$\boldsymbol{e}_r$，e_θ，$\boldsymbol{e}_\varphi$ 分别为球坐标系中的基向量；$s_x = \dfrac{S_x r_0}{V_P}$，$s_z = \dfrac{S_z r_0}{V_P}$。

按照式（3-31）将各物理量展开，得出 ε 的各个量级所满足的方程和相关条件。由于流场影响温度场的一阶项，因此首阶项结果与 3.2 节结果相同，即

$$T_{L0} = -1 + R_0^2\frac{dR_0}{dt}\frac{1}{r}e^{\bar{R}_0-\bar{r}} \tag{3-215}$$

$$T_{S0} = -1 + R_0\frac{dR_0}{dt}e^{\bar{R}_0-\bar{r}} \tag{3-216}$$

$$\frac{\mathrm{d}R_0}{\mathrm{d}t}=\frac{R_0-2\Gamma}{R_0(R_0+E^{-1}M)} \tag{3-217}$$

容易验证，对晶粒所处的熔体叠加剪切流时，$\boldsymbol{u}_0=s_xz\boldsymbol{i}+0y\boldsymbol{j}+s_zx\boldsymbol{k}$ 是满足连续性方程和 Navier-stoke 方程的，但是在界面上，它却不满足连续性方程。为了使晶粒在叠加剪切流动后的流场中在界面上也满足连续性方程，我们需要改进添加流动后的流场。从流动条件式（3-103）出发，寻求球坐标系下分离变量形式的解 $\boldsymbol{u}_0=u_{10}\boldsymbol{e}_r+u_{20}\boldsymbol{e}_{\boldsymbol{\theta}}+u_{30}\boldsymbol{e}_{\boldsymbol{\varphi}}$。
其中，

$$u_{10}=f_1(r)\sin\theta\cos\theta\cos\varphi$$
$$u_{20}=f_{21}(r)\cos^2\theta\cos\varphi+f_{22}(r)\sin^2\theta\cos\varphi$$
$$u_{30}=f_3(r)\cos\theta\sin\varphi$$
$$p_0=f_4(r)\sin\theta\cos\theta\cos\varphi$$

式中，$f_1(r)$，$f_{21}(r)$，$f_{22}(r)$，$f_3(r)$，$f_4(r)$ 分别是幂函数 $r^m(-1\leqslant m\leqslant 4)$ 的多项式。将 $\boldsymbol{u}_0$ 和 p_0 代入式（3-35）和式（3-36），满足如下：

$$f_3(r)+f_{21}(r)=0,\quad r\frac{\mathrm{d}f_1(r)}{\mathrm{d}r}+2f_1(r)+3f_3(r)+3f_{22}(r)=0$$

$$r^2\frac{\mathrm{d}^2f_3(r)}{\mathrm{d}r^2}+2r\frac{\mathrm{d}f_3(r)}{\mathrm{d}r}-2f_1(r)-4f_3(r)-2f_{22}(r)+\frac{r}{Pr}f_4(r)=0$$

$$r^2\frac{\mathrm{d}^2f_{21}(r)}{\mathrm{d}r^2}+3r^2\frac{\mathrm{d}^2f_{22}(r)}{\mathrm{d}r^2}+2r\frac{\mathrm{d}f_{21}(r)}{\mathrm{d}r}+6r\frac{\mathrm{d}f_{22}(r)}{\mathrm{d}r}-$$
$$4f_1(r)-10f_{22}(r)-2f_3(r)+\frac{2r}{Pr}f_4(r)=0$$

$$r^2\frac{\mathrm{d}^2f_1(r)}{\mathrm{d}r^2}+2r\frac{\mathrm{d}f_1(r)}{\mathrm{d}r}-8f_1(r)-6f_{22}(r)-6f_3(r)-\frac{r^2}{Pr}\frac{\mathrm{d}f_4(r)}{\mathrm{d}r}=0$$

经过计算，可以得到

$$f_1(r)=(s_x+s_z)\left(r-\frac{5}{2}\frac{R_0^3}{r^2}+\frac{3}{2}\frac{R_0^5}{r^4}\right),\qquad f_{22}(r)=-\left(s_zr-\frac{s_z}{2}\frac{R_0^5}{r^4}-\frac{s_x}{2}\frac{R_0^5}{r^4}\right)$$

$$f_3(r)=-\left(s_xr-\frac{s_x}{2}\frac{R_0^5}{r^4}-\frac{s_z}{2}\frac{R_0^5}{r^4}\right),\qquad f_4(r)=-5(s_x+s_z)Pr\frac{R_0^3}{r^3}$$

因此，流场中 $\boldsymbol{u}_0$ 和 p_0 的零阶近似解可以表示为

$$u_{10}=(s_x+s_z)\left(r-\frac{5}{2}\frac{R_0^3}{r^2}+\frac{3}{2}\frac{R_0^5}{r^4}\right)\sin\theta\cos\theta\cos\varphi$$

$$u_{20}=\left(s_xr-\frac{s_x}{2}\frac{R_0^5}{r^4}-\frac{s_z}{2}\frac{R_0^5}{r^4}\right)\cos^2\theta\cos\varphi-\left(s_xr-\frac{s_x}{2}\frac{R_0^5}{r^4}-\frac{s_z}{2}\frac{R_0^5}{r^4}\right)\sin^2\theta\cos\varphi$$

$$u_{30}=-\left(s_xr-\frac{s_x}{2}\frac{R_0^5}{r^4}-\frac{s_z}{2}\frac{R_0^5}{r^4}\right)\cos\theta\sin\varphi$$

$$p_0=-5(s_x+s_z)Pr\frac{R_0^3}{r^3}\sin\theta\cos\theta\cos\varphi+\text{const} \tag{3-218}$$

可以验证，式（3-218）在整个流场中是满足连续性方程和 Navier-stoke 方程的。

设一阶解的形式为

$$T_{LB1}=f_{n,m}(r,\ t)Y_{n,m}(\theta,\varphi),\qquad T_{SB1}=d_{n,m}(r,t)Y_{n,m}(\theta,\varphi),$$
$$R_{B1}=g_{n,m}(r,\ t)Y_{n,m}(\theta,\varphi) \tag{3-219}$$

式中，$Y_{n,m}(\theta,\ \varphi)=P_n^m(\cos\theta)\mathrm{e}^{\mathrm{i}m\varphi}(m\leqslant n)$，为球谐函数。

将式（3-219）代入式（3-48）和式（3-49），可得到关于 $f_{n,m}$，$d_{n,m}$ 的如下二阶常微分方程式

$$f''_{0,0}+\frac{2}{r}f'_{0,0}=\frac{\mathrm{d}b_0(t)}{\mathrm{d}t}\frac{1}{r}\mathrm{e}^{Q_0-\rho}+b_0(t)\frac{\mathrm{d}Q_0}{\mathrm{d}t}\frac{1}{r}\mathrm{e}^{Q_0-\rho} \tag{3-220}$$

$$f''_{2,1}+\frac{2}{r}f'_{2,1}-\frac{6}{r^2}f_{2,1}=\frac{1}{3}(s_x+s_z)b_0(t)\left(\frac{5R_0^3}{2r^4}-\frac{3R_0^5}{2r^6}-\frac{1}{r}\right)\mathrm{e}^{Q_0-\rho} \tag{3-221}$$

当 $n=1$，3，4，…，$m=0$，2，…时，有

$$f''_{n,m}+\frac{2}{r}f'_{n,m}-\frac{n(n+1)}{r^2}f_{n,m}=0 \tag{3-222}$$

以及关于 $d_{0,0}$ 的二阶常微分式子

$$d''_{0,0}+\frac{2}{r}d'_{0,0}=\lambda_{\mathrm{S}}\frac{\mathrm{d}}{\mathrm{d}t}\left(\frac{b_0(t)}{R_0}\right) \tag{3-223}$$

当 $n=1$，3，4，…，$m=0$，2，…时，有

$$d''_{n,m}+\frac{2}{r}d'_{n,m}-\frac{n(n+1)}{r^2}d_{n,m}=0 \tag{3-224}$$

求解方程式（3-220）~式（3-224）后，通过匹配的方法可以得到如下解：

$$f_{0,0}=\frac{A_{0,0}}{r}+\frac{r}{2}\frac{\mathrm{d}b_0(t)}{\mathrm{d}t}\mathrm{e}^{Q_0-\rho}+\frac{r}{2}b_0(t)\frac{\mathrm{d}Q_0}{\mathrm{d}t}\mathrm{e}^{Q_0-\rho} \tag{3-225}$$

$$f_{2,1}=\frac{A_{2,1}}{r^3}+(s_x+s_z)b_0(t)\left(-\frac{5R_0^3}{24r^2}-\frac{R_0^5}{12r^4}+\frac{1}{12}r\right)\mathrm{e}^{Q_0-\rho} \tag{3-226}$$

$$f_{n,m}=\frac{A_{n,m}}{r^{n+1}} \tag{3-227}$$

求解方程式（3-220）~式（3-224）并通过匹配后，得到如下解

$$d_{0,0}=B_{0,0}+\frac{\lambda_{\mathrm{S}}r^2}{6}\frac{\mathrm{d}}{\mathrm{d}t}\left(\frac{b_0(t)}{R_0}\right) \tag{3-228}$$

$$d_{n,m}=B_{n,m}r^n \tag{3-229}$$

式中，$A_{n,m}$ 和 $B_{n,m}$ 均为待定系数。

由界面条件式（3-50）和式（3-51）经过计算可得出：

$$A_{0,0}=B_{0,0}R_0+R_0\frac{\mathrm{d}R_0}{\mathrm{d}t}g_{0,0}(t)+R_0^2\frac{\mathrm{d}R_{0}-}{\mathrm{d}t}g_{0,0}(t)-\frac{R_0^2}{2}\frac{\mathrm{d}}{\mathrm{d}t}\left(R_0^2\frac{\mathrm{d}R_0}{\mathrm{d}t}\right)+$$
$$\frac{\lambda_{\mathrm{S}}R_0^3}{6}\frac{\mathrm{d}}{\mathrm{d}t}\left(R_0^2\frac{\mathrm{d}R_0}{\mathrm{d}t}\right)-\frac{R_0^4}{2}\frac{\mathrm{d}R_0}{\mathrm{d}t}\frac{\mathrm{d}Q_0}{\mathrm{d}t} \tag{3-230}$$

$$B_{0,0}=\frac{2\Gamma}{R_0^2}g_{0,0}(t)-E^{-1}M_k\frac{\mathrm{d}g_{0,0}(t)}{\mathrm{d}t}-\frac{\lambda_S R_0^2}{6}\frac{\mathrm{d}}{\mathrm{d}t}\left(R_0\frac{\mathrm{d}R_0}{\mathrm{d}t}\right)\tag{3-231}$$

$$A_{2,1}=\frac{5}{24}(s_x+s_z)R_0^6\frac{\mathrm{d}R_0}{\mathrm{d}t}+B_{2,1}R_0^5+R_0^3\frac{\mathrm{d}R_0}{\mathrm{d}t}g_{2,1}(t)+R_0^4\frac{\mathrm{d}R_0-}{\mathrm{d}t}g_{2,1}(t)\tag{3-232}$$

$$B_{2,1}=-\frac{4\Gamma}{R_0^4}g_{2,1}(t)-\frac{E^{-1}M_k}{R_0^2}\frac{\mathrm{d}g_{2,1}(t)}{\mathrm{d}t}\tag{3-233}$$

当 $n=1, 3, 4, \cdots, m=0, 2, \cdots$ 时，有

$$A_{n,m}=B_{n,m}R_0^{2n+1}+R_0^{n+1}\frac{\mathrm{d}R_0}{\mathrm{d}t}g_{n,m}(t)+R_0^{n+2}\frac{\mathrm{d}R_0-}{\mathrm{d}t}g_{n,m}(t)\tag{3-234}$$

$$B_{n,m}=\frac{[2-n(n+1)]\Gamma}{R_0^{n+2}}g_{n,m}(t)-\frac{E-1M_k}{R_0^n}\frac{\mathrm{d}g_{n,m}(t)}{\mathrm{d}t}\tag{3-235}$$

这里

$$\frac{\mathrm{d}g_{0,0}(t)}{\mathrm{d}t}=-\frac{1}{R_0^2}\Re(R_0,0)g_{0,0}(t)+q_{0,0}(t)\tag{3-236}$$

式中，

$$\Re(R_0, n)=\frac{1}{D(R_0, n)}\left[-(n+2)(nk_T+n+1)\Gamma+R_0^2\frac{\mathrm{d}R_0}{\mathrm{d}t}\right]$$

$$q_{0,0}(t)=-\frac{R_0^3}{D(R_0,0)}\frac{\mathrm{d}R_0}{\mathrm{d}t}\frac{\mathrm{d}\bar{R}_0}{\mathrm{d}t}+\frac{k_T\lambda_S R_0^2}{3D(R_0,0)}\frac{\mathrm{d}}{\mathrm{d}t}\left(R_0\frac{\mathrm{d}R_0}{\mathrm{d}t}\right)-\frac{R_0}{D(R_0,0)}\frac{\mathrm{d}}{\mathrm{d}t}\left(R_0^2\frac{\mathrm{d}R_0}{\mathrm{d}t}\right)+\frac{R_0^2}{D(R_0,0)}\frac{\mathrm{d}R_0}{\mathrm{d}t}$$

$$D(R_0, n)=R_0+(nk_T+n+1)E^{-1}M_k$$

$$\frac{\mathrm{d}g_{2,1}(t)}{\mathrm{d}t}=\frac{1}{R_0^2}\Re(R_0, 2)g_{2,1}(t)+q_{2,1}(t)\tag{3-237}$$

式中，

$$q_{2,1}(t)=\frac{2}{D(R_0, 2)}R_0\frac{\mathrm{d}R_0-}{\mathrm{d}t}g_{2,1}-\frac{5(s_x+s_z)}{24D(R_0, 2)}R_0^3\frac{\mathrm{d}R_0}{\mathrm{d}t}$$

$$\frac{\mathrm{d}g_{n,m}(t)}{\mathrm{d}t}=\frac{n-1}{R_0^2}\Re(R_0, n)g_{n,m}(t)+q_{n,m}(t)\tag{3-238}$$

式中，

$$q_{nm}(t)=\frac{nR_0}{D(R_0, n)}\frac{\mathrm{d}R_0-}{\mathrm{d}t}g_{nm}$$

进一步可以求得

$$g_{0,0}(t)=\frac{1}{H(R_0,0)}\int_1^{R_0}\frac{\tau^2H(\tau, 0)}{D(\tau, 0)}\mathrm{d}\tau-\frac{1}{H(R_0,0)}\int_1^{R_0}\frac{\tau^3H(\tau, 0)}{D(\tau, 0)}\frac{\mathrm{d}\bar{R}_0(\tau)}{\mathrm{d}\tau}\mathrm{d}\tau-\frac{1}{H(R_0,0)}\int_1^{R_0}\frac{\tau H(\tau, 0)}{D(\tau, 0)}\frac{\mathrm{d}}{\mathrm{d}\tau}\left(\frac{\tau(\tau-2\Gamma)}{\tau+E^{-1}M_k}\right)\mathrm{d}\tau+$$

$$\frac{k_T\lambda_T}{3H(R_0,0)}\int_1^{R_0}\frac{\tau^2 H(\tau,0)}{D(\tau,0)}\frac{d}{d\tau}\left(\frac{\tau-2\Gamma}{\tau+E^{-1}M_k}\right)d\tau \tag{3-239}$$

$$g_{2,1}(t)=\frac{2}{H(R_0,2)}\int_1^{R_0}\frac{\tau H(\tau,2)}{D(\tau,2)}\bar{g}_{2,1}d\tau-\frac{1}{H(R_0,2)}\int_1^{R_0}\frac{5(s_x+s_z)\tau^3}{24D(\tau,2)}H(\tau,2)d\tau \tag{3-240}$$

$$g_{n,m}(t)=\frac{1}{H(R_0,n)}\int_1^{R_0}\frac{n\tau}{D(\tau,n)}H(\tau,2)\bar{g}_{n,m}d\tau \tag{3-241}$$

其中

$$H(R_0,n)=\frac{(R_0-2\Gamma)^b}{R_0^a[D(R_0,n)]^c}$$

$$a=\frac{(n-1)(n+2)}{2}$$

$$b=\frac{1}{2}\frac{(n-1)(n+2)(nk_T+n+1)(2\Gamma E^{-1}M_k)}{2\Gamma+(nk_T+n+1)E^{-1}M_k}$$

$$c=(n-1)\frac{2\Gamma+n(n+2)(k_T+1)\Gamma+(n+1)N_kE^{-1}M_k}{2\Gamma+(nk_T+n+1)E^{-1}M_k}$$

$$N_k=\frac{nk_T+n+1}{n+1}$$

综上所述，一阶解可表示为

$$\left.\begin{aligned}T_{L1}&=\frac{A_{0,0}}{r}+\frac{A_{2,1}}{r^3}P_2^1(\cos\theta)\cos\varphi+\vartheta_{L1}^*\\T_{S1}&=B_{0,0}+B_{2,1}r^2P_2^1(\cos\theta)\cos\varphi+\vartheta_{S1}^*\\C_{L1}&=\frac{C_{0,0}}{r}+\frac{C_{2,1}}{r^3}P_2^1(\cos\theta)\cos\varphi+C_{L1}^*\\R_1&=g_{0,0}+g_{2,1}P_2^1(\cos\theta)\cos\varphi\end{aligned}\right\} \tag{3-242}$$

其中

$$T_{L1}^*=\frac{r}{2}\frac{d}{dt}\left(R_0^2\frac{dR_0}{dt}\right)e^{\bar{R}_0-\rho}+\frac{rR_0^2}{2}\frac{dR_0}{dt}\frac{d\bar{R}_0}{dt}e^{\bar{R}_0-\rho}+$$
$$(s_x+s_z)R_0^2\frac{dR_0}{dt}\left(-\frac{5R_0^3}{24r^2}-\frac{R_0^5}{12r^4}+\frac{1}{12}r\right)e^{\bar{R}_0-\rho}P_2^1(\cos\theta)\cos\varphi$$

$$T_{S1}^*=\frac{\lambda_S r^2}{6}\frac{d}{dt}\left(R_0^2\frac{dR_0}{dt}\right)$$

进一步地，可表示出整个流场的渐近展开解如下：

$$\left.\begin{aligned}T_L&=\varepsilon T_{L0}+\varepsilon^2\left(\frac{A_{0,0}}{r}+\frac{A_{2,1}}{r^3}P_2^1(\cos\theta)\cos\varphi+T_{L1}^*\right)+\cdots\\T_S&=\varepsilon T_{S0}+\varepsilon^2(B_{0,0}+B_{2,1}r^2P_2^1(\cos\theta)\cos\varphi+T_{S1}^*)+\cdots\\R&=R_0(t)+\varepsilon(g_{0,0}+g_{2,1}P_2^1(\cos\theta)\cos\varphi)+\cdots\end{aligned}\right\} \tag{3-243}$$

以及界面的局部速度

$$U_{\mathrm{I}} = \frac{\mathrm{d}R_0}{\mathrm{d}t} + \varepsilon\left(\frac{\mathrm{d}g_{0,0}}{\mathrm{d}t} + \frac{\mathrm{d}g_{2,1}}{\mathrm{d}t}P_2^1(\cos\theta)\cos\varphi\right) + \cdots \tag{3-244}$$

从图 3-16 可以看出，沿着剪切流的来流方向，传入的剪切流提高了热传导效用，并且在固-液界面的前部温度降低。由于 ε 是 Stefan 数的倒数，它的取值主要取决于过冷度 ΔT 和潜热 ΔH，定压比热 c_{p} 及熔体的密度 ρ_{L}，当过冷度比较大的时候，剪切来流在固-液界面的前端会释放出大量的潜热，因此固相区的温度会急剧降低，也就是说固-液界面上液相区的温度呈降低趋势，最终趋向于远场熔体的过冷度。图 3-17～图 3-19 分别表示不同时刻下剪切流作用下不同界面的形态演化。从图形中可以看出 xOy 面和 yOz 面的形态演化是大致相同的，由图可以看出，当晶粒受到相同流体的影响时，两个方向上界面的形状均是一组同心圆，这是因为剪切流在这两个平面上流出时分别沿 x，y 两个轴以及 y，z 两

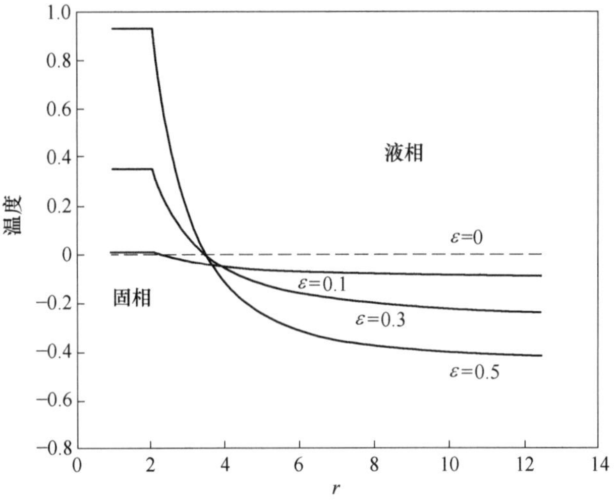

图 3-16 xOy 面 $t=5$ 时剪切流下的温度分布（$s_x = s_z = 0.5$，$\Gamma = 0.125$，$\lambda_{\mathrm{S}} = 0.01$，$k = 0.71$）

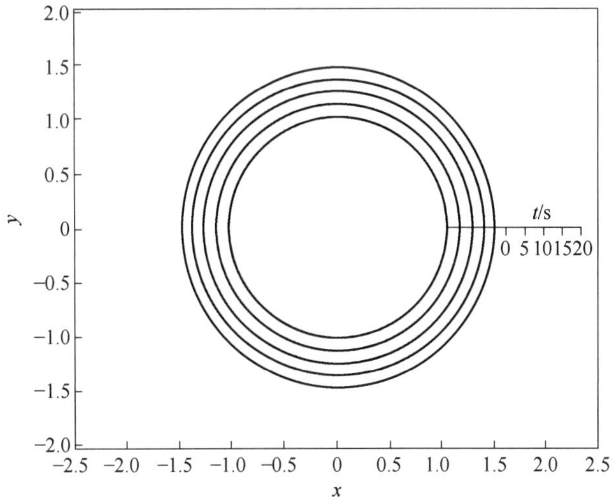

图 3-17 剪切流下 xOy 面不同时刻的界面形态图
（$s_x = s_z = 0.5$，$\Gamma = 0.125$，$\lambda_{\mathrm{S}} = 0.01$，$k = 0.71$，$\varepsilon = 0.05$）

个轴进行。而在 xOz 面上，晶粒在 [101] 和 $[\bar{1}0\bar{1}]$ 方向上向内收缩，在和 $[10\bar{1}]$ 和 $[\bar{1}01]$ 和方向生长，产生扭曲变形。从图中可以看出剪切流提高了界面的生长速率，然而外部流相对减缓界面的生长速度使得背部来流方向比迎面来流方向更加突出。也就是说，传入的剪切流提高了能量的传输速率并加速了粒子的生长，流出的剪切流不仅降低了能量的传输速率而且还降低了粒子的生长速率。

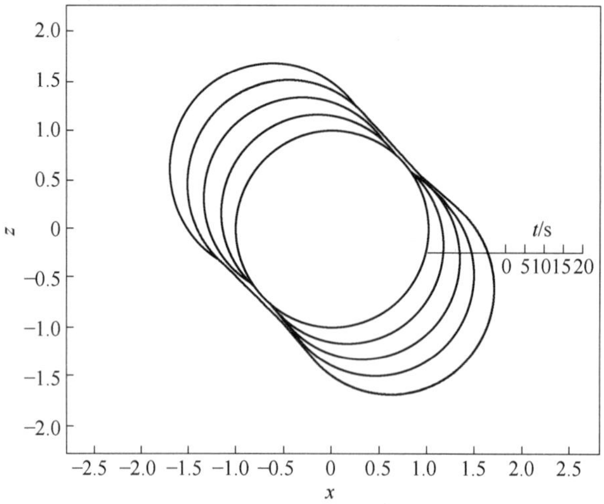

图 3-18　剪切流下 xoz 面不同时刻的界面形态图

($s_x = s_z = 0.5$，$\Gamma = 0.125$，$\lambda_S = 0.01$，$k = 0.71$，$\varepsilon = 0.05$)

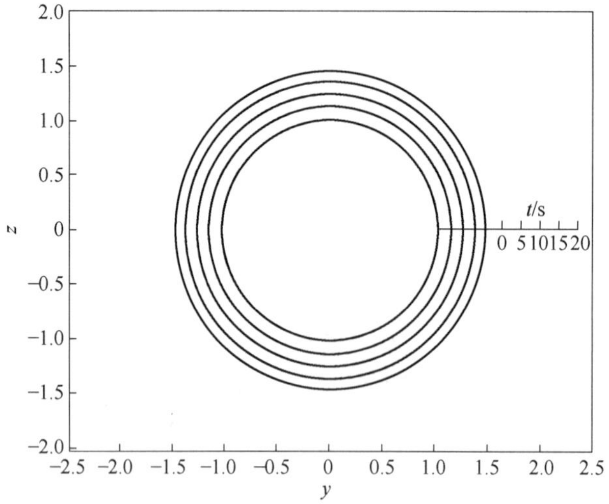

图 3-19　剪切流下 yOz 面不同时刻的界面形态图

($s_x = s_z = 0.5$，$\Gamma = 0.125$，$\lambda_S = 0.01$，$k = 0.71$，$\varepsilon = 0.05$)

3.6　剪切流和界面能各向异性对晶核界面生长的共同作用机理

在界面能的各向异性作用下，晶核局部内凹，生长出现局部可逆现象。而剪切流会对晶核造成扭曲，可能会加强这一现象。本节考虑晶核受到剪切流和各向异性共同作用。

考虑球状晶核在过冷熔体中生长，由3.2节和3.3节可得晶核生长的渐近解，将晶核的界面解 $R=R(\theta,\ \varphi,\ t)$ 写成如下形式：

$$R=R_0+\varepsilon(R_{\mathrm{T}}+R_{\mathrm{aniso}}+R_{\mathrm{shear}})+\cdots \tag{3-245}$$

其中，R_{T} 为晶核受到温度变化的解：

$$R_{\mathrm{T}}=\frac{1}{H(R_0,0)}\int_1^{R_0}\frac{\tau^2H(\tau,\ 0)}{D(\tau,\ 0)}\mathrm{d}\tau-\frac{1}{H(R_0,0)}\int_1^{R_0}\frac{\tau H(\tau,\ 0)}{D(\tau,\ 0)}\frac{\mathrm{d}}{\mathrm{d}\tau}\left(\frac{\tau(\tau-2\Gamma)}{\tau+E^{-1}M_{\mathrm{k}}}\right)\mathrm{d}\tau+$$
$$\frac{k_{\mathrm{T}}\lambda_{\mathrm{T}}}{3H(R_0,0)}\int_1^{R_0}\frac{\tau^2H(\tau,\ 0)}{D(\tau,\ 0)}\frac{\mathrm{d}}{\mathrm{d}\tau}\left(\frac{\tau-2\Gamma}{\tau+E^{-1}M_{\mathrm{k}}}\right)\mathrm{d}\tau \tag{3-246}$$

R_{aniso} 为界面能的各向异性对界面影响的解：

$$R_{\mathrm{aniso}}=-\frac{6\Theta\Gamma}{5H(R_0,0)}\int_1^{R_0}\frac{H(\tau,\ 0)(\tau+E^{-1}M_{\mathrm{k}})}{D(\tau,\ 0)(\tau-2\Gamma)}\mathrm{d}\tau+$$
$$\frac{36(4k_{\mathrm{T}}+5)\Gamma\Theta}{5H(R_0,\ 4)}\int_1^{R_0}\frac{H(\tau,\ 4)(\tau+E^{-1}M_{\mathrm{k}})}{D(\tau,\ 4)(\tau-2\Gamma)}\mathrm{d}\tau P_4(\cos\theta)+$$
$$\frac{3(4k_{\mathrm{T}}+5)\Gamma\Theta}{70H(R_0,\ 4)}\int_1^{R_0}\frac{H(\tau,\ 4)(\tau+E^{-1}M_{\mathrm{k}})}{D(\tau,\ 4)(\tau-2\Gamma)}\mathrm{d}\tau P_4^4(\cos\theta)\cos4\varphi \tag{3-247}$$

R_{shear} 为剪切流对界面影响的解：

$$R_{\mathrm{shear}}=-\frac{5(s_x+s_y)}{144H(R_0,\ 2)}\int_1^{R_0}\frac{\tau^3H(\tau,\ 2)}{D(\tau,\ 2)}\mathrm{d}\tau P_2^2(\cos\theta)\sin2\varphi-$$
$$\frac{5(s_x+s_z)}{24H(R_0,\ 2)}\int_1^{R_0}\frac{\tau^3H(\tau,\ 2)}{D(\tau,\ 2)}\mathrm{d}\tau P_2^1(\cos\theta)\cos\varphi-$$
$$\frac{5(s_y+s_z)}{72H(R_0,\ 2)}\int_1^{R_0}\frac{\tau^3H(\tau,\ 2)}{D(\tau,\ 2)}\mathrm{d}\tau P_2^1(\cos\theta)\sin\varphi \tag{3-248}$$

渐近解式（3-246）揭示了剪切流和界面能的各向异性对晶核演化的影响。剪切流有助于晶核的不对称变形。如图3-20所示，剪切流增强了〈111〉方向上由界面能的各向异性引起的花瓣形核向内凹熔化深度，加速了核的变形。在〈111〉方向上核的内半径随着剪切速率的增加而减小（见图3-20（a））。熔化深度随着晶核的变形而进一步增加（见图3-20（b）），在花瓣之间最薄弱的连接，晶核分裂成多个较小的子粒子。每个子粒子，不超过临界成核尺寸的数量级，充当一个新的晶核核心。由于各向异性界面能和剪切流的影响，这些新的晶核不断重复类似的变形和扭曲过程，并在向内凹衰变的时间窗口内从球形演变为花瓣状。当控制熔体中的过冷度使临界形核半径在微米或微纳尺度范围内形核时，晶核形核和生长同时进行，严重扭曲的花瓣状亚粒子分裂成多个更细的亚粒子，形成纳米粒子第二相微结构，解决了成核后晶核生长初始阶段花瓣形核的形态演变。在向内熔化的时间窗口内，花瓣形核与临界形核半径处于同一数量级。各向异性界面能和剪切流的影响导致局部向内凹形衰变、变形和异形核分裂。由于异形核的尺寸增大到大于临界形核半径并且熔化深度消失在向内熔化的时间窗口之外，花瓣形核变硬甚至在晶核生长的后期不可能分裂，并可能演变成复杂的树枝状形态。在凝固过程中，这种花瓣形晶核在凝固过程中的变形和分裂从晶核生长的初始阶段“直接”进行到凝固结束，形成原位纳米粒子第二相微结构。

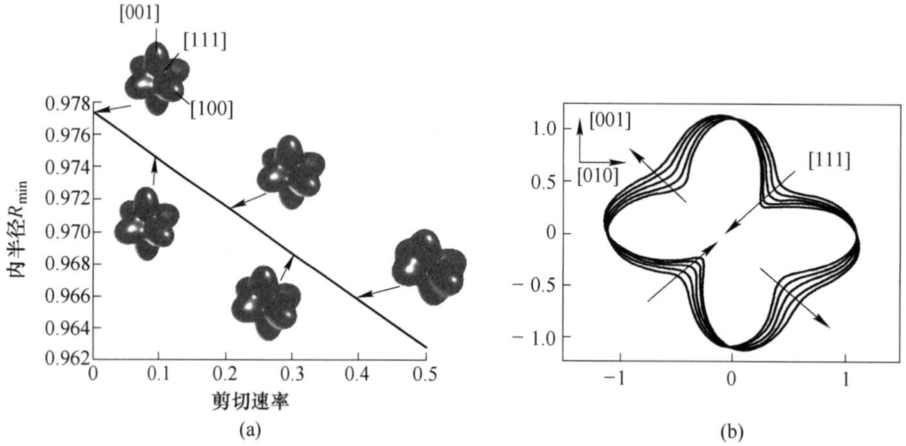

图 3-20　晶核生长初期受剪切流和各向异性界面能影响的晶核形态演化图

（a）核形状随流动剪切速率的变化；（b）花瓣形核的横截面

本章计算分析了各向异性界面能、远场均匀流、剪切流对影响和控制一元和二元熔体中球状晶核生长的规律和作用机理，从理论上确定了在球状晶体形核后初期抑制晶体长大并获得细小晶粒的凝固方式。理论计算发现受界面能各向异性影响，无论是纯熔体还是合金中的晶核凝固初始阶段，晶核发生局部内凹生长，内凹处为晶核薄弱环节存在分裂倾向，但该过程可逆，若在窗口期施加远场均匀流和剪切流可以加强内凹深度并且加速变形分裂，形成“亚粒子”。凝固过程中抑制柱状晶生长获得等轴晶是保证铸锭组织成分均匀的必要条件，如何根据理论计算在凝固过程中把握窗口期，控制晶核不断分裂，将“亚粒子”的尺寸控制在晶核尺寸范围内（即纳米数量级），当凝固完成时，有望在材料中获得大量纳米粒子。

4 晶核生长的界面演化相场模拟

4.1 概　　述

在凝固过程中，液-固交界面上会呈现出复杂的微细结构。它是偏离平衡态的动力学过程出现的特有现象。这种细微结构在晶核生长过程中会受到许多物理参数的影响，最终可以演化成指状（称为胞晶结构），也可演化成树枝状（称为枝晶结构）。这种自然形成的结构图案将极大地影响终端产品的质量，如力学性能与电学性质等。凝固过程涉及能量输运过程、物质输运过程、动量输运过程及物质在相交界面上的相变过程。这些现象出现的物理机制是材料科学、凝聚态物理学等科学领域一直关心的核心课题。

经典的凝固过程的数学模型假定液相与固相之间界面的横向微结构与由热扩散等传输过程相联系的宏观长度尺度确定的纵向尺度相比是很小的，从一种相到另一种相的转变是瞬间变化的，也就是说液相与固相之间可以用一个厚度为零的界面相隔，即所谓的锋利界面近似。对于相变过程的分析必须求解在数学上所谓的自由边界值问题，即联立求解相体积内的宏观输运方程（温度场方程、浓度场方程、Stokes 方程等），并且在相界面上满足一定的边界条件（如 Gibbs-Thomson 条件、能量守恒条件等），由凝固过程的物理和化学等因素所自然确定的相界面的位置和形状也是待求解的一部分。

如果假设液相与固相之间的界面厚度不为零，则对于一级相变系统的研究还有一种理论，即以相场理论为基础的数学模型。这种模型将液相与固相之间的界面视为一个有限厚度的薄层，从一种相到另一种相的转变是连续变化的，于是经典自由边界模型中的锋利界面被有限厚度的扩散界面所代替。在凝固过程中，液相与固相的主要区别在于它的流动性。从微观角度，液相的原子是离散的，而固相的原子具有一定的有序度。在液相与固相的交界面附近存在着界面糊状区，液相与固相的差别趋同。因此，在凝固系统中引入一个新的状态参数，称为序变量或相场函数 $\phi(\boldsymbol{r}, t)$（$\boldsymbol{r}$ 为位置向量，t 为时间），描述系统的有序和无序的程度。序变量在一个有限厚度的薄层内变化，当序变量 $\phi(\boldsymbol{r}, t)=0$ 时，系统状态对应于液相；当 $\phi(\boldsymbol{r}, t)=1$ 时，系统状态对应于固相。从液相到固相，序变量连续地从 $\phi(\boldsymbol{r}, t)=0$ 或者 -1 变化到 $\phi(\boldsymbol{r}, t)=1$ 即：

$$\phi(r, t)=\begin{cases}1\\0(-1)\ \sim 1\\0(-1)\end{cases} \tag{4-1}$$

其他所有的物理量都在这个有限厚度的薄层内连续地变化。整个系统不存在热力学状态函数的任何突变。这样凝固过程的相场模型考虑了连续区和界面的微观描述，避免了锋锐界面模型需要对界面两侧的不连续性进行处理。由此可见，除了经典热力学状态函数以外，相场模型比经典的锋利界面自由边界值模型增加了一个未知的序变量，这就需要将经典热力学状态函数推广应用到界面糊状区。相场模型假定热力学状态变量在界面糊状区仍然有意义。

相场模型不是唯一的。凝固过程中当从液相变为固相时，其相应的序变量 ϕ 从 0 变到 1 可以有多种选择，因此对于同一种系统同一个问题，可以建立多种相场模型，它们之间的差别在于对于相界面层糊状区内系统宏观状态的不同描述上。检验一个相场模型正确与否的标准是当界面层厚度趋于零时，相场模型能否还原成锋利界面的经典自由边值问题，给出与经典自由边值模型一致的方程组和界面条件。此外，通过令界面层厚度趋于零取极限还原到自由边界模型后，可以在相场模型中引入与自由边界模型相同的输运参数（如热传导系数和热扩散系数等）和宏观物理量（如相变潜热和表面张力等）的关系式。相场模型的优点是它能更“真实地”描述描述物理过程，能够方便地对于涉及复杂的自由边界结构，如枝晶和复杂的凝固系统进行数值计算，避免了锋利界面的自由边值模型中需要对界面两侧的不连续性进行处理的麻烦。相场模型的缺点是相场模型中序变量的不确定性。

本章首先讨论纯物质凝固过程中相场方程的建立，包括各向异性等某些重要的物理参数的影响。

4.2　枝晶生长和等轴晶生长的相场模拟研究现状

1983—1986 年，Kobayashi 首次使用早期的相场理论研究了枝晶问题[1-2]。他引入了界面能的各向异性，并产生了在当时令人印象深刻的 3D 图像。Kobayashi 在 1987 年的出版物和视频演示对相场方法在模拟树枝生长方面的发展产生了重大影响。Warren、Boettinger 和 Wheeler[3-4]，Caginalp 和 Xie[5-6] 及 Kim 等人[7] 将相场理论扩展到了合金。McFadden 等人[8] 引入了界面能和附着动力学的双重各向异性。Grossmann 等人[9] 将该方法应用于定向凝固。这些出版物很快涌现出来，以至于很难提供简明的历史。在这里，本书只提到一些亮点和更多的细节可以在文献［10-11］中找到。

最初，相场方法只适用于大过饱和度的情况，其中在前进界面前的液体中的扩散边界层很小。尖界面极限的渐近分析不适用于定量计算，因为它们要求使用比微观结构尺度小得多的纳米级界面宽度。一切都改变了，当 Karma 和 Rappel[12-13] 引入了薄界面极限时。这个分析解释了如何选择相场模型的参数，以便在与实际相关的固-液界面局部热力学平衡极限（界面动力学冷却消失）下进行定量模拟，同时保持计算上可处理的界面厚度，只比树枝尖端半径小一个数量级，因此远大于实际的纳米级界面宽度。这个分析使得可以在合理小的过冷情况下进行定量计算，还可以在 3D 中进行。Karma 和 Rappel 测试了微观可解性理论，并发现在低各向异性情况下有合理的整体一致性。他们将其结果与对壬酸和丁二腈的有限实验数据进行了比较，这些是唯一具有立方晶格的纯材料，详细测量了各向异性[14-15] 和 σ^* [16-17]。

Karma 等人[18-19] 进行了针状晶核三维定量相场建模。对于晶核各向同性较小的情况，相场结果 σ^* 略大于使用可溶性理论得到的结果。然而，对于高各向异性值，存在明显偏差[18]。Koo[20] 将实验测得的 σ^* 值与可溶性理论预测的值进行比较，发现斜率明显较小，不符合理论结果的预测。

在 Karma 等人[19]的有关枝晶尖端形态的研究中，发现尖端附近的鳍状结构与 Brener 的结果[21]和实验观察[22-23]相符。Murray 等人[24]将在纯过冷 SCN 中进行的枝晶生长实验与 2D 相场计算进行了比较。计算考虑了四重界面能和附着动力学的各向异性，能够在定性上匹配尖端分裂的实验观察。

Lee 和 Suzuki[25]将 Fe-C 合金中铁素体枝晶的相场研究结果与分析性 IMS（Ivantsov-Marginal-Stability）模型[26-27]进行了比较，发现存在半定量的一致性。Palle 和 Dantzig[28]及 Provatas 等人[29-30]改进了计算效率，他们开发了一种自适应方法，在界面附近细化网格，而在界面远离处保持网格粗糙。这样，他们能够显著增加模拟中的 2D 晶格尺寸，并在高过冷度下与可溶性理论的结果达成良好一致。然而，在低过冷度下，他们发现与可溶性理论存在偏差。

2001 年，Karma[31]首次开发了二元合金的全面定量相场模型，引入了反陷阱流项，以恢复合金凝固的标准自由边界问题，其中在固-液界面处具有局部热力学平衡，而固体中的溶质扩散消失，同时使用了早期用于纯物质凝固的计算可处理的薄界面极限。有关 20 世纪末相场方法的最新研究现状的详细描述，请参阅 Karma[32]、Ode 等人[33]或 Chen[34]的综述。在 2000 年之后，固化微结构领域的成就可以在 Asta 等人的研究中找到，该研究一直延续到 2008 年[35]，并在 Karma 和 Tourret 的研究中继续到 2015 年[36]。文献[36]简要回顾了固-液界面的原子模拟与使用相场（PF）方法进行树枝晶的定量模拟之间的关联，同时回顾了 Dendrite Needle Network（DNN）模型背后的关键概念，该模型允许连接精细树枝晶和粗粒子结构的不同尺度。

在最近的凝固过程模拟研究中，Mullis[37]和 Shang[38]等人观察到在过冷枝晶中存在确定性的侧枝形成。然而，Echebarria 等人[39]并没有在纯过冷熔体或等温枝晶合金凝固中观察到这种极限循环。侧枝形成被发现是一种瞬时现象，其中振荡的衰减速度非常缓慢，当表面能的各向异性较小时，这与 Kessler 和 Levine[40]的线性稳定性分析的理论预测一致，该分析显示在表面能各向异性较小的极限情况下，振荡模式的衰减速率趋于零。这表明一些作者可能得出了一个极限循环是持续存在的结论，而实际上它只是一个长时间的瞬时现象。然而，对于定向生长的枝晶，在模拟中关闭噪声的情况下，尖端振荡会在一定范围的间距内持续存在[39]。正温度梯度下的非线性极限循环仅存在于靠近最大间距的狭窄范围内，其中三次支枝插入提供了非线性振荡的驱动力。对于大多数较小的间距，极限循环不存在，噪声放大是侧枝形成的唯一机制。

Ramirez 等人[41]应用了相场模型来模拟在过冷合金熔体中生长的枝晶的热量和质量扩散。该模型使用了 Karma 和 Rappel[42-43]的薄界面极限，并包括了一个反向传播流项[44]，以实现界面的局部平衡。后者是必要的，因为相场模型的扩大界面厚度，为了合理地计算时间[45]，会导致溶质困扰的人工增强。二维模拟显示，同时对固体中的微观结构和溶质分布进行建模可以得到合理的结果。Ofori-Opoku 和 Provatas[46]开发了一个用于模拟多个等轴枝晶晶粒生长的二维多相场模型。包括固态背扩散的晶粒碰撞和聚合进行了处理，并评估了晶界能。结果与 Rappaz 等人[47]提出的两个固液界面聚合理论相一致。Gong 等人[48]开发了一种用于在二元合金中高效计算大量晶粒的相场模型。相场模型中包含了一个取向梯度能量，可以在普通计算机上模拟多晶材料中的晶界。Yang 等人[49]用相场模型计算了镍合金的三维微观结构形成。呈现了不同过冷条件下单个和多个等轴枝晶的微观结构演化。

Yang 等人[50]发现，通过 X 射线断层成像获得的等轴六角 α-Mg 晶粒的实验结果与 3D 相场模拟结果在质量上存在定性一致。Založnik 和 Viardin 等人[51-52]将 MES 的结果与 2D 相场模拟结果进行了比较，用于模拟柱状树枝状阵列。尽管相场模拟获得了更详细的形态信息，但使用分析的尖端生长模型的 MES 方法对于较大的树枝阵列给出了合理的结果，同时大大减少了计算时间。两种方法的比较显示，在以下方面达成了良好的一致性：（1）稳定的初级间距；（2）在阵列尺度上的溶质扩散；（3）柱状尖端处的溶质过冷；（4）在浑浊区的凝固路径。Du 等人[53]使用同步辐射 X 射线断层成像研究了 hcp α-Mg 枝晶的形态，并使用 EBSD 技术研究了生长方向。他们在 3D 相场模型中使用了从头算计算中获得的各向异性表面能，并发现了模拟枝晶与实验观察到的形态之间的一致性。Mathiesen 和 Arnberg[54]在 2005 年进行了 Al-30%Cu（质量分数）的柱状枝晶生长的 X 射线成像，其空间和时间分辨率分别为 1.4 μm 和 150ms。他们能够确定枝晶的形态和速度，并使用吸收对比来估计浑浊区前部和内部的溶质场。X 射线成像方法的更高分辨率使金属枝晶的图像更详细。Clarke 等人[55]将定向凝固的 Al-Cu 合金的 X 射线观测与相场模拟进行了比较，以探索薄样品中的微观结构选择现象。他们提供了一个微观结构选择图，以及测量得到的胞/枝晶尖端半径和初级间距。然而，结果受样品几何形状的影响，即在某些情况下，样品厚度大于枝晶间距，而在其他情况下小于枝晶间距，导致了 3D 向 2D 过渡。

在快速凝固条件下，晶核生长逐渐受到附着动力学及其各向异性的控制。在高度过冷的纯镍相场模拟中，Hoyt 等人[56]通过展示了从计算中得到的附着动力学的幅度和各向异性能够产生与实验一致的树枝晶生长速度。在高过冷条件下（高生长速度），毛细管各向异性对生长影响较小，而改变动力学各向异性的幅度会导致生长形态发生剧烈变化，再次与实验观察一致。后来，Nestler 等人[57]将这项工作扩展到更高的过冷度，发现在 $\Delta > 1$ 时，出现了稳定的球形形态。Galenko 等人[58]研究了电磁悬浮高度过冷滴中稀薄 Ni-1%Zr 合金的快速树枝晶生长，测量了树枝晶生长速度与过冷度的关系，并发现在 $\Delta T^* = 198$ K 的临界过冷度时出现了无分配凝固，相应的速度为 21 m/s。实验结果使用尖锐界面和扩散界面模型进行了分析。通过分析尖锐界面模型，可以计算在整个过冷范围内的生长。理论与实验之间找到了合理的一致性，除了低过冷度的情况，其中流体流动似乎影响了生长关系[59]。此外，溶质的效应[60-61]（及其各向异性）强烈地控制着树枝晶尖端生长。Alexandrov 和 Galenko[62]将他们的边界积分模型与 Eckler 等人[63]的 Ni-B 合金的实验进行了比较，得到了合理的对应。结果显示了在低过冷度下的溶质和热生长，以及在高过冷度下的纯热生长，即在 18.9 m/s 以上的无分配生长。然而，在固态转化中观察到了[64]无扩散转化，其中低扩散系数降低了这些现象的临界速率。

高度过冷枝晶生长实验的结果经常与 Ivantso 边缘稳定性/可解性类型的尖锐界面模型进行比较[65-68]。在相场模拟中，Mullis[69]改变了一系列与枝晶生长相关的参数，发现分析性尖锐界面模型的结果存在明显的不一致性。在低过冷极限条件下，Karma[70-71]等人使用热传导和溶质扩散耦合的边界层模型发现，溶质场对边缘稳定性和线性可解性的 σ 效应基本相同。但在更大的过冷条件下，可解性和边缘稳定性之间的对应关系变得不太明确。为了评估 Mullis 的观点是否有效，还需要更多的研究工作。无论如何，一直都很明显，σ 在所有生长条件下都不是恒定的，出路是通过实验对 σ 进行校准，就像 Oguchi 和

Suzuki 针对 Fe-C[72] 和 Al-Cu[73] 所做的那样。21 世纪初，一些研究人员关注的问题是流体流动对枝晶尖端稳定性的影响。特别是在 2000 年之前就开始的关于在超冷熔体中的枝晶生长中存在流体流动的相场模型[74]，成为过去几十年来的一个特别感兴趣的课题。基于 Beckermann 等人[75] 工作的二维相场模型，Tong 等人[76] 研究了流体流动对超冷熔体中自由枝晶生长的影响。他们还将结果与 Bouissou 和 Pelce 基于 Oseen-Ivantsov 解的小雷诺数下强制流动的稳态生长解[77] 进行比较，研究发现，在上游生长的枝晶尖端显示了尖端选择参数的变化及靠近尖端的枝晶形态的扭曲，侧枝的幅度和频率增加。Jeong 等人[78] 使用了自适应有限元网格的相场模型，讨论了二维和三维逼近之间的流动定性差异，并发现其结果与二维可解性理论相一致。他们进一步发展了这个模型[79]，并研究了在流体流动存在的情况下，在超冷熔体中生长丁腈和季戊酸枝晶。其目标是澄清不同作者关于流动对稳定参数 σ 影响的矛盾结果。在流体流动存在的情况下，孤立的枝晶尖端生长更快，半径更小，σ^* 在流速较低时只有微弱下降。与分析理论和实验结果的比较揭示了这些差异，这些差异被归因于尖端后面的枝晶结构元素的影响。基于 Ni-Cu 合金的相场模型，Lan 和 Shih[80] 显示流动增加了侧枝生长。Guo 等人[81] 开发了一个用于模拟耦合热-溶质-对流情况的多重网格方法，用于模拟板状枝晶的形态，这导致了不自然的流动模式。采用前沿跟踪方法[82] 及 CAFV 方法[83]，分析了二维和三维中流动对等轴和柱状生长的影响。对于这两种情况，围绕枝晶的流动定性不同，二维建模的结果可能会误导。

计算硬件和编程技术的发展，例如自适应重网格化[84] 和大规模并行化[85]，最近使大规模枝晶阵列及其稳定范围的相场计算成为可能。Wang 等人[86] 使用 Karma 等人[87] 的模型，对 2D 条件下的阵列稳定性进行了研究，发现稳定状态下的间距接近下限。通过 2D 相场模拟系统地研究了镍基高温合金（CMSX-4 及等效合金）定向凝固中的主枝晶间距[88]。对不同速度、温度梯度和晶粒取向的枝晶间距分布进行了展示。

在对多个相互作用的枝晶进行相场模拟以模拟扩散性柱状生长时，Takaki 等人[89] 观察到六边形阵列占主导地位，$\dfrac{\lambda_1(\min)}{\lambda_1(\max)}$ 的分布为（1∶1.6）~（1∶2），并且在最小间距上方约 20%处具有最大频率。平均间距大致遵循模型，再次表明，在没有流动的情况下，枝晶的尖端半径和热长度的几何平均是尺度的合理近似。显然，流体流动会改变这种关系，因为它干扰了热长度等因素。

Montiel 等人[90] 应用了 2D 相场模型，研究了 Mg-Al 合金晚期凝固过程中等温枝晶间液滴分布随冷却速率变化的演化，观察了主要相次级分支之间的小通道及晶粒之间的大通道。在凝固的后期阶段，液滴通道的结构基本上形成了共晶和金属间化合物相的图案模板。Boussinot 和 Apel[91] 研究了温度梯度区熔化对定向凝固的最后枝晶间液滴演化的影响。Tourret 和 Karma[92] 也进行了对定向凝固中丙二腈-丙酮合金柱状枝晶晶核竞争的系统 2D 相场研究，展示了晶粒的取向对晶粒间主要间距和晶界取向的影响。同样地，发现了失去取向的晶粒并不仅仅与尖端温度差有关，而在某些情况下，不利取向的晶粒可能会持续存在。Tourret 和 Karma 的计算实验的另一个结果是尖端区域微观热涨落的强度。2D 模拟的结果并不完全代表现实，因为 3D 枝晶的分枝行为不同。Eiken 在 2010 年发表了第一个多枝晶生长的 3D 相场模拟，2013 年，Takaki 等人借助 2.4 PFLOPS 超级计算机也进行了相类似的研究。后者发现，不寻常的生长，即取向偏离〈001〉的枝晶晶核会在相当长的距离上存活，有时会超过取向良好的晶粒。Tourret 等人[93]使用相场模拟研究了在具有单行枝晶的小样品厚度中，2D 和 3D 之间柱状晶粒之间的竞争。这允许在晶粒之间的生长轴周围改变晶粒取向，并对晶粒竞争的影响进行了研究。Guo 等人[94]提出了一个关于 3D 相场的研究，探讨了由于分支行为而出现的分歧晶界中柱状晶粒之间的竞争，这些晶界具有不同的晶核学取向。

4.3　凝固过程的相场模拟基本原理

考虑由 A 和 B 两种原子组成的二元合金，这样一个开放系统的不可逆过程中，整个区域划分为 i 个体积微元，每一个微元要么包含一个 A 原子，要么包含一个 B 原子。整个系统微元总数等于原子总数 N（前提条件是不可压缩流体）。对于每一个微元 $i(1 < i < N)$，都要定义一个状态变量 n_i，其中：体积微元中为 A 原子时，$n_i = 0$；体积微元中为 B 原子时，$n_i = 1$。换句话来说，变量 n_i 定义了每一个微元中 B 原子的局部浓度。那么整个系统的状态有 2^N 种可能，其中每一种状态用 $\{n_i\}$ 来表示。假设每一个原子相邻的原子数为 ν 个，则整个二元系统的作用能（内能）为：

$$E[\{n_i\}] = -\sum_{i=1}^{N}\sum_{j=1}^{\nu}\{\varepsilon_{AA}(1-n_i)(1-n_j) + \varepsilon_{AB}(1-n_i)n_j + \varepsilon_{AB}(1-n_j)n_i + \varepsilon_{BB}n_in_j\}$$

通过深入考虑可以知道，上述所说明的整个系统的作用能中，共有 $\frac{N\nu}{2}$ 对能和邻居组成粒子对，产生粒子间作用能。将 $n_in_j = n_i - n_i(1-n_j)$ 代入上式可得：

$$E[\{n_i\}] = \varepsilon\sum_{i=1}^{N}\sum_{j=1}^{\nu}n_i(1-n_j) + b\sum_{i=1}^{N}n_i - \frac{N\nu\varepsilon_{AA}}{2} \tag{4-2}$$

式中，$\varepsilon = \varepsilon_{AA} - 2\varepsilon_{AB} + \varepsilon_{BB}$，$b = \frac{\nu}{2}(\varepsilon_{AA} - \varepsilon_{BB})$。

上面的热力学系统可以通过巨热力学势的定义来描述：

$$\Omega(\mu, N, T) = F(N, \langle N_B\rangle, T) - \mu\langle N_B\rangle$$

式中，μ 为该系统的化学势；$\langle N_B\rangle = \left\langle\sum_{i=1}^{N}n_i\right\rangle = \langle n_i\rangle$ 为系统中 B 原子的平均浓度。

每个原子所拥有的自由能为：

$$f \equiv \frac{F(\phi, N, T)}{N} = \frac{\Omega(\mu, N, T)}{N} + \mu\phi$$

式中，$\phi = \frac{1}{N}\langle N_B\rangle = \frac{1}{N}\left\langle\sum_{i=1}^{N}n_i\right\rangle = \frac{\langle n_i\rangle}{N}$，为序变量，即为平均到每一个微元上的 B 原子的平均浓度。

根据式（4-2）及上述结果可知：

$$\begin{aligned}\frac{\langle E[\{n_i\}]\rangle}{N} &= \frac{\varepsilon}{N}\sum_{i=1}^{N}\sum_{j=1}^{\nu}\langle n_i\rangle(1-\langle n_j\rangle) + \frac{b}{N}\left\langle\sum_{i=1}^{N}n_i\right\rangle - \frac{\nu\varepsilon_{AA}}{2}\\ &= \frac{\varepsilon\nu}{2}\phi(1-\phi) + b\phi - \frac{\nu\varepsilon_{AA}}{2}\end{aligned} \tag{4-3}$$

在上述的讨论中，将两个原子之间的作用能视为最简单的常数，现在考虑 ε 在 i 和 j 之间依赖于空间发生变化。下面讨论为了简单，假设 $\varepsilon_{AA}=\varepsilon_{BB}$，也就是说 $b=0$。那么平均内能 $U=\langle E[\{n_i\}]\rangle$ 根据式（4-2）可以表达为：

$$U=\frac{\nu}{2}\varepsilon(x_i-x_j)\phi_i(1-\phi_j) \tag{4-4}$$

原式的常数项已经忽略。

为了以后的过程，我们将 $\phi_i(1-\phi_j)=\dfrac{(\phi_i-\phi_j)^2-(\phi_i{}^2+\phi_j{}^2)+2\phi_i}{2}$ 代入式（4-4）可得：

$$U=\frac{\nu}{4}\sum_{i=1}^{N}\sum_{i\neq j}\varepsilon_{ij}(\phi_i-\phi_j)^2-\frac{\nu}{2}\sum_{i=1}^{N}\phi_i(1-\phi_i)(\sum_{i\neq j}\varepsilon_{ij})$$

这里成立的条件是 $\phi_i\approx\phi_j$。

在上述推导的结果下，任意两个相邻的微元 i 与 j 代表着两个相距无限小的物理上的位置，则可以得到：

$$\begin{aligned}\frac{1}{2}\sum_{i\neq j}(\phi_i-\phi_j)^2&=\frac{a^2}{2}\left[\left(\frac{(\phi_i-\phi_R)^2}{a^2}+\frac{(\phi_i-\phi_L)^2}{a^2}\right)+\left(\frac{(\phi_i-\phi_T)^2}{a^2}+\frac{(\phi_i-\phi_B)^2}{a^2}\right)\right]\\&\approx a^2\,|\nabla\phi(\boldsymbol{x}_i)|^2\end{aligned} \tag{4-5}$$

式中，向量 $\boldsymbol{x}_i$ 表示居于中心的微元 i 的位置。

下面进行连续极限变换，所要用到的变换为：$\sum\limits_i\rightarrow\int_V\dfrac{\mathrm{d}^d\boldsymbol{x}}{a^d}$，这里为什么要出现 a^d 呢？原因是还是体现出平均的思想。也就是一维时，要平均到线微元上；二维时，要平均到面微元上；三维时，要平均到体微元上。由上可知，在三维连续极限下可以得到：

$$U=\int_V\left(\frac{1}{2}\,|W_0(\boldsymbol{x})\,\nabla\phi(\boldsymbol{x})|^2+\frac{\nu}{2a^3}\varepsilon(\boldsymbol{x})\phi(\boldsymbol{x})(1-\phi(\boldsymbol{x}))\right)\mathrm{d}^3\boldsymbol{x} \tag{4-6}$$

式中，$W_0(\boldsymbol{x})=\sqrt{\dfrac{\varepsilon(\boldsymbol{x})}{\nu a}}$。

$W_0(\boldsymbol{x})$ 与表面能密切相关，因为它乘以了序参数中的梯度，只有在序参量发生变化的界面上，梯度才会发生显著变化。

下面再来看熵（S）的关系式推导。由统计力学基本内容可知，通过巨热力学配分函数 Ξ，式（4-5）中的自由能 f 可以和巨热力学势 Ω 产生联系。巨热力学配分函数 Ξ 定义如下：

$$\Omega=-k_BT\ln\Xi$$

式中，k_B 为玻耳兹曼常数，且

$$\begin{aligned}\Xi&\approx\prod_{i=1}^{N}\sum_{n_i=0,\,1}\mathrm{e}^{-\beta(E[\{n_i\}]-\mu\langle N_B\rangle)}=C_N^{\langle N_B\rangle}\mathrm{e}^{-\beta(E[\{n_i\}]-\mu\langle N_B\rangle)}\\&=\frac{N!}{\langle N_B\rangle!\ (N-N_B)!}\mathrm{e}^{-\beta(E[\{n_i\}]-\mu\langle N_B\rangle)}\end{aligned}$$

$$\beta=\frac{1}{k_BT},\quad N_B=\sum_{i=1}^{N}n_i \tag{4-7}$$

关系式（4-7）代表了二元合金混合系统中 2^N 种组合的玻耳兹曼因子的构型和，其中约等于是为了利用到平均场理论以此来简化模型，B 粒子的浓度取了平均值。据此，序变量 ϕ 可以通过以下关系式进行计算：$\phi=-\frac{1}{N}\frac{\partial\Omega}{\partial\mu}\bigg|_{N,\mathrm{T}}$。

综上所述，在平均场理论下的巨热力学势为：

$$\Omega=-k_{\mathrm{B}}T\ln\left(\frac{N!}{\langle N_{\mathrm{B}}\rangle!\ (N-N_{\mathrm{B}})!}\right)+\langle E[\{n_i\}]\rangle-\mu\langle N_{\mathrm{B}}\rangle$$

则 f 的值为：

$$f\equiv\frac{F(\phi,\ N,\ T)}{N}=\frac{\Omega(\mu,\ N,\ T)}{N}+\mu\phi$$

$$=-\frac{1}{N}k_{\mathrm{B}}T\ln\left(\frac{N!}{\langle N_{\mathrm{B}}\rangle!\ (N-\langle N_{\mathrm{B}}\rangle)!}\right)+\frac{1}{N}\langle E[\{n_i\}]\rangle-\frac{1}{N}\mu\langle N_{\mathrm{B}}\rangle+\mu\phi$$

$$=-\frac{1}{N}k_{\mathrm{B}}T\{\ln(N!)-[\ln(\langle N_{\mathrm{B}}\rangle!)+\ln(N-\langle N_{\mathrm{B}}\rangle)!]\}+\frac{1}{N}\langle E[\{n_i\}]\rangle$$

$$=-\frac{1}{N}k_{\mathrm{B}}T\left\{\ln\left(\sqrt{2\pi N}\cdot\left(\frac{N}{e}\right)^{N}\right)-\left[\ln\left(\sqrt{2\pi\langle N_{\mathrm{B}}\rangle}\cdot\left(\frac{\langle N_{\mathrm{B}}\rangle}{e}\right)^{\langle N_{\mathrm{B}}\rangle}\right)+\right.\right.$$

$$\left.\left.\ln\left(\sqrt{2\pi(N-\langle N_{\mathrm{B}}\rangle)}\cdot\left(\frac{N-\langle N_{\mathrm{B}}\rangle}{e}\right)^{N-\langle N_{\mathrm{B}}\rangle}\right)\right]\right\}+\frac{1}{N}\langle E[\{n_i\}]\rangle$$

$$=-\frac{1}{N}k_{\mathrm{B}}T\left\{\ln(\sqrt{2\pi N})+N\ln\left(\frac{N}{e}\right)-\left[\ln(\sqrt{2\pi\langle N_{\mathrm{B}}\rangle})+\langle N_{\mathrm{B}}\rangle\ln\left(\frac{\langle N_{\mathrm{B}}\rangle}{e}\right)+\right.\right.$$

$$\left.\left.\ln(\sqrt{2\pi(N-\langle N_{\mathrm{B}}\rangle)})+(N-\langle N_{\mathrm{B}}\rangle)\ln\left(\frac{N-\langle N_{\mathrm{B}}\rangle}{e}\right)\right]\right\}+\frac{1}{N}\langle E[\{n_i\}]\rangle$$

所以最终结果为：

$$f=k_{\mathrm{B}}T[\phi\ln(\phi)+(1-\phi)\ln(1-\phi)]+\frac{\varepsilon\nu}{2}\phi(1-\phi)+b\phi-\frac{\nu\varepsilon_{\mathrm{AA}}}{2}\tag{4-8}$$

根据热力学基本关系 $F=U-TS$ 可知 S：

$$S(\phi,\ T)=\int_V\left[-\frac{1}{2}|W_{\mathrm{S}}\nabla\phi|^2+s(\phi(\boldsymbol{x}),\ T(\boldsymbol{x}))\right]\mathrm{d}^3\boldsymbol{x}\tag{4-9}$$

根据式（4-8）和式（4-9）可知：整个二元合金系统的总自由能为

$$F(\phi,\ T)=\int_V\left[\frac{1}{2}|W_f\nabla\phi|^2+f(\phi(\boldsymbol{x}),\ T(\boldsymbol{x}))\right]\mathrm{d}^3\boldsymbol{x}\tag{4-10}$$

式（4-10）是一个拥有纯相热力学过程和界面能最简单描述（将复杂的界面运动用简单的表达式描述）的二元合金系统自由能的表达式。式（4-10）也被称为 Ginzburg-Landau 自由能或者 Cahn-Hilliard 自由能。式（4-10）是利用相场建模的基础。

统计力学指出，达到热力学平衡的特征是某些热力学势最小化。对于纯态相，这说明

$\frac{\partial G(x_i)}{\partial x_i}=0$ 对于所有在纯态相内的 x_i 均成立（其中，x_i 指的是所有热力学强度变量，$G(x_i)$ 指的是相对势能）。在式（4-10）所描述的系统中，热力学平衡指的是相场变量 $\phi(\boldsymbol{x})$ 在物理上达到一种状态，这种状态就是整个系统的 Ginzburg-Landau 自由能泛函 $F(\phi, T)$ 达到最小。

整个系统的 Ginzburg-Landau 自由能泛函 $F(\phi, T)$ 对于函数 $\phi(\boldsymbol{x})$ 的最小化过程就是变分微分的过程，用数学符号记为：

$$\frac{\delta F(\phi, T)}{\delta\phi(\boldsymbol{x})}=0 \tag{4-11}$$

而整个最小化过程与相场变化率是一致和统一的，即：

$$\frac{\partial\phi(\boldsymbol{x})}{\partial t}=-\frac{\delta F(\phi, T)}{\delta\phi(\boldsymbol{x})}$$

综上所述可知：

$$F(\phi, T)=\int_V L(\phi, \nabla\phi, T)\mathrm{d}V$$

根据变分微分相关数学知识可得：

$$\frac{\delta F(\phi, T)}{\delta\phi}=\frac{\partial L}{\partial\phi}-\nabla\cdot\frac{\partial L}{\partial(\nabla\phi)}$$

前述内容主要说明了序参数在空间上变化的一系列问题，接下来看序参数随着时间变化的一系列问题。在非平衡动力学中，通常使用局部定义的平衡自由能或熵来确定相变的局部驱动力。这些广义力或它们的通量被用来驱动各种量后续运动。相场模型方法能够利用的前提条件是假设经历相变的材料局部微元达到热力学平衡，但是整个系统自发的朝向热力学平衡行进（虽然实际中不可能实现）。也就是说，局部微元热力学平衡，整体系统热力学不平衡。整个过程构成了一种粗粒化的描述，即整个系统空间可以看作体积微元的集合体，而每一个体积微元大到足够用来描述热力学平衡，但是也足够小到解决微观结构中的微尺度变化，也就是"介观"。

如果序变量动力学方程利用的是守恒流方程形式，那么就称该方程为守恒相场模型，这说明了整个系统是恒定的，守恒的；反之即为不守恒相场模型。

考虑一个热力学平衡系统。整个系统中，划分的小微元的熵的变化为：

$$\mathrm{d}S=\frac{1}{T}\mathrm{d}U+\frac{p}{T}\mathrm{d}V-\sum_i\frac{\mu_i}{T}\mathrm{d}N_i$$

式中，T 为温度；V 为体积；N_i 为成分 i 的物质的量。随着经历相变，在这个封闭系统中，根据热力学第二定律可知：$\mathrm{d}S>0$。假设体积维持不变，那么可得：

$$\frac{\mathrm{d}S}{\mathrm{d}U}=\frac{1}{T},\ \frac{\mathrm{d}S}{\mathrm{d}N_i}=-\frac{\mu_i}{T}$$

为了接下来的推导方便，假设 $-\sum_j\psi_j\mathrm{d}\xi_j=\sum_i\mu_i\mathrm{d}N_i-p\mathrm{d}V$，系统微元中熵密度增加速率为 $\dot{\sigma}$，那么整个系统的熵增速率为 $\int_V\dot{\sigma}\mathrm{d}V$，对于一个孤立系统来说，就有 $\frac{\mathrm{d}S}{\mathrm{d}t}=\int_V\dot{\sigma}\mathrm{d}V$。

然而，对于一个更加一般的系统，整个系统的熵的变化不仅仅要看在系统内部生成了多少熵，还要看从系统边界流进流出了多少熵。
根据上面推得的内容可得：

$$ds = \frac{1}{T}du - \sum_j \psi_j d\xi_j \tag{4-12}$$

微元中熵密度的时间导数为：

$$\frac{\partial s}{\partial t} = \frac{1}{T}\frac{\partial u}{\partial t} - \frac{1}{T}\sum_j \psi_j \frac{\partial \xi_j}{\partial t} \tag{4-13}$$

依据流体力学的知识，将物质、能量和熵等同于流体看待，可得：

物质流
$$\frac{\partial c_i}{\partial t} = -\nabla \cdot \boldsymbol{J}_i \tag{4-14}$$

能量流
$$\frac{\partial u}{\partial t} = -\nabla \cdot \boldsymbol{J}_u \tag{4-15}$$

（非守恒）熵流
$$\frac{\partial s}{\partial t} = -\nabla \cdot \boldsymbol{J}_s + \dot{\sigma} \tag{4-16}$$

这里需要解释一下，为什么式（4-16）的非守恒形式是这样的，因为式（4-14）和式（4-15）的推导过程考虑了质量守恒定律，也就是说，在整个控制体中遵循守恒定律：通过边界进来的和通过边界出去的是相同的。但是，如果考虑非守恒量熵 s，还得加上一项 $\dot{\sigma}$，即为在微元内部也在产生熵。

将式（4-14）和式（4-15）代入式（4-13）中可得：

$$\frac{\partial s}{\partial t} = -\frac{1}{T}\nabla \cdot \boldsymbol{J}_u + \frac{1}{T}\sum_j \psi_j \nabla \cdot \boldsymbol{J}_j, \tag{4-17}$$

由标量场 A 与矢量场 $\boldsymbol{B}$ 的微分链式法则可得：$A\nabla \cdot \boldsymbol{B} = -\boldsymbol{B} \cdot \nabla A + \nabla \cdot (A\boldsymbol{B})$

$$\frac{\partial s}{\partial t} = \left(\boldsymbol{J}_u \cdot \nabla\frac{1}{T} - \sum_j \boldsymbol{J}_j \cdot \nabla\frac{\psi_j}{T}\right) - \nabla \cdot \left(\frac{\boldsymbol{J}_u - \sum_j \psi_j \boldsymbol{J}_j}{T}\right) \tag{4-18}$$

将式（4-18）与式（4-16）进行比较可知：

$$\boldsymbol{J}_s = \frac{1}{T}(\boldsymbol{J}_u - \sum_j \psi_j \boldsymbol{J}_j) \tag{4-19}$$

$$\dot{\sigma} = \boldsymbol{J}_u \cdot \nabla\frac{1}{T} - \sum_j \boldsymbol{J}_j \cdot \nabla\frac{\psi_j}{T} \tag{4-20}$$

从式（4-19）可以发现，熵流等于所有势乘以它们分别所对应的共轭流乘积的和。与式（4-12）相对比也可以发现：两式中各个项呈现一一对应的关系。也就是说，式（4-12）中的广延量都能被它所对应的流量所替换。

下面再来看对式（4-20）的处理。假设 V_0 是微元体积参考量（相当于无量纲化），那么有 $v = \frac{V}{V_0}$，$c_i = \frac{N_i}{V_0}$ 为组分 i 的浓度。针对微元应用热力学第一定律可知：

$$du = \frac{dQ}{V_0} + \sum_j \psi_j d\xi_j \tag{4-21}$$

式中，Q 为热转移到微元的总量。

根据熵变的定义式 $ds = \frac{\delta Q}{T}$（也就是说，$\frac{dQ}{V_0} = Tds$）和前面得到的结论可知：

$$\boldsymbol{J}_u = \boldsymbol{J}_Q + \sum_j \psi_j \boldsymbol{J}_j \tag{4-22}$$

将式（4-22）代入式（4-20）可得：

$$\dot{\sigma} = \boldsymbol{J}_Q \cdot \nabla \frac{1}{T} - \sum_j \frac{\boldsymbol{J}_j}{T} \cdot \nabla \psi_j \tag{4-23}$$

式（4-23）左右两边同时乘以 T 可得：

$$T\dot{\sigma} = -\frac{\boldsymbol{J}_Q}{T} \cdot \nabla T - \sum_j \boldsymbol{J}_j \cdot \nabla \psi_j \tag{4-24}$$

从式（4-24）可以看出，右边是流和梯度的点积，是标量积。每一项都有和能量耗散密度同样的单位，$J/m^3 \cdot s$。而这个单位恰好是力与流的乘积的单位。

下面正式推出昂萨格倒易关系：

一切不可逆过程都是在某种广义热力学力推动下产生广义热力学流的结果。正如导热过程是在温差作用下热流的传递，扩散过程是在化学势作用下组分的迁移，化学反应是在反应力（或反应势）作用下反应流的传递，弹性体受力过程是在应力作用下应变的产生，黏性流体流动过程是在速度梯度作用下黏滞力的相互作用等，不可逆过程的熵产率可以用过程中各独立的广义流和广义力的标量积之和来表示。

人们常用“流”和“力”来说明不可逆过程。在扩散过程中的物质流密度，热传导中的热流密度，化学反应中的反应速度等都称为流，用 $\boldsymbol{J}_i(i = 1, 2, \cdots, n)$ 来表示；引起流的相应力为浓度梯度、温度梯度、化学亲合力等，都称为力，用 $X_i(i = 1, 2, \cdots, n)$ 来表示。可以写成如下关系式：

$$\dot{\sigma} = \sum_i X_i \boldsymbol{J}_i (i = 1, 2, \cdots, n)$$

这就是著名的昂萨格倒易关系。这个关系的存在不依赖于具体物质，或具体过程，在线性不可逆过程中具有普遍意义，因而成为线性区非平衡热力学的主要基础之一。

4.4　晶核生长的界面演化数学物理模型

4.4.1　纯熔体中晶核生长的界面演化数学物理模型

为了推导出相场模型偏微分方程，考虑一个体积为 V 的绝热系统，其中纯物质经历由液态到固态的一阶相变。为了简便，假设整个系统密度恒定不变，液相无对流，确定会达到力学平衡。

假设 V 中任意体积微元 v 的内能为：$\varepsilon = \int_v e dv$（其中 e 为内能密度）。通过热力学第一定律可知：内能 ε 的变化率满足

$$\dot{\varepsilon} + \int_A q \cdot n\mathrm{d}A = 0 \tag{4-25}$$

式中，A 为 v 的表面积；n 为 v 的外法向量；q 为内能流量。依据高斯定理

$$\iiint_v \nabla \cdot \boldsymbol{B}\mathrm{d}v = \iint_A \boldsymbol{B} \cdot \boldsymbol{n}\mathrm{d}A$$

可知：

$$\int_v \dot{e}\mathrm{d}v + \int_v \nabla \cdot q\mathrm{d}v = 0 \tag{4-26}$$

因为 v 是任意的，所以就有：

$$\dot{e} + \nabla \cdot q = 0 \tag{4-27}$$

根据以前推导可知，系统熵可以表示为

$$S = \int_v \left[s - \frac{\varpi^2}{2} (\nabla\phi)^2 \right] \mathrm{d}v \tag{4-28}$$

式中，ϖ 为常数。

根据向量公式

$$\nabla \cdot (\dot{\phi}\,\nabla\phi) = \nabla\dot{\phi} \cdot \nabla\phi + \dot{\phi}\,\nabla^2\phi$$

式（4-28）对时间微分可得：

$$\begin{aligned}
\dot{S} &= \int_v \left\{ \left(\frac{\partial s}{\partial e}\right)_\phi \dot{e} + \left(\frac{\partial s}{\partial \phi}\right)_e \dot{\phi} - \varpi^2 \nabla\phi \cdot \nabla\dot{\phi} \right\} \mathrm{d}v \\
&= \int_v \left\{ \left(\frac{\partial s}{\partial e}\right)_\phi \dot{e} + \left(\frac{\partial s}{\partial \phi}\right)_e \dot{\phi} + \varpi^2 [\dot{\phi}\,\nabla^2\phi - \nabla \cdot (\dot{\phi}\,\nabla\phi)] \right\} \mathrm{d}v \\
&= \int_v \left\{ \left(\frac{\partial s}{\partial e}\right)_\phi \dot{e} + \left[\left(\frac{\partial s}{\partial \phi}\right)_e + \varpi^2 \nabla^2\phi \right] \dot{\phi} - \varpi^2 \nabla \cdot (\dot{\phi}\,\nabla\phi) \right\} \mathrm{d}v \\
&= \int_v \left\{ - \left(\frac{\partial s}{\partial e}\right)_\phi \nabla \cdot q + \left[\left(\frac{\partial s}{\partial \phi}\right)_e + \varpi^2 \nabla^2\phi \right] \dot{\phi} - \varpi^2 \nabla \cdot (\dot{\phi}\,\nabla\phi) \right\} \mathrm{d}v \\
&= \int_v \left\{ - \left[\nabla \cdot \left(q \left(\frac{\partial s}{\partial e}\right)_\phi \right) - q \cdot \nabla \left(\frac{\partial s}{\partial e}\right)_\phi \right] + \left[\left(\frac{\partial s}{\partial \phi}\right)_e + \varpi^2 \nabla^2\phi \right] \dot{\phi} - \varpi^2 \nabla \cdot (\dot{\phi}\,\nabla\phi) \right\} \mathrm{d}v \\
&= \int_v \left\{ q \cdot \nabla \left(\frac{\partial s}{\partial e}\right)_\phi + \left[\left(\frac{\partial s}{\partial \phi}\right)_e + \varpi^2 \nabla^2\phi \right] \dot{\phi} \right\} \mathrm{d}v - \int_A \left[\varpi^2 \dot{\phi}\,\nabla\phi + \left(\frac{\partial s}{\partial e}\right)_\phi q \right] \cdot n\mathrm{d}A
\end{aligned} \tag{4-29}$$

根据热力学第二定律（不可逆热力过程中熵随时间永远不会减少），也就是说，式（4-29）中需要减去通过表面的熵流，即：

$$\dot{S} + \int_A \left(\frac{q}{T} \cdot n + \varpi^2 \dot{\phi}\,\nabla\phi \cdot n \right) \mathrm{d}A \geqslant 0 \tag{4-30}$$

式中，$\frac{q}{T}$ 为热流引起的熵流；$\varpi^2 \dot{\phi}\,\nabla\phi$ 为界面相场变化引起的熵流。

利用 $\mathrm{d}e = T\mathrm{d}s + \left(\frac{\partial e}{\partial \phi}\right)_s \mathrm{d}\phi$，将式（4-29）代入式（4-30）可得：

$$\int_v \left\{ q \cdot \nabla \left(\frac{1}{T}\right) + \left[\left(\frac{\partial s}{\partial \phi}\right)_e + \varpi^2 \nabla^2\phi \right] \dot{\phi} \right\} \mathrm{d}v \geqslant 0 \tag{4-31}$$

因为需要满足熵局部增加这一原则，则要求任意体积 v 内熵生成率 $\dot{S}$ 恒为正值，为了保证

这一点，根据昂萨格倒易关系，将 $\nabla\left(\frac{1}{T}\right)$ 看成是热流量 q 的推动力，$\left(\frac{\partial s}{\partial \phi}\right)_e + \nabla^2\phi$ 看成是序变量变化 $\dot{\phi}$ 的推动力，因此可以假设：

$$\begin{aligned} q &= M_T \nabla\left(\frac{1}{T}\right) \\ &= -M_T \cdot \frac{1}{T^2} \cdot \nabla T \\ &= -k\,\nabla T \end{aligned} \tag{4-32}$$

$$\tau\dot{\phi} = \left(\frac{\partial s}{\partial \phi}\right)_e + \varpi^2\,\nabla^2\phi \tag{4-33}$$

式中，M_T 和 τ 均为正数。

根据式（4-27）可得：

$$\dot{e} + \nabla\cdot(-k\,\nabla T) = 0 \tag{4-34}$$

根据 $\mathrm{d}e = T\mathrm{d}s + \left(\frac{\partial e}{\partial \phi}\right)_s \mathrm{d}\phi$ 可得：

$$\tau\dot{\phi} = -\frac{1}{T}\left(\frac{\partial e}{\partial \phi}\right)_s + \varpi^2\,\nabla^2\phi \tag{4-35}$$

根据 $\mathrm{d}e = T\mathrm{d}s + \left(\frac{\partial e}{\partial \phi}\right)_s \mathrm{d}\phi$ 以及 $f = e - Ts$ 可以推得：

$$\left(\frac{\partial e}{\partial \phi}\right)_s = \left(\frac{\partial f}{\partial \phi}\right)_T \tag{4-36}$$

$$\left(\frac{\partial\left[\frac{f}{T}\right]}{\partial T}\right)_\phi = -\frac{e}{T^2} \tag{4-37}$$

式（4-37）详细推导过程：

$$f = e - Ts\,,\ \frac{f}{T} = \frac{e}{T} - s$$

$$\begin{aligned} \frac{\partial\left(\frac{f}{T}\right)}{\partial T} &= \frac{1}{T}\frac{\mathrm{d}e}{\mathrm{d}T} - \frac{1}{T^2}e - \frac{\mathrm{d}s}{\mathrm{d}T} = \frac{1}{T}\frac{T\mathrm{d}s + \left(\frac{\partial e}{\partial \phi}\right)_s \mathrm{d}\phi}{\mathrm{d}T} - \frac{1}{T^2}e - \frac{\mathrm{d}s}{\mathrm{d}T} = \frac{\mathrm{d}s}{\mathrm{d}T} + \frac{1}{T}\left(\frac{\partial e}{\partial \phi}\right)_s \frac{\mathrm{d}\phi}{\mathrm{d}T} - \frac{1}{T^2}e - \frac{\mathrm{d}s}{\mathrm{d}T} \\ &= \frac{1}{T}\left(\frac{\partial e}{\partial \phi}\right)_s \frac{\mathrm{d}\phi}{\mathrm{d}T} - \frac{1}{T^2}e \end{aligned}$$

则：

$$\left[\frac{\partial\left(\frac{f}{T}\right)}{\partial T}\right]_\phi = -\frac{1}{T^2}e$$

式（4-37）对 T 积分（将 ϕ 看成常数）可得：

$$f(T,\ \phi) = T\left[-\int_{T_\mathrm{M}}^{T} \frac{e(\zeta,\ \phi)}{\zeta^2}\mathrm{d}\zeta + G(\phi)\right] \tag{4-38}$$

式中，$G(\phi)$ 为关于 ϕ 的函数。为了进一步推导，假设内能密度为如下形式：

$$e = e_S(T) + p(\phi)L(T) = e_L(T) + (p(\phi) - 1)L(T) \tag{4-39}$$

式中，$e_S(T)$ 和 $e_L(T)$ 分别为固相和液相的内能密度，$L(T) = e_L(T) - e_S(T)$，$p(\phi)$ 满足 $p(0) = 0$，$p(1) = 1$。式（4-39）代入式（4-38）可得：

$$f(T,\ \phi) = T\left[-\int_{T_M}^{T} \frac{e_L(\zeta)}{\zeta^2}d\zeta - [p(\phi) - 1]Q(T) + G(\phi)\right] \tag{4-40}$$

$$Q(T) = \int_{T_M}^{T} \frac{L(\zeta)}{\zeta^2}d\zeta \tag{4-41}$$

由式（4-36）和式（4-40）可得：

$$\left(\frac{\partial e}{\partial \phi}\right)_s = -TQ(T)p'(\phi) + TG'(\phi) \tag{4-42}$$

因此温度场和相场控制方程式（4-34）和式（4-35）变为：

$$\dot{e}_L(T) + \dot{p}(\phi)L(T) + [p(\phi) - 1]\dot{L}(T) = \nabla\cdot(k\nabla T) \tag{4-43}$$

$$\tau\dot{\phi} = Q(T)p'(\phi) - G'(\phi) + \varpi^2\nabla^2\phi \tag{4-44}$$

鉴于相场的性质，自由能 f 满足以下条件：

$$\left.\begin{aligned} f(T_M,\ 0) &= f(T_M,\ 1) \\ \left.\frac{\partial f}{\partial \phi}\right|_{\phi=0,\ 1} &= 0 \\ \left.\frac{\partial^2 f}{\partial \phi^2}\right|_{\phi=0,\ 1} &> 0 \end{aligned}\right\} \tag{4-45}$$

由此可得：

$$\begin{aligned} &G(0) = G(1) \\ &[G'(\phi) - p'(\phi)Q(T)]|_{\phi=0,1} = 0 \\ &[G''(\phi) - p''(\phi)Q(T)]|_{\phi=0,1} > 0 \end{aligned} \tag{4-46}$$

由此，假设 $G(\phi) = \frac{1}{4a}\phi^2(1-\phi)^2$，可知：$f(T_M,\ 0) = f(T_M,\ 1) = 0$。

假设 $e_L(T) = e_L(T_M) + c(T - T_M)$，代入方程（4-19）和式（4-20）可得：

$$\{c + [p(\phi) - 1]L'(T)\}\frac{\partial T}{\partial t} + L(T)p'(\phi)\frac{\partial \phi}{\partial t} = \nabla\cdot(k\nabla T) \tag{4-47}$$

$$\tau\dot{\phi} = Q(T)p'(\phi) - \frac{1}{4a}\phi^2(1-\phi)^2 + \varpi^2\nabla^2\phi \tag{4-48}$$

接下来，考虑平衡条件（$T = T_M$）下，一维相场方程：

$$\varpi^2\frac{d^2\phi}{dx^2} - \frac{1}{4a}(2\phi - 6\phi^2 + 4\phi^3) = 0 \tag{4-49}$$

边界条件为：当 $x \to -\infty$ 时，$\phi \to 0$；当 $x \to \infty$ 时，$\phi \to 1$，解为：

$$\phi(x) = \frac{1}{2}\left[\tanh\left(\frac{x}{2\sqrt{2a}\ \varpi}\right) + 1\right] \tag{4-50}$$

由此可以了解到，界面的特征厚度为：

$$\delta = \sqrt{a}\varpi \tag{4-51}$$

根据式（4-25）和式（4-28），可以给出在温度 $T = T_M$ 下的亥姆霍兹自由能泛函：

$$F = \varepsilon - T_M S = \int_v \left[f(T_M,\ \phi) + \frac{\varpi^2 T_M}{2} (\nabla\phi)^2 \right] dv \tag{4-52}$$

因为在纯相中，$f(T_M,\ \phi) = 0$，所以对应的界面能为：

$$\sigma = \int_{-\infty}^{+\infty} \varpi^2 T_M \left(\frac{d\phi}{dx}\right)^2 dx$$

经过计算可得：
$$\sigma = \frac{\sqrt{2}\delta T_M}{12a}$$

其中 σ 与材料参数及界面厚度 δ 有关。

下面对模型进行无量纲化，引入长度尺度 ω，热扩散时间尺度 $\frac{\omega^2}{\kappa}$，即有：

$$\bar{x} = \frac{x}{\omega},\quad \bar{t} = \frac{t\kappa}{\omega^2},\quad u = \frac{T - T_M}{T_M - T_0}$$

相场控制方程变为：

$$\left\{1 + [p(\phi) - 1] \frac{\bar{L}'(u)}{S}\right\} \frac{\partial u}{\partial \bar{t}} + \frac{\bar{L}(u)}{S} p'(\phi) \frac{\partial \phi}{\partial \bar{t}} = \bar{\nabla}^2 u \tag{4-53}$$

$$\frac{\bar{\varpi}^2}{m} \frac{\partial\phi}{\partial\bar{t}} = \bar{\varpi}^2 \bar{\nabla}^2\phi + \bar{\varpi}\alpha SS\bar{Q}(u)p'(\phi) - \frac{g'(\phi)}{4} \tag{4-54}$$

$$\bar{L}(u) = \frac{L}{L_0},\quad \bar{Q}(u) = \int_0^u \frac{\bar{L}(\zeta)}{\left[1 + \left(\frac{T_M - T_0}{T_M}\right)\zeta\right]^2} d\zeta$$

$$\alpha = \frac{\sqrt{2}\omega L_0^2}{12c\sigma T_M},\quad SS = \frac{c(T_M - T_0)}{L_0},\quad \bar{\varpi} = \frac{\delta}{\omega},\quad m = \frac{6\sqrt{2}\delta\sigma}{\tau\kappa T_M},\quad \sigma = \frac{\sqrt{2}\delta T_M}{12a}$$

第一类模型：

令 $p(\phi) = \phi^3(10 - 15\phi + 6\phi^2)$，$L(T) = L_0$，$T_M - T_0 \ll T_M$，因此模型变为：

$$\frac{\partial u}{\partial t} + \frac{30g(\phi)}{S} \frac{\partial\phi}{\partial t} = \nabla^2 u \tag{4-55}$$

$$\frac{\varepsilon^2}{m} \frac{\partial\phi}{\partial t} = \varpi^2 \nabla^2\phi + 30g(\phi)\ \varpi\alpha SSu - \frac{1}{4}g'(\phi) \tag{4-56}$$

第二类模型：

令 $p(\phi) = \phi^2(3 - 2\phi)$，该式满足 $p(0) = 0$，$p(1) = 1$，$p'(0) = p'(1) = 0$，关于二阶导数方面，$G''(0) - p''(0)Q(T) = \frac{1}{2a} - 6Q(T) > 0$，$G''(1) - p''(1)Q(T) = \frac{1}{2a} + 6Q(T) > 0$，也就是说，满足 $|12aQ(T)| < 1$。

$$\frac{\partial u}{\partial t} - \frac{1}{SS}[1 - \phi^2(3 - 2\phi)] \frac{\partial L(u)}{\partial t} + \frac{6L(u)}{SS}\phi(1 - \phi) \frac{\partial\phi}{\partial t} = \nabla^2 u \tag{4-57}$$

$$\frac{\varpi^2}{m}\frac{\partial\phi}{\partial t}=\varpi^2\nabla^2\phi+\phi(1-\phi)\left(\phi-\frac{1}{2}+6\,\varpi\alpha SSQ(u)\right)\tag{4-58}$$

在晶核生长过程中，界面的各向异性在控制晶核生长过程中起着重要作用。生长稳定性和选择晶核形态。为了描述这一点，系数 $\varepsilon(\theta)$ 表示允许出现在式（4-34）中的取决于恒定相位轮廓的方向 θ ；也就是说，原始的各向异性函数 $\varepsilon(\theta)$ 可以用一个简单的函数描述为

$$\varepsilon(\theta)=\beta\eta(\theta)=\beta[1+\alpha\cos(j\theta)]\tag{4-59}$$

式中，β 为界面梯度的系数；α 为各向异性的强度；j 为定模数；$\theta=\arctan\left(\frac{\phi_y}{\phi_x}\right)$，为这些曲线的法线与 x 轴交线的角度，其中 $\phi_x=\frac{\partial\phi}{\partial x}$，$\phi_y=\frac{\partial\phi}{\partial y}$。

由上可知，可获得各向异性形式下的相场方程：

$$\frac{\mu^2}{m}\frac{\partial\phi}{\partial t}=\phi(1-\phi)\left[\phi-\frac{1}{2}+30\mu\Gamma\Omega T\phi(1-\phi)\right]+\mu^2\nabla\cdot(\eta^2(\theta)\nabla\phi)-\mu^2\frac{\partial}{\partial x}\left[\eta(\theta)\eta'(\theta)\frac{\partial\phi}{\partial y}\right]+\mu^2\frac{\partial}{\partial y}\left[\eta(\theta)\eta'(\theta)\frac{\partial\phi}{\partial x}\right]\tag{4-60}$$

上面的纯物质模型仅仅考虑了纯相和梯度能的温度效应，下面考虑更为一般的模型，即考虑温度效应和化学势效应。在合金中，出现了两类边界效应，一类是过冷度引起的相场边界变化，另一类是组元成分转移所引起的边界变化。那整个系统的自由能泛函就表示成：

$$F=\int_V\left[\frac{1}{2}(\varepsilon_c\nabla c)^2+\frac{1}{2}(\varepsilon_\phi\nabla\phi)^2+f(\phi,\ c,\ T)\right]\mathrm{d}V$$

由前面的内容可以知道，$\frac{\partial c_i}{\partial t}=-\nabla\cdot\boldsymbol{J}_i$，根据文献介绍，局部化学势表示如下：

$$J_i=-M_i\nabla\cdot\mu_i$$

由此可得：

$$\frac{\partial\phi}{\partial t}=\nabla\cdot\left(M_i\nabla\frac{\delta F}{\delta\phi}\right)$$

由第二类模型可知：

$$\frac{\partial u}{\partial t}+\frac{6L(u)}{\Delta}p'(\phi)\frac{\partial\phi}{\partial t}=\nabla^2u$$

$$\frac{\varpi^2}{m}\frac{\partial\phi}{\partial t}=\varpi^2\nabla^2\phi+\phi(1-\phi)\left(\phi-\frac{1}{2}+30\,\varpi\alpha\Delta u\phi(1-\phi)\right)$$

4.4.2 合金熔体中晶核生长的界面演化数学物理模型

考虑一个二元合金凝固相场模型。自由能表达式为：

$$F=\int\left\{cf_2+(1-c)f_1+\frac{RT}{v_\mathrm{m}}[c\ln c+(1-c)\ln(1-c)]+\frac{1}{2}\varepsilon^2|\nabla\phi|^2\right\}\mathrm{d}V$$

式中，c 为溶质原子的摩尔分数；R 为气体常数；v_m 为摩尔体积；V 为模拟结果所在的空间；T 为温度。

f_1 和 f_2 分别是溶质溶剂的自由能密度关系式，如图 4-1 所示。由图 4-1 可以看出，在 $\phi=0$ 和 $\phi=1$ 处，他们都达到了局部最小值；在 $\phi\in(0,1)$ 处达到了局部最大值。正因为如此，这个系统在 $\phi=0$ 和 $\phi=1$ 处达到稳定状态，而随相的变化而来的是需要克服势垒。f_1 和 f_2 为如下形式：

$$f_1(\phi)=W_A\int_0^{\phi}p(p-1)\left(p-\frac{1}{2}-\beta_A(T)\right)dp$$

$$f_2(\phi)=W_B\int_0^{\phi}p(p-1)\left(p-\frac{1}{2}-\beta_B(T)\right)dp$$

式中，W_A 和 W_B 都是常数，并且 $-\frac{1}{2}<\beta_A(T)<0<\beta_B(T)<\frac{1}{2}$。

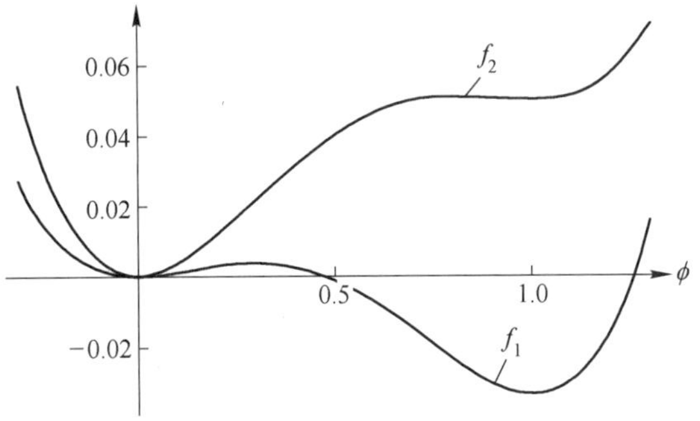

图 4-1　局部自由能示意图

根据金斯伯格-朗道理论，相变量的时间动力学演化模型和浓度场动力学演化方程为：

$$-M_A\frac{\partial\phi}{\partial t}=\frac{\delta F}{\delta\phi}$$

$$\frac{\partial c}{\partial t}=M_B\nabla\cdot\left[c(1-c)\nabla\frac{\delta F}{\delta c}\right]$$

式中，M_A 和 M_B 为和合金性质相关的正常数。

基于以上的模型，将已知的参数代入进去可得：

$$\frac{\partial\phi}{\partial t}=\frac{1}{M_A}\left[\varepsilon^2\nabla^2\phi-c\frac{\partial f_1}{\partial t}-(1-c)\frac{\partial f_2}{\partial t}\right]$$

$$\frac{\partial c}{\partial t}=M_B\nabla\cdot\left\{c(1-c)\nabla\left[f_2-f_1+\frac{RT}{v_m}(\ln c-\ln(1-c))\right]\right\}$$

在晶核生长过程中，界面的各向异性在控制晶核生长过程中起着重要作用。生长稳定性和选择晶核形态。为了描述这一点，系数 $\varepsilon(\theta)$ 表示允许出现的取决于恒定相位轮廓的方向 θ；也就是说，原始的各向异性函数 $\varepsilon(\theta)$ 可以用一个简单的函数描述为

$$\varepsilon(\theta)=\beta\eta(\theta)=\beta[1+\alpha\cos(j\theta)]$$

式中，β 为界面梯度的系数；α 为各向异性的强度；j 为定模数；$\theta=\arctan\left(\frac{\phi_y}{\phi_x}\right)$，为这些曲线的法线与 x 轴交线的角度，其中 $\phi_x=\frac{\partial\phi}{\partial x}$，$\phi_y=\frac{\partial\phi}{\partial y}$。

为了方便数值模拟，在模拟中需要用到模型的无量纲形式。引入无量纲变换：

$$\tilde{x} = \frac{x}{d},\quad \tilde{y} = \frac{y}{d},\quad \tilde{t} = \frac{t}{D/d^2},\quad \tilde{f}_1 = \frac{f_1}{RT/v_m},\quad \tilde{f}_2 = \frac{f_2}{RT/v_m}$$

式中，d 为长度量纲；D/d^2 为时间量纲；$D = \dfrac{M_B RT}{v_m}$ 为溶质的扩散率。

因此，无量纲模型如下：

$$\frac{\partial\phi}{\partial\tilde{t}} = \frac{1}{\tilde{M}_A}\left[\tilde{\varepsilon}^2\nabla^2\phi - c\frac{\partial\tilde{f}_1}{\partial\phi} - (1-c)\frac{\partial\tilde{f}_2}{\partial\phi}\right]$$

$$\frac{\partial c}{\partial\tilde{t}} = \nabla\cdot[c(1-c)\nabla(\tilde{f}_2 - \tilde{f}_1)] + \nabla^2 c$$

式中，$\tilde{M}_A = \dfrac{M_A d^2 RT}{Dv_m}$，$\tilde{\varepsilon} = \sqrt{\dfrac{\varepsilon^2 v_m}{d^2 RT}}$。

对于合金系统，演化过程是利用上述参数和相场模型进行的，选择一个可以用实际细胞结构的特征来定量描述的几何单位。对于下面介绍的所有研究，建模域设置为 2 × 2，其中固体核从中心生长。在二元合金熔体中，结晶的数值模拟从平衡的两相固液模拟单元开始，每个体相在其平衡相边界处制备，由扩散界面分隔。在相场模拟过程中，界面移动且成分分布发生变化。

4.5　晶核生长的界面演化相场模拟结果

4.5.1　纯熔体中晶核生长的界面演化相场模拟结果

本节将利用相场方程和温度场方程来研究晶核生长初期粒子界面的动态过程。表 4-1 中指定了模拟中使用的金属镍的形态学参数。方程是在 xy 平面上实现的，基于一个中心空间离散的有限差分法和时间的显式前向差分离散化。外边界设置 Neumann 边界条件，即要求与系统边界相邻但在系统边界之外的所有值都等于所有值靠近边界并在边界内。

表 4-1　金属镍的相关参数

符　　号	物理意义	数　　值
T_M/K	熔点	1728
L_0/J · m^{-3}	潜热	2.66×10^9
c_p/J · (kg · K)$^{-1}$	比热容	6.7×10^6
κ/m^2 · s^{-1}	热扩散率	1.38×10^{-9}

本节将对初始阶段粒子界面生长过程的总体特征进行更深入的分析。这一阶段关注晶核的各向异性生长特征，通过引入参数化的各向异性强度来考虑这一现象。数值模拟从热力学平衡的两相固液状态开始，每个相在给定的平衡相边界处预先设定，并由扩散界面隔开，以模拟过冷熔体中的结晶过程。在这种情况下，初始晶核的轮廓呈现出二维圆形。由

图 4-2 和图 4-3 可知，在晶核生长的初始阶段，界面的形态表现出明显的复杂性。这一复杂性是由各向异性和过冷度效应的相互影响所导致的。具体而言，晶核界面的某些部分在这一阶段向外生长，而其他部分则向内生长。这种向内生长延伸一定距离，形成了醒目的“耳朵状”结构，直到该部分的界面生长速度减为零。值得指出的是，图 4-2 和图 4-3 中所呈现的界面变形可被解释为熔融态与结晶态之间的部分轨迹可逆结构变形。这意味着在晶核生长的初始阶段，界面上的某些部分表现出可逆的生长行为，它们在粒子演化中起到主要作用。本书的数值模拟结果与分析一致，进一步支持了这一观点。总之，这些结果从学术的角度强调了晶核生长初期界面的动力学复杂性，以及各向异性和过冷度效应在该过程中的重要作用。这些发现有助于更深入地理解晶体生长的起始阶段，为进一步研究和应用提供了有益的见解。

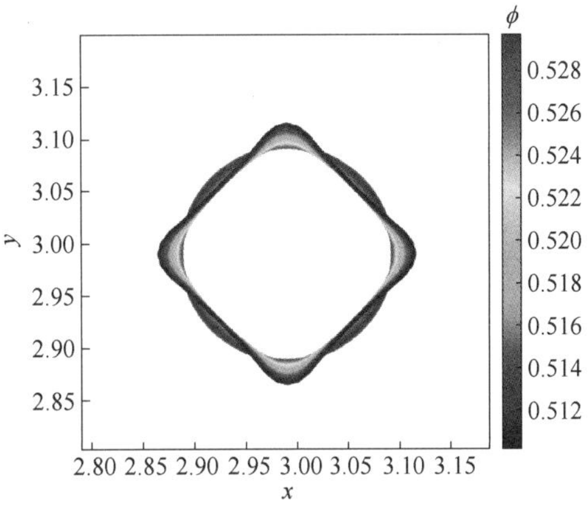

图 4-2 $t \in [0,0.015]$ 时，晶核在各向异性和过冷效应影响下的横截面曲线

彩图

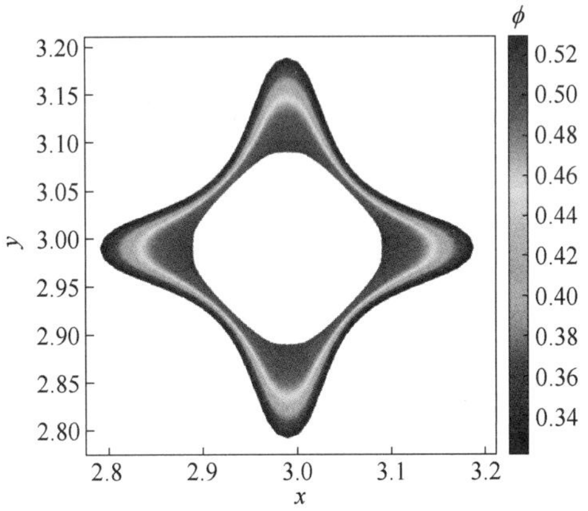

图 4-3 $t \in [0,0.029]$ 时，晶核在各向异性和过冷效应影响下的横截面曲线

彩图

在晶核生长研究中，精确地考察了模拟细节，以更深入地理解该复杂过程。图 4-4 和图 4-5 所示为这一探索的视觉表达，揭示了随着时间的推移晶核生长动力学的变化。这些图形以生动的方式展示了在不同时间点下晶核的形态演变。图 4-4 显示了在晶核生长的早期阶段，粒子界面的演化受到晶体生长方向、晶体过冷度等因素的显著影响。从图 4-4 可

以观察到一个明显的趋势：随着时间的推移，晶核界面的两侧呈现出逐渐扩张的趋势，而中央部分则呈现出逐渐向内缩小的趋势。这一观察结果暗示了晶核生长的非均匀性，其中一些区域似乎首先脱离临界核并向内生长，而在某一时间点，界面的生长速度达到零，这标志着界面向内生长已经达到一定距离。这一描述从学术角度突出了晶核生长的动态性质，强调了在不同时刻下晶核界面的复杂演变，以及其与各向异性和过冷度等因素之间的关联。这种细致的观察对于理解和掌握晶核生长过程的机制非常关键，因为它可以为材料科学和相关领域的研究提供深刻的洞见。

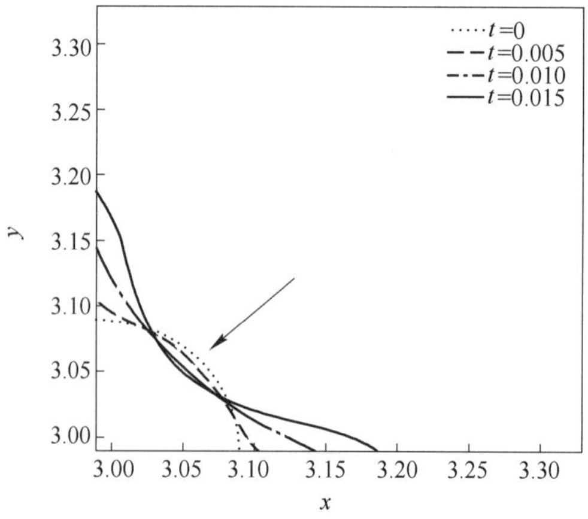

图 4-4　晶核生长初期不同时刻的界面形态变化

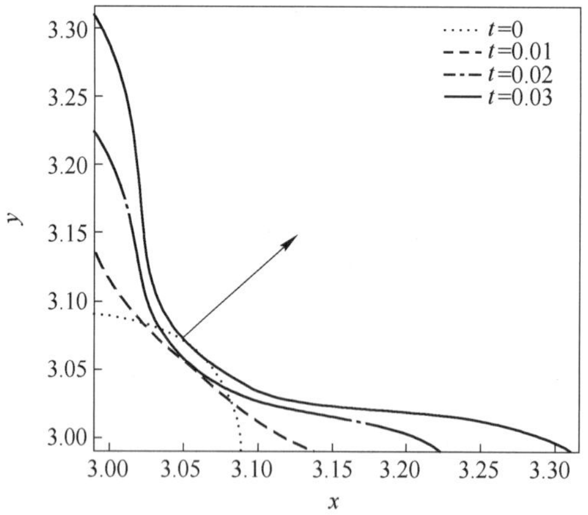

图 4-5　晶核生长初期不同时刻的界面形态变化

在图 4-5 中，描绘了这些向内的部分开始与其他部分一起向外生长，并且粒子逐渐生长而没有任何进一步的突变。上述结果表明，在晶核生长的初始阶段，晶核界面是通过晶核界面在熔融态和结晶态之间可逆变形的机制进行的。

综上所述，晶核生长初期晶核界面的生长过程受过冷度和各向异性强度的影响。为了研究过冷度和各向异性强度的影响，修改了两个参数来控制动力学因素并影响晶核生长初始阶段晶核界面的生长过程。这里给出了一系列的仿真结果。

图 4-6 中描述了沿晶体学取向［110］的模拟细节。该图展示了对应于不同时间的动力

学轨迹，展示了晶体生长初始阶段的局部可逆生长特性。从 $t=0$ 到 $t=0.025$，可以观察到在晶核的球形界面上，沿着晶体学取向［110］的部分首先从内部向内部生长，直到某一极限时间，内部生长达到一定距离后，这些部分开始向外生长。然后，颗粒逐渐生长，没有进一步的突然变化。

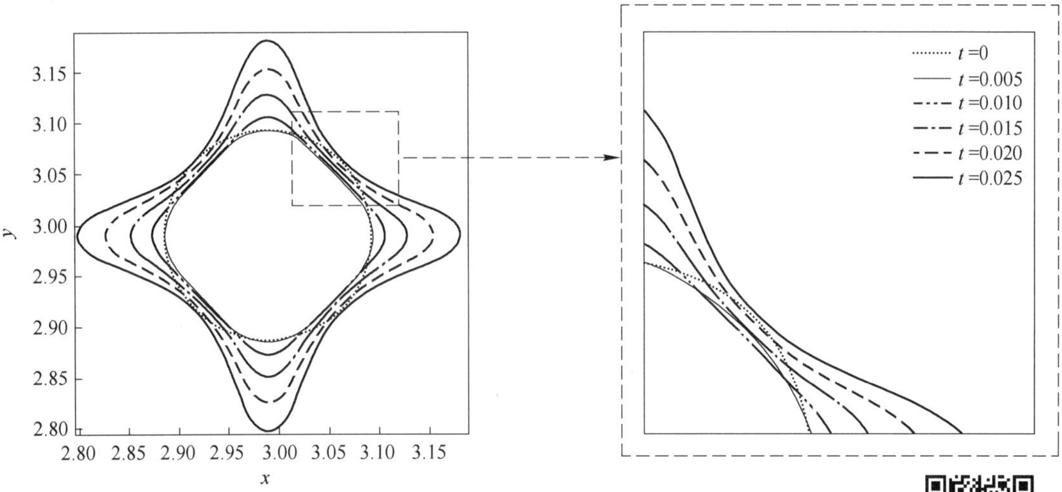

图 4-6　晶核生长初期不同时刻的界面形态细节变化

彩图

在局部可逆生长过程中，不同时间点晶体颗粒界面各个晶体学方向上的温度与颗粒半径大小的依赖关系如图 4-7 所示。图中展现了一个明显的趋势：随着颗粒半径的增加，颗粒界面上的温度逐渐降低。当 $R=0.1$ 时，$t=0.012$ 时的温度低于 $t=0.026$。当 $R>0.1$ 时，不同晶体学方向上颗粒界面上的温度在 $t=0.026$ 时随着半径增加呈现一致的下降趋势。相反，在 $t=0.012$ 时，这些方向上的温度在 $0.2<R<0.6$ 范围内显示出短暂的增加。可以看出，与其他情况相比，$R=0.1$ 和 $R=0.2$ 之间不同时间点的温度差异最大。这意味着在局部可逆生长过程中，颗粒半径大小对不同时间点不同晶体学方向上颗粒界面上的温度产生影响。具体而言，在 $R<0.6$ 时，不同时间点不同

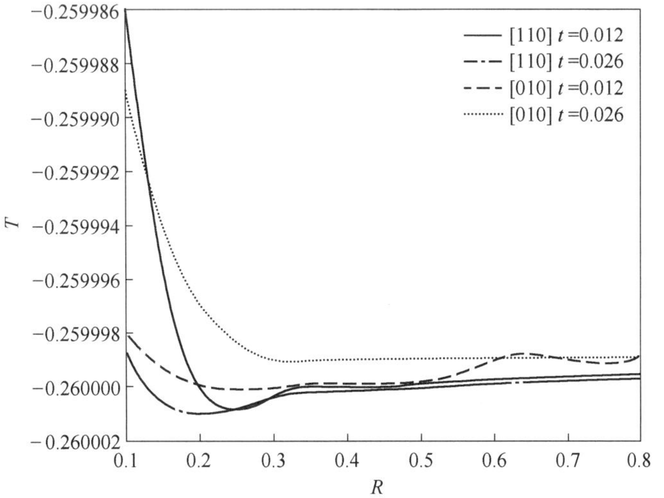

图 4-7　晶核生长初期不同时刻的界面温度随晶核半径变化关系图

晶体学方向上颗粒界面上的温度具有复杂的变化。然而，在 $R > 0.6$ 时，温度波动趋于稳定。

为了了解生长晶核的动态行为，不同过冷度 $\Omega = 0.1$、$\Omega = 0.5$ 和 $\Omega = 0.88$ 所获得的模拟图分别同时显示在图 4-8 中。图 4-8（a）和（b）给出了在过冷度 $\Omega = 0.1$ 下在时间 $t = 0$、$t = 0.005$、$t = 0.01$ 和 $t = 0.015$ 时向内增长和在时间 $t = 0$、$t = 0.01$、$t = 0.02$ 和 $t = 0.03$ 时向外增长的晶核演化图。图 4-8（c）和（d）给出了在过冷度 $\Omega = 0.5$ 下在时间 $t = 0$、$t = 0.005$、$t = 0.01$ 和 $t = 0.015$ 时向内增长和在时间 $t = 0$、$t = 0.01$、$t = 0.02$ 和 $t = 0.03$ 时向外增长的晶核演化图。图 4-8（e）和（f）给出了在过冷度 $\Omega = 0.88$ 下在时间 $t = 0$、$t = 0.005$、$t = 0.01$ 和 $t = 0.015$ 时向内增长和在时间 $t = 0$、$t = 0.01$、$t = 0.02$ 和 $t = 0.03$ 时向外增长的晶核演化图。在早期阶段，由于过冷度的降低，晶核周围的液体温度会升高，这将导致界面熔化并向内生长。可以观察到，早期过冷量大到足以影响晶核界面的生长。而从图 4-8（a）、（c）和（e）中可以看出，随着过冷度的增加，向内生长的幅度也越来越小，导致晶核变形生长消失。另外，从图 4-8（b）、（d）和（f）可以发现，随着过冷度的增加，界面的先前向内生长的部分变得越来越不明显。不同条件下的结果遵循相似的趋势，并且差别比较小。不管条件不同，在所有情况下都证实了在晶核生长的初始阶段存在粒子界面的局部可逆生长。因此可以得出结论，过冷程度的增加显著抑制了晶核生长初期晶核界面的变形。

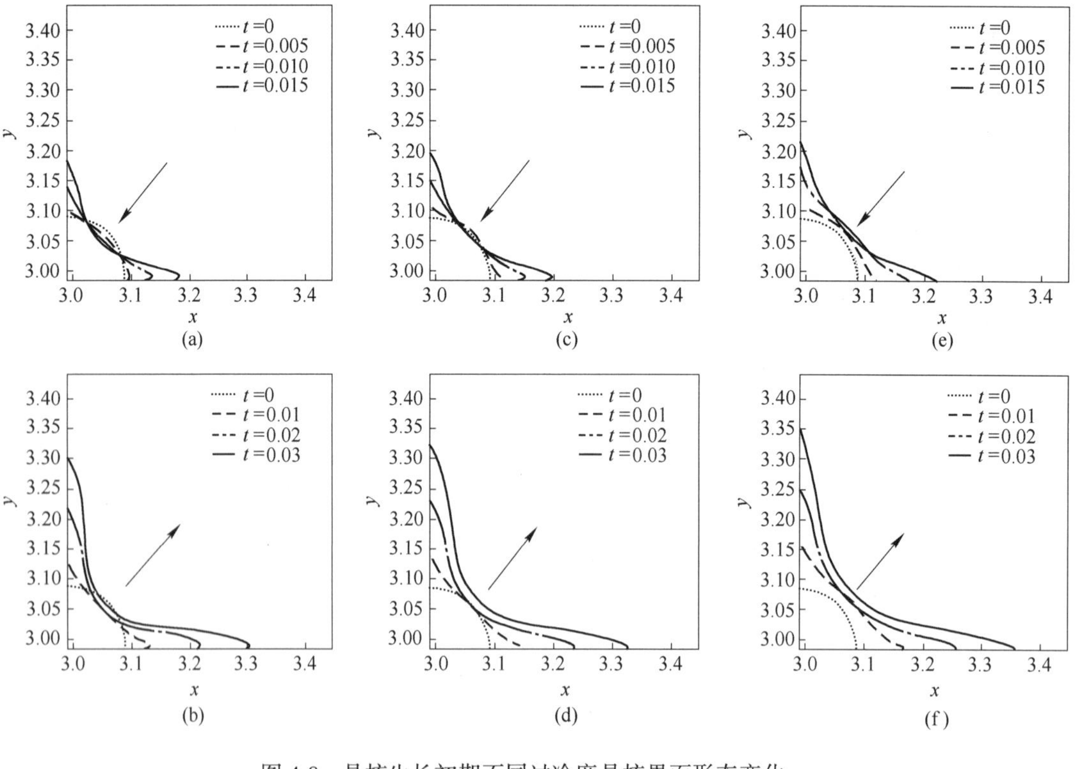

图 4-8　晶核生长初期不同过冷度晶核界面形态变化

（a）（b）$\Omega = 0.1$；（c）（d）$\Omega = 0.5$；（e）（f）$\Omega = 0.88$

为了了解生长晶核的动态行为，不同各向异性强度 $\alpha = 0.17$、$\alpha = 0.19$ 和 $\alpha = 0.2$ 所获得的模拟图分别同时显示在图 4-9 中。图 4-9（a）和（b）给出了在各向异性强度 $\alpha =$

0.17 下在时间 $t=0$、$t=0.005$、$t=0.01$ 和 $t=0.015$ 时向内增长和在时间 $t=0$、$t=0.01$、$t=0.02$ 和 $t=0.03$ 时向外增长的晶核演化图。图 4-9（c）和（d）给出了在各向异性强度 $\alpha=0.19$ 下在时间 $t=0$、$t=0.005$、$t=0.01$ 和 $t=0.015$ 时向内增长和在时间 $t=0$、$t=0.01$、$t=0.02$ 和 $t=0.03$ 时向外增长的晶核演化图。图 4-9（e）和（f）给出了在各向异性强度 $\alpha=0.2$ 下在时间 $t=0$、$t=0.005$、$t=0.01$ 和 $t=0.015$ 时向内增长和在时间 $t=0$、$t=0.01$、$t=0.02$ 和 $t=0.03$ 时向外增长的晶核演化图。晶核生长初期，由于各向异性强度的增加，在 $\langle 100\rangle$、$\langle \bar{1}00\rangle$、$\langle 010\rangle$、$\langle 0\bar{1}0\rangle$、$\langle 001\rangle$ 和 $\langle 00\bar{1}\rangle$ 处，晶核界面的生长将变得剧烈，同时热量会在根部积聚。在 $[110]$、$[\bar{1}10]$、$[1\bar{1}0]$、$[\bar{1}\bar{1}0]$、$[101]$、$[\bar{1}01]$、$[10\bar{1}]$、$[\bar{1}0\bar{1}]$、$[011]$、$[0\bar{1}1]$、$[01\bar{1}]$ 和 $[0\bar{1}\bar{1}]$ 处的液体温度可能会增加，这将导致界面熔化并向内增长。该模拟表明，早期各向异性强度的大小足以影响晶核的界面。而可以在图 4-9（a）、（c）和（e）中看到，随着各向异性强度的增加，向内生长的效果越来越弱。另外，图 4-9（b）、（d）和（f）中，很明显，即随着各向异性强度的增加，界面变得越来越复杂。还可以看出，晶核的结构尺寸也与各向异性强度的大小成正比。不管条件不同，在所有情况下都证实了在晶核生长的初始阶段存在粒子界面的局部可逆生长。因此可以得出结论，各向异性强度大小的增加可以显著影响晶核生长初始阶段晶核界面的变形。

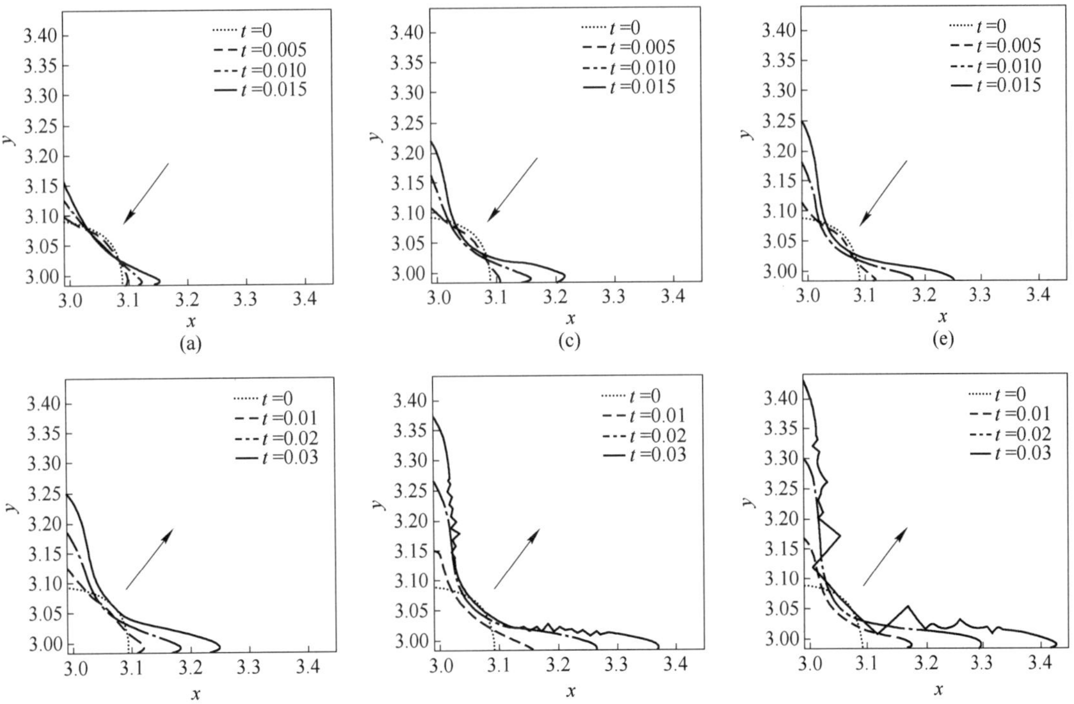

图 4-9　晶核生长初期不同各向异性强度晶核界面形态变化

（a）（b）$\alpha=0.17$；（c）（d）$\alpha=0.19$；（e）（f）$\alpha=0.2$

为了了解生长晶核的动态行为，不同界面运动学系数所获得的模拟图分别同时显示在图 4-10 中。图 4-10 给出了在不同界面运动学系数下向内增长的晶核生长演化图。晶核生长初期，由于界面运动学系数的增加，在 $[110]$、$[\bar{1}10]$、$[1\bar{1}0]$、$[\bar{1}\bar{1}0]$、$[101]$、$[\bar{1}01]$、$[10\bar{1}]$、$[\bar{1}0\bar{1}]$、$[011]$、$[0\bar{1}1]$、$[01\bar{1}]$ 和 $[0\bar{1}\bar{1}]$ 处的向内熔化生长的幅度变小。该模拟表明，早期各向异性强度的大小足以影响晶核的界面。

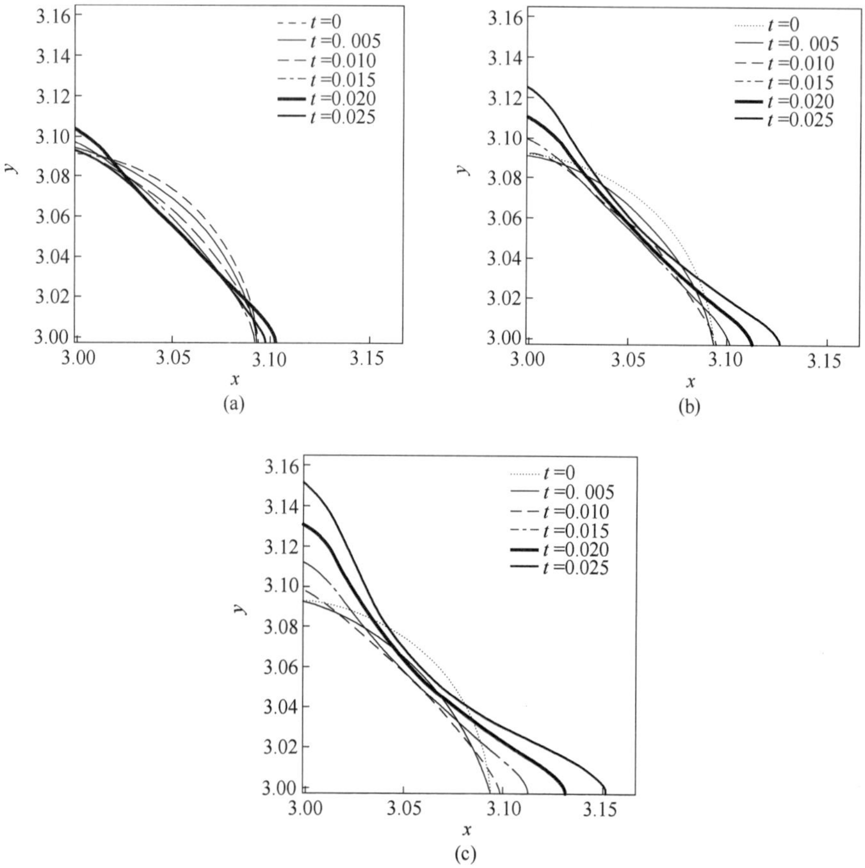

图 4-10　晶核生长初期不同界面运动学系数晶核界面形态变化

（a）过冷度为 0. 88；（b）过冷度为 0. 5；（c）过冷度为 0. 1

在晶核生长的早期阶段，可以观察到界面运动学系数的变化对晶核的生长模式产生了显著影响。随着界面运动学系数的增加，晶核在 $[110]$、$[\bar{1}10]$、$[1\bar{1}0]$、$[\bar{1}\bar{1}0]$、$[101]$、$[\bar{1}01]$、$[10\bar{1}]$、$[\bar{1}0\bar{1}]$、$[011]$、$[0\bar{1}1]$、$[01\bar{1}]$ 和 $[0\bar{1}\bar{1}]$ 处的向内熔化生长幅度减小，这意味着晶核的生长速率在这些区域变得较慢。这一现象表明，早期的晶核生长受到界面运动学系数的影响，并且晶核的形状和演化受到不同界面运动学系数的调控。

总之，模拟结果清楚地揭示了在晶核生长初期，界面运动学系数的变化如何影响晶核的生长方式和速率。这进一步强调了各向异性强度在晶核形成和演化过程中的重要性。这些发现有助于更好地理解晶体生长的动态行为，为材料科学和其他领域的应用提供了有益的见解。

在一些情况下，晶核生长过程中可能会出现新的生长动力学现象，尤其当考虑到改变一些关键参数对于晶核的形态和行为具有显著影响时，就需要深入研究晶核的生长动力学过程以理解这些现象。特别是当各向异性强度取值足够大时，会观察到一系列引人注目的效应，如图 4-11 所示。首先，在这种情况下，初始形成的晶核通常呈球形。然而，在极短的时间内，晶核开始受到各向异性界面能的作用，这导致了不同方向上晶核界面生长行为的差异。在某些方向上，晶核界面向外生长，而在其他方向上，晶核界面则向内回熔生长。值得注意的是，由于各向异性强度的显著增加，向内回熔生长的程度和深度都会大幅增加。这可能最终导致晶核在回熔的部位发生断裂。从更大的尺度来看，当晶核在生长初期经历断裂时，这一现象将引发整个晶体结构中晶粒的细化。这对于合金组织的演化具有深远影响，因为细化的晶粒通常表现出更为优越的性能。这意味着通过调控各向异性强度等参数，可以实现对材料性能的有针对性改善，从而满足特定工程需求。

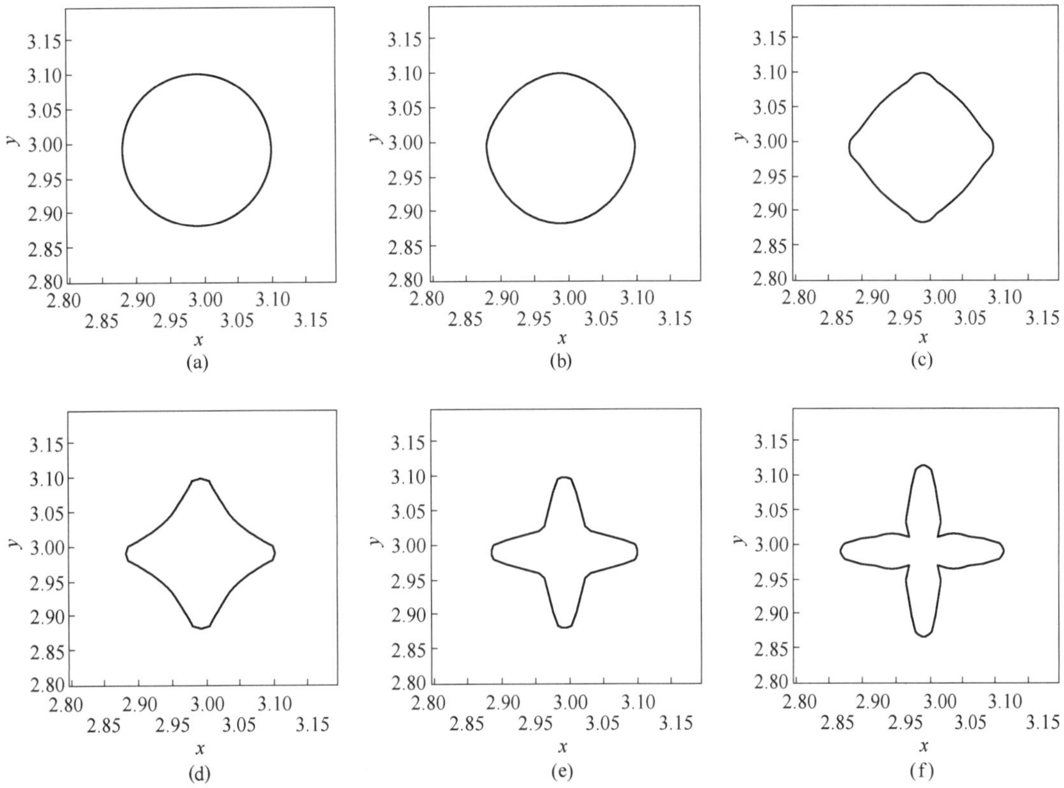

图 4-11 晶核生长初期晶核界面形态变化

(a) $t=0$ s；(b) $t=0.001$ s；(c) $t=0.002$ s；(d) $t=0.003$ s；(e) $t=0.004$ s；(f) $t=0.005$ s

当过冷度取值足够小时，会观察到一系列引人注目的效应，如图 4-12 所示。首先，在这种情况下，初始形成的晶核通常呈球形。然而，在极短的时间内，晶核开始受到小过冷度的作用，这导致了不同方向上晶核界面生长行为的差异。在某些方向上，晶核界面向外生长，而在其他方向上，晶核界面则向内回熔生长。值得注意的是，由于过冷度的显著减小，向内回熔生长的程度和深度都会大幅增加。这可能最终导致晶核在回熔的部位发生断裂。从更大的尺度来看，当晶核在生长初期经历断裂时，这一现象将引发整个晶体结构中晶粒的细化。这对于合金组织的演化有深远影响，因为细化的晶粒通常表现出更为优越的性能。这意味着通过调控过冷度等参数，可以实现对材料性能的有针对性的改善，从而满足特定工程需求。

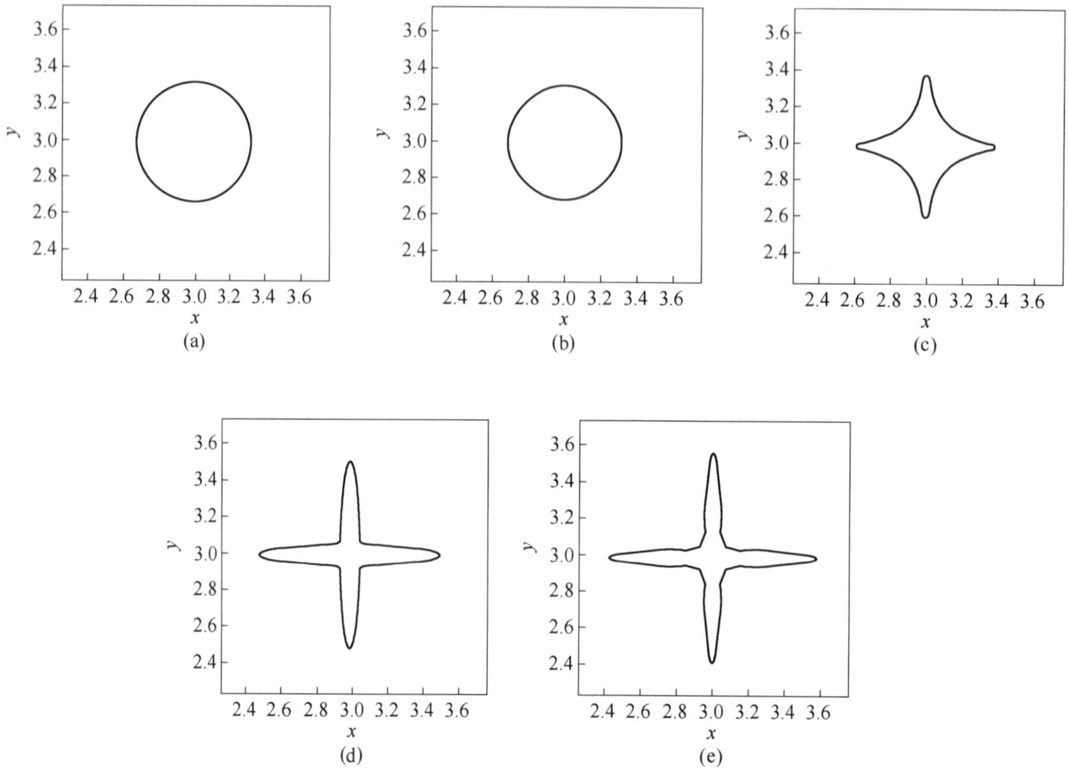

图 4-12　晶核生长初期晶核界面形态变化

(a) $t=0$ s；(b) $t=0.001$ s；(c) $t=0.002$ s；(d) $t=0.004$ s；(e) $t=0.005$ s

4.5.2　合金熔体中晶核生长的界面演化相场模拟结果

本节对晶核生长的初期阶段进行了详细分析，特别关注了粒子生长的总体特征。图 4-13 展示了在浓度扩散条件下，晶核生长初期晶核界面的形态演变。由于晶体的各向异性特性，界面可能会在凝固过程中发生各向异性生长。为了更深入地理解晶核的初期生长，考虑了晶核的各向异性生长特征，这主要涉及各向异性强度的考量。正如图 4-13 所展示的，在晶核生长的初期阶段，随着时间的推移，部分晶核界面开始朝着临界晶核界面的内部生长，分别靠近几个关键方向。这种生长在达到最大距离之前继续进行。随后，这些部分开始与其他部分一起向外生长（见图 4-13），并且晶核逐渐增大，没有发生进一步的突变。在此过程中，晶核界面形成了明显的耳状凹凸结构，有些晶核的半径可能小于临界成核半径。根据上述发现，图中结果清楚地表明，在晶核生长的初期阶段，晶核界面会经历显著的形态变化，涉及熔融相和结晶相之间的交互。研究结果强调了在晶核生长的初期阶段，界面膨胀对晶核演化产生显著影响。这一观点从学术角度强调了晶核生长过程中界面动力学的重要性，特别是在各向异性条件下，这对更深入地理解晶核形成和生长过程具有重要的意义。

图 4-14 描述了随时间演变的各个晶向上晶核界面的浓度分布情况。显然，在晶核生长的初始阶段，存在着沿晶向 [110] 和 [010] 取向的晶核界面部分之间的浓度差异。图 4-14 描述了晶核生长初期沿 [110] 和 [010] 方向的浓度波动，这有助于更好地理解这一

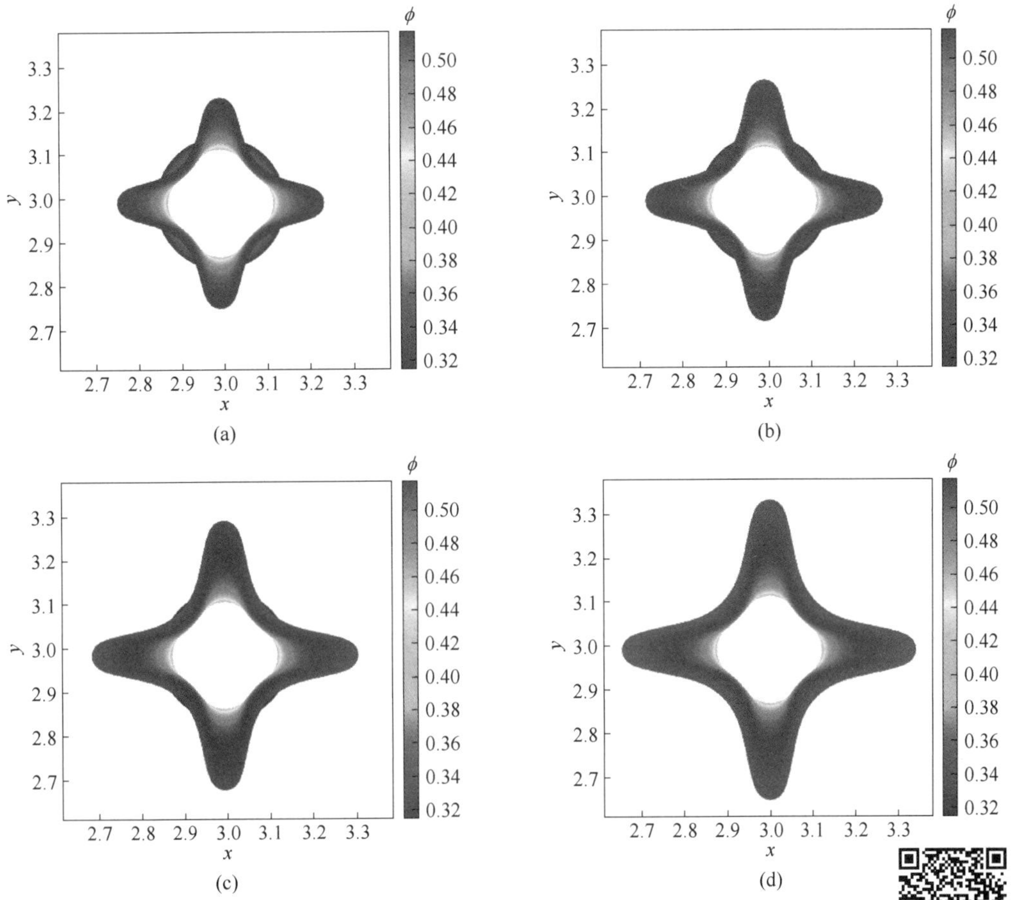

彩图

图 4-13　晶核在各向异性和过冷浓度差效应影响下的横截面曲线
(a) $t=0.014$；(b) $t=0.016$；(c) $t=0.018$；(d) $t=0.02$

现象。如图 4-14 所示，沿 [110] 和 [010] 方向的晶核界面部分之间的浓度差异会随时间反复振荡。正如图 4-14 所示，在浓度差异达到最大值后，沿 [110] 取向的晶核界面部分上的浓度减小速率会逐渐下降。类似地，沿 [010] 取向的晶核界面部分上的浓度减小速率也会随时间逐渐下降。这导致了浓度差异的振荡变化。根据该观察，在晶核生长的初始阶段，晶核界面上的浓度会随时间下降，各个部分的浓度减小速率也会随时间变化。在接近向内生长的位置和其他位置之间的浓度差异随时间增大，并达到最大值，标志着向内生长的结束。

浓度在空间中的传递过程导致了晶核周围溶质浓度的积累，这进一步改变了晶核周围的局部环境，对晶核的生长产生了直接的影响。在晶核的初期生长阶段，界面的向内收缩至关重要，因为这一过程对于微观结构的最终形成具有至关重要的影响。这些微观结构的形态和分布方式将在很大程度上决定材料最终构件的宏观物理力学性能。因此，为了准确地模拟二元合金晶核的初期生长，必须仔细考虑溶质的传输和晶核形貌的演化之间的密切关系。这涉及理解溶质如何随时间在晶核周围扩散，如何在界面附近积聚，以及如何影响晶核的形状和尺寸。通过对锂浓度的变化进行系统研究，可以获得深刻的洞察力，揭示不

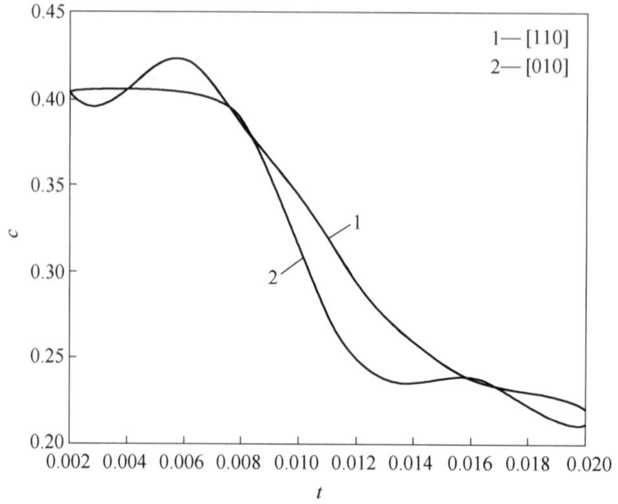

图 4-14　晶核界面浓度在不同时刻的变化图

同浓度条件下晶核演化的模式和趋势。这一研究从学术角度强调了晶核生长过程中溶质传输与晶核形貌演化之间的相互作用的重要性。深入了解这些相互作用将有助于优化材料制备过程，并为设计具有特定性能的材料提供关键的信息。同时，这种研究也为材料科学和工程领域提供了新的理论和实验基础，有望推动先进材料的发展和应用。后文通过使用不同的锂浓度值（$c=0.1$、$c=0.2$ 和 $c=0.4$），研究了参数的细微影响。

图 4-15 显示了针对不同浓度的锂 $c=0.1$、$c=0.2$ 和 $c=0.4$ 获得的模拟图。据观察，锂浓度值的大小足以影响晶核生长初期晶核界面的生长。由图 4-15 可知，可以发现界面先向内拉伸，然后再向外拉伸。通过比较界面形貌随锂的不同浓度值的变化，可以清楚地发现 $[110]$、$[\bar{1}10]$、$[1\bar{1}0]$ 和 $[\bar{1}\bar{1}0]$ 随着锂浓度的增加而向内移动。换句话说，随着锂浓度值的增加，促进了生长晶核的界面向内收缩。虽然锂的不同浓度值会导致界面向内收缩的距离发生变化，但不会影响凝固趋势。无论锂的浓度值如何变化，在所有情况下都证实了在晶核生长的初始阶段生长晶核的界面向内收缩的存在。因此浓度大小的增加可以显著影响晶核生长初期生长晶核的向内收缩。

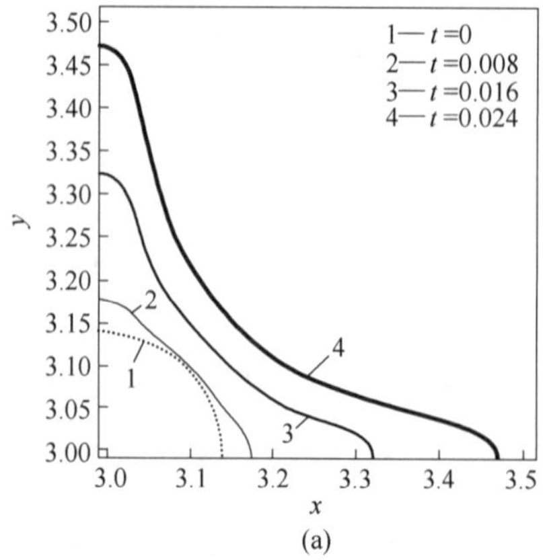

(a)

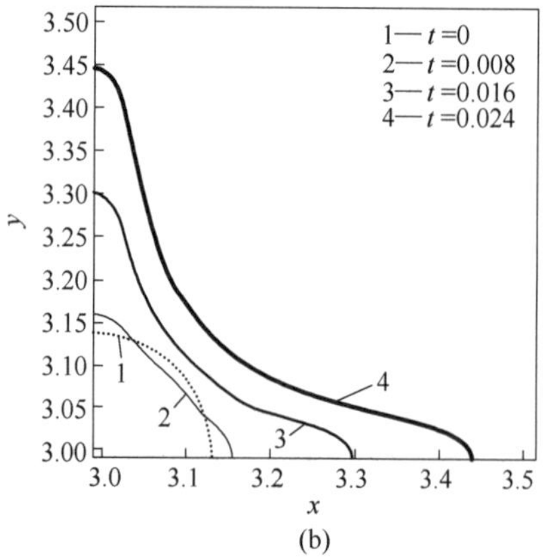

(b)

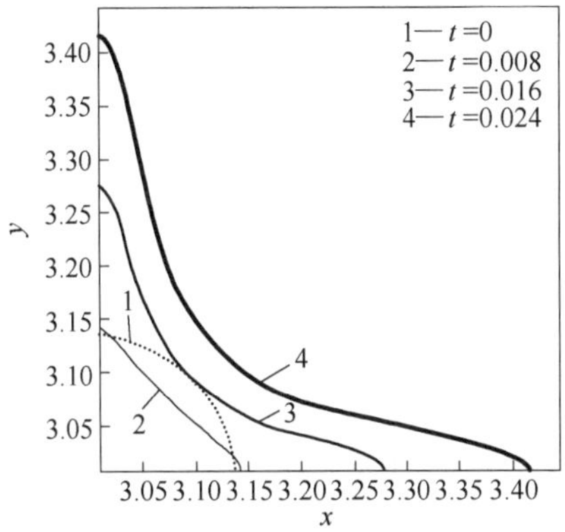

(c)

图 4-15 生长形态演变

(a) $c=0.1$；(b) $c=0.2$；(c) $c=0.4$

随着晶核的生长，各向异性的表面张力会导致晶核界面形成耳朵状的凹凸变形。这种“向内收缩”现象提供了一种可能性，即在适当的凝固条件下，为了提高最终合金产品的性能，在凝固初期改变晶核的形貌可能是一种可行的方法。

各向异性强度与晶核形貌演化之间的相互作用是晶体生长过程中至关重要的因素之一，深刻地影响着晶核的形态和演化。晶体的各向异性特性是由其晶格结构和晶体生长条件所决定的，这导致了在不同方向上界面部分的变化，进而影响了晶核的生长行为。在这一相互作用中，各向异性强度表现为晶核在不同晶向上生长动力学的差异。这意味着晶核在某些方向上会向外生长，而在其他方向上则向内生长。这种各向异性生长导致了晶核界面的非均匀演化，使得晶核在形貌上呈现出复杂的凹凸结构和耳朵状形状演化。通过使用不同的各向异性强度值（$\beta=0.19$、$\beta=0.2$ 和 $\beta=0.21$），研究了参数的细微影响。

图 4-16 显示了针对不同各向异性强度值 $\beta=0.19$、$\beta=0.2$ 和 $\beta=0.21$ 获得的模拟图。据观察，各向异性强度值的大小足以影响晶核生长初期晶核界面的生长。如图 4-16 所示，可以发现界面先向内拉伸，然后再向外拉伸。通过比较界面形貌随各向异性强度值的变化，可以清楚地发现 [110]、$[\bar{1}10]$、$[1\bar{1}0]$ 和 $[\bar{1}\bar{1}0]$ 随着各向异性强度值的增加而向外移动。换句话说，随着各向异性强度值的增加，抑制了生长晶核的界面向内收缩。虽然

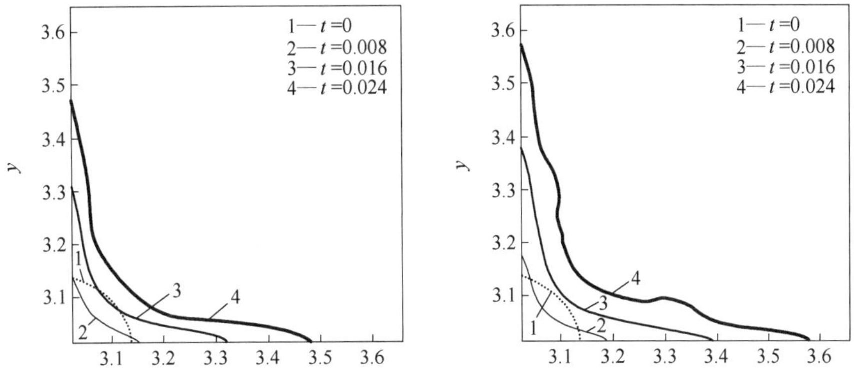

(a) (b)

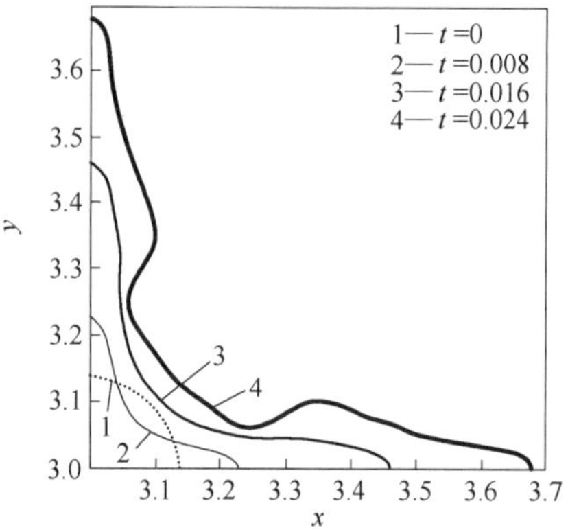

(c)

图 4-16　生长形态演变

（a）$\beta=0.19$；（b）$\beta=0.20$；（c）$\beta=0.21$

各向异性强度值的不同会导致界面向内收缩的距离发生变化，但不会影响凝固趋势。无论各向异性强度值如何变化，在所有情况下都证实了在晶核生长的初始阶段生长晶核的界面向内收缩的存在。因此各向异性强度值的增加可以显著影响晶核生长初期生长晶核的向内收缩。

图 4-17 显示了针对不同界面动力学系数获得的模拟图。据观察，界面动力学数值的大小足以影响晶核生长初期晶核界面的生长。由图 4-17 可以发现，界面先向内拉伸，然后再向外拉伸。通过比较界面形貌随界面动力学数值的变化，可以清楚地发现 [110]、$[\bar{1}10]$、$[1\bar{1}0]$ 和 $[\bar{1}\bar{1}0]$ 随着界面动力学数值的增加而向外移动。当界面动力学数值足够大时，并不会出现向内收缩生长。换句话说，随着界面动力学数值的增加，抑制了生长晶核的界面向内收缩。因此界面动力学数值的增加可以显著影响晶核生长初期生长晶核的向内收缩。

随着晶核的生长，各向异性强度会导致晶核界面形成耳朵状的凹凸变形。这种“向内收缩”现象提供了一种可能性，即在适当的凝固条件下，为了提高最终合金产品的性能，在凝固初期改变晶核的形貌可能是一种可行的方法。

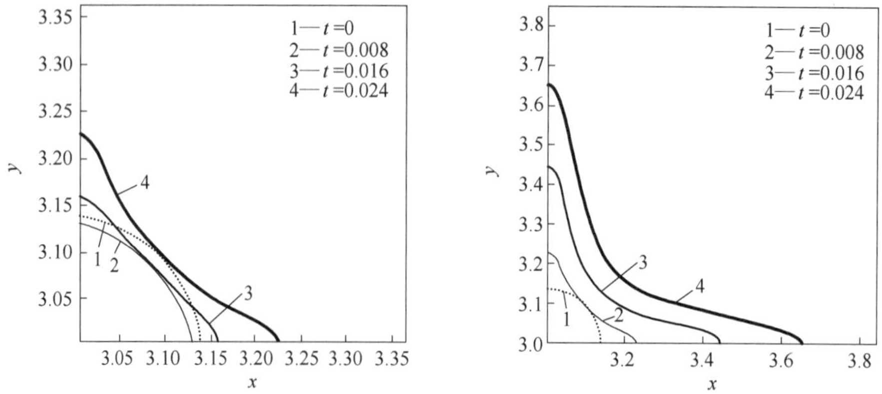

(a)　(b)

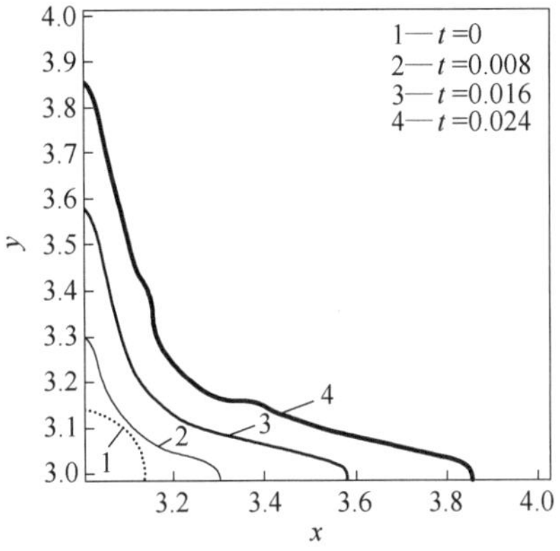

(c)

图 4-17 生长形态演变
(a) 各向异性强度为 0.15；(b) 各向异性强度为 0.16；(c) 各向异性强度为 0.17

在一些情况下，晶核生长过程中可能会出现新的生长动力学现象，尤其当考虑到改变一些关键参数对于晶体核的形态和行为有显著影响时，需要深入研究晶核的生长动力学过程以理解这些现象。特别是当各向异性强度取值足够大时，会观察到一系列引人注目的效应，如图 4-18 所示。在这种情况下，初始形成的晶核通常呈球形。然而，在极短的时间内，晶核开始受到各向异性界面能的作用，这导致了不同方向上晶核界面生长行为的差异。在某些方向上晶核界面向外生长，而在其他方向上晶核界面则向内回熔生长。值得注意的是，由于各向异性强度的增加，向内回熔生长的程度和深度都会大幅增加，这可能最终导致晶核在回熔的部位发生断裂。从更大的尺度来看，当晶核在生长初期经历断裂时，这一现象将引发整个晶体结构中晶粒的细化。这对于合金组织的演化具有深远影响，因为细化的晶粒通常表现出更为优越的性能。这意味着通过调控各向异性强度等参数，可以实现对材料性能的有针对性的改善，从而满足特定工程需求。

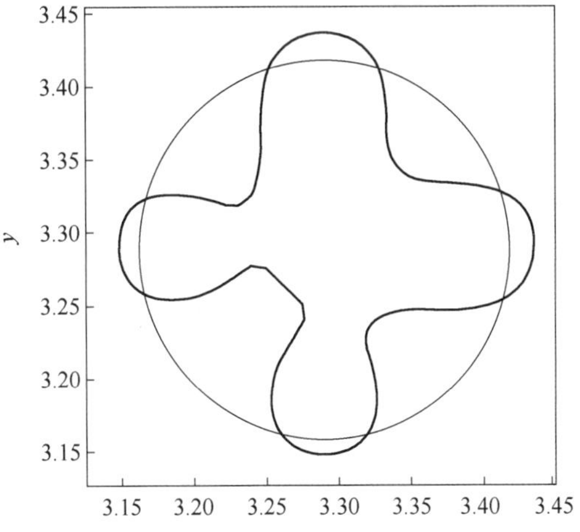

图 4-18 生长形态演变

当初始浓度取值足够小时，会观察到一系列引人注目的效应，如图 4-18 所示。首先，在这种情况下，初始形成的晶核通常呈球形。然而，在极短的时间内，晶核开始受到小初始浓度的作用，这导致了不同方向上晶核界面生长行为的差异。在某些方向上，晶核界面向外生长，而在其他方向上，晶核界面则向内回熔生长。值得注意的是，由于初始浓度的显著减小，向内回熔生长的程度和深度都会大幅增加。这可能最终导致晶核在回熔的部位发生断裂。从更大的尺度来看，当晶核在生长初期经历断裂时，这一现象将引发整个晶体结构中晶粒的细化。这对于合金组织的演化具有深远影响，因为细化的晶粒通常表现出更为优越的性能。这意味着通过调控初始浓度等参数，可以实现对材料性能的有针对性改善，从而满足特定工程需求。

本章基于相场模拟的优势，在相场模型中引入与自由边界模型相同的输运参数和宏观物理量的关系式，更加真实地描述了涉及复杂自由边界结构的晶体形核后初期生长这一物理过程。模拟结果表明，晶核生长动力学中各向异性强度和初始浓度等关键参数对材料形态和性质具有深刻影响。在高各向异性强度条件下，晶核生长呈现出引人注目的现象，包括球形晶核的形成、不同方向上的界面生长差异及内部回熔生长的发生。这些效应最终导致晶核断裂，从而影响整个晶体结构中晶粒的细化，这通常与更出色的性能相关。通过参数的有针对性调控，可以实现对材料性能的改进，以满足特定工程需求。这些结果有助于深入了解晶核生长过程的复杂性，特别是对预测不同凝固参数下晶核界面形态演变的规律具有重要意义，如前三章所述，在外部流场对晶核内凹分裂有促进作用，可将“亚粒子”的尺寸控制在纳米级，这对于获得尺寸在纳米级的纳米第二相，甚至晶粒有积极作用。根据霍尔佩奇效应，随着第二相和晶粒尺减小，材料的强度会增加；同时当纳米第二相尺寸减小到一定程度时，相界面对位错不再起阻碍作用，材料的韧性也会增加，根据这一思想，有望在控制纳米第二相和晶粒尺寸的基础上获得强度和韧性同时增加的材料。因此，本章的相场计算一定可以为未来合金制备等领域提供关键指导。

参 考 文 献

[1] KOBAYASHI R. Dynamics of interfaces in systems of reaction diffusion (fractals and related topics) [J]. RIMS Kokyuroku., 1987 (614): 39-54.

[2] KOBAYASHI R. Mathematical models of phase transition and interfacial motion. [J]. Bull Jpn Soc Ind Appl Math., 1991 (1): 22-33.

[3] WARREN J A, BOETTINGER W J. Prediction of dendritic growth and microsegregation patterns in a binary alloy using the phase-field method [J]. Acta Metall Mater., 1995 (43): 689-703.

[4] WHEELER A A, BOETTINGER W J, MCFADDEN G B. Phase field model for isothermal phase transitions in binary alloys [J]. Phys Rev A., 1992 (45): 7424-7439.

[5] CAGINALP G, XIE W. Phase-field and sharp-interface alloy models [J]. Phys Rev E., 1993 (48): 1897-1909.

[6] CAGINALP G, XIE W. An analysis of phase-field alloys and transition layers [J]. Arch Rational Mech Anal., 1998 (142): 293-329.

[7] KIM S G, KIM W T, Suzuki T. Phase-field model for binary alloys [J]. Phys Rev E., 1999 (60): 7186-7197.

[8] MCFADDEN G B, WHEELER A A, Braun RJ, et al. Phase field models for anisotropic interfaces [J].

Phys Rev E. , 1993 (48): 2016-2024.

[9] GROSSMANN B, ELDER K R, Grant M, et al. Directional solidification in two and three dimensions [J]. Phys Rev Lett. , 1993 (71): 3323-3326.

[10] BI Z, SEKERKA R F. Phase-field model of solidification of a binary alloy [J]. Physica A. , 1998 (261): 95-106.

[11] BOETTINGER W J, WARREN J A, BECKERMANN C, et al. Phase-field simulation of solidification [J]. Ann Rev Mater Res. , 2002 (32): 163-194.

[12] KARMA A, RAPPEL W J. Quantitative phase-field modeling of dendritic growth in two and three dimensions [J]. Phys Rev E. , 1998 (57): 4323-4349.

[13] KARMA A, RAPPEL W J. Phase-field method for computationally efficient modeling of solidification with arbitrary interface kinetics [J]. Phys Rev E. , 1996 (53): R3017-R3020.

[14] HUANG S C, GLICKSMAN M E. Fundamentals of dendritic solidification—Ⅰ. Steady-state tip growth [J]. Acta Metall. , 1981 (29): 701-715.

[15] MUSCHOL M, LIU D, CUMMINS H Z. Surface-tensionanisotropy measurements of succinonitrile and pivalic acid: Comparison with microscopic solvability theory [J]. Phys Rev A. , 1992 (46): 1038-1050.

[16] RUBINSTEIN E R, GLICKSMAN M E. Dendritic grown kinetics and structure Ⅰ. Pivalic acid [J]. J Cryst Gr. , 1991 (112): 84-96.

[17] KOSS M B, LACOMBE J C, TENNENHOUSE L A, et al. Dendritic growth tip velocities and radii of curvature in microgravity [J]. Metall Mater Trans A. , 1999 (30): 3177-3190.

[18] KARMA A, RAPPEL W J. Quantitative phase-field modeling of dendritic growth in two and three dimensions [J]. Phys Rev E. , 1998 (57): 4323-4349.

[19] KARMA A, LEE Y H, PLAPP M. Three-dimensional dendrite-tip morphology at low undercooling [J]. Phys Rev E. , 2000 (61): 3996-4006.

[20] KOO K K. Evaluation of dendritic growth theories with experimental data [J]. J Phys Soc Jpn. , 1996 (65): 499-504.

[21] BRENER E. Needle-crystal solution in three-dimensional dendritic growth [J]. Phys Rev Lett. , 1993 (71): 3653-3656.

[22] BISANG U, BILGRAM J H. Shape of the tip and the formation of sidebranches of xenon dendrites [J]. Phys Rev Lett. , 1995 (75): 3898-3901.

[23] BISANG U, BILGRAM J H. Shape of the tip and the formation of sidebranches of xenon dendrites [J]. Phys Rev E. , 1996 (54): 5309-5326.

[24] MURRAY B T, WHEELER A A, GLICKSMAN M E. Simulations of experimentally observed dendritic growth behavior using a phase-field model [J]. J Cryst Gr. , 1995 (154): 386-400.

[25] LEE J S, SUZUKI T. Numerical simulation of isothermal dendritic growth by phase-field model [J]. ISIJ Int. , 1999 (39): 246-252.

[26] LIPTON J, KURZ W, TRIVEDI R. Rapid dendrite growth in undercooled alloys [J]. Acta Metall. , 1987 (35): 957-964.

[27] TRIVEDI R, LIPTON J, KURZ W. Effect of growth rate dependent partition coefficient on the dendritic growth in undercooled melts [J]. Acta Metall. , 1987 (35): 965-970.

[28] PALLE N, DANTZIG J A. An adaptive mesh refinement scheme for solidification problems [J]. Metall Mater Trans A. , 1996 (27): 707-717.

[29] PROVATAS N, GOLDENFELD N, DANTZIG J. Efficient computation of dendritic microstructures using adaptive mesh refinement [J]. Phys Rev Lett. , 1998 (80): 3308-3311.

[30] PROVATAS N, GOLDENFELD N, DANTZIG J. Adaptive mesh refinement computation of solidification microstructures using dynamic data structures [J]. J Comput Phys., 1999 (148): 265-290.
[31] KARMA A. Phase-field formulation for quantitative modeling of alloy solidification [J]. Phys Rev Lett., 2001 (87): 115701.
[32] KARMA A. Phase Field Methods [M] // Encyclopedia of Materials: Science and Technology. Oxford: Elsevier, 2001.
[33] ODE M, KIM S G, SUZUKI T. Recent advances in the phase-field model for solidification [J]. ISIJ Int., 2001 (41): 1076-1082.
[34] CHEN L Q. Phase-field models for microstructure evolution [J]. Annu Rev Mater Res., 2002 (32): 113-140.
[35] ASTA M, BECKERMANN C, KARMA A, et al. Solidification microstructures and solidstate parallels: recent developments, future directions [J]. Acta Mater., 2009 (57): 941-971.
[36] KARMA A, TOURRET D. Atomistic to continuum modeling of solidification microstructures. Curr Opin Sol State Mater Sci., 2016 (20): 25-36.
[37] MULLIS A M. Deterministic side-branching during thermal dendritic growth [J]. Mater Sci Eng., 2015 (84): 012071.
[38] SHANG S, GUO Z, HAN Z. On the kinetics of dendritic sidebranching: a three-dimensional phase field study [J]. J Appl Phys., 2016 (119): 164305.
[39] ECHEBARRIA B, KARMA A, GUREVICH S. Onset of sidebranching in directional solidification [J]. Phys Rev E., 2010 (81): 021608.
[40] KESSLER D, LEVINE H. Stability of dendritic crystals [J]. Phys Rev Lett., 1986 (57): 3069-3072.
[41] RAMIREZ J C, BECKERMANN C, KARMA A, et al. Phase-field modelling of binary alloy solidification with coupled heat and solute diffusion [J]. Phys Rev E., 2004 (69): 051607.
[42] KARMA A, RAPPEL W J. Phase-field method for computationally efficient modelling of solidification with arbitrary interface kinetics [J]. Phys Rev E., 1996, 53: R3017.
[43] KARMA A, RAPPEL W J. Quantitative phase-field modeling of dendritic growth in two and three dimensions [J]. Phys Rev E., 1998 (57): 4323.
[44] KARMA A. Phase-field formulation for quantitative modelling of alloy solidification [J]. Phys Rev Lett., 2001 (87): 115701.
[45] ECHEBARRIA B, FOLCH R, KARMA A, et al. Quantitative phase-field model of alloy solidification [J]. Phys Rev E., 2004 (70): 061604.
[46] OFORI-OPOKU N, PROVATAS N. A quantitative multiphase field model of polycrystalline alloy solidification [J]. Acta Mat., 2010 (58): 2155-2164.
[47] RAPPAZ M, JACOT A, BOETTINGER W J. Last-stage solidification of alloys: theoretical model of dendrite-arm and grain coalescence [J]. Metall Mater Trans., 2003 (34A): 467-479.
[48] GONG T Z, CHEN Y, CAO Y F, et al. Fast simulations of a large number of crystals growth in centimeter-scale during alloy solidification via nonlinearly preconditioned quantitative phase-field formula [J]. Computat Mater Sci., 2018 (147): 338-352.
[49] YANG C, XU Q Y, LIU B C. GPU-accelerated threedimensional phase-field simulation of dendrite growth in a nickel-based superalloy [J]. Comput Mater Sci., 2017 (136): 133-143.
[50] YANG M, XIONG S M, GUO Z. Characterisation of the 3d dendrite morphology of magnesium alloys using synchrotron X-ray tomography and 3d phase-field modelling [J]. Acta Mater., 2015 (92): 8-17.
[51] ZALOŽNIK M, VIARDIN A, SOUHAR Y, et al. Mesoscopic modelling of columnar solidification and

comparisons with phase-field simulations [J]. Mater Sci Eng., 2015 (84): 012074.

[52] VIARDIN A, ZALOŽNIK M, SOUHAR Y, et al. Mesoscopic modelling of spacing and grain selection in columnar dendritic solidification: Envelope versus phase-field model [J]. Acta Mater., 2017, 122: 386-399.

[53] DU J, ZHANG A, GUO Z, et al. Atomistic underpinnings for growth direction and pattern formation of hcp magnesium alloy dendrite [J]. Acta Mater., 2018 (161): 35-46.

[54] MATHIESEN R H, ARNBERG L. X-ray radiography observations of columnar dendritic growth and constitutional undercooling in an Al- 30 wt%Cu alloy [J]. Acta Mater., 2005 (53): 947-956.

[55] CLARKE A J, TOURRET D, SONG Y, et al. Microstructure selection in thin-sample directional solidification of an Al-Cu alloy: in situ X-ray imaging and phase-field simulations [J]. Acta Mater., 2017 (129): 203-216.

[56] HOYT J J, ASTA M, KARMA A. Method for computing the anisotropy of the solid-liquid interfacial free energy [J]. Phys Rev Lett., 2001 (86): 5531-5533.

[57] NESTLER B, DANILOV D, GALENKO P. Crystal growth of pure substances: phase-field simulations in comparison with analytical and experimental results [J]. J Computat Phys., 2005 (207): 221-239.

[58] GALENKO P K, REUTZEL S, HERLACH D M, et al. Modelling of dendritic solidification in undercooled dilute Ni-Zr melts [J]. Acta Mater., 2007 (55): 6834-6842.

[59] HERLACH D M, GALENKO P K. Rapid solidification: in situ diagnostics and theoretical modelling [J]. Mater Sci Eng A., 2007 (449/450/451): 34-41.

[60] SOBOLEV S L. Rapid phase transformation under local non-equilibrium diffusion conditions [J]. Mater Sci Techn., 2015 (31): 1607-1617.

[61] SOBOLEV S L. A novel hybrid model combining continuum local nonequilibrium and discrete variables methods for solute trapping during rapid alloy solidification [J]. Acta Mater., 2016 (116): 212-218.

[62] ALEXANDROV D V, GALENKO P K. Selected mode for rapidly growing needle-like dendrite controlled by heat and mass transport [J]. Acta Mater., 2017; 137: 64-70.

[63] ECKLER K, COCHRANE R F, HERLACH D M, et al. Evidence for a transition from diffusioncontrolled to thermally controlled solidification in metallic alloys [J]. Phys Rev B., 1992 (45): 5019-5022.

[64] JACOT A, SUMIDA M, KURZ W. Solute trapping-free massive transformation at absolute stability [J]. Acta Mater., 2011 (59): 1716-1724.

[65] GALENKO P K, DANILOV D A, REUTHER K, et al. Effect of convective flow on stable dendritic growth in rapid solidification of a binary alloy [J]. J Cryst Gr., 2017 (457): 349-355.

[66] GALENKO P K, DANILOV D A. Model for free dendritic alloy growth under interfacial and bulk phase nonequilibrium conditions [J]. J Cryst Gr., 1999 (197): 992-1002.

[67] TRIVEDI R, LIPTON J, KURZ W. Effect of growth rate dependent partition coefficient on the dendritic growth in undercooled melts [J]. Acta Metall., 1987 (35): 965-970.

[68] BOETTINGER W J, CORIELL S R, TRIVEDI R. Application of dendritic growth theory to the interpretation of rapid solidification microstructures [M]// Mehrabian R, Parrish P A. Rapid solidification processing: Principles and technologies IV. Baton Rouge, LA: Claitor's Publ Div, 1988: 13-25.

[69] MULLIS A M. Prediction of the operating point of dendrites growing under coupled thermosolutal control at high growth velocity [J]. Phys Rev E., 2011 (83): 061601.

[70] KARMA A. Pattern selection during the dendritic solidification of a binary liquid mixture [D]. University of California, Santa Barbara. 1985.

[71] KARMA A, KOTLIAR B G. Pattern selection in a boundary-layer model of dendritic growth in the presence

of impurities [J]. Phys Rev A., 1985 (31): 3266-3275.

[72] OGUCHI K, SUZUKI T. Free dendrite growth of Fe-0.5mass% C alloy - three-dimensional phase-field simulation and LKT model [J]. ISIJ Int., 2007 (47): 1432-1435.

[73] OGUCHI K, SUZUKI T. Phase-field simulation of free dendrite growth of aluminum-4.5 mass% copper alloy [J]. Mater Trans., 2007 (48): 2280-2284.

[74] KURZ W, FISHER D J, TRIVEDI R. Progress in modeling solidification microstructures in metals and alloys: Dendrites from 1700 to 2000 [J]. Intern Mater Rev., 2019 (64): 311-354.

[75] BECKERMANN C, DIEPERS H J, STEINBACH I, et al. Modeling melt convection in phase-field simulations of solidification [J]. J Computat Phys., 1999 (154): 468-496.

[76] TONG X, BECKERMANN C, KARMA A, et al. Phase-field simulations of dendritic crystal growth in a forced flow [J]. Phys Rev E., 2001 (63): 061601.

[77] BOUISSOU P, PELCÉ P. Effect of a forced flow on dendritic growth [J]. Phys Rev A., 1989 (40): 6673-6680.

[78] JEONG J H, GOLDENFELD N, DANTZIG J A. Phase field model for three-dimensional dendritic growth with fluid flow [J]. Phys Rev E., 2001 (64): 041602.

[79] JEONG J H, GOLDENFELD N, DANTZIG J A. Dendritic growth with fluid flow in pure materials [J]. Metall Mater Trans., 2003 (34A): 459-466.

[80] LAN C W, SHIH C J. Phase field simulation of non-isothermal free dendritic growth of a binary alloy in a forced flow [J]. J Cryst Gr., 2004 (264): 472-482.

[81] GUO Z, MI J, XIONG S, et al. Phase field simulation of binary alloy dendrite growth under thermal- and forced-flow fields: an implementation of the parallel-multigrid approach [J]. Metall Mater Trans., 2013 (44B): 924-937.

[82] YUAN L, LEE P D. Dendritic solidification under natural and forced convection in binary alloys: 2d versus 3d simulation [J]. Modell Simul Mater Sci Eng., 2010 (18): 055008.

[83] WANG W, WANG Z, LUO S, et al. Influence of forced flow on the dendritic growth of Fe-C alloy: 3d vs 2d simulation [J]. Metall Mater Trans., 2017 (48B): 3109-3119.

[84] PROVATAS N, GREENWOOD M, ATHREYA B, et al. Multiscale modelling of solidification: phase-field methods to adaptive mesh refinement [J]. Int J Mod Phys B., 2005 (19): 4525-4565.

[85] TAKAKI T. Phase-field modelling and simulations of dendrite growth [J]. ISIJ Int., 2014 (54): 437-444.

[86] WANG Z, LI J, WANG J, et al. Phase field modeling the selection mechanism of primary dendritic spacing in directional solidification [J]. Acta Mater., 2012 (60): 1957-1964.

[87] KARMA A. Phase-field formulation for quantitative modelling of alloy solidification [J]. Phys Rev Lett., 2001 (87): 115701.

[88] YANG C, XU QY, LIU B C. Primary dendrite spacing selection during directional solidification of multicomponent nickel-based superalloy: Multiphase-field study [J]. J Mater Sci., 2018 (53): 9755-9770.

[89] TAKAKI T, SAKANE S, OHNO M, et al. Primary arm array during directional solidification of a single-crystal binary alloy: Large-scale phase-field study [J]. Acta Mater., 2016; 118: 230-243.

[90] MONTIEL D, GUREVICH S, OFORI-OPOKU N, et al. Characterization of late-stage equiaxed solidification of alloys [J]. Acta Mater., 2014 (77): 183-190.

[91] BOUSSINOT G, APEL M. Phase field and analytical study of mushy zone solidification in a static thermal gradient: From dendrites to planar front [J]. Acta Mater., 2017 (122): 310-321.

[92] TOURRET D, KARMA A. Growth competition of columnar dendritic grains: A phase-field study [J]. Acta Mater., 2015 (82): 64-83.

[93] TOURRET D, SONG Y, CLARKE A J, et al. Grain growth competition during thin-sample directional solidification of dendritic microstructures: A phase-field study [J]. Acta Mater., 2017 (122): 220-235.

[94] GUO C, LI J, WANG Z, et al. Non-uniplanar competitive growth of columnar dendritic grains during directional solidification in quasi-2d and 3d configurations [J]. Mater Design., 2018 (151): 141-153.

5 钢中原位纳米增强增韧技术

5.1 概　　述

金属材料由于其优异的强度、成型性、焊接性、耐腐蚀性和耐磨性等，被广泛应用于航空航天、交通运输、工业设备、医疗器械、军事装备等领域，随着科学技术水平的提高，对金属材料的强度、塑韧性等提出了更高要求。在现代制造领域中，凝固成形是如钢、铝合金、铜合金、镍基合金等金属材料最常用的制造技术手段。然而，在金属材料凝固过程中，铸锭从边缘到中心存在温度梯度，在型壁内形成细晶区后，在温度梯度作用下晶体沿散热相反的方向定向生长形成柱状晶区，最后在中心区域散热困难冷速变慢形成等轴晶区。表层细晶区、柱状晶区和中心等轴晶区造成铸态组织的不均匀性。此外，液态金属的结晶收缩会形成缩孔、缩松缺陷，结晶过程中元素在固相和液相间的溶质再分配造成偏析缺陷。铸锭组织的成分不均匀性在后续的变形加工过程中不能完全消除，导致了性能的不均匀性。

金属材料强度和塑性的提升意味着在相同应用条件下的轻量化或者使用寿命的提高，然而传统强化手段的提升往往导致金属材料塑性的下降。金属材料的性能取决于夹杂物、第二相和晶粒尺寸的微观结构。目前金属材料的工业应用存在组织不均匀的问题，如晶粒粗大、偏析严重、第二相及夹杂物粗大等。针对传统制造所产生的组织、成分、性能不均匀性问题，前四章通过建立晶体形核后初期生长机制，研究了流场、温度场、浓度场、各向异性对晶体生长的作用规律，提出通过控制界面浓度来阻碍颗粒生长，冶炼过程在钢中原位形成纳米颗粒和纳米团簇。在铸锭凝固过程中，原位纳米相可作为异质形核质点细化铸态晶粒，消除铸态组织中的粗大柱状晶和树枝晶，减弱成分偏析，实现高强钢强度和塑性的同时提升，形成钢中原位纳米颗粒增强增韧技术。

本章根据晶体形核后初期生长的理论基础，晶体界面生长速度与界面浓度梯度具有正相关性。通过控制界面浓度可以控制晶体形核后的生长速度，当界面浓度梯度趋于零时，第二相颗粒的生长速度也趋于零。据此提出钢中“多点区域微量供给”氧化物原位纳米颗粒形成技术，在钢中原位形成具有纳米尺度的氧化物颗粒。原位纳米颗粒对高强钢的组织和性能的改善主要有：(1) 减轻凝固过程中的溶质偏析；(2) 细化凝固组织的晶粒和第二相尺寸，改善组织均匀性；(3) 原位纳米增强增韧保证了高强钢在不同板厚、不同位置处的力学性能均匀一致性；(4) 原位纳米颗粒形成氢陷阱，减轻同时提高强度和塑性。使用“多点区域微量供给”制备的配套焊丝，原位纳米颗粒具有高的热稳定性，细化焊缝组织，保证了焊缝的塑韧性，具有优异的抗冷纹敏感性，降低屈强比。

5.2 多点区域微量供给技术制备原位纳米颗粒

在金属熔体凝固过程中，形成纳米颗粒的初始原子群或晶核首先从熔体中形成，一般认为晶核为球晶。近十年来，Chen 研究了远场均匀流[1-2]、应变流[3-6]、界面动力学[7]、剪切流[8]、振荡流[9]和各向异性表面张力[10-12]诱导合金熔体中颗粒生长的过程，并建立了晶体生长初始阶段的数学和物理模型。用渐近方法求出模型的相容渐近解，以表示晶核生长的界面速度 U_1。

$$U_1 \approx \frac{\mathrm{d}R_0}{\mathrm{d}t} + \varepsilon\frac{\mathrm{d}R_\mathrm{T}}{\mathrm{d}t} + \alpha_4\frac{\partial R_\mathrm{aniso}}{\partial t} + \varepsilon\frac{\partial R_\mathrm{uniform}}{\partial t} + \varepsilon\frac{\partial R_\mathrm{streaming}}{\partial t} + \varepsilon\frac{\partial R_\mathrm{shear}}{\partial t} \tag{5-1}$$

式中，R_0 为晶体/熔体界面形状的一级近似解；ε 为无量纲相对过冷度参数；α_4 为各向异性参数；R_T 是温度和浓度变化对晶体/熔体界面形状的影响；R_aniso 为各向异性表面张力对晶体/熔体界面形状的贡献；R_uniform、$R_\mathrm{streaming}$ 和 R_shear 分别是远场均匀流、线性应变流和剪切流对晶体/熔体界面形状的影响。此外，$\mathrm{d}R_0/\mathrm{d}t$ 为无外场作用时晶核生长的界面速度，可以被描述为：

$$\frac{\mathrm{d}R_0}{\mathrm{d}t} = \frac{R_0 - \dfrac{2\gamma_0 T_\mathrm{M}}{a_\mathrm{m}\Delta H\Delta C}}{R_0(R_0 + E^{-1}M_\mathrm{k} + M_\mathrm{c}S_\mathrm{k}R_0)} \tag{5-2}$$

其中

$$M_\mathrm{c} = -\frac{K_{Lm}(C_\mathrm{B} - C_\mathrm{s})}{D_\mathrm{L}\Delta H/CPL\rho_\mathrm{L}},\quad E = \frac{\Delta T}{T_\mathrm{M}},\quad M_\mathrm{k} = \frac{V}{\mu T_\mathrm{M}}$$

$$S_\mathrm{k} = -\frac{1-K}{K}\frac{C_\mathrm{s}}{C_\mathrm{B} - C_\mathrm{s}},\quad V = V_\mathrm{T} = K_\mathrm{L}\Delta T/(a\Delta H)$$

式中，D_L 为溶质在液态金属中的扩散系数；M_k 为界面运动学参数；M_c 是溶质成分参数；C_B 为界面前的溶质浓度；C_s 为晶核的平衡溶质浓度；γ_0 为各向异性强度；S_k 为界面刚度；下角 m 为合金元素；下角 s 为晶核。

由式（5-2）可知，晶核的生长速度与界面前沿溶质微区浓度呈正相关，可以通过调节界面前方溶质浓度来控制晶核的生长速度。由于熔体中颗粒成核的尺寸一般在纳米级，纳米颗粒的生长速度降至零，随着界面前沿溶质含量的降低，在液态金属中获得大量纳米颗粒。

选择 Al_2O_3、Ti_3O_5 等氧化物作为钢熔体中的第二相，以 Ti_3O_5 氧化物为例，根据经典形核公式 $R_0 = 2\sigma \cdot T_\mathrm{m}/(L_\mathrm{m} \cdot \Delta T)$，可得 Ti_3O_5 颗粒初始生长半径 R_0 = 0.91 nm（见表 5-1），以临界晶核为初始，利用式（5-2）计算 Ti_3O_5 氧化物界面生长速度，发现随着 Ti_3O_5 氧化物界面浓度的降低，界面生长速度逐渐降低（见图 5-1（a））；当界面浓度降低到一定程度时，界面生长速度趋近于零，如图 5-1（b）所示。因此，可以通过控制氧化物界面浓度来抑制其生长，实现钢熔体中氧化物的纳米化。

表 5-1 不同直径 Ti 丝加入钢熔体中产生 Ti_3O_5 颗粒的生长规律

铝丝直径/mm	φ13	φ2	φ1	φ0.5
扩散生长时间/s	2.13	0.1	0.06	0.03
界面浓度/mol	53.07	0.63	0.31	0.16
界面生长速度/m · s^{-1}	4.5×10^{-6}	4.5×10^{-7}	4.5×10^{-7}	6.3×10^{-7}
初始生长半径 R_0/m	9.1×10^{-10}			
颗粒半径 R/m	9.6×10^{-6}	4.5×10^{-8}	2.7×10^{-8}	1.9×10^{-8}

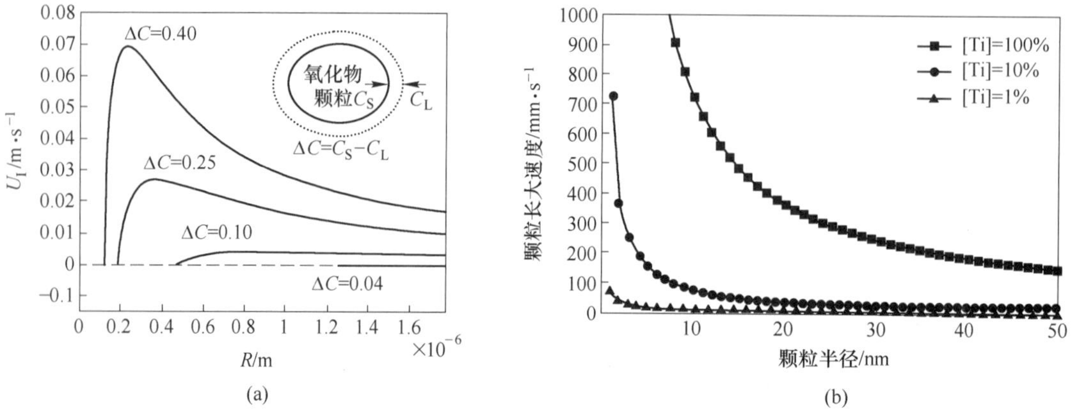

图 5-1　不同界面浓度作用下球晶界面速度变化（a）和 1873K 时不同［Ti］条件下钢中 Ti_3O_5 颗粒半径与长大速度的关系（b）

对于原位纳米增强增韧钢，在铸造前在金属熔体中通过控制界面前沿的溶质浓度来形成纳米颗粒[13]，该方法称为熔炼过程“多点区域微量供给技术”，其原理图如图 5-2 所示。首先，熔体中加入的纯钛丝是多点分散的，自由态氧［O］浓度应控制在十万分之几以内。其次，通过电磁搅拌或氩底吹在熔体中形成对流场，促进熔融金属的流动。在此过程中，钛会与氧发生反应，形成大量的氧化钛均匀形核。最后，将熔体倒入铸模中，使纳米颗粒均匀地分散在铸钢锭内，并以空冷速率冷却。该方法应用于后续开发的高强度低合金（High Strength Low Alloy，HSLA）[14]和焊缝金属[13, 15-21]，以改善组织和性能，如优化夹杂物和细化晶粒，提高强度而不失去塑性，抗应力腐蚀开裂。

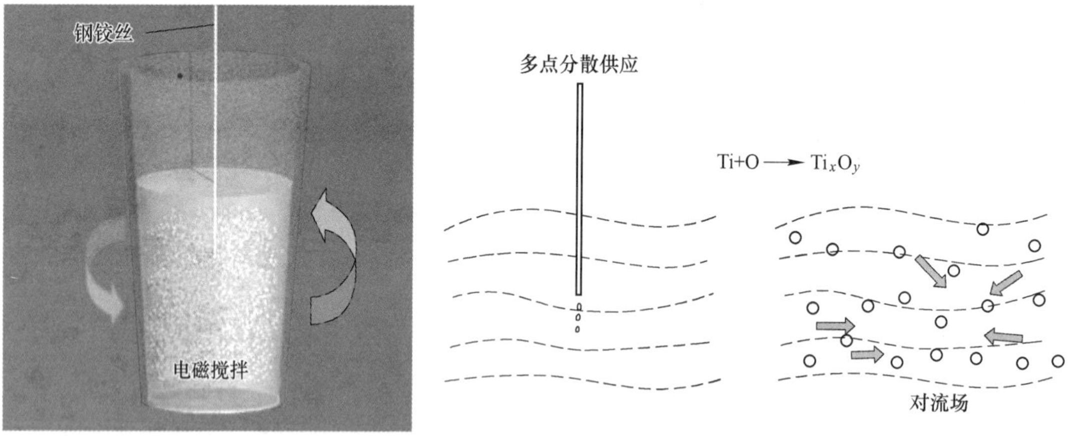

图 5-2　通过多点区域微量供给方法和电磁搅拌相结合在熔体中形成纳米颗粒的处理方法示意图

5.3　原位纳米增强增韧高强钢

5.3.1　原位纳米相对组织性能的影响

原位纳米相对组织性能的优化作用主要体现在细化晶粒、细化夹杂物和第二相、提升力学性能的均匀性三个方面。

5.3.1.1 细化晶粒

晶粒细化主要是由于纳米颗粒的非均相成核效应，特别是原位纳米颗粒诱导的非均相成核能产生较强的晶粒细化效果，且原位纳米颗粒分布均匀，与合金基体具有良好的润湿性。采用原位纳米颗粒增强技术制备的一系列金属实现了晶粒细化，如 Q195 钢[13] 和 Ni-Cr-Mo 低合金高强钢[19]，晶粒细化的几种形貌如图 5-3 所示。

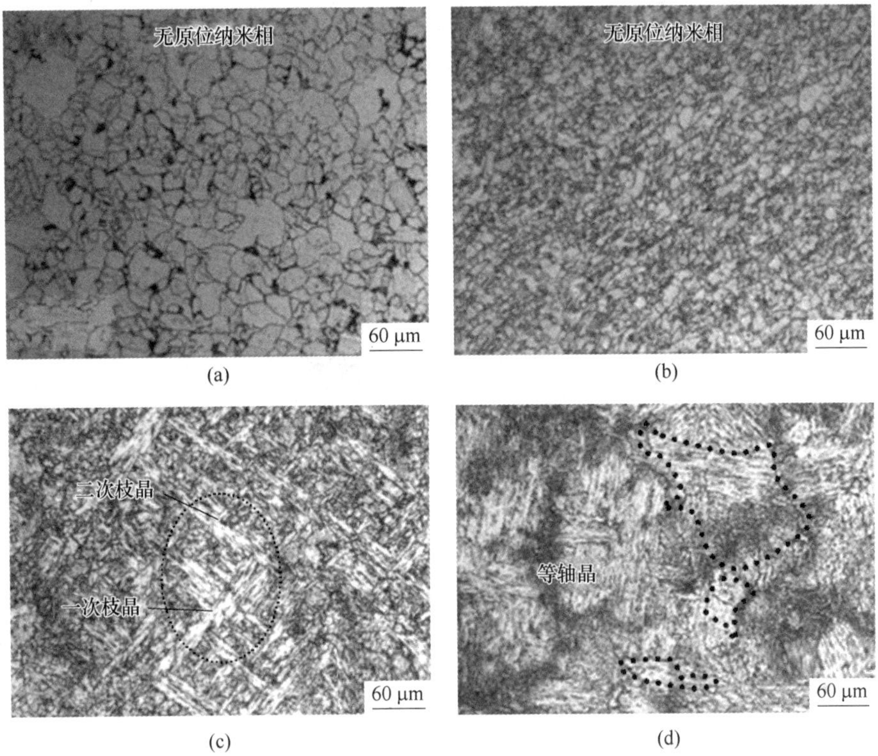

图 5-3 原位纳米相对合金基体的细化作用
（a）（b）Q195 钢[13]；（c）（d）Ni-Cr-Mo 低合金高强钢[19]

5.3.1.2 细化第二相和夹杂物

金属材料中大尺寸夹杂物和第二相是影响其性能的重要因素。夹杂物和第二相细化，以及在颗粒和基体之间建立相干/半相干界面被认为是优化金属材料性能的有效手段[21]。通过微合金化调整纳米强化相的析出行为以改善时效硬化合金的力学性能已得到广泛应用。

钢中夹杂物的形状、大小和分布对微观组织、显微形貌和力学性能有重要影响，钢中夹杂物可通过多点区域微量供给技术实现纳米/微米化[13, 19, 23]，该技术的原理如下：（1）将 Al 和 Ti 复合绞丝加入熔体中，获得大量密度的原位形核 Ti_3O_5 和 Al_2O_3 纳米颗粒；（2）在凝固过程中，MnS 以 Al_2O_3 为核心生长，形成球形或椭圆形 MnS-Al_2O_3 复合结构（1~2 μm）（见图 5-4（a））[14]；（3）回火过程中，Nb(C，N）析出物随 Ti_3O_5 核心数量出而增加，析出物呈 Ti_3O_5-Nb(C，N）核壳结构（见图 5-4（b））[23]。图 5-4（c）显示了多点区域微量供给技术细化夹杂物和第二相的示意图[14]。

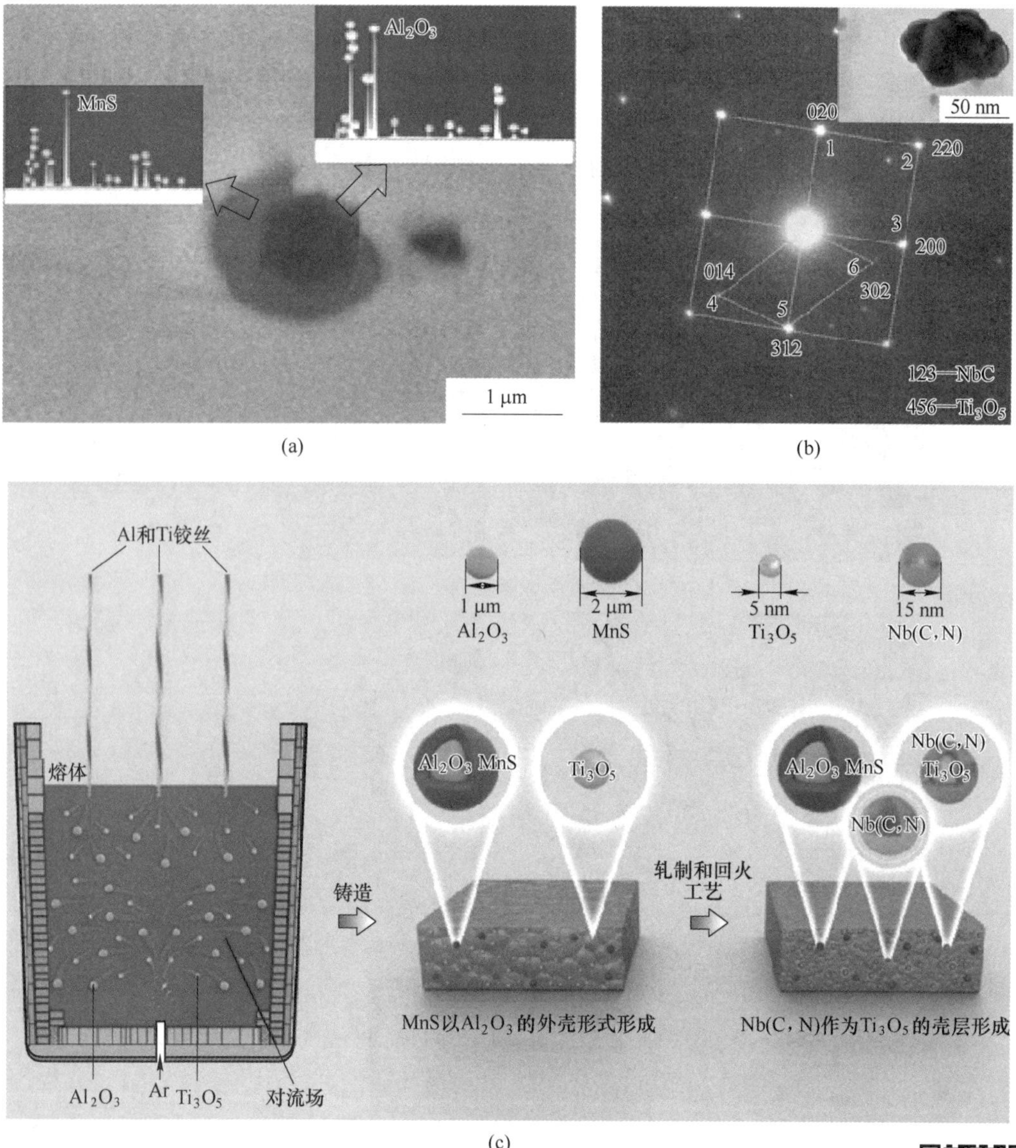

图 5-4　钢中夹杂物的 SEM 形貌及组织演变

(a) MnS-Al_2O_3 复合夹杂物[10]的 SEM 形貌[14]；(b) Ti_3O_5- Nb（C，N）核壳结构的 SADP 指数和 TEM 形貌[14]；(c) 多点区域微量供给技术示意图，以及铸造和回火过程中的组织演变[14]

彩图

通过 EFSEM 和 EDS 对高强钢铸态试样中存在的多元第二相的形貌和种类进行了详细的分析，钢铸态中的多元第二相如图 5-5 所示，结果表明，钢中第二相主要为两类：(1) 圆形析出，能谱显示为 TiO_x-TiC-MnS 复合夹杂；(2) 内圆外方复合夹杂，能谱显示为 TiO_x-(Nb,V,Ti)(C,N) 的复合析出多元第二相，这跟热力学分析结果相一致，钢中多元第二相尺寸细小，且为复合析出，钢中 (Nb,V,Ti)(C,N) 优先依附在高熔点的 TiO_x 上形核长大，也就是说钛的氧化物有利于钢中碳氮化物多元第二相的非匀质形核，因此通过原位纳米强化技术我们可以充分利用钛的纳米氧化物来细化钢中的多元第二相。

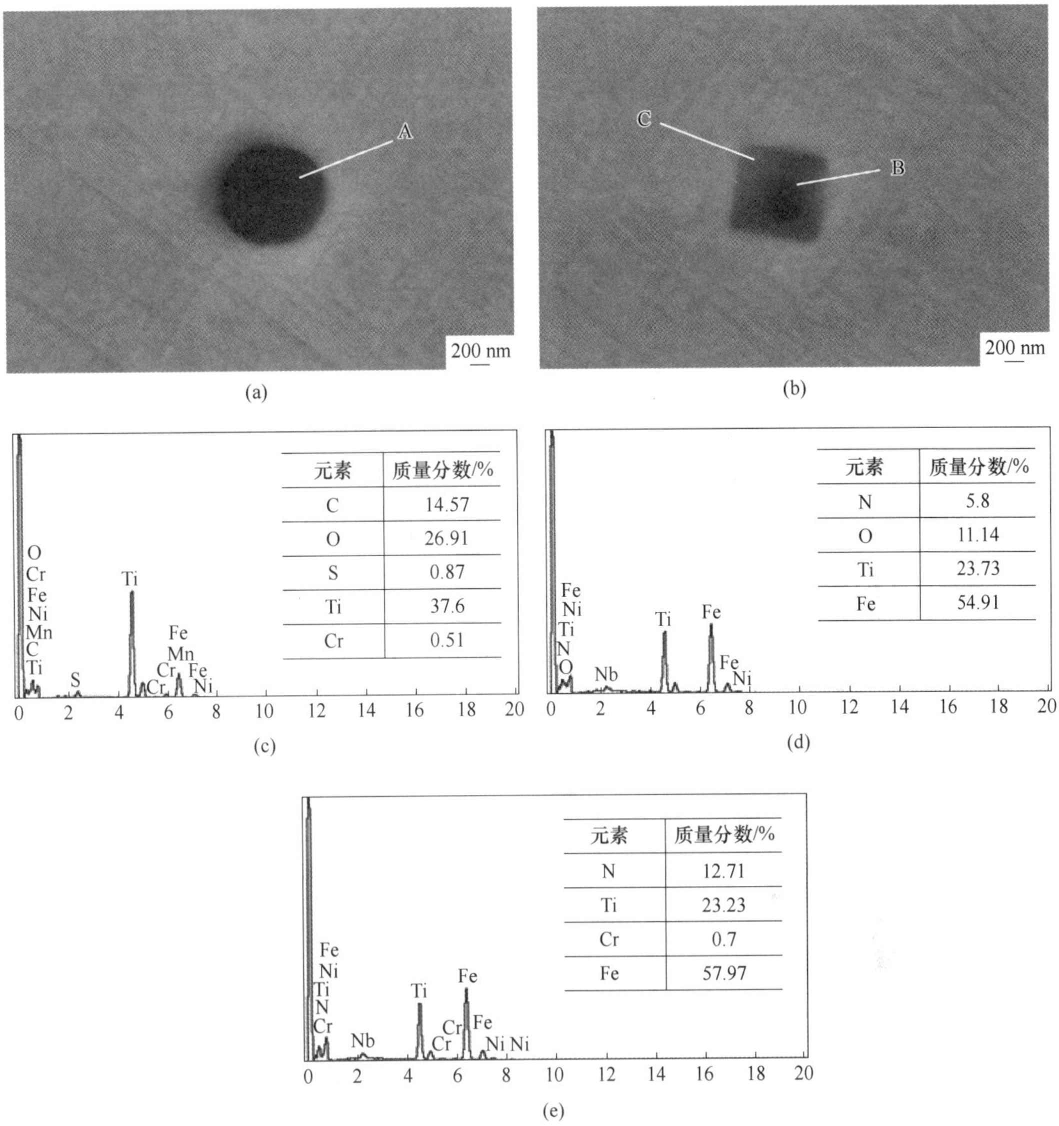

图 5-5 高强钢铸态试样中的多元第二相

（a）圆形 TiO_x-TiC-MnS 复合析出物；（b）方形 TiO_x-(Nb,V,Ti)(C,N) 复合析出物；
（c）第二相 A 的能谱分析；（d）第二相 B 的能谱分析；（e）第二相 C 的能谱分析

5.3.1.3 力学性能的均匀化

对制备的原位纳米增强增韧 24 mm 厚高强钢钢板的头部、中部和尾部取拉伸样（取样位置标注为 P1～P6），沿轧制方向和横向方向进行单轴力学性能测试，其结果如图 5-6 所示。测试发现，母材各部力学性能具有非常好的一致性，其中屈服强度、抗拉强度和均匀伸长率分别为 830 MPa±1.77 MPa，928 MPa±9.6 MPa 和 20.8%±0.4%[24]。

对高强钢的微观组织进行分析如图 5-7 所示，其基体组织主要是回火马氏体组织，而通过 EBSD 分析发现，在回火马氏体中还均匀分布着尺寸为 0.47～0.82 μm 的奥氏体相，含量为 6.5%。通过取向分析可以证明这些奥氏体由残余奥氏体和逆转变奥氏体组成。通

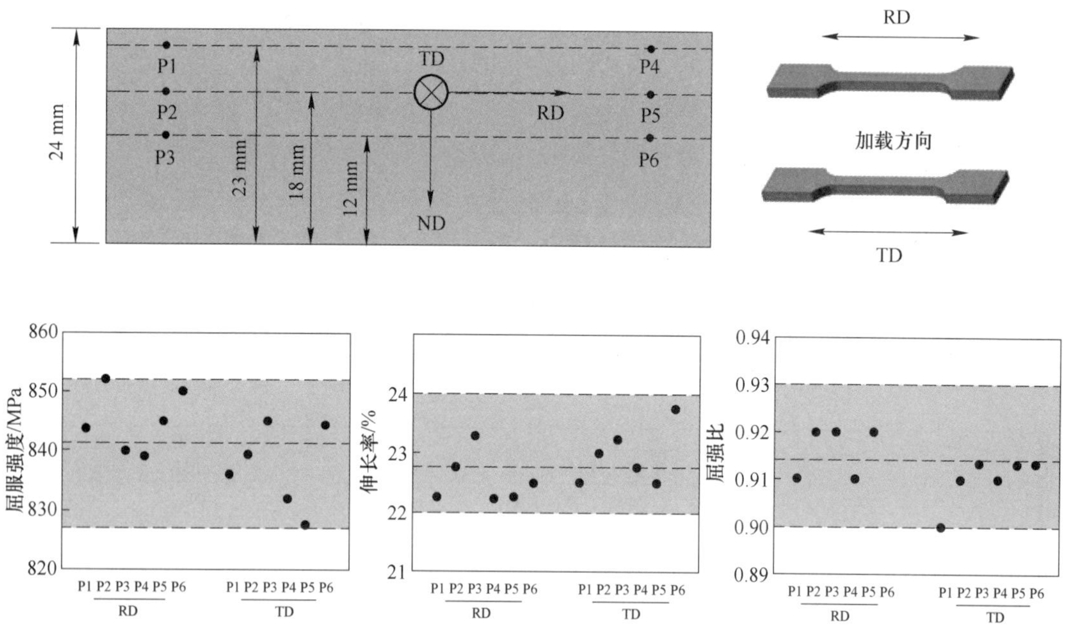

图 5-6　原位纳米增强增韧高强钢取样位置及力学性能

彩图

过 KAM 分析发现变形过程中的应力多集中在残余奥氏体区域，由此可以猜测高强韧钢多尺度多相组织中残余奥氏体的应变配分调控 TRIP 效应机制，从而提高了高强韧钢的韧性。

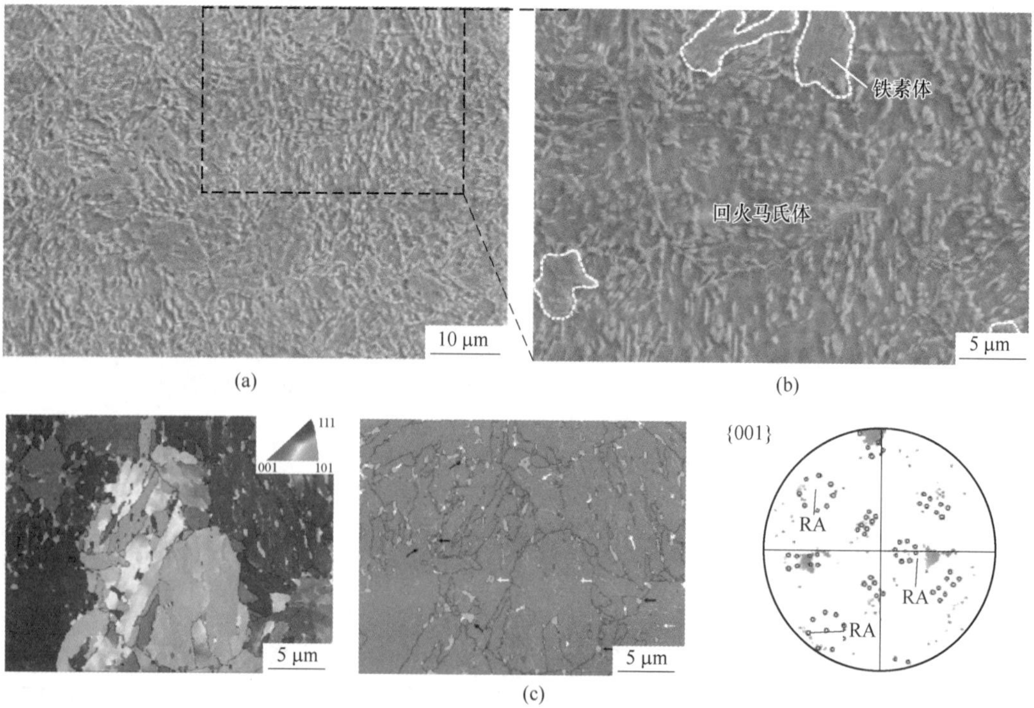

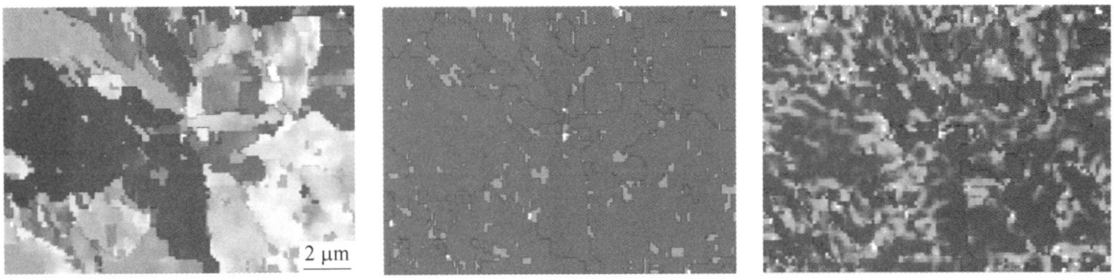

(d)

图 5-7　高强钢变形前（(a)~(c)）和变形后（d）的微观组织

彩图

通过 TEM 可以看到，钢基体中有大量均匀弥散的析出相（见图 5-8），晶格常数计算和 EDS 成分检测证明该析出相为 NbC。已有研究证明 NbC 和 Fe 基体往往呈半共格关系，而半共格析出相对位错的有限阻碍作用可以在不损害韧性的基础上提高基体的强度[24]。因此可以推断，高强韧钢中均匀弥散分布的 NbC 半共格析出相可以有效提高钢的强度。

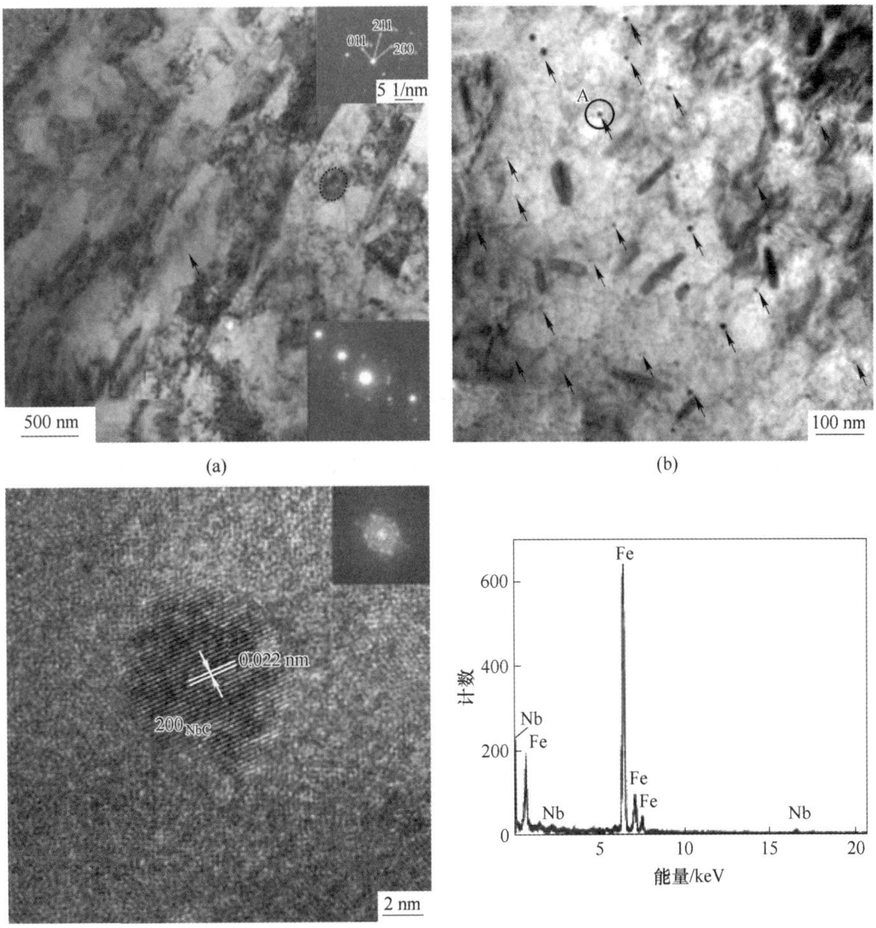

(a)　(b)　(c)　(d)

图 5-8　钢基体中的 NbC 析出相

（a）钢基体及 NbC 第二相衍射斑；（b）NbC 第二相在钢中弥散分布；（c）NbC 第二相的高分辨形貌及晶格常数；（d）NbC 第二相的 EDS 成分谱图

综合以上两方面因素，残余奥氏体和 NbC 析出相在基体中的均匀分布，可以保证变形过程的材料各部位变形均匀，因而在提高材料强度和韧性的同时还能保证材料各部的性能一致性。

5.3.2　原位纳米增强增韧高强钢的制备及其组织性能

原位纳米增强增韧高强钢制备的工艺路线为：电炉初炼→真空碳脱氧→精炼→真空→喂丝→粗抽→模铸→自耗电极制备→电渣重熔→缓冷→电渣锭发运→电渣锭清理→（加热）开坯→扩氢→清理→（加热）轧制→热处理→检验。

其中，在真空处理后喂入的钛丝如图 5-9 所示，使用钛丝绞至成直径约 9mm 的绞丝，通过专业机械喂丝机喂入钢液中，在钢熔体中形成原为纳米颗粒。利用强对流将纳米级晶核迅速带离其所产生的区域，破坏其微量元素浓度梯度，使其达不到长大所需的动力学及热力学条件，并控制熔体的流场、浓度场及力场，在熔炼后的材料中产生大量弥散分布的原位纳米相，在控制其稳定性的前提下，使整个工艺过程中一直保持大量弥散分布的原位纳米相，使得夹杂物纳米化，开拓改善夹杂物新思路。

图 5-9　钛绞丝通过喂丝机喂入钢液中

添加方式为弥散分布的加入一根根合金绞细丝，螺旋缠绕，空间上分布开；不断变化细丝喂入速度，避免溶质元素过度集中；熔炼中施加电磁搅拌或吹氩，在熔体中形成了流场、力场等，将刚形成的纳米颗粒带离所在的析出部位，弥散分布到钢液中，使纳米颗粒在生长过程不会出现溶质元素的富集。钢中的纳米级氧化物改善了夹杂物/基体界面匹配度，使得夹杂物纳米化，提高界面结合强度，有力地抑制裂纹在夹杂物/基体界面的萌生和扩展，改善钢的力学性能。

5.3.2.1　铸态组织

图 5-10 所示为实验用钢铸态组织析出相的 TEM 形貌，可以发现在实验用钢的铸态组织中分布着大量的纳米第二相，这些粒子均匀而弥散地分布在组织内部。对这些纳米相进一步放大得到如图 5-11 所示的铸态组织 HRTEM 图像及获得的衍射花样。由图 5-9 和图 5-11 可以得知，纳米相的尺寸基本为 3~5 nm，多为不规则形状，并且在视场中均匀弥散地分布，纳米相的尺寸、形态及分布没有明显的规律，但其数目很多，说明在电渣重熔的过程中，纳米相没有受到严重的烧损并且保留下来。

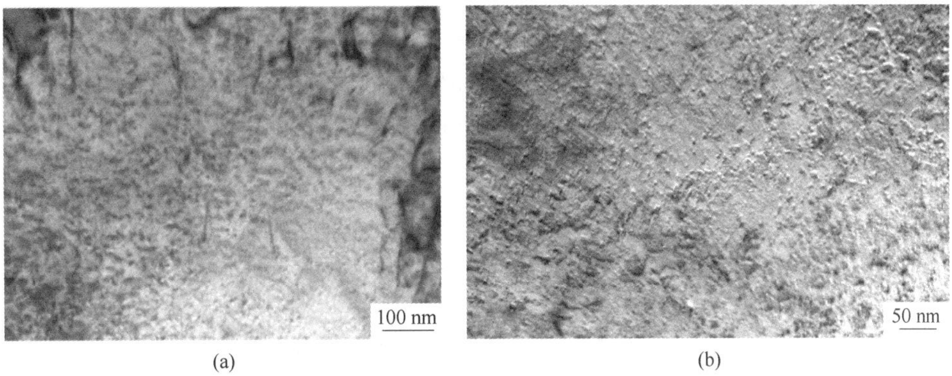

图 5-10 实验用钢铸态组织析出相的 TEM 形貌图

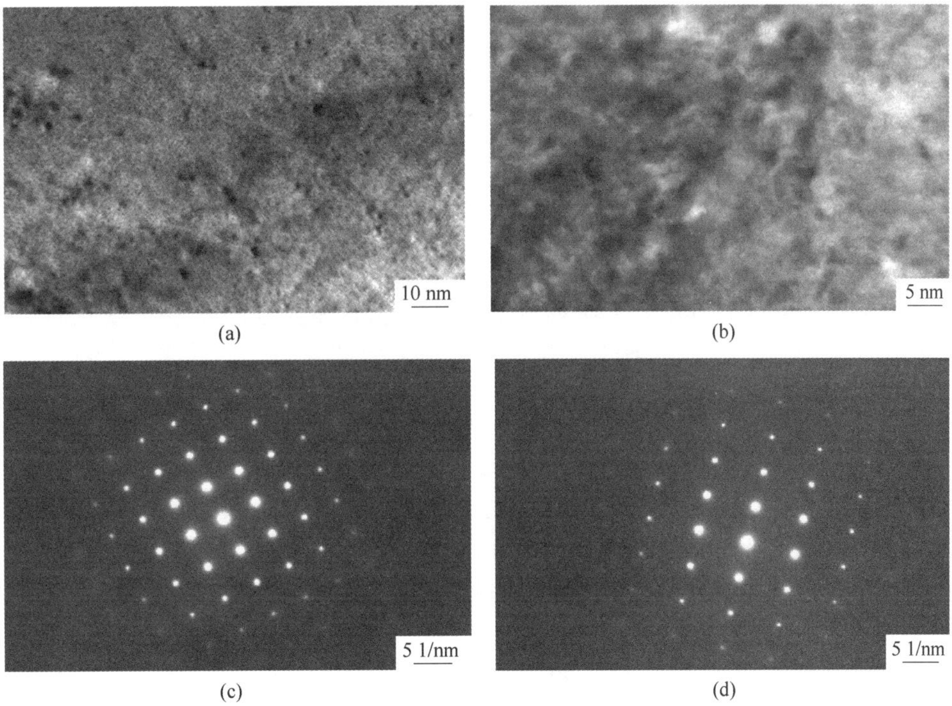

图 5-11 铸态组织 HRTEM 图像及衍射斑点

如图 5-12 所示，该组织图中既有板条贝氏体组织，又有粒状贝氏体组织，但在整个铸锭中，主要是粒状贝氏体组织，仅含有少量的板条贝氏体。粒状贝氏体组织由铁素体基体和岛状组织组成，这种岛状组织多为马氏体/奥氏体的混合体，也有单一的马氏体或者奥氏体，简称 M-A（Martensitic-Austenite）岛。M-A 岛可分为两类：（1）一类是块状的 M-A 岛，主要分布于晶界；（2）另外一类为长条的 M-A 岛，分布于铁素体基体内或板条界内。在图中都出现了块状和长条状的 M-A 岛，即为图中黑色点状、块状和长条状斑点。

由图 5-13 可知，电渣重熔后的组织为粒状贝氏体组织，其中含有少量的板条贝氏体，岛状的组织是马氏体-残余奥氏体，基体为铁素体。

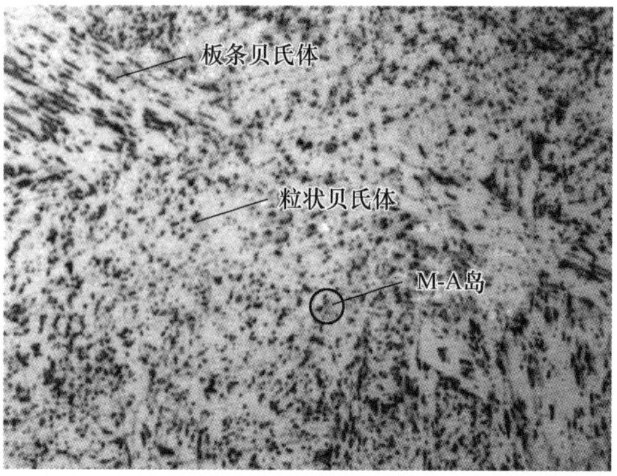

图 5-12　电渣铸锭组织示意图（500 倍）

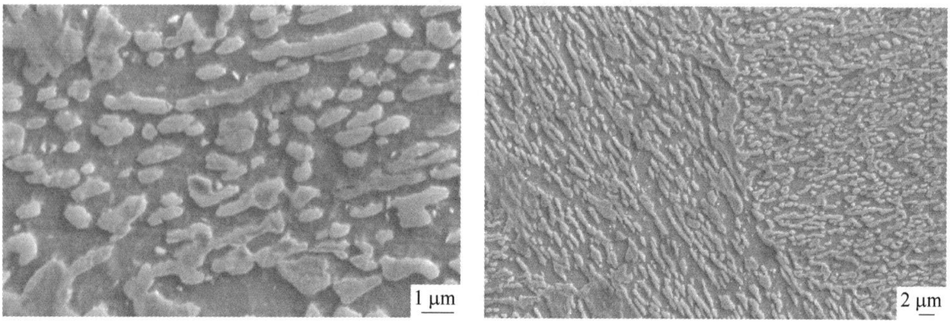

图 5-13　电渣重熔后铸锭金相组织

利用扫描电镜对实验钢样进行夹杂物的观察与分析，具体结果如图 5-14 所示。观察到的夹杂物的尺寸约为 2 μm，形状为四边形。由能谱分析可知，夹杂物的主要组成是：Al_2O_3+MnS，且主要为 Al_2O_3。根据李殿中的已有研究[22]，MnS 很容易与 Al_2O_3 一起附着在一起形成复合的夹杂物，且 MnS 是附着在 Al_2O_3 外侧。在整个扫描电镜观察夹杂物的过程中，观察到的试样组织没有明显的较大的缺陷，而且夹杂物的数目非常少，所观察到的夹杂物尺寸均在 2 μm 左右，这与检验结果平均尺寸为 2 μm 也是相吻合的，观察到的夹杂物的主要类型为 Al_2O_3，并含有少量的 MnS。

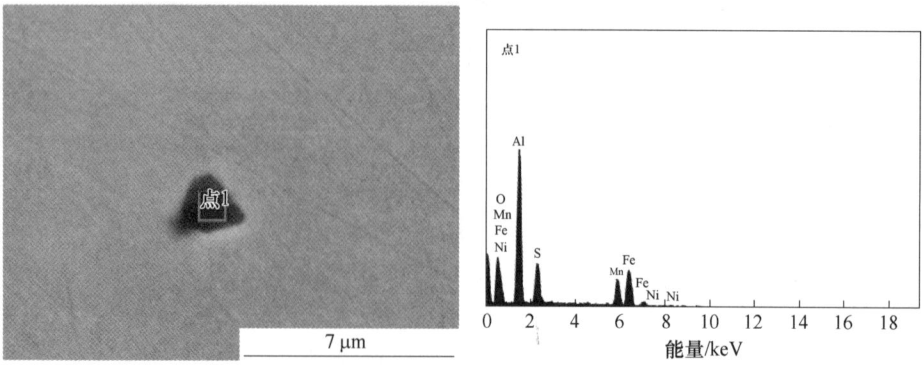

(a)　　(b)

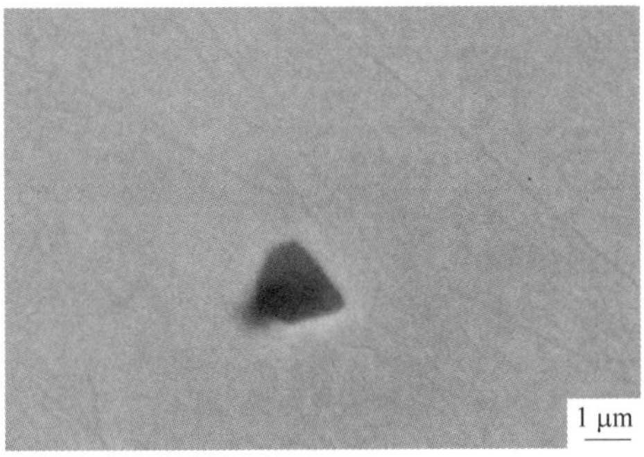

元素	质量分数/%	摩尔分数/%
O *K*	25.30	43.67
Al *K*	30.28	30.99
S *K*	8.99	7.74
Mn *K*	13.34	6.70
Fe *K*	21.13	10.45
Ni *K*	0.97	0.46
总计	100.00	

(c)

图 5-14 扫描电镜观察非金属夹杂物及能谱分析

5.3.2.2 热轧态组织

对高强韧钢热轧板的纳米相进行研究，采用萃取复型法制备碳膜样品，并使用透射电镜对高强韧钢中纳米相进行观察及 EDS 能谱分析，结果如图 5-15 所示。由图 5-15 可知，高强韧钢热轧态中的纳米析出相整体上看呈均匀弥散分布，单个粒子尺寸从几纳米到几十纳米不等，其形貌主要为圆形和方形。尺寸十几纳米的圆形纳米相主要为 Nb 的析出相。尺寸几十纳米的方形纳米相主要为 TiN。根据粒径分布结果，高强韧钢控轧控冷时析出的纳米相整体分布弥散均匀，尺寸由几纳米至几十纳米不等，且以 20～100 nm 的纳米相为主。

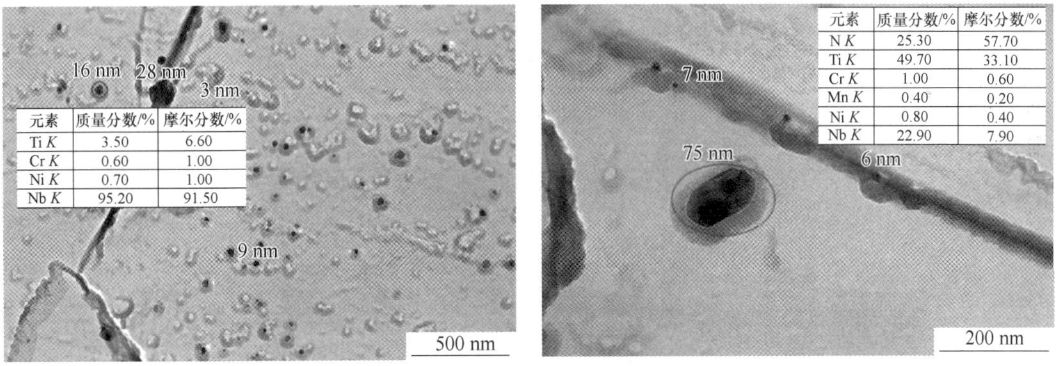

元素	质量分数/%	摩尔分数/%
Ti *K*	3.50	6.60
Cr *K*	0.60	1.00
Ni *K*	0.70	1.00
Nb *K*	95.20	91.50

元素	质量分数/%	摩尔分数/%
N *K*	25.30	57.70
Ti *K*	49.70	33.10
Cr *K*	1.00	0.60
Mn *K*	0.40	0.20
Ni *K*	0.80	0.40
Nb *K*	22.90	7.90

(a) (b)

图 5-15 高强韧钢热轧态纳米相 TEM 观察及 EDS 能谱分析

高强韧钢热轧态 SEM 组织观察如图 5-16 所示，热轧态组织为粒状贝氏体，实验室与工业热轧板组织均相同，仅在晶粒尺寸形态上有细微差别。

结合控轧控冷生产工艺，对整个热轧过程中高强韧钢的组织转变进行分析。在第一阶段轧制时，主要发生的是奥氏体再结晶，轧制过程积累的形变能为再结晶提供能量，而产生的位错及大量原位纳米相作为形核质点，进一步促进晶粒细化；第二阶段轧制时，由于温度较低，几乎没有再结晶，仅积累大量位错与形变能，为冷却过程中的相变提供形核质点与能量；轧后入炉缓冷，在此过程中发生奥氏体向铁素体的转变，第二阶段轧制积累的大量位错与原位纳米相作为形核质点，使相变过程中形成的晶粒得到进一步细化。由于采

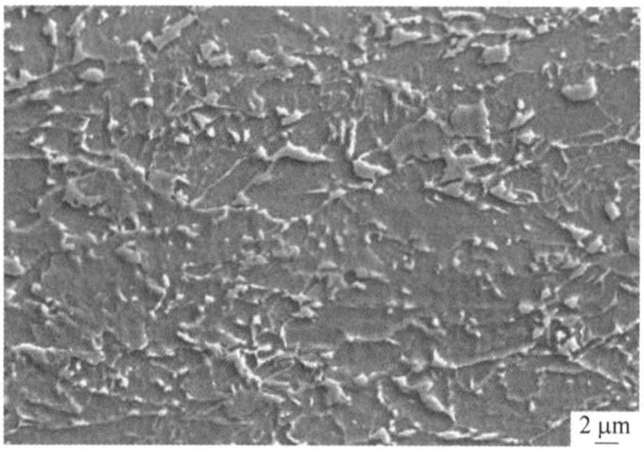

图 5-16　高强韧钢热轧态组织 SEM 观察

用随炉缓冷的方式，热轧板冷却速度极慢。在发生铁素体相变的过程中，大块的晶粒中碳元素与合金元素会向周围较小的奥氏体晶粒中扩散，使该晶粒稳定性大大增强，最终冷却后形成 M/A 岛。除铁素体与 M/A 岛之外，还有一定量的粒状碳化物在晶界处形成，三者共同组成了粒状贝氏体组织。

5.3.2.3　热处理态组织

高强韧钢热处理态的纳米相 TEM 观察如图 5-17 所示。由图 5-17 可知，高强韧钢热处理态中的纳米析出相更加弥散细小，其可分为两类，大尺寸的析出相直径为几十纳米，小尺寸的析出相直径在 10 nm 以下。

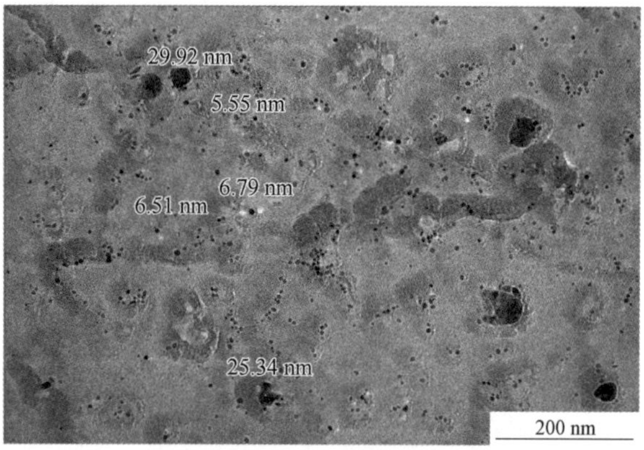

图 5-17　高强韧钢热处理态纳米相 TEM 观察

结合 SEM 与高温金相观察结果，分析二次淬火热处理过程中的组织演变规律。由图 5-18 可知，热轧态组织为粒状贝氏体组织（见图 5-18（a）），粒状碳化物的不均匀分布导致成分的起伏；一次加热保温时（见图 5-18（b）），密集的粒状碳化物促进奥氏体形核（实线圈），细化晶粒，一次淬火态组织为板条马氏体（见图 5-18（c）），奥氏体密集形核区域板条组织混乱且密集（实线圈）；合金成分较低区域（虚线圈）晶粒未得到细化，但晶粒内大量的板条界为形核提供质点；二次加热保温时（见图 5-18（d）），晶粒以板条界为质点内部奥氏体大量形核，进一步细化晶粒（虚线圈），同时，合金成分极低的区域在两相区二次加热保温时，转变为铁素体，并在淬火后稳定存在；二次淬火态组织为铁素体+板条马氏体，有效晶粒尺寸较小；回火态组织为铁素体+回火马氏体（见图 5-18（f）），

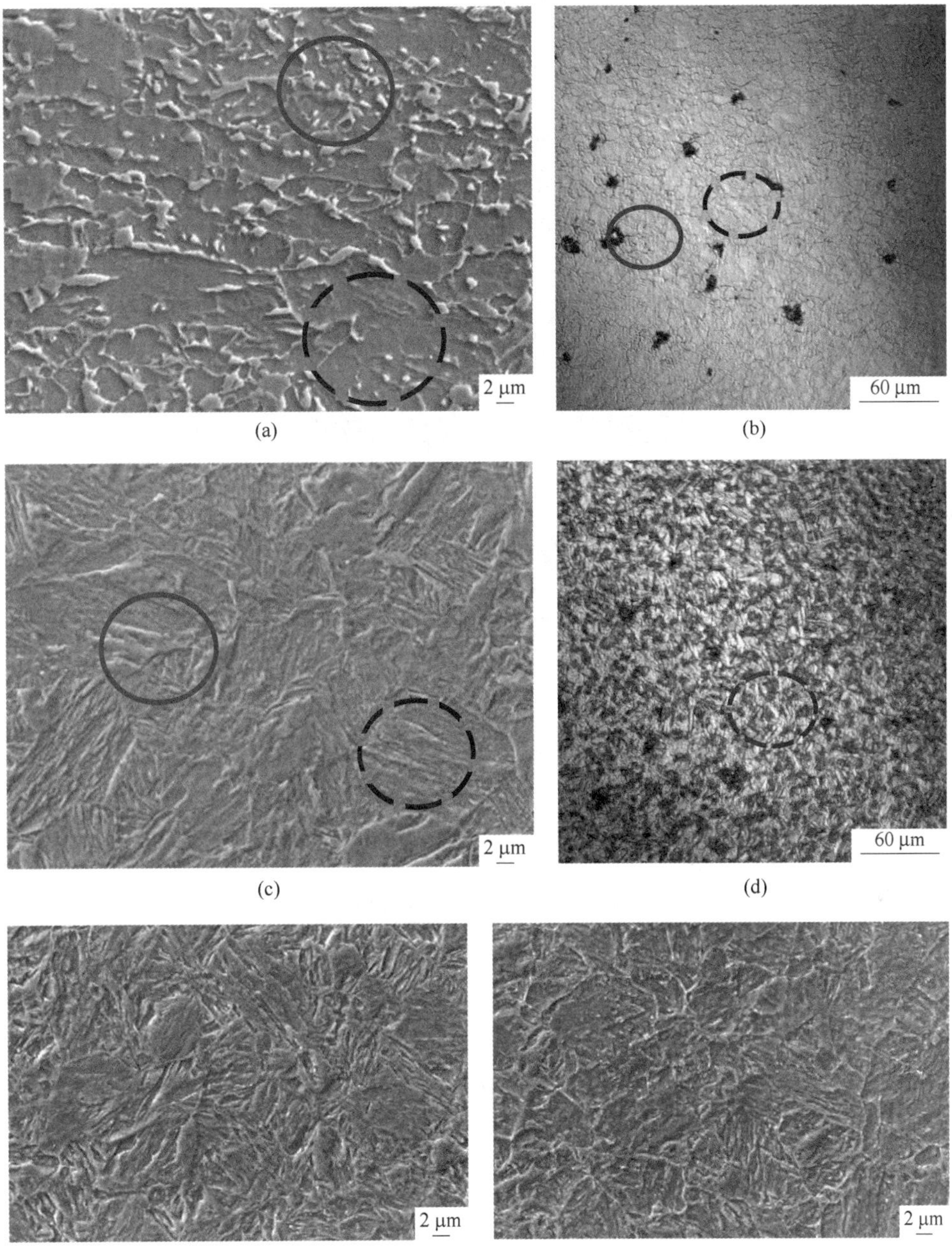

(a) (b) (c) (d) (e) (f)

图 5-18 二次淬火热处理过程中的组织观察与高温金相观察

(a) 热轧态；(b) 一次加热保温态（860 ℃）；(c) 一次淬火态（860 ℃一淬）；(d) 二次加热保温态（740 ℃）；(e) 二次淬火态（740 ℃二淬）；(f) 回火态（560 ℃回火）

板条马氏体发生分解变成回火马氏体，铁素体保持稳定，回火过程中晶粒尺寸变化不大。最终高强韧钢热处理板的组织为铁素体+回火马氏体。在充分了解二次淬火热处理过程中的组织演变后，即可通过调节二次淬火温度与回火温度对热处理组织进行精确控制。

原始钢板加工处理成不同厚度：25 mm、45 mm 及 80 mm；然后采用一次淬火+两相区二次淬火+回火的热处理工艺处理各个试样，通过在两相区二次淬火环节引入铁素体以降低屈强比。如图 5-19 所示，热处理后的基本组织大致相同，均由铁素体和回火板条马氏体构成。

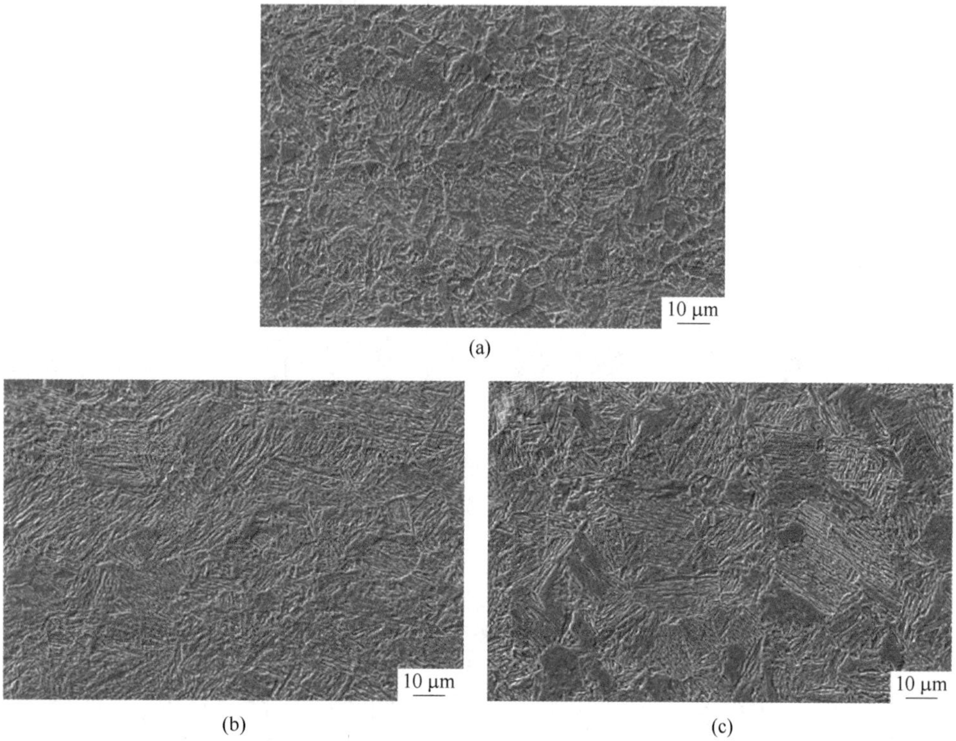

图 5-19　不同厚度样品的热处理后组织

（a）25 mm；（b）45 mm；（c）80 mm

5.3.2.4　原位纳米增强增韧钢的力学性能

原位纳米增强高强韧钢在三个方向上进行拉伸试验所获得的工程应力-应变曲线如图 5-20 所示，根据曲线可知，其平面各向异性不明显。三个方向的力学性能参数见表 5-2。

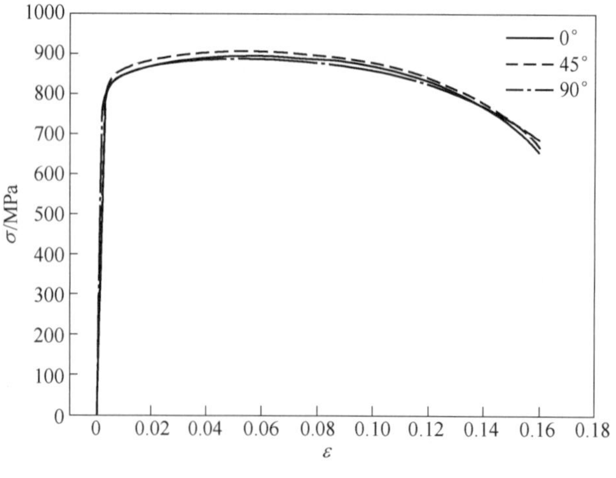

图 5-20　三个方向的工程应力-应变曲线

表 5-2 三个方向拉伸力学性能参数

与轧制方向夹角	试样编号	屈服强度/MPa	抗拉强度/MPa	伸长率/%	屈强比
0°	AL-1	815.81	893.46	20.51	0.91
	AL-2	814.96	897.53	19.03	0.91
	平均值	815.39	895.5	19.77	0.91
45°	AL-3	829.10	905.65	19.14	0.92
	AL-4	829.42	904.36	19.37	0.92
	平均值	829.26	905.01	19.26	0.92
90°	AL-5	787.62	883.65	19.57	0.89
	AL-6	797.70	887.16	22.17	0.90
	平均值	792.66	885.41	20.87	0.895

根据表 5-2 中力学性能参数可知，与轧制方向夹角为 45°的屈服强度和抗拉强度虽略高于 0°和 90°方向，但相差较小，且均超过 790 MPa；三个方向拉伸的断后伸长率均在 20%左右，屈强比均接近于 0.9。故总体来说，原位纳米增强高强韧钢在上述三个方向上的力学性能差异较小，进一步说明其不具有明显的平面各向异性。

原始状态 25 mm 厚板在室温（23 ℃）、−20 ℃、−50 ℃的冲击功见表 5-3，不同温度的冲击功基本相同，均在 256 J 以上，表现出优异的强韧性，表明钢板韧脆转变温度远低于−50 ℃。

表 5-3 25 mm 厚板不同温度冲击吸收功

温度 T/℃	23	−20	−50
冲击功 KV_2/J	257	260	257

原始状态 45 mm 厚板不同位置处不同温度的冲击功见表 5-4，其整体的冲击功明显低于 25 mm 厚板，表面处的试样冲击功随着温度的降低略微上升，1/2 厚处的试样在−20 ℃冲击功最高，各温度下的平均值也高于表面处的冲击功；在室温和−20 ℃下，随着距离表面深度的加大，冲击功也随之上升，但在−50 ℃下，冲击功相同没有变化。

表 5-4 45 mm 厚板不同位置处不同温度吸收功

温度 T/℃	23	−20	−50
表面处-冲击功 KV_2/J	193	199	200
1/2 厚处-冲击功 KV_2/J	197	210	200

由表 5-5 可知，原始状态 80 mm 厚板不同位置处不同温度的冲击功明显高于 45 mm 板，但低于 25 mm 板，表面和中心处的试样冲击功随实验温度变化不大，基本相同，维持在 220 J 左右，室温下，随着深度的增加，冲击功呈下降趋势；1/4 厚处的试样在−20 ℃冲击功最高，低温下（−20 ℃、−50 ℃）冲击功高于室温的，1/2 厚处的试样随着实验温度的降低，冲击韧性也是呈小幅上升趋势。

表 5-5　80 mm 厚板不同位置处不同温度吸收功

温度 T/℃	表面处 KV_2/J	1/4 厚处 KV_2/J	1/2 厚处 KV_2/J
23	224	221	216
−20	228	246	218
−50	220	232	220

对原位纳米增强增韧高强钢不同厚度钢板性能检测的结果见表 5-6，可见其力学性能具有优异的均匀性。

表 5-6　项目测试结果

板厚	项目	取样位置及性能结果
24 mm 厚板	屈服强度 $R_{p0.2}$	头部横向：1/4 位置 839~849 MPa；1/2 位置 852 MPa；ϕ10 位置 840 MPa； 头部纵向：1/4 位置 834~839 MPa；1/2 位置 839~840 MPa；ϕ10 位置 844~846 MPa； 尾部横向：1/4 位置 838~840 MPa；1/2 位置 843~847 MPa；ϕ10 位置 850 MPa； 尾部纵向：1/4 位置 832 MPa；1/2 位置 827~828 MPa；ϕ10 位置 844~845 MPa
	屈强比 $R_{p0.2}/R_m$	头部横向：1/4 位置 0.91；1/2 位置 0.92；ϕ10 位置 0.92； 头部纵向：1/4 位置 0.90；1/2 位置 0.91；ϕ10 位置 0.91~0.92； 尾部横向：1/4 位置 0.91；1/2 位置 0.92；ϕ10 位置 0.93； 尾部纵向：1/4 位置 0.91；1/2 位置 0.91~0.92；ϕ10 位置 0.91~0.92
	断后伸长率 A	头部横向：1/4 位置 22.0~22.5；1/2 位置 22.5~23.0；ϕ10 位置 23.0~23.5； 头部纵向：1/4 位置 22.5；1/2 位置 23.0；ϕ10 位置 23.0~23.5； 尾部横向：1/4 位置 22.0~22.5；1/2 位置 22.0~22.5；ϕ10 位置 22.5； 尾部纵向：1/4 位置 22.5~23.0；1/2 位置 22.5；ϕ10 位置 23.5~24.0
	断面收缩率 Z	头部横向：1/4 位置 75.0~76.0；1/2 位置 75.0；ϕ10 位置 77.0； 头部纵向：1/4 位置 77.0~78.0；1/2 位置 77.0；ϕ10 位置 76.0； 尾部横向：1/4 位置 75.0~76.0；1/2 位置 75.0；ϕ10 位置 74.0~75.0； 2 尾部纵向：1/4 位置 76.0~77.0；1/2 位置 76.0~77.0；ϕ10 位置 75.0~76.0
	−50 ℃冲击功	头部横向：1/4 位置 270.8J；1/2 位置 256.8 J； 头部纵向：1/4 位置 300.5 J；1/2 位置 295.0 J； 尾部横向：1/4 位置 254.3 J；1/2 位置 237.5 J； 尾部纵向：1/4 位置 293.8 J；1/2 位置 301.0 J
45 mm 厚板	屈服强度 $R_{p0.2}$	头部横向：1/4 位置 819~820 MPa；1/2 位置 796~820 MPa； 头部纵向：1/4 位置 801~811 MPa；1/2 位置 801~808 MPa； 尾部横向：1/4 位置 816~818 MPa；1/2 位置 849~850 MPa； 尾部纵向：1/4 位置 806~821 MPa；1/2 位置 809~814 MPa
	屈强比 $R_{p0.2}/R_m$	头部横向：1/4 位置 0.91；1/2 位置 0.91； 头部纵向：1/4 位置 0.91；1/2 位置 0.90~0.91； 尾部横向：1/4 位置 0.91；1/2 位置 0.92； 尾部纵向：1/4 位置 0.91；1/2 位置 0.91

续表 5-6

板厚	项目	取样位置及性能结果
45 mm 厚板	断后伸长率 A	头部横向：1/4 位置 20.0~21.0；1/2 位置 19.0~22.0； 头部纵向：1/4 位置 22.0~22.5；1/2 位置 21.5~22.5； 尾部横向：1/4 位置 21.0~21.5；1/2 位置 20.5； 尾部纵向：1/4 位置 22.0~22.5；1/2 位置 21.5~22.5
	断面收缩率 Z	头部横向：1/4 位置 74.0；1/2 位置 71.0~74.0； 头部纵向：1/4 位置 76.0~78.0；1/2 位置 71.0~76.0； 尾部横向：1/4 位置 74.0~75.0；1/2 位置 73.0~74.0； 尾部纵向：1/4 位置 77.0；1/2 位置 76.0~78.0；
	-50 ℃冲击功	头部横向：1/4 位置 244 J；1/2 位置 213.5 J；表面位置 238 J； 头部纵向：1/4 位置 262.3 J；1/2 位置 250.8 J；表面位置 268.3 J； 尾部横向：1/4 位置 231.8 J；1/2 位置 225.3 J；表面位置 229 J； 尾部纵向：1/4 位置 256.5 J；1/2 位置 238.5 J；表面位置 252 J
80 mm 厚板	屈服强度 $R_{p0.2}$	头部横向：1/4 位置 788~800 MPa；1/2 位置 788~789 MPa；表面位置 813~818 MPa； 头部纵向：1/4 位置 796~798 MPa；1/2 位置 791~794 MPa；表面位置 804~815 MPa； 尾部横向：1/4 位置 794~803 MPa；1/2 位置 785~786 MPa；表面位置 801~807 MPa； 尾部纵向：1/4 位置 790~796 MPa；1/2 位置 785 MPa；表面位置 796~798 MPa
	屈强比 $R_{p0.2}/R_m$	头部横向：1/4 位置 0.89；1/2 位置 0.88；表面位置 0.90； 头部纵向：1/4 位置 0.89；1/2 位置 0.88；表面位置 0.89~0.90； 尾部横向：1/4 位置 0.88~0.89；1/2 位置 0.88；表面位置 0.89~0.90； 尾部纵向：1/4 位置 0.88~0.89；1/2 位置 0.88；表面位置 0.89~0.90
	断后伸长率 A	头部横向：1/4 位置 20.0~20.5；1/2 位置 20.0；表面位置 20.5~21.0； 头部纵向：1/4 位置 20.0；1/2 位置 20.0~20.5；表面位置 20.0~21.0； 尾部横向：1/4 位置 20.5~21.0；1/2 位置 19.5~20.5；表面位置 21.0； 尾部纵向：1/4 位置 21.0~23.0；1/2 位置 21.0~22.5；表面位置 21.5~22.0
	断面收缩率 Z	头部横向：1/4 位置 72.0~74.0；1/2 位置 71.0~72.0；表面位置 73.0； 头部纵向：1/4 位置 73.0~75.0；1/2 位置 72.0；表面位置 71.0~74.0； 尾部横向：1/4 位置 73.0~74.0；1/2 位置 73.0；表面位置 73.0~74.0； 尾部纵向：1/4 位置 77.0~78.0；1/2 位置 72.0~74.0；表面位置 76.0~77.0
	-50 ℃冲击功	头部横向：1/4 位置 223.5 J；1/2 位置 209.8 J；表面位置 225.5 J； 头部纵向：1/4 位置 276.8 J；1/2 位置 262.5 J；表面位置 266.0 J； 尾部横向：1/4 位置 216.8 J；1/2 位置 213.5 J；表面位置 235.8 J； 尾部纵向：1/4 位置 248.0 J；1/2 位置 244.8 J；表面位置 235.8 J

5.4 原位纳米相提升高强钢的抗氢脆性能

现代工业发展对马氏体高强钢的力学性能要求越来越严苛，特别是强度和塑性的协同提升。然而，氢脆严重制约了高强钢的发展和应用，并且随着高强钢强度的提升，氢脆敏感性也越大[25-27]。高强钢的氢脆通常是沿晶、准解理等脆性断裂，这主要归因于氢脆的本质是氢在晶界、相界处富集降低原子间键合力。采用多点区域微量供给技术在熔炼过程中适当调整多元微量元素（Ti、Al、Nb 等）的含量，从而在熔体凝固、轧制、热处理过程中协同析出大量弥散分布的 Al_2O_3-MnS、Ti_3O_5-Nb(C,N) 多元复合纳米相，制备出具有精细组织的多元复合纳米相强化钢，同时提升了高强钢的强度和低温冲击韧性。

5.4.1　马氏体高强钢中的氢陷阱种类

马氏体高强钢中的氢陷阱主要包括浅氢陷阱、深氢陷阱两种类型，其中浅氢陷阱主要以位错、板条界为代表，深氢陷阱以晶内 NbC 纳米析出相和大角度晶界、晶界碳化物为代表。

马氏体板条界是一种富含刃型位错和螺型位错的小角度晶界，其氢陷阱结合能一般为 15~35 kJ/mol[28-30]。图 5-21（a）和（b）分别为马氏体板条分布的 TEM 明场像和暗场像，图中虚线表示板条平均宽度为几百纳米。同时，位错在氢扩散和氢陷阱行为中也具有重要作用，图 5-21（c）和（d）表明了位错的分布及其与纳米析出相之间的相互作用，位错缠结与位错线共同组成了高密度的位错。这些高密度的马氏体板条界和位错是钢中浅氢陷阱的来源，对应的浅氢陷阱密度为 $2.24\times10^{20}\ cm^{-3}$，捕获的氢含量为 $0.82\times10^{-4}\%$。

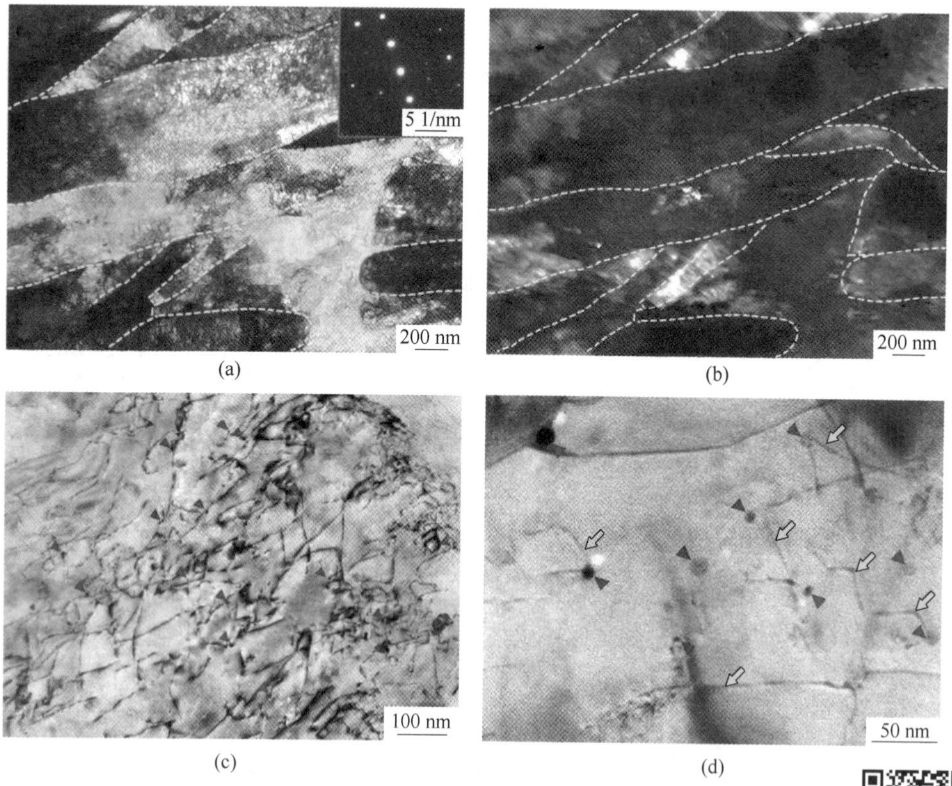

图 5-21　马氏体板条分布的 TEM
（a）明场像；（b）暗场像；（c）位错分布 TEM 图；（d）位错与析出相交互作用 TEM 图

彩图

在马氏体板条内部弥散分布着大量的 NbC 纳米析出相，图 5-22 所示为纳米析出相分布的明场像和暗场像，选区衍射斑（SAED）中明亮的主斑为 Fe 基体，较弱的第二套斑点为 NbC 纳米析出相，图 5-21（c）为纳米相尺寸分布统计图（超过 200 个颗粒），表明 NbC 平均尺寸为 9.3 nm±2.2 nm。这些弥散分布的 NbC 纳米析出相可以作为捕获氢的不可逆深氢陷阱，NbC 纳米析出相与 α-Fe 基体之间的界面关系为半/非共格取向关系，其半/非共格界面可以作为深氢陷阱较稳定地捕获氢，所对应的氢陷阱结合能，E_b 较高，为 40~100 kJ/mol[30-32]。

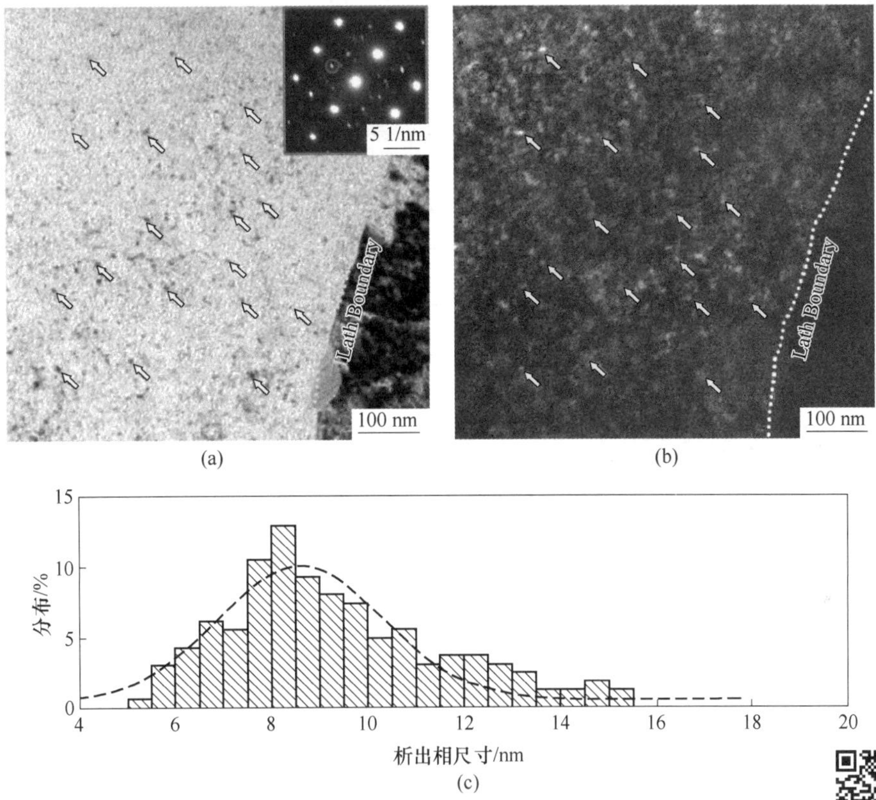

图 5-22 纳米析出相分布
（a）明场像；（b）暗场像；（c）纳米析出相尺寸分布图

彩图

原奥氏体晶界是一种大角度晶界，可以有效地阻碍位错运动导致位错在晶界处聚集。大角度晶界也可作为深氢陷阱，其捕获氢的结合能 E_b 为 40~60 kJ/mol[33-34]。同时，晶界碳化物与晶粒内部基体的界面也可以作为有效的氢陷阱[35-36]。图 5-23 表征了晶界与晶界碳化物。图 5-23（c）和（d）为图 5-23（b）中白色虚线圆圈处的 SAED 斑点图及其示意图，表明含有三套衍射斑点，证明了晶界两侧的两个 α-Fe 晶粒及晶界碳化物的存在。图 5-23（e）为图 5-23（b）中白色虚线圆圈处的 EDS 能谱图，表明存在 Fe、C、Ni、Nb 元素，说明这些晶界碳化物同样为 NbC。这些大角度晶界以及晶界碳化物也可作为深氢陷阱捕获氢，但这些晶界处的深氢陷阱捕获大量氢后极易在应力的作用下产生氢致开裂，诱发沿晶断裂。

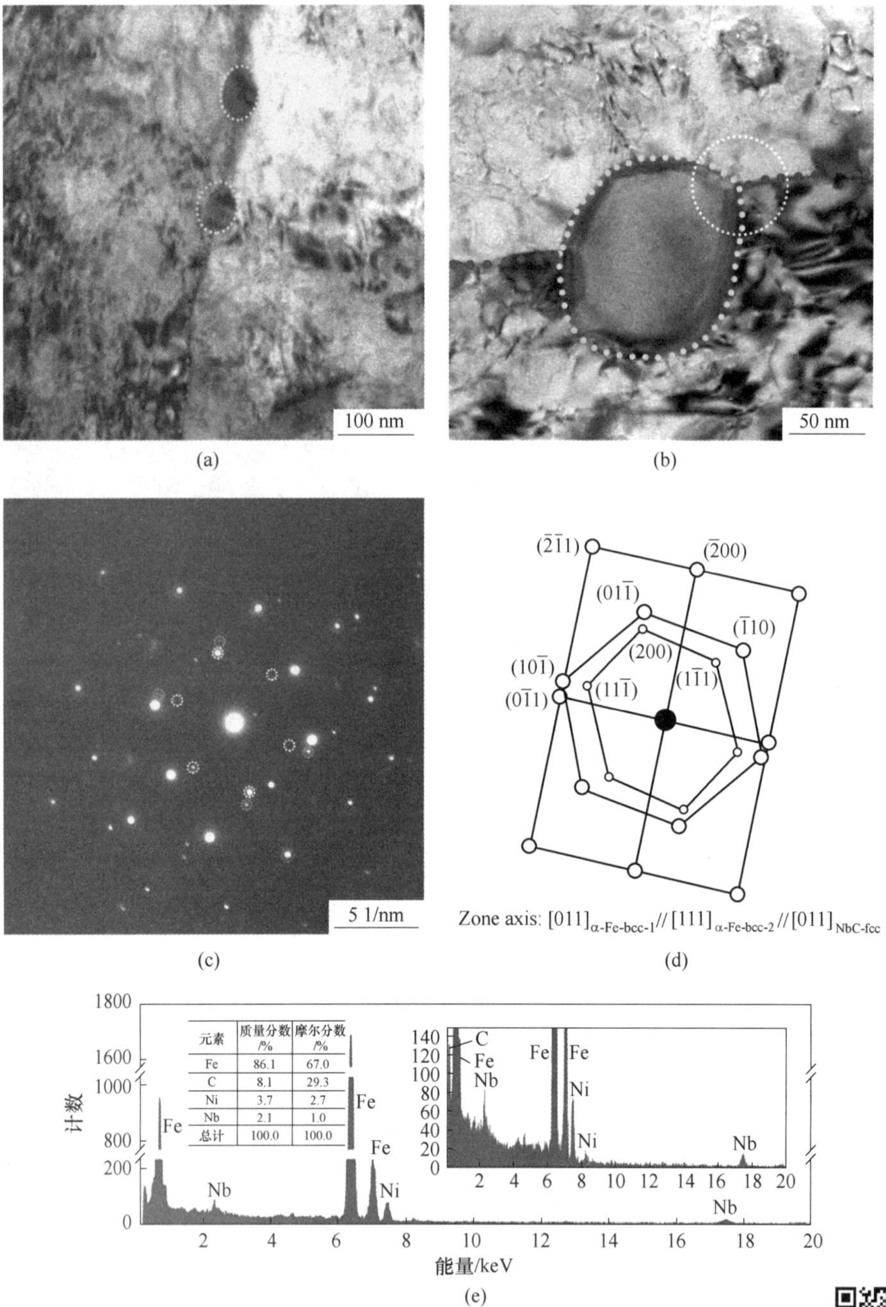

图 5-23　晶界与晶界碳化物形貌

（a）晶界和晶界碳化物的 TEM 明场像；（b）晶界碳化物的组织放大形貌图；（c）碳化物和晶界两侧 SAED 图；（d）SAED 示意图；（e）晶界碳化物 EDS 能谱图

彩图

5.4.2　原位纳米增强增韧高强钢的抗氢脆性能

对热轧和热处理态原位纳米增强增韧高强钢和对照钢进行宏观、系统的组织表征，如图 5-24 所示。热轧态实验钢主要由弥散分布的 M/A 组织和铁素体基体（Ferrite，F）组成，分别如图 5-24（a）和（c）所示，原奥氏体晶界由蓝色虚线标识。原位纳米增强增韧高强钢和对照钢中 M/A 的面积百分数有较大差异，其中原位纳米增强增韧高强钢为 32%±5%，对照钢为 22%±3%，这主要是由两种钢中的碳含量差异造成的。经过淬火—回火调质热处理后，两种钢主要由回火马氏体组成，分别如图 5-24（b）和（d）所示。

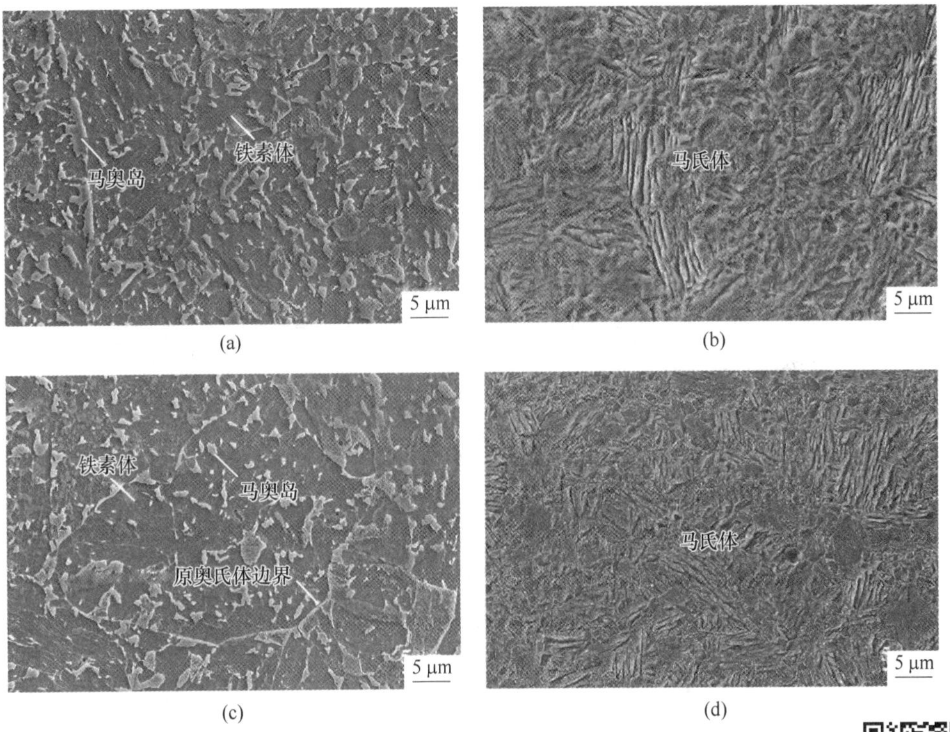

图 5-24　对照钢和原位纳米增强增韧高强钢的典型 SEM 组织图
（a）对照钢，热扎态；（b）对照钢，热处理态；（c）原位纳米增强增韧高强钢，热轧态；（d）原位纳米增强增韧高强钢，热处理态

彩图

图 5-25 所示为不同实验钢在空拉条件和动态充氢 SSRT 条件下的工程应力-工程应变曲线，图 5-25（a）为对照钢在空拉（无 H）和 0.5 mA/cm^2 动态充氢 SSRT（充 H）条件下的工程应力-工程应变曲线，图 5-25（b）为原位纳米增强增韧高强钢在空拉和 0.5 mA/cm^2 动态充氢 SSRT 条件下的工程应力-工程应变曲线。结果表明，经过淬火-回火调质热处理后，热处理态实验钢（1-T 和 2-T）的屈服强度和抗拉强度均高于热轧态实验钢（1-R 和 2-R），这主要归因于析出强化和位错强化。1-R 钢的强度高于 2-R 钢，1-T 钢的强度高于 2-T，主要是因为 1 号钢中含有更高的碳含量（含 C0.10%）。对 1 号钢而言，经过淬火—回火调质热处理后，1-T 钢强度升高，延伸率下降；然而，对于 2 号钢而言，2-T 钢强度升高且伸长率也有所升高。

图 5-26 表征了原位纳米增强增韧高强钢热轧态和热处理态实验钢薄膜 TEM 试样中纳米相的分布，图 5-26（a）表明了大量的尺寸为 5 nm 左右的纳米颗粒（如箭头所示）分布在基体中，图 5-26（b）和（c）为 2-R 实验钢中纳米相的 HRTEM 图，体现了这种纳

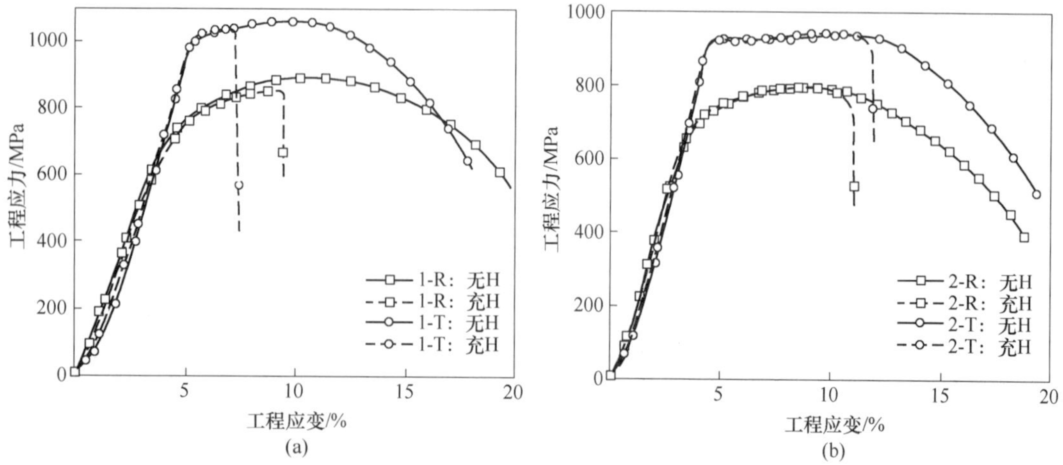

图 5-25　不同实验钢在空拉条件和动态充氢 SSRT 条件下的工程应力-工程应变曲线

（a）对照钢；（b）原位纳米增强增韧高强钢

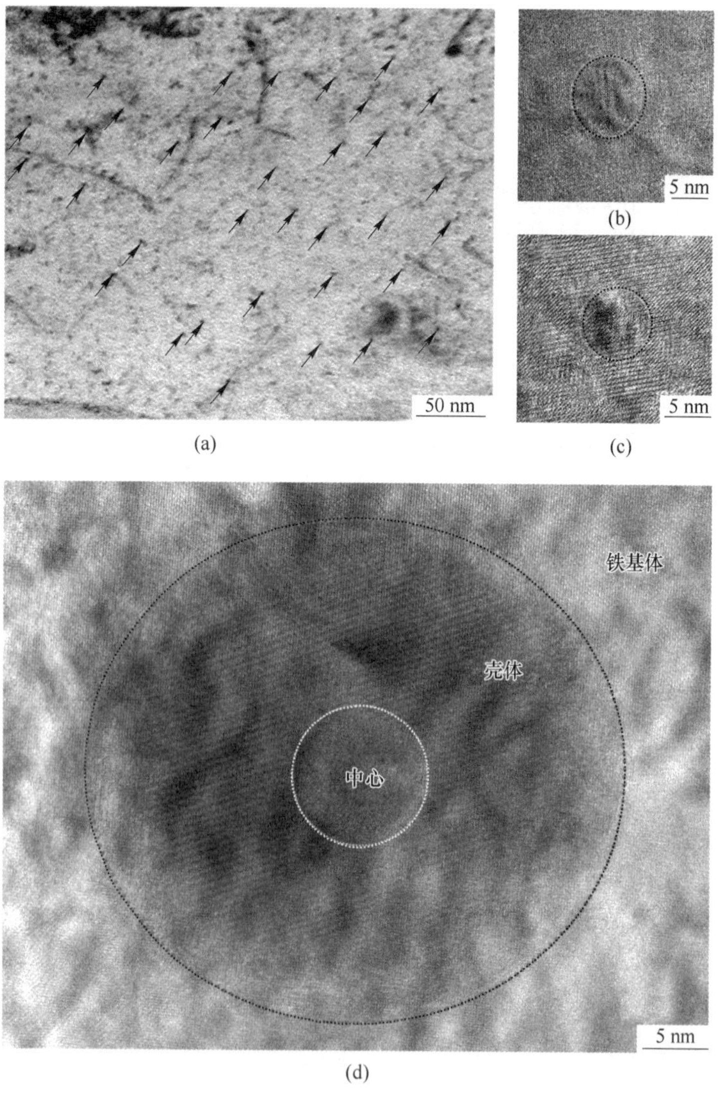

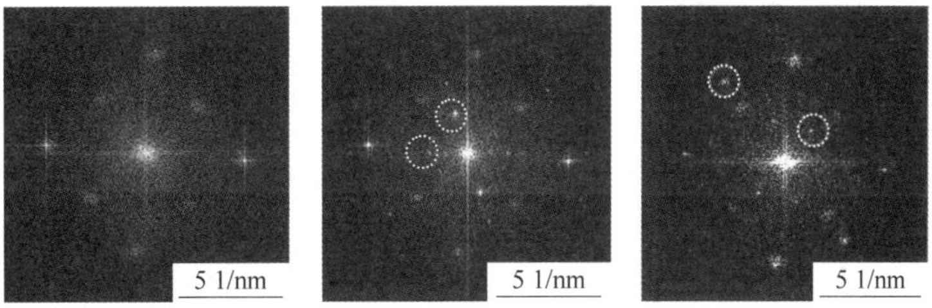

(e) (f) (g)

彩图

图 5-26 原位纳米增强增韧高强钢纳米相分布和实验钢
(a) 原位纳米增强增韧高强钢中纳米相分布的 TEM 表征，箭头表示纳米相；(b)(c) 原位纳米增强增韧高强钢中纳米相的 HRTEM 表征；(d) 2-T 实验钢中多元复合纳米相 HRTEM 表征；(e) α-Fe 基体的 FFT 斑点图；(f) 多元复合纳米相的外壳的 FFT 斑点图；(g) 核心的 FFT 斑点图

米颗粒的存在。图 5-26 (d) 为原位纳米增强增韧高强钢中多元复合纳米相的 HRTEM 图；图 5-26 (e)~(g) 分别为 α-Fe 基体、多元复合纳米相的外壳及核心的 FFT 斑点图，这也进一步验证了原位纳米增强增韧高强钢热处理态实验钢中 Ti_3O_5-Nb(C,N) 多元复合纳米相核壳结构的存在。这些多元复合纳米相提升了原位纳米增强增韧高强钢的力学性能，并对抗氢脆性能产生显著的影响。

NbC/α-Fe 的半共格界面具有较高的氢陷阱激活能（81.8 kJ/mol），并且 NbC/α-Fe 半共格界面处的失配位错核心是 NbC 深氢陷阱的根源，通过设计、制备晶内高密度、弥散分布的纳米级析出相来设计高强抗氢脆钢，原位纳米增强增韧高强钢中多元复合纳米相主要依靠其界面作为有益的氢陷阱捕获氢，同时 Ti_3O_5 可以与位错、晶界等一同作为异质形核核心促进 Nb(C,N) 等碳化物的生成，这样可以提升多元复合纳米相的密度，从而进一步提升氢陷阱的含量，最终提升实验钢的抗氢脆性能。

5.5 原位纳米相提升焊缝力学性能

5.5.1 原位纳米相对高强韧钢焊缝强韧化机理

对于焊缝金属，最典型的力学性能指标是室温屈服强度 σ_y（或规定塑性延伸强度 $\sigma_{0.2}$）、抗拉强度 σ_s 和低温冲击韧性 A_{KV}，在通常的应用环境下，$\sigma_{0.2}$和 A_{KV}是设计选材的重要指标。随着工程应用对材料性能需求的提高，同时提高钢的强度和韧性一直是研究者们努力突破的关口。弄清材料内部的强韧化机理及影响强韧化的微观组织因素，将在理论上指导新型高强度、高韧性材料的设计和开发。从强化的基本理论上来说，可以从下述两个方向出发提高金属材料的强度：一是完全消除金属内部的位错和其他缺陷，使金属的强度接近理论强度，但结合目前的制造水平，只能制备出尺寸极小的晶须，目前还不具有实际的应用价值；二是向材料内部引入大量的界面，阻碍材料变形在过程中的位错运动，达到强化的目的，这也是目前强化金属材料的主要手段。

为了研究熔敷金属中组织对裂纹扩展的影响，利用 SEM 对熔敷金属冲击断口表面下的二次裂纹进行观察，分析其在各种微观组织中的传播特性，如图 5-27 所示。在图 5-27

（a）和（b）中，裂纹基本沿着细条状的 M-A 组元传播，直到被大角度晶界（High Angle Grain Boundary，HAGB）捕获，ULC1 中的裂纹基本上沿直线传播，偏转的角度很小，说明其组织的 HAGB 能够有效地抑制裂纹的传播。而 ULC2 中裂纹尺度较大，并且有分叉和偏转，反映其组织中 HAGB 的数量较少或者对裂纹的钝化能力较弱，而小角度晶界（Law Angle Grain Boundary，LAGB）对裂纹传播的阻碍作用本身就没有 HAGB 强，很难捕获裂纹，但一定程度上能够使裂纹发生偏转从而消耗裂纹传播的能量。由于 M-A 组元在含 Nb 钢焊缝中是主要的起裂源，因为它是一种脆硬相，容易产生应力集中，造成 M-A 组元与基体之间的脱离，形成裂纹。这在图 5-27（a）中也能体现出来，可以看到裂纹以富碳 M-A 组元形核并沿着条状 M-A 组元长轴以一点角度，直接贯穿条状的 M-A 组元，直到被 HAGB 捕获。裂纹在这些脆性的 M-A 组元上扩展，表现为 M-A 组元被裂纹撕碎。二次裂纹的特征说明了 ULC1 中组织对裂纹传播的抑制作用要强于 ULC2，这也是其冲击韧性高于 ULC2 的主要原因。

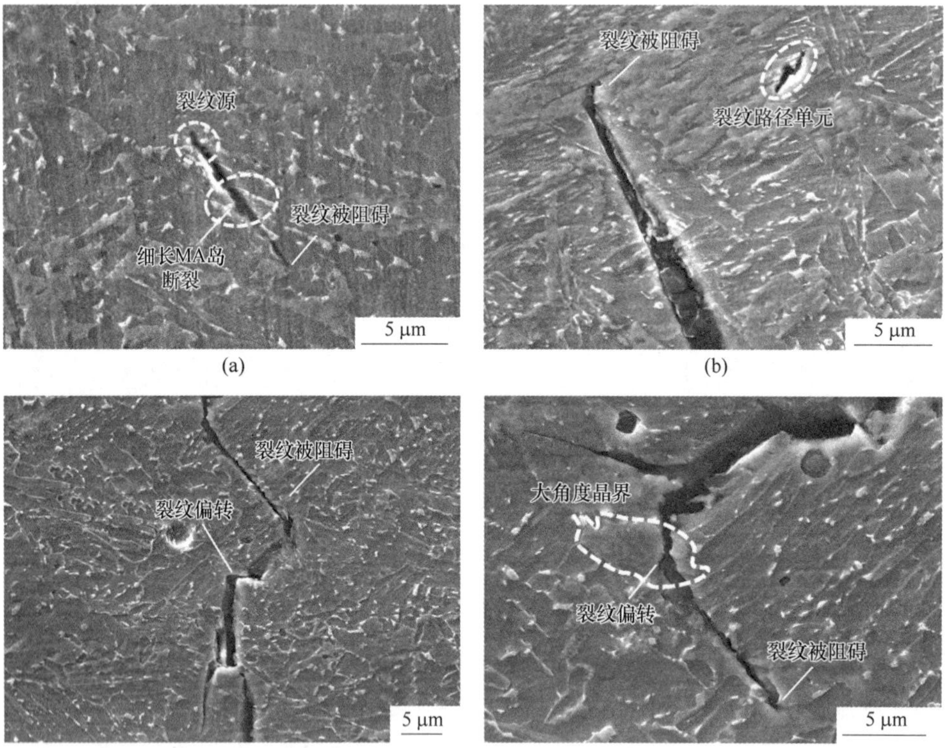

图 5-27　熔敷金属冲击断口表面下二次裂纹 SEM 图

（a）（b）ULC1 二次裂纹形貌；（c）（d）ULC2 二次裂纹形貌

为了分析 Ni 系焊缝金属的强韧化机理，利用 SEM 对冲击断口下的二次裂纹形貌，并分析裂纹扩展与组织之间的关系。图 5-28（a）和（b）显示了裂纹的扩展形貌，与 ULC 熔敷金属中所观察到的一致，Ni3 中裂纹有穿过板条贝氏体（Lath Bainite，LB）的板条界面进行传播，也有裂纹直接贯穿了整个块状的马氏体，说明板条的小角度晶界和脆硬的马氏体对裂纹拓展的抑制作用较弱，裂纹最终都被大角度晶界所捕获。在 Ni5 中，裂纹的尺寸较小，也仅出现在局部组织较脆的区域，如板条马氏体（Lath Martensite，LM）上。图5-28（c）中的箭头指示了裂纹的扩展方向，裂纹源可能是圆圈标记处的M-A组元。从图5-28（e）中可以看到，裂纹沿着板条组织扩展构成了断口表面，以黑色虚线箭头标记，可以看出断口裂纹的扩展路径曲折，说明在Ni10中，LM与少量AF、BF构成的混合组织具有较好的韧性。

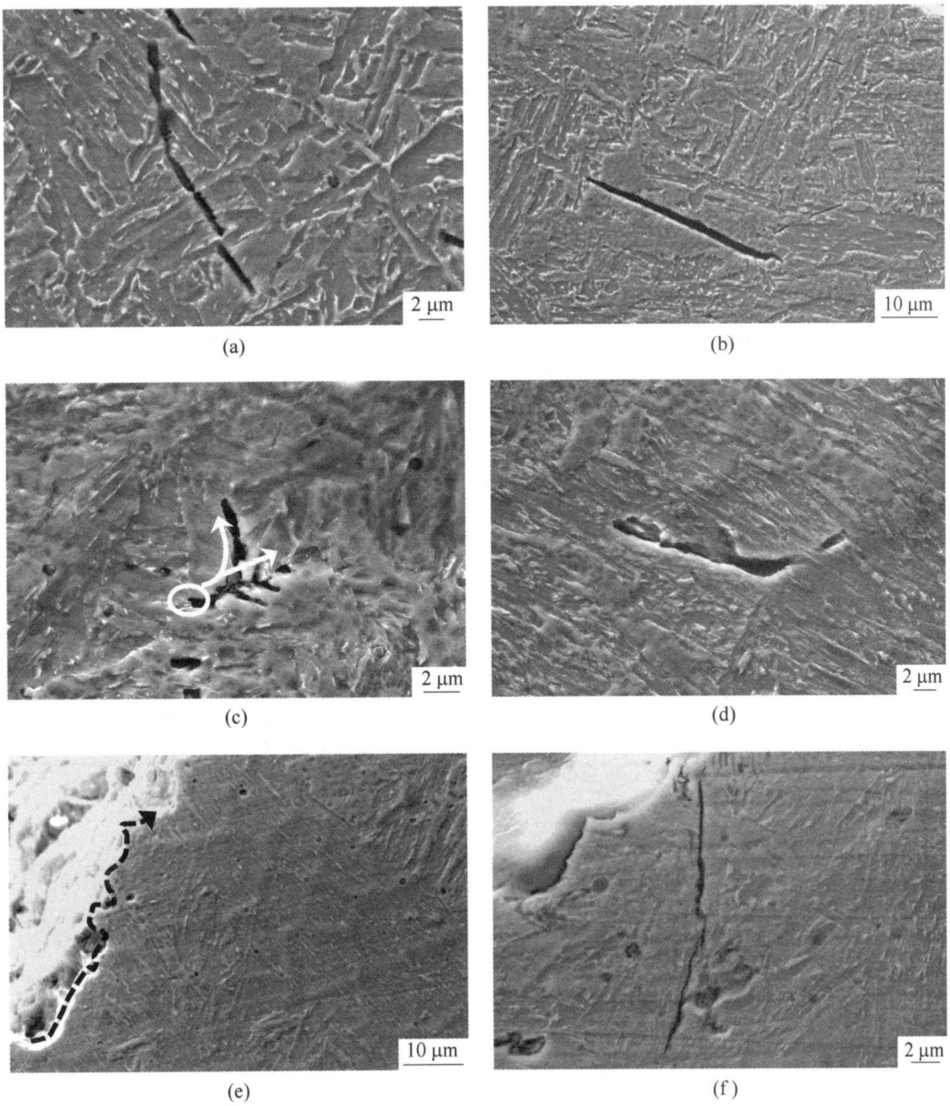

图5-28 Ni系熔敷金属冲击断口表面下二次裂纹SEM形貌图
（a）（b）Ni3；（c）（d）Ni5；（e）（f）Ni10

焊缝金属中原位纳米相对焊缝中夹杂物尺寸和晶粒尺寸具有明显的细化作用，采用TEM进一步研究Ni5的微观精细组织，并利用碳膜萃取复型技术对Ni5中的纳米相进行分析。图5-29（a）和（b）为Ni5在TEM下的微观组织形貌，可以看到组织中含有较多的板条晶粒，板条内部位错密度较高。并且可以看到尺寸在1200~400 nm的小尺寸夹杂物，

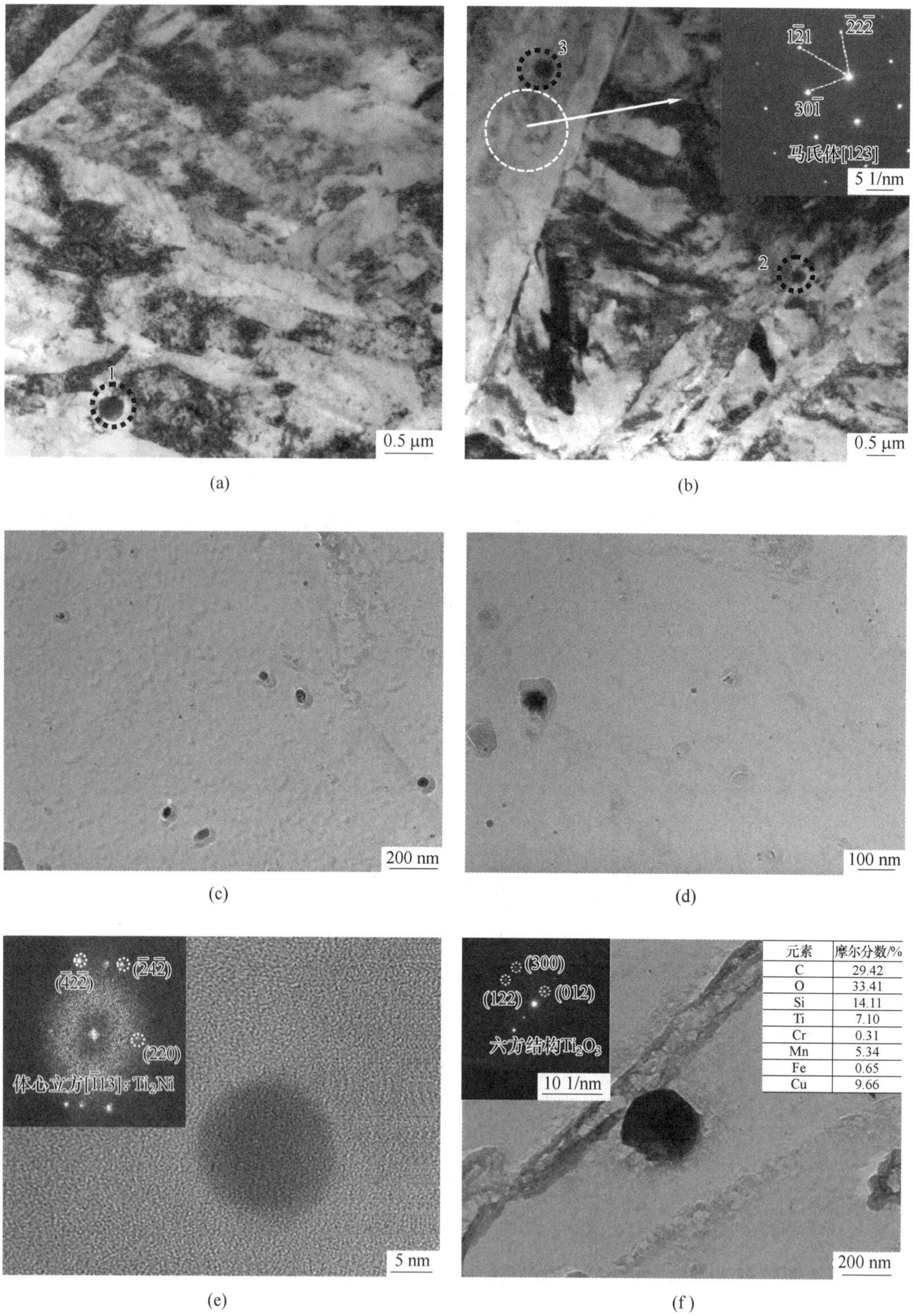

图 5-29　Ni5 熔敷金属 TEM 分析

（a）（b）微观组织形貌；（c）（d）碳萃取复型纳米析出相形态分布；

（e）（f）纳米析出相形貌（插图为 SAED 标定和 X 射线能谱分析）

对 AF 有一定的异质形核作用，如图中标记的夹杂物 1 和 2。在焊缝金属中，夹杂物尺寸对 AF 形核具有一定的影响，对 HSLA 钢埋弧焊焊缝金属的研究发现，大尺寸的富 Ti 氧化物夹杂相比于小尺寸更具有促进针状铁素体形核的能力，认为促进 AF 形核的最佳夹杂物尺寸应该在 0.45~1 μm 之间。但从 Ni5 的 TEM 照片可以看到，大部分夹杂物尺寸要小于这个值，但仍具有一定的异质形核能力。

图 5-29（c）~（f）显示了 Ni5 中小尺寸的析出相分布与物相标定，Ni5 中析出相的尺寸较为分散，有直径在 100 nm 左右的大尺寸析出相，也有尺寸在 20 nm 以下的小尺寸析出相。对图 5-29（e）中尺寸在 20 nm 左右的析出相利用高分辨 TEM 进行表征，通过 DM 软件中的傅里叶转变，得到其衍射斑点，结合焊缝金属的化学成分，通过标定，证实这一析出相应该为 Ti_2Ni 金属间化合物。而对于直径在 300 nm 左右的大尺寸析出相，EDS 检测结果表明，该析出相应为 Ti、Mn、Si 的复合氧化物，通过 SAED 标定，该氧化物的晶格点阵排列与 Ti_2O_3 的相符，这说明 Si 和 Mn 可能是以占据 Ti_2O_3 晶格来实现复合形成 $(Ti_x,Mn_y,Si_z)_2O_3$。

焊缝金属中小尺寸的纳米析出相具有一定的沉淀强化和细晶强化作用，当颗粒细化晶粒的作用比较明显时，可以抵消沉淀强化带来的韧性损害，达到增强增韧的目的。对于焊缝金属来说，其内部的原位纳米相在焊接过程中具有较高的熔点，在熔池熔液中优先形核长大，随后在凝固过程中生成的低熔点析出相在此界面上异质形核，形成尺寸较小的焊缝纳米相。此外，由于采用了多层多道焊接技术，各层焊缝金属间经历了多次热循环，这会加速焊缝金属在低于共析线温度下的析出动力学过程，提高焊缝中纳米相的数量密度。根据第二相沉淀析出强化和钉扎晶界机制，这会进一步提高焊缝金属的流变应力并减小焊缝金属再热区的晶粒尺寸，最终使焊缝金属达到较好的强韧性匹配。

5.5.2 屈强比对焊缝裂纹形成的影响规律

焊缝裂纹是钢结构产品加工中最常见的一种缺陷。钢材的焊接作业是一项复杂的工作，会受到各种因素的作用，产生焊接应力，导致裂纹产生。这种缺陷对结构件的强度、刚度影响很大，是最为危险的缺陷，必须引起高度重视。焊缝裂纹的影响因素很多，包括焊缝的伸长率、屈强比、钢材成分及焊缝的宽深比等。

传统的淬火+回火（quenching+tempering，QT）工艺生产的高强韧中厚板，虽然具有良好的强度与韧性的匹配，但是屈强比偏高（>0.96），且较高的碳含量会影响到钢板的焊接性能。为了降低屈强比，目前多采用淬火+两相区二次淬火+回火（quenching+intercritical quenching+tempering，QLT）工艺。但是对于中厚板，加热时间延长增大了晶粒粗化的可能，从而降低了钢的性能。

裂纹按照其外观形貌和产生的部位，可分为横向裂纹、纵向裂纹、弧坑裂纹、放射状裂纹、枝状裂纹、间断裂纹、微观裂纹等，如图 5-30 所示。

低合金高强钢的含碳量一般不超过 0.22%（通常 C≤0.18%）。此外，添加一些合金元素，如 Mn、Cr、Ni、Mo、V、Nb、B、Cu 等，添加这些合金元素主要是为了提高钢的淬透性和马氏体回火稳定性。这类钢材由于含碳量低，淬火后得到低碳马氏体，马氏体开始转变温度 Ms 点较高，所形成的马氏体具有“自回火”特性。即板条状马氏体形成后，由于形成温度较高，过饱和固溶体中的碳还可以进行短距离扩散，发生偏聚或析出，这种

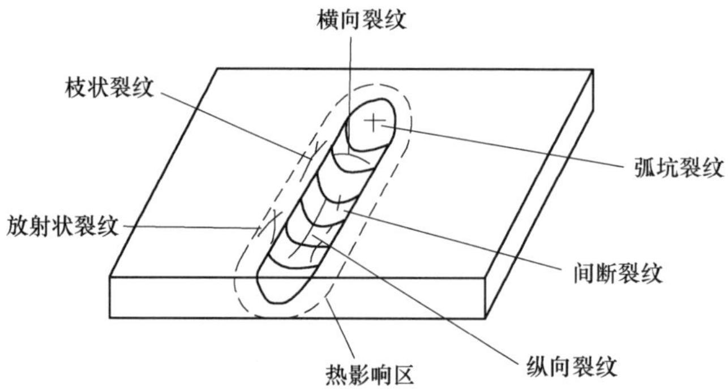

图 5-30　各种裂纹的外观形貌示意图

现象称为“自回火”。这就使得低合金高强钢的冷裂倾向比中碳钢小，且脆性小，所以这类钢材具有良好的焊接性。

屈强比是指材料的屈服点（屈服强度）与抗拉强度的比值。一般来说，屈强比越大，结构零件的可靠性越大，一般碳素钢屈强比为 0.6~0.65，低合金结构钢为 0.65~0.75，合金结构钢为 0.84~0.86。屈强比高也可以节约材料，减轻重量。但对于低合金高强度钢来说，高强高韧的高强度钢的屈强比低表示材料的塑性较好，屈强比高表示材料的抗变形能力较强，容易发生脆性断裂。

为了研究屈强比对焊缝裂纹形成的影响规律，采用三种不同厚度的钢板。其中，不同厚度对应不同的轧制工艺，屈强比不同。不同板厚样品的屈强比和力学性能见表 5-7。

表 5-7　不同板厚高强钢的屈强比和力学性能

编号	板厚/mm	$R_{p0.2}$/MPa	R_m/MPa	屈强比
1	25	813	908	0.90
2	45	803	889	0.90
3	80	806	904	0.89
4	—	516	543	0.95

针对高强韧低屈强比钢的强韧化特点，设计 Ni 系超低碳（C<0.03%，质量分数）焊丝以满足高强韧钢对焊接性的要求，其焊接工艺选择熔化极气体保护电弧焊（gas metal arc welding，GMAW）焊接技术，采用多层多道焊工艺填充熔敷金属。选用 10Ni5CrMoV 高强韧钢作为焊接熔敷金属的母材，焊接热输入为 10 kJ/cm。考虑焊缝与母材合金成分和力学性能的匹配性，选择相应的高强韧钢作为焊接母材，母材钢板厚度为 20 mm。首先利用火焰切割将母材沿轧向分成两部分，然后利用碳弧气刨的方式对母材焊缝坡口进行加工并清理母材表面，焊接坡口为带垫板的梯形坡口，坡口角度为 22.5°。具体的坡口形貌和横截面示意图如图 5-31 所示。考虑焊缝表面质量和成型性要求，采用 5%CO_2+95%Ar 作为焊接保护气体。焊接过程在室温下进行，不采用预热和焊后热处理。焊接的具体工艺参数见表 5-8，本章中焊缝金属的 GMAW 焊接主要采用了10 kJ/cm和 14 kJ/cm 两种规格的热输入。对超低碳焊丝用 10 kJ/cm 的热输入进行焊接，得到对应的焊缝金属。

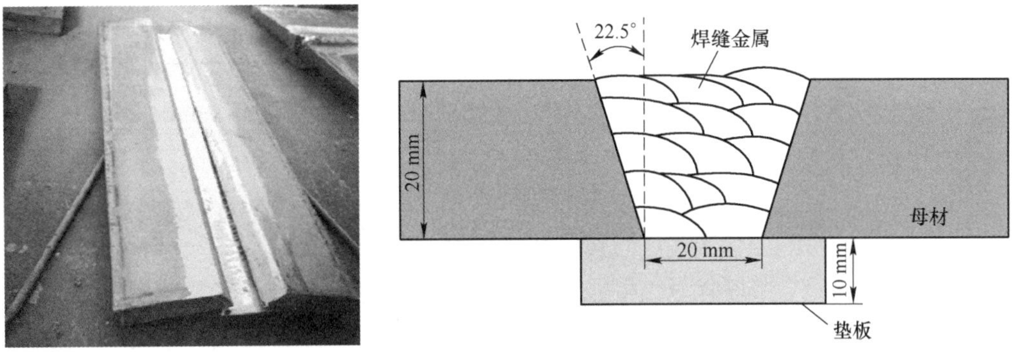

(a) (b)

图 5-31 碳弧气刨加工的焊接坡口（a）和焊缝横截面示意图（b）

表 5-8 GMAW 焊接工艺参数

焊接参数	焊接电流 /A	电弧电压 /V	焊接速度 /cm · min^{-1}	送气量 /L · min^{-1}	层间温度 /℃	热输入 /kJ · cm^{-1}
GMAW	200±10	25±2	30±2	20±1	100～150	10.0
	250±10	28±2	30±2	20±1	100～150	14.0

5.5.2.1 焊前组织

通过金相处理，对钢的显微组织进行了观察，所得组织照片如图 5-32 所示。

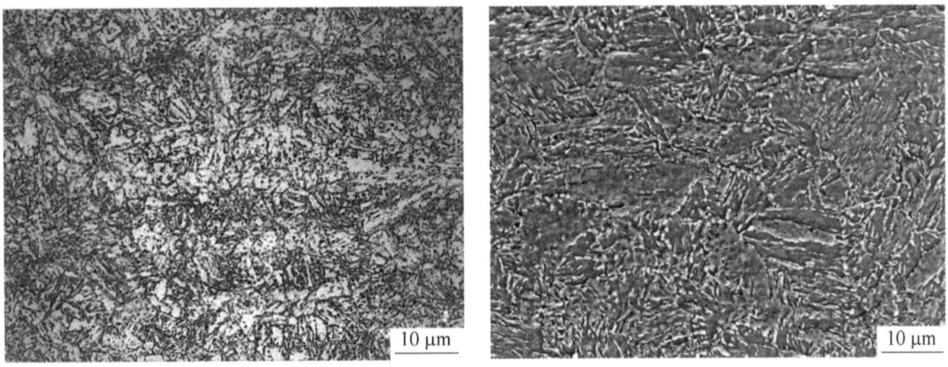

(a) (b)

图 5-32 试验钢的显微组织
（a）OM；（b）SEM

从光学显微组织照片（见图 5-32（a））上，可以明显地看到亮白色块状组织，属于铁素体组织；除此之外，还有一些黑色针状物，判断应属于回火马氏体，即新型舰船用钢的主体组织为铁素体+回火马氏体组织，即回火索氏体组织；对比扫描电镜照片（见图 5-32（b）），也可以明显地看到针叶状地浮凸，表现出典型的回火马氏体组织特点。

5.5.2.2　焊缝组织

图 5-33 所示为经上述焊接实验后，焊缝的宏观照片与 OM 照片。在宏观照片中，未有焊缝裂纹出现。从 Ni 系熔敷金属的 OM 组织可以看出，熔敷金属主要由高温转变组织组成，如针状铁素体（acicular ferrite，AF）和粉粒贝氏体（granular bainite，GB）等，也存在着少量板条贝氏体（lath bainite，LB）。

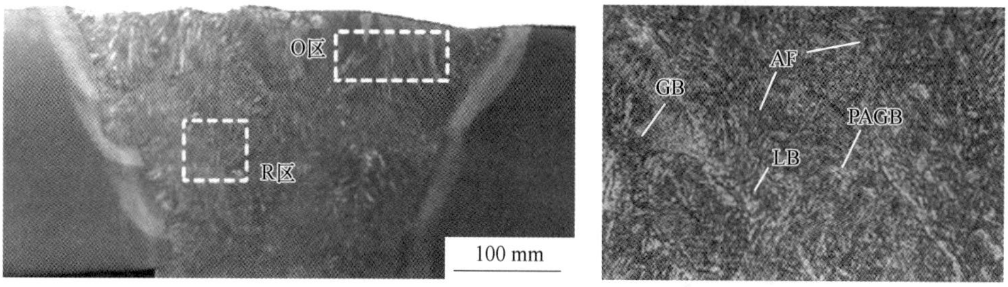

(a)　　(b)

图 5-33　试验钢的焊缝熔敷金属
（a）宏观照片；（b）OM

进一步采用 SEM 观察微观组织如图 5-34 所示，依然并未发现各种形式的焊缝裂纹，说明高强高韧低屈强比钢在该焊接条件下具有良好的抗冷裂纹形成即抗氢致裂纹形成的能力，这从该钢种的焊接冷裂纹敏感性的评定和计算中也可看出。其他两种屈强比的钢也同样显示出优异的抗焊接裂纹形成能力，并未发现焊接裂纹。

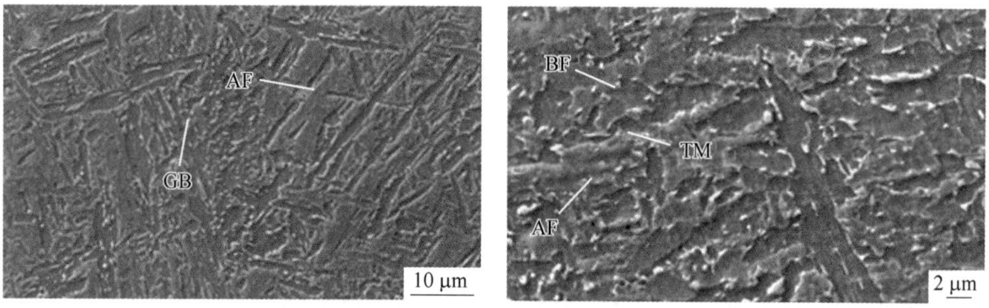

(a)　　(b)

图 5-34　试验钢的焊缝熔敷金属
（a）O 区的 SEM 照片；（b）R 区的 SEM 照片

事实上，焊接裂纹的形成与焊接残余应力有关。而焊接残余应力与焊接变形在很大程度上具有相反的行为特征，焊接变形较大时焊接残余应力较小，焊接变形较小时焊接残余应力较大。随着屈强比的增加，由于材料的塑性变形能力下降，材料缓和应力集中、松弛裂纹尖端局部应力和限制裂纹扩展的能力降低。经测试，在屈强比为 1.01（大于高强高韧低屈强比钢）经相同焊接方法焊接的管线钢的焊缝处可观察到明显的裂纹，证明了以上理论。

因此，由于屈强比接近且具有优异的抗冷裂纹敏感性，高强高韧低屈强比舰船用钢的屈强比并未影响焊缝裂纹的形成。但与其他钢种（高屈强比）的对比实验表明，随着屈强比的增加，焊缝裂纹形成的倾向越大。

5.5.3 焊缝金属的力学性能

为了评价焊缝金属力学性能，采用手工钨极氩弧焊（TIG）方法进行焊丝熔敷金属试板焊制，制备的性能测试试样形状及尺寸如图 5-35 所示，熔敷金属力学性能试验结果分别见表 5-9，冲击试验结果见表 5-10。可见，焊丝 TIG 焊熔敷金属既具有高的强度又具有好的低温塑韧性，在低温下具有较高的抗脆性破坏能力。

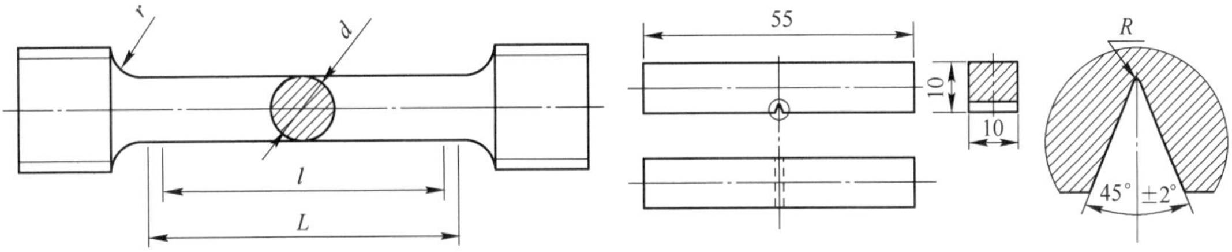

图 5-35 焊缝金属拉伸和冲击试样形状和尺寸

表 5-9 焊丝 TIG 焊熔敷金属拉伸性能测试结果

试样编号	$R_{p0.2}$/MPa	R_m/MPa	A/%	Z/%
015F-1	875	900	21.0	76.0
015F-2	870	895	22.0	78.0

表 5-10 TIG 焊熔敷金属系列冲击试验结果

试验温度/℃	A_{KV}/J
室温	280、250、242、256、266
0	246、260、250、256、256
-20	250、254、256、274、260
-40	236、234、266、242、252
-50	247、249、216、210、226
-80	174、204、182、53、226

焊缝金属拉伸试验可以评价接头的屈服点、伸长率和抗拉强度，双面双弧焊接接头和其他各个阶段对接接头焊缝金属拉伸试验结果见表 5-11 所示。典型焊缝金属拉伸断裂试样外观如图 5-36 所示。

表 5-11 焊缝金属拉伸试验结果

试件编号	$R_{p0.2}$/MPa	R_m/MPa	A/%	Z/%	板厚/mm
双弧横焊	995	1060	17.5	64.0	50
	985	1050	16.0	63.5	50
双弧立焊	870	915	22.0	70.5	50
	845	900	17.5	72.5	50

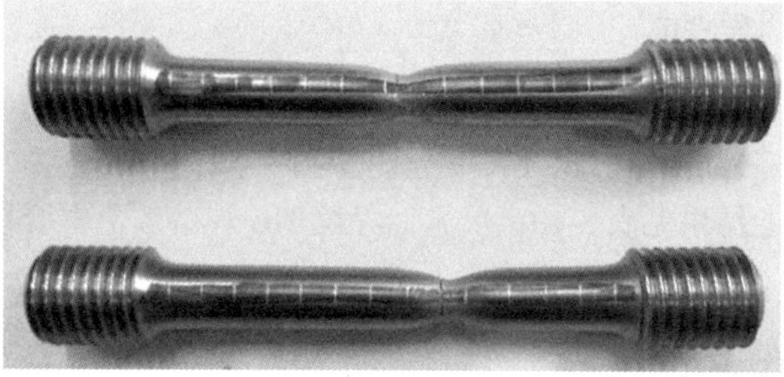

图 5-36　焊缝金属拉伸断裂试样

焊接接头横向拉伸试验可以作为评价接头抗拉强度的尺度的双面双弧焊接接头和其他各个阶段对接接头横向拉伸试验结果见表 5-12。典型横向拉伸断裂试样外观如图 5-37 所示。

表 5-12　焊接接头拉伸试验结果

位置	R_m/MPa	断裂位置	板厚/mm
横焊	940	母材	50
	940	母材	50
	950	母材	50
	940	母材	50
立焊	860	母材	50
	865	母材	50
	914	母材	50
	933	母材	50

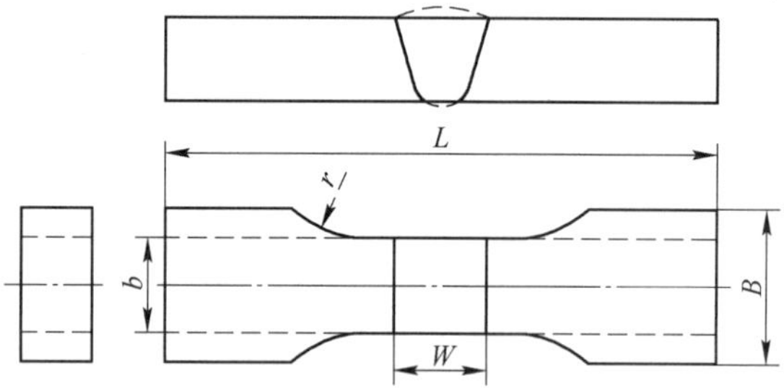

(a)

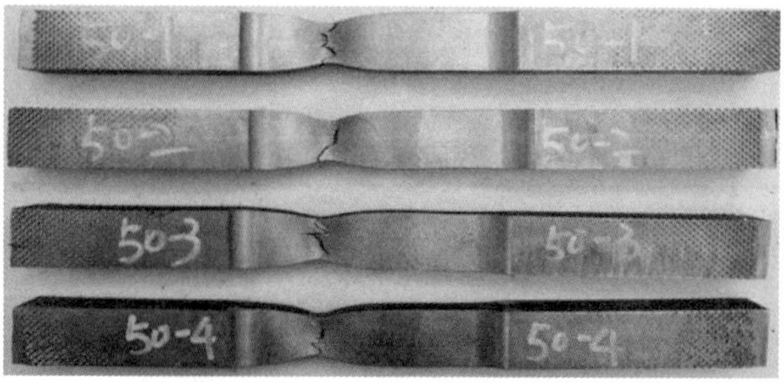

(b)

图 5-37　焊接接头横向拉伸试样

(a) 横向拉伸试样形状尺寸；(b) 横向拉伸试样外观

焊接接头弯曲试验主要用来评定焊接接头的塑性和致密性，双面双弧焊接接头和其他各个阶段对接接头横向弯曲试验结果见表 5-13。典型横向弯曲试样试验后外观如图 5-38 所示。

表 5-13 焊接接头弯曲试验结果

试件编号		试验结果		试验判据
		120°	180°	
双弧横焊	1~6（50 号）	合 格	合 格	压头直径为 $D=6a$，弯至 120°不裂，180°不断
	1，2（50 号）	合 格	合 格	
	3~6（50 号）	合 格	合 格	
	1~3，5，6（50 号）	合 格	合 格	
	4（50 号）	合 格	合 格	
双弧立焊	（50 号）	合 格	合 格	
	（50 号）	合 格	合 格	

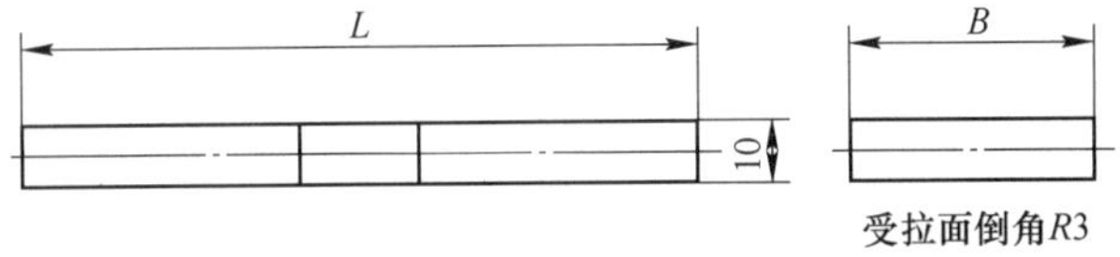

(a)

(b)

图 5-38 焊接接头弯曲试样

（a）弯曲试样形状尺寸；（b）弯曲试样试验后外观

双面双弧焊接接头和其他各个阶段对接接头−50 ℃冲击试验结果见表 5-14。

表 5-14 焊接接头冲击试验结果

焊接接头	厚度 /mm	取样位置	缺口位置（试验温度，−50 ℃）/J	
			焊缝中心	熔合线
双弧横焊	50	板厚度中心	190，174，175，213，200	200，171，158，183，193
		钢板表面下 2 mm	180，194，17，163，187	196，176，180，184，184
双弧立焊	50	板厚度中心	80，148，70，90，152	213，140，224，194，200
		钢板表面下 2 mm	90，82，106，120，116	138，184，180，184，164

错位同步双面双弧焊接接头的焊缝金属拉伸，接头横向拉伸、弯曲和冲击试验等力学性能均优于其传统焊接工艺和改进焊接工艺的试验结果。

5.5.4 焊接接头和力学行为的对应关系

5.5.4.1 对接接头拉伸性能试验

横焊和立焊对接接头试板厚度尺寸为 48 mm（>30 mm），在试板中分层（A 面、B 面）截取拉伸试样，覆盖全厚度。去除板拉伸试样的焊缝余高，使焊缝与母材板面齐平，用锉刀对平行段四直角边进行倒角处理。表 5-15 所列为横焊和立焊对接接头拉伸力学性能结果。由表可知，横焊接头抗拉强度平均值均为 933 MPa，立焊接头抗拉强度平均值均为 947 MPa。横焊和立焊拉伸试样断裂位置均为母材。

表 5-15 对接接头室温拉伸试验性能

取样位置	R_m/MPa		断裂位置
	实测值	均值	
横焊 A 面	932，933	933	母材
横焊 B 面	931，934	933	母材
立焊 A 面	948，946	947	母材
立焊 B 面	944，949	947	母材

表 5-16 所列为横焊和立焊对接接头板拉伸试样拉伸试验后照片。可以看出，试样都断裂位于母材，试样拉伸过程中均发生了明显的塑性变形。

表 5-16 对接接头板拉伸试样试验后照片

位置	横　焊	立　焊
A 面	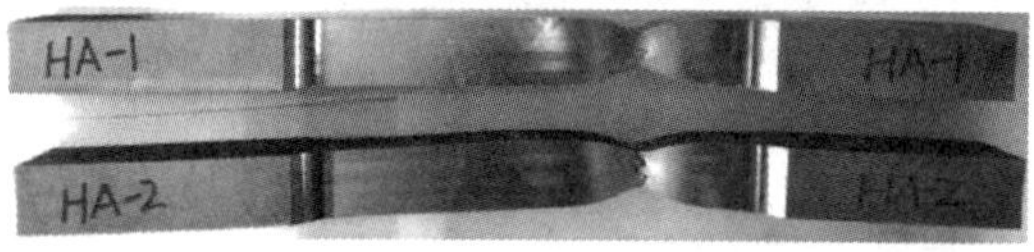	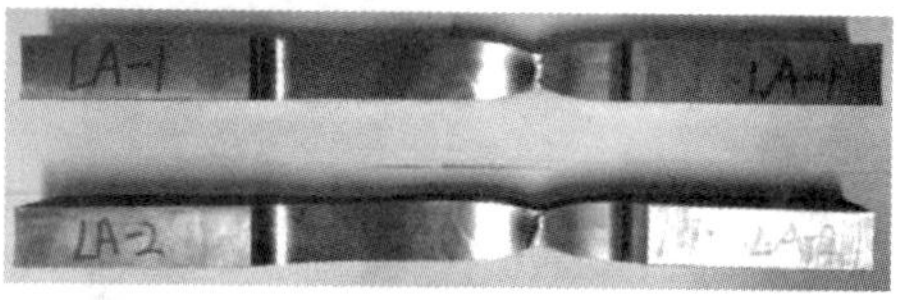
B 面	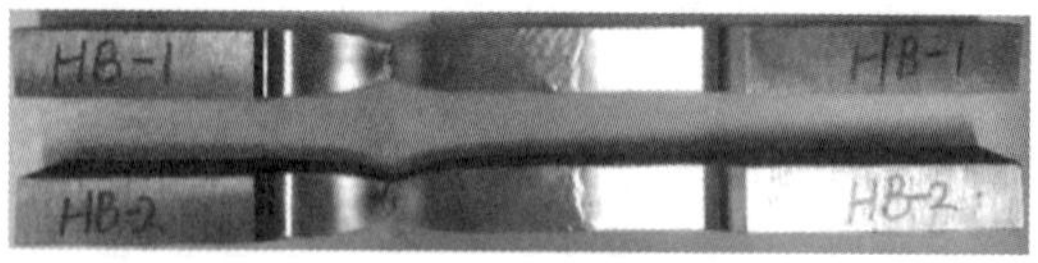	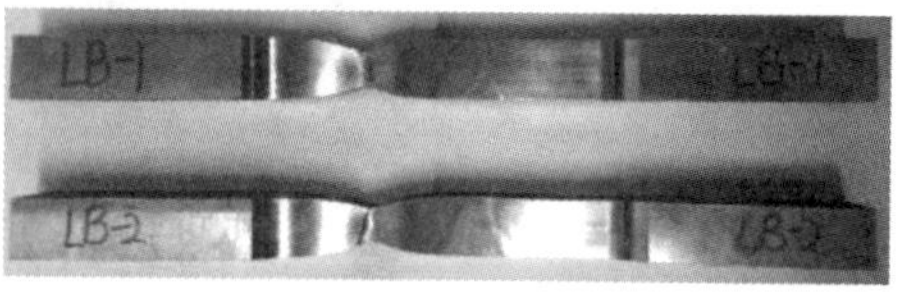

5.5.4.2 对接接头弯曲性能试验

取全板厚侧弯试样并进行试验，表 5-17 所列为对接接头侧弯弯曲性能结果。由表可知，横焊对接接头的 H-1、H-2 试样当弯曲至 120°时分别出现一个 1.0 mm 裂纹和 1.5 mm 裂纹，继续弯曲至 180°时裂纹并未显著扩展，试样并未断裂。立焊对接接头的 L-1、L-2 试样当弯曲至 120°时无裂纹产生，继续弯曲至 180°时两个试样均出现一个长度为 0.5 mm 裂纹，试样并未断裂，如图 5-39 所示。

表 5-17　对接接头侧弯弯曲试验性能

类型	压头直径 D/mm	弯曲角度/曲	
		120	180
横焊	6 ts	1.0 mm 裂纹 1 个	1.0 mm 裂纹 1 个
	6 ts	1.5 mm 裂纹 1 个	1.5 mm 裂纹 1 个
立焊	6 ts	无裂纹	0.5 mm 裂纹 1 个
	6 ts	无裂纹	0.5 mm 裂纹 1 个
技术要求	弯曲至 120°不裂，弯曲至 180°不断		

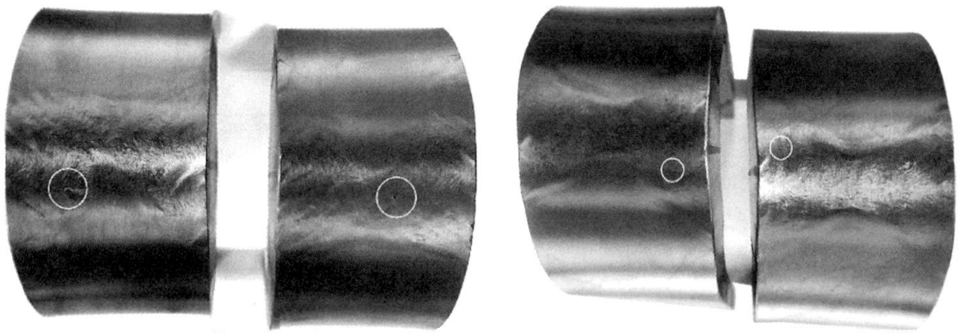

(a)　　(b)

图 5-39　对接接头侧弯试验后照片
(a) 横焊对接接头；(b) 立焊对接接头

5.5.4.3　对接接头冲击性能试验

分别在对接接头的板表面下 2 mm、板厚中心位置处取冲击试样。冲击试样缺口位置分别为焊缝中心、熔合线、熔合线外 2 mm。冲击试样尺寸为 10 mm×10 mm×55 mm，试验温度为-50 ℃。

表 5-18 所列为对接接头冲击试验性能结果。可以看出，横焊对接接头表面下 2 mm、板厚中心位置的焊缝、熔合线、热影响区-50 ℃ KV2 均值分别为 116 J、59 J，102 J、207 J，207 J、235 J。立焊对接接头表面下 2 mm、板厚中心位置的焊缝、熔合线、热影响区-50 ℃KV2 均值分别为 67 J、72 J，151 J、226 J，196 J、209 J。横焊、立焊对接接头的焊缝、熔合线、热影响区-50 ℃冲击韧性均值分别为 88 J、145 J、221 J，69 J、188 J、202 J。可以看出，横焊、立焊对接接头焊缝冲击韧性最低，其次为熔合线，最高为热影响区。横焊、立焊对接接头焊缝、熔合线和热影响区位置冲击韧性相当。

表 5-19 所列为对接接头冲击试验后试样照片，冲击断口都为韧断形貌，断口表面和侧膨胀变形都比较大。焊缝断口中存在部分白亮断裂形貌，随着缺口位置靠近母材，断口中白亮断裂形貌减少。当缺口位置为熔合线外 2 mm 时，其断口均为韧性断裂形貌。

表 5-18　对接接头冲击试验性能

类型	位置	-50 ℃时 KV2/J					
		焊缝		熔合线		熔合线外 2 mm	
		实测值	均值	实测值	均值	实测值	均值
横焊	表面下 2 mm	138，84，97，145	116	84，113，104，108	102	237，221，132，236	207
	板厚中心	54，64，60，58	59	199，205，223，201	207	203，237，238，261	235
	冲击均值	88		145		221	
立焊	表面下 2 mm	67，63，76，60	67	171，138，173，121	151	217，214，183，169	196
	板厚中心	62，79，51，97	72	231，220，227，224	226	202，213，214，207	209
	冲击范围	69		188		202	
技术指标		-50 ℃焊缝冲击功不小于 54 J					

表 5-19　对接接头冲击试验后断口照片

位置	焊缝	熔合线	熔合线外 2 mm
横焊表面下 2 mm			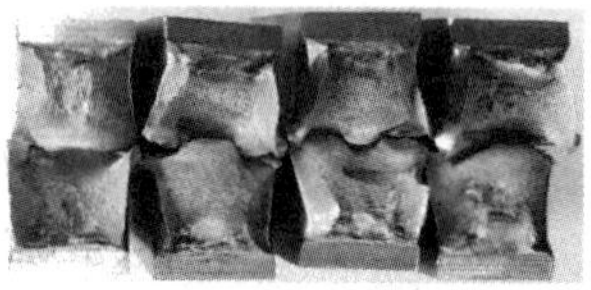
横焊板厚中心			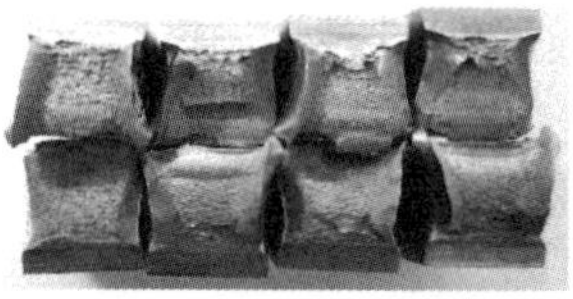
立焊表面下 2 mm			
立焊板厚中心			

通过以上试验及分析获得了以下主要结论：

（1）横焊对接接头力学性能试验：横焊对接接头抗拉强度为 933 MPa，拉伸断裂位置为母材，弯曲合格。横焊焊缝金属屈服强度为 840 MPa，抗拉强度为 908 MPa，断后伸长率为 17.5%，断面收缩率为 63%，屈强比为 0.93。横焊对接接头表面下 2 mm、板厚中心位置焊缝、熔合线、热影响区-50 ℃时 KV_2分别为 116 J、59 J，102 J、207 J，207 J、235 J，熔合线和热影响区冲击韧性具有较高富余量。

（2）立焊对接接头力学性能试验：立焊对接接头抗拉强度为 947 MPa，拉伸断裂位置为母材，弯曲合格。立焊焊缝金属屈服强度为 865 MPa，抗拉强度为 979 MPa，断后伸长率为 16.0%，断面收缩率为 64%，屈强比为 0.88。立焊对接接头表面下 2 mm、板厚中心位置焊缝、熔合线、热影响区-50 ℃时 KV_2分别为 67 J、72 J，151 J、226 J，196 J、209 J，熔合线和热影响区冲击韧性具有较高富余量。

5.6 本 章 小 结

本章是前四章理论指导下的探索和实践。利用多点区域微量供给技术，通过控制界面浓度阻碍颗粒生长，在钢熔体中原位形成纳米颗粒和纳米团簇。铸锭凝固过程中，原位纳米相作为异质形核质点细化铸态晶粒，细化夹杂物和第二相，实现高强钢强度和塑性的同时提升，也实现了高强钢性能的均匀化。初步解决了传统铸造所产生的组织、成分、性能不均匀问题。此外，在高强钢中形成的 NbC 纳米相具有氢陷阱作用，提升了高强钢的抗氢脆性能和焊缝力学性能，高强钢的综合性能得到提高。然而，要实现结构材料强度和塑性的同时提升，在金属基体中引入纳米级第二相的基础上，还要控制金属铸态组织的组织形貌，并消除结构材料中存在粗大柱状晶和枝晶组织，提升金属材料的组织成分均匀性。那么，结构材料强韧双增的理论和方法还需要进一步的探索。

参 考 文 献

[1] CHEN M W, JIANG H, WANG Y L, et al. The effect of far-field uniform flow on the particle growth in an undercooled alloy melt [J]. Journal of Crystal Growth, 2011, 318: 145-149.

[2] CHEN M W, WANG Y L, ZHANG H, et al. The interface morphology of a spherical crystal in the undercooled melt affected by a far-field uniform flow [J]. Journal of Applied Physics, 2011, 109: 103517.

[3] CHEN M W, HE G W, CHEN X Y, et al. Interfacial evolution of a spherical particle in a uniaximal straining flow [J]. Chinese Physics B, 2012, 21: 106802.

[4] CHEN M W, LIU X M, YANG Z C, et al. The asymptotic solution of particle growth in the convective undercooled melt driven by a biaxial straining flow [J]. Acta Mechanica Sinica, 2015, 31: 73-78.

[5] GAO J, CHEN M, WANG Z. Shape evolution of a spherical particle growing in supersaturated solution affected by straining flows [J]. Modern Physics Letters B, 2016, 30 : 1650059.

[6] CHEN M, LIU W, WANG Z. The asymptotic solution for the particle growth in the undercooled melt driven by a straining flow [J]. Modern Physics Letters B, 2019, 33: 1950398.

[7] CHEN M W, WANG X F, WANG F, et al. The effect of interfacial kinetics on the morphological stability of a spherical particle [J]. Journal of Crystal Growth, 2013, 362: 20-23.

[8] CHEN M, JI X, XU X, et al. The effect of the shear flow on particle growth in the undercooled melt [J]. Journal of Crystal Growth, 2014, 401: 116-119.

[9] CHEN M W, MI J X, WANG Z D. The effect of oscillatory flow on nucleation and grain growth in the undercooled melt [J]. Journal of Crystal Growth, 2017, 468: 32-37.

[10] CHEN M W, LI L Y, GUO H M. The dynamics of nucleation and growth of a particle in the ternary alloy melt with anisotropic surface tension [J]. J Chem Phys, 2017, 147: 084707.

[11] CHEN M W, WANG Y X, GUO H M. The effect of anisotropic surface tension on interfacial evolution of a particle in the binary alloy melt [J]. Journal of Crystal Growth, 2019, 510: 32-39.

[12] JIANG H, CHEN M W, WANG Z D. Effect of anisotropic surface tension on the morphological stability of

deep cellular crystal growth in directional solidification [J]. Surface Review and Letters, 2019, 26: 1850210.

[13] TANG H, CHEN X, CHEN M, et al. Microstructure and mechanical property of in-situ nano-particle strengthened ferritic steel by novel internal oxidation [J]. Materials Science and Engineering: A, 2014, 609: 293-299.

[14] SHI R, WANG Z, QIAO L, et al. Microstructure evolution of in-situ nanoparticles and its comprehensive effect on high strength steel [J]. Journal of Materials Science & Technology, 2019, 35: 1940-1950.

[15] SHI R, TU Y, GAO K, et al. High stress corrosion cracking resistance of in-situ nanoparticle strengthened steel [J]. Corrosion Communications, 2022, 5: 14-24.

[16] PAN P, TANG H, CHEN X, et al. Effects of direct-quenching and tempering on the microstructure and mechanical properties of an ultra-low carbon Ti containing bainite steel [J]. Materials Science and Engineering: A, 2020, 796: 139987.

[17] LUO X, XU G, CHEN X, et al. Effect of undercooled austenite ausforming on the role of the M-A constituents in the CGHAZ toughness of the HSLA steels with bainite structure [J]. Materials Science and Engineering: A, 2022, 833: 142571.

[18] LUO X, WANG Z, CHEN X, et al. Modifying of microstructure and toughness in the weld metal prepared by welding wire containing nanosized titanium oxides [J]. Materials Science and Engineering: A, 2021, 807: 140897.

[19] CHEN X, QIU L, TANG H, et al. Effect of nanoparticles formed in liquid melt on microstructure and mechanical property of high strength naval steel [J]. Journal of Materials Processing Technology, 2015, 222: 224-233.

[20] NIU Y, TANG H, WANG Y, et al. Effect of in situ nano-particles on the microstructure and mechanical properties of ferritic steel [J]. Steel Research International, 2016, 87: 1389-1394.

[21] SHI R, MA Y, WANG Z, et al. Atomic-scale investigation of deep hydrogen trapping in NbC/α-Fe semi-coherent interfaces [J]. Acta Materialia, 2020, 200: 686-698.

[22] LI D, CHEN X Q, FU P, et al. Inclusion flotation-driven channel segregation in solidifying steels [J]. Nature Communications, 2014, 5 (4): 5572.

[23] TANG H, CHEN X, LUO X, et al. Heterogeneous nucleation effect of in situ nanoparticles on the metal-matrix microstructure [J]. Materials Letters, 2014, 137: 455-459.

[24] ZHU Y Z, JIA Y K, CHEN X H, et al. Mechanism of balanced strength and ductility in high-strength low-alloy steel [J]. Metals, 2022, 12 (10): 1554.

[25] SANCHEZ J, LEE S F, MARTIN-RENGEL M A, et al. Measurement of hydrogen and embrittlement of high strength steels [J]. Engineering Failure Analysis, 2016, 59: 467-477.

[26] BAI P P, ZHOU J, LUO B W, et al. Hydrogen embrittlement of X80 pipeline steel in H2S environment: Effect of hydrogen charging time, hydrogen-trapped state and hydrogen charging-releasing-recharging cycles [J]. International Journal of Minerals, Metallurgy and Materials, 2020, 27: 63-73.

[27] KUDUZOVIĆ A, POLETTI M C, SOMMITSCH C, et al. Investigations into the delayed fracture susceptibility of 34CrNiMo6 steel, and the opportunities for its application in ultra-high-strength bolts and fasteners [J]. Materials Science and Engineering: A, 2014, 590: 66-73.

[28] NOVAK P, YUAN R, SOMERDAY B P, et al. A statistical, physical-based, micro-mechanical model of hydrogen-induced intergranular fracture in steel [J]. Journal of the Mechanics and Physics of Solids, 2010, 58: 206-226.

[29] WEI F G, HARA T, TSUAKI K. Precise determination of the activation energy for desorption of hydrogen

in two Ti-added steels by a single thermal-desorption spectrum [J]. Metallurgical and Materials Transactions B, 2004, 35: 587-597.

[30] DREXLER A, DEPOVER T, VERBEKEN K, et al. Model-based interpretation of thermal desorption spectra of Fe-C-Ti alloys [J]. Journal of Alloys and Compounds, 2019, 789: 647-657.

[31] CUI Q, WU J, XIE D, et al. Effect of nanosized NbC precipitates on hydrogen diffusion in X80 pipeline steel [J]. Materials, 2017, 10 (7): 721.

[32] VENEZUELA J, GRAY E, LIU Q, et al. Equivalent hydrogen fugacity during electrochemical charging of some martensitic advanced high-strength steels [J]. Corrosion Science, 2017, 127: 45-58.

[33] SILVERSTEIN R, GLAM B, ELIEZER D, et al. Dynamic deformation of hydrogen charged austenitic-ferritic steels: Hydrogen trapping mechanisms, and simulations [J]. Journal of Alloys and Compounds, 2018, 731: 1238-1246.

[34] NAGAO A, DADFARNIA M, SOMERDAY B P, et al. Hydrogen-enhanced-plasticity mediated decohesion for hydrogen-induced intergranular and "quasi-cleavage" fracture of lath martensitic steels [J]. Journal of the Mechanics and Physics of Solids, 2018, 112: 403-430.

[35] KIM K S, KANG J H, KIM S J. Effect of grain boundary carbide on hydrogen embrittlement in stable austenitic stainless steels [J]. ISIJ International, 2019, 59: 1136-1144.

[36] JIANG Y F, ZHANG B, ZHOU Y, et al. Atom probe tomographic observation of hydrogen trapping at carbides/ferrite interfaces for a high strength steel [J]. Journal of Materials Science & Technology, 2018, 34: 1344-1348.

6 组织成分均匀超高强韧钢铸锭的复合剪切流制备技术

6.1 概　　述

装备产品轻量化是目前国家战略发展的主流方向之一，先进的超高强韧钢因其超高的强度及良好的塑性和韧性，是保证装备及零部件安全性的前提下能够实现装备产品轻量化的关键，成为装备产品重要选择。在钢铁材料的生产过程中，金属铸锭的质量和性能对于后续加工和使用具有至关重要的影响。然而，由于传统金属铸锭中存在表层细晶区、中间柱状晶区和中心等轴晶区三个晶区，组织和成分存在不均匀性，这进一步导致了其性能的不均匀。这种不均匀性可能会影响到铸锭的强度、韧性、耐腐蚀性等关键性能指标，因此，如何解决这种不均匀性，提高金属铸锭的性能是一个需要关注和解决的问题。

在研究和实际生产中发现，通过优化铸造工艺、控制冷却速度、调整合金成分等方式，来优化金属铸锭的结晶过程，可以尽可能减少各晶区之间的影响和由此带来的问题。例如，通过控制冷却速度，可以影响柱状晶区的形成，从而减少显微缩孔和杂质富集的问题。通过优化合金成分，可以调整金属铸锭的结晶过程，使其更有利于形成性能良好的等轴晶区。然而，这些传统的方法往往存在一定的局限性，不能完全解决组织和成分不均匀的问题。因此，为了解决这一问题，本书另辟蹊径，打破已有常规方法的束缚，从铸造工艺和金属凝固理论入手。通过研究晶体初期生长的界面形态演变规律，建立了凝固过程中晶体形核后初期生长的数学物理模型；研究了凝固过程中晶体形核后初期生长特定取向的向内熔化机制，并建立了凝固过程中晶体形核后初期生长分裂模型；成功将界面能各向异性表面张力参数引入到形成晶核后生长演变中，成功预测了金属晶核在生长演变过程中的分裂行为，开发了一种新的制备技术——复合剪切流铸造（composite shear flow casting，CSFC）技术。该技术通过降低凝固过程金属熔体中的温度梯度，抑制柱状晶的生长，从而得到组织成分更加均匀、性能更加优异的钢铸锭。复合剪切流降低温度梯度的机制可以从以下几个方面进行描述：(1) 从流体的混合效应来看，复合剪切流通过不同方向的流速变化，促进流体内部分子之间的相互混合。这种混合作用使得高温度区域的热量与低温度区域的热量得到均匀分布，从而减小了温度梯度。(2) 从流体热传导方面来看，复合剪切流中的流速变化会产生热传导效应。由于流体的黏性和导热性，流速快的区域会向流速慢的区域传递热量，使得整个流场中的温度分布更加均匀。(3) 从能量耗散的角度来看，复合剪切流中流体的复杂运动导致能量耗散。这种能量耗散过程可以将高能量区域中的热量转化为低能量区域中的热量，从而降低温度梯度。(4) 从流体的热对流方面来看，复合剪切流还会引起热对流现象。在剪切流的作用下，高温的流体被带动到低温的区域，而低温的流体则被带动到高温的区域。这种混合作用使得不同区域的温度趋于均匀化，降低了温度梯度。这些过程相互作用、相互促进，从而使复合剪切流能够有效地降低温度梯度。

本章节重点应用晶体形核后初期生长理论中复合剪切流的作用机制，将复合剪切流铸造技术应用在合金钢制造中，铸造出少柱状晶多等轴晶占比的铸锭，得到了组织成分均匀、性能一致的合金钢材料，探讨了复合剪切流通过熔体控制和凝固后晶体生长控制两个方面对铸锭宏、微观成分组织均匀性的影响规律，以及引起的强韧化效果。纳微结构超高强韧钢的成功制备，为细化晶粒理论和方法上提供了借鉴，为制备具有纳米和微米混合晶粒铸锭提供了理论和技术基础。

6.2 纳微结构超高强韧钢的研制

根据凝固过程中晶体形核初期生长的凝固理论，针对 200 kg 级的 CSFC 装置进行设计并制造出能够满足 CSFC 技术原理的装置，通过研究 CSFC 作用下铸锭的化学成分、宏观和微观组织特征，阐述了技术控制熔体温度梯度效果和控制凝固后晶体生长的分裂作用，初步探讨了 CSFC 技术细化晶粒的机理。

6.2.1 CSFC 装置研制及工艺研究

6.2.1.1 CSFC 装置研制

CSFC 装置设计为自转铸型和公转离心盘采用独立电机控制，可以研究在不同转速比的情况下，铸型内部熔体的流场及温度场的分布。利用中频感应电炉熔炼的金属，当完成金属的熔炼之后，经过石墨的引流浇道引导之后，液态金属马上浇铸入浇注进入复合剪切流铸造（complex shear flow casting，CSFC）处理设备中，并立刻进行复合剪切流处理，直至金属完全凝固之后取出。整个制备铸件的流程如图 6-1 所示，图 6-2 所示为 CSFC 技术原理图。

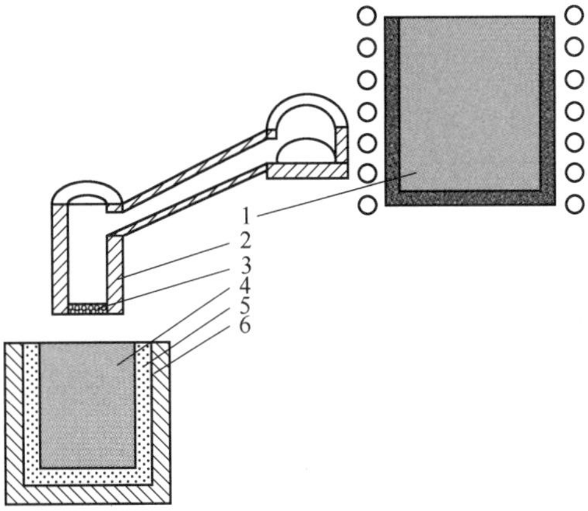

图 6-1　CSFC 制备铸件的流程示意图

1—熔炼系统；2—浇注系统（导流槽）；3—过滤网；4—熔体；5—铸型；6—保温桶

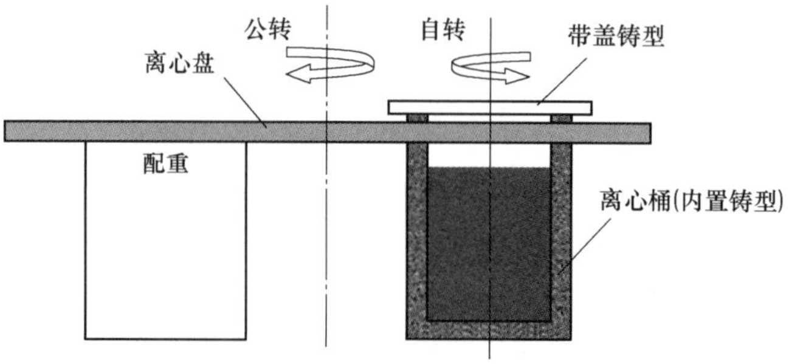

图 6-2　CSFC 技术原理图

以 CSFC 技术原理为基础，利用法国达索系统（Dassault Systemes）下的三维参数化设计 CAD 软件 Solidwork 进行 CSFC 装置设计，CSFC 装置设计如图 6-3 所示。CSFC 装置主要包括铸型、自转圆盘、自转电机、公转圆盘和公转电机，公转和自转独立采用控制，利于进行 CSFC 工艺研究。把自转电机放置在铸型的对称位置，以减少装置运行过程中由于不平衡所产生的颤动，损害装置影响效果。

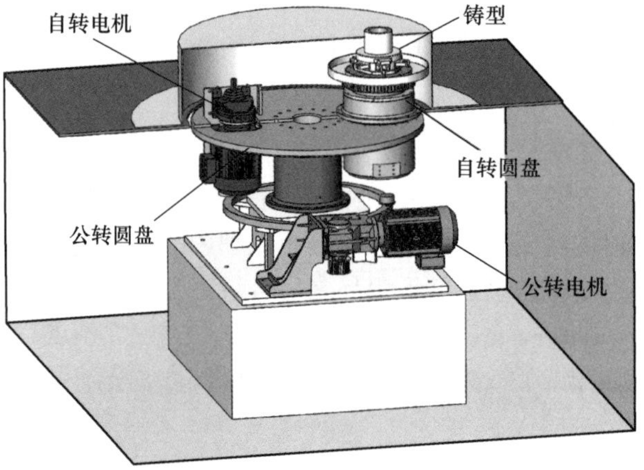

图 6-3　CSFC 装置设计图

彩图

6.2.1.2　铸锭制备及 CSFC 工艺研究

为保证较低杂质含量，并减少外来气体干扰，减少试验钢在熔炼时的氧化。本试验中用真空熔炼技术进行熔炼，熔炼前要进行熔炉抽真空处理，要求炉内压强小于 50 Pa，试验用棒料在熔炼之前也要进行去杂质处理即去除表面铁锈及干燥处理，中频感应炉为熔炼炉，利用电磁感应使棒料自身发热熔炼。浇注到设计并制造完成的 CSFC 装置中（装置中含有铸铁模具），并在模具内进行冷却，得到高 490 mm、直径 190 mm 的圆柱形铸锭，进行工艺研究。

总共进行了 6 种不同工艺的实验，实验工艺分别为转速比（公转：自转）为 0：0、1：0.7、1：0.8、1：0.9、1：1、1：1.1。就本实验中的参数，当离心盘以 20.895 Hz 的频率逆时针转动时，位于离心盘上的离心铸型以 2.058 Hz、2.352 Hz、2.646 Hz、2.94 Hz、3.234 Hz 的频率同时进行顺时针旋转，在制备过程中，当完成金属的熔炼之后，液态金属马上浇铸入离心铸型中并立刻进行 CSFC 处理，直至金属完全凝固之后取出。铸锭铸造完成后，利用带锯将铸锭冒口切下，取冒口的纵截面观察冒口形貌，不同铸造工艺铸锭顶部冒口形貌如图 6-4 所示。通过对比可以发现，当公转和自转转速比为 1∶1 时，可以获得缩松缩孔缺陷少的铸锭。

图 6-4　不同铸造工艺铸锭顶部冒口形貌（转速（公转：自转））

(a) 传统铸造 (0∶0)；(b) 1∶0.7；(c) 1∶0.8；(d) 1∶0.9；(e) 1∶1；(f) 1∶1.1

彩图

6.2.1.3　CSFC 工艺效果

为研究 CSFC 工艺对提升铸钢品质的作用，熔炼后在 1530~1600 ℃分别进行普通铸造和 CSFC 两种铸造工艺进行浇注。根据理论研究可知复合剪切流能使晶粒分裂，细化晶粒。所以进行了相关实验。本节以 50CrMo 中碳合金钢为研究对象，利用复合剪切流技术制备了高 500 mm 直径 200 mm 的铸锭，并利用传统方法制备了对比铸锭。采用直读光谱仪进行化学成分分析，对比了宏观组织特征，并采用扫描电子显微镜（SEM，Zeiss Augra）、电子背向散射衍射（EBSD，OXFORD）和透射电子显微镜（TEM，JEM-2100）对铸锭微观组织进行分析。

采用 CSFC 方法（1∶1）和传统铸造分别铸造出完全相同的原料得到的 45Si2MnCr2Mo 钢铸锭，铸造完成后分别在两种铸锭上利用线切割分别在铸锭先切出 20 mm 厚的圆饼（见图 6-5（b）），然后在每个圆饼的边缘（A）、半径 1/2（B）和中心（C）位置截取 20 mm×20 mm×20 mm 的光谱试样，宏观组织、SEM 和 EBSD 试样是在 B2 位置，具体切割示意图如图 6-5（a）所示。

A　铸锭化学成分均匀化

利用直读光谱仪对传统铸造和 CSFC 方法的试样进行化学成分进行检测，所得到的结果分别如图 6-6（a）和（b）所示。通过检测结果发现 CSFC 相对普通铸造而言，对成分的均匀化起到了明显的改善作用。相对于难熔合金元素如 V 等，熔点较低的 C、Cr、Mn

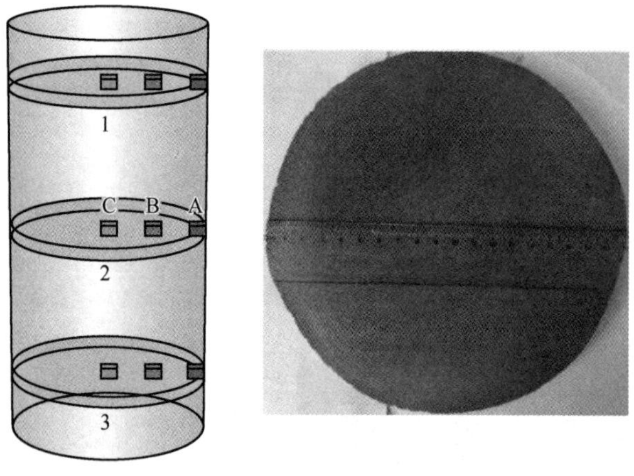

(a)　　　　(b)

图 6-5　取样位置

（a）光谱试样截取位置示意图；（b）线切割切出 20 mm 厚圆饼图

1—顶部；2—中部；3—底部；A—边缘；B—半径 1/2；C—心部

彩图

等元素在普通铸造中分布不均更加明显。Mn 元素在重力铸造中边缘和 1/2 处的含量差值可以达到 0.7 以上，即 Mn 元素在重力铸造中分布的偏差可达到 40%。CSFC 铸锭各处位置的化学成分相差不大，各种化学元素分布均匀，说明利用 CSFC 铸造方法铸造出的铸锭基本无宏观偏析。采用 CSFC 所技术所得到铸坯无论是难熔合金还是熔点较低的合金，都能比较均匀地分布在铸坯中，这也为后续力学性能的提高提供了基础。

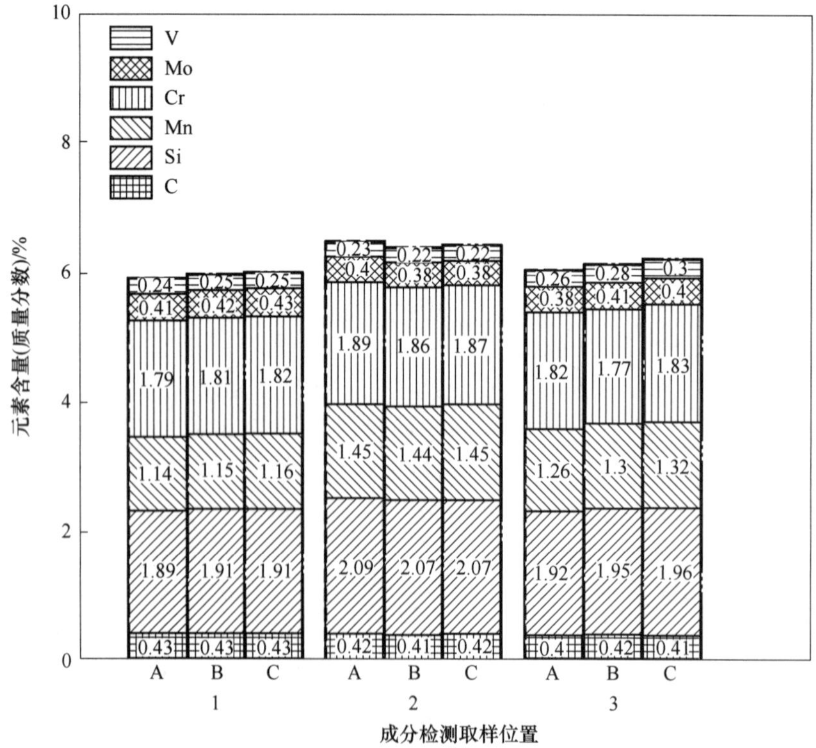

(a)

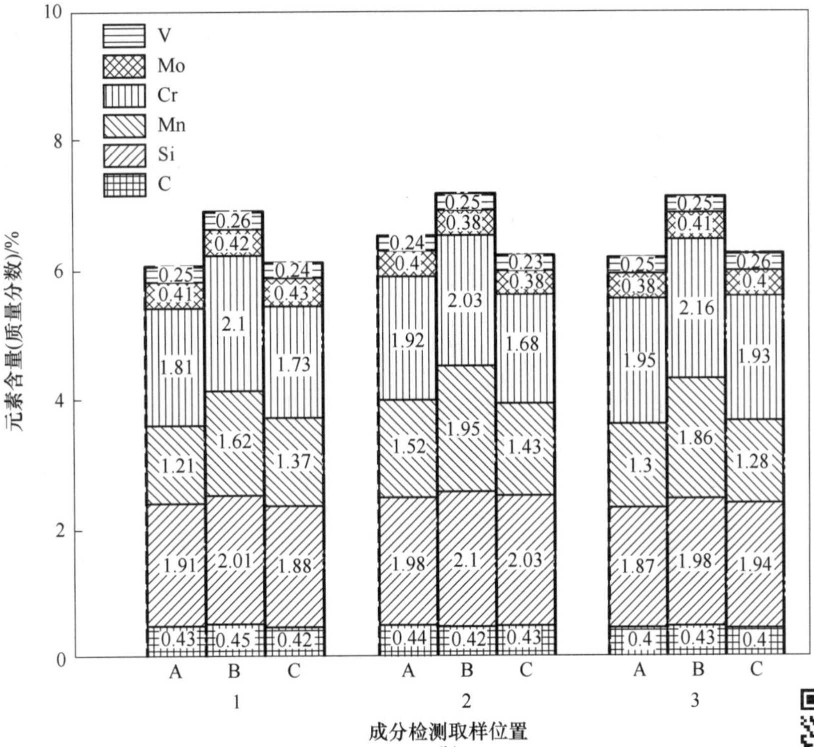

(b)

图 6-6 光谱试样成分检测

（a）CSFC 铸锭；（b）普通铸造铸锭

彩图

B 复合剪切流对宏观组织的影响

根据《低倍组织及缺陷酸蚀检验法》（GB/T 226—2015），采用线切割截取铸锭 B2 部位，20 mm 厚度的圆饼，表面进行机械磨光粗糙度 $Ra \leqslant 1.6$ μm。试验前用酒精清洗表面油污并吹干。50%盐酸（$\rho = 1.19$ g/mL）水溶液 65 ℃煮 20 min，无水碳酸钠水溶液中和刷洗。最后水清洗，酒精清洗后吹干，然后用数码成像获得钢的低倍组织。

通过图 6-7 传统铸造铸锭横截面宏观组织发现，普通铸造的组织由典型的三晶区组成，其中黄色虚线圆（直径 40.3 mm）内为心部粗大等轴晶，红色实线圆（直径 166.3 mm）外为表层细晶区，两个圆中间为柱状晶区。宏观组织放大图如图 6-7（a）~（e）所示，由于圆柱锭四周的散热速率近似相同，柱状晶区沿着径向生长。同时发现传统铸造的铸锭存在宏观偏析，易锈蚀。通过图 6-8 CSFC（1∶1）的铸锭横截面宏观组织发现，黄色虚线圆（直径 141.2 mm）内为心部粗大等轴晶，红色实线圆（直径 165.1 mm）外为表层细晶区，两个圆中间为柱状晶区。由于受到复合剪切流的影响，柱状晶区不是严格沿着径向生长，而是有些杂乱。根据原铸锭直径 190 mm，结合两种铸造方法中各晶区直径，计算出传统铸造铸锭和 CSFC 铸锭三晶区所占比例，如图 6-9 所示。由计算结果可以发现，两种方法制备的铸锭表层晶区所占比例基本一致（约 23.9%），经 CSFC 制备的铸锭中柱状晶大幅减少（由普通铸造的 72.25%减少到 20.28%），而心部等轴晶相应明显增加（由普通铸造的 4.43%减少到 55.43%）。通过表 6-1 传统铸造铸锭和 CSFC 铸锭等轴晶尺寸的测量结果可以发现，CSFC 制备的铸锭半径1/3处的为 182 μm，铸锭半径 2/3

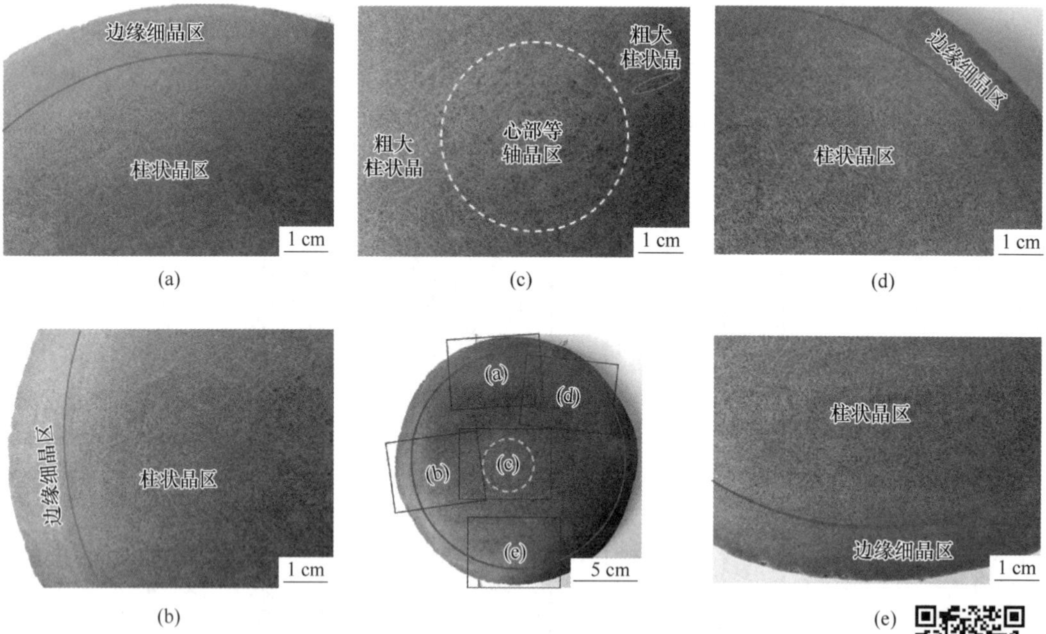

彩图

图 6-7　普通铸造铸锭宏观组织

((a)~(e) 分别为不同位置宏观组织的放大图)

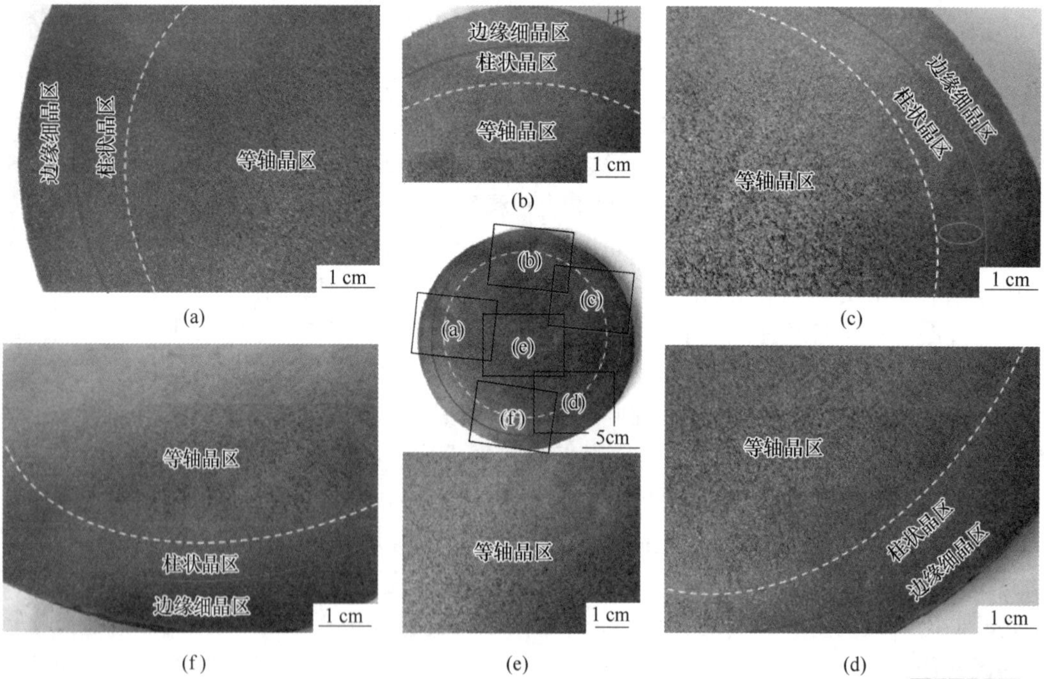

彩图

图 6-8　CSFC 铸锭宏观组织

((a)~(f) 分别为不同位置宏观组织的放大图)

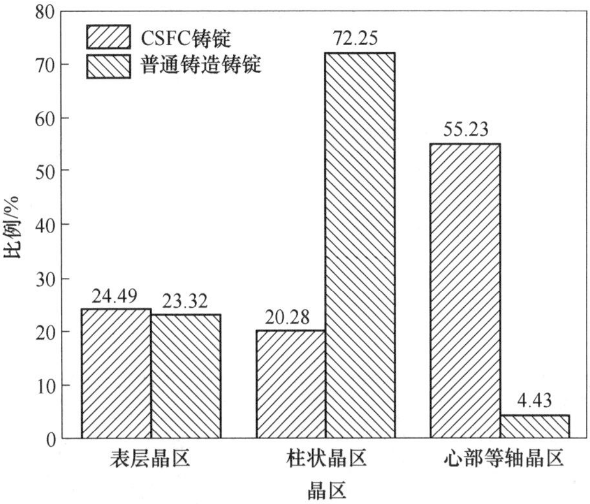

图 6-9 传统铸造铸锭和 CSFC 铸锭三晶区所占比例

处为 193 μm，铸锭中心处为 216 μm，而传统铸造仅铸锭中心为等轴晶（尺寸为 389 μm），且比较粗大，等轴晶尺寸为 389 μm。这是因为，传统铸造过程金属材料凝固时的从铸锭边缘到心部温度梯度大，因此传统铸锭中含有大量柱状晶且心部等轴晶粗大；在 CSFC 制备的铸锭中，柱状晶占比较小，等轴晶尺寸比较接近且尺寸较小，说明复合剪切流作用下凝固过程中的温度梯度小，并且能够细化等轴晶。

表 6-1 传统铸造铸锭和 CSFC 铸锭等轴晶尺寸

工艺		铸锭半径 1/3	铸锭半径 2/3	铸锭中心
等轴晶尺寸 /μm	CSFC 工艺	182	193	216
	传统铸造	柱状晶	柱状晶	389

C 复合剪切流对微观组织的影响

a 扫描电子显微镜（SEM）

利用扫描电镜对 CSFC 铸造（1∶1）和普通铸造的铸锭进行了微观组织结构观察，图 6-10 和图 6-11 分别为 CSFC 和普通铸造的两种铸锭的 1/3 处 SEM 图片。从图中可以发现，两种方法铸造出的铸锭的微观组织均由珠光体单相组织组成，两种方法的珠光体片间距不同。分析两种微观组织不同点，应重点研究珠光体片间距，而珠光体片间距大小是由合金铸锭凝固和相变过程中的过冷度决定的。将在后面针对珠光体长大机理和珠光体片间距作具体阐述。

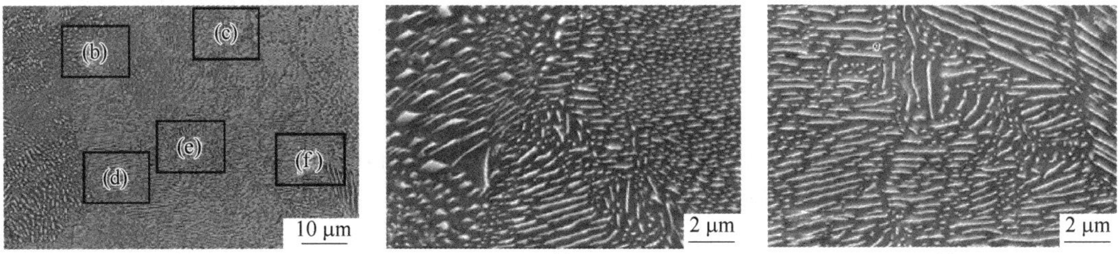

(a) (b) (c)

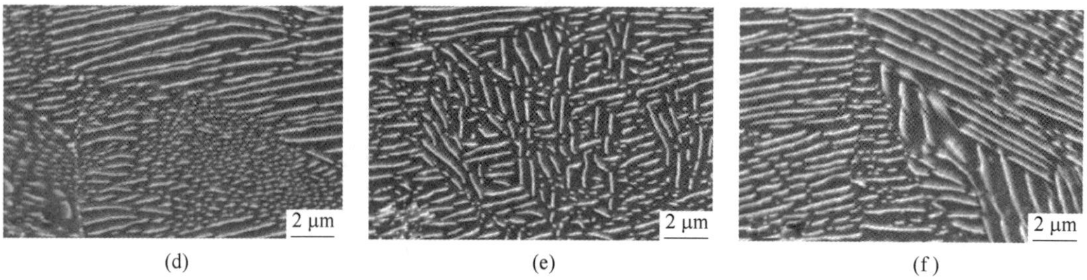

图 6-10　CSFC 铸锭 SEM 微观组织结构示例

((b)~(f) 分别为 (a) 中的放大图)

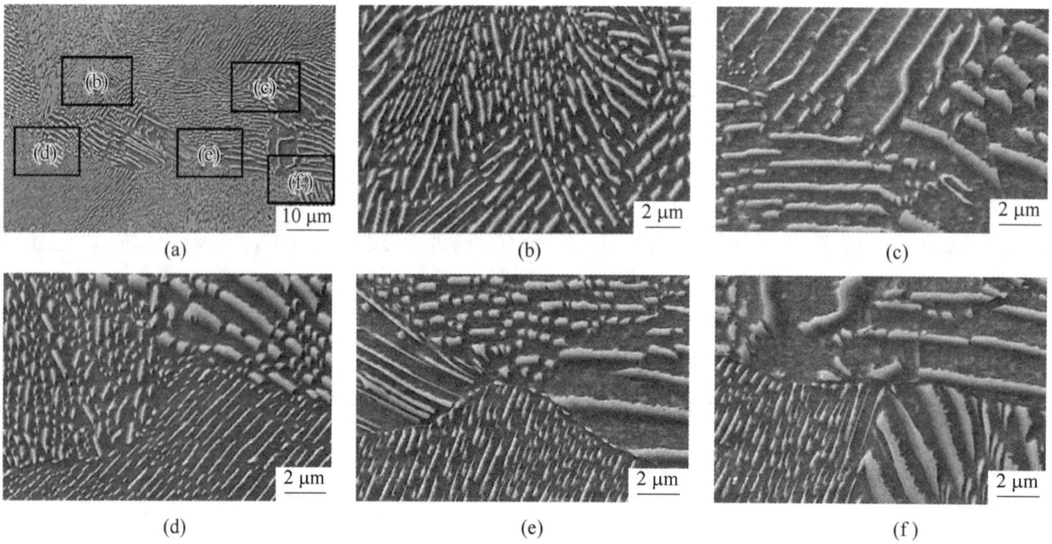

图 6-11　普通铸造铸锭 SEM 微观组织结构

((b)~(f) 分别为 (a) 中的放大图)

b　电子背散射衍射 (EBSD)

通过图 6-12 和图 6-13 分别给出了 EBSD 对 CSFC 铸造 (1∶1) 和普通铸造 (0∶0) 的 B2 位置铸锭微观组织的分析结果，发现通过 CSFC 制备出的铸锭平均晶粒尺寸为 5.3 μm，而普通铸造的平均晶粒尺寸为 7.6 μm，CFSC 比普通铸造晶粒尺寸细化了 35%。

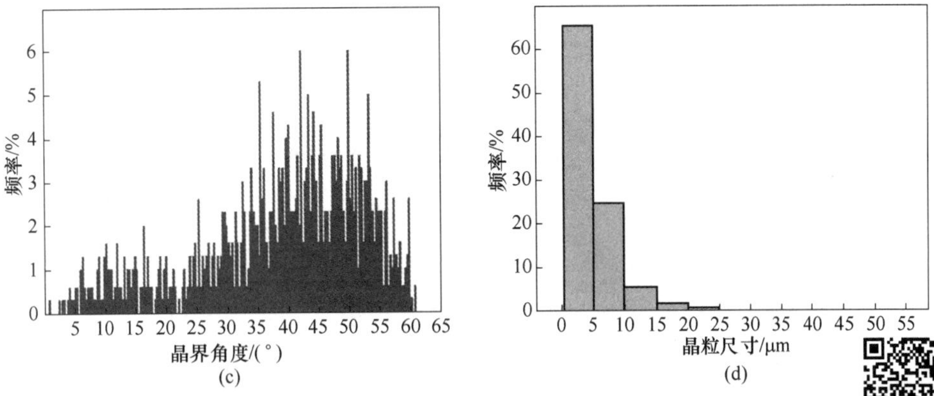

图 6-12 CSFC 铸锭 EBSD 微观组织结构分析

(a) IPF 图；(b) IQ 图；(c) 晶界取向差分布；(d) 晶粒尺寸分布

彩图

CSFC 的铸锭的小角度晶界占比 25%，而普通铸造的铸锭产生的小角度晶界不足 5%，CSFC 的铸锭含有更多的小角度晶界，可以说明在 CSFC 工艺过程中，晶粒发生了转动使原来存在于铸锭中的缺陷界面变为晶界，具有细化晶粒的效果。通过 IPF 图可以看出，在 CSFC 铸锭中每一个原始大晶粒内部都含有大量取向相近的小团簇，这些取向相近的小团簇在后续的形变过程中会发生转动，进而形成大量尺寸细小的晶粒。

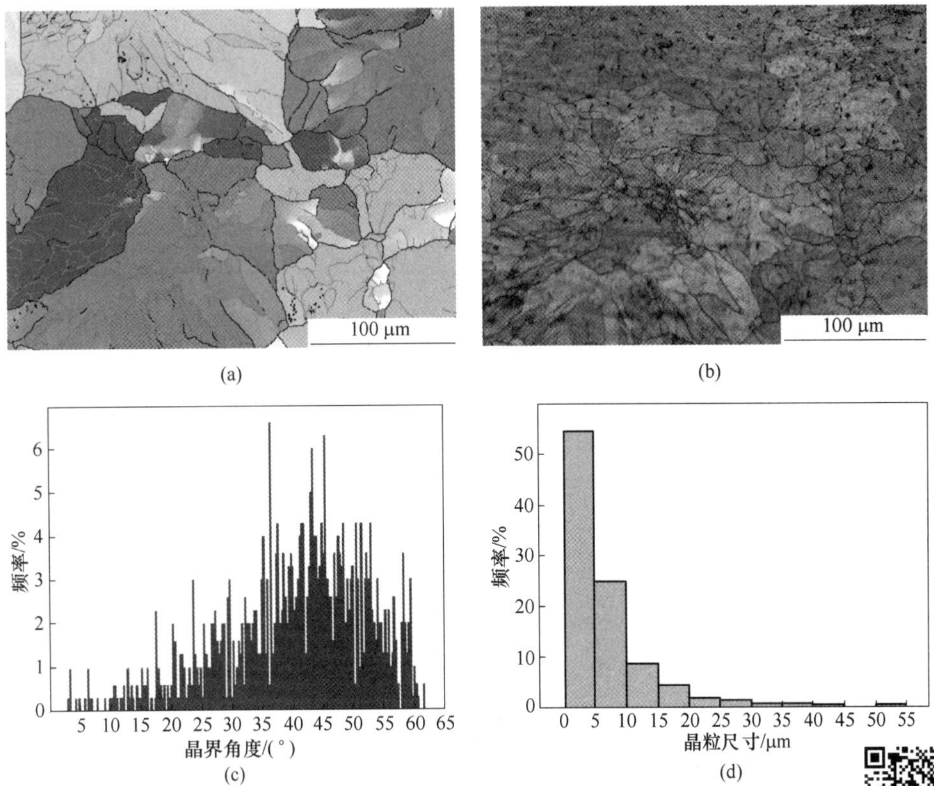

图 6-13 传统铸锭 EBSD 微观组织结构分析

(a) IPF 图；(b) IQ 图；(c) 晶界取向差分布；(d) 晶粒尺寸分布

彩图

c　透射电子显微镜（TEM）

如图 6-14（a）和（b）所示，聚集分布纳微米级晶粒形貌及相应的选区衍射表明多晶的存在。

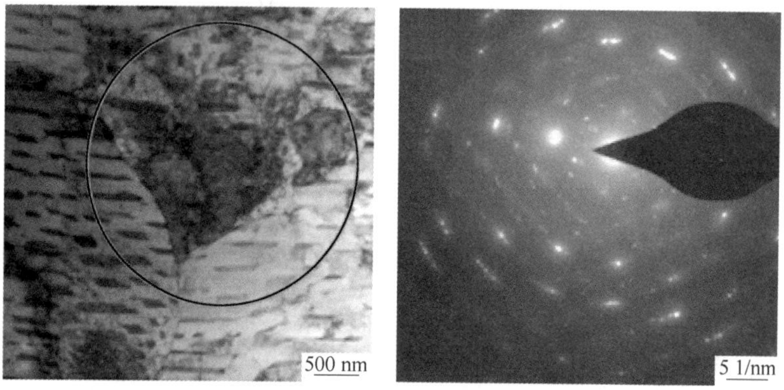

(a)　(b)

图 6-14　透射分析铸锭及多晶衍射花样

（a）多晶；（b）多晶衍射花样

单位体积中的晶粒数目 Z 为 $Z_V = 0.9\left(\frac{N}{G}\right)^{\frac{3}{4}}$，单位面积中的晶粒数目为 $Z_S = 1.1\left(\frac{N}{G}\right)^{\frac{1}{2}}$。同时我们都知道，晶粒的大小取决于形核率和长大速度的相对大小。如图 6-15 所示，根据临界形核半径 r^* 与过冷度 ΔT 的关系 $r^* = \frac{2\sigma T_m}{L_m \Delta T}$ 可知，过冷度越大，临界形核半径越小。形核率先是随着过冷度增加而增加，超过极大值后，随过冷度增大而减小。金属的凝固倾向极大，一般在达到极大值前，已经凝固完毕。晶粒度取决于形核率 N 和长大速度 G 之比，比值 N/G 越大，晶粒越细小。形核率越大，则单位体积中的晶核数目越多，每个晶粒的长大余地越小，因而长成的晶粒越细小。同时长大速度越小，则在长大过程中将会形成更多的晶核，因而晶粒也将越细小。

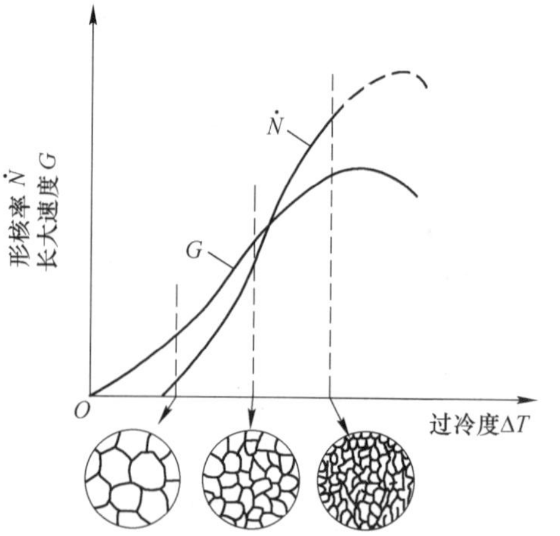

图 6-15　金属结晶时形核率和长大速度与过冷度的关系[1]

D　复合剪切流对温度梯度的控制

a　珠光体长大机理

图 6-16（a）给出了铁-碳的局部相图，说明了在 Hultgren 外推法[2]中，如果钢的平均碳含量 w_C 介于 w_C^{γ/Fe_3C} 和 $w_C^{\gamma/\alpha}$ 之间，那么即使 w_C 不等于共析浓度（在 Fe-C 中为 0.77%），钢也能够转变为完全珠光体组织；如果 $w_C<0.77\%$，珠光体中渗碳体的比例将低于正常值，反之亦然。在 Hultgren 外推法中，奥氏体相对于渗碳体和铁素体都过饱和，这是发展与奥氏体共同转变前沿的合作增长的必要条件。当 w_C 不落入 Hultgren 外推法定义的区域时，获得的珠光体是退化的，即渗碳体片层不连续[3]。这种退化结构并不严格代表珠光体，因为不会发生协同生长。事实上，“退化珠光体”的力学性能反映了渗碳体缺乏连续性，如图 6-10 和图 6-11 中不连续的渗碳体。

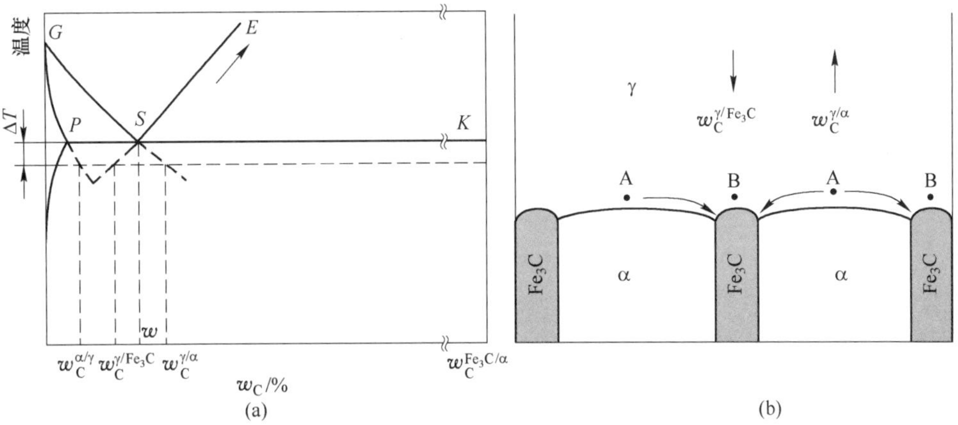

图 6-16　铁-碳的局部相图和珠光体长大时碳原子的扩散示意图

（a）Fe-Fe_3C 相图的局部及相边界外推；（b）碳原子的扩散方向及间距（平行于推进界面，S 为层间间距。渗碳体的厚度 S_{Fe_3C} 和铁素体的厚度 S_α 是由钢的平均碳浓度决定）

图 6-16（b）为珠光体纵向长大时，碳在过冷度为 ΔT 的奥氏体中扩散的示意图。分析这个问题的前提是假定在过冷奥氏体与珠光体的界面处，过冷奥氏体分别与铁素体和渗碳体维持局部平衡。渗碳体富含碳，而铁素体与渗碳体或奥氏体处于平衡状态时，其容纳的碳很少。这样，在与铁素体相接处（A）和与渗碳体相接处（B），过冷奥氏体的碳质量分数分别为 $w_C^{\gamma/\alpha}$ 和 w_C^{γ/Fe_3C}，结果造成奥氏体碳质量分数的不均匀。因此，碳有必要在界面前沿进行重新分配。由于 $w_C^{\gamma/\alpha} > w_C^{\gamma/Fe_3C}$，因此产生了碳由 A 处向 B 处的扩散。同时，由于 $w_C^{\gamma/\alpha} > w_C^{\gamma}$，$w_C^{\gamma} > w_C^{\gamma/Fe_3C}$，因而也会有碳原子离开 A 处向奥氏体内的扩散和由奥氏体向 B 处的扩散。扩散的结果使界面处的平衡遭到破坏，这又促使铁素体和渗碳体分别在 A 处和 B 处继续长大，以维持界面处的平衡。这就导致了珠光体的不断长大[4]。

Zener[5]认为珠光体长大时能自行调节片间距以获得最大长大速率。如果间距太大，相应的扩散路程就会太长，碳原子的分离就会慢下来；如果间距太小，α/Fe_3C 间的界面能就会增加，从而减少了转变的驱动力。推导出最佳片层间距为 $2S_c$，即最大长大速率时的片层间距为：

$$S = 2S_c = \frac{4\sigma V_m}{\Delta G_m^T} = \frac{4\sigma V_m T_c}{\Delta H \Delta T} \tag{6-1}$$

式中，$T_c = A_1$；ΔT 为过冷度，$\Delta T = T_c - T$；T 为转变温度；σ 为 α/Fe_3C 间的比界面能；S 为片层间距；V_m 为摩尔体积；ΔH 为单位摩尔转变潜热；S_c 为临界片间距（珠光体转变的全部驱动力都消耗在界面上），即 $\Delta G_m^T = \dfrac{2\sigma V_m}{S_c}$。

式（6-1）为一个简化处理，它忽略了应变能项，还假定奥氏体和珠光体的比热相。Zener 在对珠光体长大速率与片层间距和温度的关系进行理论分析时：假定在珠光体长大一开始时在界面处就达到局部平衡并受体扩散控制，即所有的扩散都是在界面前的母相中进行；同时还假定铁素体和渗碳体每一个相的成分都是均匀的、两个相的平均成分等于远离界面处母相的成分、两个相的片层厚度比可由杠杆定律确定。

b　珠光体片间距

利用 Nanomeasure 软件对铸锭从边缘到中心不同位置的显微组织中珠光体片间距进行了测量，每个位置至少测量 5 张图片。图 6-17 所示为 CSFC 铸锭不同位置珠光体片间距频率分布，从图中可以看出 CSFC 铸锭珠光体片平均间距从铸锭边缘到铸锭中心的范围内，铸锭边缘的珠光体片间距最大为 451. 2 nm，而铸锭 1/3、2/3 和铸锭中心处的片间距基本

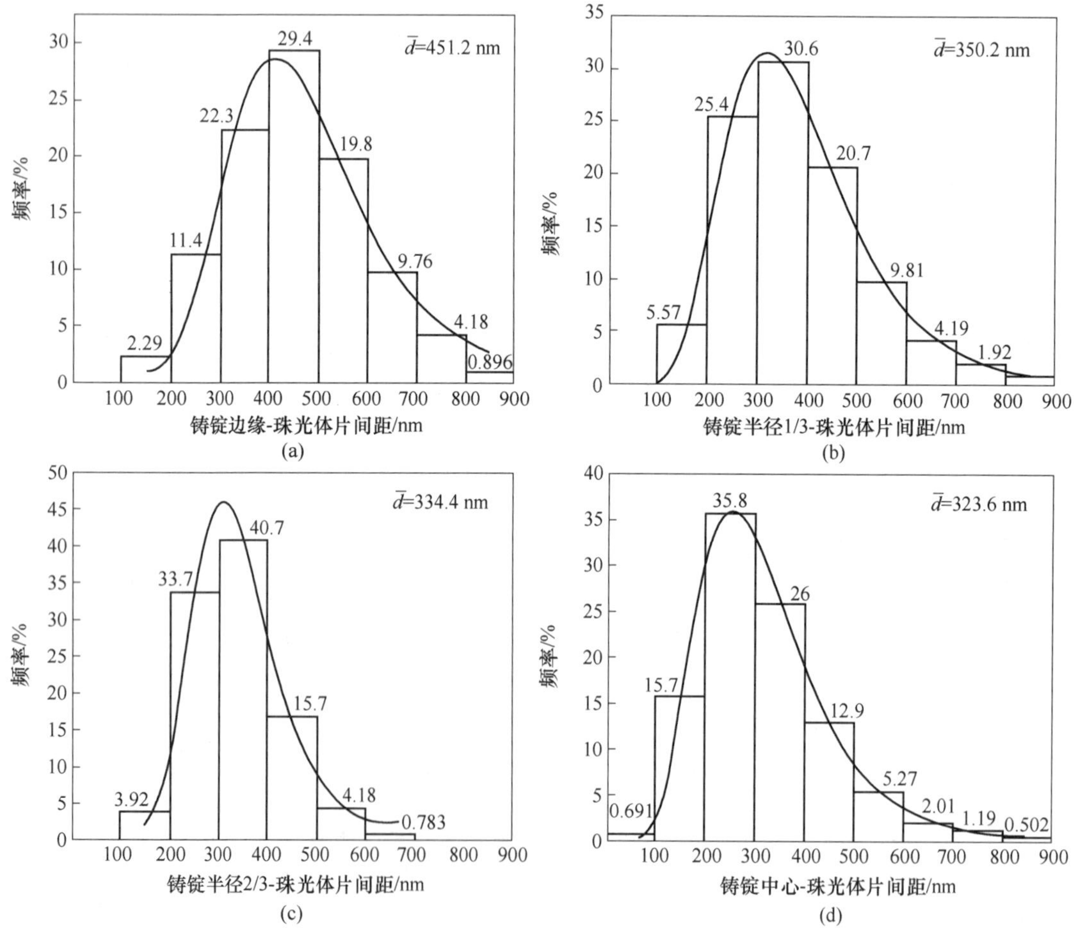

图 6-17　CSFC 铸锭不同位置珠光体片间距频率分布

（a）铸锭边缘；（b）铸锭半径 1/3；（c）铸锭半径 2/3；（d）铸锭中心

一致，集中为 320~350 nm。图 6-18 所示为普通铸造铸锭不同位置珠光体片间距频率分布，从图中可以看出普通铸造铸锭珠光体片平均间距从铸锭边缘到铸锭中心的范围内，铸锭边缘的珠光体片间距最小为 428.7 nm，铸锭 1/3 和 2/3 处的片间距基本一致为559.1~559.9 nm，而铸锭中心处的珠光体片间距最大为 891.9 nm。这和传统铸锭从边缘到心部呈现边缘细晶区、中间柱状晶区和中心粗大等轴晶区的典型三晶区相对应。

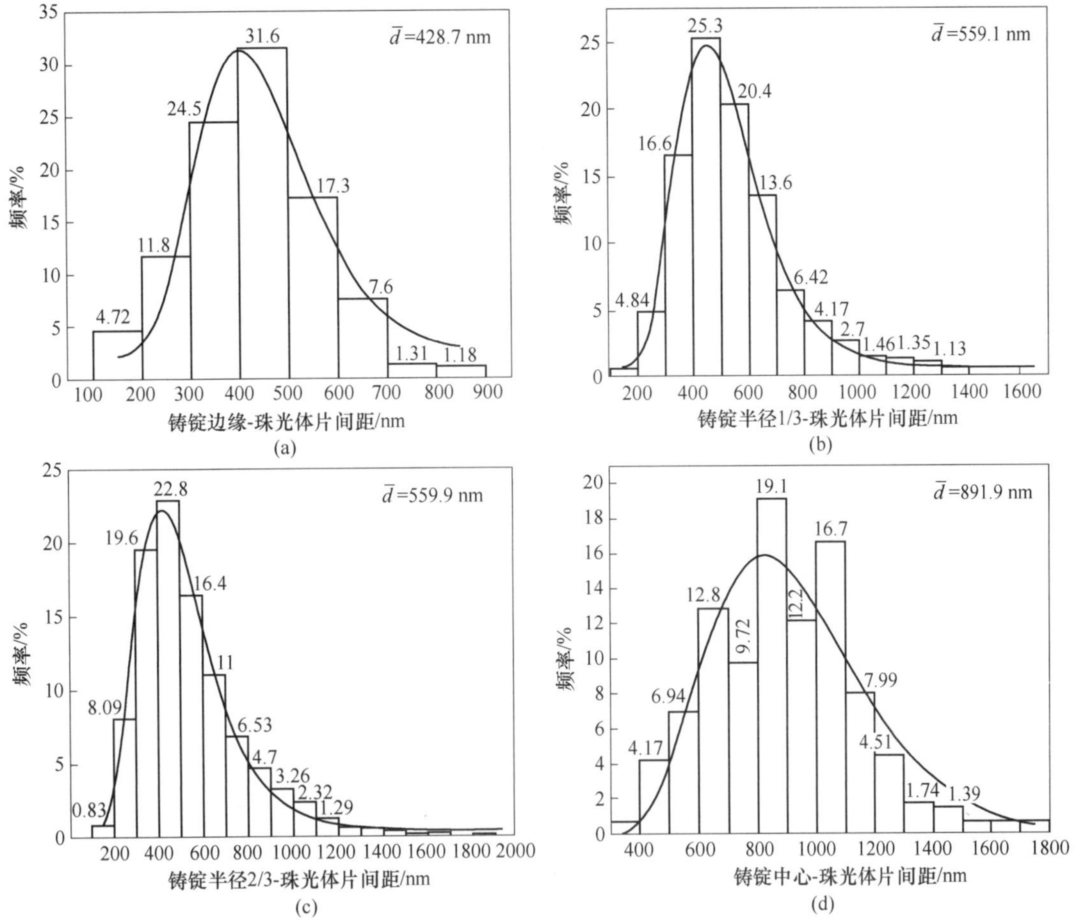

图 6-18 普通铸造铸锭不同位置珠光体片间距分布

(a) 铸锭边缘；(b) 铸锭半径 1/3；(c) 铸锭半径 2/3；(d) 铸锭中心

c 过冷度控制

Marder[6] 根据 Zener 推导出最佳片层间距为 S，即最大长大速率时的片层间距（见式(6-1)），把碳素钢中珠光体的片间距与过冷度的关系处理为线性关系。

令 $C=\dfrac{4\sigma V_m T_c}{\Delta H}$，式（6-1）可简化为：

$$S=\frac{C}{\Delta T} \tag{6-2}$$

式中，C 为取 8.02×103，nm · K；S 为珠光体片间距，nm；ΔT 为过冷度，K。

根据片间距 S 与过冷度 ΔT 的关系式，利用上述测量出的珠光体片间距计算出珠光体在形成和长大过程中的过冷度，见表 6-2 和图 6-19。

表 6-2　珠光体在形成和长大过程中的过冷度

项　　目	传统铸造				CSFC 工艺铸造			
	铸锭边缘	铸锭半径 1/3	铸锭半径 2/3	铸锭中心	铸锭边缘	铸锭半径 1/3	铸锭半径 2/3	铸锭中心
珠光体片间距 $\bar{d}$/nm	428.7	559.1	559.9	891.9	451.2	350.2	334.4	323.6
过冷度 ΔT/℃	18.7	14.3	14.3	9.0	17.8	22.9	24	24.8

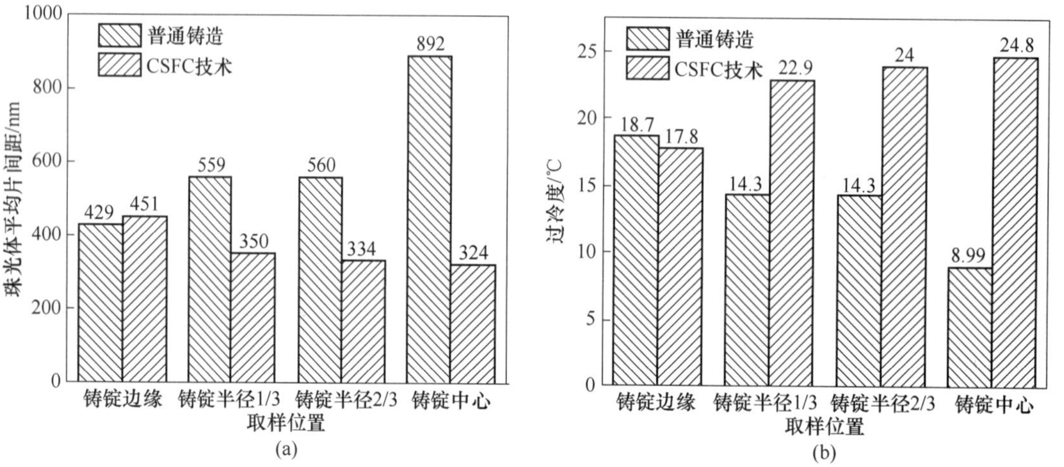

图 6-19　传统铸造和 CSFC 凝固技术铸锭不同位置的珠光体片间距和过冷度分布

从图 6-19 可以看出，传统铸造铸锭的边缘过冷度最大为 18.7 ℃，铸锭中心的过冷度最小为 8.99 ℃，过冷度相差 9.71 ℃，而铸锭半径 1/3 和铸锭半径 2/3 的过冷度相同，这和传统铸造铸锭的由铸锭边缘到铸锭中心的细晶区、柱状晶区和中心粗大等轴晶区的典型三晶区相对应，从而说明了利用铸锭珠光体片层间距来计算过冷度的大小是可行的。因此，由此计算出 CSFC 凝固技术铸锭的过冷度也是可信的。从图 6-19 也可以发现，CSFC 凝固技术得到铸锭边缘的过冷度和传统铸造的基本一致（18 ℃左右），这是由于在开始浇注的过程中，热的金属熔体遇到冷的铸型温度急剧下降，并形核形成细小的等轴晶。CSFC 凝固技术得到的铸锭半径 1/3、半径 2/3 和铸锭中心位置拥有很大的过冷度且相差不大（24 ℃左右），这说明除了铸锭边缘外，铸锭内部的温度场比较均匀。通过比较 CSFC 凝固技术与传统铸造技术制备的超高强钢铸态珠光体组织并计算出两种方式铸锭的过冷度可知，利用 CSFC 凝固技术得到的珠光体片间距比较细小且均匀，CSFC 凝固技术能够使金属熔体在铸型中凝固过程中具有很大的过冷度，并且温度场分布均匀。

d　复合剪切流引起超低温度梯度的原理

液态钢液中的复合剪切流引起超低温度梯度的原理主要是通过以下步骤实现的。

（1）钢液的流动：在液态钢液中，由于复合剪切流的引入，钢液会发生流动。这种流动可以促进钢液内部的传热，使钢液内部的温度分布更加均匀。

（2）热量的传递：在钢液的流动过程中，热量会从外部向内部传递。由于复合剪切流的运动，钢液内部的热量传递效率会得到提高。

（3）温度梯度的形成：在钢液内部，由于热量传递的不均匀性，会形成温度梯度。而复合剪切流的引入会减小温度梯度的大小，使温度分布更加均匀。

（4）超低温度梯度的实现：通过精确控制复合剪切流的运动和钢液的流动速度，可以使温度梯度达到超低水平。这种超低温度梯度可以促进钢液内部的传热和结晶过程，进而提高钢铸锭的质量和性能。

综上所述，液态钢液中复合剪切流引起超低温度梯度的原理主要是通过促进钢液内部的传热和减小温度梯度来实现的。通过精确控制复合剪切流的运动和钢液的流动速度，可以获得高质量和性能的钢铸锭。

E　CSFC 技术细化晶粒机理

通过将界面能各向异性表面张力参数引入凝固过程中形成晶核后初期生长演变凝固过程中，建立晶体形核后初期生长的数学物理模型，并根据初期生长特定取向的向内熔化机制，建立晶体形核后初期生长分裂模型。通过控制凝固过程中流场的大小及方向，使金属熔体凝固过程中先形核长大的晶体分裂，并控制温度场使金属熔体拥有较大的过冷度能够爆发性形核，从达到细化晶粒的目的。

在金属凝固过程中，当温度降低到液相线以下在过冷液态熔体中晶体开始形核（见图 6-20），结晶潜热的释放使得晶核周围的温度上升。随着晶核的生长，潜热的释放与晶核的吸热达到平衡，温度达到平衡。晶核生长经历初期晶体生长到晚期晶体生长直到凝固结束，在这个过程中晶核可能演化为细晶、等轴晶、胞晶、枝晶等多种界面形态，这些界面形态微结构的形成是凝固过程中界面形态不稳定的结果。

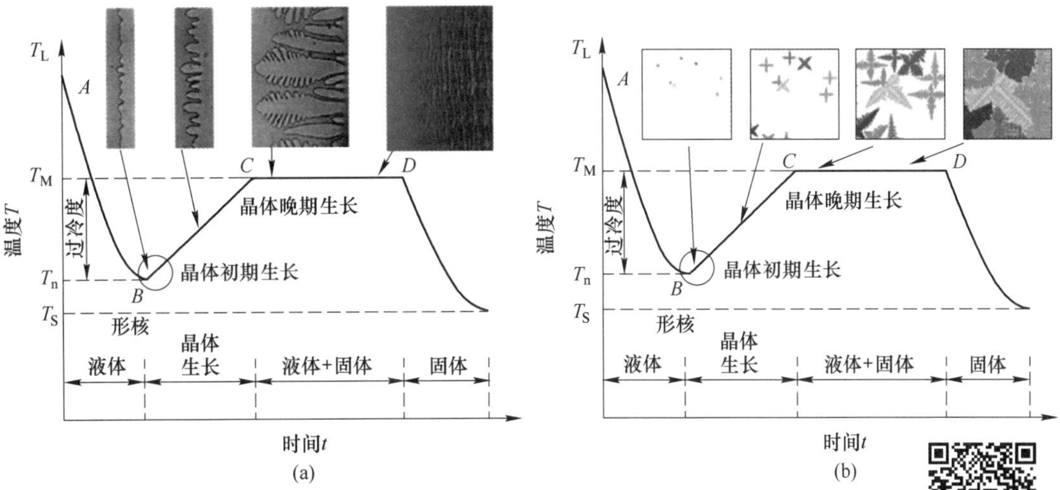

图 6-20　固/液界面前沿枝晶生长冷却曲线与界面微结构的关系
（a）柱状枝晶；（b）中心粗大的等轴枝晶

彩图

在凝固过程中晶体形核后初期生长的过程中，晶核受到内部凝固条件和外部凝固条件的作用，晶体形核后初期生长演变的数学物理模型包括流场动量方程和连续性方程、温度场方程、浓度场控制，并在界面上受到热平衡条件、Gibbs-Thomson 条件、能量守恒条件、界面溶质守恒条件、界面溶质分离条件等条件的制约。在晶体形核后初期生长过程中（见图 6-20 中紫色圆圈标注的位置），界面形态函数可表述为：

$$R = R_0 + \varepsilon R_T \tag{6-3}$$

式中，εR_T为由球状晶体温度场和浓度场对界面形态演变的贡献。

界面的首阶近似解 R_0满足常微分方程初值问题：

$$\frac{\mathrm{d}R_0}{\mathrm{d}t} = \frac{R_0 - \dfrac{2\gamma_0 T_M}{am\Delta H\Delta C}}{R_0(R_0 + E^{-1}M_k + M_c S_p R_0)} \tag{6-4}$$

式中，M_k 为 界面运动学参数；M_c 为溶质成分参数；γ_0 为各向异性强度；S_p 为界面刚度。

其中，$R_0(0) = 1$，并得到球形晶核的临界形核半径：

$$R^* = \frac{2\Gamma}{1 + M_c C_\infty} \tag{6-5}$$

图 6-21 进一步显示在各向异性表面能作用下晶核初期生长的界面形状演化图和形核后不同生长方向晶核的内径随时间的变化。这是由于依据经典的形核理论，晶核在形核时，当晶核的半径小于临界形核半径时熔化，而当晶核的半径大于临界形核半径时生长。而晶核的内径始终小于临界形核半径的 2 倍，这意味着晶核的半径在某些特定方向小于临界形核半径（见图 6-21 中曲线），晶核在某些局部区域熔化。

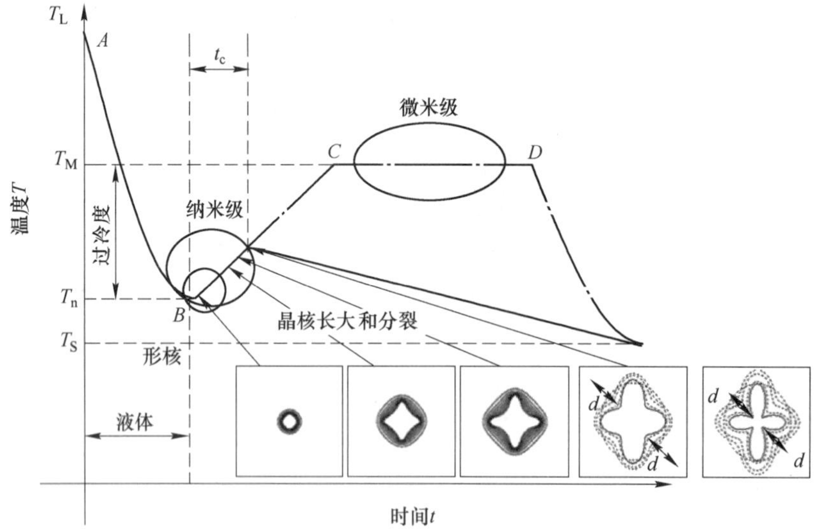

图 6-21　“时间窗口”期内晶核的长大和分裂

由于凝固过程处在形核后晶核生长的初期阶段，晶核处在液相和固相的边缘固相一侧，晶核本身几乎没有任何强度。这导致晶核在界面的某些局部区域倾向于熔化而分裂成几个更细小的晶体。从临界形核半径直到向内熔化的距离达到最大值，这个距离被定义为“熔化深度”（见图 6-21 中右下图）。

金属凝固过程中，在远场均匀来流（$\varepsilon R_{\mathrm{uniform}}$）和对称应力流（$\varepsilon R_{\mathrm{stream}}$）的作用下，晶核在形核后开始生长的初期极短的时间内沿某些生长特定取向向内熔化，在这段极其短暂的“时间窗口”（$t=0-t_{\mathrm{c}}$）内，如果以一定的剪切力作用于颗粒上，晶核将会分裂成几个更加细小的纳米晶体。每个分裂的晶核继续重复这样的生长和分裂过程，从而在晶核初期生长的一定时间内形成大量的纳米颗粒。

综上所述，CSFC 工艺细化初始晶粒的机理包括：在剪切流的带动下，熔体中的温度和浓度变化可以引起晶体界面上的热力学驱动力。这种驱动力可以促使晶体向内回熔，分裂成更小的晶体或重新形核。强剪切流可以增强熔体的混合和扰动，从而加速晶体向内回熔和分裂。剪切流还会导致晶体内部的元素或化合物重新分配。这种元素或化合物的重新分配会导致晶体内部的浓度变化和化学势梯度，进一步驱动晶体的回熔和分裂。凝固过程中在剪切流作用下的球晶、缺陷界面发生转动变为小角晶界，低温度梯度、大过冷度下的爆发式形核。

6.2.2 超高强韧钢的制备

6.2.2.1 成分设计

A 设计原则

合金元素含量对超高强度钢的影响作用显著，包括组织结构和力学性能等。因此其成分设计过程中需要从多方面考虑合金元素的作用。本书中超高强度钢的成分设计遵循以下几点原则。

（1）考虑合金元素含量对组织结构的影响。为了保证超高强度钢的基体组织为马氏体、贝氏体和一定含量的残余奥氏体以获得良好的韧性和优良的加工硬化能力，因此需要提升奥氏体形成元素 C 的含量，以及抑制渗碳体析出获得一定残余奥氏体含量的 Si 元素。

（2）考虑合金元素含量对力学性能的影响。添加的合金元素一方面起到固溶强化的作用；另一方面基于析出强化机理，经过回火处理后可以析出细小弥散的碳化物，增强基体。

B 设计结果

实验用超高强韧钢的成分设计，主要是在传统高强钢成分体系基础上，提升碳、铬和硅元素含量，同时加入一定量的钼、铌和镍元素，化学成分见表 6-3。

表 6-3 为 45Si2MnCr2Mo 超高强韧钢的化学成分设计结果 （质量分数）

成分	C	Si	Mn	Cr	Ni	Mo	V+ Nb	Al
含量/%	0.45~0.5	1.8~2.0	0.5~1.0	1.8~2.0	~3.0	0.4~0.6	0.02~0.06	0.005~0.01

6.2.2.2 铸锭及钢板制备

为保证较低杂质含量，试验用棒料在熔炼之前也要进行去杂质处理即去除表面铁锈及干燥处理，中频感应炉为熔炼炉，利用电磁感应使棒料自身发热熔炼，采用 CSFC 工艺铸造出高 490 mm、直径 210 mm 的圆柱形铸锭。浇注时浇注到铸铁模具中，并在模具内进行冷却，铸锭制备流程如图 6-22 所示。利用带锯切取铸锭中间中取 50 mm 厚，长和宽分别 120 mm 和 80 mm 的方坯，用于轧制。钢板轧制是在河北钢铁石钢公司第二轧钢厂进行的，采用的轧制设备是 ϕ450 mm×350 mm 快速热轧机。首先将厚度为 50 mm 的板坯放入加热炉中随炉升温至 1250 ℃并保温 2 h，按照表 6-4 轧制工艺轧制成板厚 5 mm 的钢板，轧制完成后放入 600 ℃炉中随炉冷却至室温取出。

图 6-22　超高强度钢制备

(a) 熔炼铸锭；(b) 复合剪切流设备；(c) 浇注铸锭；(d) 铸锭脱模

表 6-4　铸锭轧制工艺

阶段	道次	入口厚度/mm	出口厚度/mm	道次压下率	变形率	总变形率	设计温度/℃	备注
粗轧	1	50	40	22%	70%	90%	1200	1250 ℃ 保温 2 h，随炉加热
	2	40	25	28.6%			1100	
	3	25	15	40%			1070	
精轧	4	15	10	33.3%	66.7%		1040	
	5	10	7	30%			1030	
	6	7	5	28.6			950	

6.3　超高强韧钢的组织与性能研究

相变和力学性能是金属材料最基础最重要的研究，通过对相变机理的研究，可以实现对材料组织的调控优化，而组织的优化则直接决定材料的力学性能。因此，关于相变与性能的研究一直是各国关于金属材料的研究重点。传统经验认为，超高强度钢经过变形后会产生显著的内应力，影响超高强度钢的整体力学性能。而退火和回火是消除内应力、提高塑性的有效方法。但是，有些经过变形的超高强度钢在轧制变形之后直接通过调质热处理即可达到优异的性能，而且去应力退火通常需要 4 h 以上，这是一个耗时耗能过程。因此，本节研究了退火处理对超高强度钢组织和性能的影响，以及退火和回火温度对组织与性能的敏感性，同时还研究了 45Si2MnCr2Mo 系超高强度钢强韧化机理。

6.3.1 热处理工艺

超高强度钢的热处理工艺包括奥氏体化处理和回火处理两部分。因此奥氏体转变开始和结束点、马氏体转变点需要确定。根据钢的高温奥氏体及其转变产物（铁素体、珠光体、贝氏体和马氏体）具有不同的膨胀系数（奥氏体>铁素体>珠光体>贝氏体>马氏体）和比容（马氏体>铁素体>珠光体>奥氏体），即过冷奥氏体转变为铁素体、珠光体或马氏体时，钢的体积将膨胀。因此，利用膨胀曲线上所显示出的热膨胀的变化点可以确定钢的临界点。根据钢的临界点的测定方法（YB/T 5128—1993），首先从热轧钢板上切下直径为 4 mm，长度为 10 mm 的圆柱形试样利用热膨胀仪（DIL-805A）进行相变点的测定。根据相适应的冷却速度，设计了不同冷速的实验，工艺如图 6-23 所示，即加热速度 10 ℃/s，保温温度 1050 ℃，保温时间 10 min，然后以 0.1 ℃/s、0.2 ℃/s、0.5 ℃/s、0.8 ℃/s、1.0 ℃/s、1.5 ℃/s、2.0 ℃/s、3.0 ℃/s、5.0 ℃/s、10.0 ℃/s、20.0 ℃/s 和 30.0 ℃/s 的冷却速度冷却至室温。

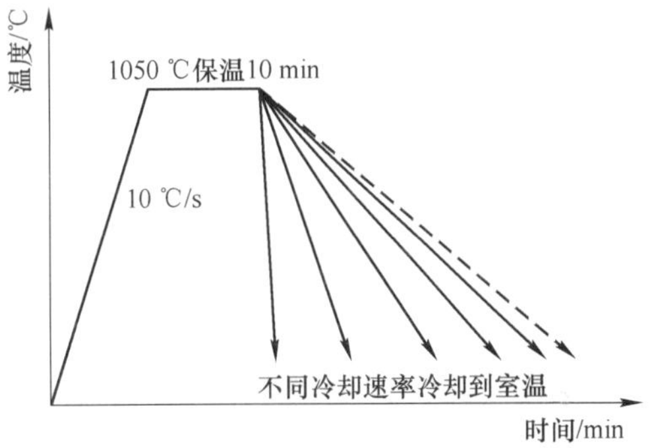

图 6-23 临界冷速实验工艺路线图

图 6-24 所示为实验钢在不同冷却速率下的膨胀量绘制出膨胀曲线。根据热膨胀曲线，绘制了实验钢的实际 CCT 曲线，如图 6-25 所示。对 0.1 ℃/s、0.2 ℃/s、0.5 ℃/s、0.8 ℃/s、1.0 ℃/s 和 5.0 ℃/s 冷速下的组织进行了研究，如图 6-26 所示。

由图 6-25 可以清晰地确定过冷奥氏体在不同冷速下冷却过程的相转变温度 A_{c1}、A_{c3} 和 M_s（A_{c1} 为加热过程中钢中从原始组织向奥氏体相转变开始时的温度；A_{c3} 为钢中的显微组织在加热过程中完全转变为奥氏体相的最终温度；M_s 为马氏体转变的初始温度）。当冷却速度为 0.05 ℃/s 时，可以明显看出珠光体的开始转变温度和结束转变的温度分别在 750 ℃和 670 ℃，同时还发现在 435 ℃左右发生体积的变化，说明在 435 ℃左右范围内发生了贝氏体的相变，如图 6-24（a）所示，说明在0.01 ℃/s的冷却速度下实验钢的组织为珠光体和参与奥氏体，仅有少量的贝氏体生成。从图 6-24（b）可以看出，当冷却速度增加到 0.1 ℃/s 时，贝氏体开始和结束的转变温度很明显的为 410 ℃和 325 ℃，其中仅在 720 ℃左右看到有珠光体的相变，说明在 0.1 ℃/s 的冷却速度下实验钢的组织为贝氏体和参与奥氏体，还有少量的珠光体生成。当冷却速度增加到 0.15 ℃/s 时，热膨胀曲线与相组成和 0.1 ℃/s 冷速的相似，只是贝氏体开始和结束的转变温度为 395 ℃和 300 ℃，其中有珠光体的相变在 700 ℃左右，如图 6-24（c）所示。从图 6-24（d）~（f）可以看出，当冷却速度增加到 0.2 ℃/s、0.25 ℃/s 和 0.3 ℃/s 时，可以明显发现均匀两次完整的相变

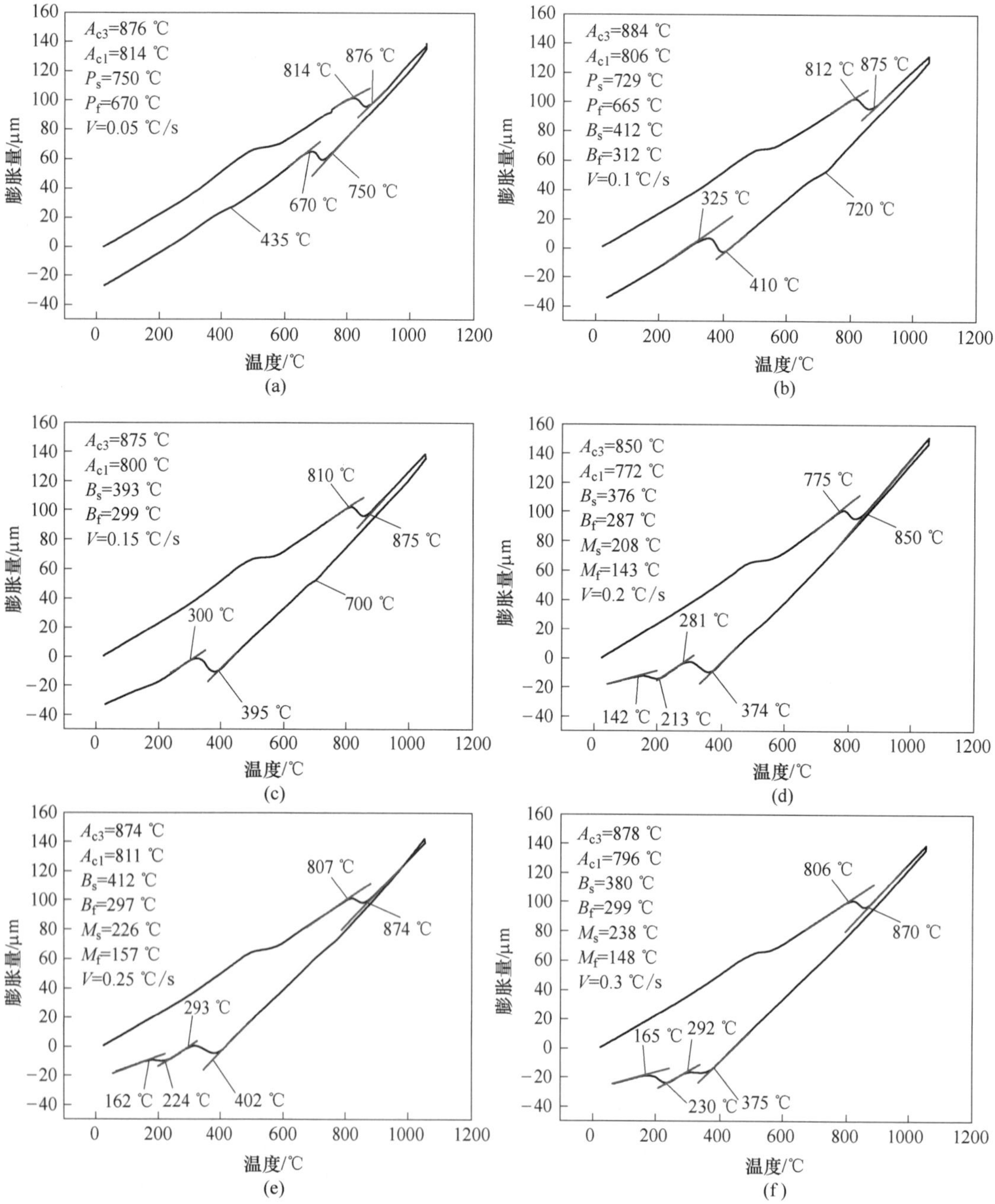

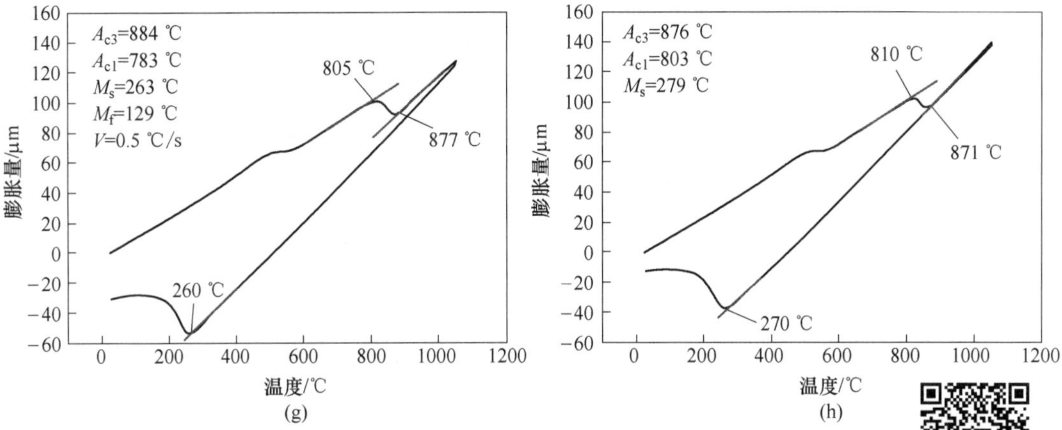

彩图

图 6-24 实验钢不同冷速的热膨胀曲线

(a) 0.05 ℃/s; (b) 0.1 ℃/s; (c) 0.15 ℃/s; (d) 0.2 ℃/s;
(e) 0.25 ℃/s; (f) 0.3 ℃/s; (g) 0.5 ℃/s; (h) 0.8 ℃/s

开始与结束点，结合相变理论可以知道分别发生了贝氏体和未氏体相变，实验钢的组织包括马氏体、贝氏体和未转变的奥氏体。当冷却速率在 0.5 ℃/s 以上时，在冷却过程中热膨胀曲线仅有一个明显的相变点，即马氏体相变，转变后的组织为马氏体和未转变的奥氏体。

实验钢不同冷速下的热膨胀曲线和金相组织如图 6-25 和图 6-26 所示。从图 6-25 和图 6-26 中可以看出，实验钢在 0.1 ℃/s 和 0.2 ℃/s 的冷速下发现有珠光体生成，直到 0.5 ℃/s的冷速下才没有观察到珠光体产生，在 0.2 ℃/s 冷速以下实验钢会生成大量的珠光体。实验钢在大于 0.5 ℃/s 冷速下的组织是马氏体和贝氏体混合组织，而且随着冷却速率的增大，贝氏体的含量减少，马氏体的含量增多。因此实验钢在大于 0.2 ℃/s 的冷速下可以躲过珠光体转变区间，同时冷却速率不能太大，需要保证试验钢中存在一定量的贝氏体才能获得强韧性的配合。

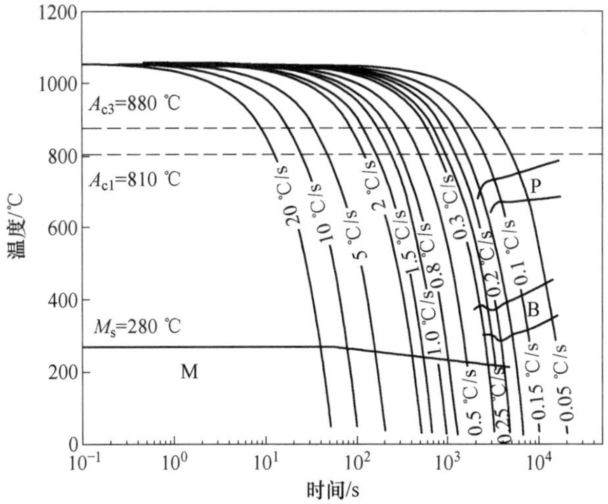

图 6-25 实验钢实测 CCT 曲线

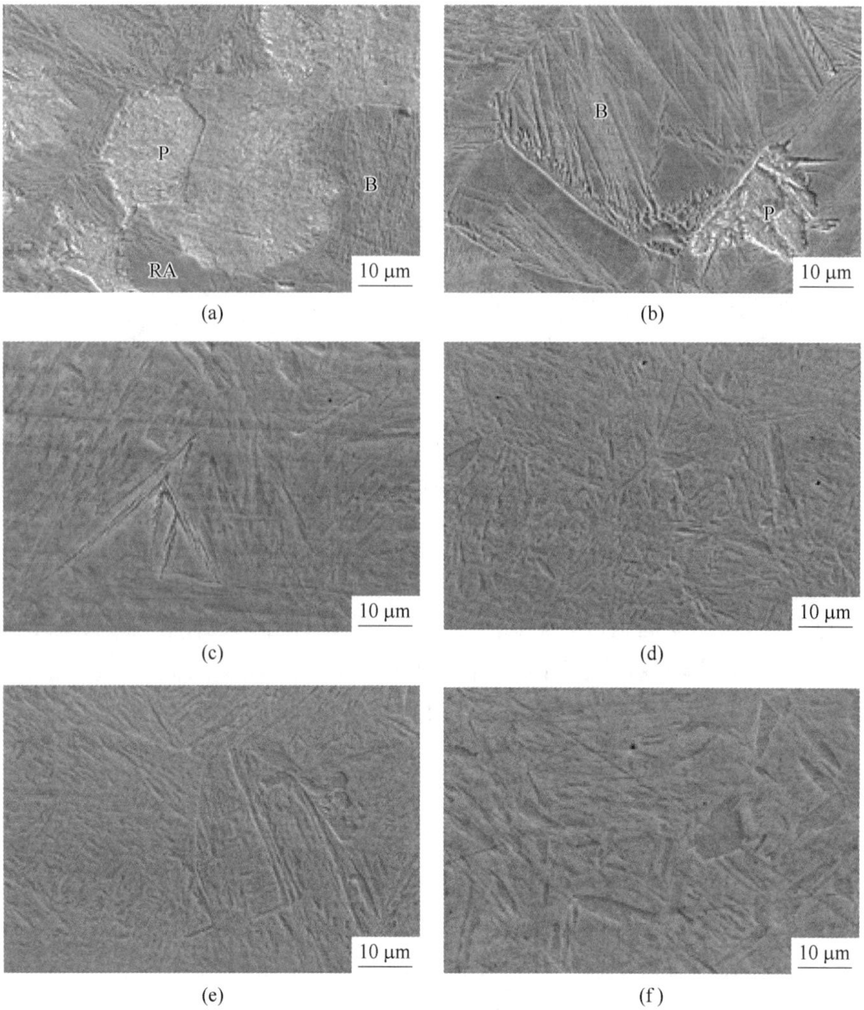

图 6-26　实验钢不同冷速的金相组织

(a) 0.1 ℃/s; (b) 0.2 ℃/s; (c) 0.5 ℃/s; (d) 0.8 ℃/s; (e) 1.0 ℃/s; (f) 5.0 ℃/s

传统经验认为，超高强度钢经过变形后会产生显著的内应力，影响超高强度钢的整体力学性能。而退火和回火是消除内应力、提高塑性的有效方法[7-8]。但是有些经过变形的超高强度钢在轧制变形之后直接通过调质热处理即可达到优异的性能，而且去应力退火通常需要 4 h 以上，这是一个耗时耗能过程。回火可以提高微观结构稳定性并消除内应力，从而提高性能并稳定钢制工件的几何尺寸[9-10]。迄今为止，已经进行了大量研究以揭示回火温度对钢的力学性能的影响[11]。然而，针对不同钢种回火温度的准确选择需要同时仔细考虑几个因素，例如高温回火温度下的足够强度损失和中等回火温度下的回火脆化[12-13]。此外，不同的回火温度对显微组织和力学性能有不同的影响。低温回火能够提高抗拉强度和硬度[14]，回火温度升高 BF 板开始粗化互相合并而且出现析出碳化物[15]，钢的强度下降其伸长率增加。因此，本节研究了退火处理对超高强度钢组织和性能的影响，以及退火和回火温度对组织与性能的敏感性，同时还研究了 45Si2MnCr2Mo 系超高强度钢强韧化机理。

用线切割沿轧制方向切割三个长度为 110 mm、宽度为 30 mm 的试样，分别标记为试样 A、试样 B 和试样 C。其中样品 A 在 800 ℃退火 4 h，然后 3 个样品在 930 ℃正火保温 15 min 后空冷到室温。随后，试样 A 和试样 B 在 220 ℃回火2 h,试样 C 在 320 ℃回火 2 h。采用双喷仪 Struers Tenupol 3 对薄膜进行电抛光，在-20 ℃下使用 10%高氯酸-甲醇溶液（体积分数）进行电化学抛光，并通过 TEM 进行测试。

6.3.2 组织特征

如图 6-27 所示，试样 A、试样 B 和试样 C 横断面的显微组织主要为板条贝氏体和马氏体。图 6-27（a_1）为试样 A 试样的 SEM 显微图，可以看出试样 A 的微观结构较为均匀。图 6-27（a_2）为试样 A 组织的放大 SEM 显微图，视野中可见少量细小碳化物（绿色箭头）。通过 TEM 观察（见图 6-27（a_3）），试样 A 主要由贝氏体板条（黄色箭头）和马氏体板条（蓝色箭头）组成，贝氏体板条的宽度为 0.5~1 μm，长度为 2 ~ 8 μm。图 6-27 为试样 B 的微观结构，从 SEM 显微图（见图 6-27（b_1））可以看出，试样 B 的微观组织同样细小而均匀。从放大的 SEM 和 TEM 明场图像观察（见图 6-27（b_2）和（b_3））可以看到，试样 B 中除了贝氏体和马氏体外，还观察到大量的细小碳化物。而且贝氏体板条宽度为 0.2 ~ 0.8 μm，长度为 1 ~ 6 μm。图 6-27（c_1）~（c_3）为试样 C 的显微图。与试样 A、试样 B 相比，试样 C 中贝氏体和马氏体的界面变得模糊。细小碳化物不可见，贝氏体的宽度和长度增大。结果表明，较高的回火温度对 B/M 多相钢组织的影响比退火更显著。

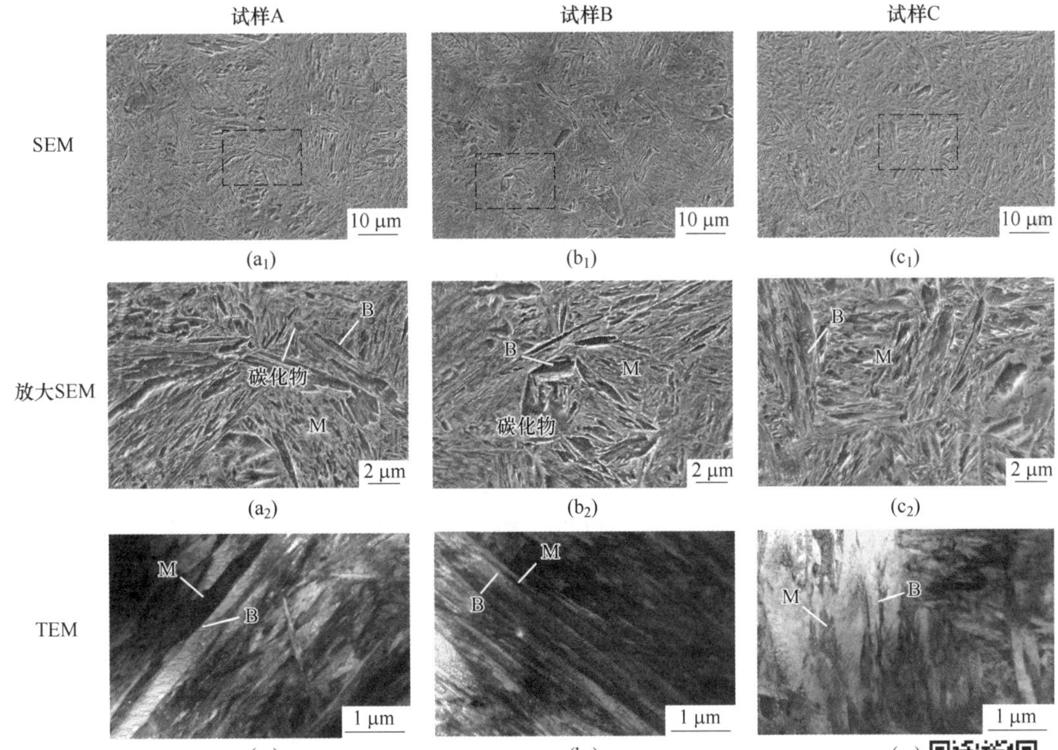

图 6-27 试样 A、B 和 C 的 SEM、放大 SEM 和 TEM 显微图片

B—贝氏体；M—马氏体

彩图

用 Cu $K\alpha$ 辐射在 2θ 范围为 40°～120°，步长为 0.1°，计数时间为 15 s/步长，对三种试样进行了 X 射线衍射（XRD，TTII 衍射仪）测试[16]。图 6-28（a）显示了不同热处理条件下研究钢的 XRD 图谱，根据 XRD 图谱中奥氏体的（200）$_\gamma$、（220）$_\gamma$和（311）$_\gamma$（fcc 的衍射峰）及（200）$_\alpha$和（211）$_\alpha$（bcc 的衍射峰）的积分峰值强度计算残余奥氏体相体积分数（RA，V_γ）。同时根据 XRD 结果，利用 RA 的晶格参数，以及式（6-6）和式（6-7）[17-18]，计算了钢中的 RA 中的碳浓度（c_γ）。

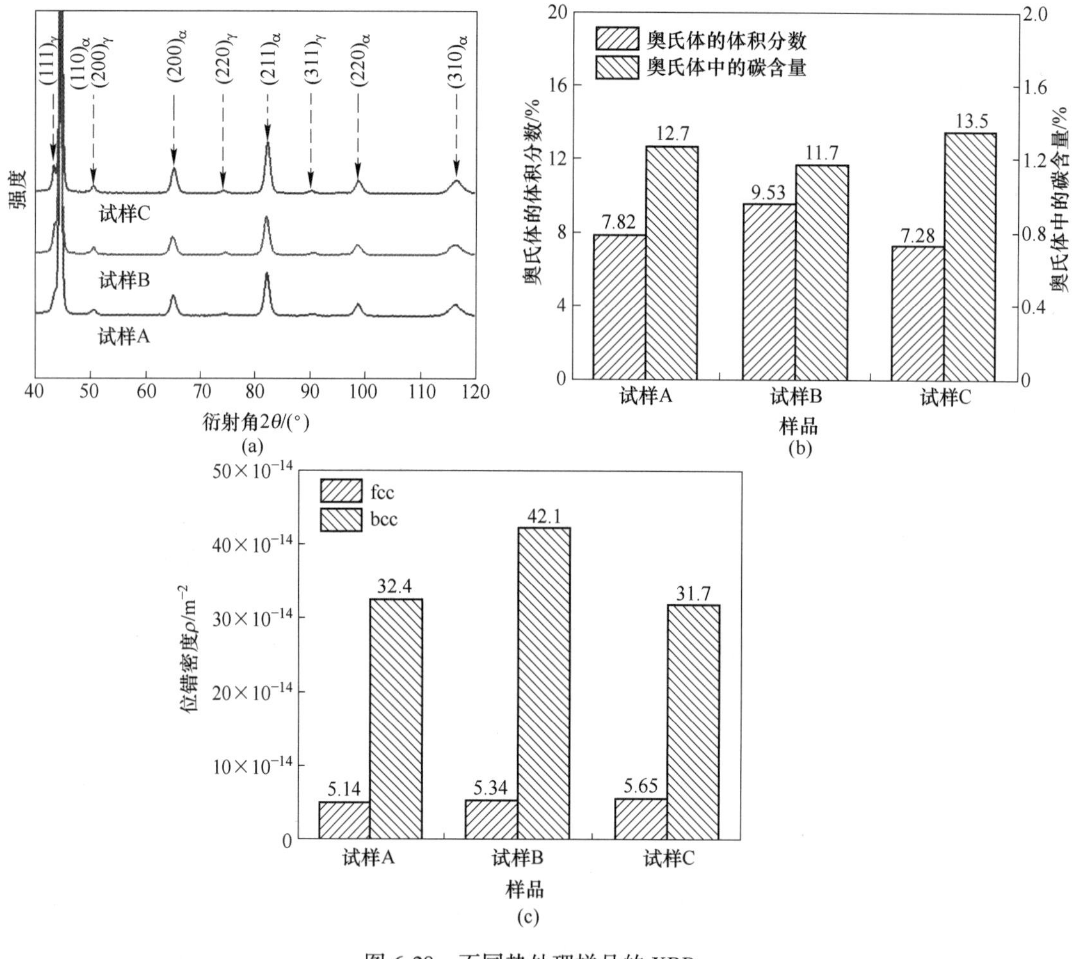

图 6-28　不同热处理样品的 XRD

（a）XRD 图谱；（b）奥氏体的体积分数和碳含量；（c）样品的位错密度

$$V_\gamma = \frac{1}{n}\sum_{j=1}^{n}\frac{I_\gamma^j}{R_\gamma^j}\Bigg/\left(\frac{1}{n}\sum_{j=1}^{n}\frac{I_\gamma^j}{R_\gamma^j}+\frac{1}{n}\sum_{j=1}^{n}\frac{I_\alpha^j}{R_\alpha^j}\right) \tag{6-6}$$

$$a(\text{Å}) = 3.578 + 0.033c_\gamma \tag{6-7}$$

$$R = (1/v^2)[\,|F|^2P((1+\cos^2 2\theta)/\sin\theta\sin 2\theta)\,]\cdot \mathrm{e}^{-2M} \tag{6-8}$$

式中，n 为测试数量的山峰；I 为衍射峰的积分强度；R 为物质的散射因子；v 是单胞体积；F 为结构因素；P 为多重因子；e^{-2M}为温度因子；2θ 为衍射角；a 为奥氏体的晶格参数，Å（1 Å=0.1 nm）[15]。

图 6-28（b）给出了不同热处理条件下所研究钢的残余奥氏体体积分数和碳含量。样品中的 RA 在试样 B（9.5%）工艺下比试样 A（7.8%）更容易保留，而且，回火温度越高，RA 的体积分数越小（7.3%）。试样 B 的奥氏体峰值强度高于试样 A 和试样 C，试样 C 的奥氏体体积分数最小。因此，残余奥氏体对回火温度比退火更敏感。奥氏体的含碳量经高回火温度后由 220 ℃回火的 11.68%增加到 13.64%。这是由于在 320 ℃回火时，明显发生马氏体分解，马氏体中的碳向残余奥氏体中扩散，导致残余奥氏体中的碳含量高于 220 ℃回火时的碳含量。

XRD 数据也可用于通过不同热处理样品中的微观应变（ε）定量分析位错密度。微应变可以从衍射峰的宽展中获得。使用标准硅样品评估和校正仪器展宽效应[19]。根据位错密度（ρ）的平方根与微应变的关系，可以用公式 $\rho = K\varepsilon^2/Fb^2$[20] 计算位错密度（其中，对于体心立方金属，$K=14.4$，位错的柏氏矢量 $b=2.49\times10^{-10}$ m；对于面心立方金属，$K=16.1$，$b=2.517\times10^{-10}$ m。假设 F 的值为 1[21]）。经过计算实验钢的位错密度如图 6-28（c）所示，直接正火和低温回火的样品具有最高的位错密度。值得注意的是，与更高温回火相比，退火更能降低位错密度。

为了探索板条马氏体内部的详细亚结构，对板条马氏体变体进行了进一步的放大透射电镜表征。图 6-29 为试样 B 的 TEM 显微照片，相应选择的是典型板条马氏体的电子衍射（SAED）图案。从图 6-29（a）中可以更清楚地看出，试样 B 的微观结构由大量位错和孪晶组成，同时位错纠缠在孪晶马氏体中。孪晶边界作为有效阻碍位错运动和逐渐减少位错平均自由程的障碍，动态 Hall-Petch 效应增加了抗拉强度[22-23]，可以阻止位错滑移的孪晶改善加工硬化[24]。根据图 6-29（a）所示的孪晶明场显微照片和图 6-29（b）所示的相应 SAED 图，这些孪晶被认为是｛112｝〈111〉型，这是 bcc 金属和合金中最流行的孪晶结构[25]。这一观察结果表明，实验钢中，孪晶可能与板条马氏体有关。至于马氏体块中的点状微结构所产生的反差，作者推测这可能是在特定的观察视角下由孪晶引起的，例如入射电子束平行于孪晶的长度方向。由于孪晶的宽度在纳米量级，因此当沿其长度方向观察孪晶时，孪晶柱的末端可以呈现点状结构。这与参考文献中的报道相似。对马氏体形态的普遍认识认为高密度位错是低碳马氏体的亚结构。在对中碳钢和高碳钢的早期研究中已经观察到孪晶马氏体。因此，分别对图 6-29（b）中的斑点 1、2 和 3 分别做了暗场像。

在［012］轴下的选区衍射图 6-29（b）进行标定，其中来自 bcc 矩阵的衍射点和来自孪晶的共轭点分别由实线和虚线的正方形表示。图 6-29（c）为用图 6-29（b）中绿色圆圈标出的衍射斑点 1 成像的暗场 TEM 显微照片，它清楚地显示了马氏体基体的暗场图像。图 6-29（d）为利用图 6-29（b）中绿色圆圈标出的衍射斑点 2 成像的暗场 TEM 显微照片，它清楚地揭示了典型的孪晶结构及基体和孪晶之间的界面。除了来自基体和孪晶的衍射斑点之外，在 1/3（$1\bar{2}1$）和 2/3（$1\bar{2}1$）处可以发现两个额外的斑点。为了确定两个额外斑点的来源，斑点 3 在 1/3（$1\bar{2}1$）处成像暗场 TEM 显微照片，如图 6-29（e）所示。与图 6-29（d）相比，可以观察到一些明亮的超细纳米颗粒位于孪晶和基体之间的界面[25]。这些额外的衍射斑点可以表示为原始六方结构的 ω 相，ω 相总是沉淀在马氏体中 bcc 基体和孪晶的界面上，ω 相的沉淀对合金有显著的强化作用[26]。这在中碳钢和高碳钢[27]的马氏体中观察到，Zhang 等人[25]也在低碳钢中发现了 ω 相，并发现 ω 相与马氏体

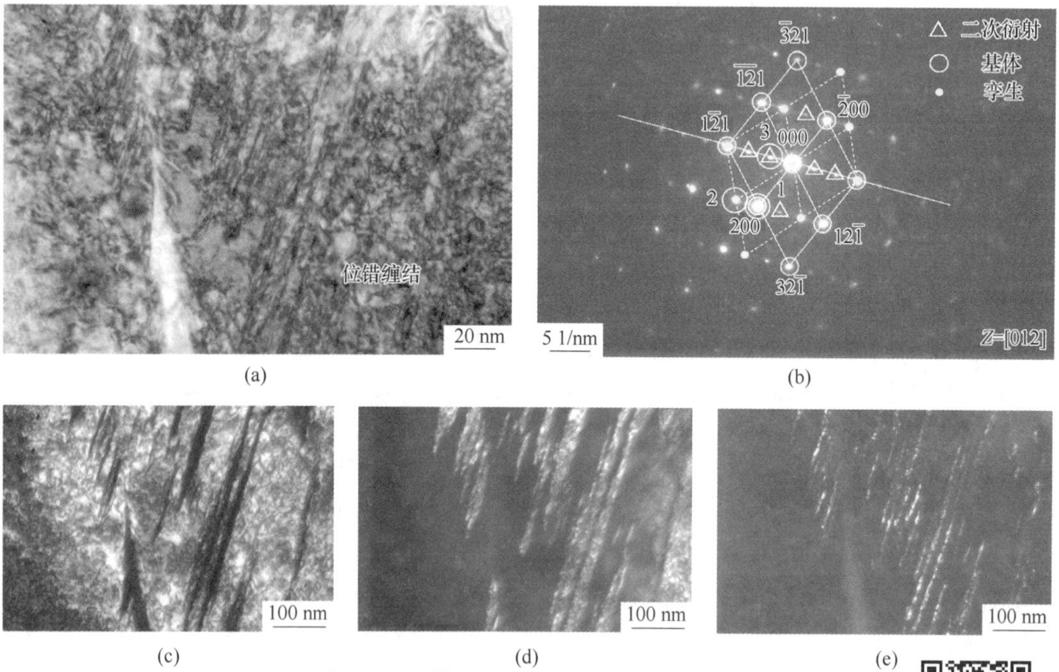

图 6-29　试样 B 的明场透射电镜显微照片

（a）显微图片；（b）SAED 图；（c）～（e）分别为（b）中点 1、2 和 3 的暗场 TEM 显微图片

彩图

中的孪晶之间存在协同关系，纳米级 ω-颗粒与铁素体的共凝聚可能对孪晶的运动有显著影响，在低、中、高碳钢中也是如此。因此可以得出结论，本书中形成的板条马氏体是一种复合结构，而不是含过饱和碳原子的单相 bcc 固溶体。

图 6-30 显示了图 6-29（a）中｛112｝〈111〉孪晶的高分辨率 TEM 显微照片及来自方框区域的相应快速傅里叶变换（FFT）衍射图，高分辨显示了图 6-29（e）中亮点颗粒的原子结构。在高分辨率显微照片中，由白色虚线勾勒出的一些纳米尺寸的颗粒在孪晶边界处清晰可见，并与基体相一致。从正方形区域获得的快速傅立叶变换衍射图证实这些纳米粒子是具有原始六边形结构的 ω 相。

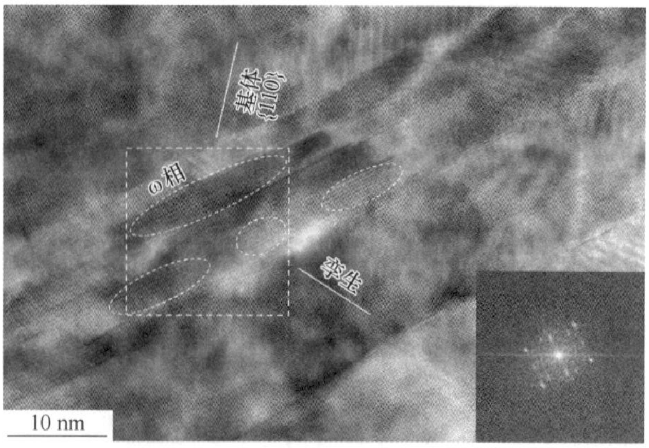

图 6-30　马氏体中孪晶界的高分辨率透射电子显微照片

（插图为方框区域对应的快速傅里叶变换（FFT）衍射图）

6.3.3 学性能

图 6-31 给出了不同热处理样品的力学性能。6-31（a）所示为实验钢的工程应力-应变曲线，结合 6-28（c）可以看出，力学性能对位错密度和 RA 的体积分数有很强的依赖性。试样 B 具有最高的位错密度和 RA 的体积分数，在所有热处理方式中表现出最高的极限拉伸强度（2340 MPa）和总伸长率（11.7%）。根据泰勒硬化定律，金属材料中的位错密度越高，强度越高[28]。此外，细小均匀的碳化物也有助于强度和韧性的提高。对于试样 A 和试样 B，随着退火温度的降低，位错密度和 RA 体积分数的降低，延伸率和抗拉强度逐渐降低。图 6-31（b）显示了所研究钢的加工硬化速率（WHR）和真实应力应变曲线的变化。在整个拉伸过程中，试样 C 的 WHR 值略高于试样 A。然而，值得注意的是，试样 B 的 WHR 具有显示出可区分的特征，由于含有最高和体积分数的奥氏体，在拉伸变形过程中残余奥氏体会转变成马氏体并发生 TRIP 效应，由此残余奥氏体增强了加工硬化能力[29]。随着应变的增加，WHR 逐渐减小，并高于其他热处理。这种较长且逐渐降低的应变硬化率导致伸长率增加。

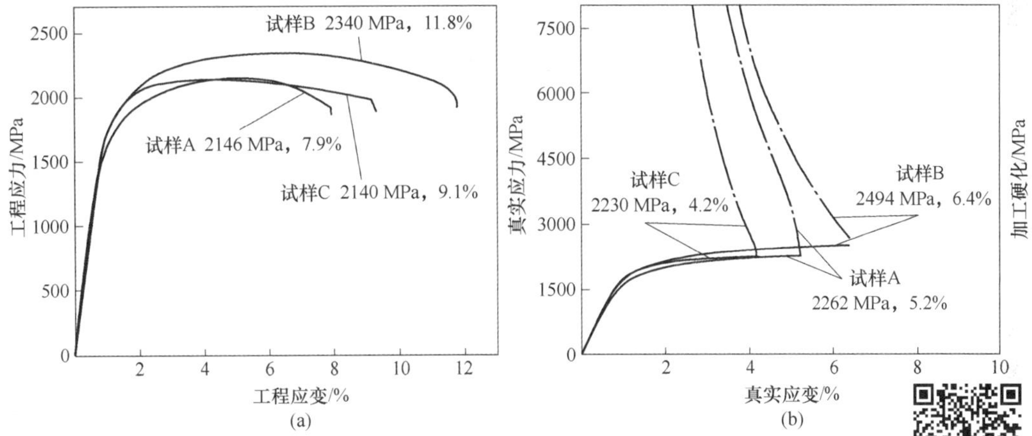

图 6-31 不同热处理样品的力学性能

（a）工程应力应变曲线；（b）真实应力-应变曲线和应变硬化率曲线

彩图

对三种热处理的 5 mm 厚 U 形缺口的试样进行冲击试验，结果为试样 A、试样 B 和试样 C 的冲击功 KV_2 分别为 10 J、18 J 和 13 J。用工作电压为 20 kV 的场发射枪扫描电子显微镜对试样 B 冲击断口表面形貌进行了表征，如图 6-32 所示。从断口形貌（见图 6-32（a））可以看出，大的韧窝在断裂面上分布比较均匀，然后对断口进行不同尺度的放大（见图 6-32（b）和（c）），通过放大的断口可以发现在大的韧窝附近有很多细小的韧窝，大而深的韧窝和小而密的韧窝相互依存表明了该实验钢是韧性断裂。

在所有热处理方式中，试样 B 具有优异的强度-延展性（极限拉伸强度为2340 MPa，总伸长率为 11.7%）平衡，这是由于最高的位错密度和 RA 的体积分数，细小均匀的碳化物也是重要因素。此外，孪晶可以阻止位错滑移，改善加工硬化，ω 相始终沉淀在马氏体中 bcc 基体和孪晶的界面上，具有显著的强化作用。因此，新研制的超高强度钢在调质处理前不需要进行预退火处理，即可获得良好的组织性能匹配。

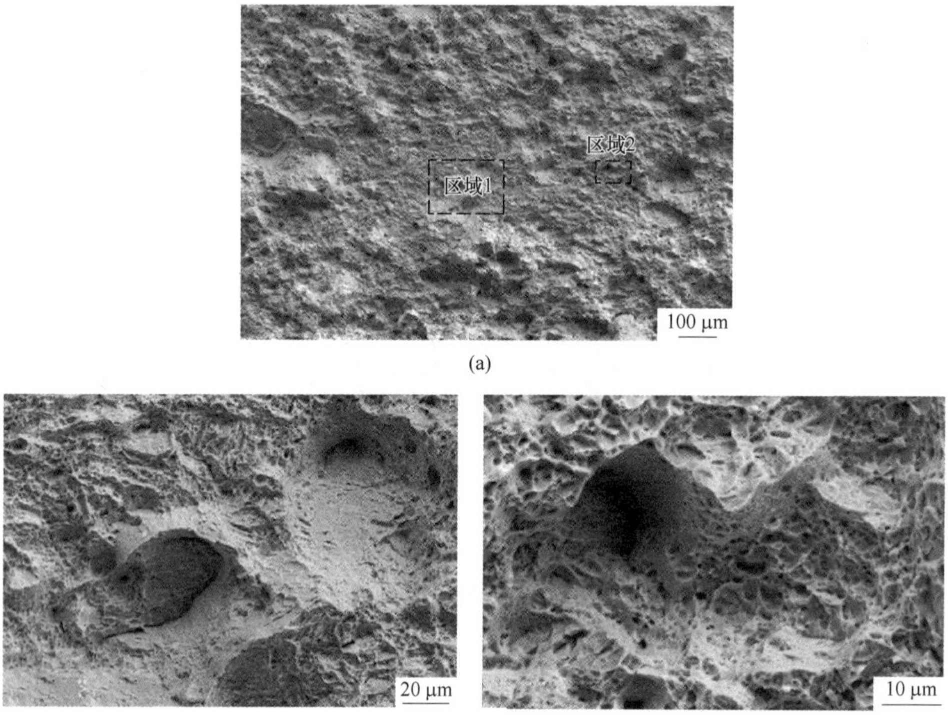

(a)　(b)　(c)

图 6-32　试样 B 冲击断口

（a）冲击断口局部图；（b）图（a）中区域 1 放大图；（c）图（a）中区域 2 放大图

6.3.4　强韧化机理

前面已经对超高强度钢的热处理工艺进行了的研究，发现热处理后的样品含有 RA 和大量孪晶及一定量的碳化物析出，而且 B、M、RA 和位错及析出相的协调作用可以获得良好的强韧性匹配。但对热处理后超高强度钢的强韧化机理仍不明确，因此本节将从 TRIP 效应和析出相的韧化及各种强化方式方面详细研究超高强度钢的强韧化机理。

6.3.4.1　增韧机理分析

A　TRIP 效应

早在 1924 年，Sauveur[30]就发现了铁在发生相变时会导致软化的现象，从而塑性得到提高，这种通过相变的产生而改善塑性的现象被称为相变诱发塑性（transformation induces plasticity）效应，简称 TRIP 效应。奥氏体是面心立方（fcc）结构，较体心立方（bcc）和密排六方（hcp）两种结构在同一温度下具有最多的滑移系（12 个）。滑移系可同时开动，且奥氏体内位错滑移时的派纳力比较小，因此奥氏体具有非常好的塑性变形能力，可以很好地协调各晶粒与其他相的形变。此外，在形变过程中残余奥氏体在较高的应力、应变状态下会发生应变诱导马氏体相变，由此缓解了形变过程中产生的局部应力集中，使应力再分布，推迟裂纹的形成。从而推迟了颈缩的产生，提高了均匀伸长率，进而获得更好的塑性，这就是被人们所熟知和广泛研究的 TRIP 效应[31-32]。TRIP 效应提高了基体整体的变形能力，同时形成的马氏体也提高了基体的强度。

为了研究实验钢在拉伸变形过程中的 TRIP 效应，这里选择将试样 B 拉断之后的样品按照图 6-33 所示切割，研究距离拉伸断口不同位置的组织变化。首先在距离断口 2 mm 处，利用线切割切出 0.3 mm 的 TEM 试样，再向里切 10 mm 的块用作 XRD 测量残余奥氏体的含量并定义为 L_2，再向里切出 0.3 mm 用作 TEM 试样，再切出 10 mm 的块用作 XRD 测量残余奥氏体的含量并定义为 L_1。为了作对比，在未拉伸的试样上切取 XRD 样品 L_0。这里，L_0、L_1和 L_2试样同样用来 SEM 和 EBSD 组织观察。

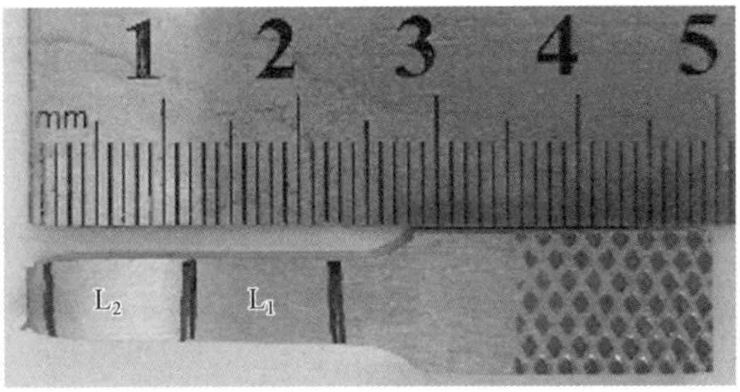

图 6-33 SEM 和 XRD 样品取样位置示意图

利用扫描电镜对 L_0、L_1和 L_2试样进行组织表征，如图 6-34 所示。通过扫描照片可以看出 3 个试样的组织均包括贝氏体和马氏体，而且三个试样的组织差别不大。用 X 射线衍射法测定了拉伸前和拉伸试样上不同位置的残余奥氏体的含量及其中的含碳量，如图 6-35 所示。通过图 6-35（a）可以明显看出未拉伸之前的 L_0样品中奥氏体的峰有非常明显的凸起，经过拉伸后几乎看不到奥氏体的峰。由此可以推断，在应变过程中发生了残余奥氏体向马氏体的转变。图 6-35（b）定量地表示出拉伸前后试样中残余奥氏体的含量及其中的含碳量，从图中可以发现经过拉伸后在距离拉伸断口较近的位置残余奥氏体的相转变率高达 95.5%，而距离拉伸断口较远位置的残余奥氏体的转变量为 85.7%，由此可以看出在拉伸过程中整个拉伸试样上各部分位置的残余奥氏体的转变量不同，这是由于在拉伸过程中拉伸试样上各部分位置的变形量不同。整块拉伸试样变形不均匀，发生应变诱导残余奥氏体向马氏体相变的量不同。

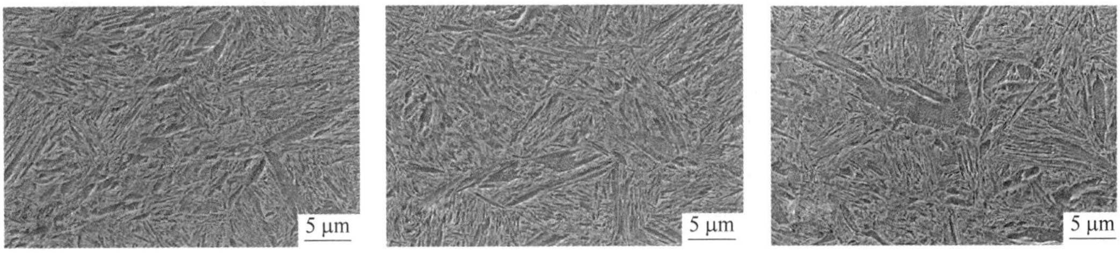

图 6-34 拉伸前和拉伸后距离断口不同位置的扫描照片
（a）拉伸前 L_0；（b）L_1位置；（c）L_2位置

电子背散射衍射（electron back scattering diffraction，EBSD）技术被用于 L_0、L_1和 L_2试样的组织分析表征，如图 6-36 所示。图标（a）、（b）和（c）分别代 L_0、L_1和 L_2试样，下标 1、2 和 3 分别代表带对比（band contrast，BC）图、反极（inverse pole figure，

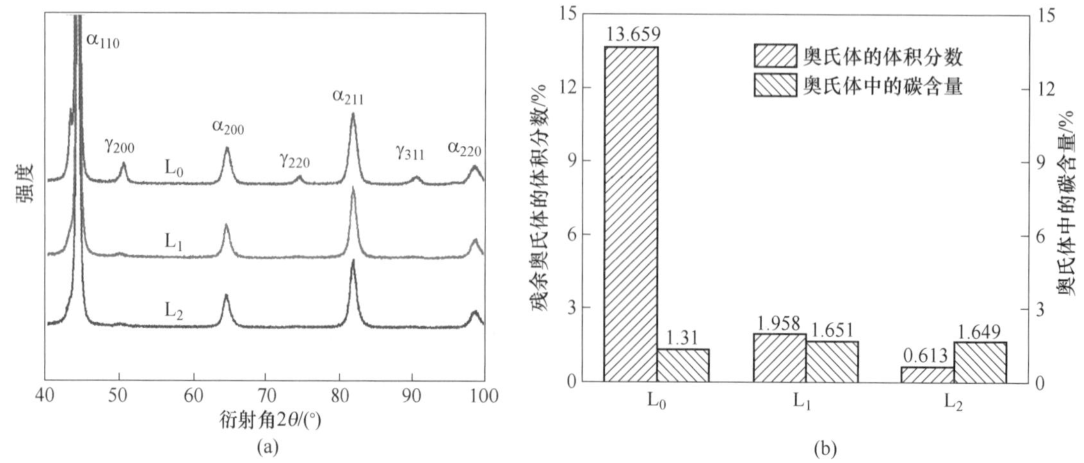

图 6-35　不同位置 XRD 测试

（a）XRD 图谱；（b）残余奥氏体体积分数和残余奥氏体中的含碳量

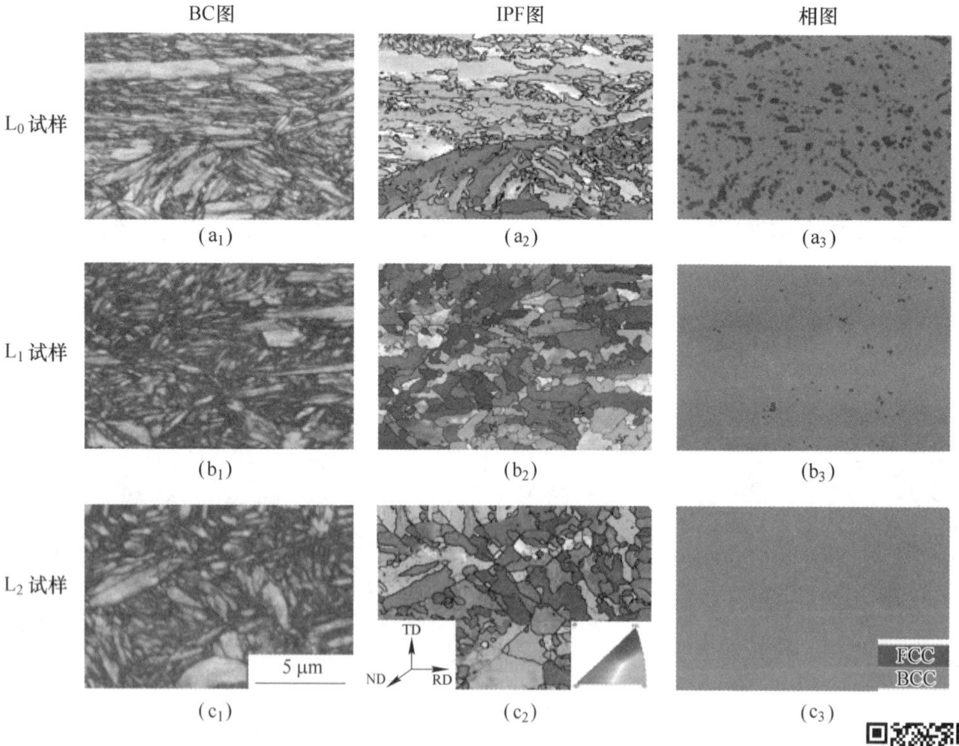

图 6-36　EBSD 分析

彩图

IPF）图和相图。根据 BC 图能清晰地看出 EBSD 标定质量，根据 IPF 图可以看出三个样品中具有〈011〉‖ TD 取向的晶粒的堆积，而且与〈011〉‖ TD 取向晶粒相比，〈111〉‖ TD 取向晶粒的数量非常少。通过相图可以明显看出 L_0、L_1 和 L_2

三种试样中的 fcc 相（残余奥氏体）逐渐减少，即初始未拉伸试样中的 fcc 相最多，靠近拉伸断口处的 fcc 相已经很少几乎不可见，远离拉伸断口处仍存在一定量的 fcc 相，这和利用 X 射线衍射法测定残余奥氏体相的含量基本一致，从而再次证明了本书设计的超高强度钢在受到应变时残余奥氏体会向马氏体转变发生 TRIP 效应进行增强增韧。

Webster[33]在 1968 年首次提出了残余奥氏体阻碍裂纹扩展（blocking crack propagation，BCP）效应，即裂纹扩展连续在奥氏体中进行，或者在连串马氏体板条中以曲折路径进行，这就提高了断裂所需的能量，由此提高了钢的韧性和塑性。后续学者的研究表明[34]，马氏体与残余奥氏体的两相界面和马氏体的｛100｝面近似平行，而断裂时通常沿着马氏体的｛100｝仍解理面断裂。因此，当裂纹沿着马氏体｛100｝解理面扩展时需要穿过数个马氏体条束或马氏体板条。如果在马氏体条束或板条间存在有残余奥氏体，则可使裂纹分叉（以曲折途径扩展）或者阻碍裂纹的扩展。由此可知，残余奥氏体可以有效地分隔马氏体块或者马氏体条束，减小有效的晶粒尺寸，最终阻碍裂纹的扩展，增强钢的塑性。

TRIP 效应增强塑性的缘由不能单纯从产生的体积变化来说明。如果仅考虑相变因素，当残余奥氏体全部发生应变（或应力）诱发马氏体相变，即全部转化为马氏体，可提供最大约 15%的塑性[35]。传统 TRIP 钢中奥氏体体积分数都在 15%以下，增强塑性的最大值应该不会超过 2.25%。但是 TRIP 效应增强塑性的实验测量值为 15%~35%，远高于 2.25%的理论预测值可能的原因为，形变过程中残余奥氏体产生应变（或应力）诱发马氏体相变，松弛了局部的应力集中，阻碍了裂纹的扩展，最终推迟了颈缩的产生，这也是 TRIP 效应增强塑性的本质所在。由于钢中亚稳奥氏体的存在，变形过程中发生 TRIP 效应，从而提高多相钢的强度和均匀伸长率。Lacroix 等人[36]研究了 TRIP 钢的断裂韧性，认为 TRIP 钢的裂纹开动过程主要有 3 个阶段：（1）在外力作用下亚稳奥氏体发生马氏体相变；（2）裂纹沿着铁素体和马氏体、马氏体晶界形成空洞；（3）第二相上空洞的长大和连合。他认为由于残余奥氏体的稳定性不足，在断裂进行区域（FPZ）内颈缩前端已经完全转变为马氏体，因此 TRIP 钢的裂纹开动的韧性和具有相同量的马氏体双相钢相同。依于 TRIP 钢的裂纹开动过程，结合本书研发的超高强度钢的组织特点及 TEM 观察到的裂纹扩展照片（见图 6-37），绘制了超高强度钢在受到应变时发生 TRIP 效应及裂纹开动的示意图，如图 6-38 所示。

稳定性高的残余奥氏体后期在裂纹尖端颈缩区内发生马氏体相变可以提高颈缩区的加工硬化率，从而提高钢的抗撕裂性能。如果残余奥氏体足够稳定，在颈缩过程中，随着变形的增加而发生马氏体相变，逐步提高颈缩区的加工硬化率。这样残余奥氏体就像一个加工硬化源，可以延长颈缩区并使颈缩区变得平缓。从而提高钢的韧性。裂纹尖端遇到残余奥氏体时，在裂纹尖端的塑性区内，残余奥氏体发生应变诱导马氏体相变，吸收能量，钝化了裂纹，使断裂韧性提高。特别是铁素体板条间薄膜状的残余奥氏体更有利于提高韧性。因为残余奥氏体薄膜之间的间隔要小于裂纹尖端的塑性区，所以残余奥氏体薄膜更能有效抑制基体中微观裂纹的萌发、扩展，以及应变诱导相变过程中因“应力释放”导致的长裂纹的扩展。

因此，本节研究的超高强度钢经过 TRIP 效应后可以提高延展性的机理可以描述如下：当钢发生机械变形时（拉伸试验），应变硬化率被认为取决于位错运动的平均自由距

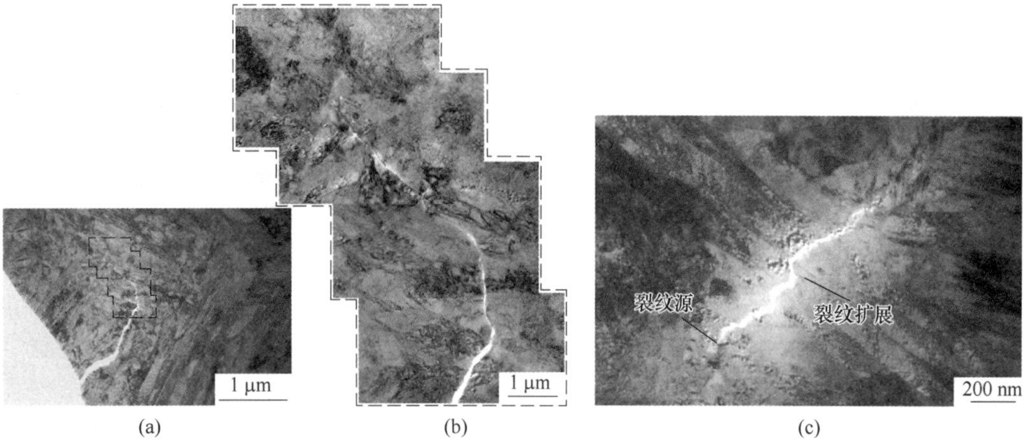

图 6-37　裂纹

（a）断裂裂纹；（b）图（a）中红色框的放大图；（c）内生裂纹

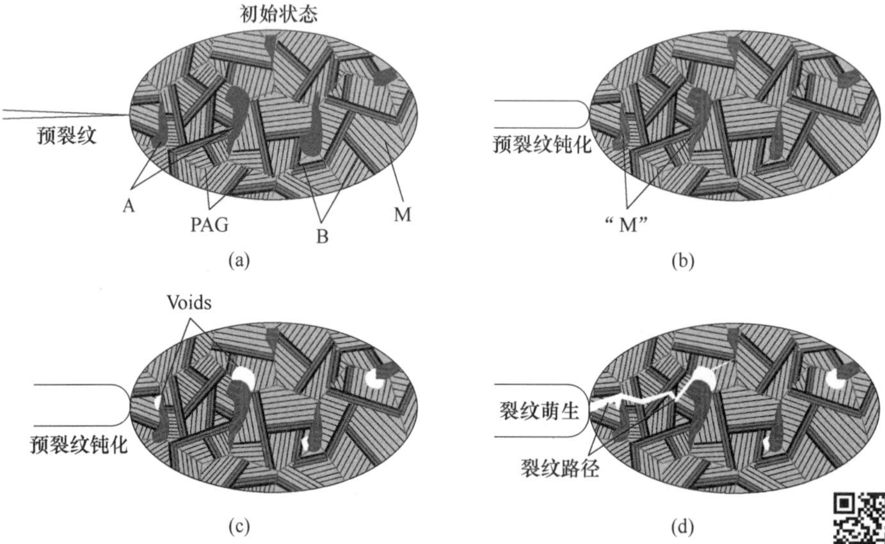

图 6-38　超高强度钢的 TRIP 效应及裂纹开动过程原理示意图

（a）初始状态；（b）应变状态下发生 TRIP 效应；（c）空隙出现；（d）裂纹扩展

彩图

离。如果应变硬化率不足以克服颈缩区域应力的增加，则会发生塑性不稳定性。因此，必须在塑性应变过程中引入比位错缠结更强的势垒，以延迟颈缩的发生并增加钢的均匀伸长率。变形诱发的马氏体晶粒被认为起到了强屏障的作用，特别是当钢的碳浓度很高时。在这种情况下，由于较高的应变硬化率，即使具有较高的强度也可以实现较大的均匀伸长率。

B　析出相研究

金属材料的韧性与组织结构有密切的关系，晶粒细化可以协同提升材料的强度和韧性[37-38]，而晶粒粗化会导致较差的低温冲击韧性，因此抑制凝固、热处理过程中的晶粒粗化对提升冲击韧性具有重要的作用[39-40]。试样 B 经过凝固、轧制、热处理等工艺后，晶粒不断细化，热处理态实验钢中的平均晶粒尺寸降低至 2.5 μm，最终提升了冲击韧性。

本节利用 TEM 和 APT 观察试样 B 的组织和纳米相，TEM 型号为 JEOLJEM-2100，工作电压为 200 kV，样品在含体积分数 10%高氯酸的甲醇电解液中采用电解双喷的方法进行制备。同时，采用萃取复型的方法观察样品中纳米相的分布，试样侵蚀后喷碳形成碳膜并固定在铜网上，利用 TEM 观察碳膜上的纳米相。

图 6-39 为对热处理态实验钢薄膜试样中析出相的表征与解析，图 6-39（a）所示为大析出相的明场像，可以发现在实验钢中发现少量的平均尺寸为 5 nm 的颗粒，经能谱分析此析出相为含有 Nb 和 Mo 元素，如图 6-39（b）所示。图 6-39（c）所示为小析出相的明场像，大量小的析出相弥散分布在基体上尺寸为 2~3 nm，图 6-39（d）所示为图 6-39（c）中的中小尺寸析出相的 HRTEM 图（含有 FFT 图），由晶格条纹测得的晶面间距分别为 0. 2071 nm 和0. 2091 nm，对应于面心立方（Nb，Mo）（C，N）的（$\bar{1}1\bar{1}$）晶面（理论值为 0. 20617 nm）。以上研究表明，实验钢在热处理组织中含有大量弥散不同尺寸的（Nb，Mo）(C，N）析出相。

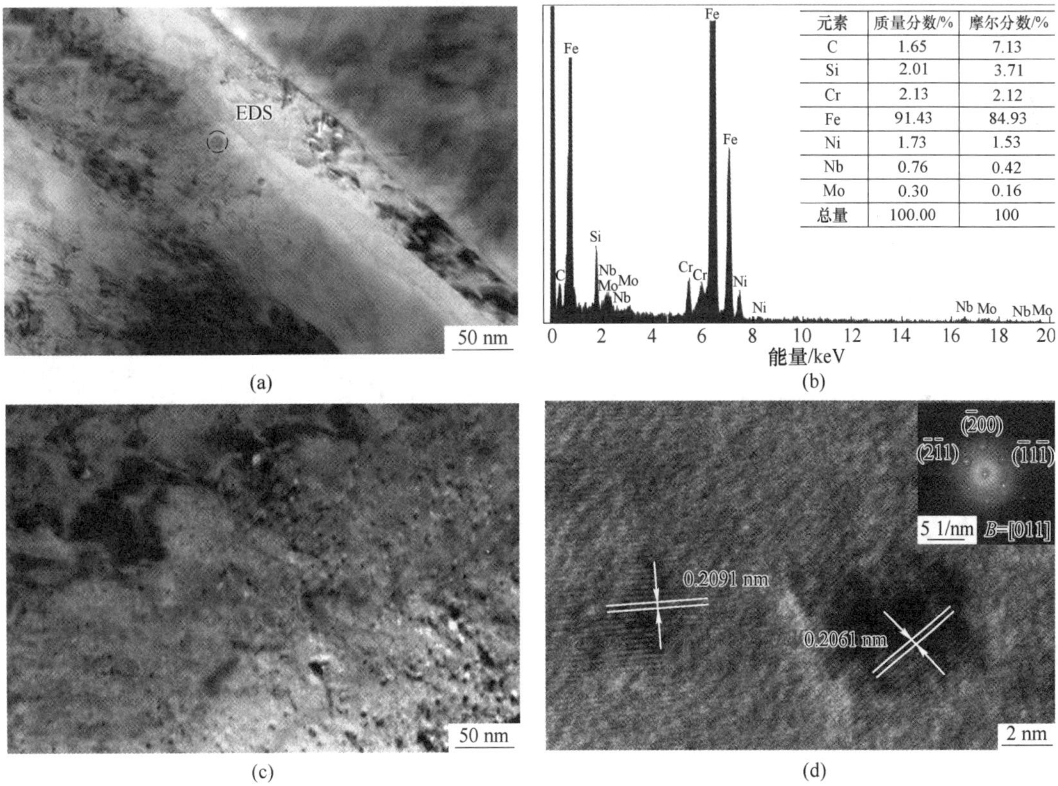

图 6-39 TEM 观察热处理态实验钢薄膜试样中的析出相

（a）大析出相明场像；（b）能谱分析；（c）小析出相明场像；（d）析出相高分辨图（内含 FFT）

通过 TEM 萃取复型试样对热处理态组织进行观察和分析，结果如图 6-40 所示。研究结果表明，在经过回火处理后，TEM 薄膜试样表明基体为贝氏体、马氏体和残余奥氏体，如图 6-40（a）所示，但由于薄膜试样组织的复杂性，许多纳米相被掩盖在基体中，无法有效地进行表征。为了更准确、有效地表征纳米相的形貌和成分，利用 TEM 萃取复型样品进行表征，如图 6-40（b）~(f）所示。从图 6-40（b）中可以看到，尺寸约 50 nm 的析

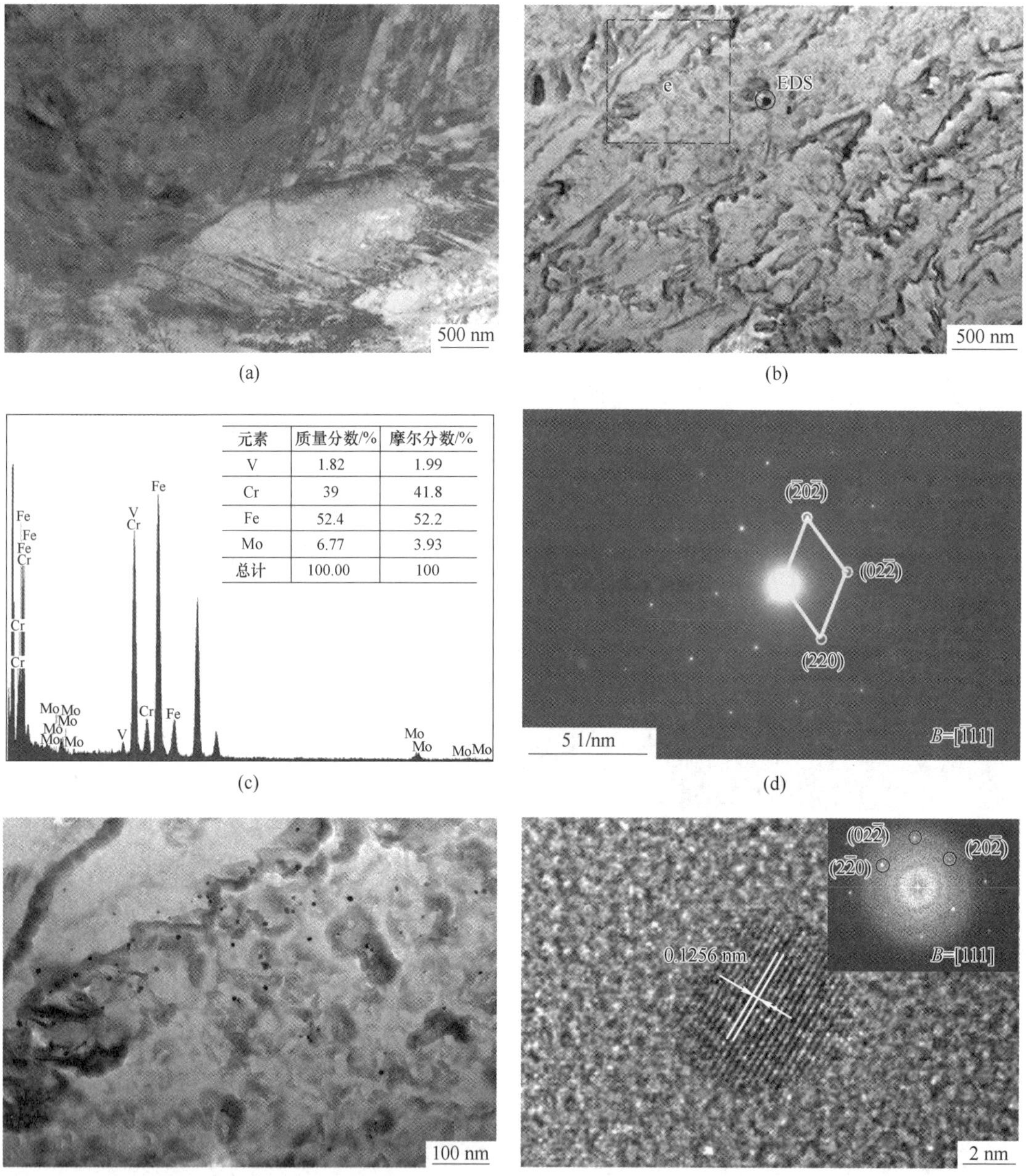

图 6-40　TEM 观察热处理态实验钢萃取复型试样中的纳米相

（a）薄膜试样组织图；（b）萃取复型试样明场像图；（c）明场像放大图；（d）图（b）中大析出相能谱分析；（e）图（c）中的中高分辨图（内含 FFT）；（f）图（b）中的大析出相 SAED 图谱分析

出颗粒，对此颗粒进行 EDS 能谱分析表明此析出相含有 V 和 Mo 元素（见图 6-40（c）），同时对此区域进行衍射分析发现含有清晰完整的衍射斑点（见图 6-40（d）），说明此区域不仅有观察到的大的析出相，还含有一些小的析出相。因此，对图 6-40（b）中虚线区域进行放大后，明场像中发现大量细小弥散的析出相（见图 6-40（e）），并对小的析出相进行高分辨分析获得 HRTEM 图（含有 FFT 图），如图 6-40（f）所示。由晶格条纹测得的晶面间距为 0.1256 nm，对应于面心立方（V，Mo）（C，N）的（111）晶面（理论值为 0.12625 nm）。因此，热处理态实验钢中的析出相主要为（Nb，Mo，V）（C，N）纳米相。此外，需要注意的是，碳化物通常在回火过程中容易在晶界或位错处形核[41-42]，通过 TEM 已无法表征分析，因此选用 3D-APT 方法来进一步的表征。

通过上述 TEM 分析可知热处理态实验钢中分布着尺寸在几纳米到十几纳米的析出相，为了弄清其具体成分及在三维空间的分布形态，利用聚焦离子束（focused lon beam，FIB）加工制备 3D-APT 针尖试样，其制备过程如图 6-41 所示。

图 6-41 FIB 制备热处理态实验钢 3DAP 试样针尖

（a）选取样品位置并沉积 Pt；（b）FIB 模式下观察试样；（c）SE2 模式下观察试样；（d）使用纳米手提取样品；（e）用于焊接针尖试样的 Mo 载网；（f）将试样焊接到载网柱子上；（g）切取微柱；（h）利用离子束切取针尖；（i）针尖放大图

首先从试样中选取需要挖取的样品位置（含有界面），在表面沉积长宽为 15 μm×2 μm、厚度为几十纳米的矩形区域 Pt 保护层，然后将矩形区域的前后和左侧的位置挖出深度 15 μm 的坑，其次将矩形区域底部（深度大于 10 μm 位置）切断。将纳米手和矩形样品利用 Pt 焊接起来后把矩形样品右侧切断，然后将矩形样品提取出来并焊接到 Mo 载网的柱子上，切取2 μm×2 μm×10 μm 的长条试样，其次将剩余一部分切割下来。然后将其余部分依次焊接并切取至少 3 个长条试样，留作备用。最后通过离子束对其进行环形切割，制备成尖状 3D-APT 样品，样品大小针尖区域直径小于 20 nm，距离针尖 500 nm 处的直径约 200 nm，整体针尖无毛刺或遮挡。3D-APT 样品的数据采集是通过带有场离子显微镜（FIM）功能的三维原子探针（LEAP 4000 XH R）在电压模式收集的，采集温度 55K，脉冲频率 200kHz，脉冲分数 0.2。针尖初始半径 17 nm，结束半径 68.257 nm，柱顶部是通过 BCC 取向观察。通过 APT 分析软件（The Integrated Visualization and Analysis Software（IVAS）Version 3.6.6）对采集到的数据进行重构与分析，如图 6-42 所示。采用等浓度面方法（isoconcentration surfaces）分析了晶界的结构、纳米碳化物与基体的界面，以及各个元素在纳米碳化物内的浓度分布[43]。垂直晶界各元素浓度分布是通过将直径为 5 nm，长度为 20 nm 的圆柱或矩形体垂直横穿晶界，沿圆柱方向得到各元素一维浓度分布，步长为 0.5 nm，测量了 4 个不同位置的元素浓度分布，如图 6-42 所示。

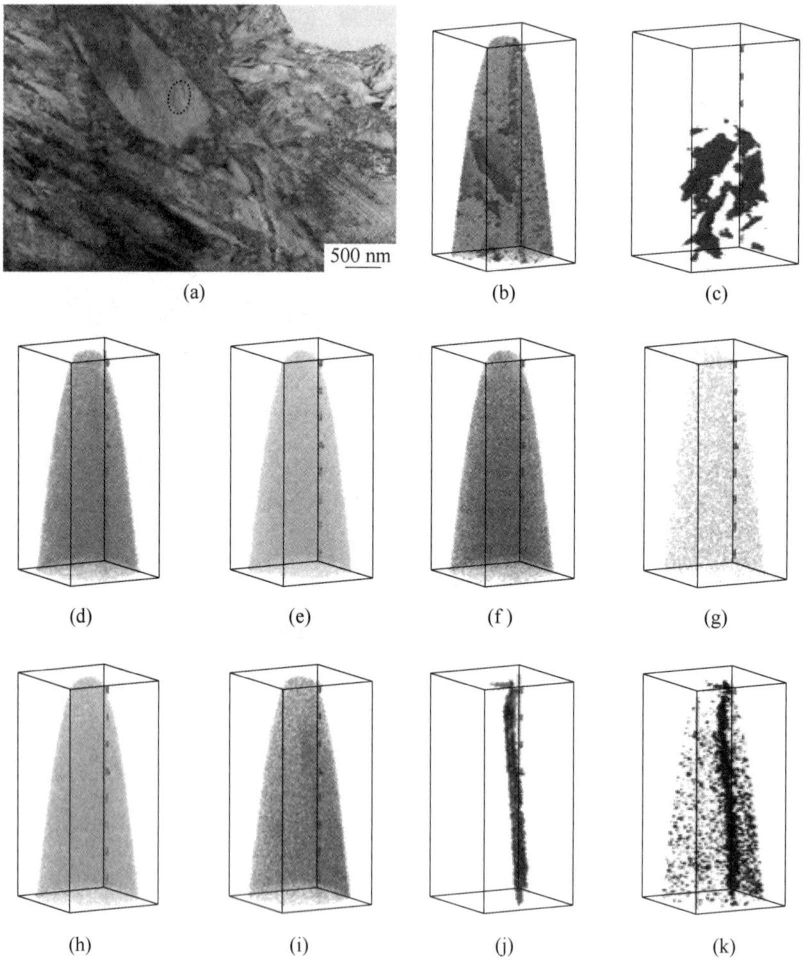

彩图

图 6-42　3D-APT 测试结果

（a）TEM 明场像；（b）3D-APT 重构的合金元素三维原子分布图；（c）C 原子的三维分布；（d）Ni 原子的三维分布；（e）Si 原子的三维分布；（f）Cr 原子的三维分布；（g）V 原子的三维分布；（h）Mn 原子的三维分布；（i）Mo 原子的三维分布；（j）CrC 原子的三维分布；（k）VC 原子的三维分布

图6-42给出了3D-APT重构的合金元素三维原子分布图，图中各小点对应于一个原子，从图中可以看出，仅有C、Mo原子分布及CrC和VC分布不均匀，其他各原子的分布无明显不均匀现象，而且存在一个明显的三叉界面。通过图6-42（b）和（c）看出C原子在界面左侧发生偏聚且成片层状分布而界面右侧未观察到明显偏聚现象，结合图6-42（a）可知此处的C原子偏聚是贝氏体中的渗碳体，因此，可以推断出此界面是马氏体和贝氏体的相界，界面左侧为贝氏体右侧为马氏体。图6-42（j）可以看出CrC颗粒基本分布在界面处，而VC颗粒主要分布在基体中且马氏体中的含量稍大于贝氏体，说明马氏体中更容易出现VC析出相。

从图6-43（a）中可以看出CrC原子在界面处偏聚浓度达到1.37%，而VC在界面处基本无偏聚仅有0.19%，C原子在贝氏体中偏聚最大平均浓度为1.82%，Si原子浓度在界面处有明显降低。图6-43（b）和（c）中更清晰地看出靠近三叉界面时贝氏体和马氏体界面两侧各原子的偏聚情况，CrC、VC和Ni原子在界面处均有不同程度的偏聚，其中CrC偏聚浓度为1.84%、VC为0.25%和Ni原子浓度达到4.3%，而Si和Cr原子浓度在界面处均有所下降（分别为2.62%和1.4%），其他原子并无明显偏聚现象，除此之外还发现Si原子在贝氏体中的浓度大于在马氏体中（分别为3.3%和4.1%）。图6-43（d）给出了贝氏体中渗碳体两侧各原子分布情况，从图中看出渗碳体两侧各元素原子的分布比较均匀，仅有Si原子浓度稍微降低，渗碳体中的C原子浓度最高可达到7.3%。

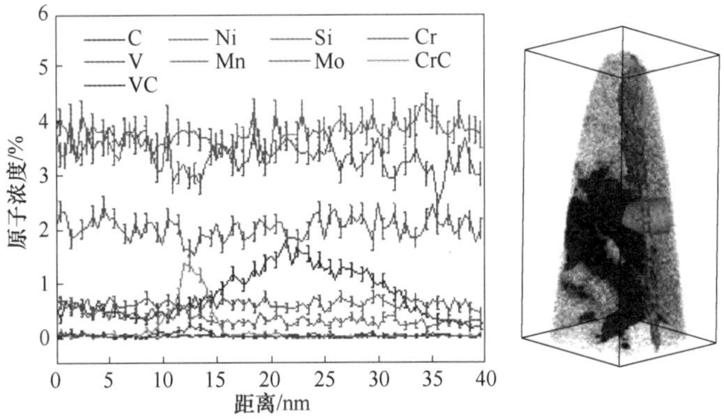

(a)

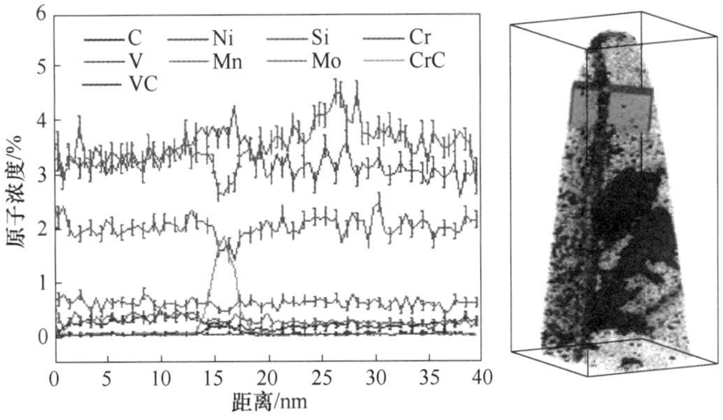

(b)

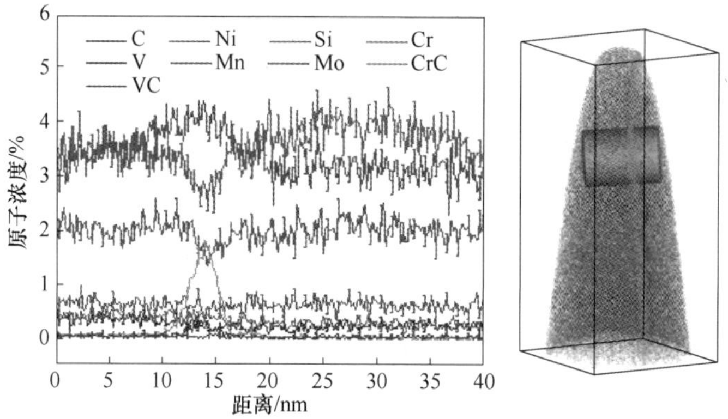

(c)

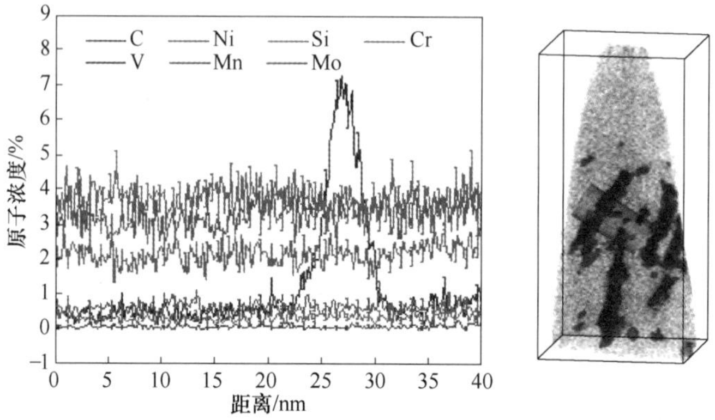

(d)

彩图

图 6-43　3D-APT 重构的合金元素三维原子分布图和合金元素沿柱状体方向浓度曲线
(a) CrC 界面和 C 偏聚的圆柱选区各原子浓度分布；(b) CrC 界面和 VC 偏聚的矩形选区各原子浓度分布；
(c) CrC 界面两侧圆柱选区各原子浓度分布；(d) C 偏聚的圆柱选区各原子浓度分布

在动力学方法中，细晶材料的晶界以各种方式被钉住，如溶质拖曳[44]、第二相粒子钉扎[44-45]、化学有序[46]或孔隙率[47]以降低晶界迁移率。在动力学上，由于 GB 的曲率导致的晶粒生长驱动压力将被边界上颗粒施加的钉扎（阻力）压力所抵消[48]。因此，当晶粒半径达到由齐纳方程给出的临界最大晶粒半径（R_C）时，正常晶粒生长将被完全抑制：$R_C = 4r/(3f)$，（其中，R_C 为齐纳极限，r 为钉扎的半径粒子，f 为粒子的体积分数[49]）。界面在遇到析出相时，界面迁移示意图，如图 6-44 所示。

$$P_D = \frac{\alpha \gamma_{AB}}{R} \tag{6-9}$$

$$P_Z = \frac{3 f_V \gamma_{AB}}{4r} \tag{6-10}$$

式中，P_D为界面迁移驱动力；α 为常数；γ_{AB}为演化速率；R 为晶粒尺寸；P_Z 为齐纳钉扎力；f_V 为析出相体积分数；r 为析出相颗粒尺寸。

从式（6-9）和式（6-10）中可以发现，界面迁移驱动力与晶粒尺寸成反比，齐纳钉

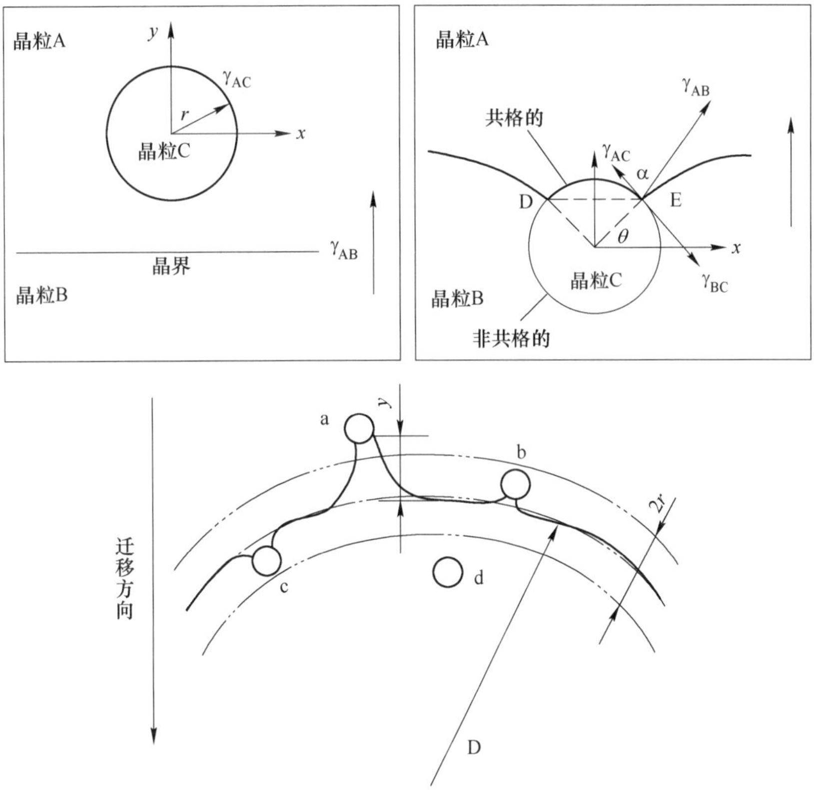

图 6-44 界面迁移示意图

扎力与析出相的密度成正比。界面处的析出相阻止晶界迁移，细化晶粒和板条边界的析出相阻止板条长大，细化板条尺寸，均能够韧化材料。晶界可把塑性变形限定在一定范围内，使变形均匀化，因此细化晶粒可提高钢的塑性。晶界又是裂纹扩展的阻力，因此细化晶粒还可以改善钢的韧性[50]。晶粒内部和板条内部的析出相能够有效钉扎位错，析出强化。

第二相纳米颗粒与基体存在微弱的晶格失配，粒子四周存在轻微的应力场，在变形过程中可增加位错密度、提升强度，且随着粒子数量密度的提升、强化效果随之增强；此外，由于粒子与基体完全共格，因此应力无法集中堆积于该共格界面上，在此情况下有利于改善位错塞积现象，因而可保证材料同时具有良好的塑性，最终实现金属材料的增强增韧。

共格无序的纳米沉淀能阻止晶界迁移，而不是钉扎位错。当晶界遇到共格纳米沉淀物时，在基体和沉淀物之间形成非共格界面，其界面能比最初的低能量共格界面高一个数量级。这种界面能的增加产生了更高的齐纳钉扎力，从而阻碍了晶界的迁移。这与高数量密度的纳米沉淀相结合，有效地减缓了晶粒的生长。晶界迁移只有在晶界附近的纳米沉淀物溶解或粗化后才会发生，这是一个缓慢的长程扩散过程[51]。

6.3.4.2 强化机理分析

本部分对所研究的超高强度钢的强化机理进行分析，所选用钢为本节的试样 B 的优异强塑性匹配，即屈服强度为 1728 MPa、抗拉强度为 2340 MPa、伸长率为 11.8%，拉伸曲线如图 6-45 所示。

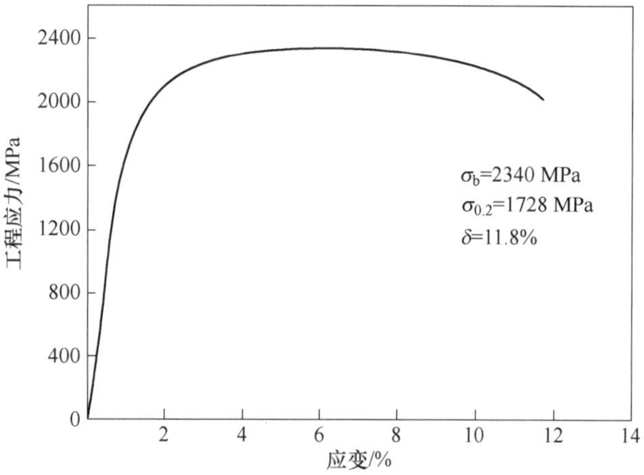

图 6-45　所选用钢的工程应力-应变曲线

对研究钢的强化机理进行综合分析必须考虑所有的贡献。在分析主要强化机制的基础上，分析了显微组织与力学性能之间的关系。本部分将基于几种主要的强化机理对组织与强度之间的关系进行系统的分析，包括沉淀强化、晶粒强化、固溶强化和位错强化等。为了理解微结构与屈服应力之间的相关性，使用基于结构的强度计算模型来估计理论强度。这里假设样品的屈服应力 σ_y 可以由单个晶体缺陷的强化贡献的简单总和给出，这些晶体缺陷在下面的等式中充当位错滑移的障碍。

微观结构和屈服强度之间的关系可以计算如下：

$$\sigma_y = \sigma_0 + \sigma_s + \sigma_g + \sigma_d + \sigma_p \tag{6-11}$$

式中，σ_y 为钢的屈服强度，MPa；σ_0 为晶格摩擦应力，约 48 MPa[52]；σ_s 为固溶强化增量，MPa；σ_g 为细晶强化增量，MPa；σ_d 为位错强化增量，MPa；σ_p 为析出强化增量，MPa。

对于马氏体和贝氏体样品，仅考虑完全转变的样品用于分析。为了计算每个强化贡献，考虑了几个假设，如下所述。

A　固溶强化

首先，固溶强化是随溶质原子含量的增加，固溶体的强度、硬度升高，塑性、韧性下降的现象。固溶强化的原理：(1) 溶质原子的溶入，使固溶体的晶格发生畸变，晶格畸变增大了位错运动的阻力，使位错在滑移面上运动难以进行；(2) 位错线上偏聚的溶质原子形成的柯氏气团对位错起钉扎作用，增加了位错运动的阻力；(3) 溶质原子在层错区的偏聚阻碍扩展位错的运动。所有阻碍位错运动，增加位错移动阻力的因素都可使强度提高。固溶强化的强化机制包括在位错线附近聚集的柯氏气团和在层错附近聚集的铃木气团。柯氏气团是在固溶体合金中，溶质原子或杂质原子可以与位错交互作用而形成溶质原子气团（见图 6-46（a））；铃木气团：溶质原子降低基体层错能，使位错分解为扩展位错，阻碍位错交滑移或攀移（见图 6-46（b）），如不锈钢中，Ni、Cr 等合金元素优先分布于层错区，降低层错能，使扩展位错区扩大，要使该扩展位错运动，需要增加额外的应力从而提高材料的强度。规律：（1）在固溶体溶解度范围内，合金元素的质量分数越大，则强化作用越大；（2）溶质原子与溶剂原子的尺寸相差越大，强化效果越显著；（3）形成间隙固溶体的溶质元素的强化作用大于形成置换固溶体的元素；（4）溶质原子与溶剂原子的价电子数相差越大，强化作用越大。

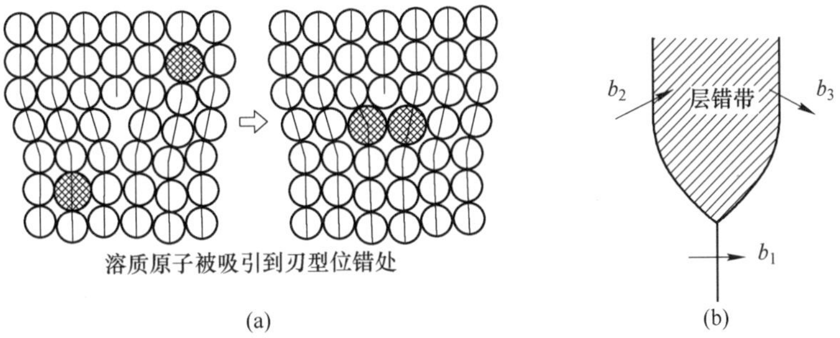

图 6-46　固溶强化的强化机制
（a）柯氏气团；（b）铃木气团

合金元素的固溶强化可用以下经验公式计算[53]：

$$\sigma_s = 5000[w_C] + 5000[w_N] + 32[w_{Mn}] + 84[w_{Si}] + 680[w_P] + 38[w_{Cu}] + 11[w_{Mo}] + 33[w_{Ni}] - 30[w_{Cr}] \quad (6\text{-}12)$$

式中，w_X 为溶液中合金元素的含量（质量分数），%。

本研究中 w_N 为零，因为所有的氮原子都形成了碳氮化物[54]，例如 Nb(C,N)；C 主要形成了碳化物和柯氏气团[55]，基体中的溶质碳原子非常少，固溶强化量的增加非常低，因此忽略 C 的强化；此外，P、S 元素主要是杂质元素，P 往往偏析在晶界处，不参与固溶强化；S 通常形成在 MnS 夹杂物中，因此也无法对固溶强化产生贡献。由此，将其他合金元素的含量（Mn、Si、Mo、Ni、Cr）代入式（6-12），粗略计算得出固溶强化量为 225 MPa。

B　细晶强化

众所周知，随晶粒尺寸的减小，材料的强度、硬度升高，塑性、韧性也得到改善，即细晶强化。细晶强化的原理在于晶界对位错滑移的阻滞效应和晶界上形变要满足协调性（见图 6-47）：（1）晶界对位错滑移的阻滞效应。对于多晶体来说，位错运动必须克服晶界的阻力。这是由于位错在多晶体中运动时，晶界两侧晶粒的取向不同，加之这里杂质原子较多，增大了晶界附近的滑移阻力，因而在某一个晶粒中，滑移的位错不能直接穿越晶界进入相邻的晶粒，只有在晶界处塞积了大量的位错后引起应力集中，才能激发相邻晶粒中已有位错的运动产生滑移，因此晶粒越细，位错阻滞效应越显著，多晶体材料的强度就越高。（2）晶界上形变要满足协调性。需要多个滑移系统同时动作，这同样导致位错不易穿过晶界，而是塞积在晶界处，引起强度的增高。此外，细晶粒受到外力发生塑性变形可分散在更多的晶粒内进行，塑性变形较均匀，应力集中较小；晶粒越细，晶界越多，晶界面积越大，晶界越曲折，越不利于裂纹的扩展。

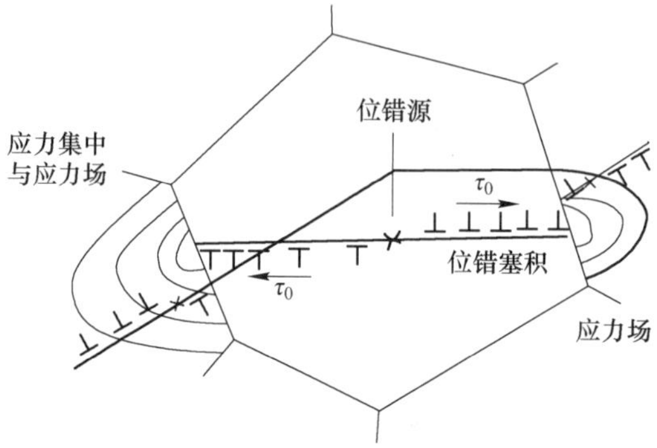

图 6-47　细晶强化的原理

George Krauss[55]综述了钢中马氏体边界强化，认为钢中的边界强化和边界间距有关。板条马氏体结构是钢中最重要的结构之一，在母奥氏体晶粒群内形成的板条本身分为几个包，这些包进一步细分为块。一个包内的板条具有相似的习惯面但具有不同的晶体取向，从而将板条分离为不同的块体，每个块体包含具有相似取向的板条。包和块边界的错向是由取向关系（如 Kurdjumov-Sachs，K-S）确定的高角度，而板条边界的取向差是在几度内变化的低角度。在低碳钢的板条马氏体中，最近在给定的块内发现了对应于 K-S 取向关系不同变体的子块的存在。然而，子块之间的取向差角度也是低角度（5°~10°）。板条马氏体中不同边界的这些不同的取向差特征预计会对板条马氏体的强度产生不同的影响。一些研究已经报道[56-57]，即使是错向角在 5°以上的小角度位错边界也可能起到常规晶界的作用，并在霍尔佩奇强化的基础上对强度作出贡献。因此，错向角为 2°以上都被考虑为晶界强化。晶界强化效应可用著名的 Hall-Petch 方程[58]描述：

$$\sigma_g = k_y d^{-1/2} \tag{6-13}$$

式中，k_y为强化因子，MPa · μm$^{1/2}$；d 为平均晶粒尺寸，μm。

强化因子[59]600 MPa · μm$^{1/2}$，本书中平均晶粒由 OM 中的微观结构随机截距法确定 d=2. 5 μm。因此，晶界强化量约为 379 MPa。

C　位错强化

金属中位错密度高，则位错在运动时的相互交割加剧，结果产生固定的割阶、位错缠结等障碍，使位错运动的阻力增大，引起变形抗力增加，给继续塑性变形造成困难，从而提高金属强度。对于位错强化计算，使用 Bailey-Hirsch 关系[60]来解释：

$$\sigma_d = M\alpha Gb\sqrt{\rho_{total}} \tag{6-14}$$

式中，M 为平均泰勒因子（M=3）；α 为常数（α=0. 3）；G 为剪切模量（G=64 GPa）；b 为 Burgers 矢量；ρ_{total}为总位错密度。

通过 XRD 测量和分析位错密度 ρ 的结果如图 6-48 所示。图 6-48（a）中所研究钢的 XRD 图谱表明，所研究超高强韧钢是由 fcc 结构残余奥氏体和 bcc 结构贝氏体和马氏体组成。分析 XRD 峰的半峰宽，并通过 XRD 半峰宽与应变的关系由 Willia nmson-Hall 方程表示[61]：

$$\frac{\delta_{hkl}\cos\theta_{hkl}}{\lambda} = \frac{1}{D} + \frac{4\varepsilon\sin\theta_{hkl}}{\lambda} \tag{6-15}$$

式中，θ_{hkl}为所选峰位置处的衍射角；λ为X射线波长；ε为有效平均微应变；D为和相干衍射畴的平均尺寸。

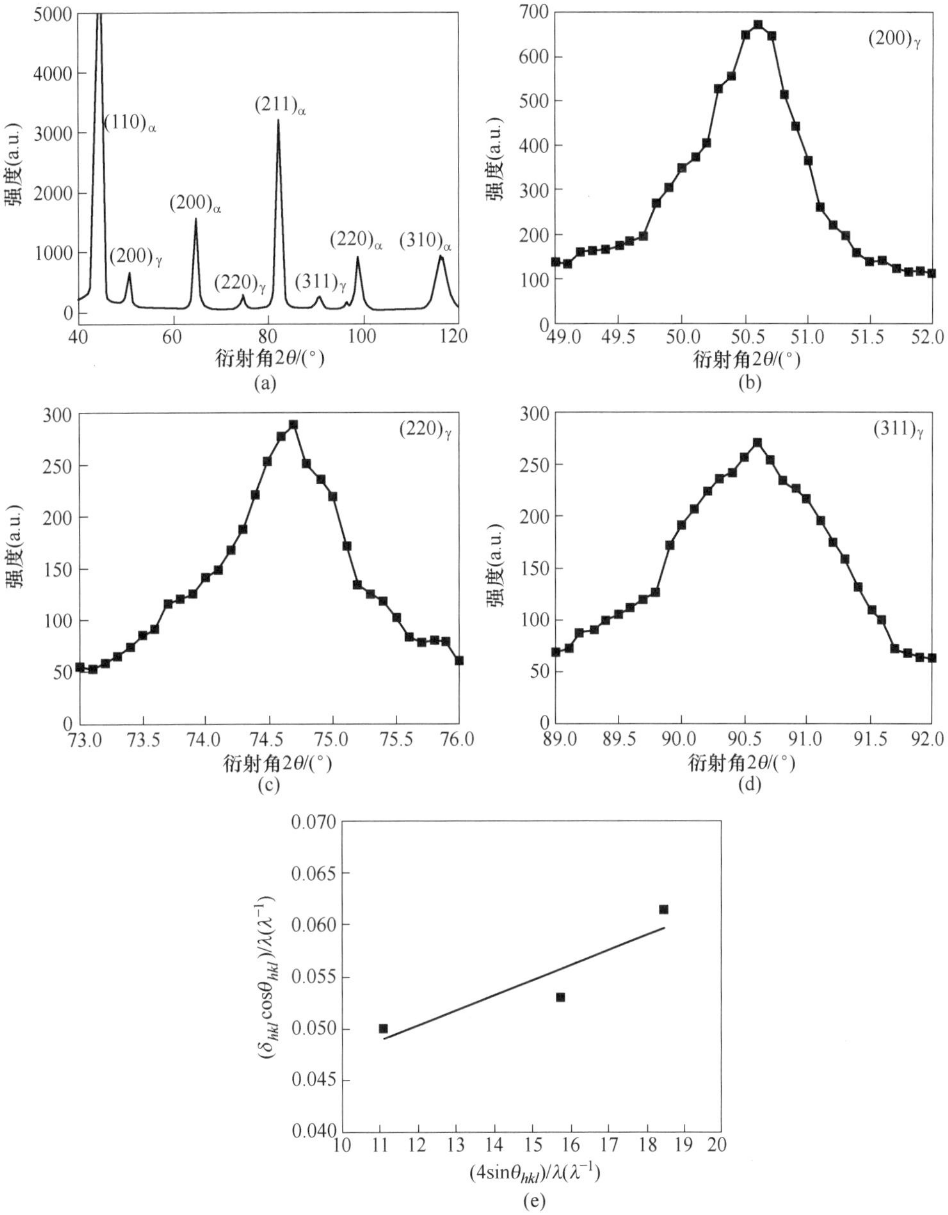

图6-48　通过XRD测量和分析位错密度

(a) 所研究钢的XRD图谱；(b)(200)晶面；(c)(220)晶面；(d)(311)晶面；(e) fcc的W-H图

此外δ_{hkl}是以$2\theta_{hkl}$的刻度进行测量，根据位错密度平方根ρ与微观应变的关系，然后通过以下方程计算位错密度[62]：

$$\rho = K\frac{\varepsilon^2}{b^2} \tag{6-16}$$

对于面心立方金属，$K=16.1$，$b=2.517\times10^{-10}$ m，对于体心立方金属，$K=14.4$，

Burgers 矢量 $b = 2.49 \times 10^{-10}$ m[21]。面心立方相对应于 $(200)_\gamma$、$(220)_\gamma$ 和 $(311)_\gamma$ 平面的衍射峰的变化分别见图 6-48（b）~（d）所示。体心立方相对应于 $(200)_\alpha$、$(211)_\alpha$、$(220)_\alpha$ 和 $(310)_\alpha$ 平面的衍射峰的变化分别如图 6-49（a）~（d）所示。根据式（6-17）和式（6-18）分析得出实验钢的 W-H 图分别如图 6-48（e）和图 6-49（e）所示，并通过计算得出实验钢的有效微观应变分别为 $\varepsilon_{fcc} = 1.45 \times 10^{-3}$ 和 $\varepsilon_{bcc} = 4.26 \times 10^{-3}$，位错密度分别为 $\rho_{fcc} = 5.343 \times 10^{14}$ m^{-2} 和 $\rho_{bcc} = 4.215 \times 10^{15}$ m^{-2}，根据上一节试样 B 计算出的 fcc 体积分数为 9.5%，因此，通过式（6-16）计算得出的位错强化量为 $\sigma = \sigma_{fcc} \times 9.5\% + \sigma_{bcc} \times 90.5\% = 335 \times 9.5\% + 930 \times 90.5\% = 873$ MPa。

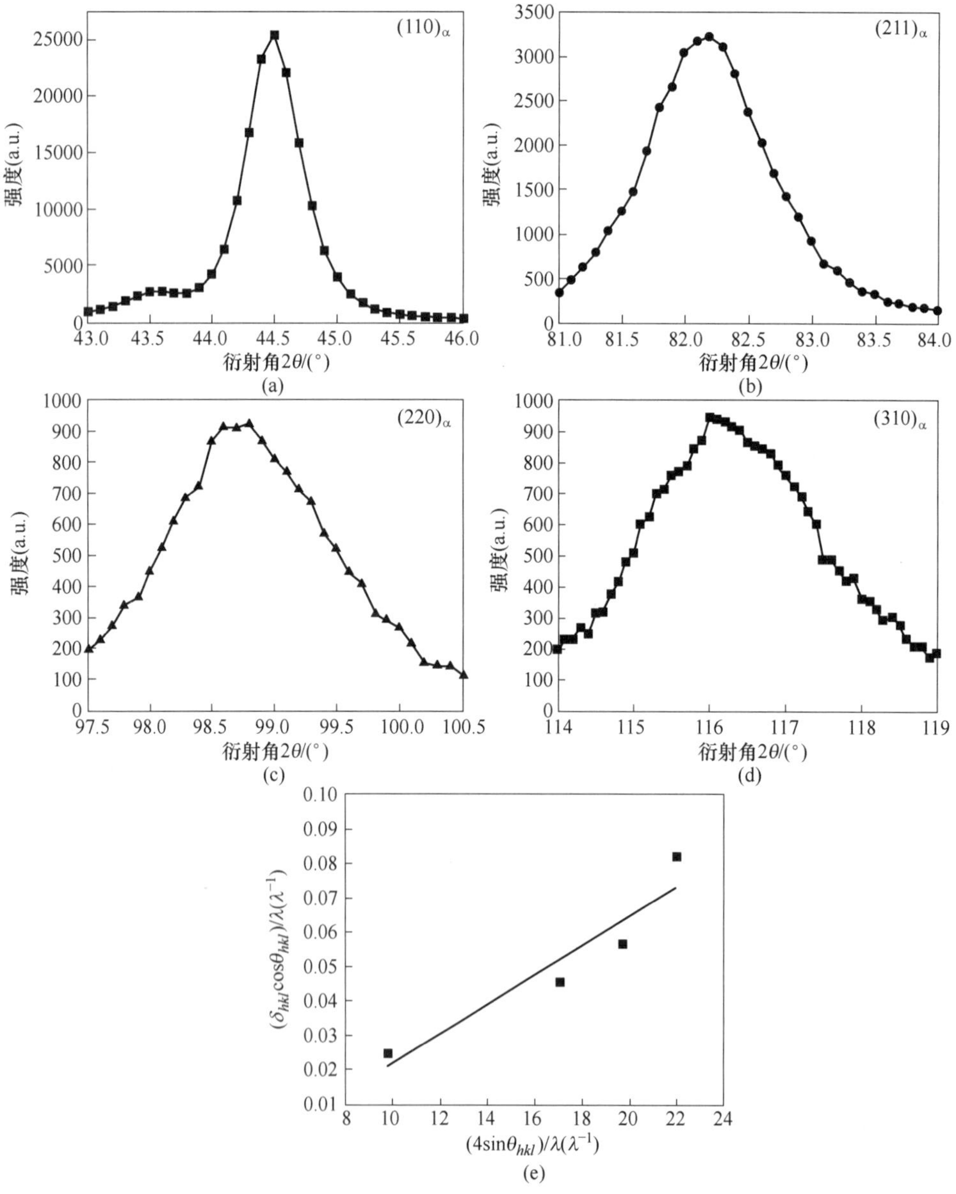

图 6-49　通过 XRD 测量和分析位错密度

（a）（110）晶面；（b）（211）晶面；（c）（220）晶面；（d）（310）晶面；（e）bcc 的 W-H 图

D 析出强化

合金在纳米相析出过程中强度的变化为：最初合金的强度相当于过饱和固溶体；开始阶段的析出相和基体共格，尺寸很小，位错可以切过析出相，对温度比较敏感，屈服应力决定于切过析出相所需要的应力，包括共格应力、析出相的内部结构和相界面的效应等；析出相体积含量增加，切割粒子所需要的应力加大；位错绕过粒子所需要的应力会小于切割粒子，Orowan 绕过机制起作用，屈服应力将随粒子间距的增加而减小。因此，通常用 Orowan 机制或 Ashby-Orowan 机制来解释硬粒子析出强化的原因，析出强化取决于析出的粒度和粒子间距。Orowan 和 Ashby-Orowan 的析出强化机制分别由式（6-17）[63-64] 和式（6-18）[65-66]，给出：

$$\sigma_{p,\mathrm{Orowan}} = \frac{0.8MGb}{L} \tag{6-17}$$

$$\sigma_{p,\mathrm{Ashby\text{-}Orowan}} = \frac{0.8MGb}{2\pi L\sqrt{1-\nu}}\ln\frac{x}{2b} \tag{6-18}$$

式中，ν 为泊松比（在 bcc 铁[67] 中为 0.293）；L 为平均颗粒间间距；x 为滑移面上的平均颗粒直径。

式（6-19）中的常规 Orowan 析出强化是在假设单位长度位错线能量近似为 $Gb^2/2$，弹性模量 $G=80300$ MPa，柏氏矢量的大小 $b=2.5\times10^{-10}$ m，泰勒因数 $M=3$，常数 $k=10.8$ MPa · μm，而式（6-20）中的 Ashby-Orowan 析出强化是考虑到粒子周围的弯曲边缘或螺旋位错的更精确的线能量而导出的。L 和 x 由以下等式给出，假设粒子随机分布在基体中[68]：

$$L_{VC} = \sqrt{\frac{2}{3}}\sqrt{\frac{\pi}{f}}\cdot r_{vc} \quad (\mathrm{m}) \tag{6-19}$$

$$x = 2\sqrt{\frac{2}{3}}\cdot r_{vc} \quad (\mathrm{m}) \tag{6-20}$$

式中，r 为平均半径，$r=d/2$；f 为析出相颗粒的体积分数。

将泊松比 ν 代入式（6-18）得：

$$\sigma_{p,\mathrm{Ashby\text{-}Orowan}} = \frac{MGb}{2\pi L}\ln\frac{x}{2b} \quad (\mathrm{MPa}) \tag{6-21}$$

将式（6-19）和式（6-20）代入式（6-21）得：

$$\sigma_{p,\mathrm{Ashby\text{-}Orowan}} = \frac{MGb}{2\pi\frac{x\sqrt{\pi}}{\sqrt{f}}}\ln\frac{x}{2b} \quad (\mathrm{MPa}) \tag{6-22}$$

$$\sigma_{p,\mathrm{Ashby\text{-}Orowan}} = \frac{MGb\sqrt{f}}{2x\pi^{3/2}}\ln\frac{x}{2b} \quad (\mathrm{MPa}) \tag{6-23}$$

将泰勒因数 M 代入式（6-23）得[69]：

$$\sigma_{p,\mathrm{Ashby\text{-}Orowan}} = \frac{0.538Gb\sqrt{f}}{2x}\ln\frac{x}{2b} \quad (\mathrm{MPa}) \tag{6-24}$$

将弹性模量式 G 和柏氏矢量大小 b 代入式（6-24），得[70]：

$$\sigma_{p,\text{Ashby-Orowan}} = \frac{5.9\sqrt{f}}{x}\ln\frac{x}{5\times10^{-4}}\quad(\text{MPa})\tag{6-25}$$

对于计算，使用由图 6-50 中的 TEM 图像确定的析出颗粒，并统计出颗粒尺寸分布图（见图 6-51），并且通过在 Thermo-Calc 软件中的计算获得析出颗粒的体积分数，其中平衡体积分数被确定为超高强韧钢中为 1.51%。根据数据计算，高强度钢中 5~10 nm 的析出物尺寸含量最大，这里的平均粒径 x 是 7.36 nm，引起的总硬化效应为 235 MPa。

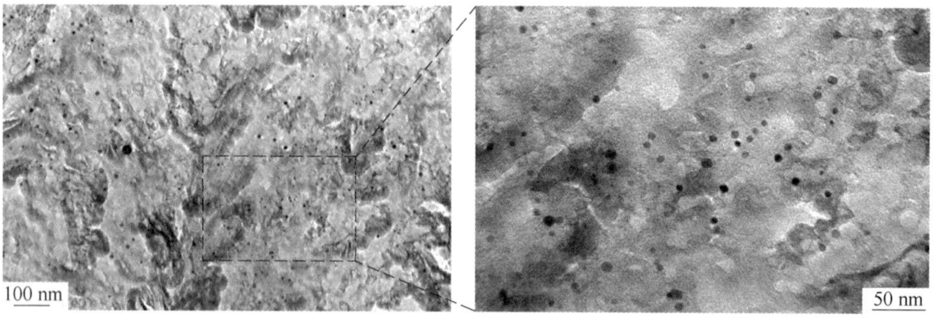

(a)　(b)

图 6-50　超高强度钢中析出相 TEM 图

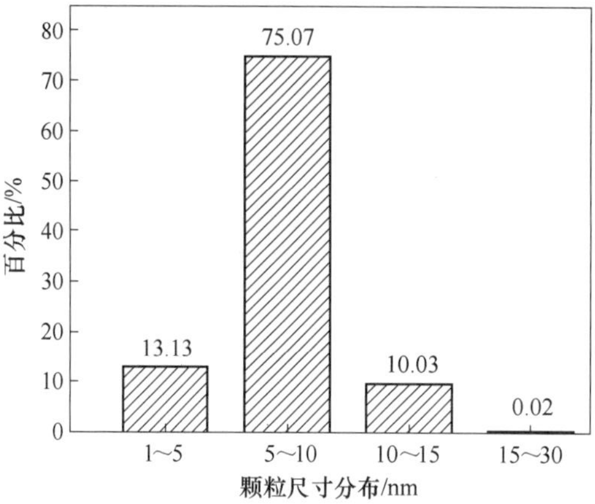

图 6-51　超高强度钢中析出相的尺寸分布

综上所述，根据以上力学性能的强化机理分析、计算，得到屈服强度为 1712 MPa，与实际测试得到的 1728 MPa 相比吻合较好，其中 16 MPa 的差值主要是因为没有考虑碳元素的固溶强化。因此，本书中热处理态实验钢的固溶强化、细晶强化、位错强化、析出强化的量分别为：225 MPa、379 MPa、873 MPa、235 MPa。

6.4　本章小结

本章在前五章理论分析的基础上，提出利用晶体形核后初期生长理论中复合剪切流（即远场均匀流和剪切流）加强晶核内凹分裂程度的理论，开发复合剪切流铸造技术并成功应用于合金钢制造中，铸造出少柱状晶多等轴晶占比的铸锭，得到了组织成分均匀、性能一致的合金钢材料。

（1）复合剪切流装置制备出的铸锭缩孔缩松缺陷少、宏观偏析小。等轴晶占比相应明显增加，柱状晶占比大幅减少。CSFC 装置的研制为消除铸造缺陷、减弱偏析和温度场均匀化方法上提供了技术基础。CSFC 装置的研制为减少铸造缺陷、减弱偏析和温度场均匀化方法上提供了技术基础。

（2）CFSC 技术制备的铸锭，晶粒尺寸比普通铸造细化了 35%，小角度晶界占比 25%，而普通铸造的铸锭产生的小角度晶界不足 5%，每一个原始大晶粒内部都含有大量取向相近的小团簇。这些小角晶界的晶粒和取向相近的小团簇在后续的形变过程中会发生转动，进而形成大量尺寸细小的晶粒。这在细化晶粒理论和方法上提供了借鉴，为制备具有纳米和微米混合晶粒提供了理论和技术基础。

（3）通过使用 CFSC 技术结合合理设计的多元微量合金成分及含量，制备出的 45Si2MnCr2Mo 系新型超高强度钢经轧制热处理后，达到强韧双增的效果，为研发新一代超高强度钢提供了技术思路和理论基础。新型超高强度钢的强韧化机理为：1）增韧机理。钢中的残余奥氏体在变形过程中发生 TRIP 效应；界面处的析出相钉扎界面，控制界面长大从而细化晶粒和板条进行增韧。2）强化机理。Mn、Si、Mo、Ni、Cr 元素的固溶强化、细化晶粒和析出相钉扎的细板条、高密度的位错，以及大量弥散分布钉扎位错移动的析出相来进行增强。45Si2MnCr2Mo 系超高强度钢的成功制备，为开发新型超高强度钢提供了成分设计思路和制备方法，并为强韧性机理研究提供有效、可行的科学理念和技术路线。

（4）通过应用复合剪切流制备技术，有望实现组织成分更加均匀且具有优异性能的钢铸锭的制备。这将为钢铁材料的制备提供新的理论和技术支持，推动钢铁工业的发展。同时，新型高性能钢的应用将提高各种设备和设施的安全性和可靠性，为社会经济的发展作出贡献。此外，本书还将为其他材料的制备提供借鉴和参考，推动材料科学的发展。

金属材料在凝固过程中的温度梯度是导致其铸态组织不均匀的主要原因，本章采用在金属凝固过程中施加复合剪切流的超低温度梯度凝固技术，使金属液在超低温度梯度条件下凝固，从而减少或消除铸态组织的柱状晶，实现铸锭的组织成分均匀化，从而实现性能的均匀化。然而，如何同时实现材料的高强度和高韧性依旧是有待攻克的难题。如前五章所述，远场均匀流和剪切流的综合作用能够增强晶核内凹分裂的效果，从而将“亚粒子”的尺寸控制在纳米级，这对获取尺寸为纳米级的第二相和晶粒有着积极意义。不过，纳米级第二相在解决材料强韧矛盾方面的机制仍需进一步探索，建立新的理论来阐述这一机制。

参 考 文 献

[1] 崔忠圻，覃耀春．金属学与热处理［M］．北京：机械工业出版社，2007：53.

[2] HULTGREN A. Isothermal transformation of austenite［J］. Transactions of American Society for Metals，1947，39：915-1005.

[3] HOUIN J P，SIMON A，BECK G. Relationship between structure and mechanical properties of pearlite between 0.2% and 0.8%C［J］. Transactions of the Iron and Steel Institute of Japan，1981，21（10）：726-731.

[4] MEHL R F，HAGEL W C. The austenite：Pearlite reaction［J］. Progress in Metal Physics，1956，6（6）：74-134.

[5] ZENER C. Kinetics of the decomposition of austenite [J]. Transation AIME, 1946, 167: 550-595.

[6] MARDER A R, BRAMFITT B L. Effect of continuous cooling on the morphology and kinetics of pearlite [J]. Metallurgical and Materials Transactions A, 1975, 6: 2009-2014.

[7] KANG J, ZHANG F C, YANG W X, et al. Effect of tempering on the microstructure and mechanical properties of a medium carbon bainitic steel [J]. Materials Science and Engineering: A, 2017, 686 (16): 150 -159.

[8] JIANG S H, HUI W, YUAN W, et al. Ultrastrong steel via minimal lattice misfit and high ~ density nanoprecipitation [J]. Science Foundation in China, 2017, 544 (2): 460.

[9] DEMIR T, ÜBEYLI M, YIDRM R O. Effect of hardness on the ballistic impact behavior of high-strength steels against 7.62 mm armor piercing projectiles [J]. Journal of Materials Engineering and Performance, 2008, 18: 145-153.

[10] JENA P K, RAMANJENEYULU K, KUMAR K S, et al. Ballistic studies on layered structures [J]. Materials Design, 2009, 30 (6): 1922-1929.

[11] LAXMI B, SHARMA S, JAYASHREE P K, et al. Quenchant oil viscosity and tempering temperature effect on mechanical properties of 42CrMo4 steel [J]. Journal of Materials Research and Technology, 2022, 16: 581-587.

[12] VARSHNEY A, SANGAL S, KUNDU S, et al. Super strong and highly ductile low alloy multiphase steels consisting of bainite, ferrite and retained austenite [J]. Materials & Design, 2016, 95 (4): 75-88.

[13] WANG X B, LIU C B, QIN Y M, et al. Effect of tempering temperature on microstructure and mechanical properties of nanostructured bainitic steel [J]. Materials Science and Engineering: A, 2022, 832: 142357.

[14] ARI S, ANTTI K, JOUKO H, et al. The effect of tempering temperature on microstructure, mechanical properties and bendability of direct-quenched low-alloy strip steel [J]. Materials Science and Engineering: A, 2018, 730: 284-294.

[15] KANG J, ZHANG F C, YANG W X, et al. Effect of tempering on the microstructure and mechanical properties of a medium carbon bainitic steel [J]. Materials Science and Engineering: A, 2017, 686 (16): 150-159.

[16] SHI R J, MA Y, WANG Z D, et al. Atomic-scale investigation of deep hydrogen trapping in NbC/α-Fe semi-coherent interfaces [J]. Acta Materialia, 2020, 200 (6474): 686-698.

[17] GREGORY N W. Elements of X-Ray diffraction [J]. Journal of the American Chemical Society, 1957, 79 (7): 87-88.

[18] Dyson D J, Holmes B. Effect of alloying additions on the lattice parameter of austenite [J]. Journal of Iron and Steel Research International, 1970, 208: 469-474.

[19] SHAMSUJJOHA M. Evolution of microstructures, dislocation density and arrangement during deformation of low carbon lath martensitic steels [J]. Materials Science and Engineering: A, 2020, 776: 139039.

[20] WILLIAMSON G K, SMALLMAN R E. Dislocation densities in some annealed and cold-worked metals from measurements on the X-ray debye-scherrer spectrum [J]. Philosophical Magazine, 1956, 1 (1): 34-46.

[21] JUAN M, STEVE G, GUILLAUME G, et al. Dislocation densities in a low-carbon steel during martensite transformation determined by in situ high energy X-ray diffraction [J]. Materials Science and Engineering: A, 2020, 800 (7): 140249.

[22] REMY L. Kinetics of fcc deformation twinning and its relationship to stress-strain behaviour [J]. Acta Metallurgica, 1978, 26 (3): 443-451.

[23] BELADI H, TIMOKHINA I B, ESTRIN Y, et al. Orientation dependence of twinning and strain hardening behaviour of a high manganese twinning induced plasticity steel with polycrystalline structure [J]. Acta Materialia, 2011, 59 (20): 7787-7799.

[24] COOMAN B C De, ESTRIN Y, KIM S K. Twinning-induced plasticity (TWIP) steels [J]. Acta Materialia, 2018, 142: 283-362.

[25] ZHANG P, CHEN Y L, XIAO W L, et al. Twin structure of the lath martensite in low carbon steel [J]. Progress in Natural Science: Materials International, 2016, 26 (2): 169-172.

[26] WILLIAMS J C, HICKMAN B S, MARCUS H L. The effect of omega phase on the mechanical properties of titanium alloys [J]. Metallurgical Transactions, 1971, 2 (7): 1913-1919.

[27] PING D H. Review on ω phase in body-centered cubic metals and alloys [J]. Acta Metallurgica Sinica (English Letters), 2014, 27 (1): 1-11.

[28] TAYLOR G I. The mechanism of plastic deformation of crystals. Part I. Theoretical [J]. Proceedings of the Royal Society of London, 1934, 145 (855): 362-387.

[29] BHADESHIA H K D H. Properties of fine-grained steels generated by displacive transformation [J]. Materials Science and Engineering A, 2008, s481-482 (1): 36-39.

[30] SAUVEUR A. What is a steel? Another answer [J]. Iron Age, 1924, 113: 581-583.

[31] TOMOTA Y, TOKUDA H, ADACHI Y, et al. Tensile behavior of TRIP-aided multiphase steels studied by in situ neutron diffraction [J]. Acta Materialia, 2004, 52 (20): 5737-5745.

[32] SUGIMOTO K I, USUI N, KOBAYASHI M, et al. Effects of volume fraction and stability of retained austenite on ductility of TRIP-aided dual-phase steels [J]. Iron and Steel Institute of Japan International, 1992, 32 (12): 1311-1318.

[33] WEBSTER D. Increasing the toughness of the martensitic stainless steel AFC77 by control of retained austenite content, ausforming and strain aging [J]. Transactions of the American Society for Metals, 1968, 61 (4): 816-828.

[34] MORITO S, TANAKA H, KONISHI R, et al. The morphology and crystallography of lath martensite in Fe-C alloys [J]. Acta Materialia, 2003, 51 (6): 1789-1799.

[35] BHADESHIA H K D H. TRIP-assisted steels [J]. Iron and Steel Institute of Japan international, 2002, 42 (9): 1059-1060.

[36] LACROIX G, PARDOEN T, JACQUES P J. The fracture toughness of TRIP-assisted muftiphase steels [J]. Acta Materialia, 2008, 56 (15): 3900-3913.

[37] SHAMMUGAM S, MISRA R D K, MANNERING T, et al. Impact toughness and microstructure relationship in niobium and vanadiummicroalloyed steels processed with varied cooling rates to similar yield strength [J]. Materials Science and Engineering: A, 2006, 437 (2): 436-445.

[38] KANG J, LI C N, YUAN G, et al. Improvement of strength and toughness for hot rolled low-carbon bainitic steel via grain refinement and crystallographic texture [J]. Materials Letters, 2016, 175 (Jul, 15): 157-160.

[39] YAN W, SHAN Y Y, YANG K. Effect of TiN Inclusions on the Impact Toughness of Low-Carbon Microalloyed Steels [J]. Metallurgical and Materials Transactions A, 2006, 37 (7): 2147-2158.

[40] GHOSH A, SAHOO S, Ghosh M, et al. Effect of microstructural parameters, microtexture and matrix strain on the Charpy impact properties of low carbon HSLA steel containing MnS inclusions [J]. Materials Science and Engineering: A, 2014, 613 (613): 37-47.

[41] CAHN J W. Nucleation on dislocations [J]. Acta Materialia, 1957, 5: 168-172.

[42] MOON J, LEE C. Behavior of (Ti, Nb) (C, N) complex particle during thermomechanical cycling in

the weld CGHAZ of a microalloyed steel [J]. Acta Materialia, 2009, 57 (7): 2311-2320.

[43] LARSON D J, PROSA Ty J, ULFIG R M, et al. Local Electrode Atom Probe Tomography [M]. New York: Springer Science Business Media, 2013.

[44] BOYLAN K, OSTRANDER D, ERB U, et al. An in-situ tem study of the thermal stability of nanocrystalline Ni-P [J]. Scripta Metallurgica et Materialia, 1991, 25: 2711-2716.

[45] MORRIS D G, MORRIS M A. Microstructure and strength of nanocrystalline copper alloy prepared by mechanical alloying [J]. Acta Metallurgica et Materialia, 1991, 39 (8): 1763-1770.

[46] BANSAL C, GAO Z Q, FULTZ B. Grain growth and chemical ordering in $(Fe, Mn)_3Si$ [J]. Nanostructured Materials, 1995, 5 (3): 327-336.

[47] HÖFLER H J, AVERBACK R S. Grain growth in nanocrystalline TiO_2 and its relation to Vickers hardness and fracture toughness [J]. Scripta Metallurgica et Materialia, 1990, 24: 2401-2406.

[48] SMITH C S. Grains, phases and Interfaces: An interpretation of microstructure [J]. Transaction of American Institute of Mining, Metallurgical, and Petroleum Engineers, 1948, 175: 15-51.

[49] DU C, JIN S, FANG Y, et al. Ultrastrong nanocrystalline steel with exceptional thermal stability and radiation tolerance [J]. Nature Communications, 2018, 9 (1): 5389.

[50] BHADESHIA H, HONEYCOMBE R. Steels: Microstructure and properties [J]. Metallurgy and Materials Science, 2006, 194 (4260): 55-56.

[51] GAO J, JIANG S, ZHANG H, et al. Facile route to bulk ultrafine-grain steels for high strength and ductility [J]. Nature, 2021, 590 (7845): 262-267.

[52] MAO X, HUO X, SUN X, et al. Strengthening mechanisms of a new 700 MPa hot rolled Ti-microalloyed steel produced by compact strip production [J]. Journal of Materials Processing Technology, 2010, 210 (12): 1660-1666.

[53] MORRISON W B, MINTZ B, COCHRANCE R C. Controlled Processing of HSLA Steel [M]. British Steel Corporation Conference, New york. 1976.

[54] KESTENBACH H J. Dispersion hardening by niobium carbonitride precipitation in ferrite [J]. Materials Science and Technology, 2013, 13 (9): 731-739.

[55] KRAUSS G. Martensite in steel: Strength and structure [J]. Materials Science and Engineering: A, 1999, s273-s275: 40-57.

[56] HUGHES D A, HANSEN N. Microstructure and strength of nickel at large strains [J]. Acta Materialia, 2000, 48 (11): 2985-3004.

[57] NK A, XH B, NT C, et al. Strengthening mechanisms in nanostructured high-purity aluminium deformed to high strain and annealed [J]. Acta Materialia, 2009, 57 (14): 4198-4208.

[58] PETCH N J. The ductile-brittle transition in the fracture of α-Fe: I [J]. Philosophical Magazine, 1958, 3 (34): 1089-1097.

[59] TAKAKI S, KAWASAKI K, KIMURA Y. Mechanical properties of ultra fine-grained steels [J]. Journal of Materials Processing Technology, 2001, 117 (3): 359-363.

[60] BAILEY J E, HIRSCH P B. The dislocation distribution, flow stress, and stored energy in cold-worked polycrystalline silver [J]. Philosophical Magazine, 1960, 5 (53): 485-497.

[61] WILLIAMSON G K, HALL W H. X-ray line broadening from filed aluminium and wolfram [J]. Acta Metallurgica, 1953, 1 (1): 22-31.

[62] TAKEBAYASHI S, KUNIEDA T, YOSHINAGA N, et al. Comparison of the Dislocation Density in Martensitic Steels Evaluated by Some X-ray Diffraction Methods [J]. ISIJ International, 2010, 50: 875-882.

[63] OROWAN E. Dislocations in Metals [M]. M. Cohen, Ed. (American Institute of Mining, New York:

Metallurgical and Petroleum Engineers, 1954.

[64] FOREMAN A J E, MAKIN M J. Dislocation movement through random arrays of obstacles [J]. Canadian Journal of Physics, 2011, 45 (2): 511-517.

[65] ASHBY M F. Results and consequences of a recalculation of the frank-read and the orowan stress [J]. Acta Metallurgica, 1966, 14 (5): 679-681.

[66] ALTUNA M A, IZA-MENDIA A, GUTIERREZ I. Precipitation strengthening produced by the formation in ferrite of Nb carbide [J]. Metallurgia Italiana, 2009, 31 (6): 41-47.

[67] KAYE G W CLABY T H. Tables of physical and chemical constants [C] // 14th edn., Longman, London, 1973: 31.

[68] KELLY A, NICHOLSON R B. Precipitation hardening [J]. Progress in Materials Science, 1963, 10: 151-391.

[69] GLADMAN T. Precipitation hardening in metals [J]. Metal Science Journal, 2013, 15 (1): 30-36.

[70] GLADMAN T, DULIEU D, MCIVOR I D. Structure-property relationships in high-strength microalloyed steels [C] //Proc. of Symp. on Microalloying 75. New York: Union Carbide Corp, 1976: 32-55.

7 经典力学解决材料增强增韧的局限性

7.1 概　　述

提高材料强度和韧性是延长构件寿命的关键之一。第 1~4 章从理论上阐述了晶体生长规律并从理论角度证明了在晶体形核后初期限制枝晶和第二相长大的可行性，第 5 章详细阐述了利用晶体形核后初期生长的理论开发出的“多点区域微量供给”凝固技术，该技术是在冶炼过程中确保预先析出大量弥散分布的纳米颗粒，这些纳米颗粒组成纳米墙，阻碍偏析元素从凝固的基体中排出，从而获得成分均匀无偏析高强韧钢。或者可以通过原位纳米相消除通道偏析，利用特定合金元素（如 Ti、Al 等）易与钢液中氧反应的特点，消耗掉钢液中的氧含量，并确保反应后的产物为纳米级氧化物，有弥散强化和作为异质形核核心的作用，细化合金组织，起到改善材料性能的作用。在此基础上第 6 章介绍了基于弱对流的超低温度梯度凝固技术，通过在凝固过程中施加切向和径向流场均匀锭模中的温度场，锭模中心和边缘温度趋于一致，获得凝固过程中从边缘到中心的超低温度梯度，利用该技术制备的钢铸锭中的柱状晶组织被抑制，晶粒也得到细化，解决了金属材料凝固组织不均匀的问题。两项技术的应用成功改善了金属材料的综合力学性能，尤其是在钢的强度保持不变的前提下，冲击韧性得到明显提升。

然而如何同时获得材料的高强度和高韧性仍然是需要攻克的难题。根据固体结构特点物质可以分为晶体、非晶体和准晶体三类。晶体中的原子呈三维周期性长程有序排列，非晶体中的原子则在很小范围内表现出短程有序，准晶体是固体结构中除了晶体和非晶体之外的第三种状态，具备结构长程有序，但不具备平移对称性。晶体材料的强韧性一般是通过位错、孪晶界、晶界等晶体缺陷获得，这些微观缺陷是晶体中某处有一列或若干列原子发生了错排，使长度达几百至几万个原子间距、宽约几个原子间距范围内的原子离开其平衡位置。因此晶体缺陷引发的强韧性能改变可以看作是通过原子间的相互作用引发的。例如，高强度的陶瓷由于烧结时存在原始微小孔洞，在受力后内部的裂纹尖端产生严重的应力集中而脆性破坏，这些材料一般通过促进裂纹偏转和晶粒桥联来增韧。高韧性的金属则通过内部的位错运动，表现出宏观塑性和低强度，其增强的手段主要是位错与位错、位错与晶界、位错与第二相的相互作用。这些材料的大部分宏观力学性质可以追溯到纳观和介观尺度上的原子组成和相互作用，表现为强度和韧性的不匹配。而第 5 章已经证明原位纳米相的形成决定了纳米相在凝固组织中的增强增韧的效果，原位纳米相尺寸越小、分布越弥散、数量越多，产生的强韧化效应及改善力学性能的效果越明显，根据这个思路本章将从原子尺度探究造成材料强度和韧性矛盾的本质。

7.2 经典力学范畴内材料的强韧矛盾和强韧化机制探索

7.2.1 金属材料变形的基本假设

人们在研究材料构件的内应力和变形等力学性能时，会将构件作为可变形固体（变形体）来研究，在材料力学中，对可变形固体作如下基本假设：

（1）连续性假设（continuity assumption）。这一假设认为，构件的材料在变形后仍然保持连续性，在其整个体积内都毫无空隙地充满了物质，忽略了体积内空隙对材料力学性质的影响。

（2）均匀性假设（homogenization assumption）。这一假设认为，构件的材料各部分的力学性能是相同的。从任意一点取出的单元体，都具有与整体同样的力学性能。

（3）各向同性假设（isotropy assumption）。这一假设认为，构件的材料在各个方向的力学性能是相同的。如工程上常用的金属材料，虽然从它们的晶粒来说，其力学性能并不一样；但从宏观上看，各个方向的力学性能接近相同。有些材料沿各方向的力学性能并不相同，像这样的材料称为各向异性材料。

（4）小变形假设（small transmogrification assumption）。这一假设认为，材料力学中所研究的构件在承受荷载作用时，其变形量总是远小于其外形尺寸。所以，在研究构件的平衡及内部受力和变形等问题时，一般可按构件的原始尺寸进行计算。

（5）线弹性假设（linear elasticity assumption）。工程上所用的材料，在荷载作用下均将发生变形。如果在卸载后变形消失，物体恢复原状，则称这种变形为弹性变形（elastic deformation）；但当荷载过大时，则发生的变形只有一部分在卸载后能够消失，另一部分变形将不会消失而残留下来，这种残留下来的变形部分称为塑性变形（plastic deformation）。对每种材料来讲，在一定的受力范围内，其变形完全是弹性的，并且外力与变形之间成线性关系，这种关系称为胡克定律（Hooke law）。在材料力学中所研究的大部分问题都局限在弹性变形范围内。

根据上述假设，我们认为材料是均匀且各向同性的。均匀性的前提是连续性，各向同性的前提是均匀性和连续性。此外，由于在研究中人们一般会将构件变形前的初始状态视为平衡状态，受力后发生的变形则被视为与其外形的几何尺寸相比的高阶小量，变形就表示为这种微变形的几何线性叠加。两方面的假设将传统的材料力学研究局限在了经典力学的范畴内。

7.2.2 传统材料的强韧化机制探索

材料的强度和延展性是衡量结构材料性能的重要指标之一。强度是指材料在外力作用下抵抗永久塑性变形和断裂的能力，强度的试验研究主要是通过其应力状态来研究零部件的受力状况及预测破坏失效的条件和时机；韧性是指材料在塑性变形和断裂前允许发生较大的塑性变形。因此强度是评价材料对应力的承受能力；韧性是评价材料对变形的承受能力。以金属材料为例，高强高韧金属或合金的制备技术是推进金属材料发展的重要途径，对其在航天军工、轨道交通及海洋船舰等领域的广泛应用有重要意义。传统金属材料由于制备技术的局限，会存在成分偏析和枝晶组织发达、第二相粗大的问题，严重影响材料强度和韧性的增加。

人们尝试通过添加第二相利用异质形核的特性细化晶粒并进行第二相强化。常见的方法包括采用机械合金化-热等静压烧结法（MA-HIP 法）、粉末机械合金化（MA）法、球磨-放电等离子烧结法等制备晶粒细小的弥散纳米颗粒强化合金。基体中的弥散颗粒可以有效钉扎位错、晶界、亚晶界等，起到强化材料的效果。以铝合金为例，一般外源法添加的粒子为 Al_2O_3、Al_4C_3与 AlN 等硬质颗粒，其中，弥散相的本征物理与化学性质、弥散相与基体的界面关系、弥散相的几何因素和形态与最终的强化效果息息相关。但外源法获得的弥散相分布性和组织热稳定性较差，且制备工艺复杂、成本高，不利于规模化生产。此外，用于强化的外加第二相粒子虽然其大小可以通过相关工艺控制，但其与基体间的高能界面往往易产生微孔聚集，在变形过程中易开裂，严重损害塑韧性。通过第 6 章中的制备技术改进和升级，材料的组织得到优化，包括：成分偏析减弱，枝晶组织弱化，第二相细化；材料的强度和延展性得以提高。如图 7-1 所示利用多维剪切流铸造技术获得的钢和镍基合金铸锭中微观组织都有明显改变，尤其是造成性能不均匀的树枝晶被消除，得到大量尺寸均匀的等轴晶；镍基合金中容易引起应力集中的共晶组织也得到了细化。凝固过程中从固-液界面排出的偏析原子做无规则的运动，当偏析原子向远离界面前沿运动时，由于大量纳米颗粒的存在，具有相当大的比表面积，并且分布均匀密集，大部分的偏析原子会与纳米颗粒相遇，此时，一部分偏析原子会依附在纳米颗粒表面的空位处，随着纳米颗粒的长大而被吞并，进一步随着固-液界面的推进，纳米颗粒也会被固-液界面吞并；另一部分偏析原子会被反射回来，阻碍其向前扩散。所以，随着固-液界面的推进，最终大部分的偏析原子都会被固相所吞并。因此，大量纳米颗粒的存在，使溶质原子分布更加均匀，导致最终凝固的晶界上偏析原子的浓度大大地降低，偏析相数量大大减少。组织和成分的均匀优化大大提高材料的后续成型加工性能和力学性能。Yang 等人[1]创建了多组分高密度 $L1_2$金属间化合物纳米颗粒（MCINPs），并通过控制有序-无序相转变和元素分配，实现了“FCC+$L1_2$”双相区域的密集沉淀，既使金属间化合物 Ni_3Al 相发挥了共格强化作用，也使纳米颗粒能产生较高的加工硬化率和塑性变形稳定性，从而提高了 MCINPs 纳米级沉淀的原位延展性，获得了高熵合金的良好的强度-韧性组合。Jiang 等人[2]采用最低晶格错配度设计与纳米析出相结合的方法，在 Fe-18Ni 合金基础上开发出一种新型高密度有序 Ni（Al，Fe）纳米颗粒（近球状 B2 结构），体积密度约 3.7×10^{24} m^{-3}，粒子直径为 2.7 nm±0.2 nm 强化的超高强韧马氏体时效钢，使其抗拉强度不低于 2.2 GPa，拉伸塑性不低于 8%。其中，强韧化主要是基于“点阵错配度最小化”获得析出相的低形核势垒和“有序效应”引起的位错高剪切应力，在基体强化的同时，改善宏观均匀性，最终获得了优异的综合性能。

Chen 等人[3]使用表面机械研磨处理在块状粗晶 Cu 基底上制备了具有晶粒尺寸空间梯度的纳米 Cu 薄层，并在纳米结构中获得了较大的拉伸塑性。这种在 Cu 中引入梯度纳米孪晶的方法创造了晶体内部的位错束，使金属的强度超过了任何单个组分。梯度纳米孪晶金属中的强韧性主要体现在以下几个方面：首先，梯度纳米孪晶金属中形成了大量的背向位错，这些位错可以有效地增强材料的强度；其次，梯度纳米孪晶金属中形成了大量的块状位错，这些位错可以有效地分散塑性变形，从而提高材料的韧性；最后，梯度纳米孪晶金属中的结构梯度可以有效地增强材料的强度，使其超过同种材料的最强组分。

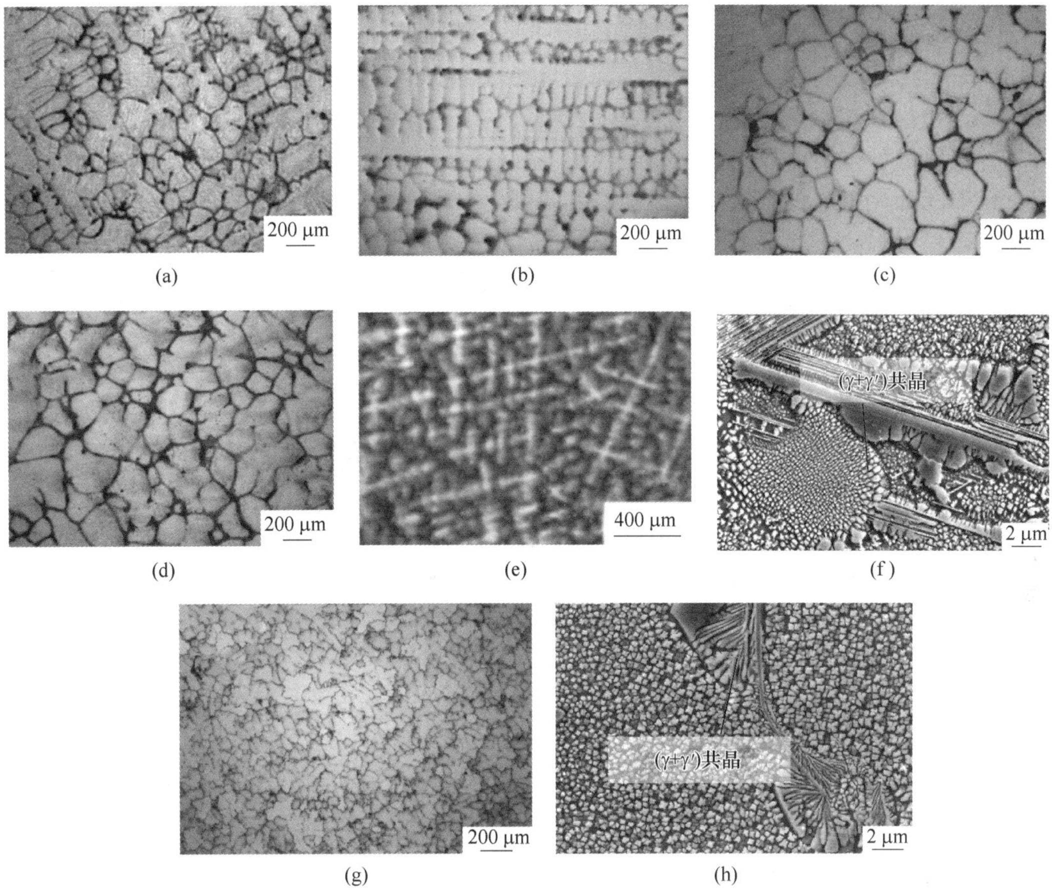

图 7-1 传统铸造方法和多维剪切流铸造方法制备的钢（a）~（d）和镍基合金（e）~（h）扫描微观形貌图
（a）传统铸造方法制备的钢铸锭中心组织，呈典型等轴晶形态；（b）传统铸造方法制备的钢铸锭半径 1/2 处组织，呈典型柱状树枝晶形态；（c）多维剪切流铸造方法制备的钢铸锭中心组织，呈典型等轴晶形态；（d）多维剪切流铸造方法制备钢铸锭半径 1/2 处组织，呈典型等轴晶形态，等轴晶尺寸与中心部位等轴晶尺寸相似，证明该方法制备出的铸锭各处组织一致；（e）传统铸造方法制备的镍基合金微观组织形貌图，呈典型树枝晶形态，且晶粒尺寸很大；（f）传统铸造方法制备的镍基合金微观组织形貌图，组织中存在大片共晶组织，严重影响材料力学性能；（g）多维剪切流铸造方法制备的镍基合金微观组织形貌图，呈典型等轴晶形态，且晶粒尺寸得到细化；（h）多维剪切流铸造方法制备的镍基合金微观组织形貌图，共晶组织得到细化，有利于提高材料力学性能

Gao 等人[4]在 Fe-22Mn-0.6C 钢中添加了质量分数 3%和 4%的 Cu，通过在再结晶温度下快速形成大量纳米析出物来实现晶粒细化。通过对 Fe-22Mn-0.6C 孪生诱导塑性钢添加少量 Cu 进行微合金化，制成具有超细晶结构的 Fe-22Mn-0.6C-4Cu 合金，其屈服强度提高了 1 倍左右，达到了约 710 MPa，同时具有 45%的均匀伸长率和约 2000 MPa 的抗拉强度。这种强度的极大提升且无塑性下降是由于合金内部析出了与基体完全共格的富 Cu 纳米级第二相，这种快速和充分的纳米析出不仅阻止了新形成的亚微米晶粒的长大，还通过 Zener 钉扎机制增强了超细晶粒结构的热稳定性，这才使得材料能在强度和延展性之间权衡。

Wang 等人[5]研究了高熵合金的延展性，并提出了一种利用局部化学有序和晶格畸变来调控延展性的方法。其团队以 Ti-Zr-V-Nb-Al 体系 BCC 高熵合金为研究模型，辅以适当的热处理工艺，引入大量富 Zr-Al 键的 B2 型 LCO。LCOs 的存在可以增加合金的屈服强度，同时也可以提高延展性和断裂伸长率。在合金的早期变形阶段，出现了平面滑移带，其中的位错排列在明确定义的通道中。在应变达到一定程度后，位错会从一代通道滑移到二代通道。这种位错滑移的延续和扩散使得变形能够在已形成通道之间进行，从而实现了变形的非局部化。此外，局部化合物的破坏也会导致位错滑移路径的扭曲，进一步增加了合金的硬度。因此，通过增加 LCOs 的形成，合金在达到千兆帕级的屈服强度的同时，也能够实现出色的延展性和断裂伸长率，从而实现了强韧的组合特性。

Ding 等人[6]通过 EDS 和 TEM 等技术对 CrMnFeCoNi 合金（Cantor 合金）和 CrFeCoNiPd 高熵合金的原子尺度元素分布进行了研究。发现前者元素分布较为均匀，没有明显的元素聚集现象，而后者元素则呈现出明显的不均匀分布和聚集现象。经过对元素分布的相关性分析发现 CrFeCoNiPd 合金中存在着明显的浓度波动，这些浓度波动具有一定的周期性。CrFeCoNiPd 合金在变形的早期阶段开始就出现了螺位错的大量交叉滑移的现象，这种交叉滑移有利于形成一个持续的位错堆积。由于主滑移平面上的位错对其运动产生了较高的阻力，因此在堆积堆中的一些位错开始发生交叉滑移。在大量的交滑移作用下，使得合金有更好的均匀变形能力又有更好的强度。在 CrFeCoNiPd 合金中，Pd 元素的加入引起了所有元素浓度波起伏的加剧。由于浓度波的波幅大大增加，室温下材料塑性变形方式从传统的不全位错滑移、全位错滑移、孪晶变形等转变为罕见的大量均匀分布的交滑移为主导的变形方式。同时，原子内应力分布发生变化，引起极小空间尺度的晶格阻力震荡显著加剧，在晶格中造出来丘陵的地貌，这是大量交滑移出现的本质原因，也使得材料的力学性能与 CrMnFeCoNi 合金相比，在保证相当水平的塑性变形能力的情况下，强度显著提高。

He 等人[7]采用多道次轧制和回火的方式得到了亚稳奥氏体镶嵌在马氏体基体上的双相微观组织，命名为 D&P 的钢材。经过多道次的塑性变形，材料内部有极高的位错密度，后续回火处理并不会消除位错，仅使得位错被固溶元素分成不同的区域。大量的位错堆积于晶界处并在变形时相互作用，使得材料的屈服强度提高。通常位错的交互作用会使得材料塑性降低，但是新型的 D&P 钢的塑性不降反升。这主要归功于以下几个原因：（1）拉伸前的材料经过冷轧，位错重新排列转变形成了许多个位错胞，在拉伸时，位错胞的可动和不可动螺型位错发生滑动，部分位错会被释放，导致晶界解析崩塌，在外力作用下原位错胞被拉长，位错的滑动与释放是塑性提高的一个重要原因；（2）微观结构中大的奥氏体晶粒阻碍了滑动的马氏体界面，从而起到稳定作用，反过来位错密度较高的马氏体又保护了奥氏体，再加上合金元素，这样位错在变形过程中处于一种相对稳定的状态，提高了塑性；（3）连续的转变诱发效应，提供动态应变分区，从而提升了塑性；（4）孪晶的出现也会导致塑性的提升。

Wu 等人[8]成功制备出了一种镁基纳米双相材料，并通过实验和模拟研究了其力学性能和结构。其微观结构为纳米晶体核镶嵌在尺寸较大的非晶壳基体中，其中纳米晶体核的成分为 $MgCu_2$，大小为 6 nm，约占 56%，晶核周围几乎没有位错存在。纳米晶金属非晶具有非均匀的微观结构，主要由纳米尺寸的非晶相联通非晶界面。界面区域的原子结构不同于玻璃区域的原子结构，具有更小的堆积密度。剪切带的触发与原子群的重新排列有关，由于非晶界面的存在，剪切带区更容易形成，剪切带的扩展可以被周围较硬的玻璃颗粒固定或分叉，如图 7-2 所示，防止材料在拉伸试验中发生破坏。这样就可以形成多个剪切带，使得材料可以承受较大的塑性应变。

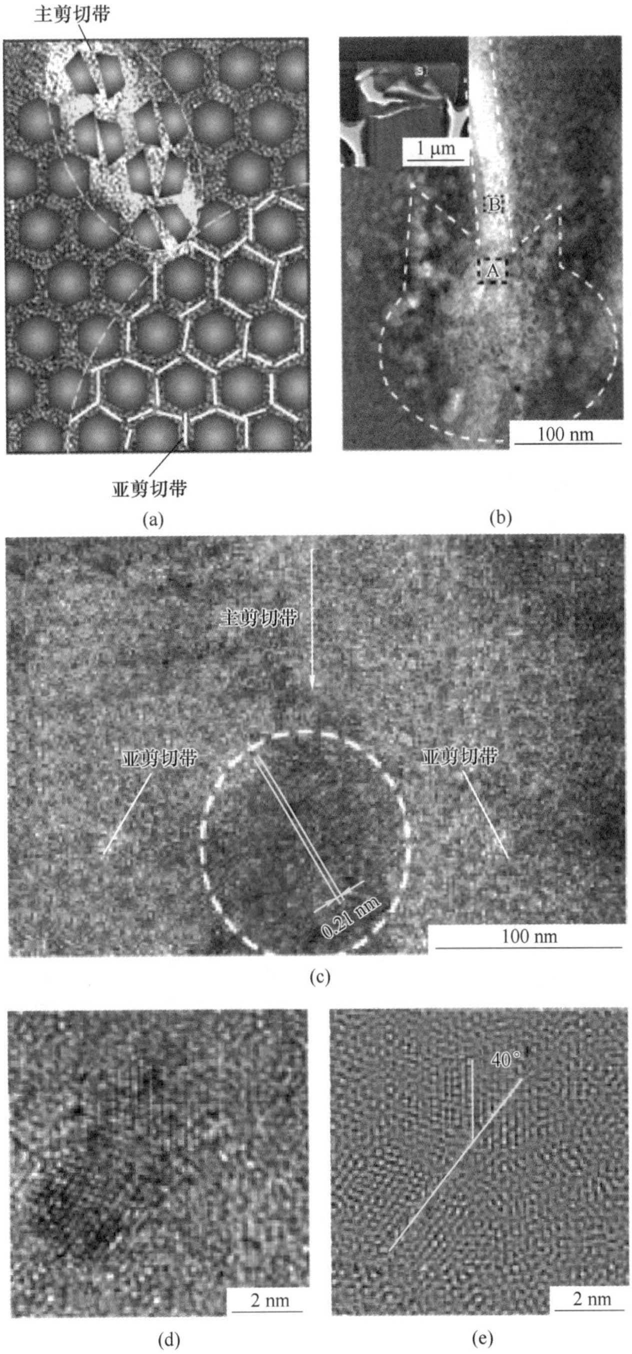

图 7-2 镁基 SNDP-GC 的变形机理

彩图

(a) 提出的变形机理（深蓝色和浅蓝色分别代表预先存在的和分裂的纳米晶体）；
(b) 初始剪切带尖端附近区域图像；(c) 初始剪切带内 A 区图像；(d) 初始剪切带内 B 区图像；
(e) 图 (d) 的反傅里叶变换图像

上述材料的强化其实均基于位错理论。强化效果是通过位错/晶界/纳米颗粒的界面对位错运动的阻碍体现出来的：当位错线在运动过程中遇到界面时，需要较大的应力才可克服障碍继续向前运动。因此，强化效果与合金中界面的种类、形态、数量与分布情况息息相关。如合金中纳米颗粒体积分数越多、尺寸越小，则弥散相粒子间距越小，强化值也越高。原位颗粒为亚微米和微米级时，颗粒-基体的界面关系为非共格界面，位错与第二相颗粒相遇后无法直接切入时，位错为了继续运动只能在粒子间弯成弓状以绕过粒子。位错线的弯曲可提高位错周围区域的晶格畸变程度，从而加剧了位错滑移的阻力。随着外加应力增长及进一步变形，位错与粒子交互部分弯曲程度增加，致使围绕在粒子周围的位错线在另一侧的“自我相遇”，这部分位错由于具有相反的性质而自我湮灭，导致该环形位错从“母位错”中分离出来；相对的，剩余的位错线则越过该粒子继续向前运动。这种机制通常被称为奥罗万机制或绕过机制。而当颗粒的尺寸降到纳米级时[3-5]，与基体呈共格或半共格关系，在变形过程中，当位错与共格纳米颗粒相遇时，可以顺利通过颗粒，避免位错在界面塞积和裂纹源的产生，不造成塑韧性的损失。再者，大量原位纳米颗粒分布在合金中，可以在基体中引入大量位错，高位错密度会产生显著的强化效果。这也是第二相尺寸降至纳米级的材料获得强韧平衡甚至强韧双增的原因之一。

大部分材料经过晶粒细化处理，晶粒平均尺寸可以达到 10^{-6}m，但其性能仍然处于强度-韧性倒置的 I 区间（见图 7-3）。

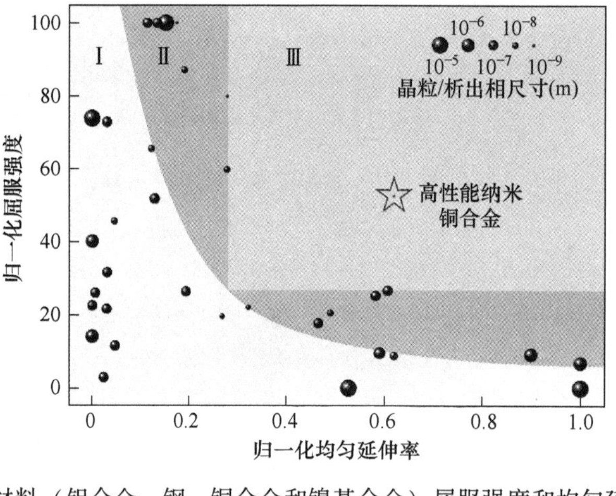

彩图

图 7-3　部分先进金属材料（铝合金、钢、铜合金和镍基合金）屈服强度和均匀延伸率的统计图[2,9-37]
（区域Ⅰ表示传统强度-韧性倒置区域，区域Ⅱ表示强度-韧性平衡区域，
区域Ⅲ表示强度-韧性增强区域。数据点大小代表平均晶粒尺寸/析出相尺寸区间）

细晶金属组织中存在着更多的晶界与亚晶界等界面，在塑性变形过程中如果晶界的界面结构未发生变化，则需要施加更大的外力才能产生位错塞积，从而导致变形抗力的增加。与此同时，更多的晶粒有利于分散应力集中及协调变形，降低开裂倾向；更大的晶界面积也可以阻碍裂纹的扩展，因此室温下金属材料的晶粒细化在提升强度的同时也具有优良的塑性。细晶强化机制中屈服强度与晶粒尺寸的关系可以用霍尔佩奇公式来描述：

$$\sigma_y = \sigma_0 + Kd^{1/2} \tag{7-1}$$

式中，σ_y 为屈服强度，MPa；σ_0 为位错运动的摩擦阻力，MPa；K 为斜率，与材料的种类性质有关；d 为晶粒平均直径，m。

值得注意的是，在一般晶粒尺寸范围内材料强度随晶粒大小的变化是符合该公式的，但在超细纳米晶体材料中出现了偏离甚至反霍尔佩奇公式的现象，这是由于过小的晶粒无法承载位错的堆积所致。针对合金种类、状态的不同，实现细晶强化的途径有多种。对于铸造合金而言，可以采用提升冷却速度的方法如快速凝固、喷射成型等以获得较大的过冷度，从而实现形核率的提高与凝固速度的加快，在某些条件下甚至可以实现合金凝固组织的纳米化。此外，在熔体中引入晶粒细化剂等可以促进凝固过程中的异质形核以提高形核率，从而细化晶粒。另外，近几十年来有研究报道，铸造过程中也可通过旋转、电磁、超声波等以改变熔体中热场、浓度场、流场等因素以达到控制晶核数量从而细化晶粒的效果。相对来说，变形合金材料的晶粒控制方式较为单一，即通过冷/热塑性变形引入大量位错以切割晶粒，并结合热处理通过位错的滑移、攀移以实现再结晶，从而达到细化晶粒的效果。一般认为，再结晶由形核和长大两个部分组成，而再结晶形核机制决定这形核过程，是影响整个再结晶行为的关键因素。该过程影响因素较多，包括初始组织状态、变形温度、应变速率、变形程度、退火温度/时间、弥散相尺寸与分布等等，因此实际生产中需要因地制宜地控制参数以合理调控退火组织晶粒。此外通过大变形制备超细晶（10^{-7} ~ 10^{-6} m）合金材料也属于此类方法，但其应用尺寸与形状限制较为严重。

经过进一步处理，如合金材料结构梯度化或表面纳米化，可以获得平均晶粒尺寸为 10^{-8} ~ 10^{-7} m 的新型材料，该类材料内部各种异质结构带拥有截然不同的力学性能与物理性质，这些异质带的相互作用产生了协同效应，此时其综合性能超过了混合规则的预测，可以处于强度-韧性平衡的Ⅱ区间，仍然无法到达强度-韧性同时提高。另外，虽然人们在不断追寻更强和更硬的材料，但是科研工作者发现如果这种材料不具备合适的断裂阻抗（即韧性），那么它基本上也是不适合应用在结构材料中的。一般具有较低强度但伴随着较高韧性的材料才适合于大部分关键性的安全应用。在这些应用场景中不希望发生比预期还要早的破坏或者更为严重的灾难性断裂事件。基于上述考虑，传统上发展高强韧性材料的方法逐渐演变成在强度和韧性之间尝试找到平衡点，见图 7-3 中的区域Ⅱ。不仅是前文提到的金属材料，科研工作者也尝试利用强度和韧性各自的作用机制之间的相互作用来平衡强韧性，并成功应用到如金属玻璃、生物材料、陶瓷材料等诸多材料中。

高强度低韧性的片层状陶瓷材料（如 SiC、SiN、Al_2O_3）一般可以通过促进裂纹偏移和晶粒桥接来进行外部增韧。该机制一般发生在沿晶断裂时。例如，当发生穿晶断裂时 SiC（Hexoloy SA）的断裂韧性仅为 2 ~ 3 MPa · $m^{1/2}$，而 ABC-SiC 发生沿晶断裂时其断裂韧性约为穿晶断裂时的 3 ~ 5 倍，达 10 MPa · $m^{1/2}$。从图 7-4（b）中可以看出 ABC-SiC 裂纹会沿着脆性晶粒边界开裂，从而导致了该晶粒成为阻止开裂的桥联，并且开裂面上的晶粒之间会通过摩擦形成自锁，起到外在增韧效果。相比之下，图 7-4（c）中的 Hexoloy SA 在不具有外在增韧效果的情况下裂纹线清晰且光滑。两种材料的初始开裂韧性是相同的，但当 ABC-SiC 发生晶间断裂时，相互交错的晶粒之间的摩擦干扰作用会阻碍裂纹开裂，因此，具有晶粒桥接特性的 ABS-SiC 的断裂韧性是 Hexoloy SA 的 3 倍左右。

此外，一些金属玻璃则是通过在基体中通过添加第二相来阻碍剪切带形成。无定型态金属玻璃通常具有极高的强度，其屈服强度通常可以达到 1 ~ 2 GPa。但因为缺少位错阻碍，变形过程中剪切带一旦形成，会迅速扩展导致断裂，导致韧性极低。如果在无定型金属玻璃基体内引入晶体第二相，则有可能通过位错阻碍剪切带形成和扩展，提高材料韧

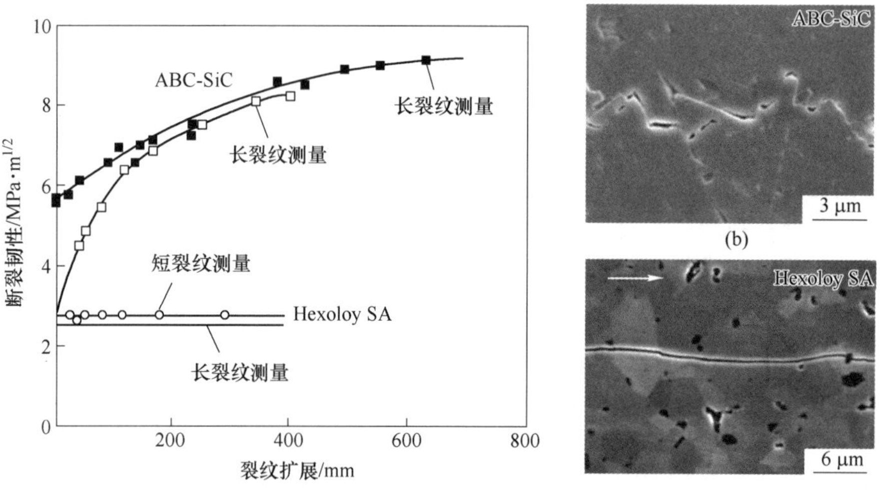

(a)　　(c)

图 7-4　SiC 和 ABC-SiC 的断裂韧性及微观组织

（a）不同断裂模式下 SiC 的断裂韧性；（b）发生沿晶断裂的 ABC-SiC 微观组织；（c）发生晶间断裂的 Hexoloy SA 微观组织

性[38]。如图 7-5 所示，通过在 Zr-Ti-Nb-Cu-Be 玻璃基体中引入晶体树枝晶，并且保证枝晶间间距小于失效时裂纹萌生的尺寸，可以有效阻碍剪切带中裂纹生长，提高材料韧性[38]。该方法制备出的金属玻璃强度和断裂韧性可以分别达到 1.5 GPa 和 200 MPa · $m^{1/2}$，但是由于制备难度大，目前这种金属玻璃还无法量产。

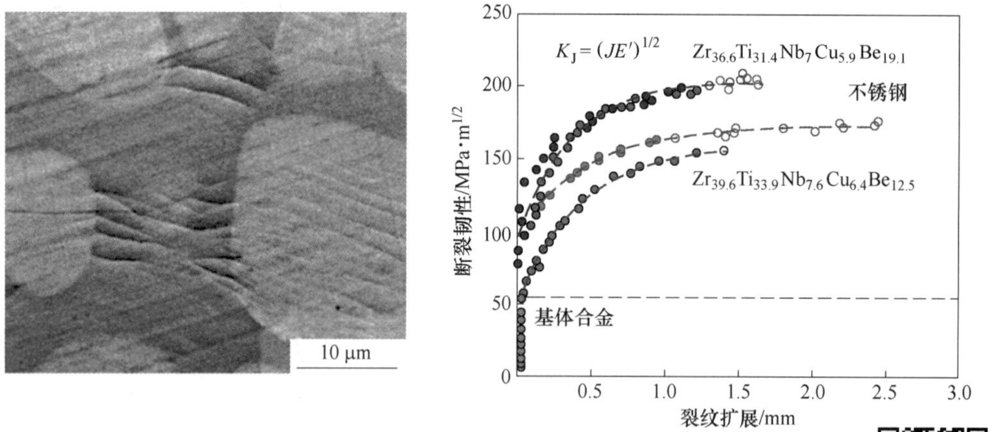

(a)　　(b)

图 7-5　金属玻璃材料中平衡强韧性的方法

（a）一种办法是增加第二相材料以捕捉剪切带（显示金属玻璃基体中的多晶晶体，晶体间的距离小于引起失效的裂纹的尺寸）；（b）相比单块基体合金（Vitreloy1），双合金 DH1 和 DH3 的韧性提高了 3~4 倍，其中不锈钢被用来作比较

彩图

与上述材料不同，有一部分材料则必须同时依赖内在和外在的增韧机制以保证其韧性。最典型的是天然材料中的贝壳，既足够坚硬又足够强韧，可以有效抵抗外界破坏。其中一个原因是大多数生物和天然材料都拥有的多尺度层状结构，比如贝壳通常是由碳酸钙晶体和黏性蛋白层交错组成的（见图 7-6）。一般坚硬的碳酸钙层厚 0.5 μm 左右，而多孔

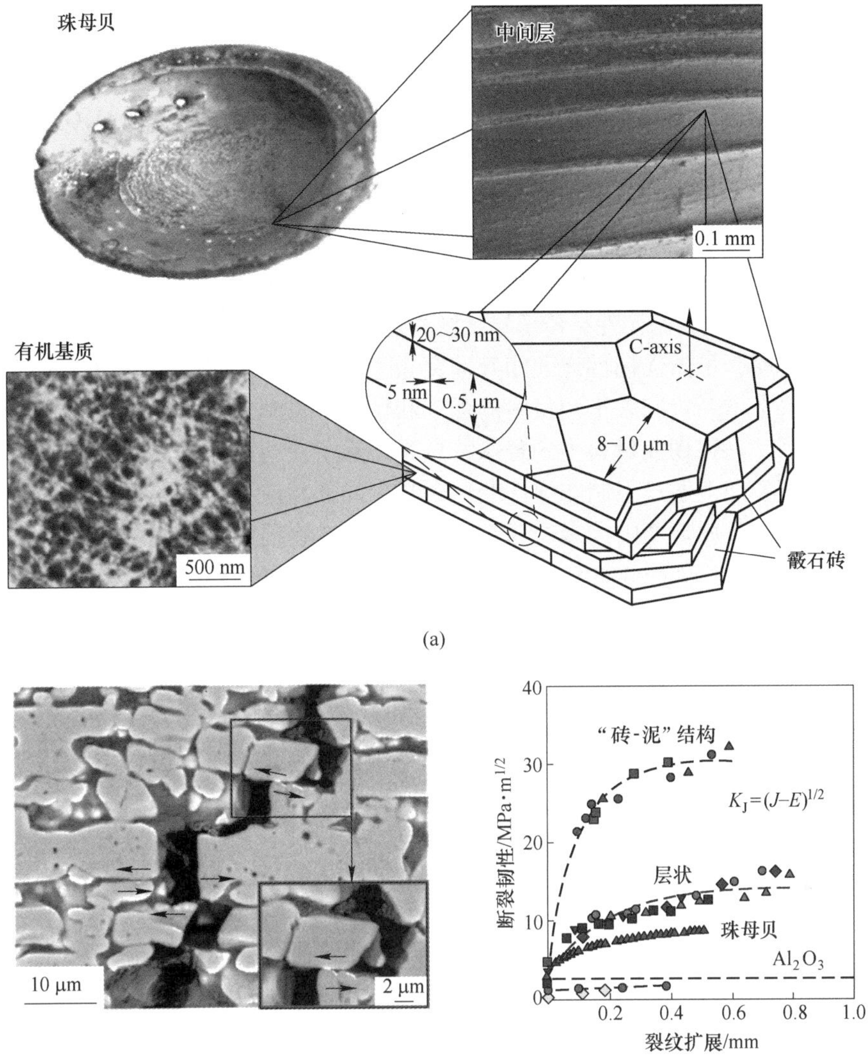

(a)

(b) (c)

图 7-6 珠母贝的结构及受珠母贝启发获得的复合材料

（a）珠母贝的自然结构[33]；（b）受珠母贝启发的“砖-泥”结构 Al_2O_3/PMMA 陶瓷/高分子聚合物复合材料微观组织；（c）不同结构复合材料的韧性

彩图

的蛋白层厚度约为 30 nm。碳酸钙层可以增加贝壳强度，但是由于其本身的脆性特性，如果这些碳酸钙层之间没有缓冲，而是直接连接在一起，可以想象因为没有缓解局部应力的机制，贝壳的韧性将非常低。由于每层碳酸钙间增加了蛋白质，它像润滑剂一样允许形变时的位移，因此保证了贝壳的韧性[39]。外力作用下，贝壳形变产生的塑性变形往往发生在较小的亚微米尺度上，类似于金属中位错伯氏矢量的尺度；而外在断裂的过程则发生在更大的微米尺度上。因此变形过程中蛋白层的位移量必须在微米以下（<1 μm）才能保证贝壳不断裂，而这一效果是通过矿物层的表面粗糙化以提供摩擦阻力来实现的。在裂纹扩展过程中，内在和外在的增韧机制在不同的尺度上同时起作用：（1）在纳米尺度上，即胶原分子和矿化胶原纤丝尺度上，内在的塑性增韧机制是通过分子的伸展和分子间的滑移

机制起作用；(2) 在微米尺度上，即骨纤丝阵列尺度上，微裂纹和纤丝滑移起到了内在塑性增韧机制；(3) 在最大尺度上，即数十到数百个微米的范围，主要是外在的增韧机制，作用机理是大量的微裂纹遇到骨单位后转向和扭转并且未断裂的韧带也起到桥联裂纹的作用。受贝壳结构启发，科研工作者人工合成了类似“砖-泥”结构 Al_2O_3/PMMA 陶瓷/高分子聚合物复合材。从图 7-6 (b) 可以看出，一部分 Al_2O_3 “砖块”有拔出现象（中间红色箭头指示），并且沿 PMMA 聚合物粘接层表面发生了摩擦滑移（蓝色方框中红色箭头指向滑移方向）。从图 7-6 (c) 的力学性能看出，具有“砖-泥”结构的 Al_2O_3/PMMA 复合材料在同类材料中具有极高的韧性，尤其是和同类型的层状结构 Al_2O_3/PMMA 复合材料相比，“砖-泥”结构的韧性是传统层状结构复合材料的两倍左右 (30 MPa · $m^{1/2}$)[40]。

以上例子说明，虽然强韧性之间相互冲突是个事实，但是仍然可以通过多种方法在不同尺度上采用多个增韧机制来平衡材料的强度和韧性，得到兼具强度和韧性的高性能新型材料。总结起来，高强韧性材料中的普遍特点是：除了在纳微结构上引入脆硬相以提供足够的强度外，还要加上通过限制非弹性变形来减少局部高应力从而获得内在韧性，比如金属中的塑性位错，金属玻璃中的多剪切带，贝壳中的矿物层滑移；以及在更大尺度上进一步加上外在增韧机制，如裂纹的转向和桥联。这些增韧机制使得裂纹萌生初始以后，不出现失稳扩展。内在的塑性贡献了裂纹的初始韧性，外在的机制贡献了裂纹的扩展韧性，这些都是既强又韧材料的重要特点。但是，如上述所言，这些研究仍然是从平衡材料强度和韧性方向着手，并采取的一系列策略，并没有真正解决材料的强韧矛盾。强度和韧性的矛盾依然存在，解决该矛盾依然是提高材料服役寿命的重要前提，也是材料科学发展的重要方向。

7.3　原子尺度材料强韧矛盾本质

材料的微观结构决定了材料的宏观物性及其功能，而材料的微观结构是由组成原子之间空间排列的晶体结构所决定。从材料的本质出发，在经典力学范畴内，材料的强度可以由原子之间的结合力表示，当施加的应力足以克服原子间的连接时，材料发生断裂。原子和原子间的连接由原子间的吸引力提供，如图 7-7 所示，当原子处于平衡位置时吸引力和排斥力相等，势能最小；如果此时添加一个拉伸应力增大原子间距离，使原子远离平衡位置，只有当添加的拉伸应力超过原子的结合力，原子才能彻底分开。结合能 (bond energy) 可以表示为：

$$E_b = \int_{x_0}^{\infty} P\mathrm{d}x \tag{7-2}$$

式中，x_0为原始平衡距离，m；P 为施加载荷，N。

将施加载荷力和位移的关系简化为正弦波周期的一半可以估算原子的结合强度：

$$P = P_c \sin\left(\frac{\pi x}{\lambda}\right) \tag{7-3}$$

由前文假设可知，在小位移下可以认为力和位移的关系是线性的，即：

$$P = P_c\left(\frac{\pi x}{\lambda}\right) \tag{7-4}$$

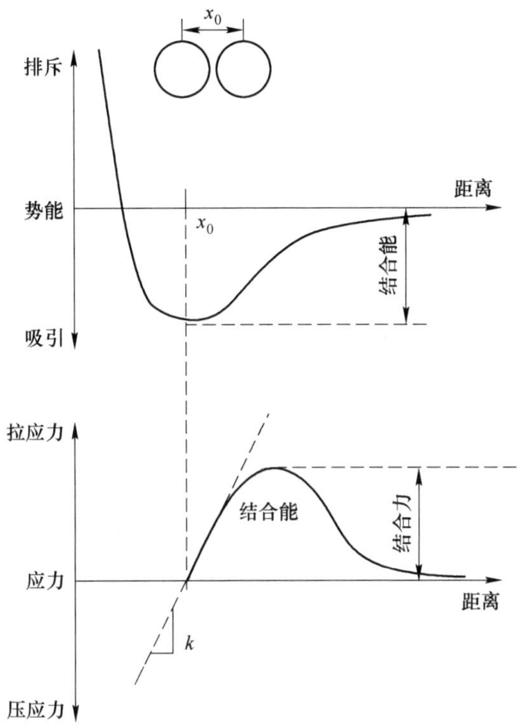

图 7-7　原子距离与势能及应力的关系

于是，弹性系数（即结合刚度）可以由下式表示：

$$k = P_c\left(\frac{\pi}{\lambda}\right) \tag{7-5}$$

将式（7-4）两边同时乘以单位面积的结合键数目和原子间平衡间距 x_0，分别将结合刚度 k 转换为杨氏模量 E，将载荷 P_c转换为结合力 σ_c：

$$\sigma_c = \frac{E\lambda}{\pi x_0} \tag{7-6}$$

如果假设 λ 和原子间距 x_0相等，则式（7-5）进一步简化：

$$\sigma_c \approx \frac{E}{\pi} \tag{7-7}$$

那么，表面能可由下式进行估算：

$$\gamma_s = \frac{1}{2}\int_0^{\lambda}\sigma_c \sin\left(\frac{\pi x}{\lambda}\right)\mathrm{d}x = \sigma_c\,\frac{\lambda}{\pi} \tag{7-8}$$

因为断裂会产生两个表面，所以单位面积的表面能 γ_s等于断裂能的 1/2，将式（7-6）代入式（7-8）可以得出材料的理论强度 σ_c：

$$\sigma_c = \sqrt{\frac{E\,\gamma_s}{x_0}} \tag{7-9}$$

需要注意的是此处理论强度 σ_c是从原子角度推导出的，该强度和材料的杨氏模量 E 是一个数量级，但实际材料的强度会远远小于这个数量。但通过式（7-9）可以讨论材料强度改变的内在本质：原子间结合力和原子间距离成反相关，当原子间距离增大时，结合力会降低，那么需要将原子分离开的拉伸应力则降低，表现为材料强度降低。

同样的，接下来我们从原子角度探究材料的韧性特征。金属材料的韧性可以表现为剪切力作用下一层原子从其平衡位置移动的能力：原子层越容易从平衡位置移动，则韧性越好；反之当两层原子不容易发生相对位移时，韧性越差。Nabarro 和 Peierls 在 20 世纪 40 年代对晶格移动阻力首次进行了计算。因此该理论剪切力也被称作 Peierls 或 Peierls-Nabarro 力。如图 7-8（a）所示，假设原子面 A 和 B 通过简单的正弦波相互作用，水平方向上的剪切力 τ 可以表示为：

$$\tau = \frac{Gb}{2\pi a}\sin\frac{2\pi x}{b} \tag{7-10}$$

式中，G 为剪切模量，Pa；b 为滑移方向上的原子间距离，m；a 为 A、B 原子面间距，m；x 为原子面偏离平衡位置的距离，m。

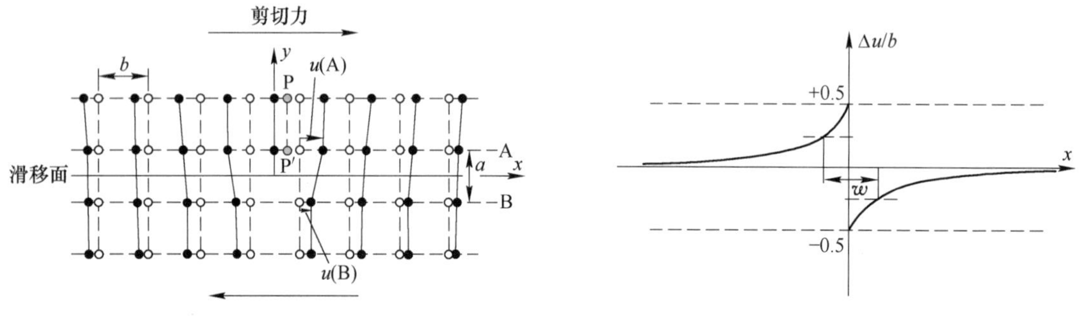

图 7-8　原文移动示意图和位错滑移面距离

（a）剪切力作用下原子移动示意图（空心圆和实心圆代表额外半平面产生前后的原子位置）；

（b）图（a）中位错沿滑移面移动的距离 Δu（其中滑移面的核心宽度为 w）

当 A、B 两个原子面从平衡位置移动一定距离到 PP' 时会产生错配度 $\Delta u = u(B) - u(A)$。此时因为 A、B 面上的原子不再处于平衡状态，错配能（disregistry energy）增加，据此可以计算单位长度上原子移动所需的能量（又称 Peierls 能）：

$$E_p = \frac{Gb^2}{\pi(1-\vartheta)}\exp\left(\frac{-2\pi x_0}{(1-\vartheta)b}\right) \tag{7-11}$$

根据式（7-11），单位长度下移动原子所需的临界剪切力（Peierls 力）应是周期性能量函数的最大斜率，即：

$$\tau_p = \frac{2\pi}{b2}E_p = \frac{2G}{1-\vartheta}\exp\left[\frac{-2\pi x_0}{(1-\vartheta)b}\right] \tag{7-12}$$

同样的，式（7-12）为在原子范畴内推导得出，因此可以发现延展性和原子层间距离的内在关系：当原子层 A 和 B 之间的距离增大，临界剪切力 τ_p 减小，说明原子离开平衡位置所需的剪切力变小，原子层间更易滑动，因此延展性变好。

根据上述分析绘制了原子间距离和材料理论强度和延展性的关系图，如图 7-9 所示。造成上述强度和韧性矛盾问题的根源是经典力学中，微米和亚微米级的研究对象间仅考虑原子-原子相互作用，在金属材料中表现为金属键对力学性能的影响。金属键间的距离越大，金属键越容易断裂，材料的强度就越低。另外，延展性是由材料的剪切强度表示的，一层原子越容易从其平衡位置移动，材料的延展性就越好。根据 Peierls-Nabarro 模型，滑移通常发生在原子间隔最宽的平面上，平面核心变宽往往产生较低的剪切强度，展现出优异的延展性。综上所述，在原子尺度上一定存在着无法解决的强度和韧性间的矛盾。为此我们提出一个假想：当在原子尺度无法解决强韧矛盾时，必须突破原子尺度，在电子尺度寻找可以解决上述问题的方法。而哥本哈根诠释认为，如果物体间的尺寸减小到纳米级，就会产生电子-电子相互作用[41]。在金属材料中可以表现为析出相尺寸为纳米级，并且他们的间距也在纳米级。为弄清这种微观组织结构特性能产生的强韧化效应，需要从理论和实验两个层面开展系统研究。

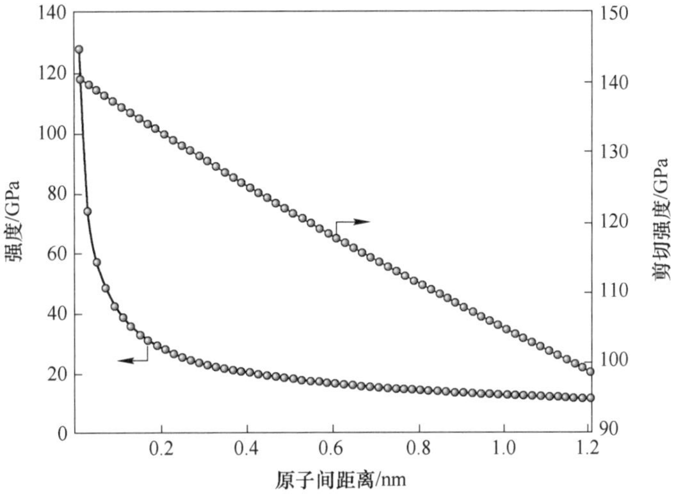

图 7-9 经典力学范畴下，材料强度和韧性与原子间距离的关系

参 考 文 献

[1] YANG T, ZHAO Y L, TONG Y, et al. Multicomponent intermetallic nanoparticles and superb mechanical behaviors of complex alloys [J]. Science, 2018, 362 (6417): 933-937.

[2] JIANG S, WANG H, WU Y, et al. Ultrastrong steel via minimal lattice misfit and high-density nanoprecipitation [J]. Nature, 2017, 544 (7651): 460-464.

[3] CHENG Z, ZHOU H F, LU Q H, et al. Extra strengthening and work hardening in gradient nanotwinned metals [J]. Science, 2018, 362 (6414): 1925.

[4] GAO J H, JIANG S H, ZHANG H R, et al. Facile route to bulk ultrafine-grain steels for high strength and ductility [J]. Nature, 2021, 590: 262-267.

[5] WANG L, DING J, CHEN S S, et al. Tailoring planar slip to achieve pure metal-like ductility in body-centred-cubic multi-principal element alloys [J]. Nature Materials, 2023, 22: 950-957.

[6] DING Q Q, ZHANG Y, CHEN X, et al. Tuning element distribution, structure and properties by composition in high-entropy alloys [J]. Nature, 2019, 574 (7777): 223-227.

[7] HE B, HU B, YEN H W, et al. High dislocation density-induced large ductility in deformed and partitioned steels [J]. Science, 2017, 357: 1029-1032.

[8] WU G, CHAN K C, ZHU L L, et al. Dual-phase nanostructuring as a route to high-strength magnesium alloys [J]. Nature, 2017, 545 (7652): 80-83.

[9] LU L, SHEN Y, CHEN X, et al. Ultrahigh strength and high electrical conductivity in copper [J]. Science, 2004, 304 (5669): 422-426.

[10] WANG Y, CHEN M, ZHOU F, et al. High tensile ductility in a nanostructured metal [J]. Nature, 2002, 419 (6910): 912-915.

[11] HUANG X, KAMIKAWAN, HANSEN N. Increasing the ductility of nanostructured Al and Fe by deformation [J]. Materials Science and Engineering: A, 2008, 493 (1/2): 184-189.

[12] PURCEK G, SARAY O, KARAMAN I, et al. High strength and high ductility of ultrafine-grained, interstitial-free steel produced by ECAE and annealing [J]. Metallurgical and Materials Transactions A, 2012, 43 (6): 1884-1894.

[13] YIN W M, WHANG S H, MIRSHAMS R A. Effect of interstitials on tensile strength and creep in nanostructured Ni [J]. Acta Materialia, 2005, 53 (2): 383-392.

[14] CHENG Z, ZHOU H, LU Q, et al. Extra strengthening and work hardening in gradient nanotwinned metals [J]. Science, 2018, 362 (6414): 1925.

[15] YOUSSEF K M, SCATTERGOOD R O, MURTY K L, et al. Ultrahigh strength and high ductility of bulk nanocrystalline copper [J]. Applied Physics Letters, 2005, 87 (9): 091904.

[16] OKSIUTA Z, OLIER P, DE CARLAN Y, Baluc N. Development and characterisation of a new ODS ferritic steel for fusion reactor application [J]. Journal of Nuclear Materials, 2009, 393 (1): 114-119.

[17] WU Y, ZHAO H, LI J, et al. Effects of Y4Zr3O12 addition on the microstructure and mechanical properties of Fe-15Cr-2W-0. 35Ti ODS steels [J]. Materials Science and Engineering: A, 2021, 804: 140734.

[18] ZHANG L, YU L, LiU Y, et al. Influence of Zr addition on the microstructures and mechanical properties of 14Cr ODS steels [J]. Materials Science and Engineering: A, 2017, 695: 66-73.

[19] FANG T H, LI W L, TAO N R, et al. Revealing Extraordinary Intrinsic Tensile Plasticity in Gradient Nano-Grained Copper [J]. Science, 2011, 331 (6024): 1587-1590.

[20] WU X, JIANG P, CHEN L, et al. Extraordinary strain hardening by gradient structure [J]. Proceedings of the National Academy of Sciences, 2014, 111 (20): 7197-7201.

[21] TAKATA N, OHTAKE Y, KITA K, et al. Increasing the ductility of ultrafine-grained copper alloy by introducing fine precipitates [J]. Scripta Materialia, 2009, 60 (7): 590-593.

[22] RAABE D, PONGE D, DMITRIEVA O, et al. Nanoprecipitate-hardened 1. 5GPa steels with unexpected high ductility [J]. Scripta Materialia, 2009, 60 (12): 1141-1144.

[23] JIAO Z B, LUAN J H, MILLER M K, et al. Precipitation mechanism and mechanical properties of an ultra-high strength steel hardened by nanoscale NiAl and Cu particles [J]. Acta Materialia, 2015, 97: 58-67.

[24] TAKAKI S, KAWASAKI K, KIMURA Y. Mechanical properties of ultra® ne grained steels [J]. Journal of Materials Processing Technology, 2001: 5.

[25] SHIN D H, PARK K T. Ultrafine grained steels processed by equal channel angular pressing [J]. Materials Science and Engineering: A, 2005, 410-411: 299-302.

[26] TSUJI N, ITO Y, SAITO Y, et al. Strength and ductility of ultrafine grained aluminum and iron produced by ARB and annealing [J]. Scripta Materialia, 2002, 47 (12): 893-899.

[27] SCHAEUBLIN R, LEGUEY T, SPÄTIG P, et al. Microstructure and mechanical properties of two ODS ferritic/martensitic steels [J]. Journal of Nuclear Materials, 2002, 307-311: 778-782.

[28] HAN G, XIE Z J, XIONG L, et al. Evolution of nano-size precipitation and mechanical properties in a high strength-ductility low alloy steel through intercritical treatment [J]. Materials Science and Engineering: A, 2017, 705: 89-97.

[29] LEE S H, UTSUNOMIYA H, SAKAI T. Microstructures and mechanical properties of ultra low carbon interstitial free steel severely deformed by a multi-stack accumulative roll bonding process [J]. MATERIALS TRANSACTIONS, 2004, 45 (7): 2177-2181.

[30] ZHAO Y, TOPPING T, BINGERT J F, et al. High tensile ductility and strength in bulk nanostructured nickel [J]. Advanced Materials, 2008, 20 (16): 3028-3033.

[31] KRASILNIKOV N, LOJKOWSKI W, PAKIELA Z, et al. Tensile strength and ductility of ultra-fine-grained nickel processed by severe plastic deformation [J]. Materials Science and Engineering: A, 2005, 397 (1): 330-337.

[32] YU C Y, KAO P W, CHANG C P. Transition of tensile deformation behaviors in ultrafine-grained aluminum [J]. Acta Materialia, 2005, 53 (15): 4019-4028.

[33] LIDDICOAT P V, LIAO X Z, ZHAO Y, et al. Nanostructural hierarchy increases the strength of aluminium alloys [J]. Nature Communications, 2010, 1 (1): 63.

[34] KAMIKAWA N, HUANG X, TSUJI N, et al. Strengthening mechanisms in nanostructured high-purity aluminium deformed to high strain and annealed [J]. Acta Materialia, 2009, 57 (14): 4198-4208.

[35] HAYES J S, KEYTE R, PRANGNELL P B. Effect of grain size on tensile behaviour of a submicron grained Al-3 %Mg alloy produced by severe deformation [J]. Materials Science and Technology, 2000, 16 (11/12): 1259-1263.

[36] NIJS O, HOLMEDAL B, FRIIS J, et al. Sub-structure strengthening and work hardening of an ultra-fine grained aluminium-magnesium alloy [J]. Materials Science and Engineering: A, 2008, 483-484: 51-53.

[37] MA K, HU T, YANG H. Coupling of dislocations and precipitates: Impact on the mechanical behavior of ultrafine grained Al-Zn-Mg alloys [J]. Acta Materialia, 2016, 103: 153-164.

[38] HOFMANN D C. Designing Bulk Metallic Glass Matr ix Composites with High Toughness and Tensile Ductility [J]. Nature, 2008, 451: 1085-1090.

[39] MEYERS M A, LIN A Y M, CHEN P Y, et al. Mechanical strength of abalone nacre: Role of the soft organic layer [J]. Journal of the Mechanical Behavior of Biomedical Materials, 2008, 1 (1): 76-85.

[40] MUNCH E, LAUNEY M E, ALSEM D H, et al. Tough, Bio-Inspired Hybrid Materials [J]. Science, 2008, 322 (5907): 1516-1520.

[41] HANSON N R. Copenhagen interpretation of quantum theory [J]. American Journal of Physics, 1959, 27 (1): 1-15.

8　金属量子材料的理论设计

8.1　概　　述

在传统尺寸条件下的金属材料中，强度和塑性存在固有矛盾。传统尺寸条件下的金属材料的强度和塑性一般通过位错得到改善。然而，位错的存在依然难以同时提升传统尺寸条件下的金属材料的强度和塑性。既然传统尺寸条件下的金属材料的强度和塑性难以同时得到改善，是否能够在金属材料中引入具有量子效应尺寸的缺陷（如纳米团簇等）来同时提升金属材料的强度和塑性。本章通过第一性原理方法来设计具备量子效应尺寸的金属材料。该金属材料的强度和塑性能够得到同时提升。首先借助经典条件下的分子动力学模拟方法，证实了晶粒和第二相处于经典尺寸条件下的 Cu 合金的强度和塑性存在相互矛盾的现象。然后，通过基于密度泛函理论的第一性原理计算方法，评估了尺寸处于 10^{-10} ~ 10^{-9} m 的单晶 Cu 的强度和塑性，证实了 10^{-10} ~ 10^{-9} m 尺寸条件下的单晶 Cu 尺寸越小，强度和塑性同时增加的特征越明显。此外，在量子尺寸范围内，通过基于密度泛函理论的第一性原理计算来设计同时具备高强度和高塑性的金属量子材料 Al 合金和 Cu 合金。

8.2　传统金属材料强度和塑性矛盾的经典分子动力学模拟

8.2.1　经典分子动力学模拟的基本原理

经典的分子动力学模拟是通过使用牛顿力学来描述原子的运动。经典的分子动力学模拟避开了极为耗时的量子力学计算部分。计算获得原子受力后即可求解牛顿运动方程。通过求解体系的总势能对原子坐标的偏微分来获得原子的受力。原子受力的求解方程如下式所示：

$$\boldsymbol{f}_j = -\partial U(\{\boldsymbol{r}_i\})/\partial \boldsymbol{r}_j \tag{8-1}$$

式中，U 为体系的总势能，是体系所有原子坐标 $\{\boldsymbol{r}_i\}$ 的函数。

总势能的表达式如下式所示：

$$U(\{\boldsymbol{r}_i\}) = \sum_i U_1(\boldsymbol{r}_i) + \sum_i \sum_{j>i} U_2(\boldsymbol{r}_i, \boldsymbol{r}_j) + \sum_i \sum_{j>i} \sum_{k>j} U_3(\boldsymbol{r}_i, \boldsymbol{r}_j, \boldsymbol{r}_k) + \cdots \tag{8-2}$$

式中，右边第一项、第二项和第三项分别表示单体势、二体势和三体势。其中单体势表示单个原子在外场（重力场等）中的势能，与材料的本身性质无关。二体势和三体势主要描述原子之间的相互作用，与材料本身的性质相关。下面讨论二体势和多体势。

8.2.2　原子势函数

8.2.2.1　LJ 二体势

对于稀有气体，由于最外层电子已经被占满，导致原子之间一般不存在化学键。因此稀有气体体系中的原子之间的相互作用依靠远程吸引及其近程排斥而获得，其中最典型的是 LJ 势（Lennard-Jones potential）[1]，其表达式如下式所示：

$$\phi(r) = 4\varepsilon\left[\left(\frac{\sigma}{r}\right)^{12} - \left(\frac{\sigma}{r}\right)^{6}\right] \tag{8-3}$$

式中，ε 为能量尺度，是位能阱的深度；σ 为长度尺度，是有限距离内粒子间的位能为零时的间距；ε 和 σ 为参量，可通过拟合实验值获得；r 为原子对间距。

LJ 势的原子对间距与势能的关系如图 8-1 所示。由图 8-1 可知，当两原子距离较近时将产生排斥作用，而当两原子距离较远时产生吸引作用。

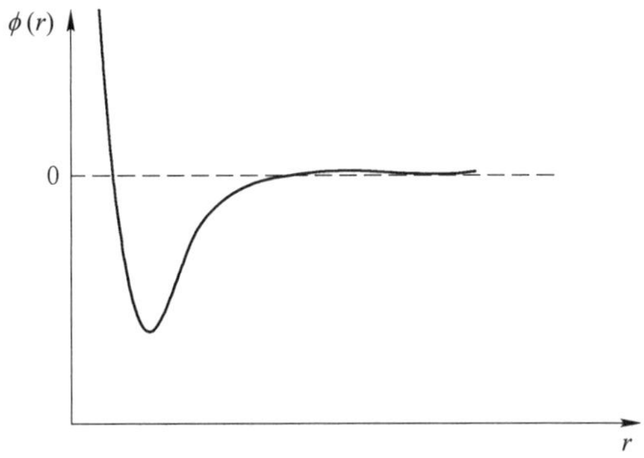

图 8-1　LJ 势的原子对间距与势能的关系示意图[1]

上述讨论的 LJ 势通常只对描述稀有气体体系产生相对精确的结果。然而，对于金属体系模型，如果仅仅考虑 LJ 势，将不能精确描述含缺陷或表面的体系。将金属体系视作每个原子身处电子海中，每个原子所在位置的电子密度来自很多原子的贡献，即自由电子气模型。因此在 LJ 势基础上引入多体势相关项来描述金属体系中的多体效应。

8.2.2.2　嵌入原子势（EAM）

从金属的自由电子气模型出发，Daw 和 Baskes 在经典分子动力学势能项中引入了背景电子密度与原子的相互作用项来描述自由电子导致的多体效应[2-4]。在金属体系中，背景电子密度与原子相互作用项的引入可以用来描述金属电子云显示出的非方向性和弥散性。体系中某一点的电子密度就是所有原子在这一点的电子密度之和，从整个体系来看就构成了一个电子密度的背景，原子与这些电子之间的相互作用就相当于把原子嵌入背景中，由此得到嵌入原子势。嵌入原子势（EAM）为多体势和二体势之和，其表达式如下式所示：

$$E_{\text{tot}} = F_{\alpha}\sum_{j\neq i}(\rho_{\beta}(r_{ij})) + \frac{1}{2}\sum_{j\neq i}\phi_{\alpha\beta}(r_{ij}) \tag{8-4}$$

式中，E_{tot}为体系总能量；$F_{\alpha}\sum_{j\neq i}(\rho_{\beta}(r_{ij}))$ 为与多体势相关的表达式；α 和 β 分别表示两种不同的原子类型；i 和 j 表示原子序号；F_{α} 为其他原子 j 在原子 i 处贡献的电子密度之和与原子 i 作用而产生的势能，取决于 i 的原子类型 α 和 i 处的电子密度；ρ_{β} 为原子 j 向原子 i 提供的电子密度，是 j 的原子类型 β 和原子间距 r_{ij}的函数，与方向无关，这体现了金属键各向同性的特征，而不是像共价键那样具有显著的方向性；$\frac{1}{2}\sum_{j\neq i}\phi_{\alpha\beta}(r_{ij})$ 为与二体势相关的表达式，是原子类型 α 和 β 以及原子间距 r_{ij} 的函数，与两种原子之间的排斥和吸引相关的势函数。

本章在计算纯铜及其铜铁合金时使用的原子势为嵌入原子势（EAM）。

8.2.3　经典分子动力学模拟的基本流程

使用经典分子动力学方法进行模拟，通常需要进行 4 个步骤。因而算例也包含以下 4 个部分：

（1）建立模型。根据要研究的问题来建立不同的模型，并且选取合适的势函数来进行模拟。确定体系大小和原子类型。可以通过已经建立好的模型文件来建立模型。

（2）确定初始条件。建立好模型之后，标定好每个原子的初始速度和位置等，并选取合适的时间步长。选择初始条件尽量与初始模型的结构相近，减少平衡体系的时间。

（3）平衡体系。初始条件设定好之后，体系会在一定时间内弛豫达到平衡，在体系平衡后进行进一步的物理量的计算。

（4）计算物理量。根据模拟计算的实际需要来设定不同的计算，从而得到与体系相关的物理量。

8.2.4　经典分子动力学模拟条件

LAMMPS 被用于分子动力学模拟[5]。Fe 原子和 Cu 原子之间的相互作用由嵌入原子势（EAM）来描述[6]。嵌入原子势（EAM）已经被广泛用于预测铜合金、铁合金和铜铁合金的物理性能[7]。周期边界条件被设置沿 x、y 和 z 方向。300 K 温度条件下的 NPT 系综被用于弛豫。模拟时间步长被设置为 1 fs。为了释放应力，模拟盒子被完全驰豫，驰豫时间为 100 ps。应变率被设置为 $1\times10^{10}\ s^{-1}$。

8.2.5　晶粒尺寸对强度和塑性影响的经典分子动力学模拟

针对晶粒和第二相尺度处于传统条件下，金属材料的强度和塑性的矛盾问题，首先通过经典力学的分子动力学模拟方法验证金属 Cu 随着晶粒尺寸的增大，强度增大而塑性减小的现象。此外，通过分子动力学模拟方法验证金属 Cu 随着第二相尺度的增大，强度增大而塑性减小的现象。然而，通过量子力学的第一性原理计算方法验证，当晶粒的尺度达到具有量子效应水平时，随着晶粒尺度的减小，纯 Cu 的强度和塑性同时得到提升。图 8-2（a）~（c）分别表示建立的包含 3 个、4 个和 5 个随机取向晶粒的多晶 Cu 模拟盒子。使用该模拟盒子进行经典分子动力学模拟，获得的拉伸应力应变曲线如图 8-3 所示。图 8-3显示了经典分子动力学模拟拉伸获得的包含 3 个、4 个和 8 个随机取向晶粒的多晶 Cu 的应力应变曲线。从图 8-3 中可以观察到随着晶粒数量的增加，多晶 Cu 的强度增加，然而塑性的增加变得艰难。

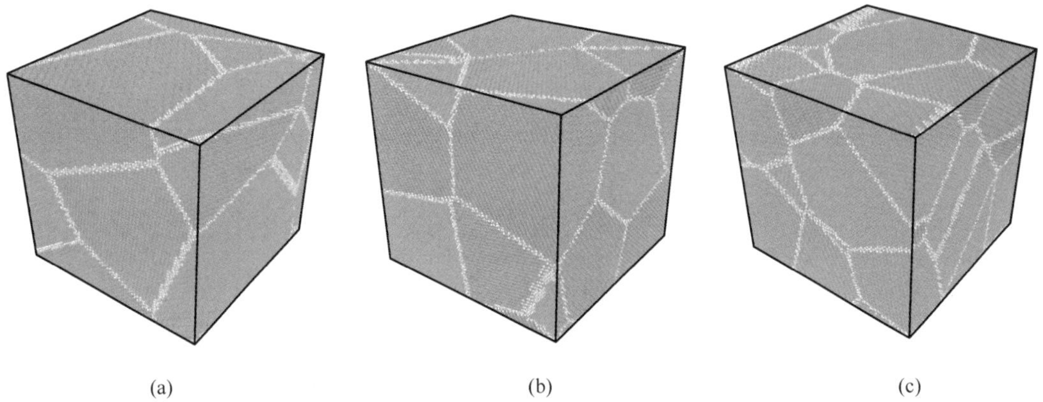

图 8-2 用于经典分子动力学模拟的多晶 Cu 盒子

(a) 3 个随机取向晶粒；(b) 4 个随机取向晶粒；(c) 8 个随机取向晶粒

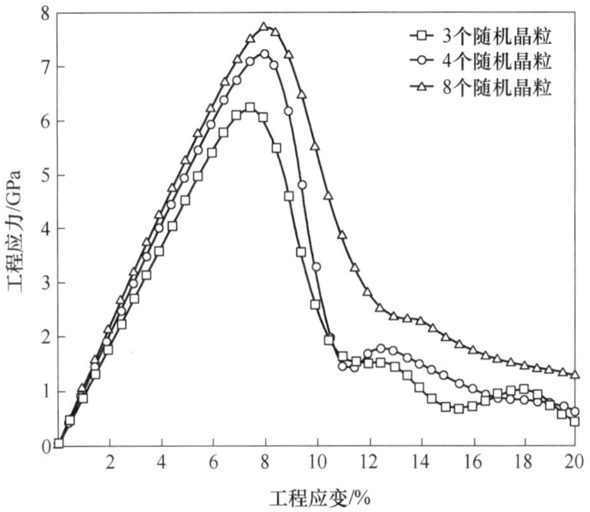

图 8-3 经典分子动力学模拟拉伸获得的包含 3、4 和 8 个随机取向晶粒的多晶铜的应力应变曲线

8.2.6 第二相尺寸对强度和塑性影响的经典分子动力学模拟

为了证实处于经典尺寸条件下的第二相不能同时增加 Cu 合金的强度和塑性，建立包含不同尺寸的第二相面心立方铁 FCC-Fe 盒子来进行经典分子动力学模拟。经典分子动力学模拟拉伸获得的嵌入尺寸分别为 2.41 nm、2.76 nm 和 3.45 nm 的纳米团簇 fcc-Fe 的纯 Cu 的应力应变曲线如图 8-4 所示。从图 8-4 中可以观察到，随着 Cu 合金中嵌入的第二相尺寸的增大，Cu 合金的强度增大，然而塑性产生减小的趋势。该结果表明传统尺寸条件下的第二相能提升 Cu 合金的强度，然而产生了塑性方面的损失。进一步说明传统尺寸下的第二相不能同时提升 Cu 合金的强度和塑性。

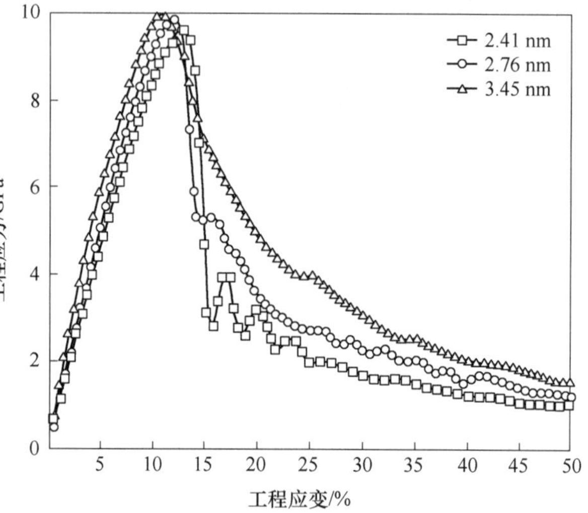

图 8-4 经典分子动力学模拟拉伸获得的嵌入尺寸分别为 2. 41 nm、2. 76 nm 和 3. 45 nm 的纳米团簇 fcc-Fe 的纯 Cu 的应力应变曲线

8. 2. 7 经典尺寸条件下金属材料不存在量子效应的证实

为了证实经典尺寸下的金属材料不存在量子效应，建立了不同尺寸的单晶纯 Cu 盒子来进行经典分子动力学模拟。建立的尺寸分别为 7. 3 nm×7. 3 nm×14. 5 nm，14. 5 nm×14. 5 nm×21. 8 nm和 21. 8 nm×21. 8 nm×29. 0 nm 的单晶 Cu 盒子如图 8-5（a）所示。

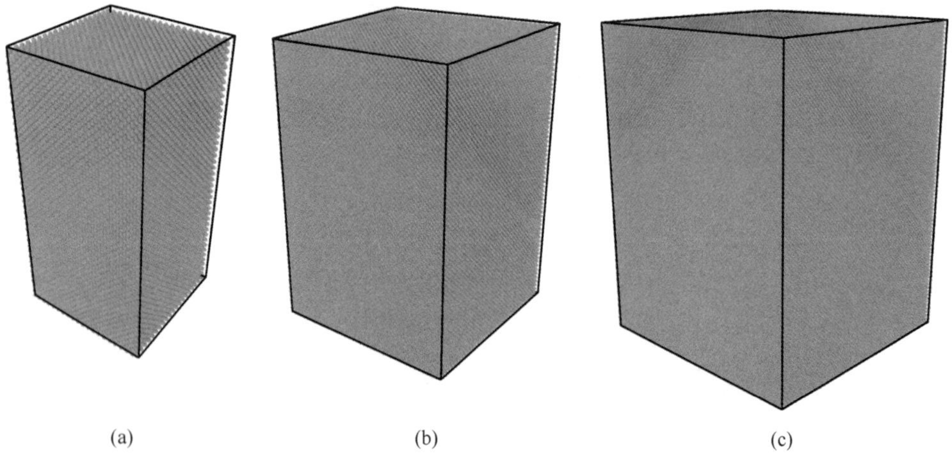

图 8-5 不同尺寸的单晶 Cu 盒子

（a）尺寸为 7. 3 nm×7. 3 nm×14. 5 nm；（b）尺寸为 14. 5 nm×14. 5 nm×21. 8 nm；（c）尺寸为 21. 8 nm×21. 8 nm×29. 0 nm

使用图 8-5（a）~（c）进行经典分子动力学拉伸模拟获得的应力应变图如图 8-6 所示。从图 8-6 中可以观察到，随着单晶 Cu 尺寸的变化，单晶 Cu 的强度和塑性几乎没有发生变化。该结果证实在处于经典尺寸下的单晶 Cu 中不存在量子效应。

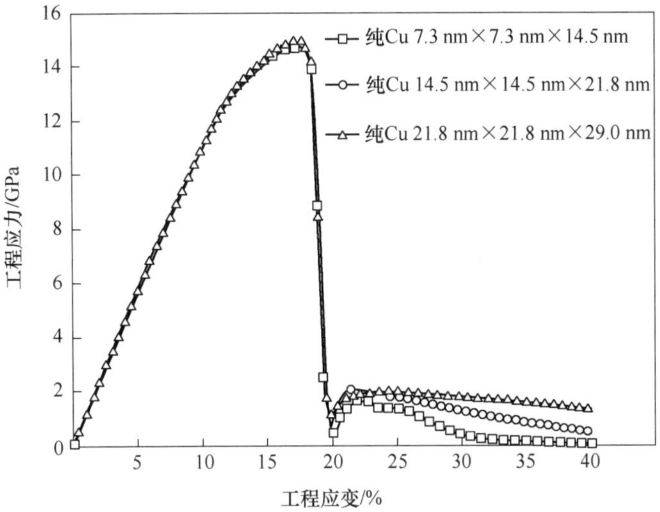

图 8-6 分子动力学模拟获得的盒子尺寸分别为 7.3 nm×7.3 nm×14.5 nm，14.5 nm×14.5 nm×21.8 nm 和 21.8 nm×21.8 nm×29.0 nm 的单晶 Cu 的应力应变曲线

8.3 金属量子材料中量子效应的证实

近年来，随着计算机技术高速发展，计算机技术在材料设计中的应用凸显。以第一性原理计算（First-principles Calculation）为主的材料设计方法已经被广泛发展。第一性原理计算方法（也被称为从头计算方法（ab-initio method））不需要借助任何经验或者半经验方法也不需要借助实验数据，只需要借助基本的物理常数和原子质量来通过量子力学理论求解薛定谔波动方程进而确定电子行为，并最终获得材料在微观状态下的性质[8]。因此，当金属材料的尺寸处于量子效应范围内时，基于密度泛函理论的第一性原理计算方法能够被使用来评估金属材料的强度和塑性。对于材料而言，一般体系均属于多粒子（多原子和多电子）体系，使得求解多粒子体系的薛定谔波动方程几乎不可能完成。因此需要根据量子理论给出合理的近似方程来求解薛定谔波动方程。目前，科学家已经开发了几种方法来近视并求解薛定谔方程。分别通过波恩-奥本海默绝热近似（Born-Oppenheimer Approximation）[9]和哈特里-福克近似（Hartree-Fock approximation）进一步提出了密度泛函理论[10]，并最终将求解多粒子的薛定谔方程近似为求解与电子密度相关的 Kohn-Sham 方程[11]，使得求解多粒子材料体系的薛定谔方程成为可能。基于密度泛函理论（DFT）的第一性原理计算方法是发展较为完善和运用较多的第一性原理计算方法[12]。

8.3.1 多粒子体系的薛定谔方程

材料属于多粒子体系，从微观结构考虑，材料是由大量原子核及其原子核外电子组成的。在材料中的原子核和核外电子的行为决定固体材料内部的物理与化学过程进而决定材料性质。从理论上来说，只要给定固体材料的化学组分，就可以通过量子理论来求解这些固体体系的薛定谔波动方程，从而获得固体材料的各种性质。为了描述体系微观粒子的状态，在 1926 年奥地利理论物理学家埃尔温·薛定谔提出了一种描述体系微观粒子状态的量子力学波动方程。在单粒子系统中，描述该体系的含时间的薛定谔方程的形式如下式所示：

$$i\hbar \frac{\partial}{\partial t}\psi(\boldsymbol{R},\ \boldsymbol{r},\ t) = \hat{H}\psi(\boldsymbol{R},\ \boldsymbol{r},\ t) \tag{8-5}$$

式中，$\psi(\boldsymbol{R},\ \boldsymbol{r},\ t)$ 表示体系波函数，可以看出体系波函数与时间和粒子空间位置相关；i 表示虚数；$\boldsymbol{R}$ 和 $\boldsymbol{r}$ 分别表示体系在三维空间中的原子坐标和电子坐标信息；$\hat{H}$ 表示哈密顿算符（Hamiltonian operator）；t 表示时间；$\hbar$ 为约化的普朗克常数。

将式（8-5）中的哈密顿算符写为与动能和势能相关的表达式，则含时间的薛定谔方程的形式转化为如下式所示：

$$i\hbar \frac{\partial}{\partial t}\psi(\boldsymbol{R},\ \boldsymbol{r},\ t) = \left(-\frac{\hbar^2}{2m}\nabla^2 + V(\boldsymbol{r})\right)\psi(\boldsymbol{R},\ \boldsymbol{r},\ t) \tag{8-6}$$

式中，∇^2 表示粒子的拉普拉斯算符；$-\frac{\hbar^2}{2m}\nabla^2$ 为动能项；$V(\boldsymbol{r})$ 为势能项。

从式（8-6）中可以看出，势能 $V(\boldsymbol{r})$ 与时间 t 无关，而波函数 $\psi(\boldsymbol{R},\ \boldsymbol{r},\ t)$ 与时间和粒子的空间位置相关。因为势能 $V(\boldsymbol{r})$ 与时间 t 无关，表达式（8-6）的含时间的薛定谔方程可以通过分离变量法来进行求解，引入只与时间相关的函数 $f(t)$，则与时间和空间位置相关的波函数的表达式可以写成 $\psi(\boldsymbol{R},\ \boldsymbol{r},\ t) = f(t)\psi(\boldsymbol{R},\ \boldsymbol{r})$。函数 $f(t)$ 只与时间相关，另一个函数 $\psi(\boldsymbol{R},\ \boldsymbol{r})$ 则只与粒子的空间位置有关。将该表达式代入表达式（8-6）中的左边，可得到 $i\hbar \frac{\partial}{\partial t}\psi(\boldsymbol{R},\ \boldsymbol{r},\ t) = i\hbar \frac{\partial}{\partial t}(f(t)\psi(\boldsymbol{R},\ \boldsymbol{r})) = i\hbar \cdot \psi(\boldsymbol{R},\ \boldsymbol{r})\frac{\mathrm{d}f(t)}{\mathrm{d}t}$。因此，式（8-6）可以改写为如下式所示：

$$i\hbar \cdot \psi(\boldsymbol{R},\ \boldsymbol{r})\frac{\mathrm{d}f(t)}{\mathrm{d}t} = \left(-\frac{\hbar^2}{2m}\nabla^2 + V(\boldsymbol{r})\right)f(t)\psi(\boldsymbol{R},\ \boldsymbol{r}) \tag{8-7}$$

将式（8-7）的左右两边同时除以函数 $\psi(\boldsymbol{R},\ \boldsymbol{r})$，则式（8-7）可改写为：

$$\frac{i\hbar}{f(t)}\frac{\mathrm{d}f(t)}{\mathrm{d}t} = \frac{1}{\psi(\boldsymbol{R},\ \boldsymbol{r})}\left(-\frac{\hbar^2}{2m}\nabla^2 + V(\boldsymbol{r})\right)\psi(\boldsymbol{R},\ \boldsymbol{r}) \tag{8-8}$$

式（8-8）的左边只与时间相关，右边只与空间位置相关。若要使得方程左右两边相等，需要左右两边同时等于某个常数。该常数设为 E，则方程左边可以表示为 $i\hbar\frac{\mathrm{d}f(t)}{\mathrm{d}t} = Ef(t)$。该方程可以直接通过积分获得 $f(t) = \mathrm{e}^{-iEt/\hbar}$。式（8-8）的右边等于常数 E，则式（8-8）的右边可以改写为如下式所示：

$$\left(-\frac{\hbar^2}{2m}\nabla^2 + V(\boldsymbol{r})\right)\psi(\boldsymbol{R},\ \boldsymbol{r}) = E\psi(\boldsymbol{R},\ \boldsymbol{r}) \tag{8-9}$$

式（8-9）为不含时间的薛定谔方程，也称为定态薛定谔方程。含时间的波函数形式变为不含时间的波函数 $\psi(\boldsymbol{R},\ \boldsymbol{r},\ t) = f(t)\psi(\boldsymbol{R},\ \boldsymbol{r}) = \mathrm{e}^{-iEt/\hbar}\psi(\boldsymbol{R},\ \boldsymbol{r})$。所描述的粒子状态称为定态。定态薛定谔方程（见式（8-9））左边的 $-\frac{\hbar^2}{2m}\nabla^2 + V(\boldsymbol{r})$ 称为哈密顿算符 $-\frac{\hbar^2}{2m}\nabla^2 + V(\boldsymbol{r}) = \hat{H} = \hat{T} + \hat{V}$，该表达式即为粒子的总能。因此，式（8-9）可以改写为：

$$\hat{H}\psi(\boldsymbol{R}, \boldsymbol{r}) = E\psi(\boldsymbol{R}, \boldsymbol{r}) \tag{8-10}$$

该方程中算符 $\hat{H}$ 作用于一个函数 $\psi(\boldsymbol{R}, \boldsymbol{r})$ 等于一个常数 E 乘以该函数 $\psi(\boldsymbol{R}, \boldsymbol{r})$，这样的方程称为该算符 $\hat{H}$ 的本征方程，常数 E 称为本征值。因此，该方程也是能量本征方程。$\psi(\boldsymbol{R}, \boldsymbol{r})$ 也就是能量值为 E 的本征函数。对于多粒子的微观体系，具有 M 个核及其在核外有 N 个游离的电子。其中在 R_1，R_2，…，R_M位置具有 M 个核，在 r_1，r_2，…，r_N位置具有 N 个电子，则通过单粒子微观体系的薛定谔方程获得的多粒子的微观体系的薛定谔方程的表达式如下：

$$\hat{H}\psi(\boldsymbol{R}_1, \boldsymbol{R}_2, \cdots, \boldsymbol{R}_M; \boldsymbol{r}_1, \boldsymbol{r}_2, \cdots, \boldsymbol{r}_N) = E\psi(\boldsymbol{R}_1, \boldsymbol{R}_2, \cdots, \boldsymbol{R}_M; \boldsymbol{r}_1, \boldsymbol{r}_2, \cdots, \boldsymbol{r}_N) \tag{8-11}$$

多粒子体系的总哈密顿量 $\hat{H}$ 的表达式如下：

$$\hat{H} = -\sum_{I}\frac{\hbar^2}{2M_I}\nabla_I^2 - \frac{\hbar^2}{2m_i}\sum_{i}\nabla_i^2 - \sum_{i,I}\frac{Z_I e^2}{|\boldsymbol{r}_i - \boldsymbol{R}_I|} + \frac{1}{2}\sum_{i\neq j}\frac{e^2}{|\boldsymbol{r}_i - \boldsymbol{r}_j|} + \frac{1}{2}\sum_{I\neq J}\frac{Z_I Z_J e^2}{|\boldsymbol{R}_I - \boldsymbol{R}_J|} \tag{8-12}$$

式中，大写字母表示多粒子体系中原子核相关参数，而小写字母表示多粒子体系中电子相关参数；I 和 J 表示多粒子体系中不同原子核的标识；M、Z 和 $\boldsymbol{R}$ 分别表示多粒子体系中原子核的质量和电荷数，以及原子核的坐标位置；i 和 j 表示多粒子体系中不同电子的标识；m 和 $\boldsymbol{r}$ 分别表示多粒子体系中电子的质量及电子的坐标位置；∇_I^2 和 ∇_i^2 分别表示原子核和电子的拉普拉斯算符。

式（8-12）中前两项分别表示多粒子系统的原子核和电子动能项，后面三项依次分别为原子核与电子、电子与电子以及原子核与原子核之间的库仑相互作用项。

从方程式（8-11）和式（8-12）中可以知道，由于微观粒子体系为多粒子体系，原子核和电子的数量较大，从而方程的维度极大，导致直接求解方程式（8-11）和式（8-12）变得几乎不可能。除了对于电子和原子核数量比较小的体系，例如 H_2和 He 等体系，可以直接求解薛定谔方程而获得电子的性质。然而，对于大多数复杂的量子多粒子体系，是无法通过直接求解式（8-11）和式（8-12）而获得它们的性质的。需要寻求合适的近似方程。最近几十年，许多物理学家和化学家陆续开发了几种近似方法来求解薛定谔方程。其中以波恩-奥本海默绝热近似（Born-Oppenheimer Approximation）和哈特里-福克近似（Hartree-Fock approximation）最为典型。

8.3.2 波恩-奥本海默绝热近似

众所周知，在多粒子量子体系中，原子核的质量远远大于电子的质量。除此之外，电子的运动速度远远大于原子核的运动速度。这给了科学家一个启发，即可以将原子核相对于高速运动的电子而言看成静止不动的。可以在上述的假设基础上来简化薛定谔方程，从而将原子核和电子的运动分开来处理。具体情况是，当考虑电子的运动时，可以认为原子核相对于电子的运动是静止的，而处于高速运动状态的电子仅仅由原子核的位置来决定。考虑电子运动时，空间的电荷分布并没有改变，体系的原子核动能为零，势能是一个常数。该假设是由 M. Born 和 J. Oppenheimer 在 1927 年提出的，因此称作波恩-奥本海默近似（Born-Oppenheimer Approximation）。由于体系的电子和原子核两部分被考虑成是相互绝热的，因此该近似也被称为波恩-奥本海默绝热近似[9]。在该假设下，将多粒子体系的波函数表示为原子核波函数和电子波函数的乘积，如下式所示：

$$\psi_e(\boldsymbol{R}_1,\ \boldsymbol{R}_2,\ \cdots,\ \boldsymbol{R}_M;\ \boldsymbol{r}_1,\ \boldsymbol{r}_2,\ \cdots,\ \boldsymbol{r}_N)=\chi(\boldsymbol{R}_1,\ \boldsymbol{R}_2,\ \cdots,\ \boldsymbol{R}_M)\ \psi_e(\boldsymbol{R}_1,\ \boldsymbol{R}_2,\ \cdots,\ \boldsymbol{R}_M;\ \boldsymbol{r}_1,\ \boldsymbol{r}_2,\ \cdots,\ \boldsymbol{r}_N) \tag{8-13}$$

将电子运动的波函数相关部分单独分离出来，多原子核和多电子的薛定谔方程转变为多电子的薛定谔方程，表达式如下式所示：

$$\hat{H}_e\psi_e(\boldsymbol{R}_1,\ \boldsymbol{R}_2,\ \cdots,\ \boldsymbol{R}_M;\ \boldsymbol{r}_1,\ \boldsymbol{r}_2,\ \cdots,\ \boldsymbol{r}_N)=E_e\psi_e(\boldsymbol{R}_1,\ \boldsymbol{R}_2,\ \cdots,\ \boldsymbol{R}_M;\ \boldsymbol{r}_1,\ \boldsymbol{r}_2,\ \cdots,\ \boldsymbol{r}_N) \tag{8-14}$$

方程式（8-12）中的多粒子体系的总哈密顿量 $\hat{H}$ 也与多电子的总哈密顿量 $\hat{H}_e$ 不同。因为考虑电子运动时，原子核的动能为零。因此，方程式（8-12）中的多粒子体系的总哈密顿量 $\hat{H}$ 第一项原子核的动能 $-\sum_I \frac{\hbar^2}{2M_I}\nabla_I^2$ 为零。相对于多电子而言，方程式（8-12）中的多粒子体系的总哈密顿量 $\hat{H}$ 第 3 项原子核与电子之间的相互作用项，以及第 5 项原子核与原子核之间的相互作用项可以考虑为电子的外部恒定势场 $\hat{V}^{\text{ext}}(\boldsymbol{r},\ \boldsymbol{R})$。因此，多电子体系的哈密顿总量的表达式如下式所示：

$$\hat{H}_e=-\frac{\hbar^2}{2m_e}\sum_i \nabla_i^2+\frac{1}{2}\sum_{i\neq j}\frac{e^2}{|\boldsymbol{r}_i-\boldsymbol{r}_j|}+\hat{V}^{\text{ext}}(\boldsymbol{r},\ \boldsymbol{R}) \tag{8-15}$$

该方程中的 $\hat{V}^{\text{ext}}(\boldsymbol{r},\ \boldsymbol{R})$ 是原子核与电子的库伦作用势项，表达式如下：

$$\hat{V}^{ext}(\boldsymbol{r},\ \boldsymbol{R})=\sum_{i,\ I}V_I(|\boldsymbol{r}_i-\boldsymbol{R}_I|) \tag{8-16}$$

从方程式（8-15）中可以看出，通过波恩-奥本海默绝热近似，极大程度上减小了多粒子体系的哈密顿总量 $\hat{H}$ 的自由度，多粒子体系的哈密顿总量 $\hat{H}$ 被简化为只与原子核位置为基本参数的电子位置方程。从而计算多粒子体系的固体性质时，只需要讨论电子的性质。波恩-奥本海默绝热近似将复杂的多粒子体系问题转化为全同粒子相互作用的问题，将原子核和电子之间的相互作用分开来讨论，极大地减小了哈密顿总量的自由度，使得多粒子体系的薛定谔方程求解进一步变为可能，对后续科学家的进一步近似来求解多粒子体系的薛定谔波动方程具有重要的参考意义。

8.3.3 哈特里-福克近似

在波恩-奥本海默近似下，虽然复杂的多粒子体系薛定谔方程被简化为多电子体系的薛定谔方程，但是在真实体系中的电子数目极大，求解薛定谔方程仍然非常困难，甚至几乎不可能。真实固体体系的电子相互作用极其复杂，其中任何一个电子的行为都与其他电子是相互关联的，从而方程式（8-15）是非局域的，且极其复杂，不能使用分离变量法来进行求解薛定谔波动方程。为了求解方程式（8-15），必须通过将具有复杂相互作用的多电子的薛定谔方程简化为只有简单相互作用或者甚至电子与电子无相互作用的单电子薛定谔方程，从而消除或者等效近似电子之间的相互作用项。这种近似方法称为独立电子近似方法。独立电子近似方法有两种，一种是无相互作用的电子近似方法，也称为 Hartree-like 近似方法[13]；另一种是著名的哈特里-福克近似方法（Hartree-Fock approximation）[10]。

两种独立电子近似方法都是假设电子之间无相互关联，仅仅假设电子满足泡利不相容原理。将方程式（8-15）和式（8-16）代入方程式（8-14）可得到多电子的薛定谔方程，其表达式如下所示：

$$\left[\sum_i\left(-\frac{\hbar^2}{2m}\nabla_i^2+V(\boldsymbol{r}_i)\right)+\frac{1}{2}\sum_{i\neq j}\frac{e^2}{|\boldsymbol{r}_i-\boldsymbol{r}_j|}\right]\psi(\boldsymbol{r})=E\psi(\boldsymbol{r}) \tag{8-17}$$

式中，第一项和第二项表示与每个电子位置相关的单电子算符；第三项表示电子之间的相互作用的多电子算符。无相互作用的电子近似方法就是把第三项中的电子与电子之间的相互作用的多电子算符忽略掉，最终获得电子之间无相互作用的单电子薛定谔波动方程，表达式如下：

$$\hat{H}_{\text{eff}}\psi_i^{\sigma}(\boldsymbol{r})=\left[-\frac{1}{2}\nabla^2+V_{\text{eff}}^{\sigma}(\boldsymbol{r})\right]\psi_i^{\sigma}(\boldsymbol{r})=\varepsilon_i^{\sigma}\psi_i^{\sigma}(\boldsymbol{r}) \tag{8-18}$$

式中，$\boldsymbol{r}$ 表示电子的位置坐标；σ 表示电子的自旋；$\psi_i^{\sigma}(\boldsymbol{r})$ 表示包含电子位置坐标信息和电子自旋信息的单电子波函数；$\hat{H}_{\text{eff}}$ 表示单电子有效哈密顿量；$V_{\text{eff}}^{\sigma}(\boldsymbol{r})$ 表示包含电子自旋和位置坐标的有效作用势；ε_i^{σ} 表示包含电子位置坐标和电子自旋的单电子总能。

该方程对于无相互作用的电子体系的基态电子满足泡利不相容原理。除此之外，该独立电子的薛定谔方程的各种态自动的满足正交和波函数反对称性这一费米子的限定条件。这种使用无相互作用的独立电子近似方法得到的单电子薛定谔方程来代替具有相互作用的多电子薛定谔方程的思想为后来的密度泛函理论构造 Kohn-Sham 单电子方程提供了思想。

上述无相互作用的独立电子近似忽略了电子之间的相互作用项，相对来说比较极端。在无相互作用独立电子近似地基础上，在 1928 年哈特里 Hartree 提出了一种近似方法。哈特里 Hartree 认为实际体系中的电子大都处于长程作用下，势场随电子位置的改变极其缓慢。体系的某一特定电子可以近似地看作在所有原子核和所有电子对该特定电子之间的相互作用形成的平均有效库仑势场中运动的离子。该平均有效库仑势场只与电子位置相关，而与每个电子波函数的具体形式无关。体系的每个电子看作是单独的，具有各自单电子的波函数形式。复杂的多电子体系的波函数可以转化为每个电子的波函数乘积，如下所示：

$$\psi(r)=\psi(\boldsymbol{r}_1,\ \boldsymbol{r}_2,\ \cdots,\ \boldsymbol{r}_N)=\varphi_1(\boldsymbol{r}_1)\varphi_2(\boldsymbol{r}_2)\cdots\varphi_N(\boldsymbol{r}_N) \tag{8-19}$$

从方程式（8-19）可知，哈特里 Hartree 波函数不满足反对称性。将方程式（8-19）代入方程式（8-18）中通过变量分离得到方程式如下：

$$\sum_i\hat{H}_i\varphi_i(\boldsymbol{r}_i)=\sum_i\varepsilon_i\varphi_i(\boldsymbol{r}_i) \tag{8-20}$$

从方程式（8-20）可以看出，体系的总能量为 $E=\sum_i\varepsilon_i$。将方程式（8-20）代入式（8-17）中，并以波函数为参数对总能量进行变分处理可得哈特里 Hartree 方程，如下所示：

$$\left[\sum_i\left(-\frac{\hbar^2}{2m}\nabla_i^2+V(\boldsymbol{r}_i)\right)+\frac{1}{2}\sum_{i\neq j}\int d\boldsymbol{r}'\frac{e^2\ |\varphi_j(\boldsymbol{r}')|^2}{|\boldsymbol{r}_i-\boldsymbol{r}_j|}\right]\varphi_i(\boldsymbol{r})=E\varphi_i(\boldsymbol{r}) \tag{8-21}$$

由于电子是费米子，需要考虑泡利不相容原理，而哈特里方程并没有考虑这一点。此外，哈特里波函数没有考虑波函数反对称性。因此，在以上哈特里方程的基础上通过引入斯莱特 Slater 行列式来替代哈特里 Hartree 波函数。该行列式也称为 Hartree-Fock 近似，其表达式如下式所示：

$$\psi(\boldsymbol{r}) = \frac{1}{\sqrt{N!}}\begin{vmatrix} \varphi_1(x_1) & \varphi_2(x_2) & \cdots & \varphi_N(x_1) \\ \varphi_1(x_2) & \varphi_2(x_2) & \cdots & \varphi_N(x_2) \\ \vdots & \vdots & \ddots & \vdots \\ \varphi_1(x_N) & \varphi_2(x_N) & \cdots & \varphi_N(x_N) \end{vmatrix} = \frac{1}{\sqrt{N!}}\det[\psi_1\psi_2\cdots\psi_N] \tag{8-22}$$

变量 x 包含了空间和自旋的坐标，$\varphi_i(x_i) = \varphi_i(r_i,\ \sigma_i) = \varphi_i(r_i)\alpha_i(\sigma_i)$ 。此外，$\varphi_i(r_i,\ \sigma_i)$ 满足正交归一化条件 $\int\varphi_i^*(r_i,\ \sigma_i)\varphi_j(r_j,\ \sigma_j) = \delta_{ij}$ ，其中归一化系数为 $\frac{1}{\sqrt{N!}}$ 。通过使用这种简单的波函数 ψ ，可以得到体系哈密顿量的精确解来描述大多数的物理特性。此外更重要的是，交换任意两个电子位置，相当于交换行列式的两行，线性代数指出行列式的值应该取负号，即 $\psi(x_1,\ x_2,\ \cdots,\ x_N) = -\psi(x_1,\ x_2,\ \cdots,\ x_N)$ ，这满足了费米子的波函数反对称性的要求。此外，如果两个电子坐标相同，则线性代数指出行列式的值为零，这满足了泡利不相容原理。将行列式形式哈特里 Hartree 波函数（见式（8-22））代入式（8-21）得到哈特里-福克 Hartree-Fock 方程，如下所示：

$$\begin{aligned}\langle\phi|\hat{H}|\phi\rangle = &\sum_{i,\sigma}\int\mathrm{d}\boldsymbol{r}\phi_i^{\sigma\,*}(\boldsymbol{r})\left(-\frac{\hbar^2}{2m_e}\nabla^2 + V^{ext}(\boldsymbol{r})\right)\phi_i^{\sigma}(\boldsymbol{r}) + \\ &\frac{1}{2}\sum_{i,j,\sigma_i,\sigma_j}\int\mathrm{d}\boldsymbol{r}\mathrm{d}\boldsymbol{r}'\phi_i^{\sigma_i^*}(\boldsymbol{r})\phi_i^{\sigma_i^*}(\boldsymbol{r}')\frac{1}{|\boldsymbol{r}-\boldsymbol{r}'|}\phi_i^{\sigma_i}(\boldsymbol{r})\phi_j^{\sigma_j}(\boldsymbol{r}') - \\ &\frac{1}{2}\sum_{i,\ j,\ \sigma}\int\mathrm{d}\boldsymbol{r}\mathrm{d}\boldsymbol{r}'\phi_i^{\sigma\,*}(\boldsymbol{r})\phi_j^{\sigma\,*}(\boldsymbol{r}')\frac{1}{|\boldsymbol{r}-\boldsymbol{r}'|}\phi_j^{\sigma}(\boldsymbol{r}')\phi_i^{\sigma}(\boldsymbol{r}')\end{aligned} \tag{8-23}$$

式（8-23）的右边由四项组成。第一项和第二项分别是动能项和外场的势能项（电子-离子势）。第三项是电子与电子之间的库仑相互作用能，其中包含了当 $j=i$ 时电子的非物理自相互作用。正是由于包含 $j=i$ 时的电子非物理自相互作用，才得到完整的电子轨道。从而可以利用粒子密度 $n(\boldsymbol{r}) = \sum_i |\psi_i(\boldsymbol{r})|^2$ 来代替波函数，使得哈特里-福克 Hartree-Fock 近似能很好地解决粒子的产生和湮灭问题。同时可以将第三项电子之间的相互作用能简化为粒子密度定义的 Hartree 能，$E_{\mathrm{Hartree}} = \frac{1}{2}\int\mathrm{d}^3\boldsymbol{r}\mathrm{d}^3\boldsymbol{r}'\frac{n(\boldsymbol{r})n(\boldsymbol{r}')}{|\boldsymbol{r}-\boldsymbol{r}'|}$ 。第四项为由于电子的泡利不相容原理产生的电子之间的交换相互作用。由于波函数满足正交归一化的条件，使用拉格朗日乘数法来最小化总能量，当假定体系中的电子自旋方向都在同一轴上时，可得到如下所示的 Hartree-Fock 方程：

$$\begin{aligned}&\left[-\frac{\hbar^2}{2m_e}\nabla^2 + V^{\mathrm{ext}}(\boldsymbol{r}) + \sum_{j,\sigma_j}\int\mathrm{d}\boldsymbol{r}'\phi_j^{\sigma_j^*}(\boldsymbol{r}')\phi_j^{\sigma_j}(\boldsymbol{r}')\frac{1}{|\boldsymbol{r}-\boldsymbol{r}'|}\right]\phi_i^{\sigma}(\boldsymbol{r}) - \\ &\sum_j\int\mathrm{d}\boldsymbol{r}'\phi_j^{\sigma\,*}(\boldsymbol{r})\phi_i^{\sigma}(\boldsymbol{r}')\frac{1}{|\boldsymbol{r}-\boldsymbol{r}'|}\phi_j^{\sigma}(\boldsymbol{r}) = \varepsilon_i^{\sigma}\phi_i^{\sigma}(\boldsymbol{r})\end{aligned} \tag{8-24}$$

式（8-24）的左边的第三项分子分母同时乘以 $\phi_i^{\sigma}(\boldsymbol{r})$ ，从而方程式（8-24）重新改写为最终的 Hartree-Fock 方程，如下所示：

$$\hat{H}_{\mathrm{eff}}^{i}\phi_i^{\sigma}(\boldsymbol{r}) = \left[-\frac{\hbar^2}{2m_e}\nabla^2 + \hat{V}_{\mathrm{eff}}^{i,\sigma}(\boldsymbol{r})\right]\phi_i^{\sigma}(\boldsymbol{r}) = \varepsilon_i^{\sigma}\phi_i^{\sigma}(\boldsymbol{r}) \tag{8-25}$$

其中，$\hat{V}_{\text{eff}}^{i,\sigma}(\boldsymbol{r}) = V^{\text{ext}}(\boldsymbol{r}) + V_{\text{Hartree}}(\boldsymbol{r}) + V_{\chi}^{i,\sigma}(\boldsymbol{r})$，$V_{\text{Hartree}}(\boldsymbol{r}) = \sum\limits_{j,\ \sigma_j}\int \mathrm{d}\bar{r}'\phi_j^{\sigma_j *}(\boldsymbol{r}')\phi_j^{\sigma_j}(\boldsymbol{r}')\dfrac{1}{|\boldsymbol{r}-\boldsymbol{r}'|}$，$V_{\chi}^{i,\sigma}(\boldsymbol{r}) = \sum\limits_{j}\int \mathrm{d}\boldsymbol{r}'\phi_j^{\sigma *}(\boldsymbol{r})\phi_i^{\sigma}(\boldsymbol{r}')\dfrac{\phi_j^{\sigma}(\boldsymbol{r})}{|\boldsymbol{r}-\boldsymbol{r}'|\phi_i^{\sigma}(\boldsymbol{r})}$。

哈特里-福克 Hartree-Fock 近似仍然属于独立电子近似，与不考虑电子之间相互作用的独立电子近似方程式（8-18）相似。不同的是在方程式（8-25）中考虑了电子之间的相互作用，电子之间的相互作用项在 $\hat{V}_{\text{eff}}^{i,\sigma}(\boldsymbol{r})$ 中。方程式（8-25）可以看成单电子的薛定谔方程。相比于不考虑电子之间相互作用的独立电子近似方程式（8-18），计算精确度得到了提升，然而求解方程式（8-25）的解析解几乎不可能。哈特里-福克 Hartree-Fock 方程忽略了电子的关联能修正，只考虑到了电子之间的交换相互作用。其次，由于平均场近似描述实际电子系统交换作用存在一定的误差，使得哈特里-福克 Hartree-Fock 方程在处理电子密度波动剧烈的体系时，会出现极大的误差。因此，在哈特里-福克 Hartree-Fock 近似的基础上需要寻求更严格的近似。

8.3.4 密度泛函理论

精确计算多体体系的密度泛函理论是基于 Thomas-Fermi 模型建立的[14-15]。与哈特里-福克 Hartree-Fock 近似相同的是，在处理多体系统时采用单电子近似方法和自洽迭代方法。与特里-福克 Hartree-Fock 近似不同的是，密度泛函理论考虑了交换关联能相互作用，从而更能精确地处理多体系统。密度泛函理论是一种全新的处理多体系统的理论，它不是从求解波函数出发来处理多体系统，而是从空间电子密度 $\rho(\boldsymbol{r})$ 出发将空间电子密度 $\rho(\boldsymbol{r})$ 作为唯一变量来处理基态多体系统，避免了复杂的求解波函数的过程。密度泛函理论是以体系空间电子密度为基础的量子计算方法，可以用来计算多体体系的电子总能量。虽然密度泛函理论是基于托马斯-费米模型建立的，但发展更成熟的密度泛函理论是基于霍恩 Hohenberg-Kohn 定理和 Kohn-Sham 方程建立的。

8.3.4.1 Hohenberg-Kohn 定理

Hohenberg 和 Kohn 提出了两条基本定理，使得能够使用空间电子密度来代替直接求解复杂的薛定谔方程中的波函数来描述多体量子体系[16]。Hohenberg 和 Kohn 的两条基本定理是通过理论证实密度泛函理论是一个能够描述多体量子体系的准确理论。Hohenberg 和 Kohn 的第一条定理是，多体量子体系的基态波函数 $\psi_0(\{\boldsymbol{r}\})$ 和电子密度 $n_0(\boldsymbol{r})$ 一一对应。基态波函数 $\psi_0(\{\boldsymbol{r}\})$ 是电子密度 $n_0(\boldsymbol{r})$ 的泛函，其表达式如下：

$$\psi_0(\{\boldsymbol{r}\}) = \psi_0(n_0(\boldsymbol{r})) \tag{8-26}$$

多电子体系的哈密顿量的表达式如下：

$$\hat{H}(\boldsymbol{r}) = -\frac{\hbar^2}{2m_e}\sum_i \nabla_i^2 + \sum_i V^{\text{ext}}(\boldsymbol{r}_i) + \frac{1}{2}\sum_{i\neq j}\frac{e^2}{|\boldsymbol{r}_i - \boldsymbol{r}_j|} \tag{8-27}$$

假设存在两个不同的外场势能 $V_1(\boldsymbol{r})$ 和 $V_2(\boldsymbol{r})$ 来证明 Hohenberg 和 Kohn 的第一条定理，两者具有相同的基态电子密度 $n_0(\boldsymbol{r})$。每一个外势场 $V_1(\boldsymbol{r})$ 和 $V_2(\boldsymbol{r})$ 都有一个独特的哈密顿量 $\hat{H}_1(\boldsymbol{r})$ 和 $\hat{H}_2(\boldsymbol{r})$ 一一对应，它们具有一一对应的基态波函数 $\psi_1(\boldsymbol{r})$ 和 $\psi_2(\boldsymbol{r})$。通过变分原理，可以得到 $E_1 = \langle\psi_1|\hat{H}_1|\psi_1\rangle < \langle\psi_2|\hat{H}_1|\psi_2\rangle$，$E_2 = \langle\psi_2|\hat{H}_2|\psi_2\rangle <$

$\langle\psi_1|\hat{H}_2|\psi_1\rangle$ 。由于两者的哈密顿量的基态电子密度完全相同，因此该表达式如下：

$$E_1 < \langle\psi_2|\hat{H}_1|\psi_2\rangle = \langle\psi_2|\hat{H}_2|\psi_2\rangle + \int[V_1(\boldsymbol{r}) - V_2(\boldsymbol{r})]n(\boldsymbol{r})\mathrm{d}(\boldsymbol{r}) \tag{8-28}$$

$$E_2 < \langle\psi_1|\hat{H}_2|\psi_1\rangle = \langle\psi_1|\hat{H}_1|\psi_1\rangle + \int[V_2(\boldsymbol{r}) - V_1(\boldsymbol{r})]n(\boldsymbol{r})\mathrm{d}(\boldsymbol{r}) \tag{8-29}$$

将方程式（8-28）与式（8-29）相加可得到表达式 $E_1 + E_2 < E_2 + E_1$，该公式是矛盾的，可以证实同一个电子基态密度 $n_0(\boldsymbol{r})$ 不可能具有两个不同的外部势场 $V_1(\boldsymbol{r})$ 和 $V_2(\boldsymbol{r})$ 和两个不同的基态波函数 $\psi_1(\{\boldsymbol{r}\})$ 和 $\psi_2(\{\boldsymbol{r}\})$ 。即外部势能 $V^{\mathrm{ext}}(\boldsymbol{r})$ 和基态波函数 $\psi_0(\{\boldsymbol{r}\})$ 是由基态电子密度 $n_0(\boldsymbol{r})$ 唯一确定的。

Hohenberg 和 Kohn 的第二条定理引入了能量泛函的概念。第二条定理的证明过程如下。假设存在任意的外部势能 $V^{\mathrm{ext}}(\boldsymbol{r})$ ，哈密顿量 $\hat{H}_1(\boldsymbol{r})$ ，存在两个粒子密度分别为 $n_1(\boldsymbol{r})$ 和 $n_2(\boldsymbol{r})$ ，存在两个波函数分别为 $\psi_1(\boldsymbol{r})$ 和 $\psi_2(\boldsymbol{r})$ ，存在两个能量分别为 E_1和 E_2。假设第一个粒子密度为基态粒子密度，对应的哈密顿量为基态哈密顿量，对应的波函数为基态波函数，对应的能量为基态能量 $E_0[n_0(r)]$ 。则能量 E_1的表达式如下：

$$E_1 = \langle\psi_1|\hat{H}_1|\psi_1\rangle = E_0[n_0(r)] \tag{8-30}$$

假设第二个电子密度不是基态电子密度，对应的波函数不是基态波函数。则能量 E_2 的表达式如下：

$$E_2 = \langle\psi_2|\hat{H}_1|\psi_2\rangle > \langle\psi_1|\hat{H}_1|\psi_1\rangle = E_0[n_0(r)] \tag{8-31}$$

通过式（8-30）和式（8-31）可以看出，选定的处于非基态的多粒子体系的能量大于处于基态的多粒子体系的能量（基态能量），因此 Hohenberg 和 Kohn 的第二条定理得到证明。结合 Hohenberg 和 Kohn 的这两条定理，可以确定基态电子密度唯一确定基态波函数，对应的多体体系的能量为唯一确定的基态能量。根据 Hohenberg 和 Kohn 两条定理，可以直接通过粒子密度这一变量求解多粒子体系的能量。粒子密度作为变量获得的多粒子体系的总能的表达式如下：

$$E[n(\boldsymbol{r})] = T[n(\boldsymbol{r})] + U[n(\boldsymbol{r})] + V^{\mathrm{ext}}[n(\boldsymbol{r})] \tag{8-32}$$

从方程式（8-32）可以看出，总能是由动能、势能和外部势场中的势能组成。这些能量项中的唯一变量是粒子密度，且粒子密度的变量只与一个三维空间坐标相关。密度泛函理论的引入使得从求解最初的含有 $3N$ 个自由度的复杂薛定谔方程转变为求解只含有 3 个自由度的以粒子密度为变量的方程。

8.3.4.2 Kohn-Sham 定理

Kohn 和 Sham 扩展了 Hohenberg-Kohn 定理，用来处理有电子相互作用的非均匀体系[11]。Kohn 和 Sham 沿用了哈特里-福克 Hartree-Fock 的独立电子近似，并且提出了两条基本假设：第一个假设是一个相互作用体系的基态电子密度等同于非相互作用电子的基态电子密度；第二个假设是对于替代具有电子相互作用的无电子相互作用的粒子体系，动能算符为以前的动能算符，势能则由一个单粒子的有效局域势场 $V_{\mathrm{eff}}^{\sigma}(\boldsymbol{r})$ 来确定，该单粒子的有效局域势场 $V_{\mathrm{eff}}^{\sigma}(\boldsymbol{r})$ 包含了单粒子自旋和空间位置信息。基于哈特里-福克 Hartree-Fock 的独立电子近似，相互独立的粒子基态能量可以看作粒子密度的泛函，其公式可以写为：

$$E[n(\boldsymbol{r})] = T[n(\boldsymbol{r})] + E^{\text{ext}}[n(\boldsymbol{r})] + E_{\text{H}}[n(\boldsymbol{r})] + E_{\text{xc}}[n(\boldsymbol{r})] \tag{8-33}$$

假设每个粒子都具有独立且密度相同的轨道波函数 $\phi_i^\sigma(\boldsymbol{r})$ 。对于 N 个粒子体系的粒子密度表达式如下：

$$n(\boldsymbol{r}) = \sum_\sigma n(\boldsymbol{r},\ \sigma) = \sum_\sigma \sum_{i=1}^{N^\sigma} |\phi_i^\sigma(\boldsymbol{r})|^2 \tag{8-34}$$

可得相互独立粒子的动能项 $T[n(\boldsymbol{r})]$ 的表达式如下：

$$\frac{\hbar^2}{2m}\sum_\sigma \sum_{i=1}^{N^\sigma} \langle \phi_i^{\sigma *}(\boldsymbol{r}) | \nabla^2 | \phi_i^\sigma(\boldsymbol{r}) \rangle = \frac{\hbar^2}{2m}\sum_\sigma \sum_{i=1}^{N^\sigma} \int \mathrm{d}^3\boldsymbol{r}\phi_i^{\sigma *}(\boldsymbol{r}) | \nabla^2 | \phi_i^\sigma(\boldsymbol{r}) = \frac{\hbar^2}{2m}\nabla^2 n(\boldsymbol{r}) \tag{8-35}$$

方程式（8-33）中的第二项为电子与外部势能的相互作用项，表达式为 $E^{\text{ext}}[n(\boldsymbol{r})] = \int V^{\text{ext}}(\boldsymbol{r}) n(\boldsymbol{r}) \mathrm{d}\boldsymbol{r}$ 。方程式（8-33）中的第三项为经典的电子-电子静电相互作用项或哈特里能量项，表达式为 $E_{\text{H}}[n(\boldsymbol{r})] = \frac{1}{2}\int \mathrm{d}^3\boldsymbol{r}\mathrm{d}^3\boldsymbol{r}' \frac{n(\boldsymbol{r}) - n(\boldsymbol{r}')}{|\boldsymbol{r} - \boldsymbol{r}'|}$ 。方程式（8-33）中的最后一项 $E_{\text{xc}}[n(\boldsymbol{r})]$ 表示非经典的交换关联能，包含交换作用能 $E_{\text{x}}[n(\boldsymbol{r})]$ 和关联作用能 $E_{\text{c}}[n(\boldsymbol{r})]$ 两部分，非经典的交换关联能无法准确的用粒子密度来表示，但在形式上仍然是粒子密度的泛函[12]。基于哈特里-福克 Hartree-Fock 的独立电子近似，在有效势 $V_{\text{eff}}(\boldsymbol{r})$ 中运动的非相互作用费米子的 Kohn-Sham 单电子薛定谔方程的表达式如下：

$$\left(-\frac{\hbar^2}{2m}\nabla^2 + V_{\text{eff}}^\sigma(\boldsymbol{r})\right)\phi_i^\sigma(\boldsymbol{r}) = \varepsilon_i^\sigma \phi_i^\sigma(\boldsymbol{r}) \tag{8-36}$$

有效势 $V_{\text{eff}}(\boldsymbol{r})$ 的表达式如下：

$$V_{\text{eff}}^\sigma(\boldsymbol{r}) = V^{\text{ext}}[n(\boldsymbol{r})] + V_{\text{H}}[n(\boldsymbol{r},\ \sigma)] + V_{\text{xc}}[n(\boldsymbol{r},\ \sigma)] \tag{8-37}$$

将薛定谔方程转化为与电子密度相关的 Kohn-Sham 方程来近似计算体系的基态能量。选定试探波函数，从中确定对应的电子密度和能量。将电子密度代入由电子密度确定的势能项。构成新的 Kohn-Sham 方程，通过迭代形成自恰，如果自洽成功，体系的基态总能量和基态电子密度就可以被确定。基态总能量是一个近似值，这是因为交换关联项是一个近似值。相比于 Hartree-Fock 的独立电子近似方法，Kohn-Sham 方程的计算复杂度在很大程度上得到减小。

8.3.4.3 交换关联泛函

在密度泛函理论的 Kohn-Sham 单电子方程中的哈密顿总量中存在动能项和有效势项。其中动能已经有具体的形式，有效势中的电子与外部势的相互作用项，电子与电子之间的库仑相互作用项或哈特里项都已经给出了具体的与电子密度相关的形式。然而在 Kohn-Sham 方程中的有效势中的交换关联项还没有给出具体的形式，交换关联项在 Kohn-Sham 方程中至关重要，是保证计算的结果是否精确的关键因素。因此获得交换关联项的精确形式及其清晰的理解交换关联项至关重要，也是研究人员不断追求的目标。尽管不能够获得电子的交换关联能的具体形式，只能寻求交换关联能的合理近似方法，但尽可能保证 Kohn-Sham 方程解精确。在 Kohn-Sham 方程的具体形式出现后，众多量子化学家和物理学家专注于交换关联能的发展，寻求更加精确的交换关联能的近似方法，既能保证结果的精确性又要与计算成本相平衡。最近几十年研究人员提出了两种应用广泛且精确度较高的交换关联能的具体形式。一种是局域密度近似（local density approximation，LDA），另一种是广义梯度近似（generalized gradient approximation，GGA）。交换关联能与电子密度关系的表达式如下：

$$E_{xc}[\boldsymbol{r}, n] = E_x[\boldsymbol{r}, n] + E_c[\boldsymbol{r}, n] = \frac{1}{2}\int \frac{n_x(\boldsymbol{r}, \boldsymbol{r}')}{|\boldsymbol{r} - \boldsymbol{r}'|}\mathrm{d}\boldsymbol{r}' + \frac{1}{2}\int \frac{n_c(\boldsymbol{r}, \boldsymbol{r}')}{|\boldsymbol{r} - \boldsymbol{r}'|}\mathrm{d}\boldsymbol{r} \tag{8-38}$$

（1）局域密度近似（local density approximation，LDA）。局域电子密度通常使用均匀电子云近似，即空间某点处的交换能，近似等效为（该点）具有同样电子密度的均匀电子云产生的交换能。

（2）广义梯度近似（generalized gradient approximation，GGA）。LDA 泛函或高估或低估了交换关联能。此外，均匀电子气的处理方法使得对于电荷密度分布存在剧烈变化的体系存在一定误差。因此，在局域密度近似（LDA）的基础上引入了电荷密度变化梯度项，即广义梯度近似（GGA）。使用最广泛广义梯度近似（GGA）是由 Perdew，Burke 和 Ernzerhof（PBE）提出的 PBE 交换关联泛函[17-18]。

（3）杂化泛函（hybrid functionals）。广义梯度近似 GGA 引入了对密度的梯度相关性，对于大多数的体系广义梯度近似 GGA 提供了相对准确的结构信息和电子特性。然而，PBE 计算由于 d 电子之间的自相关作用会产生一些误差。PBE+U 中的 Hubbard-U 校正在一定程度上解决了 d 电子之间的自相关作用。然而，它在磁性和轨道杂化方面会产生误差，导致原子之间的密度重叠减少。这些基于电子密度的泛函所需的计算成本比较少，但是低估了带隙值。Meta-GGA 建立在 GGA 的基础之上，引入了非经验动能密度的相关性[19]。Meta-GGA 还被证明可以对分子、固体的能量和几何构型进行准确描述，这一点相对于 GGA 是一个重大改进。

（4）赝势（pseudopotenial）。为了平衡计算精度和计算成本，在实际计算过程中需要引入赝势的方法。在固体物理学中已经知道，原子核总是将内层电子束缚的很紧。然而在固体中，对于化学和物理等性质起决定作用的一般是外层电子。因此在解 Kohn-Sham 单电子方程时，为了方便计算，可以将原子核与原子核外满壳层电子放在一起作为一个原子实整体而与核外非满壳层电子分开来考虑。原子核外的满壳层电子不与另外原子成键，而是会稳定在单原子电子轨道的基态。从而满壳层的电子就会呈现球形分布，相对于球外电子可以将球形分布的电荷视作点电荷[20-25]。采用 Muffin-tin 球划分方法对原子区域进行分段考虑，在球形内部采用球面波来展开[26]。目前具有代表性的两种赝势方法是 LAPW（linearized augmented plane waves）和 LMTO（linear combination of muffin-tin orbits）方法[27]。

为了证实金属量子材料中存在量子效应，本章通过基于上述概述的密度泛函理论（DFT）的第一性原理来计算处于量子尺寸条件下的单晶 Cu 的应力应变。使用第一性原理来计算处于量子尺寸条件下的纯 Cu 在不同尺寸条件下的工程应力应变曲线，这是因为第一性原理能够描述量子效应条件下的电子和电子的相互作用。建立的用于量子力学计算的尺寸分别为 0.363 nm×0.363 nm×0.363 nm，0.726 nm×0.726 nm×0.726 nm 和 1.089 nm×1.089 nm×1.089 nm 的纯 Cu 超胞如图 8-7 所示。

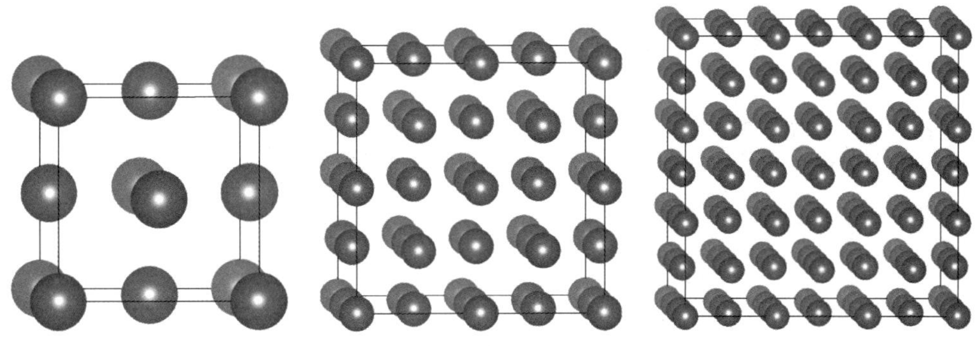

图 8-7 尺寸分别为 0.363 nm×0.363 nm×0.363 nm（a），0.726 nm×0.726 nm×0.726 nm（b）和 1.089 nm×1.089 nm×1.089 nm（c）的具有 4 个原子、32 个原子和 108 个原子的纯 Cu 超胞

计算获得的尺寸分别为 0.363 nm×0.363 nm×0.363 nm，0.726 nm×0.726 nm×0.726 nm和 1.089 nm×1.089 nm×1.089 nm 的纯 Cu 沿［001］方向的工程应力应变曲线被绘制在图 8-8 中。从图 8-8 中可以观察到，当纯 Cu 尺寸从 1.089 nm×1.089 nm×1.089 nm 先减小到 0.726 nm×0.726 nm×0.726 nm，进一步减小到 0.363 nm×0.363 nm×0.363 nm 时，工程应力首先从 19.10 GPa 增大到 20.05 GPa，而后进一步增大到 20.80 GPa。工程应变首先从 62%增大到 80%，而后进一步增大到 82%。换句话说，随着纯 Cu 尺寸的减小，纯 Cu 的强度和塑性同时增大。这些结果表明，由于金属量子材料的量子效应，使得量子尺寸条件下的金属强度和塑性同时得到提升。该结果是经典力学尺寸条件下的金属所不具备的。这给了我们一个启发，是否能将金属材料的尺寸制备到量子尺度级别，从而达到同时增强和增韧的效果。

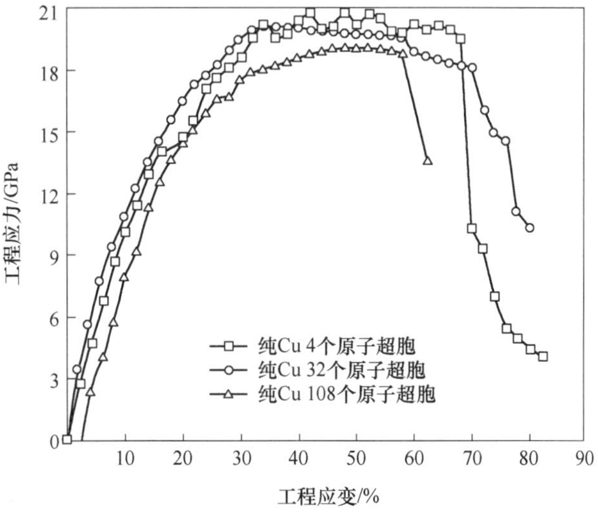

图 8-8 第一性原理计算获得的超胞尺寸分别为 0.363 nm×0.363 nm×0.363 nm，0.726 nm×0.726 nm×0.726 nm 和 1.089 nm×1.089 nm×1.089 nm 的含有 4 个原子、32 个原子和 108 个原子的纯 Cu 的应力应变曲线

8.4　金属量子材料 Al 合金的设计

为了进一步证实金属量子材料中的量子效应能够使得合金具备同时增强和增韧的效果，并借助量子效应，设计同时增强增韧的金属量子材料，通过基于密度泛函理论（DFT）的第一性原理方法，计算包含处于量子尺寸条件下的纳米团簇的 Cu 合金和 Al 合金的拉伸应力应变和弹性性能。

8.4.1　金属量子材料 Al 合金的弹性性能

8.4.1.1　计算方法和细节

在本章中，VASP 模拟包被使用来实施基于密度泛函理论（DFT）的第一原理计算[8,28]。使用投影缀加平面波（PAW）方法描述原子核与电子之间的相互作用[29]。利用 Perdew、Burke 和 Ernzerhof（PBE）形式的广义梯度近似（GGA）处理交换关联泛函[30]。在所有计算中，采用的平面波截断能为 450 eV。电子总能量的收敛标准为 10^{-6} eV/atom，原子力的收敛标准为 0.1 eV/nm。采用 Monkhorst Pack 方法进行 K 点取样。涉及尺寸分别为 1×1×1、2×2×2 和 3×3×3 的 Al 超胞和 Cu 超胞的计算，采用的 K 点数分别为 26×26×26、7×7×7 和 5×5×5[31]。

8.4.1.2　Al 合金超胞结构模型的建立

构建具有不同组成的溶质原子 Zr 的（3.125%Zr、6.250%Zr、9.375%Zr、12.500%Zr、15.620%Zr）Al 固溶体超胞模型，用于评估 Al 固溶体的力学性能，如图 8-9 和图8-10 所示。图 8-9 显示了弛豫原子位置和体积之前的超胞结构，而图 8-10 显示弛豫原子位置与体积之后的超胞结构。采用特殊准随机结构（SQS）方法定性地考虑了单个溶质原子在 Al 晶格中的溶解度。特殊准随机结构（SQS）方法已经被成功应用于许多合金中，以混合准随机结构（SQS）方法产生的结构作为结构模板，使用 DFT 总能量计算进而导出混合能[32-34]。固溶体超晶胞的原子位置和晶胞体积被均弛豫。7×7×7 的 K 点被使用来进行固溶体超晶胞的最优化。此外，当对固溶体的超晶胞进行第一性原理拉伸测试时，充分采用了 7×7×7 的 K 点数量密度，以保证总能量的收敛，且保证计算准确性的条件下确保较小的计算资源以及计算时间的消耗。如图 8-9 和图 8-10 所示，通过使用 Zr 原子取代 Al 原子，获得了具有 3 种不同含量的化学短程有序团簇结构 SRO（$L1_2$-Al_3Zr）的 Al 超晶胞。为了平衡计算的准确性和计算效率，采用 5×5×5 的 K 点网格对具有短程有序团簇结构 SRO（$L1_2$-Al_3Zr）的 Al 超晶胞进行最优化并使用相同密度的 K 点进行第一原理拉伸测试。首先，弛豫原子位置和体积以获得最稳定的结构。可以看出，在弛豫具有不同溶质原子 Zr 组成的 Al 固溶体超晶胞的原子和体积后，体积和形貌发生了变化，如图 8-10（a）~（e）。这是由于溶质原子 Zr 和宿主原子 Al 之间的尺寸错配度较高，大约为 28.00%（见表 8-1）。较高的溶质 Zr 原子和宿主 Al 原子之间的尺寸错配度导致 Al-Zr 固溶体形成的趋势较弱。相反，具有短程有序团簇结构（SRO）的 Al 超胞的体积和形貌在原子和体积弛豫后几乎没有发生改变，如图 8-10（f）~（h）所示。因为溶质原子 Zr 和宿主原子 Al 之间的电负性差异较大，达到 17.39%，见表 8-1。较大的溶质原子 Zr 和宿主原子 Al 之间的电负性差，导致短程有序团簇结构（SRO）（$L1_2$-Al_3Zr）的形成。

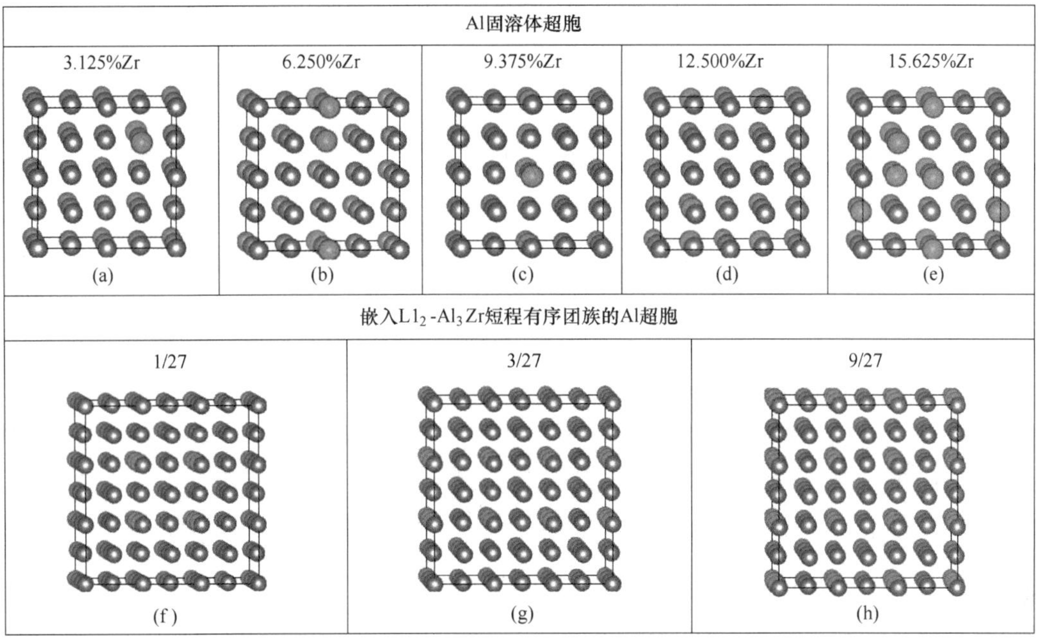

图 8-9 弛豫原子和体积前的包含不同溶质原子 Zr 成分的 Al 超胞，以及弛豫原子和体积前的含不同体积分数的短程有序团簇 $L1_2$-Al_3Zr 的 Al 超胞

彩图

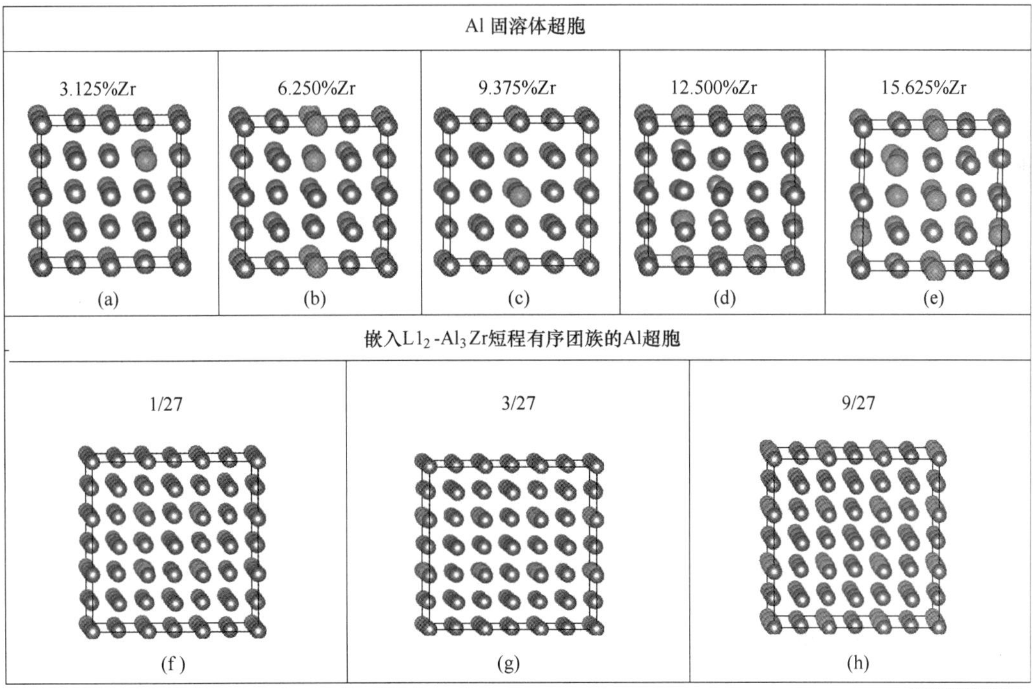

图 8-10 弛豫原子和体积后的包含不同溶质原子 Zr 成分的 Al 超胞，以及弛豫原子和体积后的含不同体积分数的短程有序团簇 $L1_2$-Al_3Zr 的 Al 超胞

彩图

表 8-1　Al 合金中溶质原子 Zr 和宿主原子 Al 之间的尺寸错配和电负性差[35-37]

性　　质	Zr	Al
尺寸/nm	0. 160	0. 125
尺寸错配度	28. 00%	—
电负性	1. 33	1. 61
电负性差	17. 39%	—

8. 4. 1. 3　Al 合金超胞的弹性性能

为了研究特定应力下的弹性性能，计算了 Al 多晶体的体积模量 B、剪切模量 G、杨氏模量 E、泊松比 ν 和硬度 H。在优化结构后，纯 Al 超胞和嵌入体积分数为 1/27 的短程有序团簇 Al_3Zr 的 Al 超胞具有立方结构的特征。然而，优化结束后，分别嵌入体积分数为 3/27 和 9/27 的短程有序团簇 Al_3Zr 的 Al 超晶胞的晶体结构从优化前的立方结构特征变为四方结构特征。对于立方结构材料，Voigt[38]、Reuss[39] 和 Hill[40] 近似条件下的体积模量 B 方程如下：

$$B_H = B_V = B_R = (C_{11} + C_{12})/3 \tag{8-39}$$

根据 Voigt 和 Reuss 近似，剪切模量 G_V 和 G_R 的表达式分别如下：

$$G_V = (C_{11} - C_{12} + 3C_{44})/5 \tag{8-40}$$

$$G_R = \frac{5(C_{11} - C_{12})C_{44}}{4C_{44} + 3(C_{11} - C_{12})} \tag{8-41}$$

根据 Hill 近似获得的剪切模量 G_H 的表达式如下：

$$G_H = \frac{G_V + G_R}{2} \tag{8-42}$$

杨氏模量 E 的表达式如下：

$$E = \frac{9GB}{3B + G} \tag{8-43}$$

泊松比 ν 的表达式如下：

$$\nu = \frac{3B - 2G}{2(3B + G)} \tag{8-44}$$

硬度 H 的表达式如下：

$$H = \frac{(1 - 2\nu)E}{6(1 + \nu)} \tag{8-45}$$

各向异性的表达式如下：

$$A^u = 5\frac{G_V}{G_R} + \frac{B_V}{B_R} - 6 \tag{8-46}$$

通过采用 Voigt 和 Reuss 近似获得的杨氏模量的 Hill 值 E_H 的表达式如下：

$$E_H = \frac{E_R + E_V}{2} \tag{8-47}$$

对于四方结构材料，Voigt 近似的体模量 B_V 的表达式如下：

$$B_V = (2C_{11} + 4C_{12} + 2C_{13} + C_{33})/9 \tag{8-48}$$

四方结构材料的 Reuss 近似的体模量 B_R 的表达式如下：

$$B_R = \frac{2}{9C_{11}} + \frac{1}{9C_{33}} + \frac{4}{C_{12}} + \frac{2}{C_{13}} \tag{8-49}$$

Voigt 近似的剪切模量 G_V 的表达式如下：

$$G_V = (2C_{11} - 2C_{12} - C_{13} + C_{33} + 8C_{44} + 4C_{66})/15 \tag{8-50}$$

Reuss 近似的剪切模量 G_R 的表达式如下：

$$G_R = (2C_{11} - 8C_{12} - 4C_{13} + C_{33} + 6C_{44} + 3C_{66})/15 \tag{8-51}$$

此外，为了揭示纯 Al 超胞和具有短程有序团簇 Al_3Zr 的 Al 超胞的力学行为，采用 Pugh 比率 B/G 来表征这些材料的韧性或脆性。体积模量 B 表征抗断裂性，而剪切模量 G 表征抗塑性变形。如果 Pugh 比 $B/G>1.75$，则材料具有更大的韧性，否则，其表现出脆性特征。

表 8-2 显示了纯 Al 超胞和包含体积分数为 1/27、3/27 和 9/27 的短程有序团簇 Al_3Zr 的 Al 超胞的体积模量 B、剪切模量 G、杨氏模量 E、泊松比 ν 和硬度 H。当将短程有序团簇 Al_3Zr 被引入 Al 超胞时，可以看出，短程有序团簇 Al_3Zr 的体积分数的增加导致体积模量 B、剪切模量 G 和杨氏模量 E 的增加。当短程有序团簇 Al_3Zr 的体积分数从 1/27 增加到 3/27 时，泊松比 ν 首先增加。然后随着短程有序团簇 Al_3Zr 体积分数的增加而减小。较小的泊松比 ν（<0.5）意味着不包含或包含短程有序团簇 Al_3Zr 的 Al 超胞具有良好的可压缩性。硬度 H 首先随着短程有序团簇 Al_3Zr 的体积分数降低，然后增加。特别地，当短程有序团簇 Al_3Zr 的体积分数从 1/27 增加到 3/27 时，Pugh 比（B/G）的随之增加。然后，当短程有序团簇 Al_3Zr 的体积分数从 3/27 增加到 9/27 时，Pugh 比（B/G）从 2.572 降低到 2.109。此外，可以看出所有的 Pugh 比（B/G）值均大于 1.75，这意味着不包含或包含短程有序团簇 Al_3Zr 的 Al 超胞显示出塑性。此外，具有 3/27 体积分数的短程有序团簇 Al_3Zr 的 Al 超胞的塑性最明显。体积模量 B、剪切模量 G、杨氏模量 E 和泊松比 ν 的各向异性指数见表 8-3 和图 8-11。从表 8-3 和图 8-11 中可以观察到，短程有序团簇 Al_3Zr 改变了 Al 超晶胞的各向异性。短程有序团簇 Al_3Zr 的体积分数越大，意味着计算的各向异性指数越显著。

表 8-2　计算获得的弹性性能

合　金	体积模量 B/GPa	剪切模向量 G/GPa	杨氏模量 E/GPa	泊松比 ν	硬度 H/GPa	Pugh 比 B/G
Al	77.964	33.283	87.411	0.313	4.180	2.340
1/27Al_3Zr	83.763	33.830	89.448	0.322	3.970	2.476
3/27Al_3Zr	87.610	34.053	90.442	0.328	3.819	2.573
9/27Al_3Zr	93.568	44.370	114.942	0.295	5.774	2.109

表 8-3　计算获得的弹性性能的各向异性指数

合　金	体积模量 B/GPa	剪切模量 G/GPa	杨氏模量 E/GPa	泊松比 ν
Al	1.000	1.228	1.197	1.592
1/27Al_3Zr	1.000	1.310	1.268	1.680
3/27Al_3Zr	1.027	1.345	1.235	1.723
9/27Al_3Zr	1.073	1.548	1.355	2.226

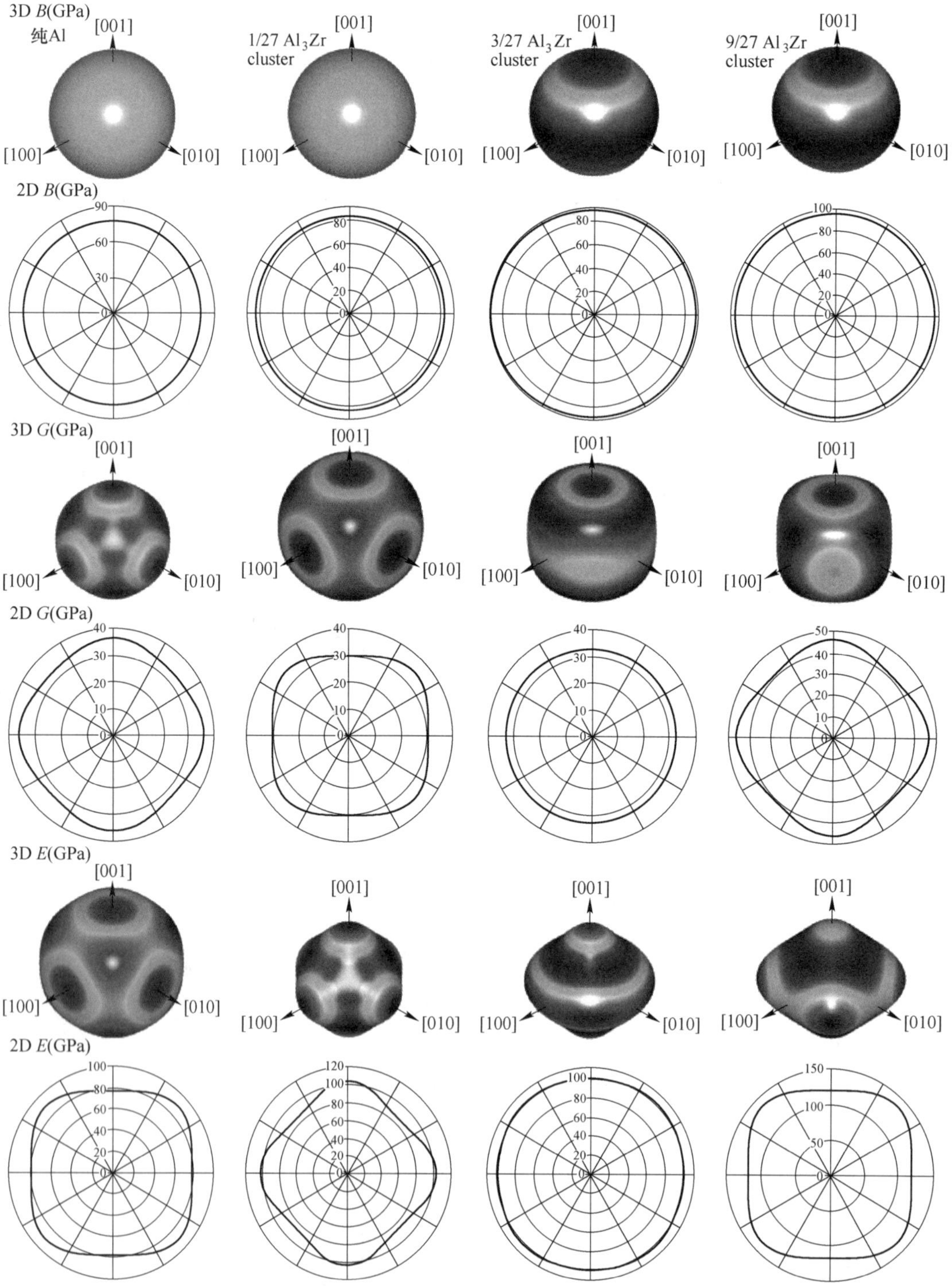
3D B(GPa)
纯Al
1/27 Al3Zr cluster
3/27 Al3Zr cluster
9/27 Al3Zr cluster
[001]
[100]
[010]
2D B(GPa)
3D G(GPa)
2D G(GPa)
3D E(GPa)
2D E(GPa)

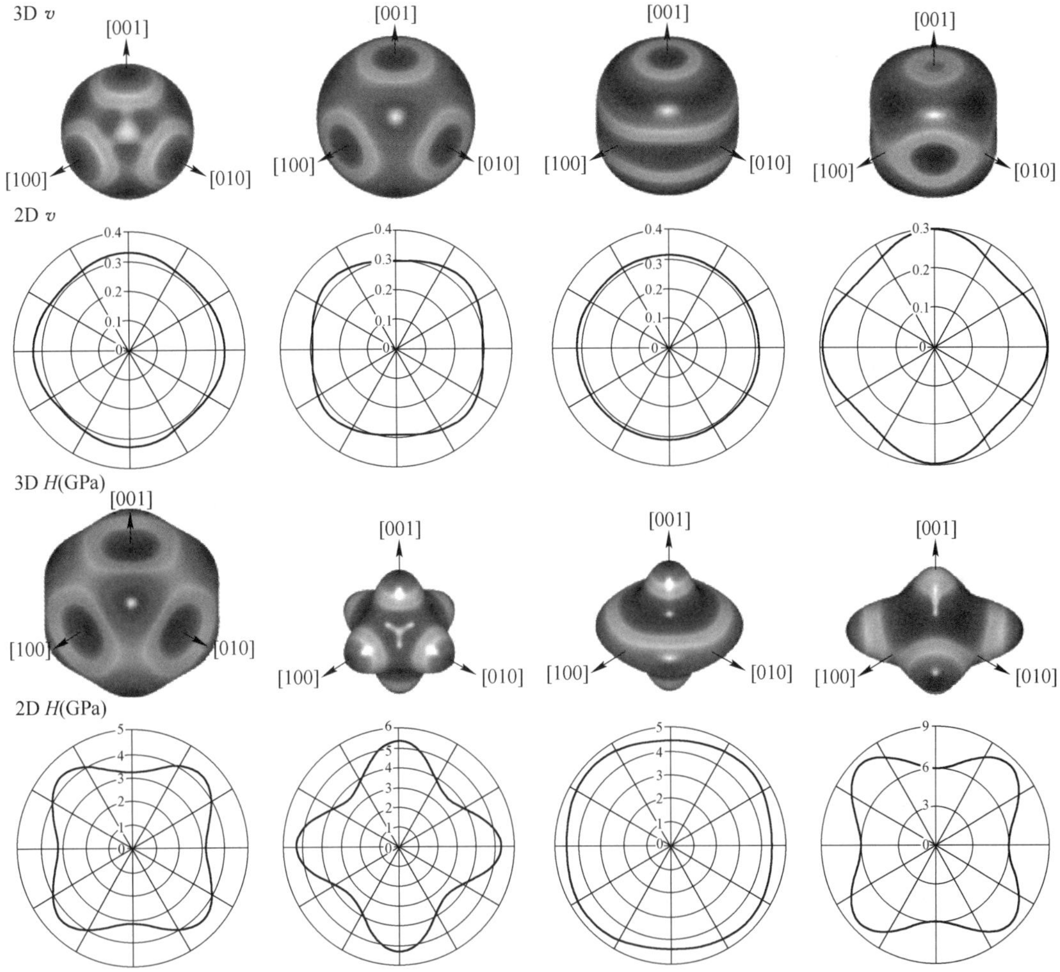

图 8-11　计算获得的弹性性能各向异性指数的三维和二维图

彩图

8.4.2　金属量子材料 Al 合金的理想拉伸强度和塑性的计算

对包含不同成分的 Zr 原子（12.50%Zr、15.63%Zr、18.75%Zr、21.88%Zr、25.00%Zr）的 Al 固溶体超晶胞和包含短程有序团簇 $L1_2$-Al_3Zr（体积分数为 1/27、3/27 和 9/27，其中数字 27 表示超胞中 $L1_2$-Al_3Zr 的单胞数）的 Al 超晶胞进行了沿［001］方向的第一原理拉伸测试。所用的超胞结构如图 8-9 和图 8-10 所示。众所周知，与［110］和［111］方向相比，沿［001］方向理论拉伸强度最显著。因此，［001］方向被设置为不包含或包含短程有序团簇$L1_2$-Al_3Zr的超晶胞的拉伸方向。特别值得注意的是，零应变状态下弛豫原子位置和晶胞体积后的纯 Al 超晶胞的晶格参数与以前计算一致。在施加变形荷载条件下，沿［001］方向施加单轴拉伸应变，并且在每次施加应变条件时，沿［000］方向的晶格矢量固定不弛豫。相对而言，垂直于［001］方向的其他两个晶格矢量(［100］方向）和(［010］方向）发生弛豫。拉伸应力应变曲线的计算过程为准静态过程。在准静态计算后，获得了工程应力 σ 与工程应变 ε 曲线。工程应力 σ 可以表示为超晶胞的总能量 E

（ε）与应变 ε 的一阶导数，如下式所示：

$$\sigma = \frac{1+\varepsilon}{V(\varepsilon)} \frac{\partial E(\varepsilon)}{\partial \varepsilon} \tag{8-52}$$

式中，$V(\varepsilon)$ 表示施加单轴应变 ε 条件下的超晶胞的体积；$E(\varepsilon)$ 表示施加单轴应变 ε 条件下超晶胞的总能量。

超晶胞在［001］方向上的工程应变 ε 的表达式如下：

$$\varepsilon = \frac{a_{\text{strain}} - a_{\text{initial}}}{a_{\text{initial}}} \tag{8-53}$$

式中，a_{strain}和 a_{initial}分别表示施加应变态和初始未施加应变态的超晶胞在平行于施加应变方向上的晶格常数。

金属量子材料 Al 合金的第一原理拉伸测试结果如图 8-12 所示。图 8-12（a）和（b）分别是含不同溶质原子 Zr 原子分数的 Al 固溶体超晶胞和具有短程有序团簇 $L1_2$-Al_3Zr 的 Al 超晶胞沿［001］方向的工程应力-应变曲线。从图 8-12（a）和（b）中可以观察到工程应变 ε 的增加导致工程应力 σ 的增加直到工程应力达到最大值。此时对应的拉伸应力（拉伸应力的最大值）为理想拉伸强度，理想拉伸强度对应的应变为理想拉伸应变。从图 8-12 获得的理想拉伸强度和理想拉伸应变的值见表 8-4。从图 8-12 和表 8-4 中可以观察到，具有 3. 125%和 9. 375%的 Zr 溶质原子分数的 Al 固溶体超晶胞和具有短程有序团簇 $L1_2$-Al_3Zr 的 Al 超晶胞的理想拉伸强度比纯 Al 超晶胞的理想拉伸强度大，意味着 Al 固溶体和短程有序团簇 $L1_2$-Al_3Zr 均能够增大纯 Al 超晶胞的强度。此外，当短程有序团簇 $L1_2$-Al_3Zr 的体积分数从 1/27 增加到 9/27 时，理想拉伸强度首先从 10. 78 GPa 增加到 12. 15 GPa，然后从 12. 15 GPa 降低到 11. 87 GPa。也就是说，体积分数为 3/27 的短程有序团簇 $L1_2$-Al_3Zr 能够产生最大的理想拉伸强度。此外，可以发现 Al 固溶体超晶胞的理想拉伸强度小于具有短程有序团簇 $L1_2$-Al_3Zr 的 Al 超晶胞的理想拉伸强度。意味着短程有序团簇 $L1_2$-Al_3Zr 对 Al 超晶胞的强化作用比 Al 固溶体更显著。特别地，具有 3/27 体积分数的短程有序团簇 $L1_2$-Al_3Zr 的 Al 超晶胞的塑性最大。这些结果表明，体积分数为 3/27 的短程

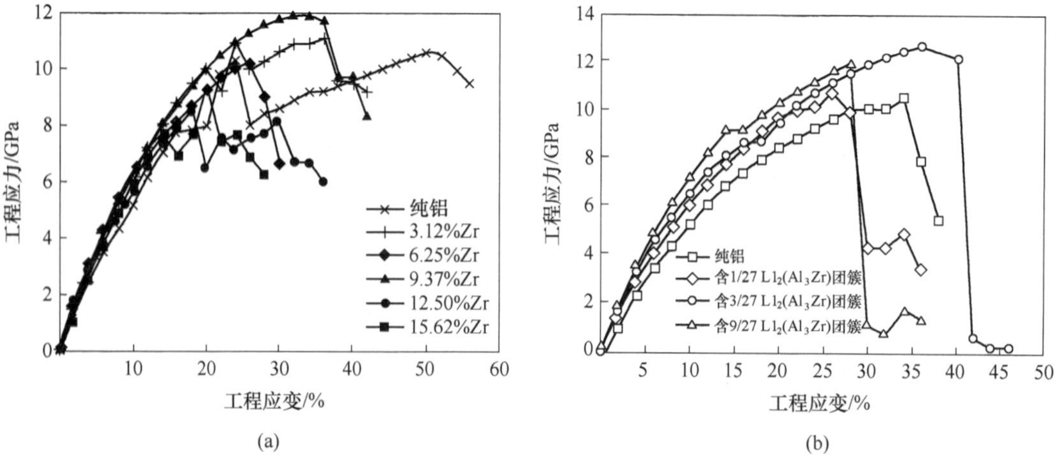

图 8-12　计算获得的 Al 超胞沿［001］方向的应力应变曲线

（a）不同 Zr 含量的 Al-Zr 固溶体超胞的应力应变曲线；（b）含短程有序团簇 $L1_2$-Al_3Zr 的 Al 超胞模型的应力应变曲线

有序团簇 $L1_2$-Al_3Zr 的引入不仅导致 Al 超晶胞强度的增加，而且还导致 Al 超晶胞塑性的增加。该结果与计算的弹性性能的结果相一致。

表 8-4 计算获得的不同 Zr 含量的 Al-Zr 固溶体超胞和具有短程有序团簇 $L1_2$-Al_3Zr 的 Al 超胞模型的最大应力及其对应的应变

项 目	固溶体						短程有序团簇			
	纯 Al	3.125% Zr	6.250% Zr	9.375% Zr	12.500% Zr	15.625% Zr	纯 Al	1/27 Al_3Zr	3/27 Al_3Zr	9/27 Al_3Zr
应力/GPa	10.63	11.08	10.18	11.88	8.56	9.37	10.48	10.78	12.15	11.87
应变/%	50.00	36.00	26.00	34.00	18.00	20.00	34.00	26.00	40.00	28.00

8.4.3 金属量子材料 Al 合金的理想拉伸强度的揭示

8.4.3.1 变形电荷密度

为了揭示 Al-Zr 固溶体和短程有序团簇 $L1_2$-Al_3Zr 对 Al 合金的强化机制，计算了三维变形电荷密度。其中变形电荷密度 $\Delta\rho(r)$ 的表达式如下：

$$\Delta\rho = \rho(r)_{\text{self-consistent}} - \rho(r)_{\text{atomic}} \tag{8-54}$$

式中，$\rho(r)_{\text{self-consistent}}$ 表示超胞的电荷密度；$\rho(r)_{\text{atomic}}$ 表示超胞中各个原子处于自由状态下的电荷密度，电荷密度越强意味着原子之间的相互作用越强。

三维变形电荷的计算结果如图 8-13 所示。图 8-13（a）~（f）分别显示了在弛豫原子和晶胞体积后，包含不同溶质原子 Zr 含量的 Al 固溶体超胞和纯 Al 超胞的三维变形电荷密度。在弛豫原子和晶胞体积后，包含短程有序团簇 $L1_2$-Al_3Zr 的 Al 超胞和纯 Al 超胞的三维变形电荷密度如图 8-13（g）~（j）所示。在变形电荷密度图中，电荷的累积用黄色表示，电荷的消耗用青蓝色表示。电荷的积累表示原子之间的键合加强，而电荷的消耗则表示原子之间的键合减弱。从图 8-13（a）~（f）中可以观察到，对于包含有 3.125%Zr 和 9.375%Zr 的 Al 固溶体超胞，宿主 Al 原子和溶质原子 Zr 之间的电荷聚集比纯 Al 超胞中的宿主 Al 原子之间的电荷聚集更为显著。解释了 3.125%Zr 和 9.375%Zr 的 Al 固溶体超胞的理想拉伸强度大于纯 Al 超胞的理想拉伸强度。具有短程有序团簇 $L1_2$-Al_3Zr 的 Al 超晶胞中的宿主 Al 原子和近邻溶质原子 Zr 之间的电荷聚集比纯 Al 超胞中的 Al 原子之间的电荷聚集显著，这导致与纯 Al 超胞相比，具有短程有序团簇 $L1_2$-Al_3Zr 的 Al 超晶胞的理想拉伸强度更大。除此之外，可以观察到具有短程有序团簇 $L1_2$-Al_3Zr 的 Al 超晶胞中的宿主 Al 原子和近邻溶质原子 Zr 之间的电荷聚集比含 3.125%Zr 和 9.375%Zr 的 Al 固溶体超胞中宿主 Al 原子和近邻溶质原子 Zr 之间的电荷聚集更显著，揭示了具有短程有序团簇 $L1_2$-Al_3Zr 的 Al 超晶胞的理想拉伸强度大于含 3.125%Zr 和 9.375%Zr 的 Al 固溶体超胞的理想拉伸强度。这些结果揭示了计算获得的工程应力-应变曲线。

8.4.3.2 电子局域函数（ELF）

为了进一步揭示 Al 固溶体和短程有序团簇 $L1_2$-Al_3Zr 对 Al 合金的强化机制，计算了电子局域函数（ELF），计算结果被显示在图 8-14 中。图 8-14 表示包含不同溶质原子 Zr 含量的 Al 固溶体超晶胞和包含不同体积分数的短程有序团簇 $L1_2$-Al_3Zr 的 Al 超晶胞的电

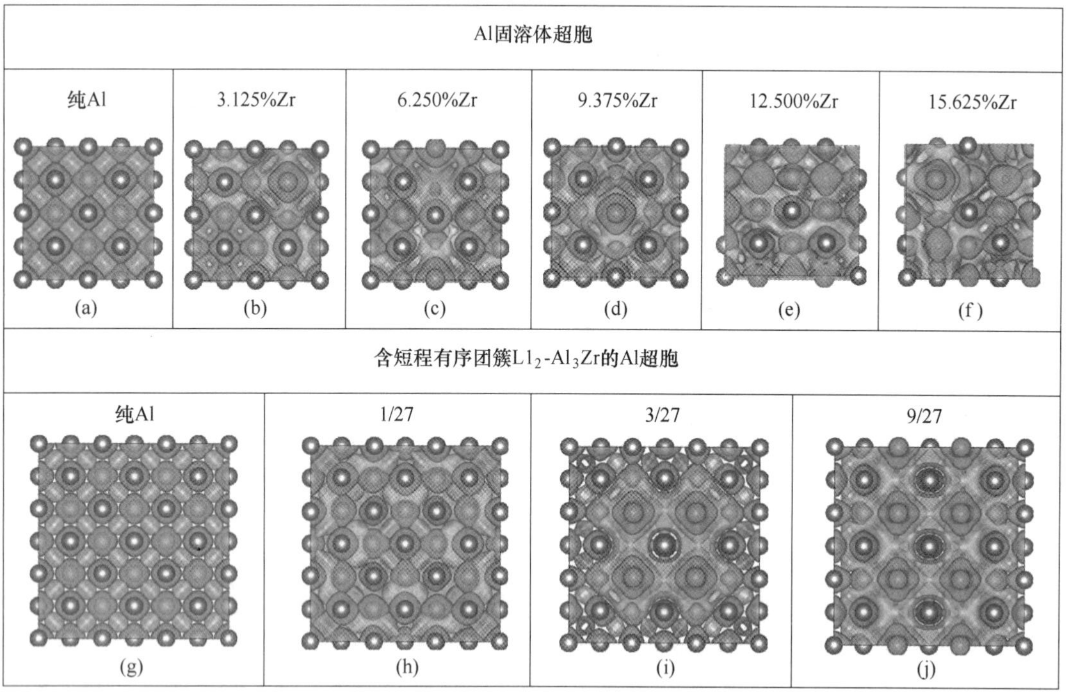

图 8-13　弛豫原子和体积后的纯 Al 超胞和含不同溶质原子 Zr 成分的 Al 固溶体超胞的三维变形电荷密度，以及弛豫原子和体积后的含短程有序团簇 $L1_2$-Al_3Zr 的 Al 超晶胞的三维变形电荷密度

（等值面的值被设置为 0.003 e/Bohr^3）

彩图

子定域函数（ELF）。电子局域函数（ELF）可以清楚地表征电子成键类型。例如，对于金属来说，原子核之间的空间区域被自由电子均匀地占据。此外，在金属中，电子局域函数（ELF）的值较低。然而，在共价材料中，相邻原子区域中的电子分布更为局域化。此外，共价材料显示出更大的电子局域函数（ELF）值。从图 8-14（a）和（c）可以观察到，在纯 Al 超胞中，电子局域函数（ELF）的值约为 0.5 eV/Bohr^3，表明在纯 Al 超胞中，宿主 Al 原子之间具有金属键合的特征。当短程有序团簇 $L1_2$-Al_3Zr 被引入纯 Al 超胞中时，溶质原子 Zr 周围区域显示出较低的电子局域函数（ELF）值，大约为 0.0 eV/Bohr^3，这表明在溶质 Zr 周围区域电子呈现离域化。然而，宿主 Al 原子周围的区域显示出更大的电子局域函数（ELF）值，大约为 0.7 eV/Bohr^3，这表明在宿主 Al 原子周围区域的电子局域化更为显著。这意味着纯 Al 超胞中的宿主 Al 原子之间的金属键将向具有短程有序团簇 $L1_2$-Al_3Zr 的 Al 超胞中的宿主 Al 原子和溶质 Zr 原子之间的共价键或离子键转变，这增加了宿主 Al 原子和近邻溶质 Zr 原子之间的相互作用。这些结果揭示了计算的工程应力-应变曲线，且与变形电荷密度计算结果一致。

8.4.3.3　电子态密度（DOS）

除了以上讨论的变形电荷密度和电子局域函数（ELF）之外，还通过计算投影态密度（PDOS）进一步分析了具有短程有序团簇 $L1_2$-Al_3Zr 的 Al 超胞中的溶质原子 Zr 和周围宿主原子 Al 之间的电子相互作用，进一步揭示短程有序簇 $L1_2$-Al_3Zr 对纯 Al 超晶胞的强化

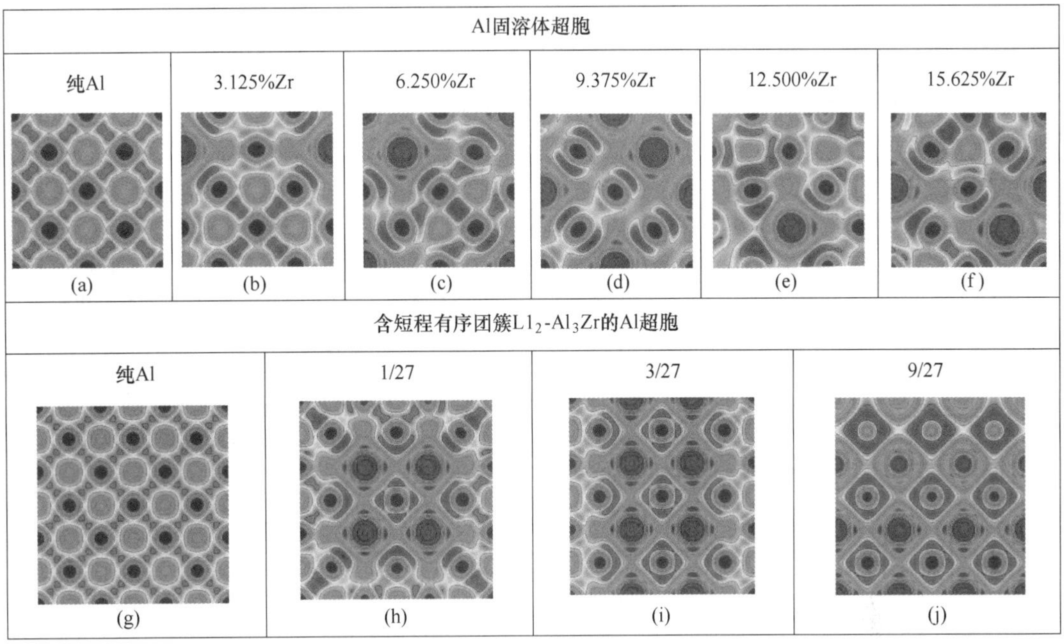

图 8-14 弛豫原子和体积后的纯 Al 超胞和具有不同溶质原子 Zr 含量的 Al 固溶体超胞的电子局域函数（ELF），以及弛豫原子和体积后的含短程有序团簇 $L1_2$-Al_3Zr 的 Al 超晶胞的电子局域函数

（等值面值被设置从 0~0.7 e/Bohr^3）

彩图

的本质。图 8-15 显示了计算获得的含短程有序团簇 $L1_2$-Al_3Zr 的 Al 超胞的投影态密度（PDOS）。为了比较的目的，还计算了纯 Al 超晶胞的中 Al 原子的投影态密度（PDOS），如图 8-15（a）所示。图 8-15（b）~（d）分别表示含体积分数为 1/27、3/27 和 9/27 的短程有序团簇 $L1_2$-Al_3Zr 的 Al 超晶胞中的溶质原子 Zr 和近邻宿主原子 Al 的投影态密度（PDOS）。从图 8-15（b）中可以观察到，宿主原子 Al p 电子态和近邻溶质原子 Zr d 电子态没有明显的杂化峰。从图 8-15（c）中可以观察到，宿主原子 Al p 电子态和近邻溶质原子 Zr d 电子态的杂化峰极其显著，如箭头所示。如图 8-15（d）的箭头指示，宿主原子 Al p 电子态和近邻溶质原子 Zr d 电子态仅仅在费米能级以下存在一个杂化峰。这些结果表明，在含有体积分数为 3/27 的短程有序团簇 $L1_2$-Al_3Zr 的 Al 超晶胞中，溶质原子 Zr 和周围的宿主原子 Al 之间的相互作用最强。该现象解释了为什么体积分数为 3/27 的短程有序团簇 $L1_2$-Al_3Zr 的强化效果最显著，这些结果揭示了计算的工程应力-应变曲线结果，且计算结果与变形电荷密度和电子局域函数（ELF）结果一致。

8.4.4 金属量子材料 Al 合金的理想拉伸强度和塑性的竞争机制

通常来说，塑性和强度的竞争机制可以通过格里菲斯断裂功（间隔能 W_{sep}）和裂纹尖端处位错形核功的关系来揭示。如果在位错形核前导致裂纹尖端钝化的产生之前发生格里菲斯解理分离，则 Al 超晶胞以脆性的形式变形[41-42]。相反，如果位错形核导致的裂纹尖端钝化发生在格里菲斯解理分离之前，则 Al 超晶胞以塑性的方式变形。纯 Al 超胞及其具有短程有序团簇 $L1_2$-Al_3Zr 的 Al 超晶胞的格里菲斯（Griffith）解离能（间隔能 W_{sep}）的表达式如下：

$$W_{sep} = (E_{tot}^{1} + E_{tot}^{2} - E_{tot}^{Al\text{-}supercell})/A \tag{8-55}$$

式中，E_{tot}^{1} 和 E_{tot}^{2} 表示分离 Al 超胞后，超胞厚板 1 和超胞厚板 2 的总能；A 表示 Al 超晶胞中垂直于［001］方向的横截面面积；$E_{tot}^{Al\text{-}supercell}$ 表示 Al 超胞分离前的总能。

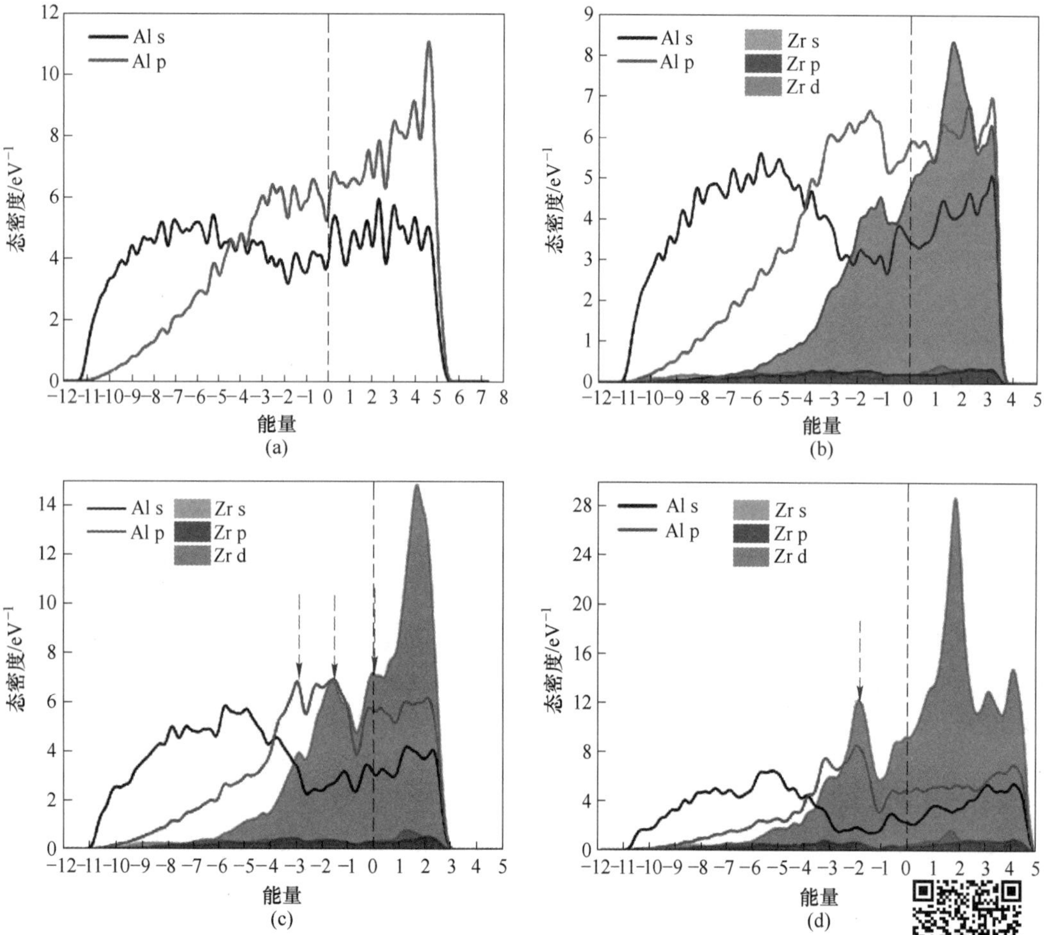

图 8-15　溶质原子 Zr 和周围宿主原子 Al 的投影态密度

彩图

（a）纯 Al 中的原子 Al 的投影态密度；（b）具有体积分数为 1/27 的短程有序团簇 $L1_2$-Al_3Zr 的 Al 超胞中溶质原子 Zr 和周围宿主原子 Al 的投影态密度；（c）具有体积分数为 3/27 的短程有序团簇 $L1_2$-Al_3Zr 的 Al 超胞中溶质原子 Zr 和周围宿主原子 Al 的投影态密度；（d）具有体积分数为 9/27 的短程有序团簇 $L1_2$-Al_3Zr 的 Al 超胞中溶质原子 Zr 和周围宿主原子 Al 的投影态密度（费米能级被设置为 0（用垂直黑色虚线表示））

为了比较的目的，纯 Al 超胞的间隔能也被计算。在拉伸荷载垂直于裂纹平面的情况下，当位错在嵌入 $L1_2$-Al_3Zr 短程有序团簇的 Al 超胞的裂纹处形核时，位错开始形核的形核功（G_{disl}）与不稳定层错能密切相关[41]，其表达式如下：

$$G_{disl} = 8\frac{1 + (1 - \nu)\tan^2\phi}{(1 + \cos\theta)\sin^2\theta}\gamma_{usf} \tag{8-56}$$

式中，θ 表示裂纹平面相对于滑移平面的倾角；ϕ 表示沿滑移面的柏式矢量（Burgers 矢量）与裂纹尖端前缘法线之间的角度，沿［001］方向对 Al 超晶胞施加单轴拉伸应变。假设裂纹位于（001）平面上，裂纹尖端沿〈110〉方向。

此外，面心立方 Al 超晶胞的应力滑移系为（111）〈211〉。因此，滑移面和裂纹面之间的角度 θ 为 54.73°[41]。面心立方晶体中，在载荷作用下，超晶胞发生滑移后，形核后的位错将沿〈$10\bar{1}$〉方向滑移，这意味着沿滑移平面的柏氏矢量（Burgers 矢量）与裂纹尖端前缘法线之间的夹角为 0°[41]，ν 表示泊松比。为了计算位错形核功（G_{disl}），从广义堆垛层错能（GSFE）曲线获得断裂区域含有短程有序团簇$L1_2$-Al_3Zr的 Al 超晶胞的不稳定堆垛层错能量。为了评估 Al 基体的不稳定堆垛层错能，构建了 20 nm 厚的真空层的超胞厚板，该超胞厚板包含有 11 层原子。通过移动第 7 原子层到第 11 原子层，从而在第 6 层和第 7 层之间产生不稳定层错区。将短程有序团簇 $L1_2$-Al_3Zr 引入 Al 基体的不稳定堆垛层错区，以进一步评估短程有序团簇 $L1_2$-Al_3Zr 对 Al 基体不稳定堆垛断层能 γ_{usf}的影响。在计算广义堆垛层错能（GSFE）曲线时，采用了挑选动力学弛豫模式。在原子弛豫过程中，沿着剪切矢量方向的原子是固定的，而弛豫另外两个方向上的原子。计算广义堆垛层错能（GSFE）曲线表达式如下：

$$\gamma_{GSFE} = \frac{E_{faulted} - E_{perfect}}{A} \tag{8-57}$$

式中，A 表示整个层错区的横截面面积；$E_{perfect}$和 $E_{faulted}$分别表示完整超胞和具有层错超胞的总能。

计算获得的广义堆垛层错能（GSFE）曲线如图 8-16 所示。为了比较的目的，纯 Al 超胞的广义堆垛层错能（GSFE）曲线也被给出。从图 8-16 中获得的不稳定堆垛层错能被列在表 8-5 中。很显然，当短程有序团簇 $L1_2$-Al_3Zr 位于 Al 超胞的层错区域时，不稳定堆垛层错能降低。在获得不稳定的堆垛层错能之后，计算获得层错区域含短程有序簇 $L1_2$-Al_3Zr 的 Al 超晶胞的位错形核功 G_{disl}，见表 8-5。除此之外，计算获得含短程有序簇 $L1_2$-Al_3Zr 的 Al 超晶胞的间隔能 W_{sep}，如表 8-5 所示。可以观察到，与纯 Al 超晶胞相比，当短程有序团簇 $L1_2$-Al_3Zr 位于 Al 超晶胞的层错区域时，间隔能 W_{sep}与位错形核功 G_{disl}的比值（W_{sep}/G_{disl}）更大。表明短程有序团簇 $L1_2$-Al_3Zr 引入 Al 超晶胞中，导致韧性增加。

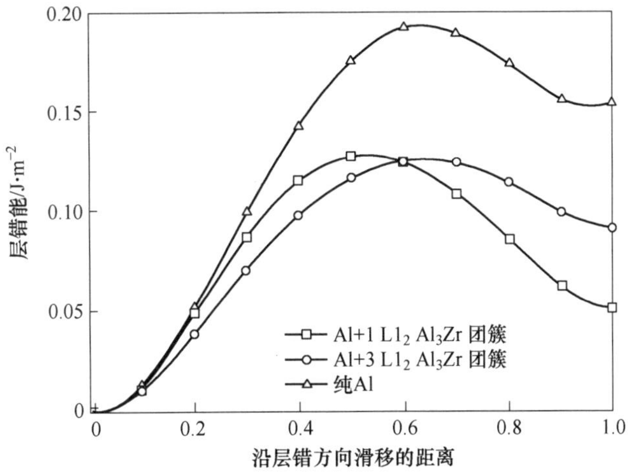

图 8-16 层错区含短程团簇 $L1_2$-Al_3Zr 的 Al 超胞的层错能曲线（GSFE）

具有 3/27 体积分数的短程有序簇 $L1_2$-Al_3Zr 的 Al 超晶胞的间隔能 W_{sep} 与位错形核功 G_{disl} 的比值（W_{sep}/G_{disl}）远大于具有 1/27 体积分数短程有序团簇 $L1_2$-Al_3Zr 的 Al 超晶胞，表明具有体积分数为 3/27 的短程有序团簇 $L1_2$-Al_3Zr 的 Al 超晶胞的塑性大于具有体积分数为 1/27 的短程有序团簇 $L1_2$-Al_3Zr 的 Al 超晶胞的塑性。该结果能够揭示计算工程应力应变曲线结果。

表 8-5　位错形核功、间隔能及其间隔能和位错形核功的比值

超　晶　胞	Al_3Zr（1/27）	Al_3Zr（3/27）	纯 Al
间隔能 $W_{sep}/J \cdot m^{-2}$	2.76	2.82	2.50
位错形核功 $G_{disl}/J \cdot m^{-2}$	0.97	0.95	1.46
间隔能/位错形核功 W_{sep}/G_{disl}	2.85	2.97	1.71

8.5　金属量子材料 Cu 合金的设计

8.5.1　计算方法和细节

第一性原理计算量子材料 Cu 合金的力学性能时，固溶体超胞的体积和原子位置被弛豫。为了确保计算的准确性和有效性，在固溶体超胞的优化过程中，使用的 K 点数为 5×5×5[31]。基于密度泛函理论（DFT）的第一原理计算在 Vienna Ab initio Simulation Package（VASP）中完成[8,28]。使用投影缀加平面波（PAW）方法来描述体系中原子和电子之间的相互作用[29]。在广义梯度近似（GGA）下使用 Perdew-Burke-Ernzerhof（PBE）来描述电子的交换-关联泛函[17]。使用的平面波阶段能量为 450 eV，电子总能量的收敛标准为 10^{-6} eV/atom，原子力的收敛标准为 0.1 eV/nm。

8.5.2　Cu 合金超胞结构模型的建立

首先，建立了 11 种具有不同 Zn 和 Sn 溶质原子组成的 Cu-Sn-Zn 固溶体超胞，以评估 Cu-Sn-Zn 固溶体的力学性能，如图 8-17 所示。其次，将铁纳米团簇引入 Cu-Zn-Sn 固溶体中，以评估铁纳米团簇对 Cu-Sn-Zn 固溶体力学性能的影响，如图 8-18 所示。为了确保计算的准确性和有效性，在固溶体超胞的优化过程中，使用的 K 点数为 5×5×5。

8.5.3　金属量子材料 Cu 合金的理想拉伸强度和塑性的计算

针对目前处于经典尺寸条件下的晶粒和第二相难以同时提升金属材料的强度和塑性的问题，通过第一性原理计算来设计同时增强增韧金属量子材料 Cu 合金。首先通过计算包含不同含量的溶质原子 Sn 和 Zn 的 Cu 超胞的拉伸应力应变来说明 Cu-Sn-Zn 固溶体的力学性能。除此之外，通过第一性原理计算含铁纳米团簇的 Cu-Sn-Zn 固溶体中的拉伸力学性能，从而评估铁纳米团簇对 Cu-Sn-Zn 固溶体的拉伸力学性能的影响。

铁纳米团簇是金属量子材料 Cu 合金的一种重要结构特征，其尺寸为 10^{-10} ~ 10^{-9} m，对金属材料的力学性能（包括强度和塑性）起着关键作用。基于量子效应设计了一种 Cu-

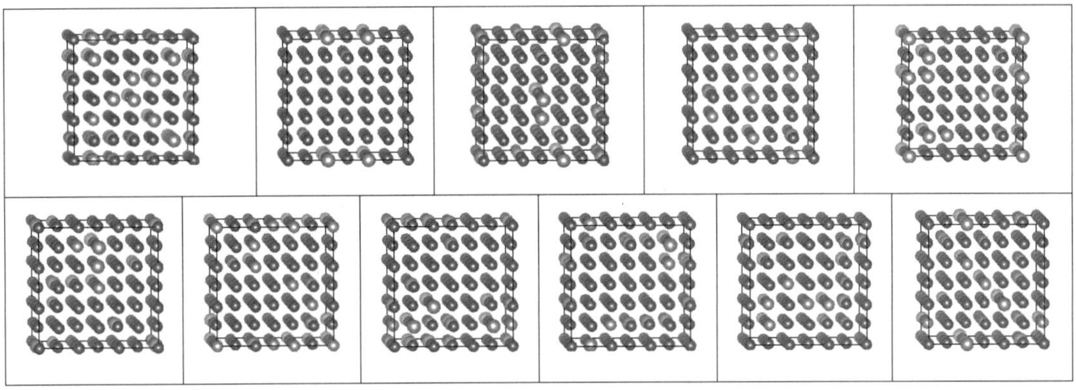

图 8-17 不同 Zn 和 Sn 溶质原子含量的 Cu-Zn-Sn 固溶体

彩图

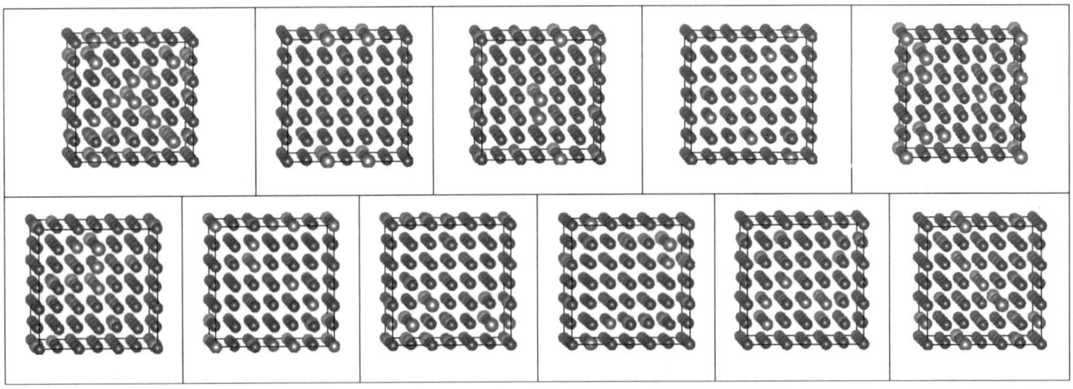

图 8-18 不同 Zn 和 Sn 溶质原子含量的 Cu-Zn-Sn 固溶体中嵌入铁纳米团簇

彩图

Sn-Zn-Fe 合金。为了进一步证明处于量子尺度的纳米团簇对 Cu-Sn-Zn 固溶体的强度和塑性具有重要作用，通过第一性原理计算评估尺寸为 0.1 nm 的铁纳米团簇对 Cu-Sn-Zn 固溶体力学性能的影响。首先，计算不同 Zn 和 Sn 含量的 Cu-Zn-Sn 固溶体的力学性能，如图 8-19（a）和表 8-6 所示。然后，在 Cu-Sn-Zn 固溶体中引入尺度为 10^{-10} ~ 10^{-9} m 的铁纳米团簇。铁纳米团簇引入 Cu-Zn-Sn 固溶体后，获得的工程应力-应变曲线如图 8-19（b）和表 8-7 所示。从图 8-19、表 8-6 和表 8-7 中可以观察到，将铁纳米团簇引入 Cu-Zn-Sn 固溶体后，固溶体超胞的强度和塑性同时得到增加，如图 8-19（b）中的黑色曲线所示。在实验中，Cu-10Sn-2Zn 合金中加入 Fe/Co 后，强度和塑性同时得到增加[43]，表明计算结果与实验结果定性一致。

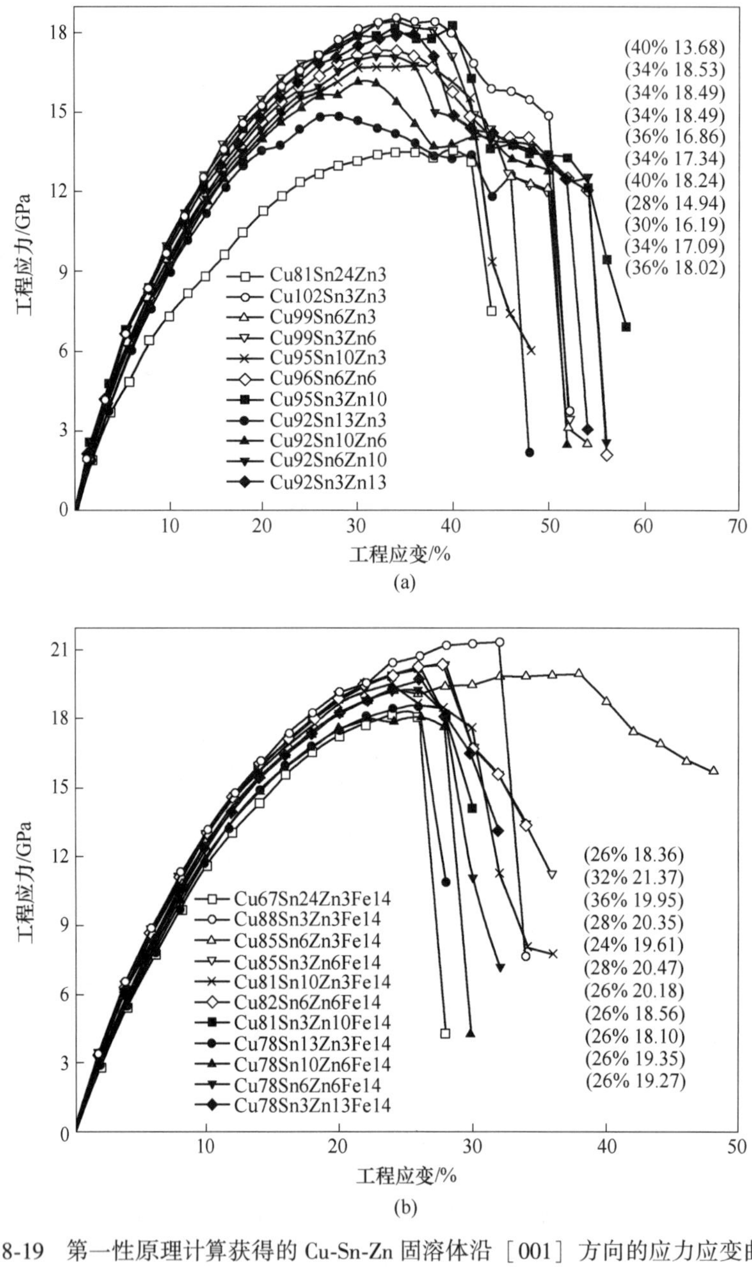

彩图

图 8-19　第一性原理计算获得的 Cu-Sn-Zn 固溶体沿［001］方向的应力应变曲线
(a) 不同溶质 Sn 和 Zn 含量的 Cu-Sn-Zn 固溶体的应力应变曲线；(b) Cu-Sn-Zn 固溶体中嵌入铁纳米团簇后的应力应变曲线

表 8-6　不同溶质 Sn 和 Zn 含量的 Cu-Sn-Zn 固溶体的最大应力及其对应的应变

固溶体	Cu81 Zn3 Sn24	Cu102 Zn3 Sn3	Cu99 Zn3 Sn6	Cu99 Zn6 Sn3	Cu95 Zn3 Sn10	Cu96 Zn6 Sn6
应力/GPa	13.68	18.53	18.49	18.49	16.86	17.34
应变/%	40	34	34	34	36	34

续表 8-6

固溶体	Cu95 Zn10 Sn3	Cu92 Zn3 Sn13	Cu92 Zn6 Sn10	Cu92 Zn10 Sn6	Cu92 Zn13 Sn3
应力/GPa	18.24	14.94	16.19	17.09	18.02
应变/%	40	28	30	34	36

表 8-7 Cu-Sn-Zn 固溶体中嵌入铁纳米团簇后的最大应力及其对应的应变

固溶体	Cu67 Zn3 Sn24+ Fe 团簇	Cu88 Zn3 Sn3+ Fe 团簇	Cu85 Zn3 Sn6+ Fe 团簇	Cu85 Zn6 Sn3+ Fe 团簇	Cu81 Zn3 Sn10+ Fe 团簇	Cu82 Zn6 Sn6+ Fe 团簇
应力/GPa	18.36	21.37	19.95	20.35	19.61	20.47
应变/%	26	32	36	28	24	28

固溶体	Cu81 Zn10 Sn3+ Fe 团簇	Cu78 Zn3 Sn13+ Fe 团簇	Cu78 Zn6 Sn10+ Fe 团簇	Cu78 Zn10 Sn6+Fe 团簇	Cu78 Zn13 Sn3+ Fe 团簇
应力/GPa	20.18	18.56	18.10	19.35	19.27
应变/%	26	26	26	26	26

通过上述分析讨论可知，当固溶体尺寸和纳米团簇尺寸位于 $10^{-10}\sim10^{-9}$ m 范围时，金属量子材料 Al 合金和 Cu 合金的强度和塑性同时得到改善，这主要归因于电子与电子之间的相互作用。这些增强因子具有一个典型的特征：尺寸在 $10^{-10}\sim10^{-9}$ m 之间，彼此之间的间距为 $10^{-10}\sim10^{-9}$ m，我们从理论上证明了符合这些标准材料的力学性能依赖于电子与电子的相互作用。也就是说，这些金属材料具有“量子效应”，具有量子效应的金属材料可以被定义为“金属量子材料”，它可以同时提高金属材料的强度和塑性。然而，如何在实际生产中制备金属量子材料已成为实现强度和塑性同时提高的另一个关键问题。

8.6 本 章 小 结

本章首先通过经典分子动力学模拟，说明尺寸处于经典条件下的传统金属材料存在强度和塑性互相矛盾的问题。然后，通过第一性原理计算，说明尺寸处于量子条件下的金属材料具有量子效应，该材料为金属量子材料。此外，基于密度泛函理论的第一性原理计算结果表明，金属量子材料的强度和塑性能够同时得到提升。通过取代方法建立了包含溶质团簇的 Al 超晶胞和 Cu 超晶胞，并通过 SQS 方法建立了包含不同 Zr 含量的 Al 固溶体和包含不同 Sn 和 Zn 含量的 Cu 固溶体，并通过弹性能计算和第一性原理理想强度计算，评估了 Al-Zr 固溶体和 Cu-Sn-Zn 固溶体及其溶质团簇对金属量子材料 Al 合金和 Cu 合金局部力学性能的影响。具体结论如下：

(1) 通过经典条件下的分子动力学模拟，评估了晶粒和第二相处于经典尺寸下的 Cu 合金的强度和塑性，证实了晶粒和第二相处于经典尺寸下的 Cu 合金的强度和塑性存在相互矛盾的现象。通过基于密度泛函理论的第一性原理计算，评估了尺寸处于 $10^{-10}\sim10^{-9}$ m 的单晶 Cu 的强度和塑性。证实了，尺寸处于 $10^{-10}\sim10^{-9}$ m 的单晶 Cu 尺寸越小，单晶 Cu 的强度和塑性同时增加的特征越明显。

（2）通过 SQS 方法建立了，包含不同成分 Zr（3. 125%Zr、6. 250%Zr、9. 375%Zr、12. 500%Zr、15. 620%Zr）的 Al 固溶体。通过取代方法，建立了包含 3 种不同体积分数的短程有序 SRO 团簇 $L1_2$-Al_3Zr（1/27、3/27 和 9/27）的 Al 超晶胞。此外，通过 SQS 方法建立了同时包含不同 Zn 和 Sn 含量的 Cu-Sn-Zn 固溶体，并将铁纳米团簇引入不同 Zn 和 Sn 含量的 Cu-Sn-Zn 固溶体，建立包含铁纳米团簇的 Cu-Sn-Zn 固溶体。

（3）通过弹性能和第一性原理拉伸测试计算，评估 3 种不同体积分数的短程有序 SRO 团簇 $L1_2$-Al_3Zr 对 Al 合金基体局部力学性能的影响。结果表明，短程有序团簇 $L1_2$-Al_3Zr 能够同时改善金属量子材料 Al 合金的局部强度和塑性。

（4）通过第一性原理理想拉伸强度计算，评估包含不同溶质原子 Zn 和 Sn 含量的 Cu-Sn-Zn 固溶体的力学性能。此外，通过理想拉伸强度计算，评估包含铁纳米团簇的不同溶质原子 Zn 和 Sn 含量的 Cu-Sn-Zn 固溶体的力学性能。结果表明，铁纳米团簇引入 Cu-Sn-Zn 固溶体中，固溶体的强度和塑性同时得到改善，计算结果与实验结果定性一致。这些结果证实了，在铝合金和铜合金中，尺寸处于 $10^{-10}\sim10^{-9}$ m 的纳米团簇能够同时改善强度和塑性。

参 考 文 献

[1] LENNARD-JONES, E J. On the determination of molecular fields [J]. Proc R Soc Lond A, 1924, 106: 463-477.

[2] DAW M S, BASKES M I. Embedded-atom method: Derivation and application to impurities, surfaces, and other defects in metals [J]. Physical Review B, 1984, 29: 6443.

[3] BASKES M I. Modified embedded-atom potentials for cubic materials and impurities [J]. Physical Review B, 1992, 46: 2727.

[4] BASKES M I. Application of the embedded-atom method to covalent materials: A semiempirical potential for silicon [J]. Physical Review Letters, 1987, 59: 2666.

[5] PLIMPTON S. Fast parallel algorithms for short-range molecular dynamics [J]. Journal of Computational Physics, 1993, 117: 1-19.

[6] BONNY G, PASIANOT R C, CASTIN N, et al. Ternary Fe-Cu-Ni many-body potential to model reactor pressure vessel steels: First validation by simulated thermal annealing [J]. Philosophical Magazine A, 2009, 89: 3531-3546.

[7] YU P, ZHANG L, DU L. Atomic simulations for packing changes of nano-sized Cu clusters embedded in the Fe bulk on heating [J]. Metals, 2021, 11: 934.

[8] KRESSE G, FURTHMUELLER J. Efficient iterative schemes for ab initio total-energy calculations using a plane-wave basis set [J]. Physical Review B, 1996, 54: 11169.

[9] BORN M, OPPENHEIMER R. Zur quantentheorie der molekeln [J]. Annalen der Physik, 1927, 389: 457-484.

[10] FOCK V. Näherungsmethode zur Lösung des quantenmechanischen Mehrkörperproblems [J]. Zeitschrift für Physik, 1930, 61: 126-148.

[11] KOHN W, SHAM L J. Self-consistent equations including exchange and correlation effects [J]. Physical

review, 1965, 140: A1133.

[12] JONES R O, GUNNARSSON O. The density functional formalism, its applications and prospects [J]. Reviews of Modern Physics, 1989, 61: 689.

[13] HARTREE D R. The wave mechanics of an atom with a non-Coulomb central field. Part I. Theory and methods [J]. Mathematical Proceedings of the Cambridge Philosophical Society, Cambridge Univ Press, 1928: 89-110.

[14] THOMAS H L. The calculation of atomic fields [J]. Mathematical Proceedings of the Cambridge Philosophical Society, 1927, 23 (5): 542-548.

[15] FERMI E. Un metodo statistico per la determinazione di alcune priorieta dell′atome [J]. RendAccad NazLincei, 1927, 6: 32.

[16] HOHENBERG P, KOHN W. Inhomogeneous electron gas [J]. Physical review, 1964, 136: B864.

[17] PERDEW J P, BURKE K, ERNZERHOF M. Generalized gradient approximation made simple [J]. Physical Review Letters, 1996, 77: 3965.

[18] PERDEW J P, BURKE K, ERNZERHOF M. Generalized gradient approximation made simple [J]. Physical Review Letters, 1997, 78: 1396.

[19] KRESSE G. J. Efficient iterative Schemes for ab initio total-energy calculations using a plane-wave basis set [J]. Physical Review B, 1996, 54: 169.

[20] LOUIE S G, CHELIKOWSKY J R, COHEN M L. Ionicity and the theory of Schottky barriers [J]. Physical Review B, 1977, 15: 2154.

[21] HAMANN D, SCHLÜTER M, CHIANG C. Norm-conserving pseudopotentials [J]. Physical Review Letters, 1979, 43: 1494.

[22] BACHELET G, HAMANN D, SCHLÜTER M. Pseudopotentials that work: From H to Pu [J]. Physical Review B, 1982, 26: 4199.

[23] HAMANN D. Generalized norm-conserving pseudopotentials [J]. Physical Review B, 1989, 40: 3980.

[24] KLEINMAN L, BYLANDER D. Efficacious form for model pseudopotentials [J]. Physical Review Letters, 1982, 48: 1425.

[25] TROULLIER N, MARTINS J L. Efficient pseudopotentials for plane-wave calculations [J]. Physical Review B, 1991, 43: 1993.

[26] SINGH D J, NORDSTROM L. Planewaves, Pseudopotentials, and the LAPW method [M]. USA: Springer Science&Business Media, 2006.

[27] ANDERSEN O K. Linear methods in band theory [J]. Physical Review B, 1975, 12: 3060.

[28] KRESSE G, FURTHMULLER J. Efficiency of ab-initio total energy calculations for metals and semiconductors using a plane-wave basis set [J]. Computational Materials Science, 1996, 6: 15-50.

[29] KRESSE G, JOUBERT D. From ultrasoft pseudopotentials to the projector augmented-wave method [J]. Physical Review B, 1999, 59: 1758-1769.

[30] PERDEW J P, BURKE K, ERNZERHOF M. Generalized gradient approximation made simple [J]. Physical Review Letters, 1996, 77: 3865.

[31] MONKHORST H J, PACK J D. Special points for Brillouin-zone integrations [J]. Physical Review B, 1976, 13: 5188-5192.

[32] ZUNGER A, WEI S, FERREIRA L G, et al. Special quasirandom structures [J]. Phys Rev Lett, 1990, 65 (3): 353-356.

[33] SHIN D, VAN DE WALLE A, WANG Y, et al. First-principles study of ternary fcc solution phases from special quasirandom structures [J]. Physical Review B, 2007, 76 (14): 144204.

[34] SHIN D, ARRóYAVE R, LIU Z-K, et al. Thermodynamic properties of binary hcp solution phases from special quasirandom structures [J]. Physical Review B, 2006, 74: 24204.

[35] GORDY W, THOMAS W J O. Electronegativities of the elements [J]. Journal of Chemical Physics, 1956, 24: 439-44.

[36] SLATER J C. Atomic radii in crystals [J]. Journal of Chemical Physics, 1964, 39: 3199.

[37] PAULING L. The Nature of the Chemical Bond [J]. Journal of the American Chemical Society, 1931, 53: 1367-1400.

[38] VOIGT D W. Ueber die Beziehung zwischen den beiden Elasticitätsconstanten isotroper körper [J]. Ann. Der Phy., 1889, 274: 573-587.

[39] REUSS A. CaLculation of the flow limits of mixed crystals on the basis of the plasticity of monocrystals [J]. Z Angew Math Mech, 1929, 9: 49-58.

[40] HILL R. The elastic behaviour of a crystalline aggregate [J]. Proc Phys Soc Sect A, 1952, 65: 349.

[41] SUN Y, E. BELTZ G, R. RICE J. Estimates from atomic models of tension-shear coupling in dislocation nucleation from a crack tip [J]. Materials Science & Engineering A, 1993, 170: 67-85.

[42] GRIFFITH A A. The phenomena of rupture and flow in solids [J]. Phil Trans Roy Soc London A, 1921, 221: 163-198.

[43] CHEN K, CHEN X, DING D, et al. Formation mechanism of in-situ nanostructured grain in cast Cu-10Sn-2Zn-1.5Fe-0.5Co (wt.%) alloy [J]. Materials & Design, 2016, 94: 338-344.

9 高强韧长寿命铜合金量子材料

9.1 概　　述

众所周知，金属材料比如钢、铜及铜合金、铝及铝合金、镁及镁合金等被广泛应用于船舶、汽车、飞机等制造行业中，随着现代科学技术的飞速发展，对金属材料的要求也越来越高，不仅要求材料具有更高的强度，而且对材料综合性能的全面提高也提出了要求。材料综合性能的全面提高是金属材料未来的发展趋势，提高金属材料强度的同时避免其他性能如伸长率、电导率、高温稳定性的损失，是以后材料科研工作者需要努力的方向。《科学》杂志上曾指出现代技术的发展亟须具备优异综合力学性能的金属材料[1]。金属材料的力学性能主要取决于其内部组织结构，因此可以通过优化金属材料的组织结构来改善其综合力学性能。晶粒细化和第二相弥散析出是优化组织结构的关键方法并普遍应用于金属材料的强化。对于细晶强化，根据霍尔-佩奇（Hall-Petch）公式，多晶金属材料的强度随着其晶粒尺寸的降低而提高[2-3]。尤其是超细晶材料（晶粒尺寸 d 约为 1 μm），可以实现室温下的超高强度和高温下的超高塑性[4]。目前，金属纳米材料可以通过大塑性变形（SPD）的手段制备超细晶材料，如等通道挤压（ECAP）[5-9]、高压扭转（HPT）[10-12]等，这种方法可以将金属材料的晶粒细化到 100～1000 nm 甚至小于 100 nm。但 SPD 方法只能制备毫米尺度的样品，并且有形状的限制，如只能制备圆柱状或立方体样品[5-12]。对于大尺度块状金属纳米材料的制备，目前已有如惰性气体凝聚原位加压法、机械合金化法等，但惰性气体凝聚原位加压法的工艺设备复杂、产量低、存在微孔隙等问题；机械合金化法易产生应力、杂质、污染及氧化[13]。相对而言，凝固过程中，深过冷及深过冷与其他晶粒细化手段相复合的方法可以避免上述制备工艺的不足。深过冷的状态可以显著加快冷却速度和凝固速率，利用该法制备块体纳米材料不仅能获得界面清洁、无微孔隙的块体纳米晶体，还可大大减少工序，降低成本。超细晶粒在快速凝固合金中的形成是在很大的过冷度下达到很高的形核率的结果[14]。尽管通过提高凝固速度可以细化合金的显微组织，甚至实现合金凝固组织的纳米化，但快速凝固是在极端的实验条件下实现的，存在尺寸或体积的限制，很难应用于块体金属材料的工业生产中[15]。因此，大块超细晶材料的制备仍然是一个难题。从改善材料综合性能的角度看，当金属材料的晶粒尺寸大于 1 μm 时，晶粒细化可以显著提高材料的强度而不会导致塑性的降低，而当金属材料的晶粒尺寸达到纳米尺度时（约为 1 μm），进一步的晶粒细化会伴随着塑性和韧性的恶化[1,16]。另有研究发现，当晶粒尺寸细化到某一临界尺寸以下后（比如纯铜的临界尺寸为 10～15 nm），金属材料会发生软化的现象，即强度下降[17]。

第二相强化是金属材料另一重要的强化手段。目前工业上主要使用的金属材料如钢、铜合金、铝合金等，主要用微米级和亚微米级的第二相粒子弥散强化。通常，这种微米级和亚微米级的第二相粒子在强化金属材料的同时会急剧地降低其塑性，其中高浓度的陶瓷型强化粒子对材料塑性的恶化尤为明显[18-25]。根据 Orowan-Ashb 模型，第二相的细化有利于材料强度和塑性的同时提高[26-29]。尤其当第二相细化到纳米尺度时，第二相颗粒与基体的界面保持着共格或半共格关系，位错与第二相的交互作用方式会发生改变，即纳米颗粒在阻碍位错运动的过程中，一部分位错可以沿着共格界面进入颗粒内部，从而减弱位错塞积，改善合金的宏观强韧性[30]。因此，细化金属材料内部的第二相，尤其是细化到纳米级别，成为改善材料性能的关键。利用第二相纳米颗粒提高金属材料的强度，是一种崭新的强化途径和思维[26,31-33]。如果具有共格或半共格界面的纳米增强相在基体中分布越均匀、数量越多，对材料的强化效果越好，同时对材料的伸长率的损害越低。为了获得具备合适尺寸（甚至达到纳米尺度）、形状、粒子间距和空间分布的第二相强化颗粒，常采用粉末冶金技术、内氧化法和喷雾沉积的方法制备弥散强化的合金[20,34-37]。然而，这些方法的制备工艺复杂、成本高、能耗大，很难应用在大块体大批量生产[20]。并且，机械合金化材料在后续的高温热处理过程中会伴随孔洞的产生，显著恶化材料性能[38]。

除了细晶强化和第二相强化，固溶强化和位错强化等也是金属材料的重要强化手段，它们都是通过在金属材料中引入内部点线缺陷或界面，使其在变形过程中与位错发生交互作用从而达到强化的效果，但这些内部缺陷阻碍位错运动的方法均不可避免地导致材料塑性的降低和脆性的提高，甚至会恶化金属材料的综合力学性能[39-42]。因此，强度和塑性的优化组合成为金属材料应用的巨大挑战。强韧双增新理论和新技术的提出是研发新一代高性能铜合金材料的关键。根据本书第 7 章和第 8 章的介绍，当金属材料中的强化因素（如晶粒、纳米二相、溶质元素等）以及彼此之间的间距均在 $10^{-10}\sim10^{-9}$ m 尺度，将诱发量子效应并引起强度和塑性会同时提高。为此，本章分别阐述了传统铜合金材料和近些年探索的铜合金量子材料，以期为读者提供一个实现金属材料强韧双增的全新思路。

9.2 传统铜合金材料

铜合金同时具备高的强度和可观的塑性才能保证其广泛、持久和安全地使用，高塑性铜合金通常强度太低而失去使用的可能性，然而，传统方式强化的铜合金在强度提高的同时又常常伴随着塑性的大幅度降低。在过去的 20 年里，弥散强化铜合金因其具有优良综合物理和力学性能成为广泛使用的新型复合材料[18-20,34-35]。此外，通过剧烈塑性变形的方法制备超细晶也成为铜合金材料的重要强化理念[4]。

9.2.1 弥散强化铜合金

弥散强化合金是指在金属基体中加入细小而又弥散分布的第二相颗粒，从而阻碍位错运动，使基体强度得到大幅度提高的一种复合材料。由于第二相颗粒在合金中含量少且弥散分布，所以合金仍具有铜基体高强度、高硬度、高电导率及高软化温度等特性。弥散强化铜合金是一类具有优良综合物理性能和力学性能的新型复合材料，因此被广泛应用在大型微波管结构、导电材料、转换开关、集成电路引线框架、触头及点焊接电极等方面[43-46]。对铜基体而言，目前研究比较多的弥散强化颗粒大多是外加的陶瓷粒子比如 Al_2O_3、硼化物（TiB_2）、碳化物（SiC，TiC）及氮化物，并且文献中报道的强化颗粒尺寸大多数是微米级或亚微米级的[19-20,34-35]。由于引入的颗粒尺寸比较大且与基体的浸润性不好，第二相与基体界面是非共格的，位错运动过程中，由于不能穿过第二相颗粒而在界面处发生塞积，导致应力集中和微裂纹形成，图 9-1 显示了裂纹尖端释放的位错在富铁纳米颗粒附近的迁移、堆积，以及纳米微孔在颗粒/基体界面的形核、长大[29]，这种情况将以牺牲材料的塑性为代价来提高材料承载塑性变形的能力[1,20,39]。因此，这些微米级颗粒的引入在强化金属基体的同时会显著恶化材料的塑性。为了获得具备合适大小（甚至达到纳米尺度）、形状、间距和分布的第二相强化颗粒，粉末冶金、机械合金化、内氧化法、溶胶-凝胶法（Sol-Gel）、化学沉淀法等工艺常用来制备弥散强化铜合金。

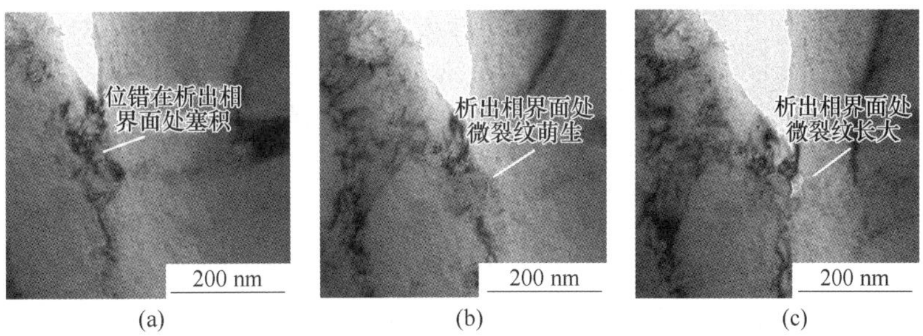

图 9-1　单轴拉伸下裂纹在 Cu-1.5Fe-0.5Co 合金中扩展的原位 TEM 照片

机械合金化[47]是将不同的粉末在高能球磨机中球磨，粉末经磨球的碰撞、挤压，重复地发生变形、断裂、焊合，原子间相互扩散或进行固态反应而形成合金粉末。通过机械合金化法制备复合粉末主要有两类：（1）将基体铜与陶瓷颗粒在高能球磨机中长时间研磨，使金属原料达到原子级水平的紧密结合状态，同时将硬质粒子均匀地嵌入金属颗粒中，得到复合粉末；（2）将欲合金化的元素粉末按一定配比机械混合，通过机械合金化过程中的化学反应原位生成弥散强化相。采用该法引入纳米颗粒相，可以避免纳米颗粒单独制备过程复杂、成本高、易团聚的缺点，而且制备的复合粉末具有良好的界面效应。

内氧化法[47]是利用化学上的热还原反应原理，将不稳定的化合物粉末加入合金粉末中，使合金中的组元与加入的化合物发生热还原反应，生成所需的更加稳定的增强相颗粒。随后将混合粉末压制—烧结，制成复合材料。目前为止，内氧化法的发展已经相对成熟，其产品的综合性能也得到了国内外的一致肯定，但是该工艺也存在一些难以忽略的缺点：比如采用简单的烧结工艺无法得到真正的全致密化、全冶金化的金属基材料，高温烧结时材料的综合性能进一步恶化等问题。同时内氧化法制备弥散强化铜基复合材料工艺比较复杂，生产周期长，这就直接造成了生产成本过高，产品质量难以精确控制，难以实现自动化和规模化生产。

化学沉淀法[48]主要是通过化学方法，先从所需基体金属和相应数量的另一适用金属的盐类溶液中沉淀出不可溶解的化合物的混合物（多为氢氧化物或碳酸盐），再对其进行还原处理，使基体金属还原，而伴生金属则以氧化物的形式保留下来，最后将获得的混合粉末通过挤压等工艺固化成型的工艺方法。利用化学沉淀法可以获得细小的弥散相，制备的弥散强化铜合金导电性能较好，但制得的复合粉末受还原工艺和原料纯度的影响，烧结制品性能较差，工序繁杂，生产效率较低，成本较高。

溶胶—凝胶法[49]是最近开发的制备弥散强化铜的新工艺，它通过 Sol-Gel 法制得初生态的 Al（OH）$_3$溶胶后，加入还原铜粉，制取 Al_2O_3/Cu 复合粉末，然后进行热压烧结，得到超细 Al_2O_3弥散强化铜材料，其工艺过程容易控制、成本低，制得的弥散强化铜不仅强度和导电性能好，而且致密度高，高温稳定性好。

粉末冶金[50]是制取金属粉末或用金属粉末（或金属粉末与非金属粉末的混合物）作为原料，经过成型和烧结，制取金属材料、复合材料及各种类型制品的工业技术。近年来，粉末冶金铜基复合材料的增强相越来越细，向纳米级方向发展，常用的增强相有硼化物、氧化物、碳化物、氮化物及硅化物，还有 Fe_2P、Co_2P 等一系列中间相。粉末冶金法是最早用来制造金属基复合材料的方法，虽然有很多优点，如可实现多种类型的复合充分发挥各组元材料的特性，是一种低成本生产性能复合材料的工艺技术，但由于基体和增强相在尺寸、形状、物理化学性能上有很大差别，提高增强相与基体的润湿性，提高基体与增强相之间的界面结合强度，从而提高复合材料的综合性能将依然是金属基复合材料的难点。

综上所述，第二相颗粒尤其是微米级的颗粒在强化合金的同时会恶化其塑性，因此有必要细化颗粒到纳米尺度，从而明显地提高铜合金材料的综合力学性能。弥散颗粒强化铜合金材料已经得到了广泛的应用，但利用外加强化颗粒手段制备的铜基复合材料仍存在着很多问题，比如颗粒尺寸不易控制、颗粒分布不均（颗粒容易产生偏聚）、颗粒/基体界面关系差，以及对基体自身凝固组织无明显优化作用；再者，外加增强相制备铜基复合材料，生产工艺要求比较高，生产工艺时间长，造价昂贵，这些问题的存在都限制了弥散强化铜合金的发展。

9.2.2 超细晶铜合金

细晶强化[51]是通过细化晶粒的方法提高材料强度。因为细晶材料在受力变形时，外力可分散在更多的晶粒内进行，塑性变形较均匀，应力集中小；此外，晶粒越细，晶界面积越大，晶界越曲折，越不利于裂纹的扩展，因此在常温下的细晶金属比粗晶金属有更高的强度、硬度、塑性和韧性。细晶强化遵循 Hall-Petch 公式[2,3]，但 Hall-Petch 公式不能描述 10 nm 以下晶粒的强度，因为如此小的晶粒无法承载位错的堆积[52]。研究发现，晶粒细化到 1 μm 以下时，它可以实现室温下的超高强度和高温下的超高塑性[4]。正是由于超细晶（ultrafine grained，UFG）材料（晶粒尺寸 $d<1$ μm）的高强高塑性，它的制备也引起了广泛的关注。

剧烈塑性变形（severe plastic deformation，SPD）因其强大的晶粒细化能力，成为细化多晶体材料内部组织至亚微米级甚至纳米级的重要方法。目前，常见的 SPD 工艺方法包括等通道转角挤压、高压扭转、累积叠轧及多向锻造等，并被用于 Al、Cu、Mg 和 Ti 等金属材料领域[53]。等通道转角挤压[5-9]是一种通过对块体材料施加剧烈的塑性形变直接细化其内部晶粒以制备块体纳米晶材料的方法。目前，等通道转角挤压技术已经成为剧烈塑性成形技术中发展最为快速的技术之一。其原理是将试样在一定挤压力下通过两个轴线相交且截面尺寸相等并成一定角度的通道，试样在挤压力下发生纯剪切变形进而达到细化晶粒的目的，等通道转角挤压原理如图 9-2 所示。

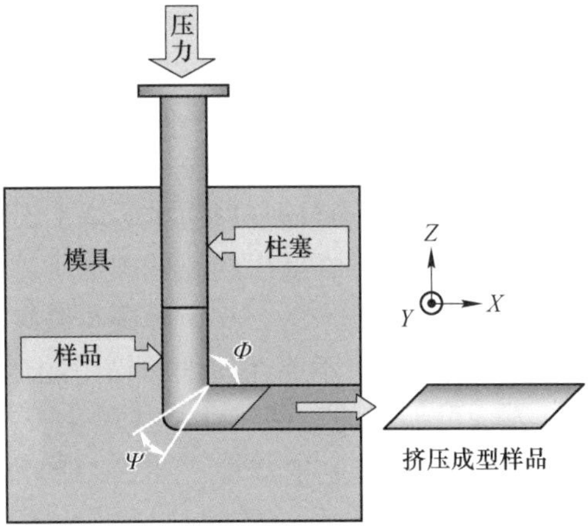

图 9-2 等通道转角挤压原理图[4]

高压扭转[53]是由布里奇曼（Bridgman）第一次提出并逐步发展的剧烈塑性变形工艺。图 9-3 所示为薄片盘状试样高压扭转原理图。采用此装置变形时，将薄片盘状试样施以吉帕级的高压使其发生扭转。由于变形试样的尺寸不发生改变，试样的外侧可引入较大的剪切应变，使金属材料发生剧烈塑变，晶粒尺寸将不断减小直至形成超细晶甚至纳米晶粒。同时由于材料在许可的压力和试样外压力的作用下，受模具的影响，使得材料在类似于静压力的条件下发生剪切变形，因此，尽管其材料应变量很大，试样却不易发生破裂。

累积叠轧（accumulative roll bonding，ARB）是由日本大阪大学斋藤（Saito）等人首次提出并逐步发展起来的制备纳米结构材料的一种变形方法。采用累积叠轧大变形方法制备超细晶材料可以实现其连续化制备，但在累积叠轧过程中为了消除加工硬化、裂边及界面复合，轧制过程必须在一定的温度下进行，这样便降低了超细晶材料的制备效率[54-55]。其原理是一个板块材料的不断堆叠和轧焊的过程（见图 9-4）。在该过程中，首先将一块原始板材有序地放置于另一块板材上面，通过传统轧焊加工使板材轧焊在一起，在必要的时候对堆层之间进行表面处理以提高其结合强度，然后从中间板材剪开分成两部分，再将这两部分进行表面处理、堆叠，最后进行循环轧焊。整个过程需在低于再结晶温度的高温条件下进行，若温度过高易使材料出现再结晶，将抵消叠轧过程中所产生的累积应变；若在较低温条件下则将导致延展性及结合强度的下降。

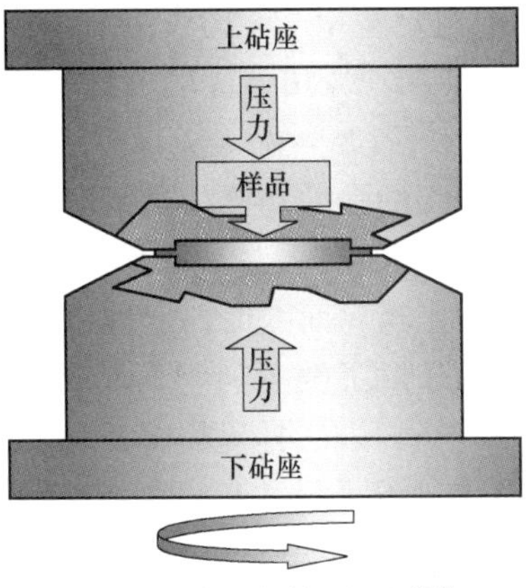

图 9-3 高压扭转原理图[4]

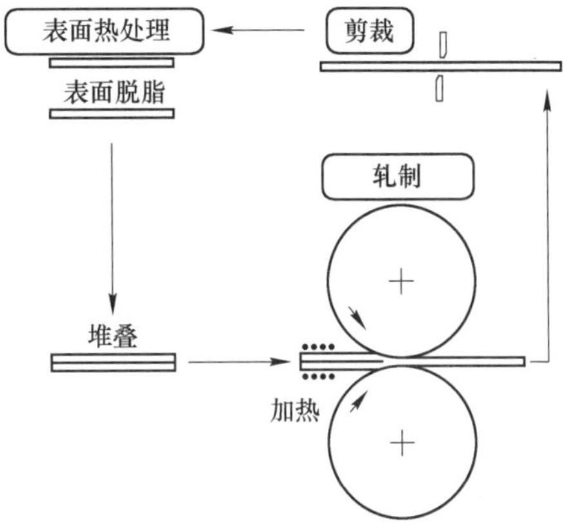

图 9-4 累积叠轧原理图[54]

综上所述，剧烈塑性变形是一种有效的制备超细晶乃至纳米晶材料的方法，使传统材料的性能获得大幅度的提高与改善。与未变形或小变形的粗大晶粒材料相比，剧烈塑性变形制备的金属材料所获得的超细晶及高缺陷密度使其具有更高的强度，然而这样的组织特点也将使其延展性下降。比如，Segal[56]研究了 Armco 钢经 ECAP 工艺变形后其强度、伸长率和挤压道次的关系，发现抗拉强度随挤压变形道次的增加而增强，在 1 道次挤压后其抗拉强度从 300 MPa 增大至 750 MPa，并在随后的 8 道次挤压过程，其抗拉强度均呈增强的趋势，然而其延塑性却显著降低，从原来的20%下降到 8 道次挤压后的百分之几。这种延塑性的急剧下降是由于塑性变形中位错不能在超细晶粒中的产生和运动所致[57]。从工艺方法上说，目前多数 SPD 方法可加工的工件尺寸往往很小，并且需要大功率的设备及昂贵的模具，以致于难以广泛应用于工业生产中，如 ECAP 和 HPT 工艺；另外，一些 SPD 方法存在着工件变形过程中出现疲劳裂纹的问题，如 ARB。根据本节的论述，第二相弥散强化和超细晶强化的思路均得到广泛的研究，但两者都在各自的强化方法和制备工艺方面存在着弊端。如果能改变常规思路，打破已有常规方法的束缚，尝试结合两者的优点，在简单的工艺条件下（如铸造工艺）制备出高强高塑性的铜合金，这种方法和原理必将极大地改变现有铜合金强化的现状。

9.3　铜合金量子材料

第 7 章和第 8 章内容指出，金属材料中纳米团簇或纳米颗粒尺寸及彼此之间的间距均在 $10^{-10} \sim 10^{-9}$ m 范围内时，铜合金的强度和塑性同时提高，这主要是电子-电子之间的相互作用结果，该结果以在上述章节中从理论上得以证明。据此，纳米团簇或纳米颗粒尺寸和间距均在 $10^{-10} \sim 10^{-9}$ m 的铜合金材料具有“量子效应”，本章将该类铜合金定义为“铜合金量子材料”。然而，如何在实际生产中制备铜合金量子材料，成为实现强度和延展性同时提高的关键问题。

在现有的理论和技术条件下，制备纳米团簇或纳米颗粒尺寸及间距均在 $10^{-10} \sim 10^{-9}$ m 的金属量子材料仍有很大难度。事实上，在目前工业上主要使用的钢铁、铜合金、铝合金等金属材料主要采用微米、亚微米颗粒弥散强化。而在实际生产中如何制备尺寸和间距均为 $10^{-10} \sim 10^{-9}$ m 的第二相是一项重大难题。事实上，将晶粒尺寸和第二相尺寸（特别是晶粒尺寸）细化到 $10^{-10} \sim 10^{-9}$ m 尺度是非常困难的，一般都在 $10^{-5} \sim 10^{-8}$ m 尺度。近些年，王自东等人开展的理论和技术研究使尺寸和间距均在 $10^{-10} \sim 10^{-9}$ m 的第二相制备成为可能，其关于晶核生长理论的系统结果表明，在晶核生长阶段，在一定的窗口期内沿晶体的特定方向发生了向内回熔的物理现象，在该窗口期施加的强剪切流强化了向内回熔，甚至使晶体在接近成核大小的阶段发生分裂，从而产生大量的纳米晶体。此外，其理论分析表明，第二相晶体的生长速率与界面浓度梯度呈正相关，当界面浓度梯度趋近于零时，第二相生长速率也趋近于零。在以上理论指导下，作者开发了复合剪切力铸造技术和“多点区域微量供给”技术，用于在合金中引入高数量密度的纳米粒子，前者已在 Cu-Fe-Co、Cu-1.5Fe-0.1Sn、Cu-10Sn-2Zn 合金体系中原位制备了尺寸和间距均在 $10^{-10} \sim 10^{-9}$ m 的纳米富铁颗粒，这些纳米铁粒子突破了电子-电子交互作用所需的极限尺度，产生了量子效应，实现了铜合金强度和塑性同时大幅度提高。

9.3.1 复合剪切流作用下纳米第二相颗粒的分裂机制

金属熔体中的晶体（包括第二相和基体的晶体）生长是材料科学领域的核心问题，对金属材料的终态力学和物理性能起到决定性作用。当金属熔体的温度降低形成一定过冷度时晶体开始形核，随着晶核的生长，凝固界面的形态不稳定性将导致其发生球状晶到胞晶、树枝晶或柱状晶等多种形态演变。自 20 世纪 40 年代始，材料与数学两个领域的科研工作者针对金属熔体中晶体的扩散生长动力学开展了大量研究，相继建立了多个晶体界面形态微结构凝固理论，包括马林斯（Mullins）和赛克卡（Sekerka）的界面形态绝对稳定性理论（M-S 理论）和微观可解性条件理论（Microscopic solvability conditions 理论，MSC 理论）等。其中，M-S 理论阐释了金属凝固过程中晶核机制（纳米和亚微米尺度，如图 9-5 红色圈标记），该理论指出当晶体半径达到其临界形核半径的 7 倍左右时界面生长失稳，失稳后的界面进一步演化为晚期粗大的树枝晶或柱状晶（微米及宏观尺度）。需要指出的是，前期理论重点研究了金属熔体中晶体形核后生长的稳定生长阶段，以及晚期生长阶段的动力学机制（图 9-5 蓝色圈标记），即直接跨越到球晶界面失稳后的生长阶段，缺乏对晶核生长阶段界面形态演变的研究（图 9-5 红色圈标记），而依据现有的界面形态微结构凝固理论难以在铸造过程中获得原位纳米第二相强化合金。

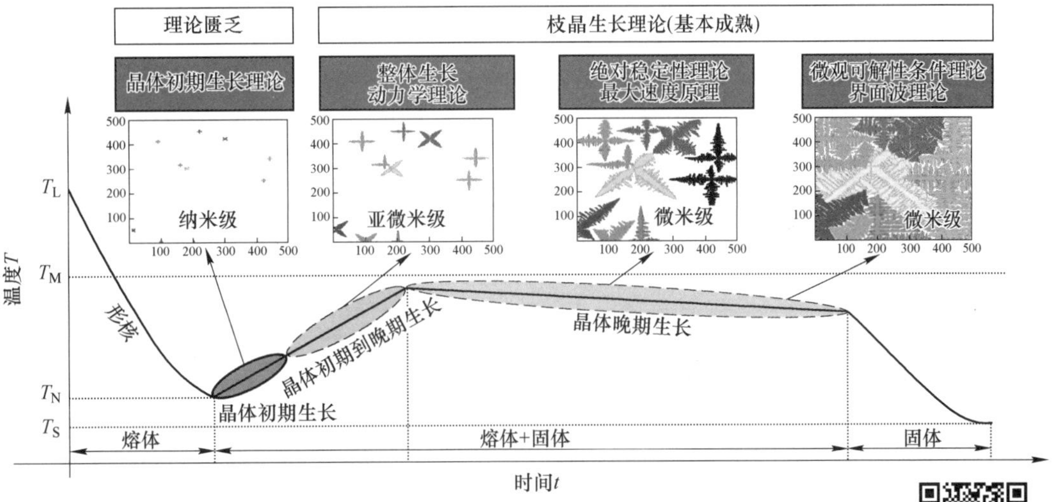

图 9-5 金属凝固过程中晶体形核及生长示意图

彩图

此外，前人针对纳米弥散强化的研究多采用熔体凝固过程中外加纳米颗粒[58-60]，以及凝固后的变形、时效热处理过程中过饱和固溶体的脱溶沉淀[61-62]，但前者存在外加纳米颗粒粉末在熔体中易团聚及颗粒不均匀的问题，后者存在析出不均匀（如形成晶界无析出带）和纳米颗粒不稳定等问题。事实上，金属熔体凝固过程中原位析出第二相的纳米化则能避免上述方法的弊端，从而有效优化合金的组织性能。熔体中原位第二相纳米化不仅能够使纳米强化粒子在合金基体中弥散析出，同时能为基体熔体提供大量纳米形核质点，显著细化基体的晶粒组织，形成原位纳米颗粒-细微晶组合结构（即大量的纳米颗粒弥散分布在细化后的基体晶粒内部），纳米弥散强化和细晶强化的综合作用可实现大块体金属材料强度和塑性的同时提升。由此可见，针对金属熔体中第二相纳米化这一问题的深入研究对高强度、高塑韧性金属材料的设计和研发意义重大，有助于拓宽纳米相强韧化技术的应用空间，突破金属量子材料的尺度限制，最大限度地提高金属材料综合性能水平，满足现代技术发展对高综合性能金属合金的迫切需求，全面理解和认识金属熔体中第二相晶体的形成、演变和纳米化方法势在必行。

本节阐述了以原位纳米第二相强化高性能金属材料制备为目标，开展的集材料科学与应用数学为一体的交叉研究。在该项研究中，研究者通过结合数学解析法和材料科学实验研究复合剪切流作用下铜合金熔体中富铁纳米第二相晶体生长机制，建立第二相晶核生长阶段的对流—扩散生长—分裂的动力学模型，利用数学解析法求出了整个熔体区域内流场、温度场、浓度场和颗粒界面形态一致有效的近似解，突破晶核生长的界面微结构凝固理论，揭示复合剪切流作用下铜合金熔体中原位纳米第二相颗粒的形成机理。

在实际固体材料中，由于晶体结构的存在，很多物理量（包括扩散系数、界面能、界面动力学系数等）依赖于取向，是各向异性量。这些物理量的各向异性特征可对凝固过程动力学与界面稳定性机制以致对界面微结构图案的形成与选择造成重要的影响。本书第 1~4 章建立了晶体形核后生长的理论模型，成功地将熔体过冷度、各向异性表面能、熔体剪切对流、扩散系数等物化参数引入晶核的生长中，建立了熔体中纳米第二相颗粒晶核生长的对流—扩散生长—分裂的动力学模型。采用数学解析法求出了整个熔体区域内流场、温度场、浓度场和颗粒界面形态一致有效的近似解，获得了第二相生长过程中的颗粒尺寸形态、流场特征、温度分布和浓度分布。

基于纳米第二相颗粒晶核生长动力学模型构建及求解的研究，确立了表面能各向异性和剪切流作用下凝固过程中纳米颗粒生长的稳定性，探索了纳米颗粒向内回熔并最终分裂所需的流场、温度场、浓度场条件。数学理论计算和计算机数值模拟表明，铜熔体中富铁第二相球晶界面生长过程中出现“向内生长”的阶段，晶体生长过程中存在溶质再分配的现象，导致溶质在液固界面前沿发生聚集（见图 9-6（a）），这种聚集势必导致界面熔点的降低（见图 9-6（b））并促进回熔现象发生。晶体在各向异性表面张力、熔化潜热及复合剪切流作用下，凹陷进一步加深，促使晶体发生分裂现象。

铜合金熔体中第二相纳米化的实现是用现有的界面形态微结构理论方法无法得到的，基于复合剪切流理论，作者所在团队设计并研制出凝固过程中在熔体内部提供径向和切向电磁复合剪切流的装置，如图 9-7 所示。现有合金的铸造多是在温度场不均匀条件下进行，由于凝固过程中边缘的温度和中心温度不同，中心温度高，因此传统铸锭组织是由表面细小等轴晶、柱状枝晶和中心粗大等轴晶组成。同时，温度梯度的存在会引起铸锭中缩

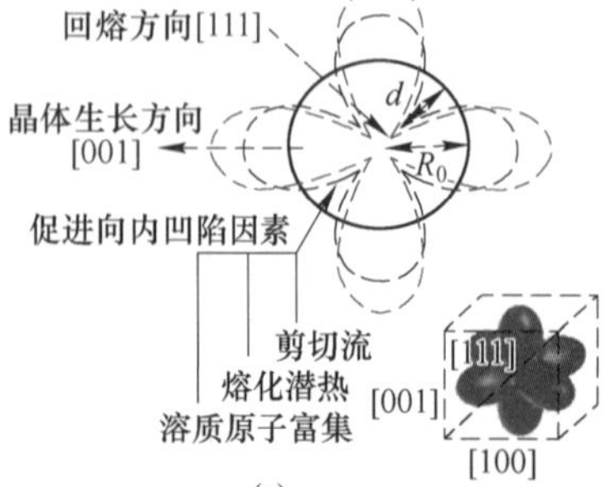

(a)

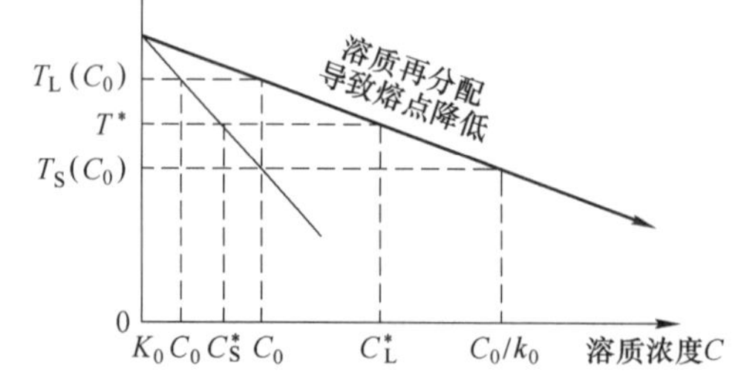

(b)

(c)

图 9-6 第二相颗粒晶核生长动力学模型及生长稳定性

(a) 晶体生长过程中在多因素作用下的演变；(b) 溶质再分配对晶体熔点的影响；

(c) 电磁作用下晶体生长-分裂行为

彩图

孔、偏析等问题。基于复合剪切流具备均匀温度场的能力，充分考虑铝硅合金在晶粒形核、长大过程中所受流场、温度场、浓度场等外部条件的作用，设计出可通过复合剪切流实现均匀温度场，满足超低温度梯度铸造技术的装置，如图 9-7 所示。放置在锭模室中的旋转机构可实现此过程，设计的旋转式行星装置产生复合剪切流场，其运动原理如图 9-7 所示。在铸锭凝固过程中在熔体内部提供径向 U_1 及切向 U_2 的复合剪切流，远离铸模中心的熔体相对铸模中心的熔体温度低，在径向剪切流作用下，左边缘温度较低的熔体不断地向铸模的中心运动，使中心熔体温度降低，同时铸模中心的熔体不断地向右边缘运动，使右边缘熔体的温度上升；在切向剪切流的作用下，把右边缘熔体带到左边缘，重复上述运动，从而实现熔体温度场的均匀化。另外，基于上述复合剪切流理论，强烈的复合剪切流促进晶体生长过程中的分裂和细化，最终引起合金组织中第二相的细化。

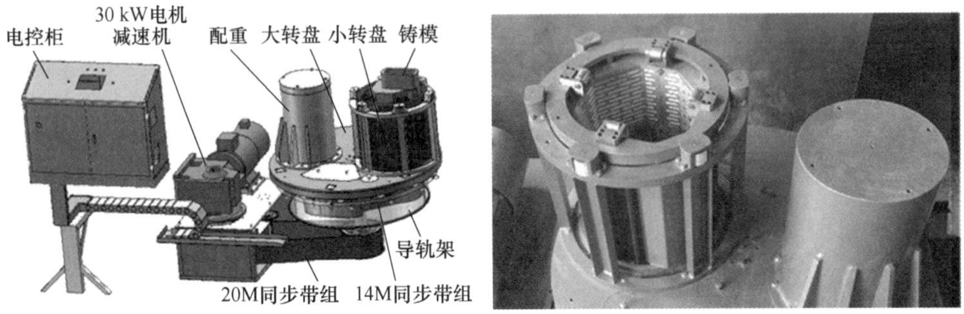

(a) (b)

图 9-7 旋转式行星浇铸机结构及实物

本章采用图 9-7 中复合剪切流铸造设备制备铁元素的合金化的铸态 Cu-12Sn-1.5Ni 合金，采用电磁感应熔炼技术，快速加热使原材料熔化，缩短熔炼时间，减少对合金的损耗，合金熔化后过热至 1300 ℃，在 1300 ℃保温 20~25 min。减小感应炉的加热功率，使温度降低至 1200~1250 ℃，从加热炉中取出烘干后的铜箔包裹的铜磷脱氧剂，将其压入合金熔体中脱氧并随之进行打渣，结束后静置 2~4 min；静置结束后，减小感应炉的加热功率，使温度降低至 1200 ℃后浇铸到旋转式行星浇铸机的铸型中（见图 9-7）。离心盘转速为 1.6 Hz，转速比为 1∶3，合金较高的浇铸温度是为了提高复合剪切流处理时合金的流动性。采用 TEM 分析不同复合剪切流铸造 Cu-12Sn-1.5Ni-1.5Fe 合金中微纳尺度和纳米尺度组织结构的影响规律。图 9-8 中 TEM 暗场像显示了合金中析出相的微结构特性，在 Cu-12Sn-1.5Ni-1.5Fe 合金中，大量的纳米颗粒弥散分布在铜基体中，证实了复合剪切流作用下熔体中富铁第二相颗粒的分裂和纳米化机制。

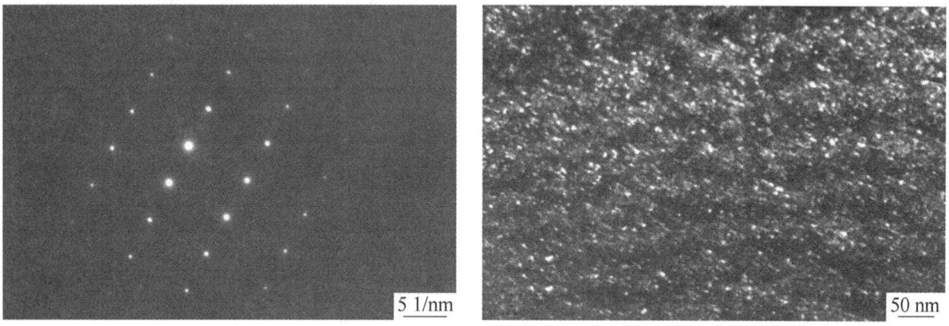

(a)　　(b)

图 9-8　Cu-12Sn-1.5Ni-1.5Fe 合金 TEM 表征

(a) [$\bar{1}12$]$_{Cu}$ SADP 照片；(b) 利用 (1$\bar{1}$1)$_{Cu}$斑点获得的对应 TEM 暗场像

9.3.2　铜合金量子材料案例

综合分析和评估以上理论和实验结果，以锡青铜合金和纯铜为对象设计添加不同含量的 Fe 元素，并利用复合剪切流铸造工艺控制铜合金熔体的温度场、浓度场和流场，调控富铁第二相颗粒的尺寸、数量、形态和分布，制备出原位纳米颗粒强化的铸态 Cu-10Sn-2Zn-Fe 合金和 Cu-Fe 并表征分析其组织性能，揭示工艺-组织-性能之间的关联规律，掌握了熔体中第二相纳米化的关键工艺参数。

通过微量铁元素的合金化、感应熔炼和复合剪切流铸造工艺在铸态 Cu-10Sn-2Zn 合金和纯铜中制备出原位纳米第二相颗粒强化的铜合金量子材料，进而使合金强度和塑性同时大幅度提高。具体步骤如下：

（1）先将坩埚、所有原材料、铜箔包裹的铜磷脱氧剂、铸型、过滤片、浇道等在加热炉中烘干去水。此烘干过程是为了使浇铸时熔体中产生的气体大大减少，以保证铸件的质量。

（2）原材料加热完成后，立刻将电解铜块、纯锡块、铜锌合金和纯铁片放入坩埚。

（3）采用电磁感应熔炼技术，快速加热使原材料熔化，缩短熔炼时间，减少对合金的损耗，合金熔化后过热至 1300 ℃，在 1300 ℃保温 20~25 min。足够时间的保温配合电磁感应的搅拌作用能保证 Cu、Sn、Zn、Fe 元素（尤其是铁元素）在熔体中充分混合均匀。

（4）1300 ℃保温过程接近结束时，及时取出烘干的铸型、浇道、过滤片，装配好放在合适的浇铸位置。此时铸型、浇道、过滤片等表面和内部的水分已被充分烘干除去，以保证铸件质量。

（5）减小感应炉的加热功率，使温度降低至 1200~1250 ℃，从加热炉中取出烘干后的铜箔包裹的铜磷脱氧剂，将其压入合金熔体中脱氧并随之进行打渣，结束后静置 2~4 min。

（6）静置结束后，减小感应炉的加热功率，使温度降低至 1150~1200 ℃，将铜合金熔体浇注入旋转式行星装置的铸型中进行复合剪切流处理，如图 9-7 所示，其中离心盘转速设置为 1.6 Hz，转速比为 1∶3。

9.3.2.1 锡青铜合金量子材料

王自东等人针对第二相弥散强化和超细晶强化思路在各自的强化方法和制备工艺方面存在的弊端，提出了通过凝固工艺制备原位纳米颗粒增强铜合金的理念，即在凝固过程中通过纳米颗粒在高温熔液中的原位析出，并且纳米第二相颗粒弥散分布在细微晶内部，从而实现大块体金属材料强度和塑性的同时提升。首先，王自东等人通过复合剪切流铸造工艺制备了富铁纳米颗粒增强的铸态锡青铜合金，将所浇铸的两种合金试样进行力学性能测试得到室温下两种合金的铸态力学性能，如图 9-9（a）和表 9-1 所示。可以看出，抗拉强度和屈服强度分别由原来的 225 MPa 和 128 MPa 提升到 463 MPa 和 215 MPa，同时伸长率由原来的 12%提升到 28%。可见，铸态 Cu-10Sn-2Zn-1.5Fe-0.5Co 合金的强度和塑韧性同时大幅度提高。

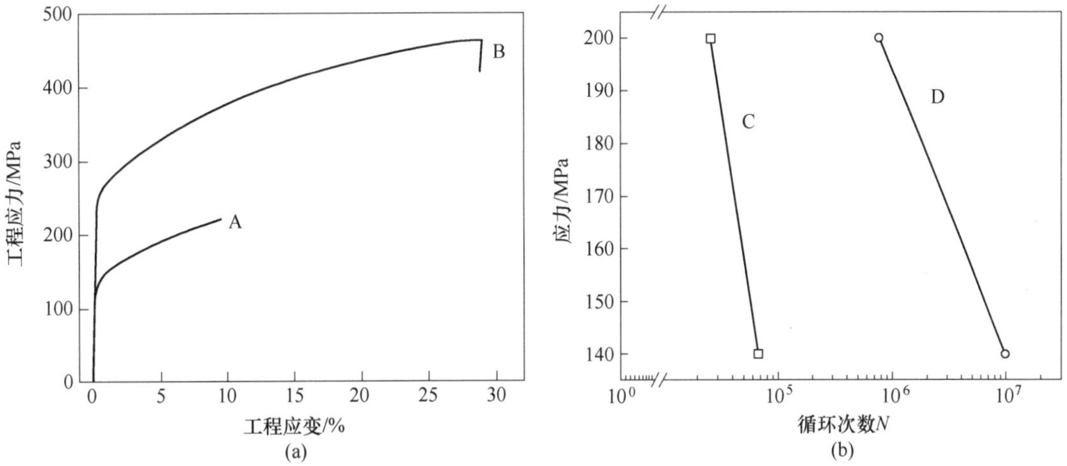

图 9-9 铸态合金工程应力-应变曲线（a）和疲劳寿命（b）对比

A—Cu-10Sn-2Zn 合金；B—Cu-10Sn-2Zn-1.5Fe-0.5Co 合金

C—Cu-12Sn-1.5Ni 合金；D—Cu-12Sn-1.5Ni-2.0Fe 合金

表 9-1 铸态 Cu-10Sn-2Zn 和 Cu-10Sn-2Zn-1.5Fe-0.5Co 合金的常温力学性能

合　金	抗拉强度/MPa	屈服强度/MPa	伸长率/%
Cu-10Sn-2Zn（质量分数）/%	225	128	11.5
Cu-10Sn-2Zn-1.5Fe-0.5Co（质量分数）/%	463	215	28

王自东等人通过复合剪切流铸造工艺制备了富铁纳米颗粒增强的铸态 Cu-12Sn-1.5Ni 青铜合金，通过金属材料疲劳试验轴向应力控制法（GB/T 3075—2008），在室温应力比 $R=-1$ 和 50 Hz 频率正弦波加载条件下，通过施加 140 MPa 和 200 MPa 应力值比较两者疲劳寿命，其中疲劳极限循环周次设置为 10^7 次。在 140 MPa 应力条件下，无 Fe 青铜合金

的疲劳寿命为67919周次，而富Fe纳米颗粒青铜合金通过了10^7循环周次，相比于原始合金提高了2个数量级；当应力值继续增加到200 MPa时，原始合金循环周次下降到25801周次，此时纳米颗粒青铜合金循环周次仍然高出原始合金29.5倍，达到761218周次。对比可以发现，通过复合剪切流及富Fe纳米相强化的青铜合金其高周疲劳寿命在低应力水平下大幅提升，同时在高应力条件下也能保持较高水平，如图9-9（b）所示。

Fe、Co元素对铸态铜合金凝固组织也产生了显著的影响，凝固过程中富铁纳米颗粒在铜熔液中的提前析出以及富铁纳米颗粒将与铜基体发生交互作用，如图9-10（a）所示，整个过程包括固态铁、钴原材料与铜熔液的固液掺杂、高温合金熔液中铁和钴原子的均匀化、富铁纳米颗粒的提前析出、铜原子吸附层的形成、“铜包铁”纳米颗粒的诱发形核，以及“铜包铁”纳米颗粒的自发捕捉。可以看到，原位纳米颗粒可以同时作为晶粒细化剂和弥散强化相来优化合金的组织性能。制备这种结构合金的重点是要实现4个关键因素：（1）纳米颗粒在热力学上满足在基体熔液中提前析出的条件；（2）纳米颗粒与基体在晶体学上的相似性，最小化颗粒与体积的晶格匹配错配度，加强异质形核的潜力以及为颗粒捕捉过程创造热力学有利条件；（3）采取合适的铸造工艺，比如本文中的感应加热和复合剪切流铸造，促使纳米颗粒在熔液中具有适当的尺寸、尺寸分布范围及空间分布，保证纳米颗粒的形核效率和布朗运动过程中的交互作用；（4）纳米颗粒具有高于基体的哈梅克常数A，为纳米颗粒的自发捕捉提供负的范德华力。通过以上过程制备出的青铜合金组织发生了明显的变化，在光学显微镜下观察，如图9-10（b）所示，铸态Cu-10Sn-2Zn合金呈现典型的枝晶结构，包括发达的一次枝晶臂和二次枝晶臂，局部还有三

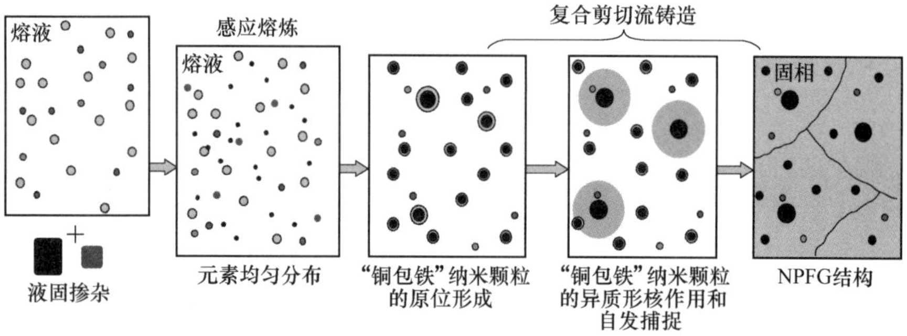

(a)

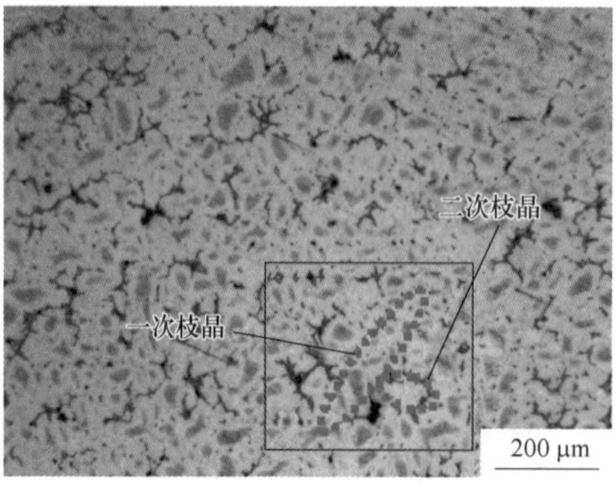

(b)

(c)

(d)

彩图

图 9-10 侵蚀后铸态合金显微组织

（a）原位纳米增强增韧铜合金材料的原子制造过程；（b）Cu-10Sn-2Zn 金相照片；（c）相机拍摄获得的 Cu-10Sn-2Zn 宏观照片；（d）Cu-10Sn-2Zn-1.5Fe-0.5Co 金相照片

次枝晶臂存在，一次枝晶臂的尺寸很大平均约为 200 μm，此外枝晶臂之间还分布着暗黑色的富锡 δ 相。图 9-10（c）所示为侵蚀后铸态 Cu-10Sn-2Zn 合金的宏观照片，可以看出直径为 3 mm 的粗大的等轴晶粒，图 9-10（b）中的枝晶组织就位于该等轴晶粒内部。在图 9-10（d）中，铸态 Cu-10Sn-2Zn-1.5Fe-0.5Co 合金的凝固组织得到了显著的细化，出现明显的柱状晶-等轴晶转化（columnar to equiaxed transition，CET），等轴晶粒的平均尺寸为 23 μm，这样一个晶粒细化和 CET 转化的现象暗示着富铁纳米颗粒在铜熔液中提前析出并随后诱发铜液异质形核从而细化基体晶粒。

图 9-11 所示为铸态 Cu-10Sn-2Zn-1.5Fe-0.5Co 合金的 SEM 和 EDS 数据，图 9-11（a）和（b）显示大量的黑色近球状颗粒弥散分布在铜基体中，其中大多数颗粒的尺寸达到了纳米级别。根据 EDS 分析，确定出这些黑色纳米颗粒为富铁相，如图 9-11（c）所示。在图 9-11（a）中，高数量密度的富铁纳米颗粒镶嵌在微米级铜基体晶粒（20～40 μm）的内部，形成了前文所提的纳米颗粒-细微晶组合结构，即 nanoparticle（NP）-fine grains in microscale（FG），结构，简称 NPFG 结构。值得注意的是，极少数的铜晶粒核心附近存在

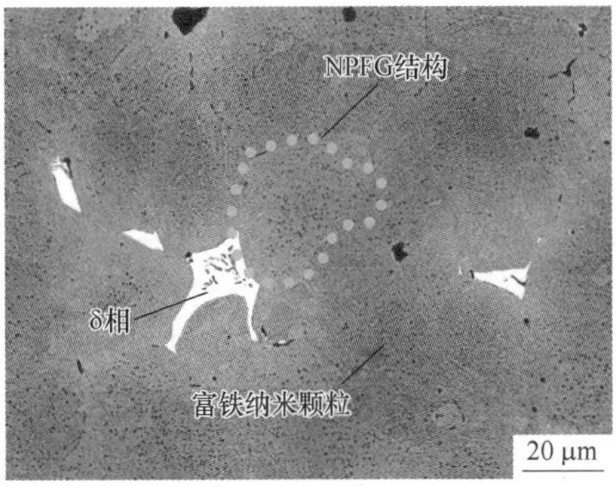

(a)

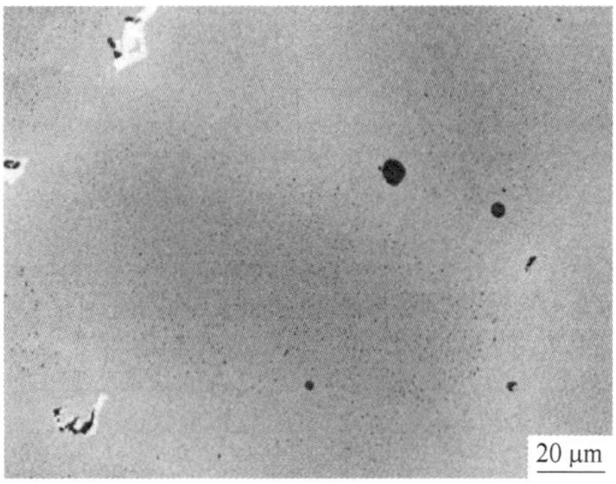

(b)

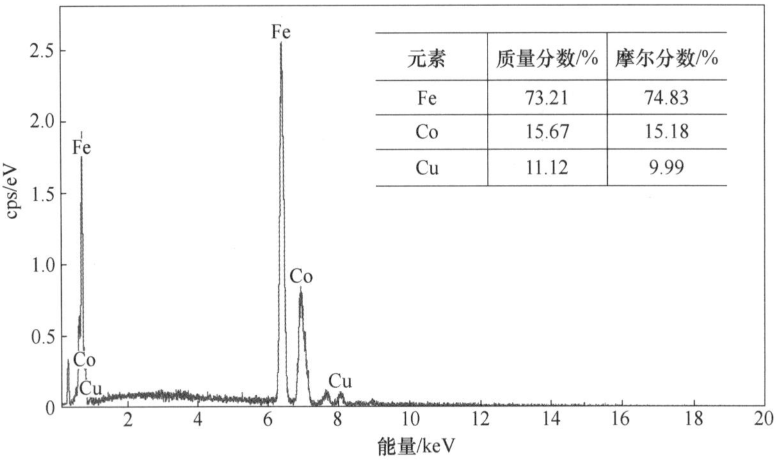

(c)

图 9-11　铸态 Cu-10Sn-2Zn-1. 5Fe-0. 5Co 合金中的纳米富铁相

(a) 侵蚀后的合金 SEM 照片；(b) 未侵蚀的合金 SEM 照片；(c) SEM 照片中暗黑色纳米颗粒的成分

一个相对较大的黑色富铁颗粒，但多数晶粒核心附近的富铁纳米颗粒很小而无法从图中清晰的观测到，这说明很多晶粒的形核核心并不是以最大颗粒为基底诱发的。此外，由于每个晶粒的内部都分布着大量的富铁纳米颗粒，这些晶粒的形核应当至少与其中一个颗粒有关。

图 9-12 所示为针对两种铸态合金中脆性 δ 相的形貌所做的微观组织对比，在图 9-12 (a) 和 (b) 中，侵蚀后的铸态 Cu-10Sn-2Zn 合金中亮白色的脆性 δ 相在枝晶间分布频繁且几乎完全连在一起，EDS 结果显示亮白色区域为富锡偏析相。相反，在铸态 Cu-10Sn-2Zn-1. 5Fe-0. 5Co 合金中，只有极少量的亮白色 δ 相分布在等轴晶晶界处（多在三叉晶界处），大多数区域都是无富锡相区。除了极少量不连续的零星 δ 相外，铸态 Cu-10Sn-2Zn-1. 5Fe-0. 5Co 合金的微观组织主要是由铜基体和晶内高数量密度的富铁纳米颗粒组成。显然，原位富铁纳米颗粒增强的锡青铜合金的富锡偏析相相对于原始合金显著减少，这一组织形貌的改善归因为弥散分布的富铁纳米颗粒。为了方便后续对于富铁纳米颗粒抑制锡偏析的分析，对 SEM 照片中颗粒的尺寸分布和数量进行了分析和统计。图 9-12 (f) 所示为

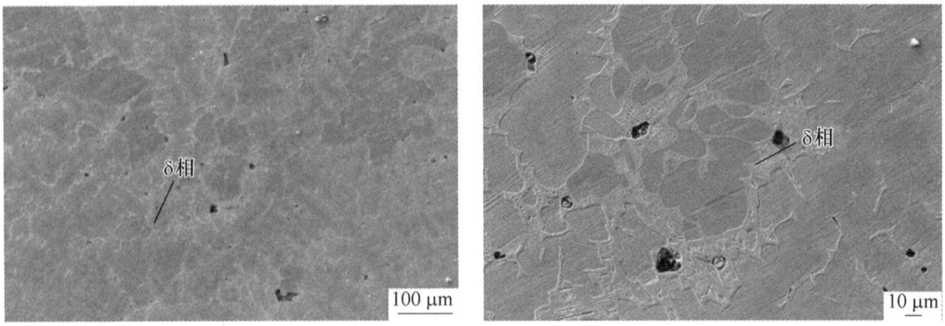

(a)　　(b)

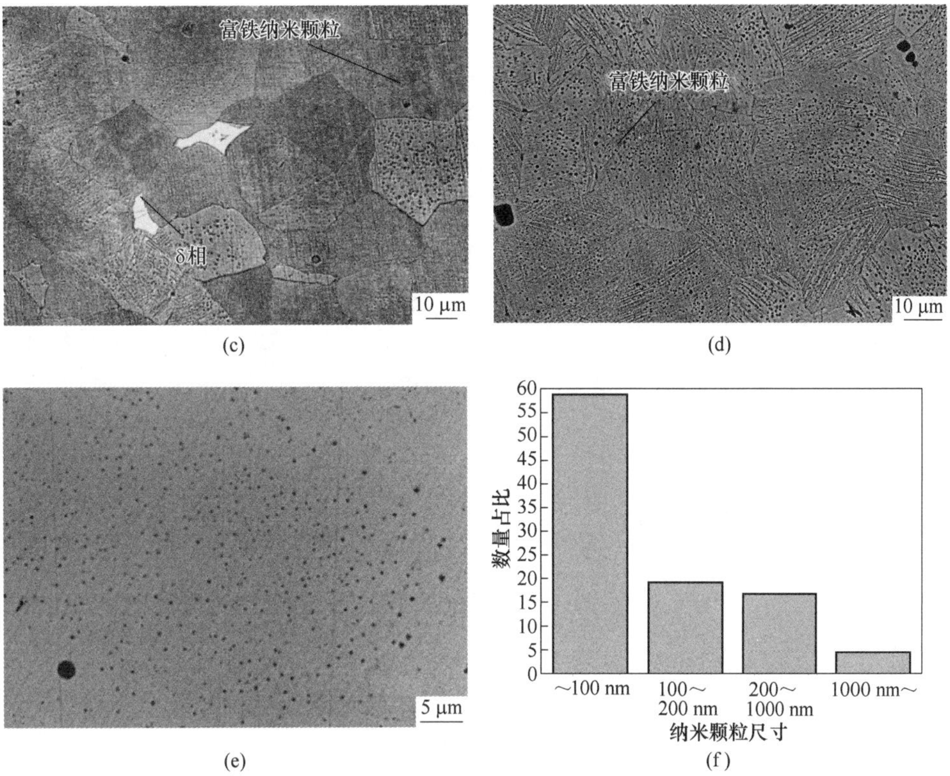

图 9-12 两种铸态合金的微观组织对比

(a)(b)侵蚀后的 Cu-10Sn-2Zn 合金；(c)(d)侵蚀后的 Cu-10Sn-2Zn-1.5Fe-0.5Co 合金；
(e)未侵蚀的 Cu-10Sn-2Zn-1.5Fe-0.5Co 合金中富铁纳米颗粒分布放大图；
(f)图(e)中富铁纳米颗粒的尺寸分布

利用 Image-Pro Plus 6.0 软件统计图 9-12（e）中富铁颗粒尺寸和数量的结果，可以看到，绝大多数富铁颗粒的尺寸均在 100 nm 以下，次之是在 100~1000 nm 之间，只有不到 4% 的颗粒达到微米级。当然，由于 SEM 图片中 100 nm 以下的富铁颗粒的清晰度不是很高，统计上可能存在误差，但这并不影响该统计结果对于其尺寸分布状况的反映，对于富铁纳米颗粒更加细致的研究将由 TEM、Cs-corrected STEM 和 APT 来完成。

利用 TEM、HRTEM 和 Cs-corrected STEM 表征，发现铜基体中分布着大量弥散均匀分布的纳米颗粒（见图 9-13），对纳米颗粒的晶体学特征进行了精细表征，TEM-EDS 结果证实铜合金中纳米颗粒为富铁相。富铁颗粒存在球状和花瓣状两种形态：一类是直径 2~20 nm 近球状富铁纳米颗粒，多为 fcc 结构且与基体保持 cube-on-cube 取向关系，也存在 K-S 取向的 bcc 结构和 N-W 取向的 bcc 有序结构；另一类是花瓣状富铁纳米颗粒，尺寸为 20~150 nm，其中 30 nm 的花瓣状颗粒表征为 fcc 结构。富铁纳米颗粒内部的莫尔条纹被用于颗粒结构和取向的分析，K-S 取向的 bcc 富铁纳米颗粒的莫尔条纹平行于铜基体的 $(\bar{3}1\bar{1})_{Cu}$ 面。

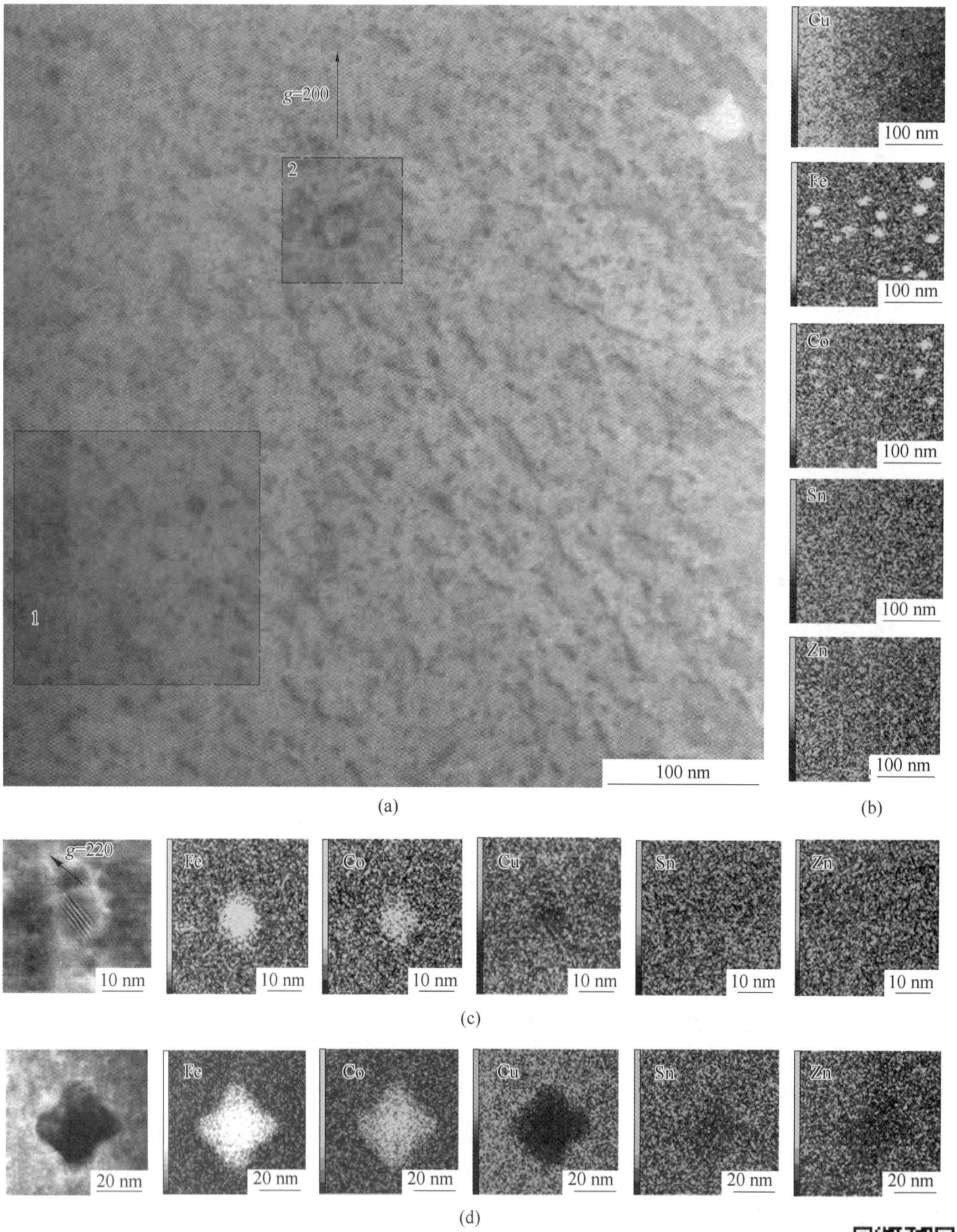

图 9-13　铸态 Cu-10Sn-2Zn-1.5Fe-0.5Co 合金中
不同尺度和形貌的纳米颗粒的成分分析
(a) 电子束入射方向接近〈001〉$_{Cu}$晶带轴拍摄的低倍 STEM-BF 照片；
(b) 图 (a) 中区域 1 的元素面扫描像；(c) 内部存在莫尔条纹的纳米颗粒
STEM-BF 照片及其元素面扫描像；(d) 花瓣状纳米颗粒的 STEM-BF 照片及其元素面扫描像

彩图

图 9-14（a）所示为镶嵌于铜基体中近球状富铁纳米颗粒的高分辨图片，观察沿着 $[110]_{Cu}$ 方向，对其中一个纳米颗粒（位置 1）和铜基体（位置 2）进行傅里叶转换 FFT 分析，两者的 FFT 图谱完全一致，如图 9-14（b）和（c）所示。进一步利用球差矫正 HAADF-STEM 对富铁纳米颗粒进行了原子尺度的分析。HAADF-STEM 图像的衬度取决于各元素的原子序数，原子序数越大的元素，其 HAADF 图像衬度就越亮，反之亦然。图

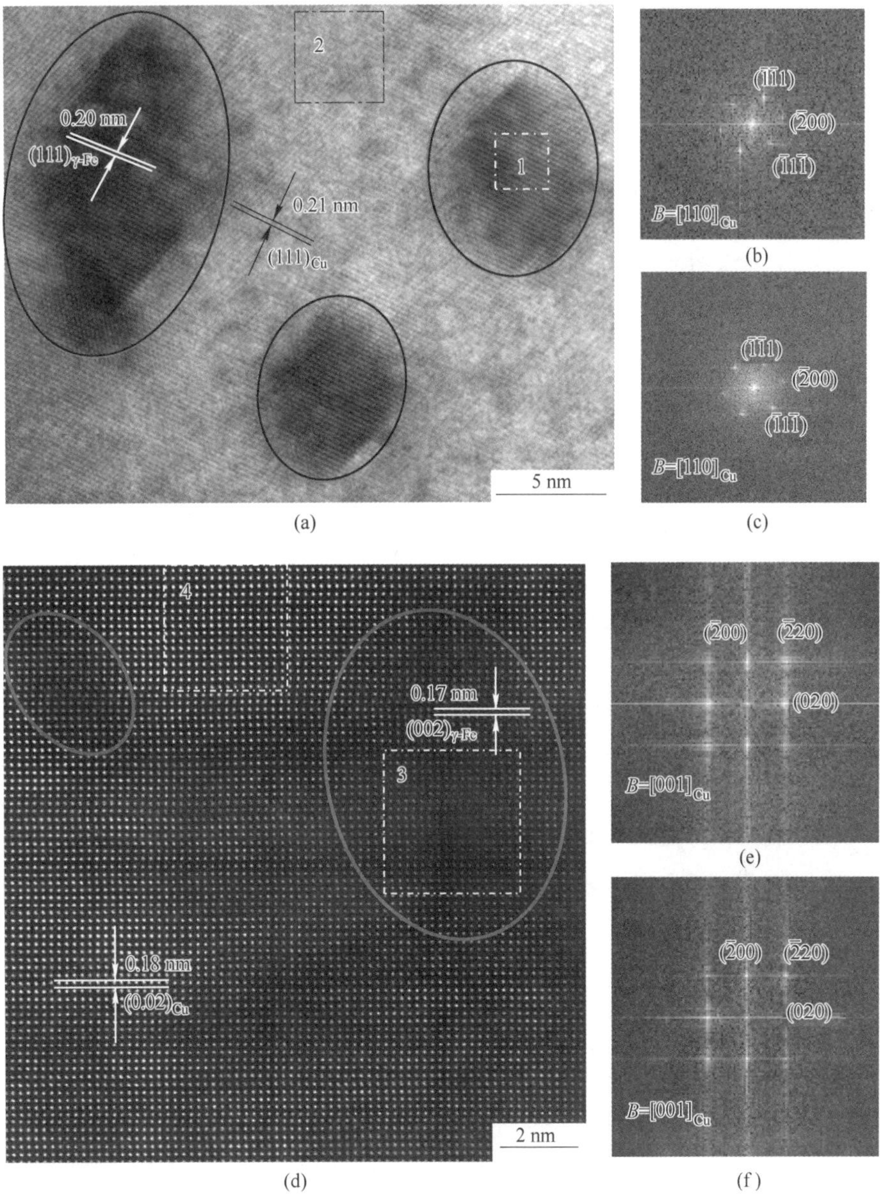

图 9-14 铸态 Cu-10Sn-2Zn-1.5Fe-0.5Co 合金中 fcc 富铁纳米颗粒的 HRTEM 和 Cs-corrected STEM 图像及其 FFT 图谱

（a）电子束平行于 $\langle 110\rangle_{Cu}$ 方向拍摄的高分辨照片；（b）（c）图（a）中位置 1 和位置 2 对应的 FFT 图谱；（d）去除背底后原子尺度分辨率下的 HAADF-STEM 照片；（e）（f）分别为图（d）中位置 3 和位置 4 对应的 FFT 图谱

彩图

9-14（d）所示为铸态 Cu-10Sn-2Zn-1.5Fe-0.5Co 合金原子尺度分辨率下 HAADF-STEM 照片，电子束入射方向接近〈001〉$_{Cu}$。图中一个直径 3~5 nm 近球状富铁纳米颗粒（暗衬度区域）镶嵌在白亮衬度的铜基体中。根据前人的研究结果，暗黑衬度的区域有时会存在有序结构。在图 9-14（d）所示的暗衬度区域中，不同衬度的原子无序分布在纳米颗粒中，并未发现不同元素周期性交替排列在晶面上。进一步对图 9-14（d）中的纳米颗粒（位置 3）和铜基体（位置 4）进行 FFT 转换，如图 9-14（e）和（f）所示，两者的 FFT 图谱完全一致，且没有出现反映有序化的超点阵斑点。将不同晶带轴下的 FFT 图谱与标准衍射图谱对照，可以确认图 9-14（a）和（d）中的富铁纳米颗粒和基体均为 fcc 结构。此外，Cu、fcc Co 和 γ-Fe 的晶格参数分别为 0.3615 nm、0.3548 nm 和 0.3562 nm，对应的晶面间距与图 9-14（a）和（d）中测得的晶面间距一致，因此，这些近球状富铁纳米颗粒均为 fcc 结构而且与基体满足 cube-on-cube 取向关系。

图 9-15（a）所示为沿着［110］$_{Cu}$方向拍摄的单个近球状富铁纳米颗粒的高分辨照片，颗粒内部存在铁颗粒和铜基体衍射干扰产生的莫尔条纹，对应着图 9-15 中的颗粒。这些条纹几乎平行于铜基体的（$\bar{3}1\bar{1}$）$_{Cu}$晶面（与（$\bar{1}1\bar{1}$）$_{Cu}$晶面相差约 26.6°），测得的莫尔条纹间距为 0.98 nm。通过图 9-15（a）傅里叶转换获得 FFT 斑点图谱，如图 9-15（b）和（c）所示，其中图 9-15（b）为与基体对应的斑点图谱，标定结果与［110］$_{Cu}$晶带轴下的标准衍射图谱一致；图 9-15（c）所示为与整个图 9-15（a）HRTEM 照片对应的 FFT 斑点图谱，假定纳米颗粒与基体保持 K-S 取向（即（110）［$1\bar{1}\bar{1}$］$_{α\text{-}Fe}$//(111)［$01\bar{1}$)］$_{Cu}$），标定结果应如图 9-15（c）所示，铜基体外多余的斑点与沿着［$1\bar{1}\bar{1}$)］$_{α\text{-}Fe}$晶带轴方向的衍射图谱对应。图 9-15（c）中箭头标记的斑点并不是 fcc 铜基体或者 bcc 富铁纳米颗粒的斑点，它们可能是由于二次衍射或者透射薄片试样氧化造成的。

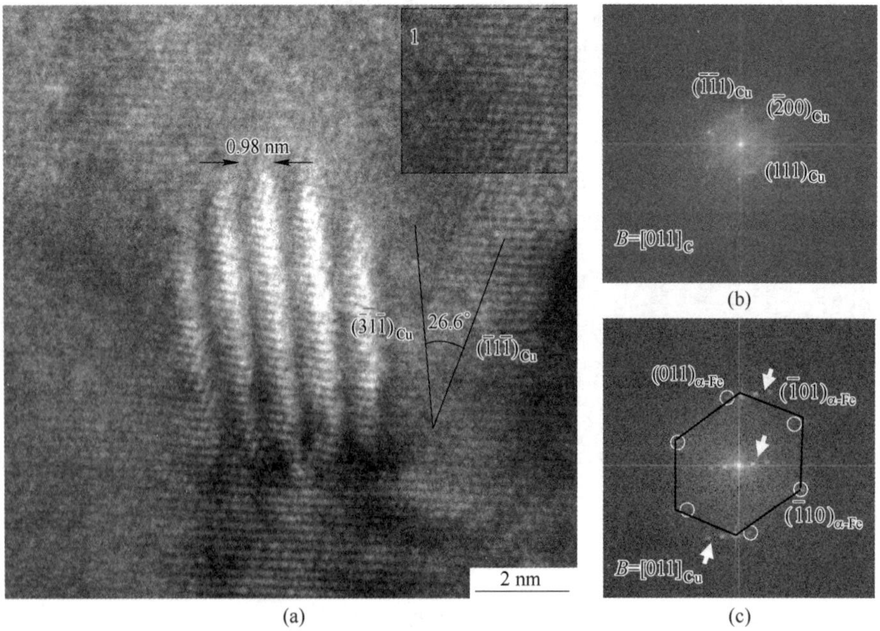

图 9-15　铸态 Cu-10Sn-2Zn-1.5Fe-0.5Co 合金中 bcc 富铁纳米颗粒的 HRTEM 图像及 FFT 图谱

（a）电子束平行于［011］$_{Cu}$方向拍摄的单个富铁纳米颗粒的高分辨照片；（b）图（a）中与位置 1 对应的 FFT 图谱；（c）与整个图（a）对应的 FFT 图谱，铜基体和富铁纳米颗粒的斑点分别用黑色直线和白色圆框标记根据上述的组织性能分析结果，原位纳米颗粒增强的铸态 Cu-10Sn-2Zn-1.5Fe-0.5Co 合金的强度和塑性同时大幅度提高，远远超过了原始合金的力学性能，而这种新型合金组织结构的一个典型特征就是具备大量富铁纳米颗粒均匀分布在细化后的微米级基体晶粒内部，这种组织结构特征是合金具有优异力学性能的主要原因。基于晶核生长理论和复合剪切流凝固技术，设计并进行了 Cu-10Sn-2Zn-1.5Fe 合金在剪切流动条件下的熔体凝固实验。利用透射电镜（TEM）对 Cu-10Sn-2Zn 和 Cu-10Sn-2Zn-1.5Fe 合金的微观组织，特别是铜基体中的纳米相进行了表征。铸态 Cu-10Sn-2Zn 合金中没有析出相的分布，Cu-10Sn-2Zn-1.5Fe 合金的铜基体中分散着大量的纳米级析出相。经统计，析出相的平均半径为 2.5 nm±1.4 nm，平均颗粒间距为 5.9 nm±2.5 nm，均在 10^{-9} m 的尺寸尺度内。在凝固过程中，熔体中原位形成的铁晶体在成核后的晶核生长阶段受到强烈的剪切流动，铸态下得到了2~20 nm 大小的铁晶体/颗粒。剪切流动实验中铁颗粒的大小与晶核生长理论得到的分裂子颗粒的大小一致。铜合金熔体中第二相细化到纳米尺度，现有的界面形貌微观结构理论和技术方法是无法实现的。这种铁纳米颗粒增强 Cu-10Sn-2Zn-1.5Fe 合金强度和延展性的同时增强与前述章节中 fcc Fe 纳米团簇增强 Cu-Zn-Sn 固溶体强度和延展性的理论结果一致。现有的实验结果从侧面表明，当铁粒子在尺寸和距离上均达到 10^{-9} m 尺度时很有可能产生量子效应，从而实现了强度和塑性的同步提升，具体的机制还有待更细致的实验证明。更重要的是，铸态 Cu-10Sn-2Zn-1.5Fe-0.5Co 合金中的量子结构是在铸造过程中原位形成的，因此可以广泛应用于块体复杂形态的金属或合金的大批量生产。

9.3.2.2 纳米铁颗粒强化纯铜量子材料

前文中，通过在 Cu-10Sn-2Zn-1.5Fe-0.5Co 合金铸造过程中外加铁、钴原材料的方法制备出了具有量子效应的新型锡青铜合金，合金铸件的综合力学性能大幅度提高。本节将通过复合剪切流铸造工艺在纯铜中引入具有量子效应的结构，采用相同的铸造过程制备了纯铜、Cu-(1.0~3.0)Fe-0.5Co 合金和 Cu-1.5Fe-0.1Sn 合金，对晶内富铁纳米颗粒的强化机制进行了探讨。

为了研究 Fe、Co 含量和微量 Sn 对铸态纯铜、Cu-Fe-Co 和 Cu-1.5Fe-0.1Sn 合金凝固组织的影响，分别从不同铜铸件样品的相同位置截取金相试样，经过处理后，在肉眼和光学显微镜下观察，得到金相组织，如图 9-16 所示。纯铜铸件呈现不均匀的晶粒尺寸（见图 9-16 中的误差线）和形态（对比图 9-16（a）和图 9-17），以及不均匀的缩孔尺寸（不同部位尺寸波动 1~60 μm，见图 9-16（a）和图 9-17（c））。加入铁、钴后，Cu-Fe-Co 合金基体晶粒发生典型的 CET 转化，且等轴晶尺寸随着铁含量的增加而缩小（见图 9-16（b）~（e））。图 9-16（f）是 1.5 铁含量对锡青铜合金的晶粒细化的效果，与图 9-16（c）对比不难发现，一定铁含量的 Cu-Fe-Co 合金的晶粒尺寸显著大于相同铁含量的锡青铜合金。两类合金具有相似的晶粒细化趋势，即当铁含量较低时（≤1.5%），平均晶粒尺寸随着铁含量增加大幅度减小，而铁含量（质量分数）超过 1.5%后，铁含量的进一步增加产生的细化幅度显著减少，尤其是锡青铜合金在铁含量（质量分数）大于 1.5%后出现了晶粒尺寸变化的平台。可以从两方面解释这一趋势：（1）铁含量较低时，富铁纳米颗粒的数量和尺寸分布宽度不足，细化效应小；铁含量增加，富铁纳米颗粒的数量密度和尺寸分布宽度也相应增加，它们作为高潜力的形核核心显著细化基体晶粒。（2）首先形核的晶体长大过程中会释放潜热产生复辉，从而阻碍其他富铁纳米颗粒获得形核所需的过冷度以至于这些颗粒不能成为形核核心。因此，晶粒细化效应不是随着铁含量增加无限增强。

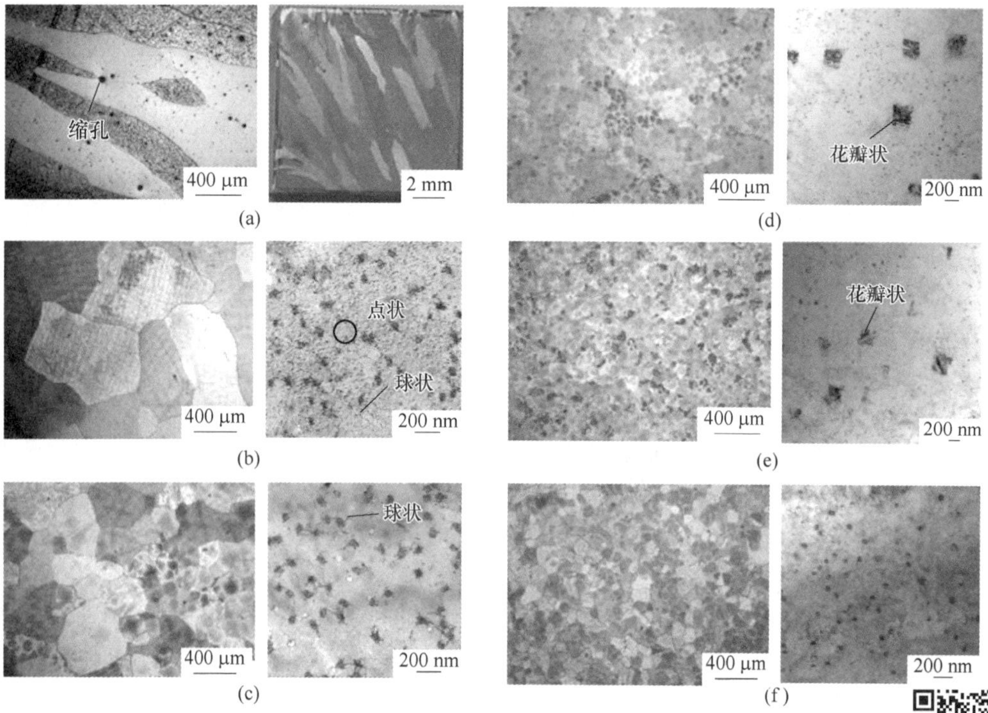

图 9-16　铸态组织

（a）纯铜；（b）Cu-1.0Fe-0.5Co；（c）Cu-1.5Fe-0.5Co；
（d）Cu-2.0Fe-0.5Co；（e）Cu-3.0Fe-0.5Co；（f）Cu-1.5Fe-0.1Sn

彩图

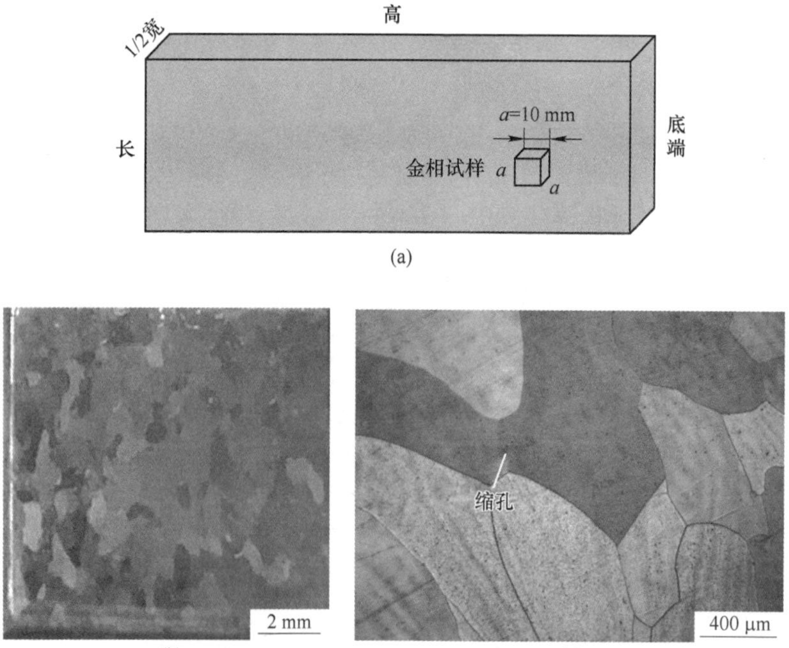

图 9-17　金相样品及其形貌

（a）金相样品位置示意图；（b）宏观晶粒形貌；（c）高倍金相照片

彩图

从 Cu-Fe-Co 和 Cu-1.5Fe-0.1Sn 合金铸件的相同部位截取试样并制备成透射圆薄片，进行 TEM 观测。图 9-18（a）~（d）、图 9-19（a）~（f）、图 9-20（a）~（d）和表9-2 和表9-3 给出了 Cu-Fe-Co 合金的 TEM 结果。在 Cu-(1.0，1.5) Fe-0.5Co 合金中，高分布密度的点状和球状颗粒弥散分布在铜基体中（见图 9-18（a）(b）和图 9-19（a）(b)(e）和（f）。其中，表 9-2 只罗列了球状和花瓣状富铁纳米颗粒的统计结果。随着铁含量的提高，较大尺寸的花瓣状颗粒出现在 Cu-(2.0，3.0）Fe-0.5Co 合金中，同时周边分布着大量的点状和球状颗粒（见图 9-18（c）（d）和图 9-19（c）（d））。同个晶粒中的花瓣状颗粒的分支（或凸缘）沿着基体的同一取向对称生长，如图 9-18（c）和（d）中右下角箭头标记。花瓣状并未在 Cu-(1.0，1.5) Fe-0.5Co 合金中发现，表明铁含量强烈影响颗粒形态。除了形态的演变，随着铁含量的增加，颗粒的尺寸和数量密度分别随之增大和降低（见图 9-20 和表 9-2)，此处的统计只考虑了球状（20~120 nm）和花瓣状(100~500 nm）形态的颗粒。纳米颗粒的尺寸分布宽度也随着铁含量的增加而变大，如图 9-20 所示，这些结果表明富铁纳米颗粒的尺寸、尺寸分布和形态强烈地依赖于合金中的铁含量。所有的合金中都存在点状纳米颗粒（<20 nm，白色圆圈标记，见图 9-18（a）~（d）)，但因为分布在铜基体中的点状颗粒数量巨大并且轮廓模糊，很难进行测量和统计。点状颗粒的尺寸在各合金中没有明显差异，大致为 2~20 nm，但由于颗粒尺寸小而且数量繁多无法确定精确的尺寸。

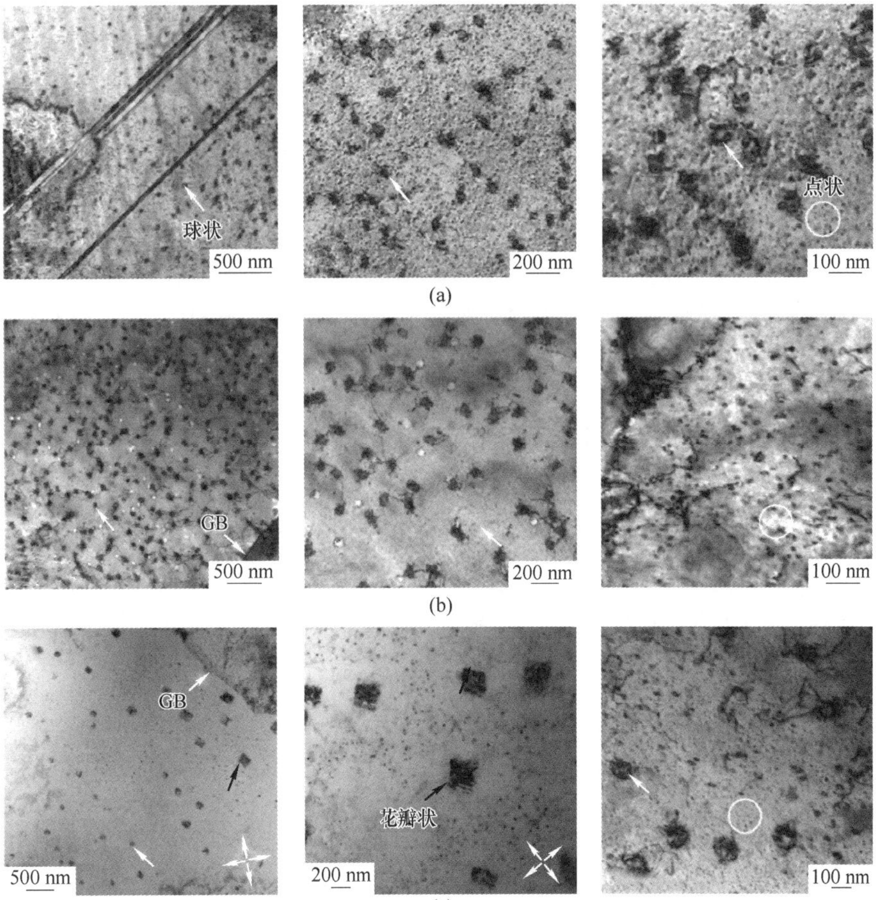

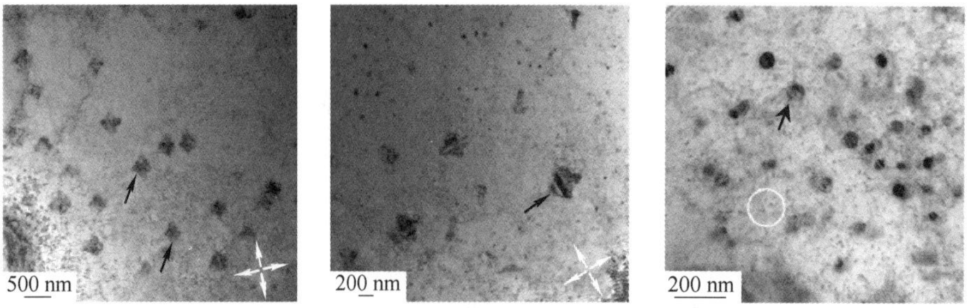

(d)

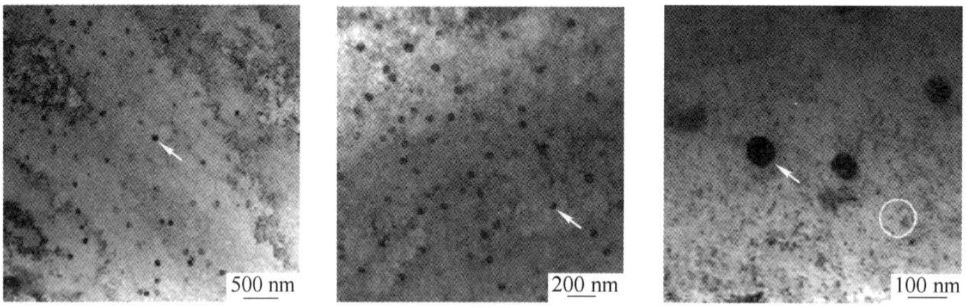

(e)

图 9-18　铸态 Cu-Fe-Co 合金的 TEM 明场相（图片显示铜合金中主要存在三种不同的富铁纳米颗粒，包括点状、球状和花瓣状，分别由白色圆圈、白色箭头和黑色箭头标记。同一晶粒中所有花瓣状颗粒的对称分支沿着统一的取向生长，见图（c）中右下角 4 组白色箭头标记）

（a）Cu-1. 0Fe-0. 5Co；（b）Cu-1. 5Fe-0. 5Co；（c）Cu-2. 0Fe-0. 5Co；（d）Cu-3. 0Fe-0. 5Co；（e）Cu-1. 5Fe-0. 1Sn

EDS 面扫描图表明上述的点状（见图 9-19（f））、球状（见图 9-19（a）、（b）和（e））和花瓣状（见图 9-19（c）和（d））颗粒均是富铁、钴成分；颗粒的尺寸随着铁含量的增加而增大，颗粒的形态也随之演变（见图 9-19（a）~（d））。由于镶嵌于甚至埋在基体中，点状纳米颗粒的铁、钴成分在面扫描图中的显示比较微弱，因此用白色箭头在图 9-19（f）中进行标记。结合 TEM-EDX（TE）和 Thermo-Calc 软件，进一步对这些富铁、钴颗粒进行分析。TEM-EDX 测试结果见表 9-3，进一步验证了纳米颗粒的富铁、钴成分，且铁含量是钴的数倍。球状颗粒由于尺寸较小，透射电镜的 EDS 分辨率有限，其成分受基体影响大，铜的含量偏高。通过 Thermo-Calc 软件，得到了 Cu-Fe-Co 合金的相图分析和热力学计算结果，此处以 Cu-3. 03Fe-0. 53Co（%）合金为例进行分析，见图 9-21 和表 9-4。在平衡状态下，富铁、钴相（对应图 9-21 中的 FCC _ A1#2 和 BCC _ A2 相）依次在熔液中（阶段Ⅰ：1370~1413 K）和基体中（阶段Ⅱ：1175~1346 K）以 fcc 结构析出；温度降至 1175 K 以下（阶段Ⅲ）时，这些 fcc 结构的富铁、钴相长大并倾向于转化为 bcc 结构，同时，Fe、Co 原子从基体中析出形成新的 bcc 结构的富铁、钴相。热力学计算得到 990 K 温度下富铁、钴相在 Cu-3. 03Fe-0. 53Co（%）合金中的平衡成分（质量分数）为 83. 5% Fe、15. 4% Co 和 1. 1% Cu，与 TEM-EDX 测得的球状和花瓣状纳米颗粒的成分很吻合。同理，由于受到铜基体的干扰，实验测得的颗粒中的铜含量要高于热力学计算的结果。铸造过程中，长方体铸件在石墨铸型中的冷却速度很快，因此此处以 990 K 下的平衡成分与实验结果进行比较更加合理。此外，TEM-EDX 测得基体的 Fe、Co 成分高于 Thermo-Calc 的计算结果（990 K，表 9-4），这可以归因于基体中大量点状富铁纳米颗粒的干扰。

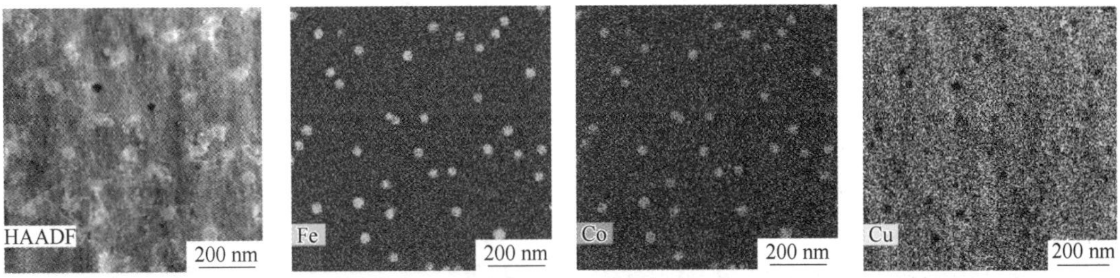
HAADF
200 nm
Fe
200 nm
Co
200 nm
Cu
200 nm

(a)

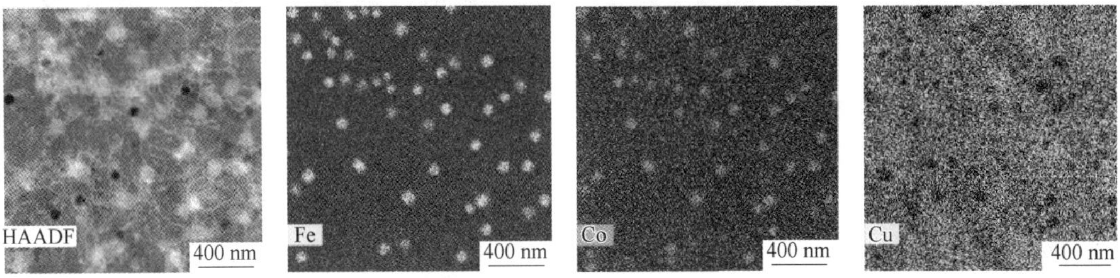
HAADF
400 nm
Fe
400 nm
Co
400 nm
Cu
400 nm

(b)

HAADF
500 nm
Fe
500 nm
Co
500 nm
Cu
500 nm

(c)

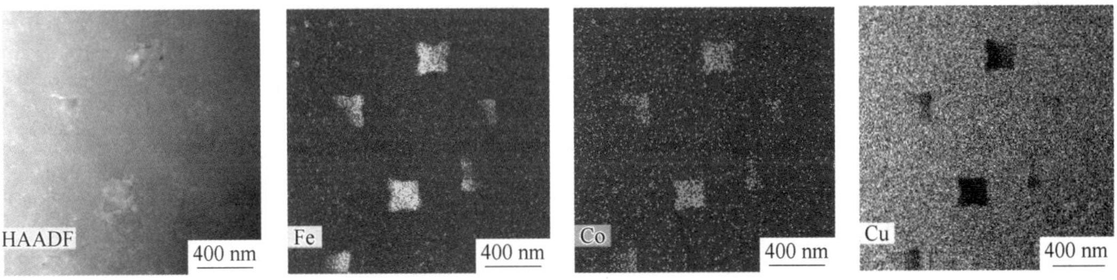
HAADF
400 nm
Fe
400 nm
Co
400 nm
Cu
400 nm

(d)

HAADF
90 nm
Fe
90 nm
Co
90 nm
Cu
90 nm

(e)

(f)

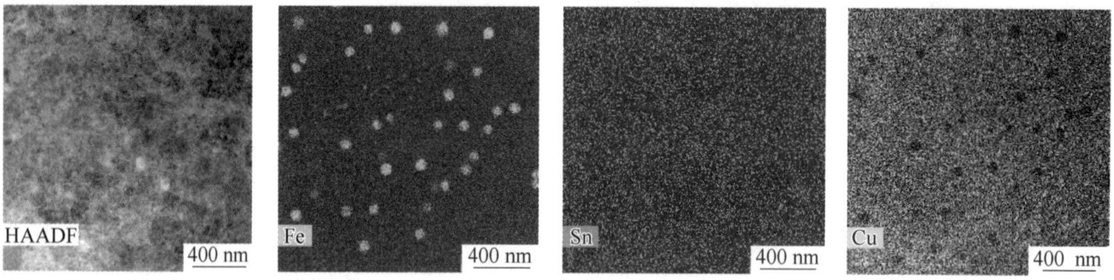

(g)

图 9-19　铸态 Cu-Fe-Co 合金中富铁纳米颗粒的 HAADF 和 BF 照片及其对应的 EDS 面扫图

(a) Cu-1. 0Fe-0. 5Co 合金中的球状颗粒；(b) Cu-1. 5Fe-0. 5Co 合金中的球状颗粒；
(c) Cu-2. 0Fe-0. 5Co 合金中的花瓣状颗粒；(d) Cu-3. 0Fe-0. 5Co 合金中的花瓣状颗粒；
(e) (f) 分别为 Cu-1. 5Fe-0. 5Co 合金中的球状 (20~40 nm) 和点状 (<10 nm) 颗粒；
(g) Cu-1. 5Fe-0. 1Sn 合金中的球状颗粒

彩图

表 9-2　各形状富铁纳米颗粒的数量密度 N_v、平均半径 r_{mean}、体积分数 f 及每立方米体积内颗粒/基体界面面积 A ($A=4\pi(r_{mean})^2N_v$)

合　金	颗粒形态	N_v/m^{-3}	r_{mean}/nm	f (体积分数)/%	A/m^2
Cu-1. 0Fe-0. 5Co	球状	1.4×10^{20}	21. 8	0. 6	836086
Cu-1. 5Fe-0. 5Co	球状	1.1×10^{20}	28. 2	1. 0	1099261
Cu-2. 0Fe-0. 5Co	花瓣状+球状	5.0×10^{19}	44. 3	1. 8	1233069
Cu-3. 0Fe-0. 5Co	花瓣状+球状	2.7×10^{19}	59. 1	2. 3	1185082
Cu-1. 5Fe-0. 1Sn	球状	5.0×10^{19}	27. 7	0. 4	482102

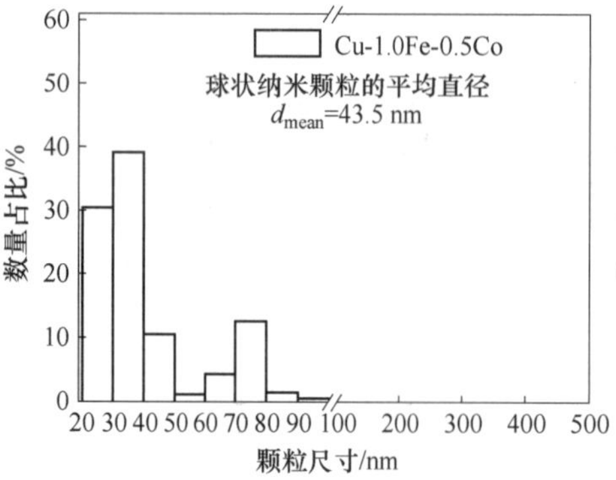

(a)

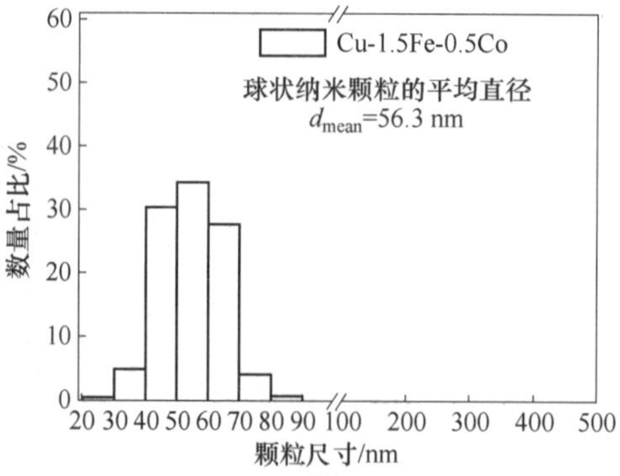

(b)

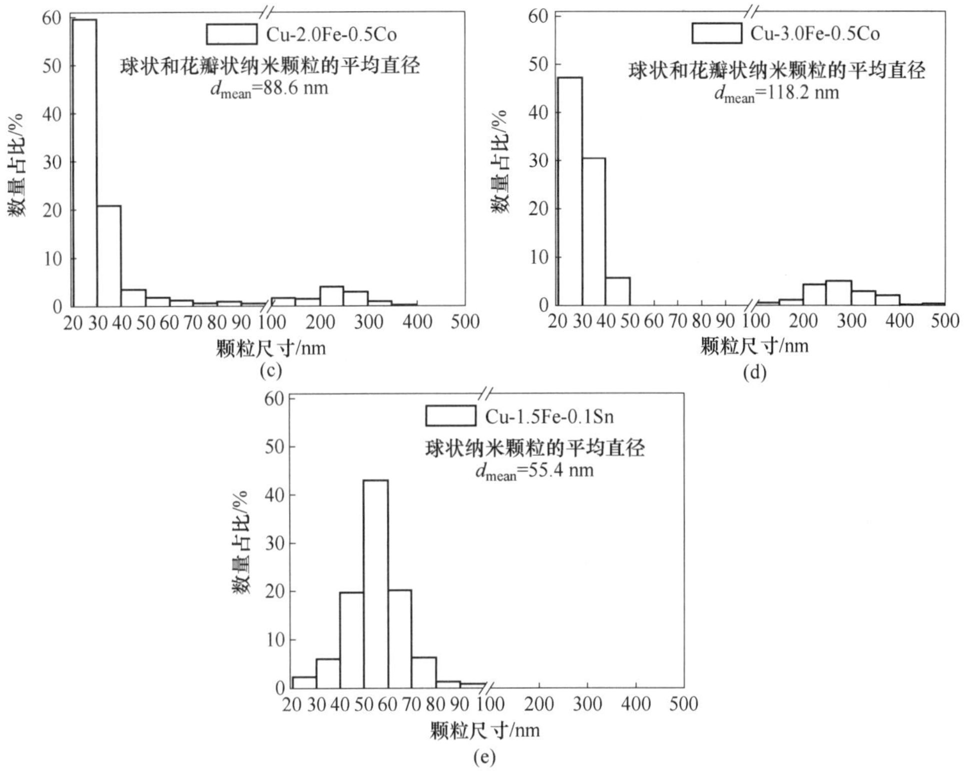

图 9-20 富铁纳米颗粒尺寸分布和平均直径统计结果

对于 Cu-1.5Fe-0.1Sn 合金，尽管与 Cu-1.0Fe-0.5Co 合金具有相近的 Fe+Co 成分，但前者中富铁纳米颗粒的尺寸和数量密度分别大于和小于后者中富铁纳米颗粒的尺寸和数量密度，然而两者的尺寸分布宽度基本一致（见图 9-20（a）、（e）和表 9-2）。锡原子均匀地分布于 Cu-1.5Fe-0.1Sn 合金中，没有在富铁纳米颗粒附近发生可见的偏聚（见图 9-19（g））。对于所有的 Cu-Fe-Co 和 Cu-1.5Fe-0.1Sn 合金，富铁纳米颗粒均弥散分布在铜晶粒内部，没有在晶界处发生明显的偏聚（见图 9-18（b）和（c））。铜基体中，很多位错与纳米颗粒交互作用，相互缠结（见图 9-18）。

表 9-3 铸态 Cu-Fe-Co 合金中基体以及不同特征纳米颗粒的成分测试结果

合金种类	扫描位置	直径/nm	成分(质量分数)/%		
			Fe	Co	Cu
Cu-1.0Fe-0.5Co	基体		0.58	0.21	99.21
	点状颗粒	2~20			
	球状颗粒	20~90	38.98	12.25	48.77
Cu-1.5Fe-0.5Co	基体		0.59	0.09	99.32
	点状颗粒	2~20			
	球状颗粒	40~120	66.99	13.37	19.64
	花瓣状颗粒	160~230	69.4	19.9	10.7

续表 9-3

合金种类	扫描位置	直径/nm	成分(质量分数)/%		
			Fe	Co	Cu
Cu-2. 0Fe-0. 5Co	基体		0. 58	0. 27	99. 15
	点状颗粒	2~20			
	球状颗粒	20~35	60. 39	15. 60	24. 02
	花瓣状颗粒	250~350	71. 68	16. 23	12. 09
Cu-3. 0Fe-0. 5Co	基体		0. 6	0. 2	99. 2
	点状颗粒	2~20			
	球状颗粒	20~50	52. 5	7. 7	39. 8
	花瓣状颗粒	300~600	82. 9	10. 4	6. 7

表 9-4　不同温度下 Cu-3. 03Fe-0. 53Co 合金中富铁相和铜基体的平衡元素组成及测试结果

温度/K	相种类	成分(质量分数)/%		
		Fe	Co	Cu
1390	fcc_A1#2 (TCCU2)	75. 50	14. 94	9. 56
1240	fcc_A1#2 (TCCU2)	78. 69	15. 22	6. 09
990	bcc_A2 (TCCU2)	83. 53	15. 35	1. 12
	fcc_A1 (TCCU2)	0. 38	0. 04	99. 58
室温	球状颗粒 (TE)	52. 5	7. 7	39. 8
	花瓣状颗粒 (TE)	82. 9	10. 4	6. 7
	铜基体 (TE)	0. 6	0. 2	99. 2

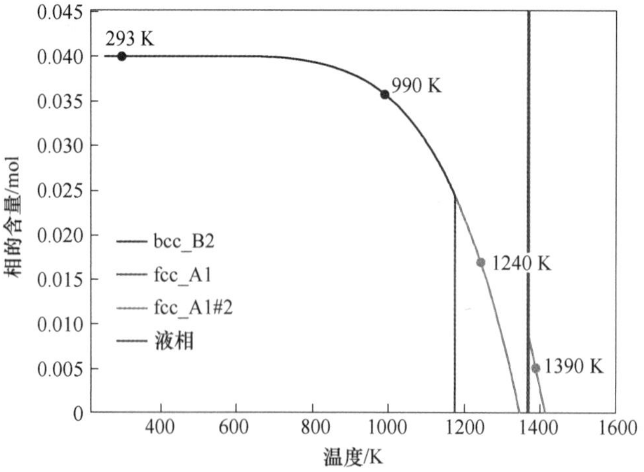

图 9-21　由 Thermo-Calc 2017b 计算得到的 Cu-3. 03Fe-0. 53Co 合金中析出相的平衡摩尔分数随温度的变化（计算采用了 TCCU2 数据库）

彩图

富铁纳米颗粒的晶体结构随着颗粒尺寸的增加会发生变化。图 9-22（a）~（c）所示为铸态 Cu-1.0Fe-0.5Co 合金原子尺度分辨率下 HAADF-STEM 照片和对应的 FFT 图谱，电子束入射方向接近〈001〉$_{Cu}$，图中尺寸小于 10 nm 的富铁纳米颗粒具有与基体保持 cube-on-cube 取向关系的 fcc 结构，并且颗粒与基体完全共格，这与铸态 Cu-10Sn-2Zn-1.5Fe-0.5Co 合金中的 fcc 富铁纳米颗粒类似。当颗粒尺寸超过某一临界尺寸时，颗粒倾向于 bcc 结构。分别在图 9-22（d）~（h）中，球状和花瓣状颗粒均具备 bcc 结构和 K-S 取向，颗粒与基体呈现半共格的界面关系。在富铁纳米颗粒中，钴原子很可能只是占据了铁原子的亚点阵位置，仍然保持着 γ-Fe 或者 α-Fe 颗粒的晶体结构。富铁纳米颗粒与基体的共格和半共格界面表明颗粒与基体的良好界面结合，在外应力作用下，只有在更高的应力下才能够撕裂颗粒/基体界面而产生微裂纹，因此这种较强的界面结合力有助于提高 Cu-Fe-Co 和 Cu-1.5Fe-0.1Sn 合金的强度。随着颗粒尺寸的增加，界面的共格关系也会逐渐弱化，同时颗粒的晶体结构也随之演变（fcc→bcc），这些均可能影响富铁纳米颗粒的强化效应。

将所制备的五种合金铸件的试样棒，进行机加工制备成实验所需的拉伸试样，力学性能测试在 CMT4105 万能力学试验机上进行，拉伸方法按照 GB/T 228—2002 标准进行，拉伸速度为 2 mm/min，得到各种合金的力学性能见表 9-5 和图 9-23。纯铜的强度和塑性均最低，且性能波动很大，这可能是由于粗大且不均匀的晶粒组织和缩孔缺陷造成的。对于 Cu-1.0Fe-0.5Co 合金，Fe 和 Co 的加入分别使抗拉强度 σ_{UTS} 从 152 MPa 增大到 267 MPa、屈服强度 σ_s 从 58 MPa 增大到 118 MPa（见图 9-23（a）），同时伴随着总伸长率 δ_f

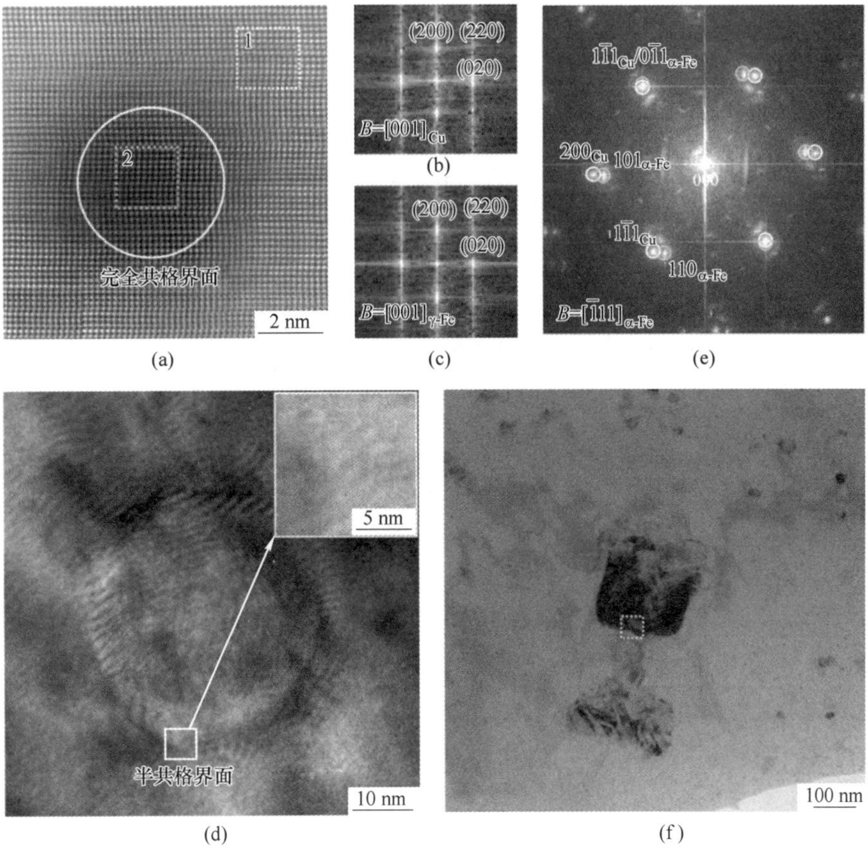

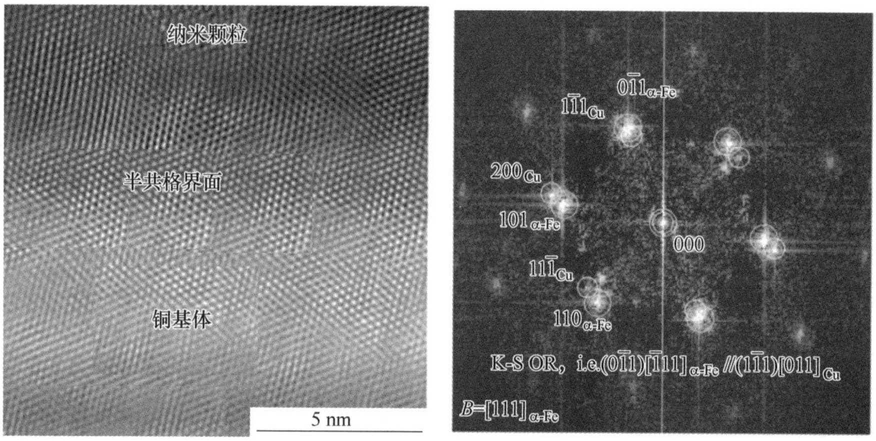

(g)　　(h)

彩图

图 9-22　Cu-Fe-Co 合金中富铁纳米颗粒的 TEM 结果

（a）Cu-1.0Fe-0.5Co 合金中直径约 5 nm 的 fcc 富铁纳米颗粒的 HAADF-STEM 高分辨照片，$[001]_{Cu}$方向拍摄；（b）（c）分别为图（a）中位置 1 和 2 对应的 FFT 斑点；（d）Cu-1.0Fe-0.5Co 合金中直径约 40 nm 的 bcc 富铁纳米颗粒的 HRTEM 图像及 FFT 斑点，$[011]_{Cu}$方向拍摄（插图为图（d）中正方形区域的放大图）；（e）图（d）的 FFT 图谱，标定结果是 K-S 取向关系；（f）Cu-2.0Fe-0.5Co 合金中两个花瓣状颗粒的明场像，$[111]_{\alpha\text{-Fe}}$晶带轴方向；（g）图（f）中白色方框区域的 HRTEM 放大图；（h）图（g）的 FFT 图谱，表明花瓣状颗粒的 bcc 结构及 K-S 取向

表 9-5　铸态 Cu-Fe-Co 和 Cu-1.5Fe-0.1Sn 合金常温力学性能

合　金	抗拉强度 σ_{UTS}/MPa	屈服强度 σ_s/MPa	均匀伸长率 δ_u/%	断后伸长率 δ_f/%
纯铜	152.03±20.29	57.83±8.59	25.92±7.07	17.64±7.59
Cu-1.0Fe-0.5Co	267.19±5.18	117.76±2.88	29.08±0.43	21.77±0.99
Cu-1.5Fe-0.5Co	304.10±2.62	134.73±15.59	32.55±2.99	22.64±1.89
Cu-2.0Fe-0.5Co	307.25±5.62	127.72±5.45	38.47±1.92	24.70±0.22
Cu-3.0Fe-0.5Co	313.10±5.01	124.61±1.29	40.10±1.21	25.36±0.58
Cu-1.5Fe-0.1Sn	294.83±3.01	122.52±3.63	42.45±1.27	31.65±0.73

和均匀伸长率 δ_u微量的提高（见图 9-23（b））。随着 Cu-Fe-Co 合金中 Fe 含量的增加，屈服强度 σ_s先增大（$w_{Fe} \leqslant 1.5\%$时）而后稍微减小（$w_{Fe} > 1.5\%$时），如图 9-23（a）所示。屈服强度的这一变化规律与晶粒细化和富铁纳米颗粒的演化有关。与屈服强度的变化不同，抗拉强度 σ_{UTS}和伸长率（δ_f和 δ_u）均随着铁含量的增加而提高（见图 9-23（a）和（b））。σ_{UTS}和 δ_u改善与应变硬化率 Θ 有关，Θ 值则强烈依赖于晶粒的尺寸。相对于纯铜，Cu-1.0Fe-0.5Co 合金表现出明显的加工硬化（见图 9-23（c）和（d）），这可以归因于富铁纳米颗粒-位错交互作用产生的高位错存储效率。如图 9-24 所示，拉伸变形过程中，位错会绕过弥散分布的富铁纳米颗粒或与颗粒缠结，从而堆积在纳米颗粒周边，如白色箭头所指，这种晶粒内部的位错堆积将产生很高的应变硬化效应进而产生高的强度和延伸塑性。然而，铸态 Cu-1.0Fe-0.5Co 合金的延伸率相对于纯铜的增量很小（见图 9-23（b））。随着铁含量的进一步增加，纳米颗粒/基体界面增加，同时晶粒尺寸的减小产生更

多的晶界（GBs），变形过程中，这些纳米颗粒和晶粒产生的界面将会促进位错与界面的交互作用且提供更多容纳位错的空间，从而产生更显著的应变硬化，如图 9-23（d）所示，应变硬化曲线随着铁含量的增加而提升。另外，科伊克（Koike）和库马尔（N. Kumar）等人研究发现，在铝合金和镁合金的变形过程中，晶界和纳米颗粒/基体相界面会导致局部的应力集中，界面附近的应力有可能高于位错运动的非基面滑移系启动所需的应力值，因此这种由于晶界或相界附近塑变不均匀而引起的应力可以诱发非基面滑移系，这种非基面滑移可以协调塑性变形的过程。此外，纳米颗粒引起的应力集中会随着远离纳米颗粒/基体界面而减弱，这意味着位错在非基面滑移系运动的能力无法维持到远离纳米颗粒/基体界面的位置。因此，非基面滑移系在细小晶粒中激活的可能性要高于粗大晶粒。在 Cu-Fe-Co 合金中，非基面滑移系同样可能在塑性变形中发挥作用，且随着晶粒尺寸的减小而发挥更强的效应，从而改善合金的加工硬化行为。总之，上述多个因素引起了 Cu-Fe-Co 合金应变硬化率 Θ 的增加，高的 Θ 值相应的引起合金抗拉强度 σ_{UTS} 和塑性 δ_u 的提高（见图 9-23（a）和（b））。尤其是具备 NPFG 结构的 Cu-(1.5~3.0)Fe-0.5Co 合金，实现了强度和塑性的良好结合（见图 9-23（a）和（b）），持续的应变硬化使得 NPFG

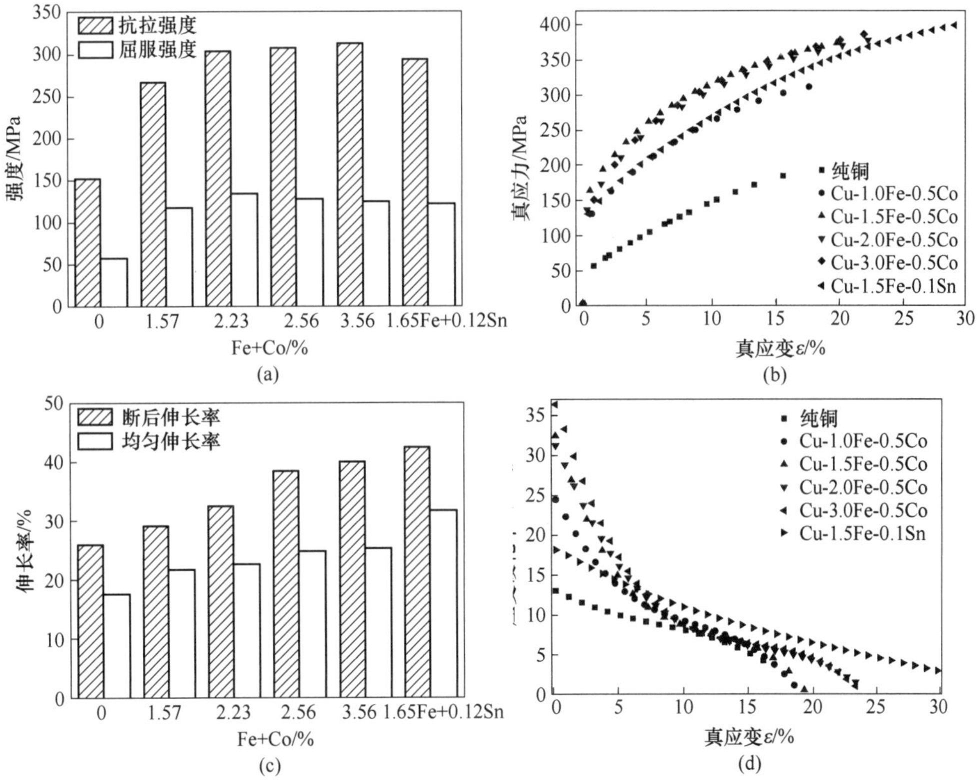

图 9-23 铸态 Cu-Fe-Co 和 Cu-1.5Fe-0.1Sn 合金常温力学性能对比

（a）抗拉强度 σ_{UTS}、屈服强度 σ_s；（b）断后伸长率 δ_f、均匀伸长率 δ_u

随成分的变化（误差线对应四组测试结果的标准差）；

（c）由工程应力-应变曲线转化得到的真应力-真应变曲线；（d）应变硬化曲线，

其中应变硬化率 $\Theta = \mathrm{d}\sigma/\mathrm{d}\varepsilon$，$\sigma$ 和 ε 分别是真应力和真应变

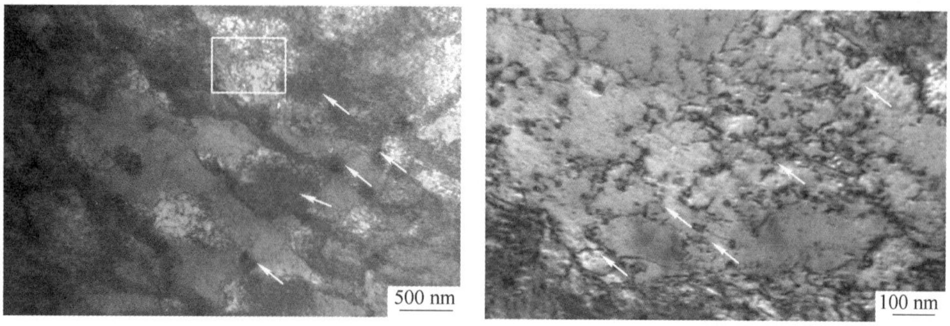

(a)　　　　(b)

图 9-24　Cu-1.0Fe-0.5Co 合金变形态样品的 TEM 照片（a）及其图中矩形区域的放大图（b）

铜合金在缩颈后仍然产生较大的伸长率（见图 9-23（b）中 δ_u 和 δ_f 的区别）。NPFG 结构 Cu-1.5Fe-0.1Sn 合金表现出最好的强度和塑性组合（见图 9-23（a）和（b）），尽管 Cu-1.5Fe-0.1Sn 合金中 Fe+Co 含量低于 Cu-(2.0，3.0)Fe-0.5Co 合金，前者的屈服强度值与后者很接近；此外与其他 Cu-Fe-Co 合金相比，微量 Sn 的加入使 Cu-1.5Fe-0.1Sn 合金获得最高的塑性，这与 Cu-1.5Fe-0.1Sn 合金的细小晶粒组织及富铁纳米颗粒的球状形态和细小尺寸有关。

铸态 Cu-Fe-Co 和 Cu-1.5Fe-0.1Sn 合金强度的提高来源于其细化的晶粒和晶粒内弥散分布的富铁纳米颗粒。其中屈服强度应当是析出强化（富铁纳米颗粒）、细晶强化（晶粒细化）和固溶强化（固溶于基体中的 Fe、Co、Sn 原子）三者的叠加。铸造过程中产生的位错密度较低，因此本节忽略了位错强化对屈服强度的贡献。本节利用传统的强化模型对合金的强化进行定量的评估。

首先考虑析出强化，Cu-(1.0，1.5)Fe-0.5Co 和 Cu-1.5Fe-0.1Sn 合金中存在两种尺度的富铁纳米颗粒，分别是点状和球状形态；Cu-(2.0，3.0)Fe-0.5Co 合金中存在三种尺度的富铁纳米颗粒，分别是点状、球状和花瓣状形态。多种尺度和形态的纳米颗粒对力学性能的影响显然要比单类型的颗粒强化复杂，前人对 Al-Mg-Si 合金的研究表明多种颗粒总的强化效应是各类颗粒强化效应的线性叠加，叠加过程包括是否考虑各类颗粒的相对密度两种方式。Al-Mg-Si 合金中包含球状、棒状和针状三种形态的析出颗粒，且颗粒的化学成分也不同。与 Al-Mg-Si 合金不同，在 Cu-Fe-Co 和 Cu-1.5Fe-0.1Sn 合金中球状和花瓣状纳米颗粒都是中心对称的，颗粒成分组成也相似，且两类颗粒的尺寸、数量密度和体积分数可以统一地进行定量化表征。简便起见，球状和花瓣状富铁纳米颗粒的强化效应统一用球状析出强化的模型进行描述。另外，由于模糊且极小的点状纳米颗粒的平均半径、数量密度等很难进行准确的定量描述，且点状颗粒与球状和花瓣状颗粒的尺度和数量相差很大，此处并未一同考虑其强化效果，后文将进行粗略的估计。采用两种典型的析出强化模型计算富铁纳米颗粒的强化效应 $\Delta\sigma_{纳米颗粒}$，分别是位错切割机制（particle shearing）和奥罗万位错绕过机制（orowan looping），前者中可变形颗粒阻碍位错滑移产生的强化作用包括化学强化（$\Delta\sigma_{化学}$）、模量强化（$\Delta\sigma_{模量}$）、共格强化（$\Delta\sigma_{共格}$）和有序强化（$\Delta\sigma_{有序}$）等，可变形颗粒对于屈服强度增量（$\Delta\sigma_s$）的贡献可以用如下公式表示（此处仅考虑 $\Delta\sigma_{化学}$、$\Delta\sigma_{模量}$ 和 $\Delta\sigma_{共格}$）：

$$\Delta\sigma_{化学} = 0.8M \cdot 2\left(\frac{3}{\pi}\right)^{1/2}\mu_{基体}\left(\frac{\gamma}{\mu_{基体}b}\right)^{3/2}\left(\frac{b}{r}\right)f^{1/2} \tag{9-1}$$

$$\Delta\sigma_{模量} = 0.8M \cdot 0.9\,(rf)^{1/2}\left(\frac{1}{2}\mu_{基体}b\right)\left(\frac{\Delta\mu}{\mu_{基体}}\right)^{3/2}\left[2b\ln\left(\frac{2r}{f^{1/2}b}\right)\right]^{-3/2} \tag{9-2}$$

$$\Delta\sigma_{共格} = 0.8Mk^{3/2}\mu_{基体}\,\varepsilon^{3/2}\left(\frac{r}{b}\right)^{1/2}\left(\frac{3}{2\pi}\right)^{1/2}f^{1/2} \tag{9-3}$$

析出相颗粒奥罗万机制的强化效应 $\Delta\sigma_{奥罗万}$对屈服强度增量 $\Delta\sigma_s$的贡献为：

$$\Delta\sigma_{奥罗万} = 0.8M\left(\frac{3}{2\pi}\right)^{1/2}\frac{\mu_{基体}b}{r}f^{1/2} \tag{9-4}$$

式（9-1）~式（9-4）中各参数的物理意义和数值见表 9-6。图 9-25 给出了析出强化的预测值 $\Delta\sigma_{纳米颗粒}$和屈服强度增量的实验值 $\Delta\sigma_s$（实验），其中奥罗万机制预测值 $\Delta\sigma_{奥罗万}$与 $\Delta\sigma_s$（实验）很接近，而切割机制的预测值 $\Delta\sigma_{化学}$、$\Delta\sigma_{模量}$、$\Delta\sigma_{共格}$远大于或远小于 $\Delta\sigma_s$（实验），因此奥罗万位错绕过模型的描述最满足富铁纳米颗粒的强化效应。图 9-24 显示拉伸变形后的 Cu-1.0Fe-0.5Co 合金内部位错线或被纳米颗粒钉扎，或与纳米颗粒缠结，某些纳米颗粒周边存在位错圈，进一步说明奥罗万模型是 Cu-Fe-Co 和 Cu-1.5Fe-0.1Sn 合金析出强化的主导机制。

表 9-6 奥罗万和切割机制强化模型中的物理参数

参数	物理意义	单位	数值
M	泰勒因子		3.06
$\mu_{基体}$	基体剪切模量	GPa	42.1
$\mu_{颗粒}$	析出相剪切模量	GPa	52.5
$\Delta\mu$	基体和析出相剪切模量差 $\mu_{颗粒}-\mu_{基体}$	GPa	10.4
γ	析出相-基体界面能	J/m^2	0.50
b	位错柏氏矢量	nm	0.25
r	析出相平均半径	nm	r_{mean}
f	析出相体积分数	%	f
k	常数		3 或 4
ε	$\varepsilon = 3K\delta/[3K+2E/(1+v)]$，其中 δ 为原子错配度，K 为析出相体积弹性模量，E 和 v 分别为基体杨氏模量和泊松比		0.0097

以平均晶粒尺寸为基础，细晶强化 $\Delta\sigma_{细晶}$可以由 Hall-Petch 公式计算。以 Cu-1.5Fe-0.5Co 合金为例，细晶强化贡献的屈服强度增量约为 9.2 MPa，计算公式为：

$$\Delta\sigma_{细晶} = k(d_2^{-1/2} - d_1^{-1/2}) \tag{9-5}$$

式中，d_1 和 d_2 分别为纯铜和 Cu-1.0Fe-0.5Co 合金的平均晶粒尺寸（$d_1 = 588\ \mu m$，$d_2 = 88\ \mu m$）；k 为与材料相关的常数（铜：$k = 0.14\ MPa\ m^{1/2}$）。

同样，利用式（9-5）预测了其他铜合金的 $\Delta\sigma_{细晶}$，如图 9-25 所示，可以看到细晶强化贡献值 $\Delta\sigma_{细晶}$随着晶粒尺寸的减小而增大。

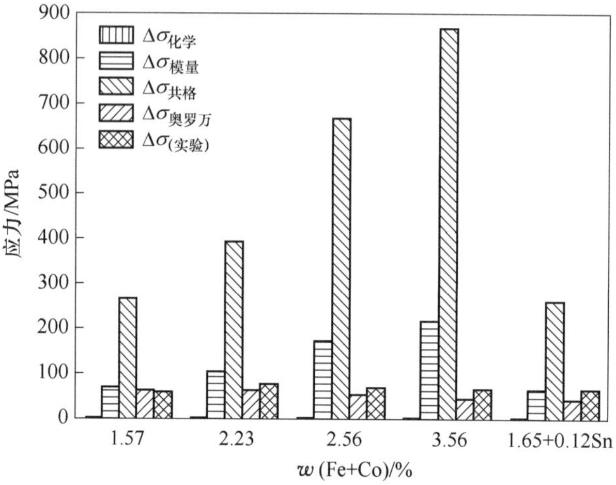

图 9-25　屈服强度总增量的实验值 $\Delta\sigma_s$（实验）和析出强化预测值 $\Delta\sigma_{纳米颗粒}$

室温下铁和钴在铜基体中的溶解度接近于零，与表 9-4 中 Thermo-Calc 的计算结果相符。利用表 9-4 中预测的 990 K 下铜基体内的固溶元素含量来计算固溶强化的贡献值 $\Delta\sigma_{ss}$（$\Delta\sigma_{ss}=M\tau_{L\text{-}N}$，其中 $M=3.06$（见表 9-6），$\tau_{L\text{-}N}$为固溶体的剪切应力）。Labusch 和 Nabarro 给出了固溶强化的剪切应力 $\tau_{L\text{-}N}$为：

$$\tau_{L-N}=\frac{(2wf_m^4c^2)^{1/3}}{2b^{7/3}(Gb^2)^{1/3}} \tag{9-6}$$

$$f_m=\frac{Gb^2}{120}\varepsilon_L \tag{9-7}$$

式中，w 为位错与溶质原子交互作用的最大应力的分布区间（$w=5$）；b 为位错柏氏矢量，$b=0.25$ nm；G 为剪切模量，$G=42.1$ GPa；c 为 Fe、Co 元素的原子分数（见表 9-4）；ε_L 可预估为 $12|\varepsilon_b|$，其中 ε_b为 Cu-Fe 和 Cu-Co 固溶体系的线性错配度，两个体系的 ε_b值分别为 0.015 和−0.0128。

Fe、Co 固溶原子对所有铜合金体系的屈服强度贡献很微小，$\Delta\sigma_{ss}$的预测值均接近 1.2 MPa（见图 9-25）。

$\Delta\sigma_{细晶}$、$\Delta\sigma_{ss}$和 $\Delta\sigma_{奥罗万}$叠加得到总屈服强度增量的预测值 $\Delta\sigma_s$与总屈服强度增量实验值 $\Delta\sigma_{s实验}$的比较如图 9-25 所示，可以发现 Cu-Fe-Co 合金的 $\Delta\sigma_{奥罗万}$对 $\Delta\sigma_s$的贡献最显著。当 $w_{Fe}>1.5\%$时，随着铁含量的增加，$\Delta\sigma_{奥罗万}$降低并且其降低值超过了晶粒细化引起的 $\Delta\sigma_{细晶}$的增量，从而导致屈服强度的下降。尽管只考虑了球状和花瓣状颗粒的贡献，但预测的屈服强度增量 $\Delta\sigma_s$与实验值 $\Delta\sigma_s$（实验）相当吻合。可以推断 $w_{Fe}>1.5\%$时屈服强度 σ_s的降低（图 9-25）来自于析出强化 $\Delta\sigma_{奥罗万}$的降低，而 $\Delta\sigma_{奥罗万}$的下降可归因为球状和花瓣状富铁纳米颗粒尺寸的增大。以上结果表明，完全共格的点状纳米颗粒对析出强化的贡献值很小，此处利用位错切割机制粗略预测了点状纳米颗粒对强度的贡献值。点状富铁纳米颗粒的数量密度 N_v、平均半径 r_{mean}和体积分数 f 的统计方法与上述球状和花瓣状颗粒相同，由于分辨率的限制，以上参数只能给出粗略的测量和统计，各参数在所有合金中近似一致。就数量密度而言，假设 TEM 照片的二维区域面积为 A（单位为 nm^2），区域内点状纳米颗粒的总数为 N，区域 A 的厚度为TEM薄膜样品的厚度约为50 nm。点状纳米颗粒的 $\Delta\sigma_{化学}$、$\Delta\sigma_{模量}$ 和 $\Delta\sigma_{共格}$ 计算见式（9-1）~式（9-3），参数 M、$\mu_{基体}$、$\mu_{颗粒}$、$\Delta\mu$、b 和 k 见表9-6，其他参数见表9-7和表9-8，计算得到点状纳米颗粒的析出强化贡献值为2~15 MPa（见表9-8）。

表9-7　完全共格的点状富铁纳米颗粒切割机制强化模型中的额外参数

参数	物理意义	数值
$\gamma/J\cdot m^{-2}$	析出相-基体界面能	0.24
$a_{\gamma\text{-Fe}}/nm$	γ-Fe的晶格常数	0.3585
a_{Cu}/nm	铜的晶格常数	0.3615
$\delta/\%$	Cu和γ-Fe的原子错配度，$\delta=2(a_{\gamma\text{-Fe}}-a_{Cu})/(a_{\gamma\text{-Fe}}+a_{Cu})$	0.8
K/GPa	γ-Fe析出相的体积模量	150
ε	$\varepsilon=3K\delta/[3K+2E/(1+v)]$	0.005

表9-8　点状富铁纳米颗粒的数量密度 N_v、平均半径 r_{mean}、体积分数 f 及三种切割机制强化的理论预测值

r_{mean}/nm	N_v/m^{-3}	f（体积分数）/%	$\Delta\sigma_{化学}/MPa$	$\Delta\sigma_{模量}/MPa$	$\Delta\sigma_{共格}/MPa$
约3	约 10^{22}	约0.1	约2	约13	约15

图9-26所示为细晶强化 $\Delta\sigma_{细晶}$、固溶强化 $\Delta\sigma_{ss}$ 和析出强化 $\Delta\sigma_{奥罗万}$ 叠加得到总屈服强度增量的预测值 $\Delta\sigma_s$，并与总屈服强度增量实验值 $\Delta\sigma_{s(实验)}$ 的对比结果，强化模型的预测结果与实际测得的强度增量很吻合，当然强化模型仍需进一步的优化。

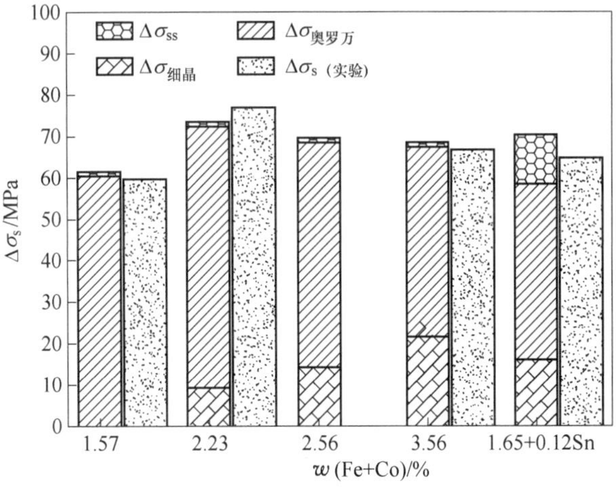

图9-26　屈服强度增量预测值 $\Delta\sigma_s$ 及实验值 $\Delta\sigma_{s(实验)}$

与Cu-(2.0，3.0)Fe-0.5Co合金相比，尽管Cu-1.5Fe-0.1Sn合金的Fe+Co含量较低，但后者表现出与前者类似的屈服强度。$\Delta\sigma_{细晶}$、$\Delta\sigma_{纳米颗粒}$ 和 $\Delta\sigma_{ss}$（Sn、Fe固溶强化）叠加后的屈服强度预测值与实测屈服强度的增量一致（见图9-26）。由于低温下Sn在铜基体中的溶解度很低，如573K下溶解度为11%，因此在Cu-1.5Fe-0.1Sn合金中没有观测到

Cu_3Sn（ε 相）或 $Cu_{41}Sn_{11}$（δ 相）等富锡相。这与 Thermo-Calc 计算得到的结果一致，即 990 K 下铜基固溶体中 Sn 的摩尔分数为 0.065%（质量分数为 0.12%）。由 Labusch-Nabarro 模型（见式（9-6）和式（9-7））计算得到 Sn 产生的固溶强化值为 10.4 MPa，远大于 Fe 的固溶强化值，而固溶在铜基体中 Fe 的摩尔分数更大为 0.52%。Sn 所产生的显著的固溶强化归因为 Cu-Sn 体系更大的线性错配度 ε_b（$\varepsilon_b = 0.2241$）。总而言之，无论是 Cu-Fe-Co 还是 Cu-1.5Fe-0.1Sn 合金，富铁纳米颗粒的析出强化是合金屈服强度的主要来源。

总体而言，上述铜合金体系通过原位纳米富铁颗粒的增强增韧，强度和塑性均同时大幅度提高，超过了原始合金的力学性能。基于晶核生长理论和复合剪切流凝固技术，铜合金基体中获得了高度弥散的纳米级富铁颗粒，颗粒尺寸和间距均在 10^{-9} m 的尺寸尺度内，如图 9-27 所示，这些纳米铁粒子极有可能突破了电子-电子交互作用所需的极限尺度，产生了第 7 章和第 8 章提出的量子效应，使纯铜的强度和塑性同步提升。因此，本章原位纳米富铁颗粒增强铜合金的强韧双增效果初步验证了本书首次提出的“金属量子材料”概念和思路，这个新型概念和思路有望成为突破强韧“倒置”关系和实现强韧双增的途径，其正确性及在系列金属材料中适用性仍是一个值得探讨的课题，有待更为系统、深入的研究。

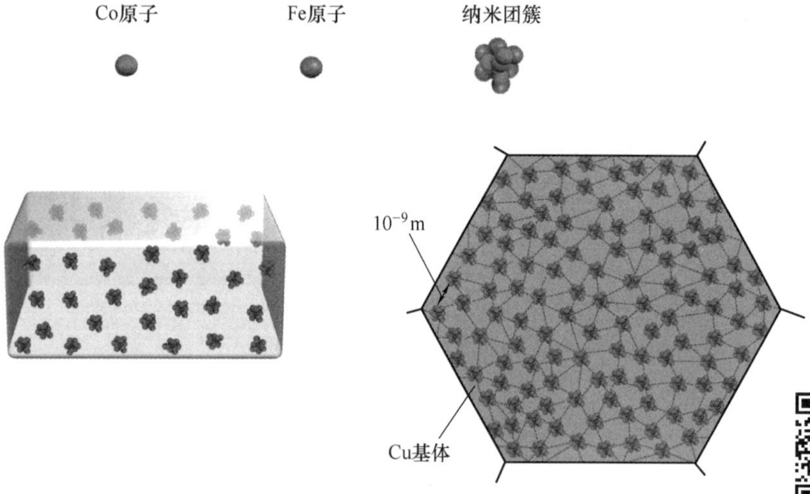

图 9-27　铜合金量子材料中原位纳米富铁颗粒的尺寸和分布特征

彩图

参 考 文 献

[1] LU K. The future of metals [J]. Science, 2010, 328 (5976): 319-320.

[2] HALL E O. The deformation and ageing of mild steel Ⅲ: Discussion of results [J]. Proc. Phys. Soc., London, Sect. B, 1951, 64 (9): 747-753.

[3] PETCH N J. The cleavage of polycrystals [J]. J. Iron Steel Inst., 1953, 174: 25-28.

[4] HUANG Y, LANGDON T G. Advances in ultrafine-grained materials [J]. Mater. Today, 2013, 16 (3): 85-93.

[5] KANG Z X, ZHOU L L, ZHANG J Y. Achieving high strain rate superplasticity in Mg-Y-Nd-Zr alloy processed by homogenization treatment and equal channel angular pressing [J]. Mater. Sci. Eng., A, 2015, 633: 59-62.

[6] SHIN D H, PARK K T. Ultrafine grained steels processed by equal channel angular pressing [J]. Mater. Sci. Eng., A, 2005, 410-411: 299-302.

[7] KAWASAKI M, BEYERLEIN I J, VOGEL S C, et al. Characterization of creep properties and creep textures in pure aluminum processed by equal-channel angular pressing [J]. Acta Mater., 2008, 56 (10): 2307-2317.

[8] FIGUEIREDO R B, KAWASAKI M, XU C, et al. Achieving superplastic behavior in fcc and hcp metals processed by equal-channel angular pressing [J]. Mater. Sci. Eng., A, 2008, 493: 104-110.

[9] FIGUEIREDO R B, LANGDON T G. Strategies for achieving high strain rate superplasticity in magnesium alloys processed by equal-channel angular pressing [J]. Scr. Mater., 2009, 61: 84-87.

[10] CHO T S, LEE H J, AHN B, et al. Microstructural evolution and mechanical properties in a Zn-Al eutectoid alloy processed by high-pressure torsion [J]. Acta Mater., 2014, 72: 67-79.

[11] SAKAI G, HORITA Z, LANGDON T G. Grain refinement and superplasticity in an aluminum alloy processed by high-pressure torsion [J]. Mater. Sci. Eng., A, 2005, 393 (1/2): 344-351.

[12] GARCÍA-INFANTA J M, ZHILYAEV A P, SHARAFUTDINOV A, et al. An evidence of high strain rate superplasticity at intermediate homologous temperatures in an Al-Zn-Mg-Cu alloy processed by high-pressure torsion [J]. J. Alloys Compd., 2009, 473 (1/2): 163-166.

[13] 张振忠，宋广生，杨根仓. 块体金属纳米材料制备进展及展望 [J]. 兵器材料科学与工程，1999，22 (3): 16-20.

[14] WANG J Q, CHANG X C, HOU W L, et al. Crystallization behaviour of Al-based amorphous alloy and nanocomposites by rapid quenching [J]. Philos. Mag. Lett., 2000, 80 (5): 349-357.

[15] XU J Q, CHEN L Y, CHOI H, et al. Theoretical study and pathways for nanoparticle capture during solidification of metal melt [J]. J. Phys.: Condens. Matter, 2012, 24 (25): 255304.

[16] MEYERS M A, MISHRA A, BENSON D J. Mechanical properties of nanocrystalline materials [J]. Prog. Mater. Sci., 2006, 51: 427-556.

[17] SCHIØTZ J, JACOBSEN K W. A maximum in the strength of nanocrystalline copper [J]. Science, 2003, 301: 1357-1359.

[18] GROZA J R, GIBELING J C. Principles of particles election for dispersion-strengthened copper [J]. Mater. Sci. Eng., A, 1993, 171 (1/2): 115-125.

[19] AKRAKAWA K, MADA T, TAKAHASHI J, et al. Effect of rubber particle size on the impact tensile fracture behavior of MBS resin with a bimodal particle size distribution. [J]. J. Mater. Sci., 2007, 42 (20): 8700-8706.

[20] LEE J S, JUNG J Y, LEE E S, et al. Microstructure and properties of titanium boride dispersed Cu alloys fabricated by spray forming [J]. Mater. Sci. Eng., A, 2000, 277 (1/2): 274-283.

[21] ZHAO Y T, ZHANG S L, CHEN G, et al. In situ (Al_2O_3+Al_3Zr) np/Al nanocomposites synthesized by magneto-chemical melt reaction [J]. Compos. Sci. Technol., 2008, 68 (6): 1463-1470.

[22] KANG Y C, CHEN S L. Tensile properties of nanometric Al_2O_3 particulate-reinforced aluminum matrix composites [J]. Mater. Chem. Phys., 2004, 85 (2/3): 438-443.

[23] MAIK T, BEFFORT O, KLEINER S, et al. Aluminum matrix composites based on preceramic-polymerbonded SiC performs [J]. Compos. Sci. Technol., 2007, 67 (11/12): 2377-2383.

[24] MILLER M K, HOELZER D T, KENIK E A, et al. Nanometer scale precipitation in ferritic MA/ODS alloy MA957 [J]. J. Nucl. Mater., 2004, 329 (1): 338-341.

[25] YANG X N, CHENG G G, WANG M L, et al. Precipitation and growth of titanium nitride during solidification of clean steel [J]. Int. J. Miner., Metall. Mater., 2003, 10 (5): 24-26.

[26] TANG H, CHEN X H, CHEN M W, et al. Microstructure and mechanical property of in-situ nano-particle strengthened ferritic steel by novel internal oxidation [J]. Mater. Sci. Eng. , A, 2014, 609: 293-299.
[27] CALLISTER W D, RETHWISCH D G. Materials Science and Engineering: An Introduction [M]. New York: John Wiley & Sons, 2007.
[28] RASHID MS. High-strength, low-alloy steels [J]. Science, 1980, 208: 862-869.
[29] CHEN K X, PAN S W, Zhu Y Z, et al. In situ observations of crack propagation in as-cast Cu-1. 5Fe-0. 5Co (wt. %) alloy [J]. Mater. Sci. Eng. A. , 2017, 706: 211-216.
[30] SHI G D, CHEN X H, JIANG H, et al. Strengthening mechanisms of Fe nanoparticles for single crystal Cu-Fe alloy [J]. Mater. Sci. Eng. , A, 2015, 636: 43-47.
[31] TAKATA N, OHTAKE Y, KITA K, et al. Increasing the ductility of ultrafine-grained copper alloy by introducing fine precipitates [J]. Scr. Mater. , 2009, 60 (7): 590-593.
[32] WANG Z D, WANG X W, WANG Q S, et al. Fabrication of a nanocomposite from in situ iron nanoparticle reinforced copper alloy [J]. Nanotechnology, 2009, 20: 1-6.
[33] CHEN X H, WANG Z D, DING D, et al. Strengthening and toughening strategies for tin bronze alloy through fabricating in-situ nanostructured grains [J]. Mater. Des. , 2015, 66: 60-66.
[34] AL-HAJRI M, WOODS R, SRIVATSAN T S. Influence of heat treatment on tensile response of an oxide dispersion strengthened copper [J]. J. Alloys Compd. , 1999, 290 (1): 290-297.
[35] VENCL A, VENCL A, RAJKOVIC V, et al. The effect of processing techniques on microstructural and tribological properties of copper-based alloys [J]. Appl. Surf. Sci. , 2013, 280 (1): 646-654.
[36] NASER J, RIEHEMAN W, FERKEL H. Dispersion hardening of metals by nanoscaled ceramic powders [J]. Mater. Sci. Eng. , A, 1997, 234-236 (97): 467-469.
[37] FATHY A, SHEHATA F, ABDELHAMEED M, et al. Compressive and wear resistance of nanometric alumina reinforced copper matrix composites [J]. Mater. Des. , 2012, 36: 100-107.
[38] SCHNEIBEL J H, LIU C T, HOELZER D T, et al. Development of porosity in an oxide dispersion-strengthened ferritic alloy containing nanoscale oxide particles [J]. Scr. Mater. , 2007, 57 (11): 1040-1043.
[39] LU K, LU L, SURESH S. Strengthening materials by engineering coherent internal boundaries at the nanoscale [J]. Science, 2009, 324: 349-352.
[40] LU L, CHEN X, HUANG X, et al. Revealing the maximum strength in nanotwinned copper [J]. Science, 2009, 323: 607-610.
[41] KUMAR K S, SWYGENHOVEN H V, SURESH S. Mechanical behavior of nanocrystalline metals and alloys [J]. Acta. Mater. , 2003, 51 (19): 5743-5774.
[42] GLEITER H. Nanostructured materials: Basic concepts and microstructure [J]. Acta. Mater. , 2002, 48 (1): 1-29.
[43] 黄伯云，田荣璋，王祝堂. 铜合金及其加工手册 [M]. 长沙：中南大学出版社，2002：110.
[44] 张生龙，尹志民. 高强高导铜合金的设计思路及其应用 [J]. 材料导报，2003，17 (11)：26-29.
[45] 帅歌旺，张萌. 高强度、高导电铜合金及铜基复合材料研究进展 [J]. 特种铸造及有色合金，2005，25 (9)：534-537.
[46] 亓伟梅，孙静，李太公. 高性能弥散强化铜合金制备及应用研究 [J]. 山东工业技术，2014，18：128.
[47] 李斌，刘贵民，丁华东，等. 弥散强化铜合金的研究现状 [J]. 材料导报，2012，26 (17)：107-111.
[48] 田宝红，宋克兴，刘平. 高性能弥散强化铜基复合材料及其制备技术 [M]. 北京：科学出版社，

2011: 373.

[49] 贾燕民, 丁秉钧. 制备弥散强化铜的新工艺 [J]. 稀有金属材料与工程, 2000, 4 (2): 141-143.

[50] 邓陈虹, 葛启录, 范爱琴. 粉末冶金金属基复合材料的研究现状及发展趋势 [J]. 粉末冶金工业, 2011, 21 (1): 54-59.

[51] 胡庚祥, 蔡珣, 戎咏华. 材料科学基础 [M]. 上海: 上海交通大学出版社, 2010.

[52] 王军丽, 史庆南, 钱天才, 等. 大变形异步叠轧技术制备高强高导超细晶铜材研究 [J]. 航空材料学报, 2010, 30 (3): 14-18.

[53] 康志新, 彭勇辉, 赖晓明, 等. 剧塑性变形制备超细晶/纳米晶结构金属材料的研究现状和应用展望 [J]. 中国有色金属学报, 2010, 20 (4): 587-598.

[54] 史庆南, 王效琪, 起华荣, 等. 大塑性变形 (severe plastic deformation, SPD) 的研究现状 [J]. 昆明理工大学学报 (自然科学版), 2012, 37 (2): 23-38.

[55] 王军丽, 史庆南, 钱天才, 等. 大变形异步叠轧技术制备高强高导超细晶铜材研究 [J]. 航空材料学报, 2010, 30 (3): 14-18.

[56] SEGAL V M. Materials processing by simple shear [J]. Mater. Sci. Eng., A, 1995, 197: 157-164.

[57] VALIEV R Z, LANGDON T G. Principles of equal-channel angular pressing as a processing tool for grain refinement [J]. Prog. Mater. Sci., 2006, 51 (7): 881-981.

[58] TIAN W S, ZHAO Q L, ZHANG Q Q, et al. Simultaneously increasing the high-temperature tensile strength and ductility of nano-sized TiCp reinforced Al-Cu matrix composites [J]. Mater. Sci. Eng., A, 2018, 717: 105-112.

[59] MOGHANIAN A, SHARIFIANJAZI F, ABACHI P, et al. Production and properties of Cu/TiO_2 nano-composites [J]. J. Alloys Compd., 2017, 698: 518-524.

[60] XU S, FU H D, WANG Y T, et al. Effect of Ag addition on the microstructure and mechanical properties of Cu-Cr alloy [J]. Mater. Sci. Eng., A, 2018, 726: 208-214.

[61] HAN S Z, JOH H, AHN J H, et al. Ti-added alumina dispersion-strengthened Cu alloy fabricated by oxidation [J]. J. Alloys Compd., 2015, 622: 384-387.

[62] TERENTYEV D A, BONNY G, MALERBA L. Strengthening due to coherent Cr precipitates in Fe-Cr alloys: Atomistic simulations and theoretical models [J]. Acta Mater., 2008, 56 (13): 3229-3235.

10　高熵合金量子材料

10.1　概　　述

2004年，中国台湾学者叶均蔚教授首次在“Nanostructured high-entropy alloys with multiple principal elements：Novel alloy design concepts and outcomes”中提出高熵合金的概念，并予以定义。叶均蔚教授定义的高熵合金需要满足以下两个要求：（1）合金含有5个及以上的主要元素；（2）每个主要元素的含量（摩尔分数）为5%～35%[1]。随着研究的深入，人们对定义中是否必须是五元合金进行了验证。四元等原子比的NbTiVZr合金及三元等原子比的ZrNbHf合金[2]均可以形成单相固溶体，相关人员认为它们也是典型的高熵合金。高熵合金的另外一种定义是从形成的相结构考虑的，他们认为高熵合金的成分需满足等原子比或接近等原子比，且为单相固溶体相。然而，德国的Pradeep等人[3]却提出了非等原子比高熵合金。虽然高熵合金的定义并没有强调形成单相无序的固溶体结构，但是随着对高熵合金的研究，很多文献都在追求对单相简单固溶体如fcc、bcc、hcp的探索，具有不同结构的单相固溶体合金，如面心立方（fcc）、体心立方（bcc）和密排六方（hcp）等，fcc面心立方高熵合金结构稳定，致密度高，抗氧化能力强，是最具高温应用潜力的合金。此外，高熵合金与传统合金有所不同，高熵合金的无序固溶体相中的原子没有溶剂和溶质之分，晶格位置都是被各个原子等概率随机占据[2]，导致产生严重的晶格畸变，使得高熵合金有时表现出异常优异的力学性能，例如，香港城市大学Yang等人制备出$(FeCoNi)_{86}Al_8Ti_6$和$(FeCoNi)_{86}Al_7Ti_7$两种合金拥有高密度有序的多组元金属间纳米颗粒，是合金表现出高强度的原因。其中$(FeCoNi)_{86}Al_7Ti_7$高熵合金有着异常优异的综合性能，其抗拉强度为1.5 GPa，断后收缩率为50%，这种异常室温性能是其他材料不可比拟的。目前，高熵合金的应用元素包括：碱金属（Li）、碱土金属（Mg、Be）、3 d过渡金属（Zr、Co、Au、Cr、Zn、Cu、Mo、Fe、Hf、Mn、Nb、Ni、Pd、Rh、Ru、Sc、Ta、Ti、V、W、Y、Ag）、基本金属（Si、Al）、镧系金属（Nd、Dy、Tb、Tm、Lu、Gd）、准金属（Ge、B、Si）和非金属（C），其中Co、Cr、Fe、Ni元素使用最为频繁。高熵合金主要为fcc、bcc和hcp三种固溶体结构，其中fcc固溶体结构的延展性良好，但是其较低的强度限制了在实际工程中的应用，所以说高熵合金的发展同样面临着强韧倒置的现象，限制了其实际运用。经过大量实验研究表明高熵合金出现异常优异性能与共格纳米第二相的尺寸及间距密切相关，在基体中实现纳米第二相的弥散析出是制备具有良好强度和延展性组合的fcc高熵合金中最有前途的方法之一，是解决目前金属材料面临强韧倒置最有效的办法之一。目前，Al、Ti、Nb、Ta、Mo、V等经常被添加到HEA中以引入纳米沉淀物，例如$L1_2$结构的γ″相、B2相、D022结构的γ″相、金属间化合物μ、σ和η等。如果制备出的纳米第二相尺寸更小，间距更小，密度更大，可以利用纳米第二相分割基体，把基体分割为一维量子棒和二维量子面。按哥本哈根诠释，金属材料中纳米团簇的尺寸及间距进入量子效应尺寸范围，材料结构示意图如图 10-1 所示。金属材料中第二相尺寸为 10 纳米以下，并且它们的间距也在 10 nm 以内，第二相密度达到足够大时候，这类第二相团簇可以视为量子点（电子运动在三个方向上受限），其基体骨架可以视为量子棒（即电子在两个方向上受限）或者量子面（即电子在一个方向上受限）。首先在成分组织均匀金属材料中制备出密度大、尺寸在 10 nm 以下的纳米第二相（称为量子点），其次，由足够数量的量子点将基体分割为量子棒与二维量子材料（尺寸接近于哥本哈根诠释范围内）。由量子点、量子棒、二维量子材料等组成的金属材料称为金属量子材料。然而这一想法已经得到了实现，我们通过使用新型的复合剪切流铸造技术已经成功制备出了纳米第二相尺寸为 7 nm，纳米第二相间距在$10^{-10}\sim10^{-9}$ m 的高性能高熵合金。

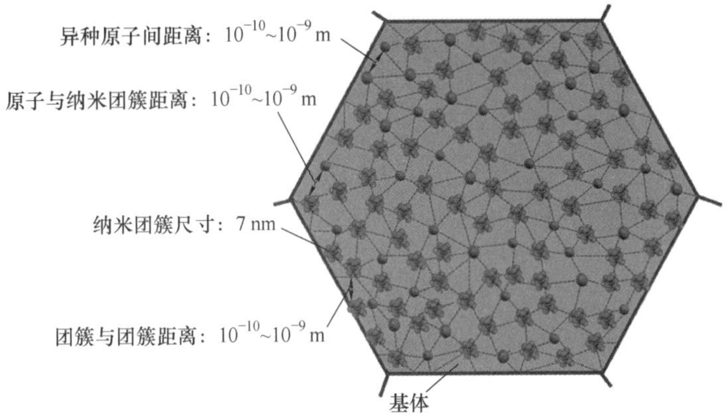

彩图

图 10-1 金属量子材料的原理结构示意图

本章对比了通过传统铸造方法与多维剪切流方法所制备的 AlCoCrFeNi 系高熵合金的组织与力学性能，发现感应熔炼+剪切流铸造方法所制备的 $Al_{0.43}CoCrFeNi_{2.1}$ 合金，其相结构为在无序的 fcc 基体上分布着弥散均匀的 $L1_2$ 纳米相（Ni、Al 元素偏聚导致），并且纳米相的尺寸细小至 7 nm 左右，细小纳米团簇、异种原子等之间的间距在 $10^{-10}\sim10^{-9}$ m，根据本书中前面章节描述有关量子效应的产生条件可知，在当金属材料中一个晶粒内部存在 7 nm 的纳米第二相及纳米团簇间距、原子与纳米团簇或异种原子之间的距离在$10^{-10}\sim10^{-9}$ m 范围时，将诱发量子效应从而实现 AlCoCrFeNi 系高熵合金铸态下的强韧双增，图 10-1 所示为金属量子材料结构原理示意图。此外，由于铸态状态下合金的晶粒尺寸还是相当粗大的，为 220μm 以下，因此为了进一步减小合金的晶粒尺寸及拓宽以后的应用范围，以感应熔炼+剪切流铸造制备的具有优异综合性能的 $Al_{0.43}CoCrFeNi_{2.1}$ 合金为基，通过单辊冷轧处理和后续的退火处理探索不同压下量及退火保温时间对合金组织、结构和性能的影响。通过结合上述新型的理论及新制备方法，将有望提高合金的综合力学性能。希望本章为读者提供一个实现金属材料强韧双增的新思路。

10.2 高熵合金及其量子效应潜质

10.2.1 高熵合金的定义

多主元合金（multi-principal element alloys，MPEAs）和高熵合金（high entropy alloys，HEAs）的概念[4]最早是在 2004 年首先正式提出的，经过十多年的发展，现在已经成为一种新型的、非常受欢迎的研究领域。对于高熵合金的定义，到目前为止一直有所争议，可以分为以成分为基础的定义和以熵为基础的定义[5]。

（1）以成分为基础的定义。高熵合金由至少 5 种元素组成，且每种元素的摩尔分数为 5%～35%，即没有任何一种元素为基体元素，每种元素既是溶剂元素又是溶质元素。然而，该定义并未对熵值有规定，且并未要求符合此化学成分的合金其结构为简单的固溶体。

（2）以合金熵为基础的定义。合金中各原子随机占位，在室温状态下混合熵大于 1.5R（R 为摩尔气体常数）。该定义为了强调高的混合熵能促进固溶体相的形成。

两种定义从某种角度上来说都存在一些问题。对于前者，只是从合金的成分组成上定义了高熵合金，但没有考虑合金形成的相结构。对于后者，一是合金中原子不是完全按照麦克斯韦-玻耳兹曼概率分布的，各原子的占位并不是理想的随机，即各原子之间不是理想的弹性体，原子之间有相互作用和各种缺陷。而且在室温时，合金一般是固态的，各原子之间的随机占位更是不可能发生的。二是合金的熵值本身是一个变量，它会随着温度的变化而变化，即原子与原子之间、原子与缺陷之间的相互作用是随着温度而时刻变化的。鉴于以上问题，学术界普遍认为在研究高熵合金时不必拘泥于定义，而应将其作为一种打开材料设计与开发的方式，从而更好地服务于国民经济发展中的特定需要。

10.2.2　高熵合金的相结构

虽然多组元高熵合金在凝固后能够形成相对简单的相，所生成的相数也远远小于吉布斯相律预测的平衡相数。但是影响高熵合金组织形成的热力学和动力学因素比较多，除了简单的固溶体相外，有序的金属间化合物、纳米级析出物和非晶态相等也会在合金中形成[6]。

10.2.2.1　简单的固溶体相

一般将固溶体的形成主要归因于合金的高混合熵。高混合熵可以增进组元间的相溶性，并抑制金属间化合物的生成。图 10-2 所示为经典的 FeCoNiCrMn[4] 合金的组织形貌及 XRD 图谱，该合金在铸态下呈单相典型的枝晶组织，晶体结构为单相 fcc 固溶体。

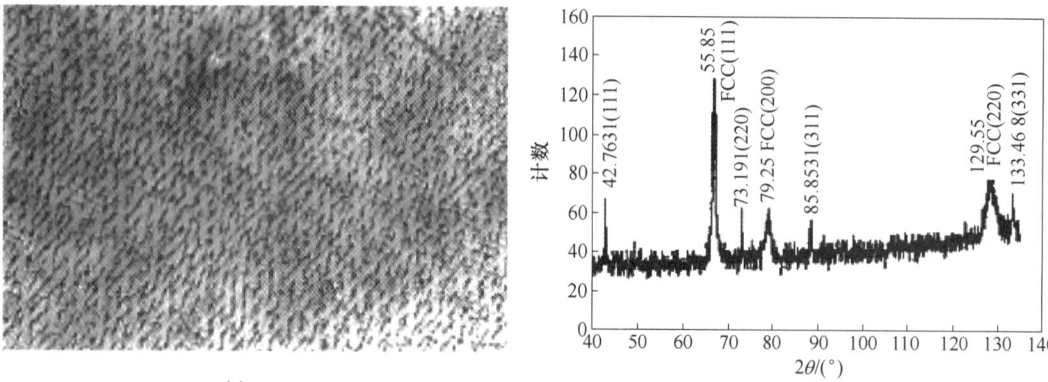

(a)　　(b)

图 10-2　FeCoNiCrMn 合金的组织形貌（a）及 XRD 图谱（b）[5]

10.2.2.2 中间相及其他复杂组织

由一些化学相容性较差的合金元素构成的高熵合金往往会形成中间相或复杂的多相共存结构。合金元素之间的差异越大，结合力越强，在高熵合金中越容易形成有序相[5]。台湾学者 Lin 等人[7]通过原位反应的方法制备了 NiCrAlCoCu 和 NiCrAlCoMo 两种等原子比合金涂层，研究发现该涂层中包含 $AlFe_{0.23}Ni_{0.77}$、$Co_6Mo_6C_2$、$Fe_{63}Mo_{37}$等多种复杂的中间相。图 10-3 所示为 NiCrAlCoMo 合金涂层对应的 SEM 图像及 XRD 图谱。

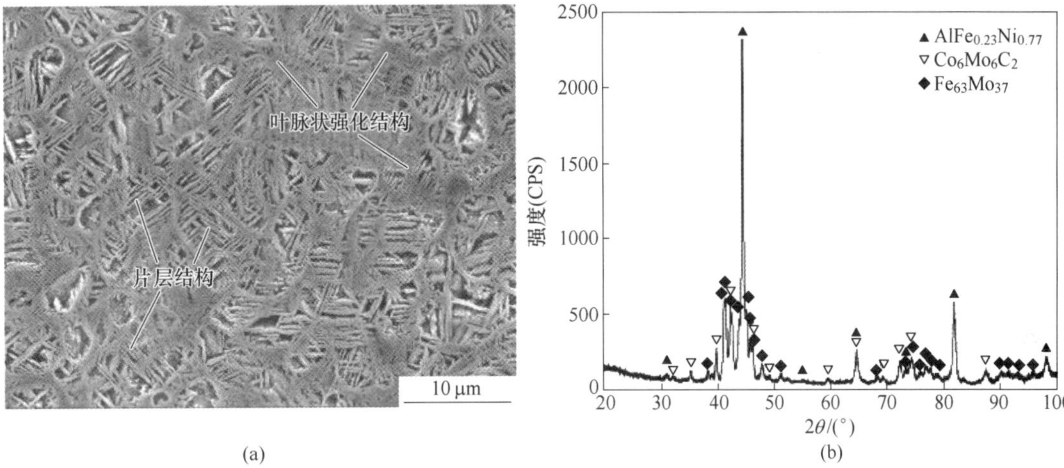

图 10-3 NiCrAlCoMo 合金涂层的 SEM 图像（a）及 XRD 图谱（b）[7]

10.2.2.3 纳米相和非晶相

高熵合金中强烈的晶格畸变效应和缓慢扩散效应会阻碍晶粒的形核和长大，使某些体系的高熵合金在铸态和完全回火态析出纳米相结构甚至非晶态结构，而传统的合金只有在特殊的热处理条件状态下才能析出同样的纳米结构相[8]。I. S. Wani 等人[9-11]在铸态 $AlCoCrFeNi_{2.1}$共晶高熵合金中的 B2 相中发现大量弥散分布的富 Cr 纳米相，如图 10-4 所示。姚可夫等人[12]以传统的 Zr 基非晶合金为原型，制备出了等原子比的 TiZrHfCuNiBe 高熵非晶合金，其非晶临界尺寸可达到 20 mm，如图 10-5 所示。

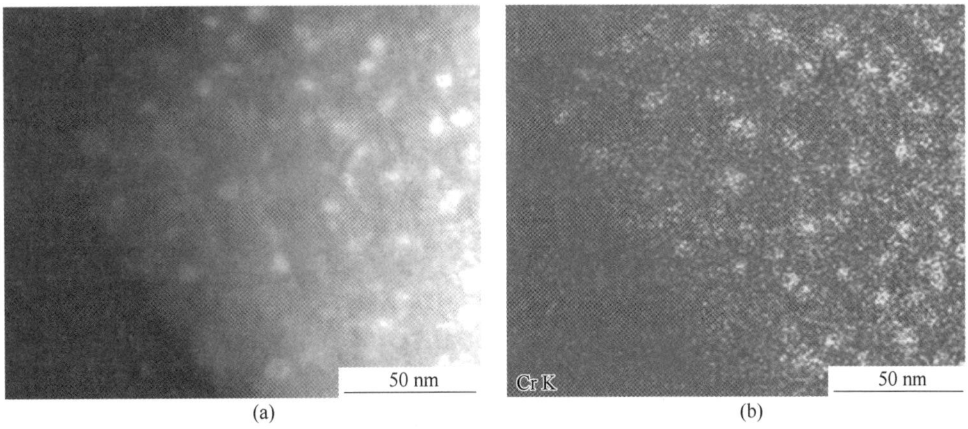

图 10-4 $AlCoCrFeNi_{2.1}$合金中 B_2 相及其上富 Cr 纳米相的 TEM 图（a）和 Cr 元素的 TEM-EDS 图（b）[9]

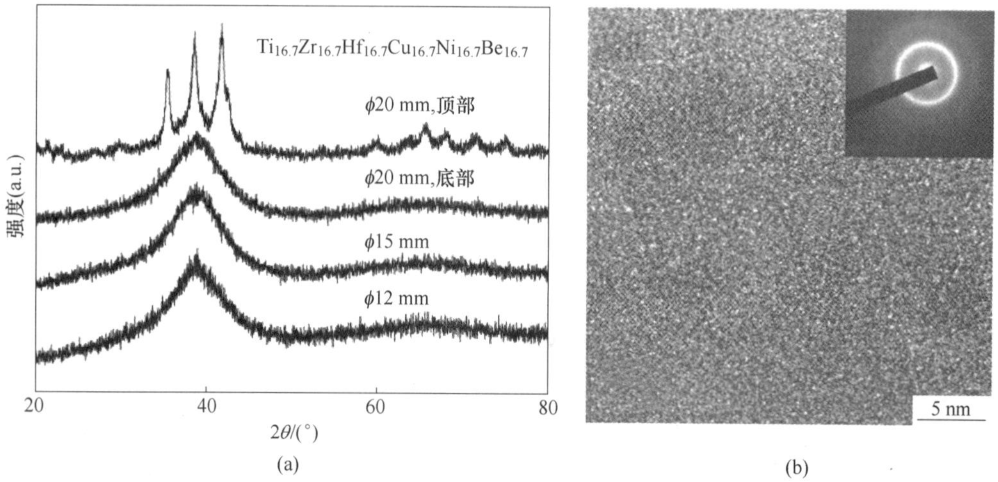

图 10-5　TiZrHfCuNiBe 合金的 XRD 图谱（a）和 TEM 图片（b）[12]

10.2.3　高熵合金的制备方法

高熵合金的制备方法种类繁多，具体要根据合金元素及所需制备样品的状态而定。比如，对于合金元素为粉体的元素，通常采用球磨法来制备，即磨球进行高速搅拌对合金粉末反复压延、压合、碾碎、再压合与碾碎的过程，粉末不断受到压缩力、冲击力及剪切力等多方向力的作用，合金粉末间会发生固相反应及扩散，最后可获得成分分布与微观组织均匀的纳米晶或非晶颗粒[13]。

如果所需制备的材料为丝材，常用的制备方法为熔体旋淬法和玻璃包裹拉丝法。熔体旋淬法是一项较为传统的纤维制备技术，由于该方法能够连续获得的丝材长度有限，在这里就不过多陈述。熔体旋淬法的特点是制备出一层玻璃包覆的合金丝。其工艺过程为：将合金棒料置于石英玻璃管内，其中棒料下方分别依次由氮化硼棒和石英玻璃棒托举，合金棒料通过感应线圈进行加热，融化连续进给的金属料棒，并由边缘尖锐或有凹槽的铜轮盘精确切削熔化，进而抽拉出金属纤维丝[14]。

目前，用于制备高熵合金涂层的技术主要有电镀、化学镀、化学气相沉积、热喷涂、激光熔，及物理气相沉积等[15-17]。但是由于用于制备高熵合金涂层的材料不少于 5 种，不同金属原子的还原电位差异很大，导致很难用电镀、化学镀及化学气相沉积技术制备出均匀的高熵合金涂层。热喷涂是一种将喷涂材料加热至熔化或半熔化状态，喷射沉积到基体表面形成具有特殊功能涂层的技术方法。其优点为涂层的孔隙率、含氧量较低，在高温时产生沉淀时效硬化现象，具有优良的耐回火软化性、耐磨性及抗氧化性。但涂层存在气孔、夹杂等缺陷，往往需要后续的热处理来进一步提高涂层的力学性能。激光熔覆是一种利用高能密度激光束辐照以一定方式将放置在基体表面上的涂层材料和基体表面的薄层同时熔化并快速凝固，涂层与基体间实现冶金结合的技术方法。该方法有以下优点：（1）可以对材料表面进行改性和修复，显著改善基层表面的耐蚀、耐磨、抗氧化及电气特性等，从而满足不同作业环境下对材料表面特定性能的要求，同时节约材料。（2）激光熔覆技术使涂层材料快速熔凝能够阻止元素的扩散及脆性的金属间化合物的形核与长大，保证高熵合金涂层具有简单的相结构。（3）对基体材料的特性影响很小使其对基体材料的要求不高，并且制备的高熵合金涂层与基体之间为冶金结合，结合强度很高。（4）热影响区小。可以将激光束聚集并集中在非常小的区域上，这使衬底的热影响区非常浅，该特征使基板的冶金开裂、变形及转变的机会最小化。（5）稀释率极低。较低的总热量使材料从衬底的稀释度最小化。物理气相沉积（PVD）主要包括真空蒸镀、离子镀和溅射三种技术。由于多主元合金元素种类多且熔沸点差异大，因此真空蒸镀技术不适合用来制备高熵合金涂层。磁控溅射是制备高熵合金薄膜最常用的方法，利用具有一定能量的高能粒子轰击特定物质的表面，使表面原子或者粒子从物质表面分离的现象称为溅射；利用溅射效应，使物质表面分离出的原子或者粒子产生定向移动，最终在衬底上沉积形成薄膜的过程称为溅射镀膜。溅射具有容易控制涂层的成分，可以制取各种成分和配比的合金层，且重复性好，并且能够较大面积制取厚度均匀、附着力强的薄层等诸多优点。同时，该技术用于制备高熵合金涂层存在结合强度较低和工艺较为复杂等不足。针对以上制备高熵合金薄膜的方法，除了根据各自的优缺点来进行选择外，最重要的还是要根据所需制备薄膜的厚度来衡量。热喷涂和激光熔覆主要用来制备十几微米到几毫米较厚的高熵合金涂层，需要制备高熵合金物理功能涂层、高熵合金纳米结构涂层等要求厚度在1 μm以下的涂层时，应当选择物理气相沉积技术。

通常，块状高熵合金的制备方法主要是通过高真空电弧熔炼（最常用）或者是高真空感应熔炼来制备，有时为了获得一定的晶体取向和特定的性能，也会采用定向凝固的方法制备[27-28]。真空电弧熔炼法首先是将电弧炉抽真空至 10^{-3} Pa 以上，在氩气的保护环境下，利用钨极进行电弧放电，通常采用22~65 V 电弧电压，20~50 mm 的弧长进行大电流低电压的短弧操作，通过短时间高温在铜坩埚中进行熔炼。由于电弧可以达到非常高的温度（>3000 ℃），可以实现高熔点元素的完全混合，但对于低熔点的元素很容易挥发，难以和其他元素较好的混合。因此，若使用真空电弧熔炼的方法，除了要考虑元素之间的熔点差距，还要合理的放料（一般将熔点相对较低的料放到下面），以及控制电流大小和电弧到料的距离等其他因素。真空感应熔炼法是指利用电磁感应在线圈中产生涡流的方法对金属熔炼，即将合金原料放置在真空感应熔炼炉中，炉体抽真空至约为 10^{-2} Pa 后，充入高纯保护氩气，随后感应加热至合金熔化。熔炼过程中可将合金中氢、氧、碳、氮去除至较低水平，同时高温熔炼也可使比基体蒸气压高的杂质元素挥发，因而提高合金的韧性强度等综合性能。定向凝固技术又称 bridgeman 方法，这种控制结晶从一定部位开始，并且沿一定方向进行长大的结晶过程称为定向结晶（即定向凝固）。定向结晶的条件是通过定向冷却造成一定方向的温度梯度。在保证温度梯度方向的原则下，定向结晶的方法是多样的。定向凝固技术可以减少或消除合金组织中的横向晶界，制备出柱状晶或单晶合金，进而减小高温时晶界的弱化作用，有效地提高材料在高温条件下的力学性能。

10.2.4 高熵合金的量子效应潜质

相比于传统合金而言，高熵合金有着自身独特的特性。不仅因为其形成独特的多组元固溶体结构，还因为高熵合金具有优异的综合性能。已被证实的热力学上的高熵效应、结构上的晶格畸变效应、动力学上的迟滞扩散效应，以及性能上的“鸡尾酒”效应均在一定程度上对高熵合金的组织和性能产生很大的影响。材料的强-塑性问题一直是学术界探讨的话题，在经典强化机制体系中，只有细晶强化才能够同时提高材料的强度和塑性。而对于固溶强化、第二相强化及加工硬化等机制均是在以牺牲塑性的前提下提高材料的强度。除此之外，材料的低温脆性也是工程界的一大难题，传统体心立方晶体金属及合金或某些密排六方晶体金属及其合金，在试验温度低于某一温度时，会由韧性状态变为脆性状态。面心立方金属及其合金一般没有低温脆性现象，但有实验证明，在 4.2~20 K 的极低温度下，奥氏体刚及铝合金也有冷脆性。针对以上问题，在高熵合金中却有着不一样甚至相反的行为，这也有望让我们从高熵合金中挖掘出问题的本质并得到解决。

高熵合金中的组成元素种类繁多，原子随机占据晶格点阵（见图 10-6），图 10-7 所示为常见的 fcc、bcc、hcp 结构等原子比及非等原子比高熵合金的最大熵值结构模型，同时合金中不同元素的原子存在尺寸差，因此造成较高的晶格畸变（见图 10-8），原子之间间距减小，大多数原子间距在原晶格常数的数值上得到进一步减少，当原子半径尺寸相差较大时，可能无法维持合金的晶体结构。

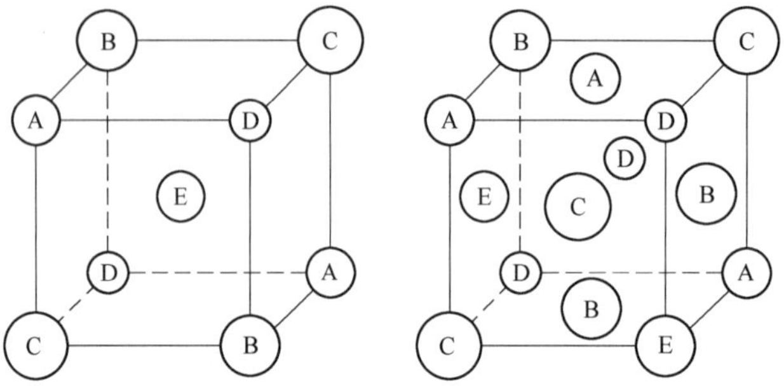

(a)　(b)

图 10-6　高熵合金的单相结构模型

（a）bcc；（b）fcc[18]

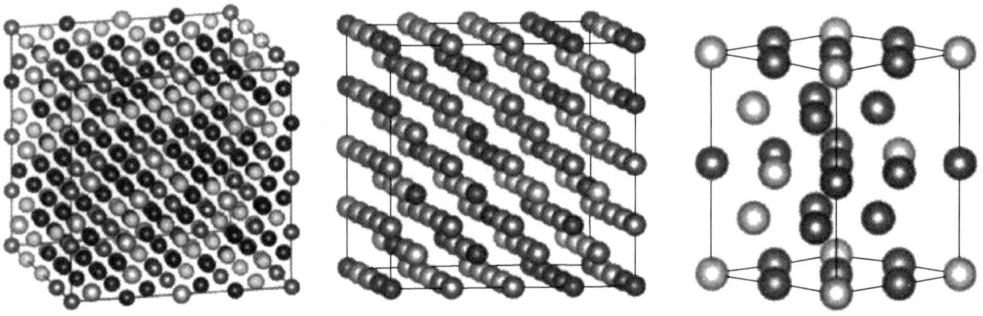

(a)　(b)　(c)

图 10-7　原子替换结构模型[19]

（a）fcc 结构高熵合金 $Ti_{0.5}Co_{1.5}CrFeNi_{1.5}$ 的结构模型

（b）bcc 非等原子比 $Al_{0.5}NbTaTiV$ 的最高熵值模型（c）hcp 结构最高熵值模型

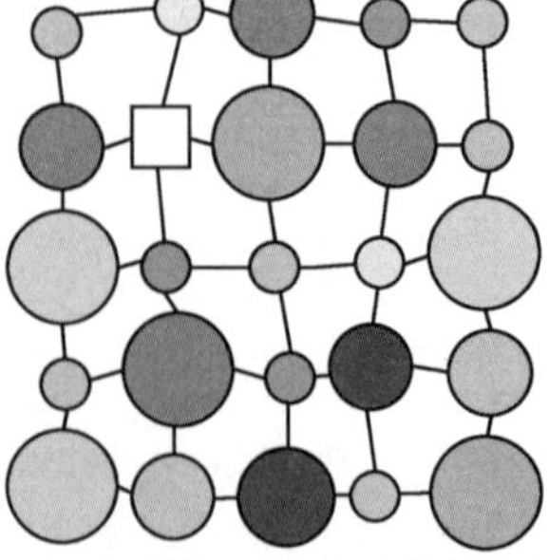

图 10-8　高熵合金晶格畸变示意图[20]

彩图

何峰等人[21]在2019年材料大会上提出通过在面心立方的$Ni_2CoCrFe$高熵合金中引入大原子半径的Al、Ti原子熔炼出$Ni_2CoCrFeTi_{0.2}Al_{0.1}$高熵合金，并通过大变形及后续退火获得再结晶的$Ni_2CoCrFe$、$Ni_2CoCrFeTi_{0.2}Al_{0.1}$合金。通过比较发现，两者的晶粒尺寸分别为65 μm、74 μm，对应的拉伸数据见表10-1。从表中可以看出，在相同的热处理条件下，Al、Ti原子的引入使得合金的强度和塑性均有一定程度的提高，他们认为固溶元素通过阻碍位错运动而提高强度，通过改变合金变形时位错运动模式而提高塑性。

表10-1 $Ni_2CoCrFe$、$Ni_2CoCrFeTi_{0.2}Al_{0.1}$高熵合金的拉伸参数比较[21]

合　金	σ_{YS}/MPa	σ_{UTS}/MPa	伸长率/%
$Ni_2CoCrFe$	177	531	59
$Ni_2CoCrFeTi_{0.2}Al_{0.1}$	252	685	69

中国香港城市大学Yang等人[22]首先选择FeCoNi作为母合金，通过热力学计算挑选出合适的成分，并制备出$(FeCoNi)_{86}Al_8Ti_6$和$(FeCoNi)_{86}Al_7Ti_7$两种高熵合金。随后，将这3种合金在1150 ℃保温2 h进行均匀化退火后用于变形量为65%的冷轧，再在1150 ℃下保温1.5 min进行再结晶控制晶粒尺寸，最后在780 ℃时效4 h并水淬。室温拉伸试验表明，相比于母合金FeCoNi，两种合金均表现出高强度，$(FeCoNi)_{86}Al_8Ti_6$和$(FeCoNi)_{86}Al_7Ti_7$两种合金拥有高密度有序的多组元金属间纳米颗粒，第二相纳米颗粒的平均尺寸为25 nm左右，纳米粒子之间的平均间距为20 nm，是合金表现出高强度的原因。其中$(FeCoNi)_{86}Al_7Ti_7$高熵合金有着异常优异的综合性能，其抗拉强度为1.5 GPa，断后收缩率为50%，这种异常室温性能是其他材料不可比拟的，如图10-9和图10-10所示。

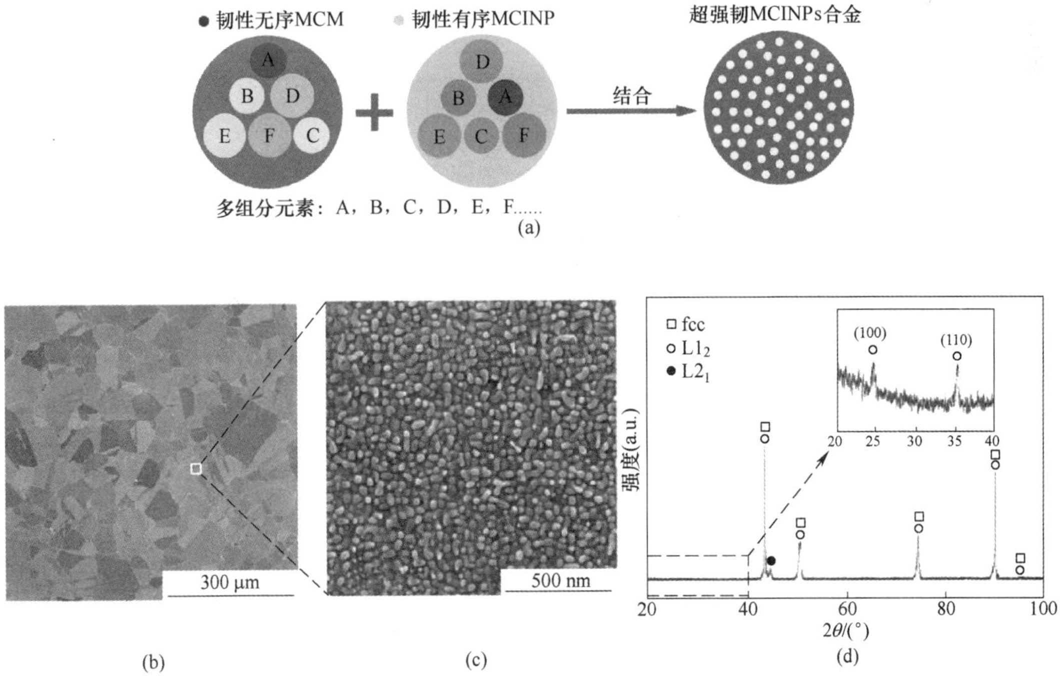

(e)　　　　　　　　　　(f)

图 10-9　多元金属间化合物纳米颗粒（MCINPs）合金设计概念与微观组织表征[22]

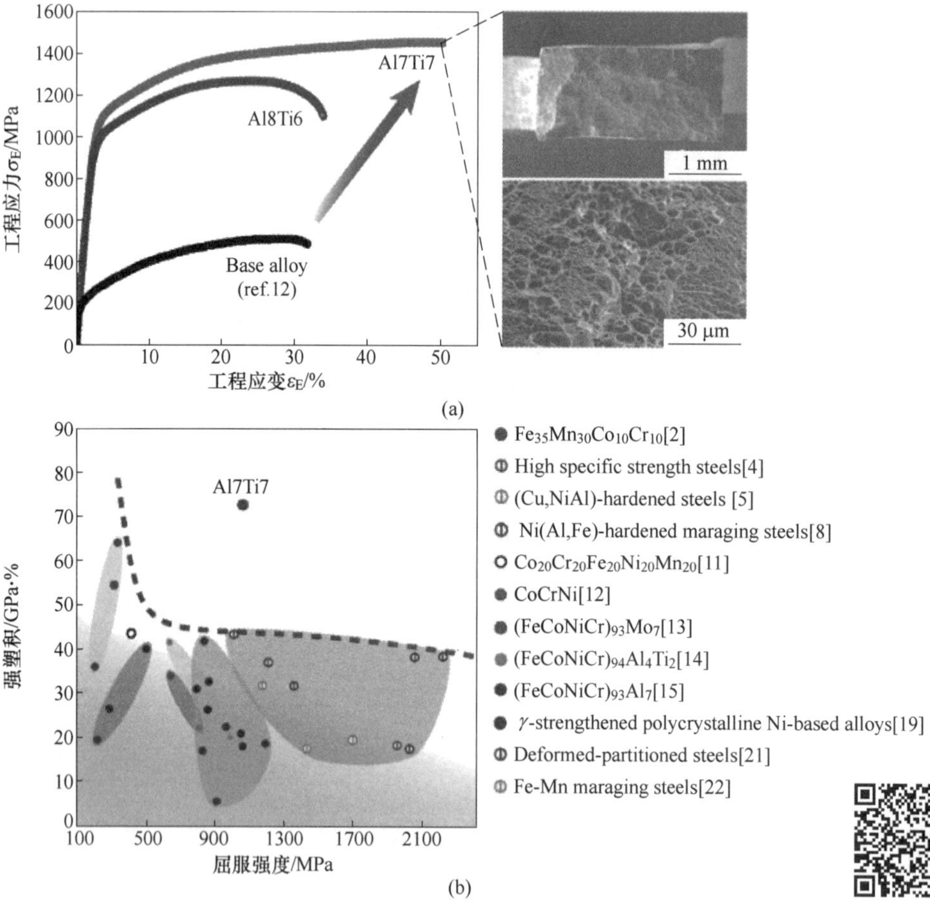

彩图

图 10-10　拉伸应力-应变曲线（a）和强塑积曲线（b）

Gwalani 等人[23]通过在 CoCrFeNi 合金中添加少量的 Al、Ti 和 Cu 元素，开发了一种新的高熵合金 $Al_{0.3}Cu_{0.3}Ti_{0.2}CoCrFeNi$。Al 和 Ti 的添加促进了 $L1_2$ 纳米析出相在 fcc 相基体中的析出，提高了高熵合金的强度。Cu 原子为 $L1_2$ 相纳米析出相的形成提供形核位点的同时，也进一步强化了高熵合金。时效后，该高熵合金中 $L1_2$ 相的体积分数提高到 34%，这些 $L1_2$ 沉淀在如图 10-11 所示的暗场 TEM 图像中突出显示，这些图像是通过从

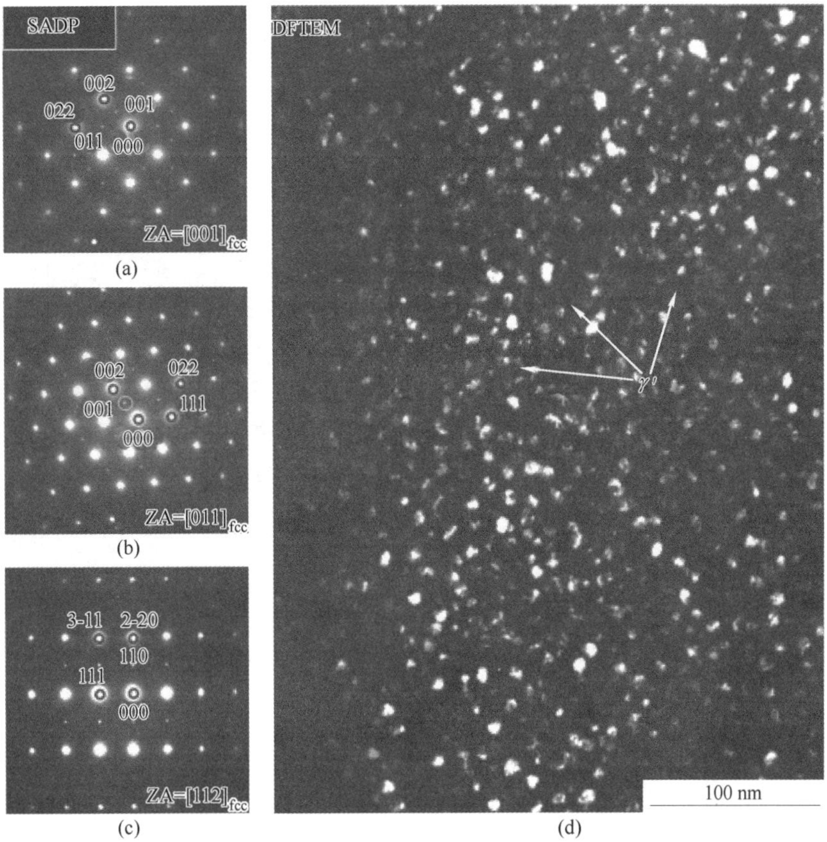

图 10-11 CR-SA-550 条件下的透射电子显微镜图片[23]

(a) 来自 [001] ZA 的 SADP; (b) [011] ZA; (c) [112] ZA (显示用黄色标记的 {001} 和 {011} 位置的超晶格点); (d) 从 (b) SADP [011] ZA 中用黄色包围的超晶格斑获得的暗场 (DF) TEM 图像, 显示 {001} 位置的超级晶格点 γ′到沉淀物在 DFTEM 图像中被点亮

[001] SAD 图案中选择超晶格反射而记录的，其表明在 550 ℃退火 150 h 后，$L1_2$ 尺寸在 5 nm 左右，纳米团簇分布非常均匀，团簇距离也在纳米级别。通过力学测试得到极限抗拉强度达到 1.1 GPa，同时具有很高的屈服强度，表现出较好的强塑性匹配。

Liang 等人[24]为了改善等摩尔比高熵合金中存在脆性相和 $L1_2$ 相体积分数过少的问题，通过提高了 AlVFeCrNi 合金中 Ni 的含量，从而增加 Ni/Al 元素比例，旨在生成近等摩尔比的 fcc 相基体，同时形成含量较高的 $L1_2$ 相，最终得到了 $Al_{0.5}Cr_{0.9}FeNi_{2.5}V_{0.2}$高熵合金。该合金在时效过程中，产生了调幅分解性质的 $L1_2$ 相，体积分数达到了 50%，尺寸在 15 nm 左右，显著提高了合金强度（1.9 GPa），并保持了良好的塑性（9%）。

基于 APT 数据，通过分别重建 63%Ni 和 15%Cr（摩尔分数）等浓度表面，揭示了有序 $L1_2$ nm 沉淀物和无序 fcc 基体的三维形貌（见图 10-12）。可以更清楚地看到缠结的纳米结构，其中互连的无序 fcc 基体充当框架，并填充有有序的 $L1_2$ 相（也互连）。为了进一步研究相界面的组成和形态，从图中选择了一个 30 nm×20 nm×10 nm 的分析盒，重建了一个具有较高 Cr 含量（摩尔分数为 22%）的等浓度表面。相界面的一维浓度分布图表明 Fe 在 $L1_2$-$L1_2$ 界面处略微富集，并且所有元素从 fcc 到 $L1_2$ 连续变化，而没有突变。

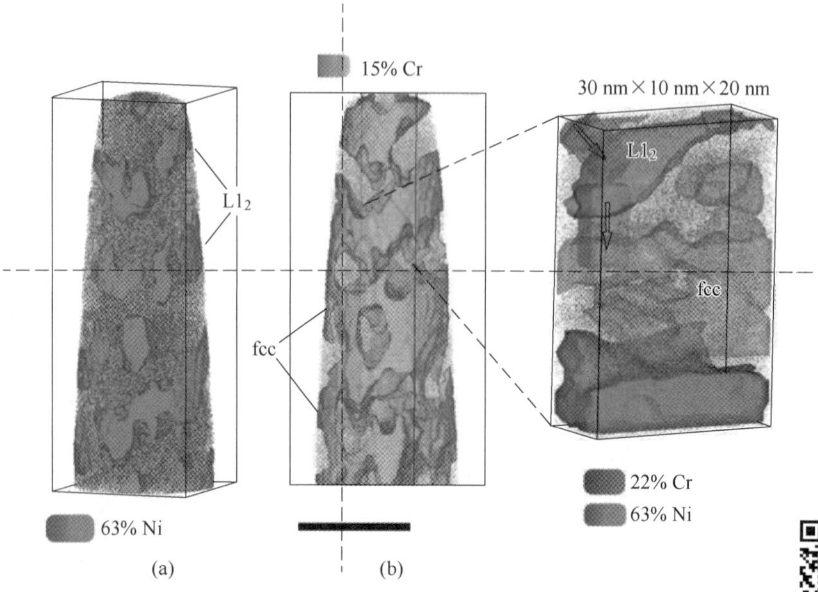

图 10-12 63%Ni（a）和 15%Cr（b）等浓度表面的三维重建[24]
（分别呈现有序 $L1_2$ 沉淀物和无序 fcc 基体的形态）

彩图

Zheng 等人[25]设计了一种新型的 $Ni_{32}Co_{28}Fe_{28}Cr_3Al_3Ti_6$ 高熵合金，$Ni_{32}Co_{28}Fe_{28}Cr_3Al_3Ti_6$ HEAs 的 ATP 特征如图 10-13 所示。时效和预应变时效试样中纳米沉淀物的形态如图 10-13（a）和（b）所示。TEM 图像进一步表明了纳米沉淀物的均匀分散分布和近球形。通过暗场 TEM 图像测量纳米沉淀物的尺寸和体积分数（见图 10-13（a）和（b））。纳米沉淀物的统计尺寸分布分别如图 10-13（c）和（d）所示。时效合金中纳米沉淀物的平均直径为 30 nm±6 nm，并且预应变老化样品的平均直径为 19 nm±4 nm。预应变时效合金中纳米沉淀物的平均尺寸比时效合金减小了 37%。对于时效和预应变时效合金，纳米沉淀物的计数体积分数分别为 50%和 52%。这表明预应变没有改变纳米沉淀物的体积分数和晶体结构。该合金实现了较好的强塑性匹配。与不进行预变形样品相比，当时效前的预变形为 10%时，纳米析出相的尺寸从 30 nm 减少到 19 nm，但析出相的体积分数和晶体结构没有发生改变，并表现出更好的屈服强度（1.31 GPa）、抗拉强度（1.65 GPa）和伸长率（15%）。

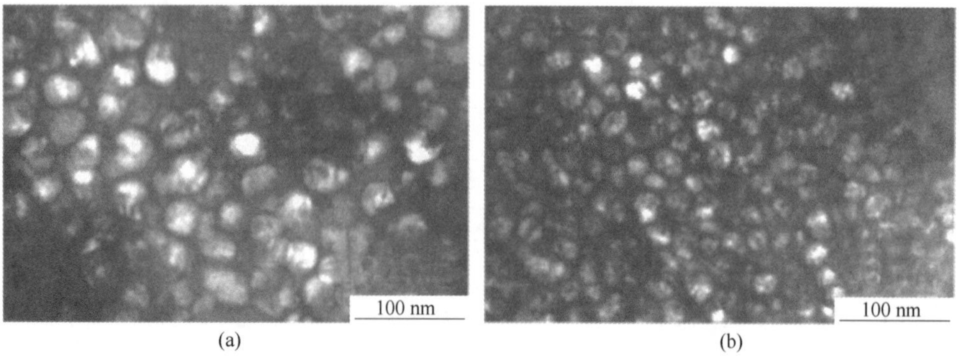

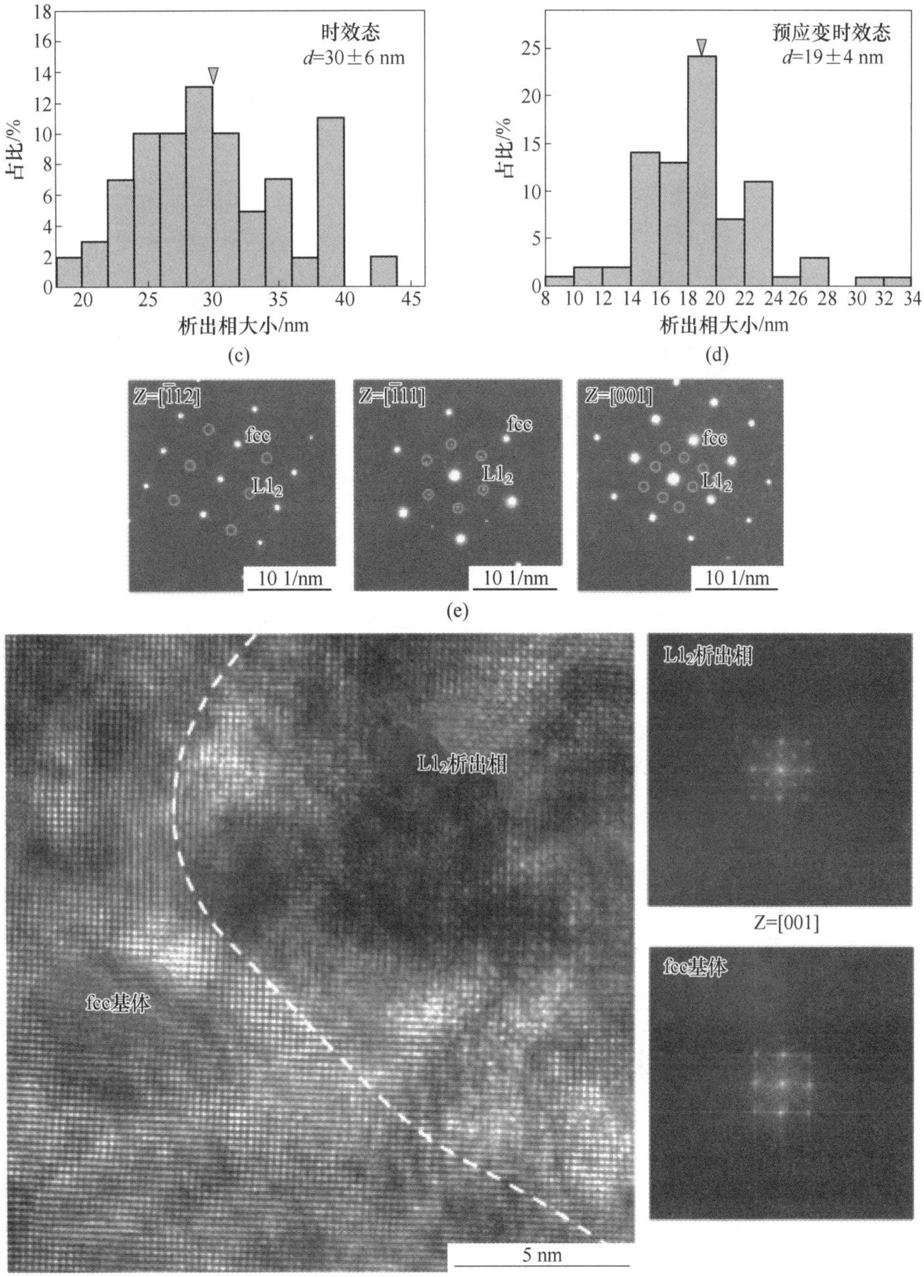

图 10-13　纳米沉淀物和晶体结构的 TEM 图像

（a）（b）分别为在时效和预应变时效样品中纳米沉淀物的暗场形态；（c）（d）分别为时效合金和预应变时效合金中纳米沉淀物的统计尺寸分布；（e）来自预应变老化样品的沿着三个不同区域轴的 SADP 图案；（f）HRTEM 图像显示了纳米沉淀物与 fcc 基体之间的界面（右侧黏附了 γ′纳米沉淀物和 fcc 基体的两个 FFT 图案）[25]

采用 APT 从原子尺度上表征了预应变时效合金中纳米沉淀物的形貌和成分分配。在 50%Ni 等浓度表面上获得了有序纳米沉淀物和无序基体之间的 3D-APT 重建、原子分布和浓度分布的直方图。纳米沉淀物的3D形态和组成元素Al、Co、Cr、Fe、Ni和Ti的2D分布如图10-14（a）和（c）所示。在重建图（见图10-14（a））中，纳米沉淀物具有接近球形的形状，在基体中具有不同的界面。有序纳米沉淀物和无序基质之间的浓度分布直方图如图所示。根据图10-14（a）和（c）可以发现纳米颗粒间距在15 nm以内。

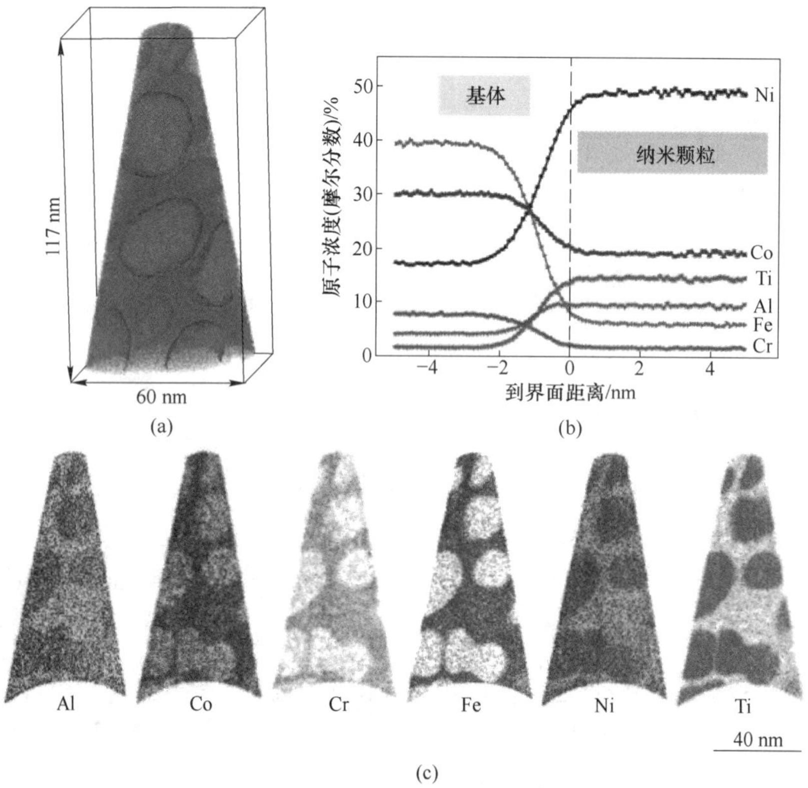

彩图

图10-14　预应变时效合金在50%Ni（摩尔分数）等浓度表面的APT重建图和原子图[25]
（a）重建图；（b）浓度分布曲线；（c）六个元素的原子映射

李春华[26]对共格析出强化的bcc基Al-TM高熵合金微观组织及力学性能研究。立方体的B2/$L2_1$纳米粒子在bcc基体上的共格析出对高熵合金合金力学性能的提升是非常重要的，他们使用团簇式成分设计方法设计并制备出两种立方体B2纳米粒子共格强化的bcc基$Al_{0.7}NiCoFe_{1.5}Cr_{1.5}$和$Al_{0.7}NiCoFeCr_2$高熵合金，并重点探究Ti元素的添加对Al-Ni-Co-Fe-Cr高熵合金共格组织形貌及其力学性能的影响，发现向两种B2有序共格相强化的bcc基$Al_{0.7}NiCoFe_{1.5}Cr_{1.5}$及$Al_{0.7}NiCoFeCr_2$添加少量的Ti（摩尔分数为3.13%和4.17%）元素会导致Al-Ni-Co-Fe-Cr系列高熵合金中共格析出的B2相转变为有序度更高的立方形状$L2_1$-Ni_2AlTi，纳米第二相尺寸较未添加Ti元素时明显减小，如图10-15（b）和（d）所示。且bcc基体上共格析出的$L2_1$-Ni_2AlTi粒子尺度为55~90 nm，使得合金的力学性能得到进一步提升，其压缩屈服强度可以达到1507 ~ 1808 MPa。若在$Al_{0.7}NiCoFeCr_2$合金中加入过多的Ti元素（摩尔分数为6.25%）时，会导致从晶内到晶间$L2_1$点阵常数上的变化，继而导致BCC基体与$L2_1$之间点阵错配过大（$\varepsilon>1.0\%$），$L2_1$-Ni_2AlTi有序第二相此时会呈粗大的层片状，使性能降低。

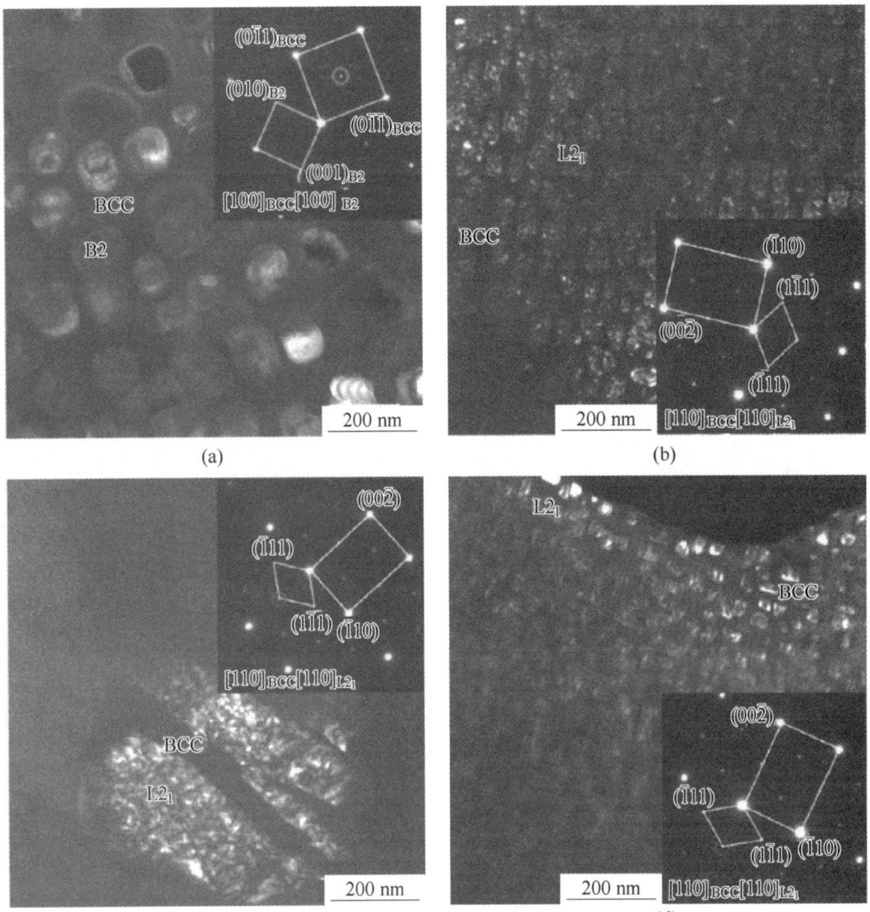

图 10-15　$(Al,Ti)_{0.7}NiCoFeCr_2$ 系列高熵合金的电子衍射图片及其衍射花样[28]

(a) $Al_{0.7}NiCoFeCr_2$ 合金的微观结构及其衍射花样；(b)（c）$(Al_3Ti)_{0.7}NiCoFeCr_2$ 合金晶内区域和晶间区域的微观结构及其衍射花样；(d) $(Al_2Ti)_{0.7}NiCoFeCr_2$ 合金晶内区域的微观结构及其衍射花样

彩图

汤[27]也进行了研究，在固溶条件相同时，长期时效处理对 Al_3TiNb 合金微观组织和力学性能的影响。长期时效温度分别选为 700 ℃、750 ℃ 和 800 ℃，时效时间为 20~1000 h 其结果见图 10-16~图 10-22 和表 10-2~表 10-4。重点研究长期时效处理对于 Al_3TiNb 高熵合金微观组织和力学性能稳定性的影响。

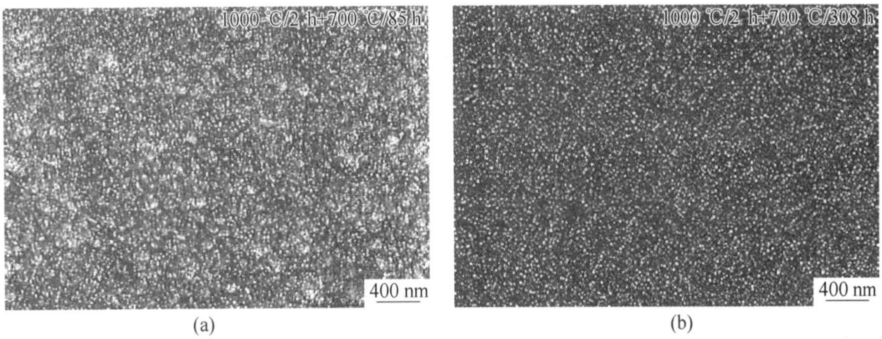

(a)　　(b)

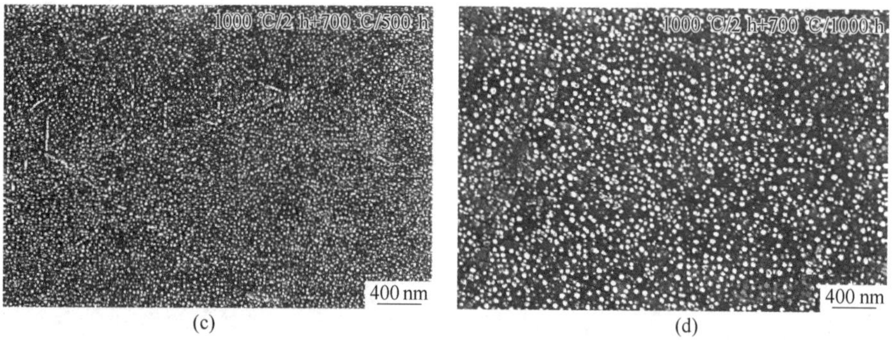

图 10-16　Al_3TiNb 合金在 700 ℃ 时效后的微观组织图[27]

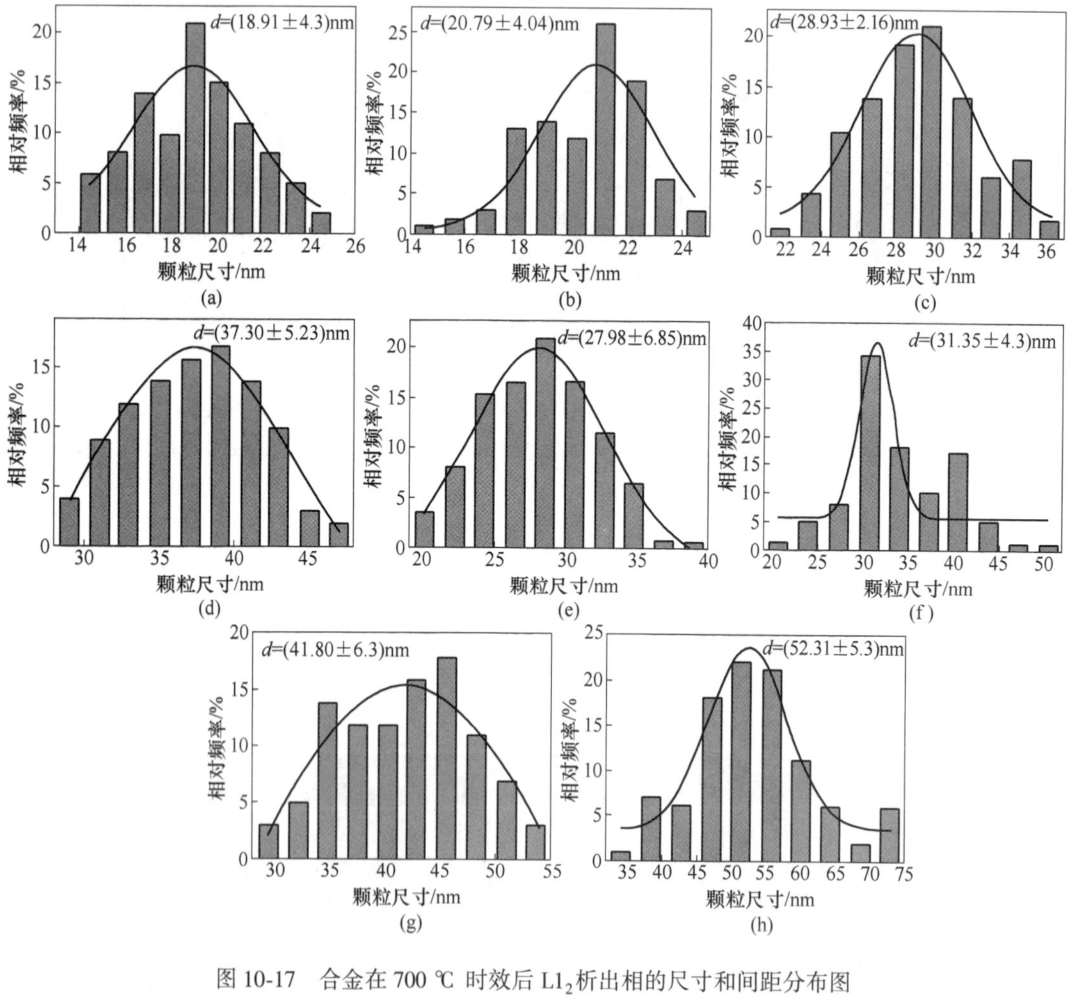

图 10-17　合金在 700 ℃ 时效后 $L1_2$ 析出相的尺寸和间距分布图

(a)（e）85 h；(b)（f）308 h；(c)（g）500 h；(d)（h）1000 h[27]

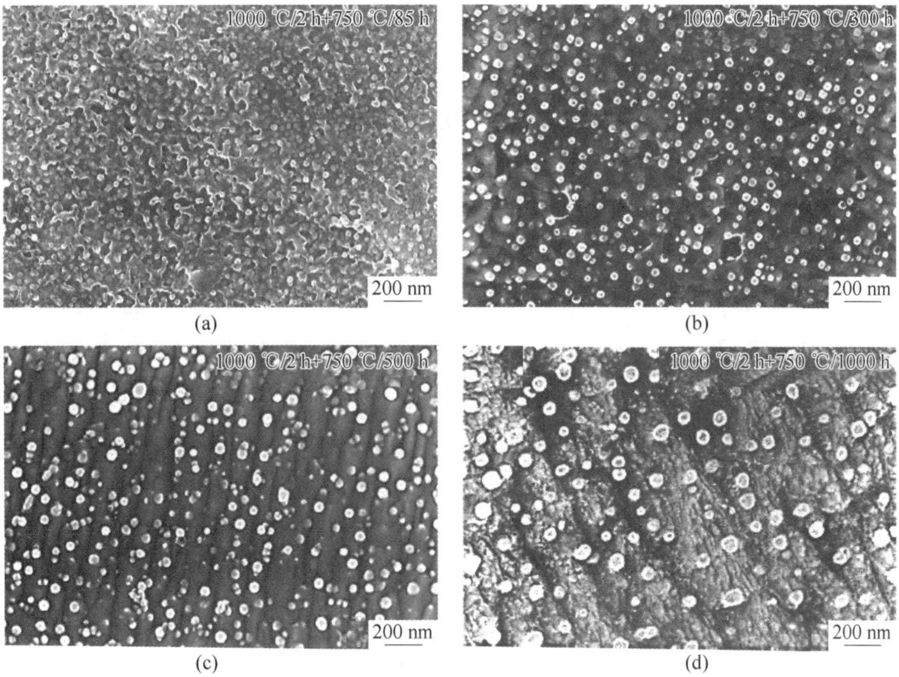

图 10-18　Al_3TiNb 合金在 750 ℃ 下时效后的微观组织图[27]

表 10-2　时效温度为 700 ℃ 时晶内析出相尺寸和粒子间距对比图[24]

时效时间/h	700 ℃	
	析出相尺寸/nm	粒子间距/nm
85	18. 9±4. 3	28. 0±6. 9
308	20. 8±4. 0	31. 4±4. 3
500	28. 9±2. 2	41. 8±6. 3
1000	37. 3±5. 2	52. 3±5. 3

表 10-3　时效温度为 750 ℃ 时晶内析出相尺寸和粒子间距对比图[24]

时效时间/h	750 ℃	
	析出相尺寸/nm	粒子间距/nm
85	29. 0±3. 7	41. 6±5. 6
300	37. 4±6. 7	50. 0±5. 4
500	49. 6±4. 1	79. 0±8. 4
1000	73. 9±6. 7	91. 3±4. 6

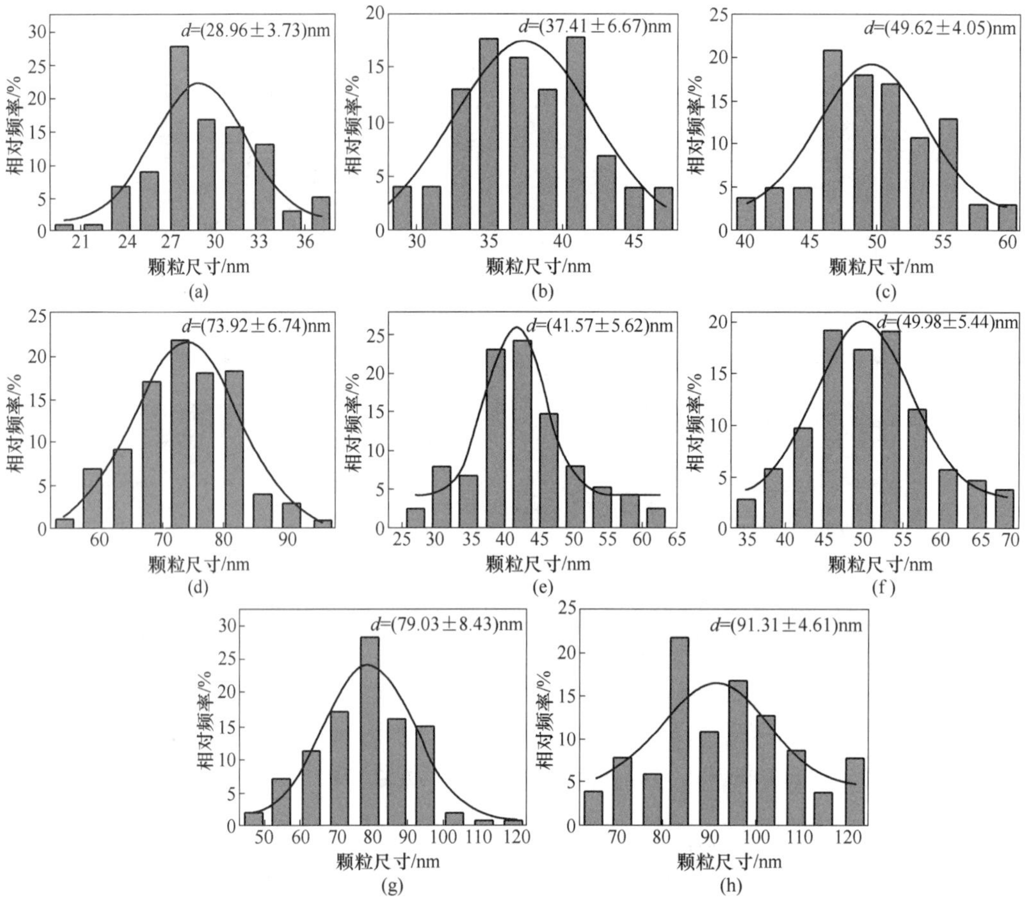

图 10-19　合金在 750 ℃ 时效后 $L1_2$ 析出相的尺寸和间距分布[27]

(a)(e) 85 h；(b)(f) 300 h；(c)(g) 500 h；(d)(h) 1000 h

表 10-4　800 ℃ 等温时效不同时间晶内析出相尺寸和粒子间距对比[24]

时效时间/h	800 ℃	
	析出相尺寸/nm	粒子间距/nm
20	34. 3±4. 2	60. 0±6. 6
100	53. 7±5. 1	78. 2±8. 2
300	90. 2±7. 8	143. 8±11. 1
500	107. 5±15. 0	191. 6±20. 6

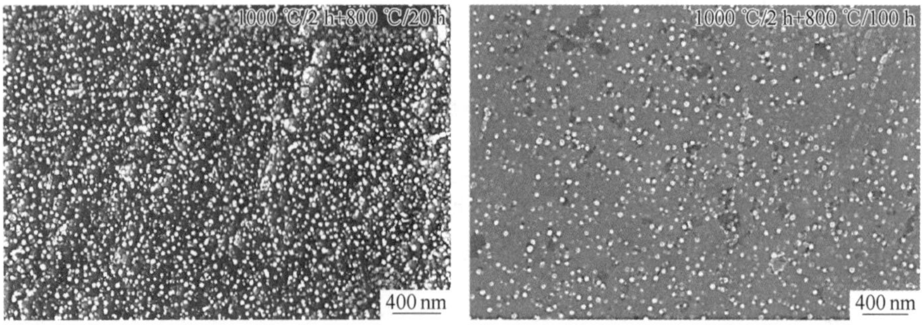

(a)　　　　　　　　(b)

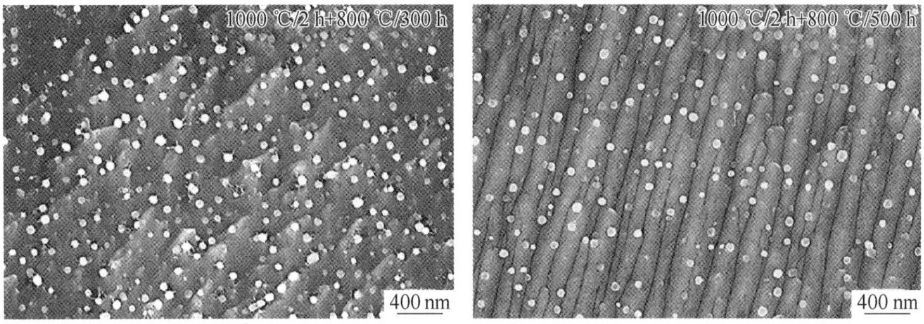

(c)　　(d)

图 10-20　Al_3TiNb 合金在 800 ℃ 时效后的微观组织图[27]

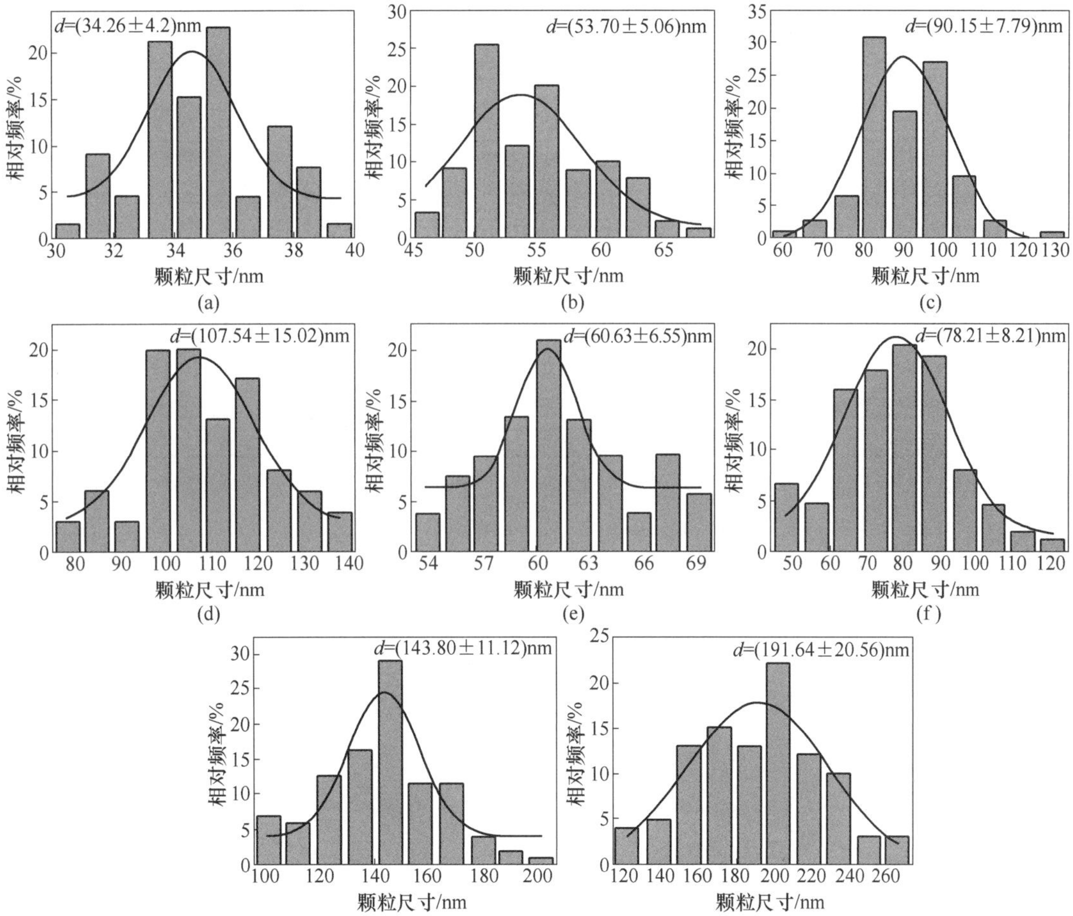

图 10-21　合金在 800 ℃ 时效后 $L1_2$ 析出相的尺寸和间距分布[27]

(a)(e) 20 h；(b)(f) 100 h；(c)(g) 300 h；(d)(h) 500 h

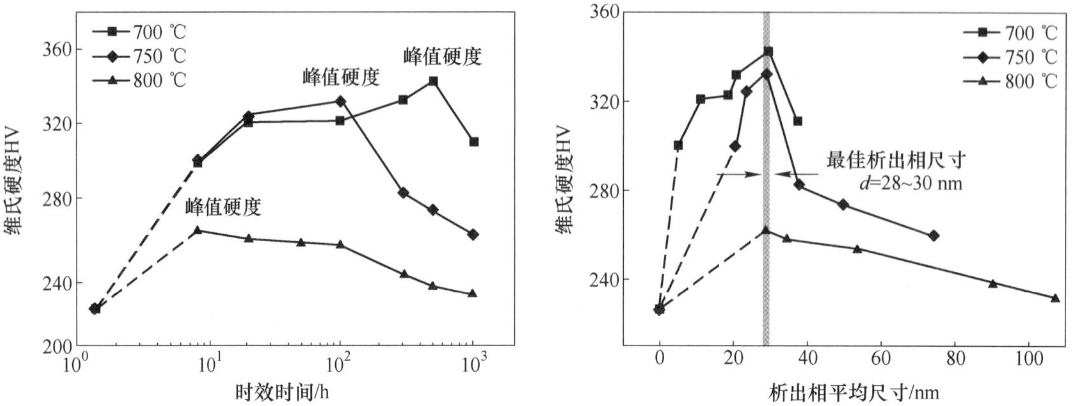

图 10-22　Al_3TiNb 合金在 700 ℃、750 ℃和 800 ℃ 时效的维氏硬度演变图[27]

随着时效时间的延长，Al_3TiNb 合金整体的硬度值表现为先上升后下降的规律。沉淀强化机制是由位错切过或位错绕过 $(Ni,Co)_3(Al,Ti,Nb)$ 相的方式所决定的，当基体上析出的第二相尺寸较小且为有序结构时，此时强化方式主要由位错切过第二相粒子所主导，当析出相的尺寸足够大时，强化方式由位错绕过第二相所主导。从而强化合金。从图 10-22 可以看出，在时效初期 $(Ni,Co)_3(Al,Ti,Nb)$ 纳米相比较细小，由位错切过第二相粒子机制主导，硬度开始随析出相尺寸的增大而增大，达到峰值后，由位错绕过机制主导，硬度逐渐减小，最佳强化效果发生在两种机制的交叉处，即合金中 $(Ni,Co)_3$ (Al,Ti,Nb) 纳米相粒子的最佳尺寸为 28~30 nm 处。

图 10-23（a）~（c）分别为 Al_3TiNb 合金在 700 ℃、750 ℃和 800 ℃ 长时间时效的拉伸性能图，图 10-23（d）所示为屈服强度随时效时间变化图。可以看出，合金的屈服强度均随着时效时间的增加呈先上升后下降的趋势。当时效温度为 700 ℃ 时，合金的屈服强度随时效时间的增大而增大，当时效时间达到 500 h 后，屈服强度达到最大值，为 694.5 MPa，之后逐渐降低。此外，在相同的时效时间内，时效温度为 800 ℃ 合金的屈服强度比时效温度为 700 ℃、750 ℃ 合金的屈服强度低得多，这主要是由于 3 种时效温度下析出相的体积分数和数量密度不同，时效温度为 800 ℃时析出相的粗化速度要比 700 ℃和 750 ℃大得多。

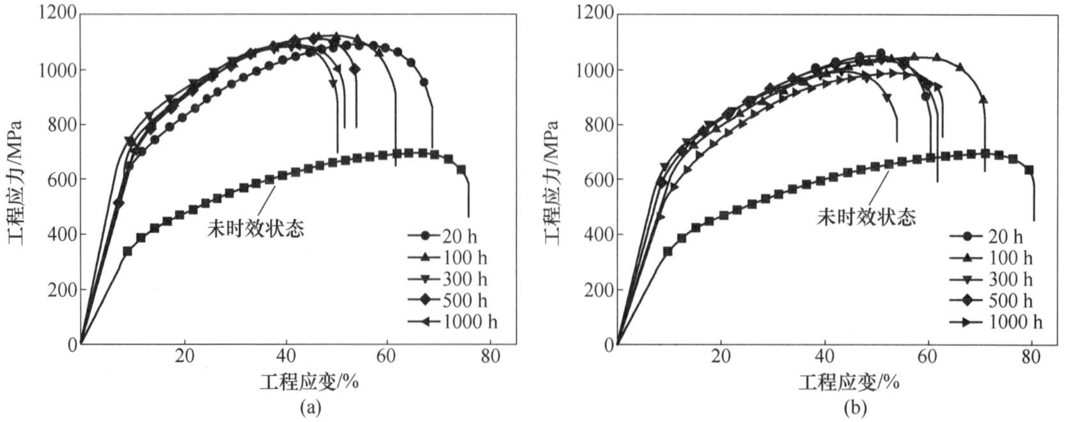

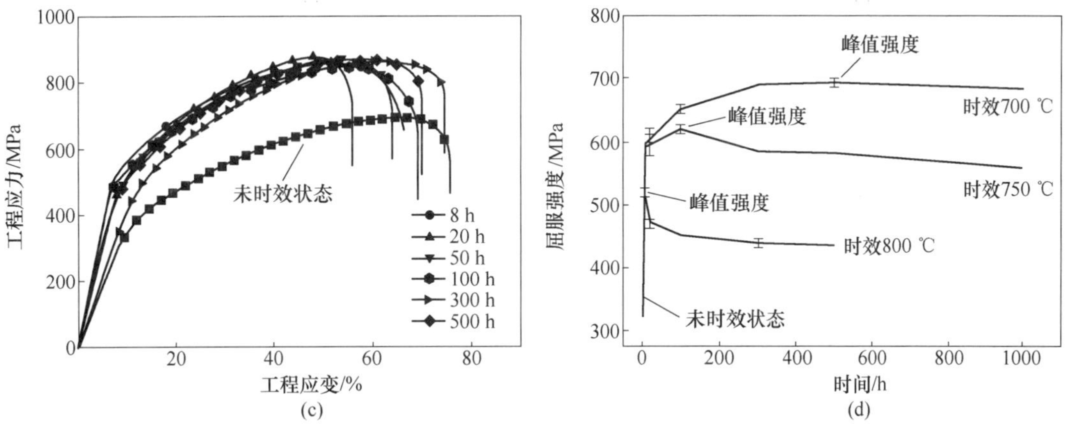

图 10-23　Al_3TiNb 合金在 700 ℃、750 ℃和 800 ℃ 长时间时效的拉伸性能图和屈服强度随时间变化图[27]
（a）700 ℃；（b）750 ℃；（c）800 ℃；（d）屈服强度随时间变化

10.3　高熵合金量子材料的制备及组织性能

通过 10.2 节中，大量的有关高熵合金研究现状表明高熵合金出现异常优异性能即强韧双增与基体中析出高密度共格纳米第二相的尺寸及间距密切相关，在基体中实现纳米第二相的弥散析出是制备具有良好强度和延展性组合的 FCC 高熵合金中最有前途的方法之一，是解决目前金属材料面临强韧倒置最有效的办法之一。目前，性能优异的具有纳米析出第二相的高熵合金其纳米第二相的尺寸绝大多数维持在 25 nm 左右，纳米粒子之间的平均间距为 20 nm。根据本书中有关量子效应的产生条件可知，在当金属材料中存在 7 nm 的纳米第二相以及纳米相间距为 10^{-10} ~ 10^{-9} m 时，将诱发量子效应从而实现 AlCoCrFeNi 系高熵合金铸态下的强韧双增，所以进一步细化纳米第二相，并降低纳米第二相间距，实现性能的进一步提高，成为首要任务。本节主要描述通过感应熔炼+复合剪切流这一新型的铸造技术成功的制备了纳米第二相尺寸在 7 nm 左右，纳米第二相间距在 10^{-10} ~ 10^{-9} m 之间的高熵合金量子材料，且高熵合金量子材料力学性能较传统铸造工艺的力学性能有了极大的提高。

10.3.1　复合剪切流制备高熵合金量子材料

图 10-24 表明不同的熔炼方式对 $Al_{0.43}$合金的晶体结构产生了一定的影响。相比于电弧熔炼+铜模铸造，感应熔炼+剪切铸造状态下的 $Al_{0.43}$合金，其在 25°和 35°左右（见图 10-24 内部插图所示）对应于（100）和（110）晶面各出现一个强度不高的小峰，经比对可知，其晶体结构为 $L1_2$结构。而电弧熔炼+铜模铸造的 $Al_{0.43}$合金，其晶体结构为 fcc 结构。由此可见，感应熔炼+剪切流铸造工艺使得无序的 fcc 相向有序的 fcc 相转化。这主要可能和冷却速度和剪切流的工艺有关，具体原因仍需进一步研究。

由表 10-5 可知，感应熔炼+剪切流铸造所得的铸锭试样实际成分与炼料前的配料成分比较接近，因此可以认为在熔炼的过程中合金成分比较均匀，也没有成分损失。

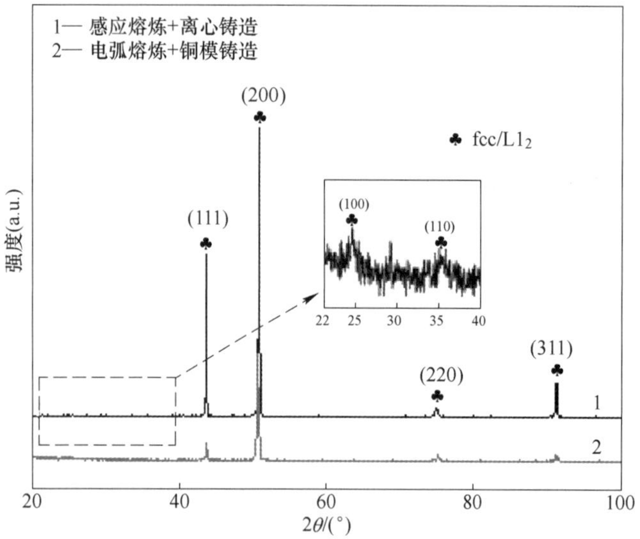

图 10-24　不同工艺制备下的铸态 $Al_{0.43}$合金 XRD 对比图

表 10-5　感应熔炼+剪切流铸造铸锭试样 $Al_{0.43}$合金化学成分分析结果

元　素		Al	Co	Cr	Fe	Ni
合金	名义成分	7.77	18.08	18.08	18.08	37.97
$Al_{0.43}$	实际成分	7.81	18.26	18.10	18.30	37.53

图 10-25 所示为 $Al_{0.43}$合金经电弧熔炼+铜模吸铸和感应熔炼+剪切流铸造所得铸锭试样的二次电子扫描图像。从图中可以看出：(1) 电弧熔炼+铜模吸铸 $Al_{0.43}$合金试样形貌为柱状晶，而感应熔炼+剪切流铸造 $Al_{0.43}$合金试样形貌为等轴晶。高放大倍数图像（见图 10-25 (b) 和 (d)) 显示柱状晶和等轴晶的晶界清晰可见，但等轴晶晶界上分布着白色物质。由于白色物质尺寸很小，需要借助透射电镜才能进一步分析其成分和结构。(2) 柱状晶和等轴晶内部均为网状组织，相比而言，等轴晶内部的网状组织更为细密。

两种不同工艺下的 EBSD 图片如图 10-26 所示，从图 10-26 (a) 中可以看出电弧熔炼+铜模铸造的 $Al_{0.43}$合金晶粒均为柱状晶，而图 10-26 (b) 对应的感应熔炼+剪切流铸造 $Al_{0.43}$合金晶粒均为等轴晶。考虑到合金形貌的差异，本章采用面积法对接近 1500 个晶粒进行晶粒尺寸的统计，最后所得的平均晶粒尺寸分别为 170 μm（电弧熔炼+铜模吸铸 $Al_{0.43}$合金)，220 μm（感应熔炼+剪切流铸造 $Al_{0.43}$合金)。由于前者采用的冷却方式是水冷铜模冷却，后者采用的冷却方式为空冷，因此根据经典形核理论可知，较大的过冷度使得前者具有较小的临界形核半径以及较大的形核率，从而晶粒尺寸整体偏小；除此之外，水冷铜模冷却方式瞬间就可以完成，因此大多数晶粒来不及长大，而相对较慢的空冷方式会使得合金内部热量扩散较慢，导致晶粒长大。

为了进一步验证合金的相结构及观察相的微观形貌，对不同工艺制备的 $Al_{0.43}$合金进行 TEM 分析，图 10-27 为透射电镜分析结果。其中图 10-28 (a) 和 (b) 分别为真空电弧熔炼+铜模铸造、真空感应熔炼+剪切流铸造的 $Al_{0.43}$合金的透射电镜组织形貌照片，右上

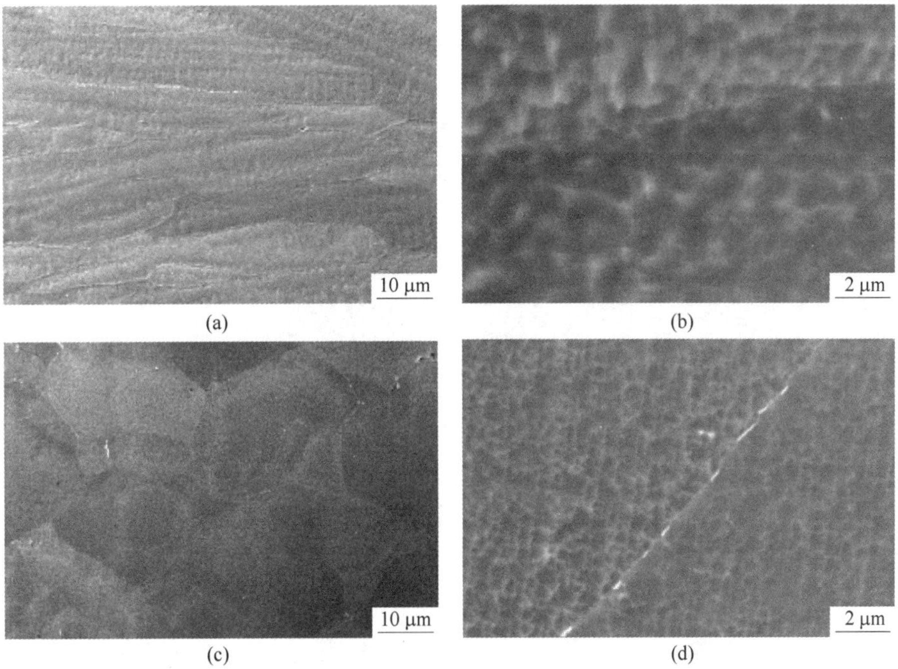

图 10-25 不同工艺制备下的铸态 $Al_{0.43}$合金二次电子扫描图像

(a)(b)真空电弧熔炼+铜模铸造试样；(c)(d)真空感应熔炼+剪切流铸造试样

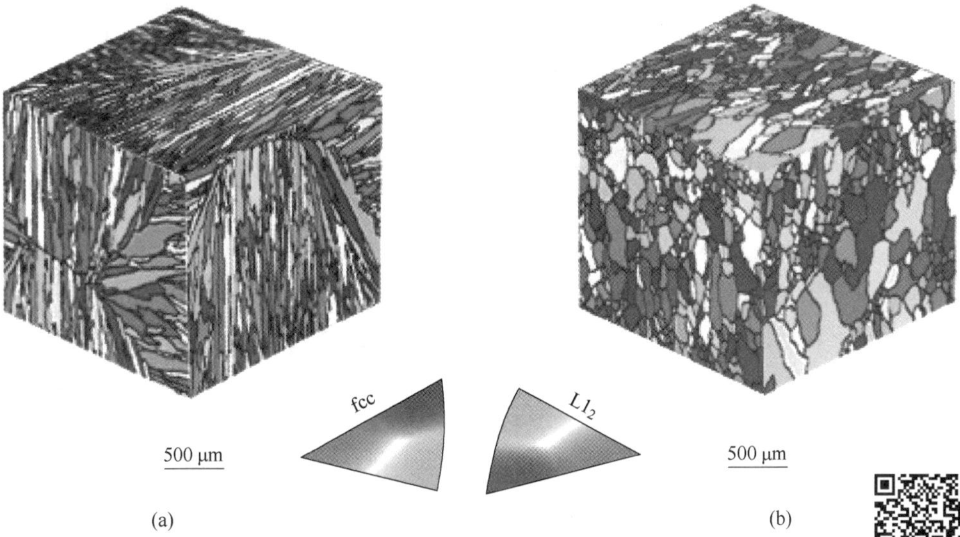

图 10-26 不同工艺制备下的铸态 $Al_{0.43}$合金 EBSD 反极图（IPF 图）照片

(a)真空电弧熔炼+铜模铸造试样；(b)真空感应熔炼+剪切流铸造试样

彩图

角插图分别为从［011］、［112］晶带轴获取的选区电子衍射斑点。对比可知，前者基底为 FCC 结构而后者基底的衍射斑点中出现超点阵斑点（红色圆圈），经过标定后确定为 $L1_2$结构，这和前述 XRD 结果相一致。值得注意的是，在图 10-27（b）中可以看到类似于第二相的黑色物质（黑色箭头所示）有序分布在基体上。为了证明猜想，对其中一个

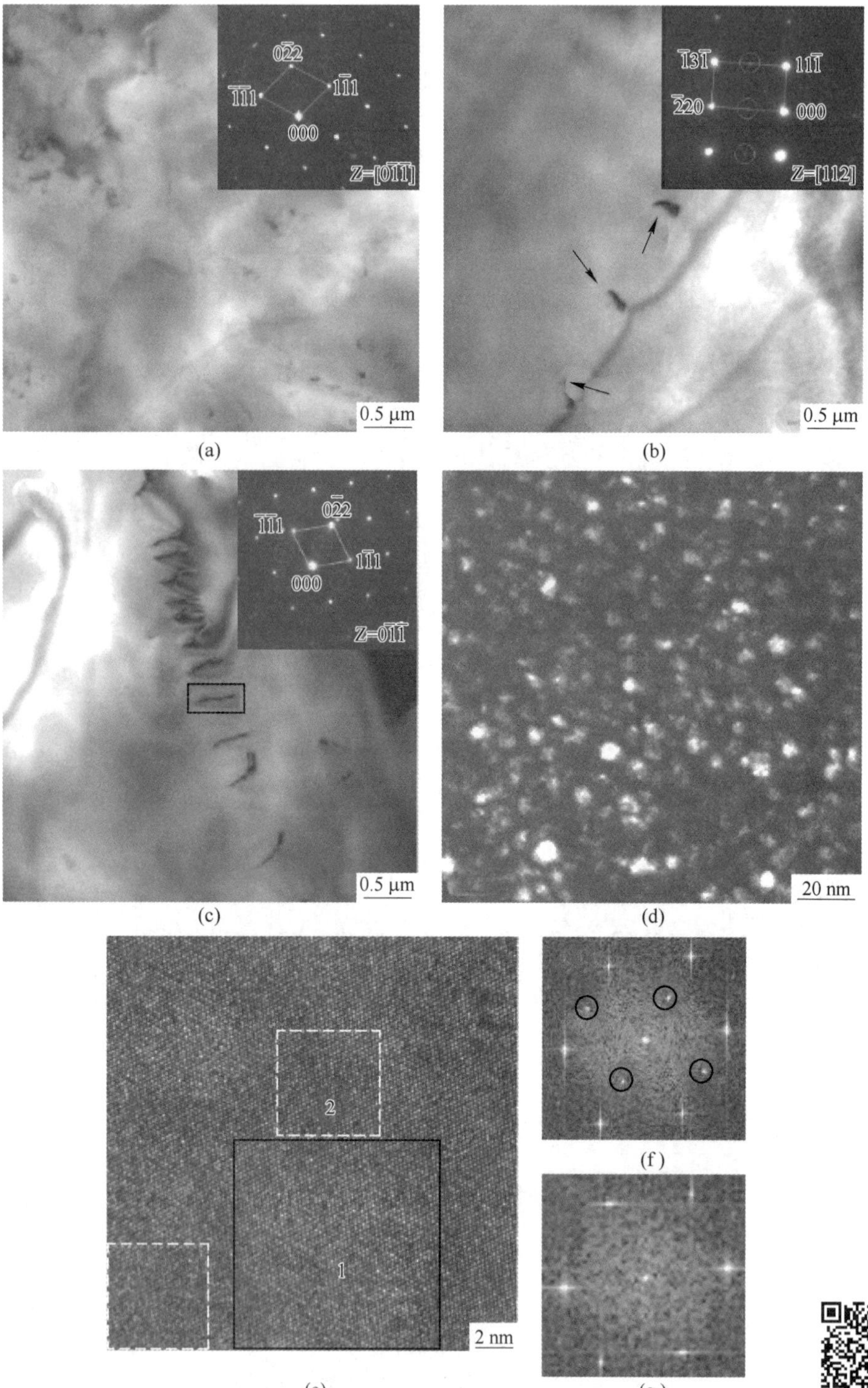

图 10-27　不同工艺制备下的铸态 $Al_{0.43}$ 合金透射分析结果

彩图

(a) 真空电弧熔炼+铜模铸造 $Al_{0.43}$ 合金透射形貌图（内嵌为基体的选区电子衍射斑点）；(b)(c) 真空感应熔炼+剪切流 $Al_{0.43}$ 合金透射形貌图（内嵌为基体的选区电子衍射斑点）；(d) 图 (c) 暗场像；(e) 纳米相区域的高分辨图；(f)(g) 图 (e) 区域 1 和 2 的傅里叶变换图（红色圆圈为超点阵斑点）

黑色物质做衍射分析（见图 10-27（c）红色矩形框），结果发现该物质的晶体结构和基体一样均是有序的 $L1_2$ 结构。因此，此排列有序的物质很可能是位错，而不是析出相。图 10-27（d）所示为图 10-27（c）对应的暗场像，出乎意料的是发现大量弥散而均匀的 $L1_2$ 相分布在位错周围，其形貌为球状，尺寸在几纳米到十几纳米之间。通过图 10-27（e）的高分辨图及图中标记为 1、2 区域所对应的傅里叶变换（见图 10-27（f）和（g））可以看出，合金中除了均匀分布的 $L1_2$ 纳米相外，还有 fcc 相的基体存在。由于纳米相的尺寸很小且分布密集，fcc 相的形貌在暗场下难以发现。总之，相比真空电弧熔炼+铜模铸造的 $Al_{0.43}$ 合金，真空感应熔炼+剪切流铸造的 $Al_{0.43}$ 合金中出现大量弥散分布的 $L1_2$ 纳米相，这些有序纳米相的存在必定对合金的性能产生很大的影响。

通过上述透射电镜分析可知剪切流铸造的铸态 $Al_{0.44}$ 合金中 fcc 相中分布着尺寸大约在几纳米到十几纳米的 $L1_2$ 纳米相，为了弄清其具体成分及在三维空间的分布形态，我们采用 FIB 技术制备 3D-APT 试样并进行相关实验。图 10-28 所示为铸态 $Al_{0.43}$ 合金的 APT 结果，其中图 10-28（a）为测试区域的三维重构图，可以看出各元素在该区域分布并不均匀，有纳米成分团簇。通过软件处理进一步绘出 15%Al 含量（见图 10-28（b））和 50%Ni 含量（图 10-28（c）所示）的等浓度面可以发现：大量弥散分布的纳米成分团簇轮廓得以显现，其中小的团簇尺寸在 5 nm 以下，大的团簇尺寸在 10~15 nm 之间，这和前述透射电镜暗场下看到的结果完全一致，满足量子材料的要求。为了进一步弄清两种不同尺寸纳米成分团簇中的成分是否相同，我们在 15%Al 含量的等浓度面下分别对两种团簇进行统计并通过软件绘出穿过这些团簇和对应基体界面的原子的平均成分分布曲线，挑选的大、小团簇分别如图 10-28（d）和（e）中的棕色部分所示，对应的平均成分分布曲线为图 10-28（f）和（g）所示。从图中可以得到以下信息：（1）不论对于大团簇还是小团簇，在靠近它们界面处 Ni、Al 平均浓度渐渐偏高；Fe、Co、Cr 平均浓度渐渐降低，这说明团簇是由于 Ni、Al 元素偏聚导致。（2）大团簇所在的基体平均成分为：Al8.35±0.66Ni36.59±1.13Cr18.62±0.89Fe18.14±0.88Co18.3±0.89，大团簇的平均成分为：Al21.51±3.76Ni60.91±4.38Cr5.62±1.63Fe5.22±2.07Co6.73±1.80；小团簇所在的基体平均成分为：Al9.13±0.58Ni39.71±0.93Cr16.69±0.67Fe16.61±0.67Co17.86±0.70，小团簇

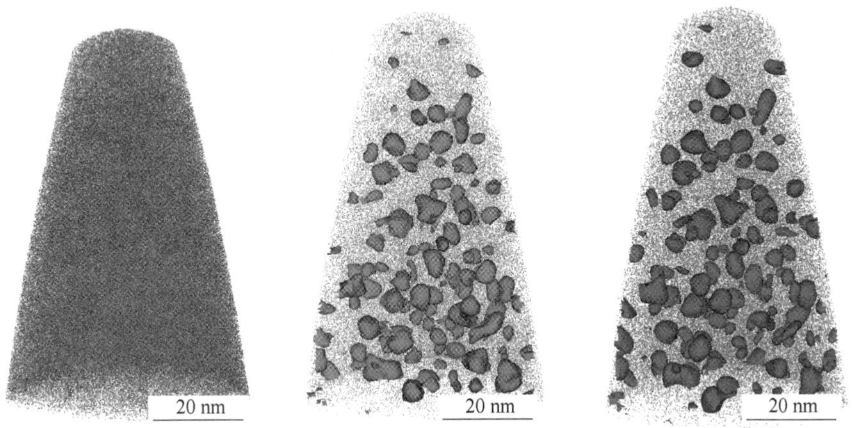

Fe、Co、Ni、Cr、Al　　15%Al浓度面　　50%Ni浓度面

(a)　　(b)　　(c)

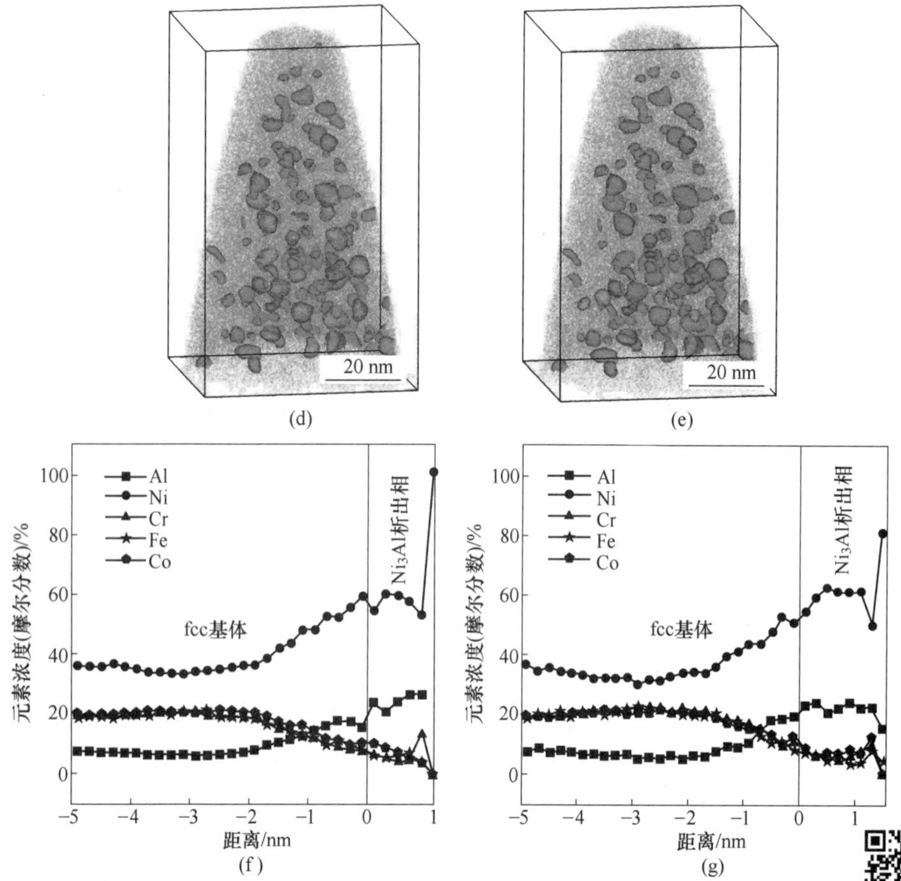

彩图

图 10-28　真空感应熔炼+剪切流铸造的铸态 $Al_{0.43}$合金 APT 结果

（a）测试区域内的三维重构图；（b）（c）分别为 Al 含量（摩尔分数）为 15%，Ni 含量（摩尔分数）为 50%时的三维重构图；（d）（e）Al 含量（摩尔分数）为 15%时的三维重构图，棕色选区分别对应大团簇，小团簇；（f）（g）分别为图（d）和（e）棕色选区对应的平均成分分布曲线

的平均成分为：Al24. 12±3. 68Ni56. 63±4. 23Cr6. 92±2. 20Fe5. 51±1. 90Co6. 81±2. 00。相比而言，大团簇与小团簇的浓度以及相应的基体浓度相差不大，小团簇中 Fe、Co、Cr、Ni 平均浓度之和与 Al 浓度之比接近 3∶1，这说明析出的纳米相极有可能是类似于 Ni_3Al 结构的有序相，只不过在此处 Ni 的部分晶格点阵的位置被 Fe、Co、Cr 元素置换了；而大团簇中 Fe、Co、Cr、Ni 平均浓度之和与 Al 浓度之比接近 4∶1，这可能和团簇在长大的过程中 Ni、Al 的扩散速度有关，具体长大机制仍需进一步研究。

电弧熔炼+铜模吸铸和感应熔炼+剪切流铸造两种不同工艺下制备的 $Al_{0.43}$合金的室温工程应力-应变曲线如图 10-29 所示，对应的性能指标见表 10-6。由此可知，相比于电弧熔炼+铜模铸造工艺，感应熔炼+电磁剪切流铸造制备的 $Al_{0.43}$铸态合金的综合性能有所改善。抗拉强度由 477. 9 MPa 提高到 661. 7 MPa，提升了 38%；屈服强度由 206. 7 MPa 提高到 330. 7，提升了 60%；断后伸长率由 46. 7%提高到 54. 8%，提升了 17%。由前面的组织分析可知，即便前者的平均晶粒尺寸小于后者，但合金的整体性能却不如后者，这说明晶粒尺寸并不是影响性能的主要因素。结合透射结果分析可知，后者在 fcc 基体上析出大量

弥散分布的球状 $L1_2$ 纳米相，我们将合金性能的提升主要归结于有序细小纳米相的量子强化效应。

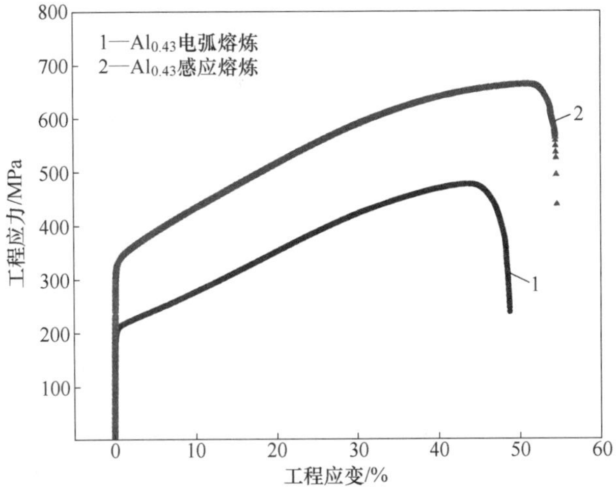

图 10-29　不同工艺制备下的铸态 $Al_{0.43}$ 合金的室温工程应力-应变曲线

表 10-6　不同制备工艺下 $Al_{0.43}$ 合金的室温拉伸性能

合金	制 备 工 艺	抗拉强度/MPa	屈服强度/MPa	断后伸长率/%
$Al_{0.43}$	电弧熔炼+铜模铸造	477.9	206.7	46.7
	感应熔炼+剪切流铸造	661.7	330.7	54.8

图 10-30 显示了 $Al_{0.43}$ 合金在不同制备工艺下的拉伸断口形貌。两种工艺制备下的 $Al_{0.43}$ 合金均表现出典型的韧性断裂特征。从图中可以看出，两种工艺制备下的合金断口表面均有大量的韧窝。电弧熔炼+铜模吸铸工艺制备的 $Al_{0.43}$ 合金断口中的韧窝大小比较均一，直径约为 10 μm，而感应熔炼+电磁剪切流铸造工艺制备的 $Al_{0.43}$ 合金断口中的韧窝花样呈现出两种完全不同的形态。其中一种韧窝大而深，直径约为 20 μm，如图 10-30（d）中红色箭头所表示；另一种韧窝小而平，直径为 1~2 μm，如图 10-30（f）中的黑色箭头所示。这些韧窝的存在表明材料经历了严重的塑性变形，与图 10-30 和表 10-6 所对应的高断后伸长率相吻合。

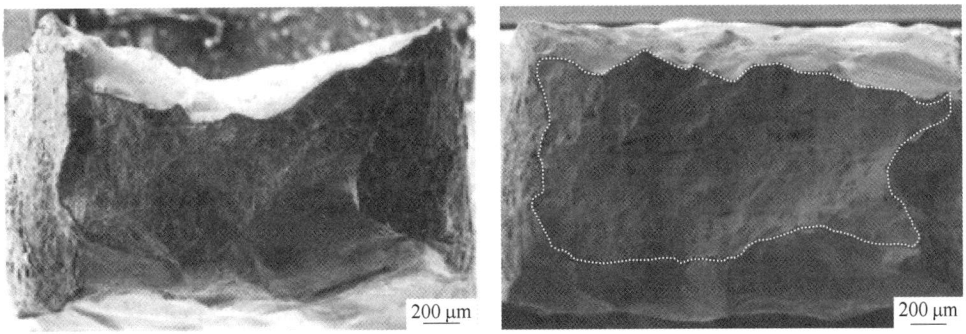

(a)　　(b)

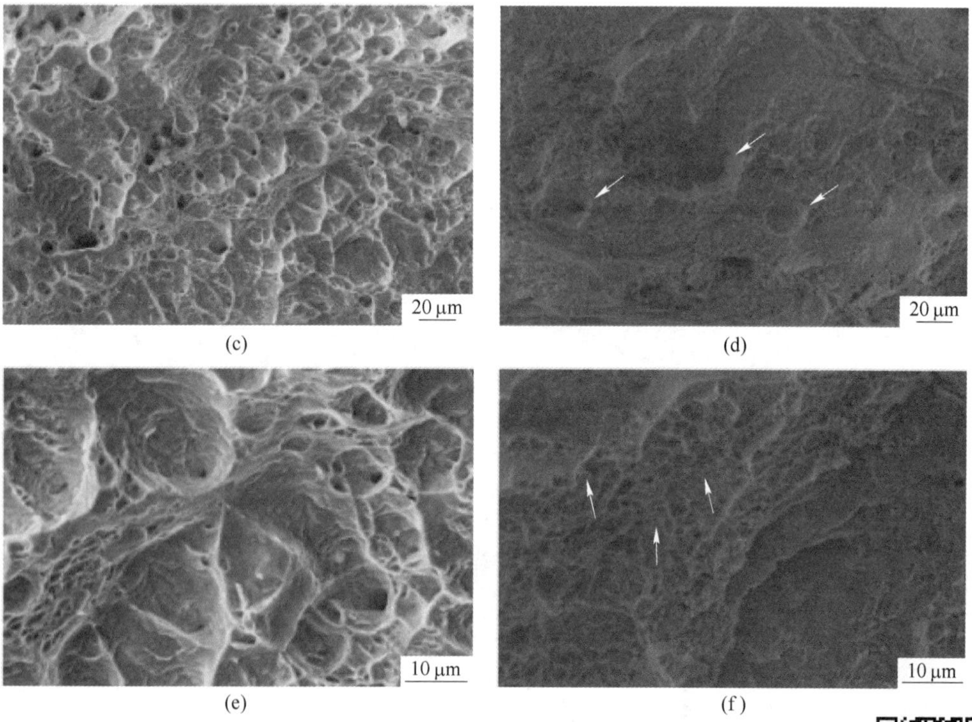

图 10-30　不同制备工艺下的铸态 $Al_{0.43}$合金的拉伸试样断口形貌

（a）电弧熔炼+铜模铸造 $Al_{0.43}$合金铸锭；（b）感应熔炼+剪切流铸造 $Al_{0.43}$合金铸锭；

（c）（e）图（a）的放大图；（d）（f）图（b）的放大图

彩图

10.3.2　形变热处理对复合剪切流制备的 $Al_{0.43}CoCrFeNi_{2.1}$高熵合金量子的组织影响

图 10-31 所示为铸态及 80%CR 和 90%CR 状态下的 $Al_{0.43}$合金的 XRD 图，从图中可以得到以下信息：通过比较铸态 $Al_{0.43}$合金和变形态的 $Al_{0.43}$合金可以看出，合金在经过大变形后晶体结构发生了转变，由铸态的有序的 $L1_2$结构变成了无序的 fcc 结构，这种现象在 I. S. Wani 等人[9]报道的 $AlCoCrFeNi_{2.1}$共晶高熵合金中也有出现。与此同时，变形后的 $Al_{0.43}$合金在（222）晶面多了 fcc 相对应的衍射峰。80%CR 和 90%CR 状态下的 $Al_{0.43}$合金的衍射峰区别不大，相比而言，90%CR 对应的衍射峰的强度更高一些。图 10-31 所示为不同热处理状态下的 $Al_{0.43}$合金的 XRD 图，对比 80%CR-800 ℃-0.5 h、80%CR-800 ℃-1.0 h、80%CR-800 ℃-1.5 h 的三组 XRD 图（见图 10-32）可以发现，随着退火时间的延长，渐渐地在 31°、44°、65°及 82°左右出现小峰，与标准 PDF 卡片比对可知析出相为 B2 结构；冷轧 90%退火 0.5 h、1.0 h、1.5 h 的三组 XRD 图很相似，均出现了对应的衍射峰，峰的强度也很接近。总而言之，严重塑性变形使得铸态 $Al_{0.43}$合金晶体结构由有序的 fcc 转变为无序的 fcc 结构，后续退火工艺中 $Al_{0.43}$合金中不仅存在 fcc 相，同时有 B2 结构的物相出现。

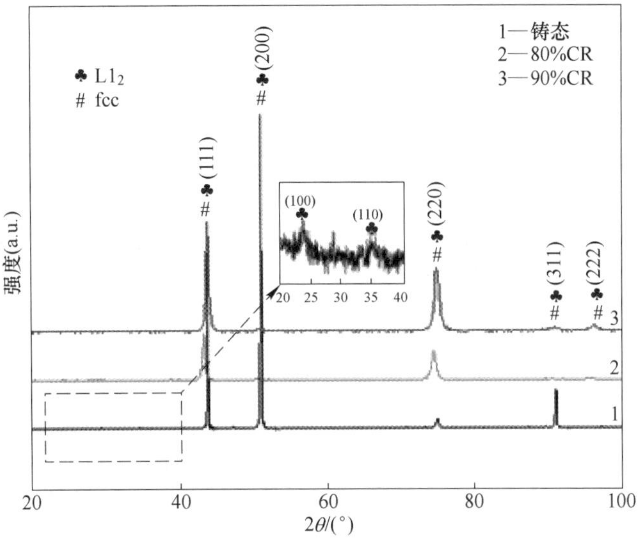

图 10-31 铸态与变形态的 $Al_{0.43}$合金 XRD 对比图

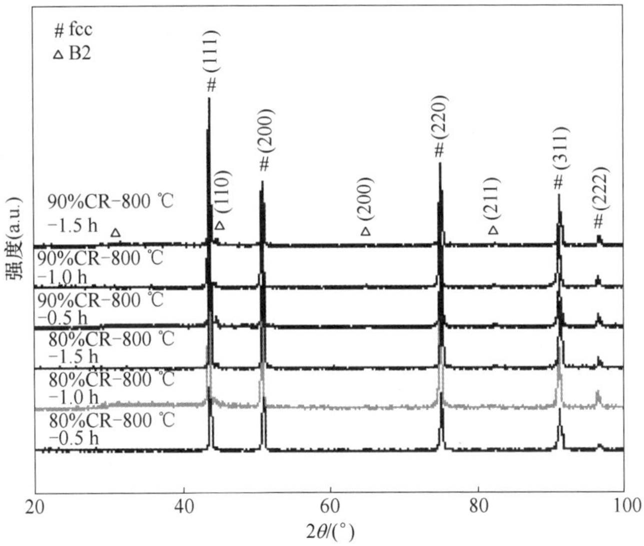

图 10-32 不同形变与热处理下的 $Al_{0.43}$合金 XRD 对比图

图 10-33 为不同条件下的 $Al_{0.43}$合金的二次电子扫描图像，从图 10-33（a）可以看出，铸态时的 $Al_{0.43}$合金呈等轴状晶，晶粒尺寸大小不一，集中在几十微米到几百微米之间。图 10-33（b）所示为图 10-33（a）的局部放大图，图中晶界清晰可见，晶粒内部为组织非常细密的网状结构。图 10-33（c）~（e）分别为冷轧 80%后，在 800 ℃退火 0.5 h、1.0 h及 1.5 h 对应的二次电子扫描图。相比于铸态而言，冷轧退火后的 $Al_{0.43}$合金的晶粒尺寸发生了很大的变化，由原来的几十微米到几百微米转变为几微米到几十微米。可以看出，大的压下量下合金经历了严重的塑性变形，退火后合金进一步发生回复和再结晶形成等轴晶。图 10-33（f）~（h）分别为冷轧 90%后，在 800 ℃退火 0.5 h，1.0 h 及 1.5 h 对应

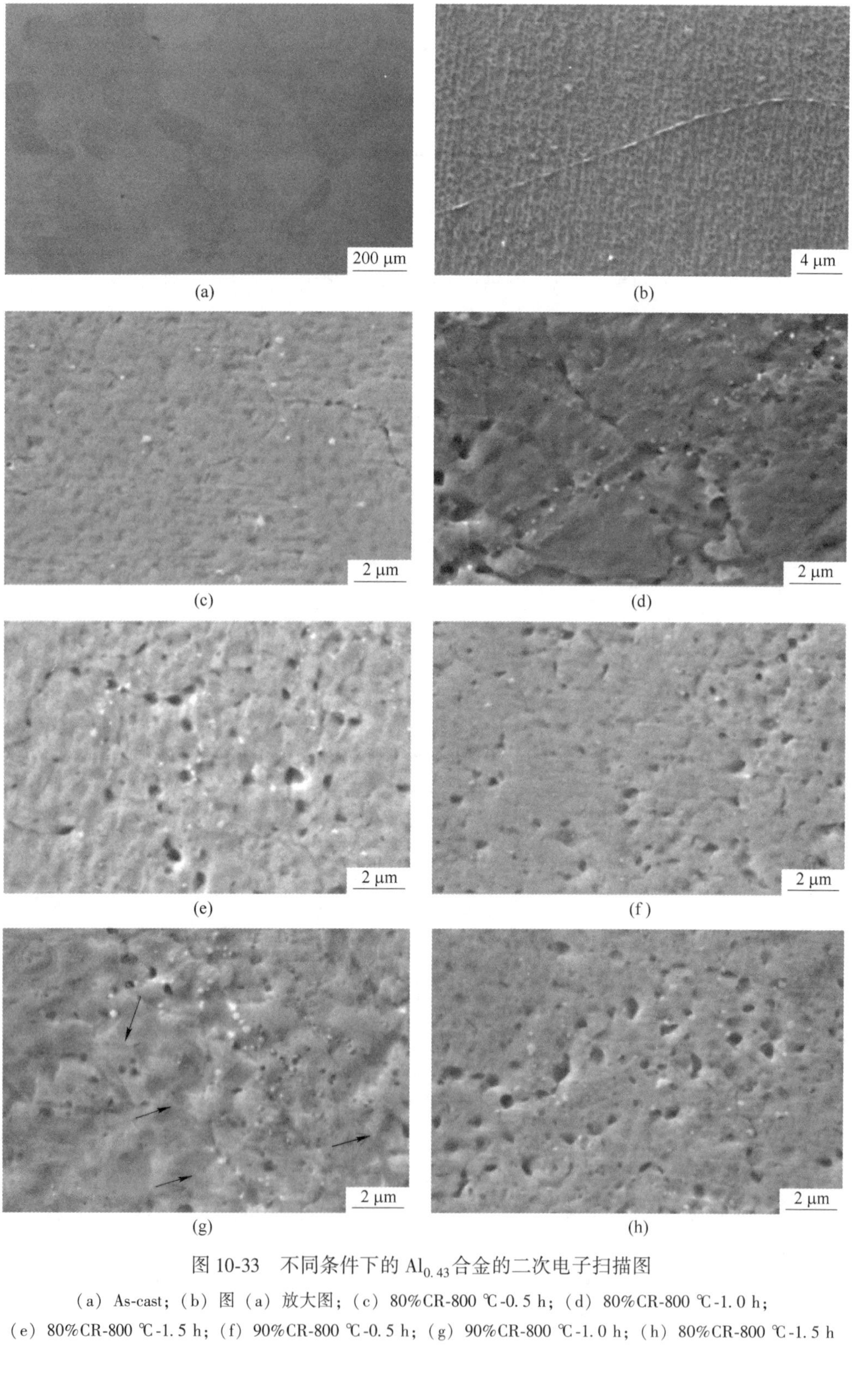

(a)　(b)　(c)　(d)　(e)　(f)　(g)　(h)

图 10-33　不同条件下的 $Al_{0.43}$合金的二次电子扫描图

（a）As-cast；（b）图（a）放大图；（c）80%CR-800 ℃-0.5 h；（d）80%CR-800 ℃-1.0 h；（e）80%CR-800 ℃-1.5 h；（f）90%CR-800 ℃-0.5 h；（g）90%CR-800 ℃-1.0 h；（h）80%CR-800 ℃-1.5 h

的二次电子扫描图。随着压下量的增加，在相同退火温度和保温时间下，合金晶界变得模糊，晶粒尺寸进一步减小。和其他图所不同的是，图 10-33（g）中出现了许多类似于孪晶的凸起形貌（见黑色箭头）。图 10-33 中除了铸态合金，冷轧退火态的合金均出现了许多白色的球形颗粒，尺寸为两三百纳米，结合表 10-7 的能谱可知，白色颗粒与基体的成分相当。

表 10-7 不同形变与热处理下的 $Al_{0.43}$合金中不同相的化学成分 （摩尔分数）

不同状态下的 $Al_{0.43}$合金	物相	化学成分/%				
		Al	Co	Cr	Fe	Ni
80%CR-800 ℃-0.5 h	基体	7.36	18.85	18.01	18.92	36.87
	白点	7.52	19.01	18.59	18.98	35.90
80%CR-800 ℃-1.0 h	基体	7.62	18.32	18.52	18.45	37.10
	白点	8.08	18.01	18.91	18.16	36.84
80%CR-800 ℃-1.5 h	基体	8.30	18.00	18.11	18.02	37.57
	白点	8.33	17.57	21.02	17.88	35.19
90%CR-800 ℃-0.5 h	基体	8.56	17.41	18.76	17.53	37.75
	白点	9.08	16.09	21.81	17.13	35.89
90%CR-800 ℃-1.0 h	基体	8.36	18.62	17.97	18.86	36.19
	白点	7.60	17.59	23.83	17.77	33.21
90%CR-800 ℃-1.5 h	基体	7.88	18.32	18.42	18.55	36.84
	白点	7.73	18.47	18.73	18.30	36.76

提高以退火孪晶为主导的 Σ3 孪晶界含量是提升材料性能的一种手段[28]。为了进一步量化 Σ3 孪晶界及平均晶粒尺寸，本章对上述 6 种再结晶合金做了 EBSD 分析。图 10-34（a）~（f）、（g）~（l）分别为冷轧 80%、90%，800 ℃退火 0.5 h、1.0 h、1.5 h 所对应的 EBSD 带衬度图（BC 图）。由图 10-34 可知：（1）合金内部晶粒大多数呈细小等轴晶，BC 图内部亮区说明缺陷密度小；相反，暗区说明缺陷密度大。（2）合金内部出现大量的退火孪晶。（3）结合图 10-35 可知，当保持压下量和退火温度不变时，延长保温时间，合金的平均晶粒尺寸呈先增大后减小趋势，但整体而言，晶粒尺寸均小于 4 μm。相比于铸态晶粒的 220 μm，晶粒尺寸大大缩小了，这必定使合金的屈服强度有着很大的提高。值得关注的是，在保证其他条件不变的前提下，随着保温时间的延长晶粒本该长大，但无论是在冷轧 80%还是冷轧 90%下的 $Al_{0.43}$合金，在 800 ℃退火 1.5 h 后晶粒尺寸均有下降，尤其冷轧 90%的 $Al_{0.43}$合金，在 800 ℃保温 1.0 h 和保温 1.5 h 时的晶粒尺寸相差接近 1 μm。考虑到合金经过严重塑性变形，又在高温进行长时间加热，很可能会出现表面热蚀沟，从而导致异常晶粒长大，也即二次再结晶。通过图 10-34（c）（d）和（i）（j）可以看到，中间有部分晶粒长大，而其他晶粒仍保持细小。（4）以退火孪晶为主导的 Σ3 孪晶界的含量变化趋势同晶粒尺寸变化趋势相同，其中 80%CR-800 ℃-1.0 h 和 90%CR-800 ℃-1.0 h 的合金其 Σ3 孪晶界较高，分别为 46.1%和 42.5%，这也将会对材料的综合性能有一定影响。

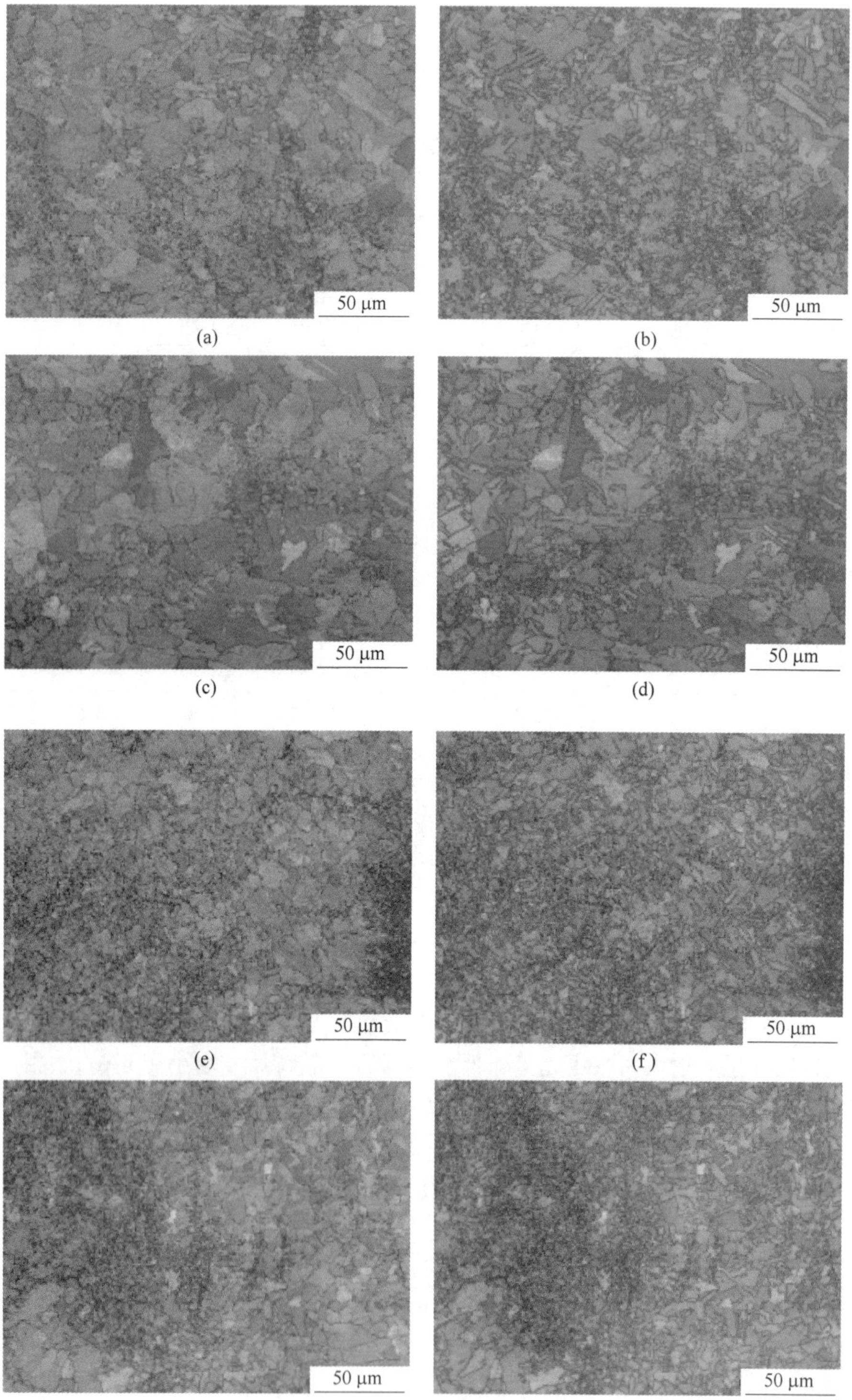

(a)　(b)　(c)　(d)　(e)　(f)　(g)　(h)

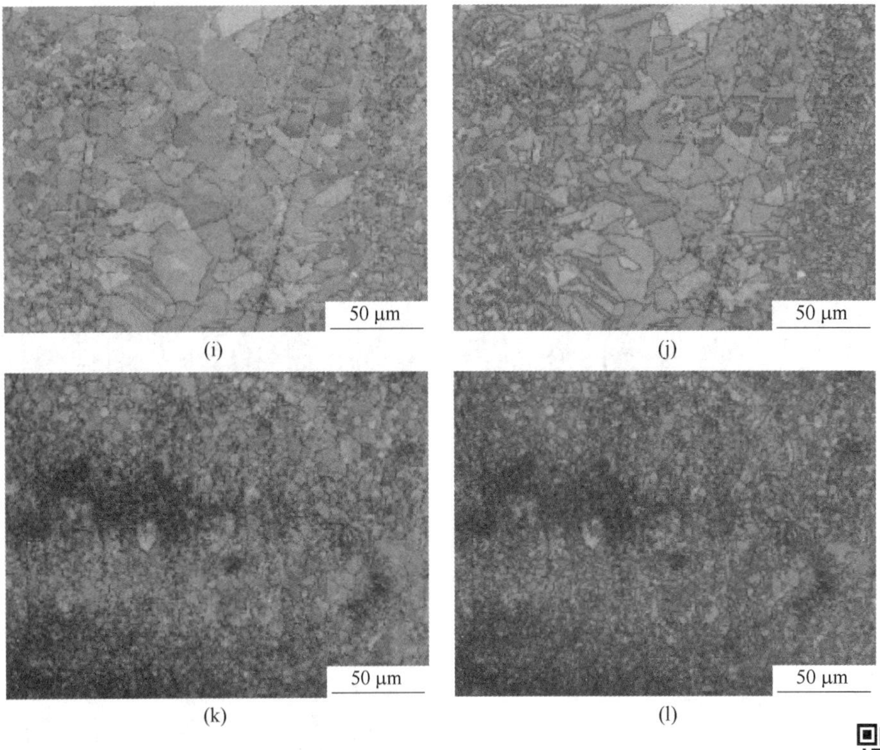

图 10-34 不同形变与热处理条件下的 $Al_{0.43}$合金 EBSD 带衬度图（BC 图）

（图中红线为 Σ3 孪晶界）

（a）~（f） 80%CR-800 ℃-0.5、1.0、1.5 h；（g）~（l） 90%CR-800 ℃-0.5、1.0、1.5 h

彩图

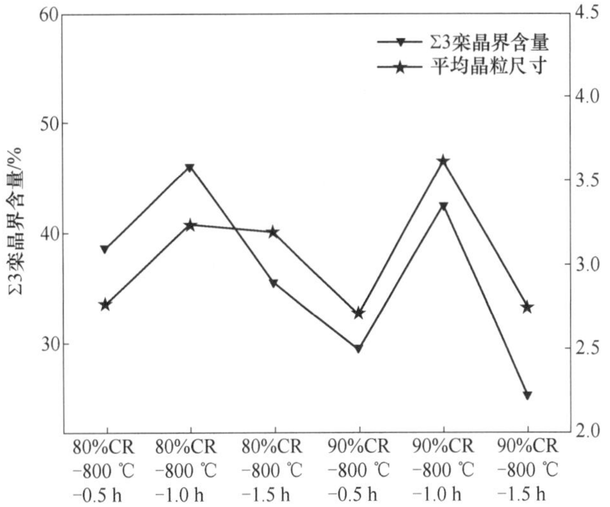

图 10-35 不同形变与热处理条件下 $Al_{0.43}$合金 Σ3 孪晶界含量及平均晶粒尺寸统计图

在上述 XRD 图和扫描图中均有第二相的出现，因此为了进一步验证第二相的结构及成分，选择对 90%CR 和 90%CR-800 ℃-1.5 h 作 TEM 分析，图 10-36 所示为 TEM 分析结

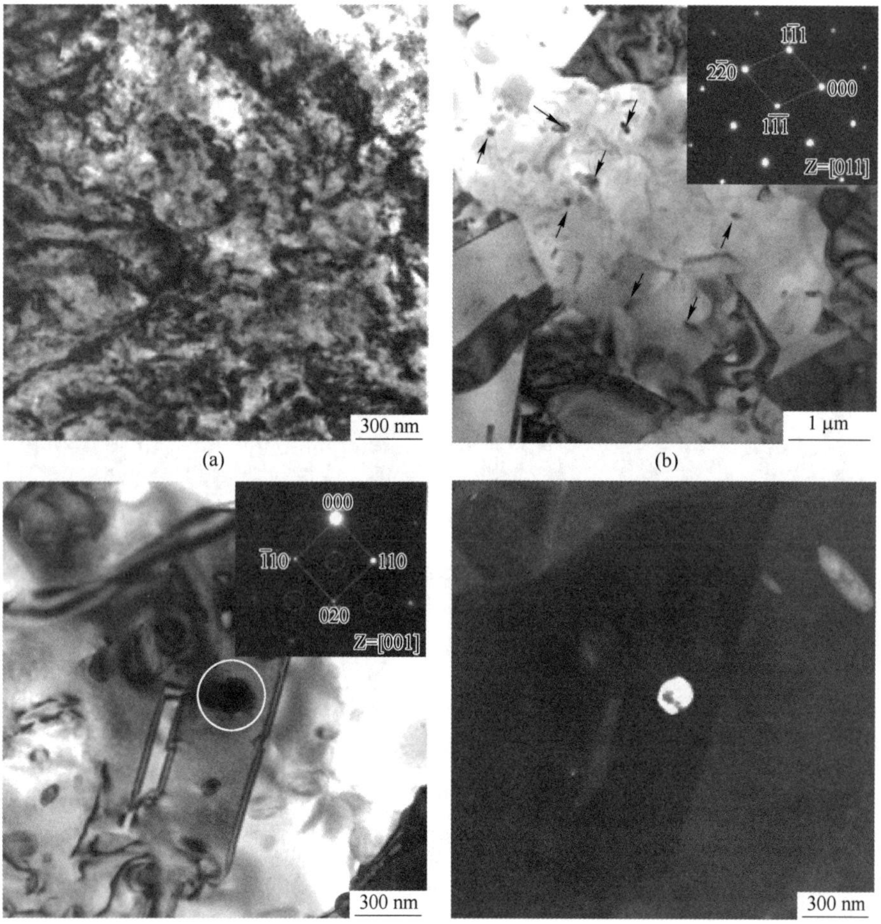

(a)　(b)　(c)　(d)

图 10-36　经 90%CR 和 90%CR-800 ℃-1. 5h 热处理的 $Al_{0.43}$合金透射电镜分析结果

（a）90%CR 明场像；（b）90%CR-800 ℃-1. 5h 热处理明场像（内嵌为基体沿［011］带轴的衍射斑点）；（c）图（b）局部区域的放大图（内嵌图为纳米相沿［001］带轴的衍射斑点）；（d）图（c）的暗场像

彩图

果。从图 10-36（a）可以看出，铸态 $Al_{0.43}$合金经过 90%严重塑性变形后（RD-轧制方向；TD-横向），内部组织十分弥散细小而且出现大量高密度位错聚集。图 10-36（b）所示为 90%CR-800 ℃-1. 5 h 的透射图像，可以发现变形态的 $Al_{0.43}$合金经过 1. 5 h 退火后形貌为等轴晶，而且并未发现位错，说明此时再结晶已经完成。通过对等轴晶基体进行选区电子衍射斑可知，其晶体结构为无序的 fcc 结构。除此之外，在等轴晶基体上分布着 100～200 nm的颗粒，其形状不一，有球型、椭圆和长条状，（见图中红色箭头）。通过高倍数下的透射图像（见图 10-36（c））可以很清楚地看到各种纳米颗粒的形貌，右上角的选区电子衍射斑点对应于图 10-36（c）中红色圆圈所选的球形纳米颗粒，其中紫色斑点所圈的弱斑为超点阵斑点，经过标定后可确定为 B2 结构，与之前 XRD 的结果完全相符。图 10-36（d）所示为套取图 10-36（c）中的超点阵斑点所形成的暗场像，可以看到图中白色的颗粒就是对应图 10-36（c）中红色圆圈所选的球形纳米颗粒，从而进一步证明白色颗粒的晶体结构就是 B2。

10.3.3 形变热处理对复合剪切流制备的 $Al_{0.43}CoCrFeNi_{2.1}$ 高熵合金量子力学性能影响

不同状态下 $Al_{0.43}$ 合金的室温拉伸曲线如图 10-37 所示，可以看出铸态 $Al_{0.43}$ 合金在 80%严重塑性变形下，屈服强度和抗拉强度均有很大的提升，但与此同时塑性也大大下降。这主要是由于严重塑性变形使得材料内部位错大量增殖，相互缠结，从而导致加工硬化。抗拉强度由铸态的 661.7 MPa 到变形态的 1419.8 MPa；屈服强度由 330.7 MPa 到 1269.3 MPa（见表 10-8），表明 $Al_{0.43}$ 合金有很强的加工硬化行为。$Al_{0.43}$ 合金经过 80%、90%冷轧在 800 ℃退火 0.5 h、1.0 h 和 1.5 h 之后，材料内部的畸变能得以释放，成为合金发生回复和再结晶所需的驱动力，此时合金的强度降低，塑性升高。对比图 10-37（a）（b）可以看出，经 90%冷轧 800 ℃退火的合金整体的屈服强度和抗拉强度要比冷轧 80%的高，这主要得益于更大的变形量为合金提供了更大的再结晶驱动力，除此之外，更大的变形量使晶粒尺寸进一步降低，变形抗力进一步增大。90%冷轧 800 ℃退火 1.5 h 的合金具有很好的强度和塑性的配合，其抗拉强度和屈服强度分别为 960.4 MPa 和 700 MPa，断后伸长率为 38.2%（见表 10-8）。

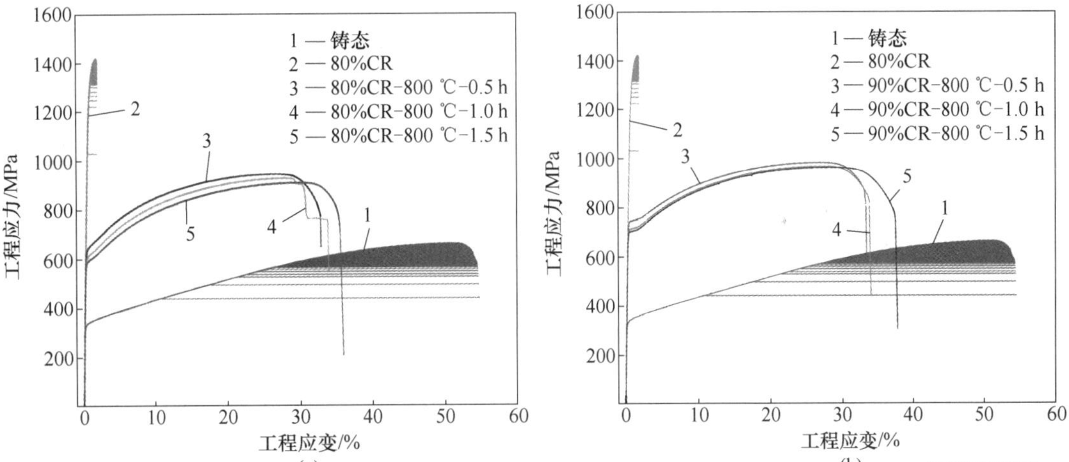

图 10-37 不同状态下 $Al_{0.43}$ 合金的室温拉伸曲线

（a）铸态与 80%变形态及 80%变形态+不同热处理态对比图；
（b）铸态与 80%变形态及 90%变形态+不同热处理态对比图

彩图

表 10-8 不同制备工艺下 $Al_{0.43}$ 合金的室温拉伸性能

合　金	抗拉强度/MPa	屈服强度/MPa	断后伸长率/%
铸态	661.7	330.7	54.8
80%CR	1419.8	1269.3	1.85
80%CR-800 ℃-0.5 h	946.7	635.3	35.1
80%CR-800 ℃-1.0 h	928.7	600.9	37.3

续表10-8

合　　金	抗拉强度/MPa	屈服强度/MPa	断后伸长率/%
80%CR-800 ℃-1.5 h	909.6	586.1	36.5
90%CR-800 ℃-0.5 h	980.5	741.5	34.9
90%CR-800 ℃-1.0 h	965.1	708.0	35.0
90%CR-800 ℃-1.5 h	960.4	700.0	38.2

强塑积可以反应金属材料的综合性能指标[29]。从图 10-38 对应的强塑积-屈服强度对比图可以看到，再结晶后的 $Al_{0.43}$合金体系拥有高屈服强度的同时也拥有优异的强塑积，均超过了工程 TRIP 钢[29-30]（15～30 GPa · %）。尤其是在 90%冷轧，800 ℃退火 1.5 h 热处理制度下的 $Al_{0.43}$合金，其强塑积达到 36.8 GPa · %。值得注意的是，90%变形的 $Al_{0.43}$合金在 800 ℃退火时，出现了不连续屈服，而 80%变形的 $Al_{0.43}$合金在800 ℃就没有出现这种现象。这表明压下量是影响屈服行为的一个重要因素。这种具有明显屈服点的不连续屈服行为在超细晶材料中被广泛报道，如高纯铝[31]、纯铜[32]、铜铝合金[33]、超低碳无间隙原子钢[34]、高锰奥氏体钢[35]等。但目前不连续屈服的机制还尚不清楚，仍需进一步研究。

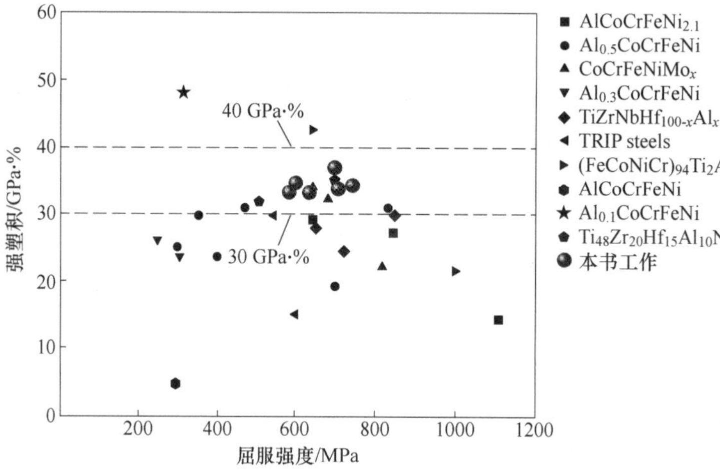

彩图

图 10-38　$Al_{0.43}$合金的强塑积与文献中的高熵合金及 TRIP 钢的对比

综上所述，本章通过对比了传统铸造方法与多维剪切流技术所制备的 AlCoCrFeNi 系高熵合金的组织与力学性能，发现感应熔炼+剪切流铸造技术所制备的 $Al_{0.43}CoCrFeNi_{2.1}$合金，其相结构为在无序的 fcc 基体上分布着弥散均匀的 $L1_2$ 纳米相（Ni、Al 元素偏聚导致），并且纳米相的尺寸细小至 7 nm 左右，细小纳米团簇、异种原子等之间的间距在 10^{-10}～10^{-9} m 。根据本书中前面章节描述有关量子效应的产生条件可知，在当金属材料中一个晶粒内部存在 7 nm 的纳米第二相以及纳米团簇间距、原子与纳米团簇或异种原子之间的距离在 10^{-10}～10^{-9} m 范围时，因此这些细小 $L1_2$ 纳米相极有可能诱发量子效应，从而实现 AlCoCrFeNi 系高熵合金铸态下的强韧双增。所以本章中 fcc 基体上分布的细小 $L1_2$ 纳米相与第 9 章中原位纳米富铁颗粒增强铜合金的强韧化机制相同，再次证实了本书中首次提出的“金属量子材料”这一颇具前沿性概念和思路。

纵观本书，主要针对现如今材料制备过程中面临的重大问题，提出了一系列颇具前沿性新概念、新理论和新技术。本书开篇首先介绍了枝晶生长的经典理论和最新进展，阐明了由于枝晶生长引起铸态组织成分不均匀和缺陷，极大程度上降低了材料力学性能和材料的使用寿命。为此本书重点讨论了有关浓度场、温度场、界面能、各向异性和熔体对流对球状晶体初期生长的影响，提出了在形核后初期阶段控制晶体生长从而优化铸态组织的新思路，以及复合剪切流促进晶体初期生长阶段向内回熔和分裂这一新理论，并在此理论基础上发明了“多点区域微量供给”“复合剪切流”这两项新型技术。除了一系列新理论新技术之外，本书还首次提出金属量子材料这一全新概念，为本书的又一大亮点。由于大量的实验研究表明很难从经典力学层面突破材料强韧“倒置”关系，即很难在原子尺度上解决强度-延性的权衡问题，为此需要另辟蹊径。为此本书第 8 章重点阐述了基于第一性原理的量子力学计算和经典的分子动力学模拟的电子-电子作用对金属材料强度和塑性的影响机制，提出纳米第二相尺寸和间距达到 $10^{-10} \sim 10^{-9}$ m 范围时产生量子效应及引起的强韧双增效果，进而突破了材料强韧“倒置”关系。同时第 9 章和第 10 章重点阐述了基于晶体形核后初期生长理论和复合剪切流铸造技术的铜合金和高熵合金体系中高数量密度的纳米粒子的原位制备理论和实践，验证了尺寸和间距均在 $10^{-10} \sim 10^{-9}$ m 的纳米颗粒的量子效应及引起的强韧双增效果。

最后，需要明确一点，虽然此书提出的一系列颇具前沿性的新概念、新理论及新技术，但仍还有待更为系统、深入的研究，进而实现这些新理论和技术在材料领域得到更广泛的应用，从而解决材料制备过程中面临的问题，最终实现材料在性能的巨大飞跃。

参 考 文 献

[1] YEH J W, CHEN S K, LIN S J, et al. Nanostructured high-entropy alloys with multiple principal elements: Novel alloy design concepts and outcomes [J]. Advanced Engineering Materials, 2004, 6 (5): 299-303.

[2] SENKOV O N, SENKOVA S V, MIRACLE D B, et al. Mechanical properties of low-density, refractory multi-principal element alloys of the Cr-Nb-Ti-V-Zr system [J]. Materials Science and Engineering A, 2013, 565: 51-62.

[3] YAO M J, PRADEEP K G, TASAN C C, et al. A novel, single phase, non-equiatomic FeMnNiCoCr high-entropy alloy with exceptional phase stability and tensile ductility [J]. Scripta Materialia, 2014, 72-73: 5-8.

[4] CANTOR B, CHANG I T H, KNIGHT P, et al. Microstructural development in equiatomic multicomponent alloys [J]. Materials Science and Engineering A, 2004, 375-377: 213-218.

[5] GAO M C, YEH J, LIAW P K, et al. High-Entropy Alloys: Fundamentals and application [M]. Springer, 2016.

[6] LEI Z, LIU X, WU Y, et al. Enhanced strength and ductility in a high-entropy alloy via ordered oxygen complexes [J]. Nature, 2018, 563 (7732): 546-550.

[7] LIN Y C, CHO Y H. Elucidating the microstructural and tribological characteristics of NiCrAlCoCu and NiCrAlCoMo multicomponent alloy clad layers synthesized in situ [J]. Surface and Coatings Technology, 2009, 203 (12): 1694-1701.

[8] 张勇. 非晶和高熵合金 [M]. 北京：科学出版社，2010.

[9] WANI I S, BHATTACHARJEE T, SHEIKH S, et al. Tailoring nanostructures and mechanical properties of $AlCoCrFeNi_{2.1}$ eutectic high entropy alloy using thermo-mechanical processing [J]. Materials Science and Engineering A, 2016, 675: 99-109.

[10] WANI I S, BHATTACHARJEE T, SHEIKH S, et al. Ultrafine-Grained $AlCoCrFeNi_{2.1}$ Eutectic High-Entropy Alloy [J]. Materials Research Letters, 2016, 4: 3, 174-179.

[11] BHATTACHARJEE T, WANI I S, SHEIKH S, et al. Simultaneous strength-ductility enhancement of a nano-lamellar $AlCoCrFeNi_{2.1}$ eutectic high entropy alloy by cryo-rolling and annealing [J]. Scientific Reports, 2018, 8 (1): 1-8.

[12] DING H Y, YAO K F. High entropy $Ti_{20}Zr_{20}Cu_{20}Ni_{20}Be_{20}$ bulk metallic glass [J]. Journal of Non-Crystalline Solids, 2013, 364: 9-12.

[13] YOUSSEF K M, ZADDACH A J, Niu C N, et al. A novel low-density, high-hardness, high-entropy alloy with close-packed single-phase nanocrystalline structures [J]. Materials Research Letters, 2015, 3 (2): 95-99.

[14] LI D, LI C, FENG T, et al. High-entropy $Al_{0.3}CoCrFeNi$ alloy fibers with high tensile strength and ductility at ambient and cryogenic temperatures [J]. Acta Materialia, 2017, 123: 285-294.

[15] 张世一，王勇，韩彬，等．激光熔覆多主元高熵合金涂层的研究进展 [J]．材料导报，2017，31 (S1)：485-488.

[16] 黄纯可，李伟，刘平，等．磁控溅射法制备 AlxCoCrFeNi 高熵合金薄膜的微观组织和力学性能研究 [J]．功能材料，2017，48 (6)：06144-06148.

[17] 赵钦，马国政，王海斗，等．高熵合金涂层制备及其应用的研究进展 [J]．材料导报，2017，31 (7)：65-71.

[18] Zhang Y, Zuo T T, Tang Z, et al. Microstructures and properties of high entropy alloys [J]. Progress in MaterialsScience, 2014, 61: 1-93.

[19] 王鸣泽．AlxCrFeNi 高熵合金微观结构演化及力学性能调控 [D]．桂林：桂林理工大学，2023.

[20] 郑淑敏．基于最大熵结构模型的高熵合金弹性性质研究 [D]．合肥：中国科学技术大学，2019.

[21] HE F, CHEN D, HAN B, et al. Design of D022 superlattice with superior strengthening effect in high entropy alloys [J]. Acta Materialia, 2019, 167: 275-286.

[22] YANG T, ZHAO Y L, TONG Y, et al. Multicomponent intermetallic nanoparticles and superb mechanical behaviors of complex alloys [J]. Science, 2018, 362 (6417): 933-937.

[23] GWALANI B, CHOUDHURI D, SONI V, et al. Cu assisted stabilization and nucleation of $L1_2$ precipitates in $Al_{0.3}CuFeCrNi_2$ fcc-based high entropy alloy [J]. Acta Materialia, 2017, 129: 170-182.

[24] LIANG Y J, WANG L, WEN Y, et al. High-content ductile coherent nanoprecipitates achieve ultrastrong high-entropy alloys [J]. Nature communications, 2018, 9 (1): 4063.

[25] ZHENG T, HU X, HEF, et al. Tailoring nanoprecipitates for ultra-strong high-entropy alloys via machine learning and prestrain aging [J]. Journal of Materials Science & Technology, 2021, 69: 156-167.

[26] 李春玲．共格析出强化的 BCC 基体 Al-TM 高熵合金微观组织及力学性能研究 [D]．大连：大连理工大学，2019.

[27] 汤蔚霞．$(FeCoNiCr)_{95}Al_3TiNb$ 高熵合金微观组织与力学性能研究 [D]．合肥：合肥工业大学，2021.

[28] 唐华，蔡小勇，戴品强，CoCrFeMnNi 高熵合金冷轧及退火后的晶界特征分布 [J]．金属热处理，2016，41 (1)：217-221.

[29] 吴一栋．Ti-Zr-Nb 系难熔高熵合金的组织结构与强韧化机理 [D]．北京：北京科技大学，2019.

[30] WENG Y, HAN D, YONG G. Advanced Steels [M]. New York, Springer-Verlag Berlin Heidelberg and

Metallurgical Industry Press, 2011, 199-208.

[31] KAMIKAWA N, HUANG X, TSUJI N, et al. Strengthening mechanisms in nanostructured high-purity aluminium deformed to high strain and annealed [J]. Acta Materialia, 2009, 57 (14): 4198-4208.

[32] HODGE A M, WANG Y M, BARBEE T W. Mechanical deformation of high-purity sputter-deposited nano-twinned copper [J]. Scripta Materialia, 2008, 59 (2): 163-166.

[33] AN X H, WU S D, ZHANG Z F, et al. Enhanced strength-ductility synergy in nanostructured Cu and Cu-Al alloys processed by high-pressure torsion and subsequent annealing [J]. Scripta Materialia, 2012, 66 (5): 227-230.

[34] TSUJI N, ITO Y, SAITO Y, et al. Strength and ductility of ultrafine grained aluminum and iron produced by ARB and annealing [J]. Scripta Materialia, 2002, 47 (12): 893-899.

[35] SAHA R, UEJI R, TSUJI N. Fully recrystallized nanostructure fabricated without severe plastic deformation in high-Mn austenitic steel [J]. Scripta Materialia, 2013, 68 (10): 813-816.